RÉPUBLIQUE FRANÇAISE

MINISTÈRE DU COMMERCE, DE L'INDUSTRIE, DES POSTES
ET DES TÉLÉGRAPHES

EXPOSITION UNIVERSELLE DE 1900

CONGRÈS INTERNATIONAL
d'Aquiculture et de Pêche

MÉMOIRES

ET

COMPTES-RENDUS DES SÉANCES

PUBLIÉS PAR

M. J. PÉRARD

SECRÉTAIRE GÉNÉRAL DU CONGRÈS

et M. MAIRE

SECRÉTAIRE GÉNÉRAL ADJOINT

PARIS

Augustin CHALLAMEL, Éditeur

Rue Jacob, 17

Librairie Maritime & Coloniale

—

1901

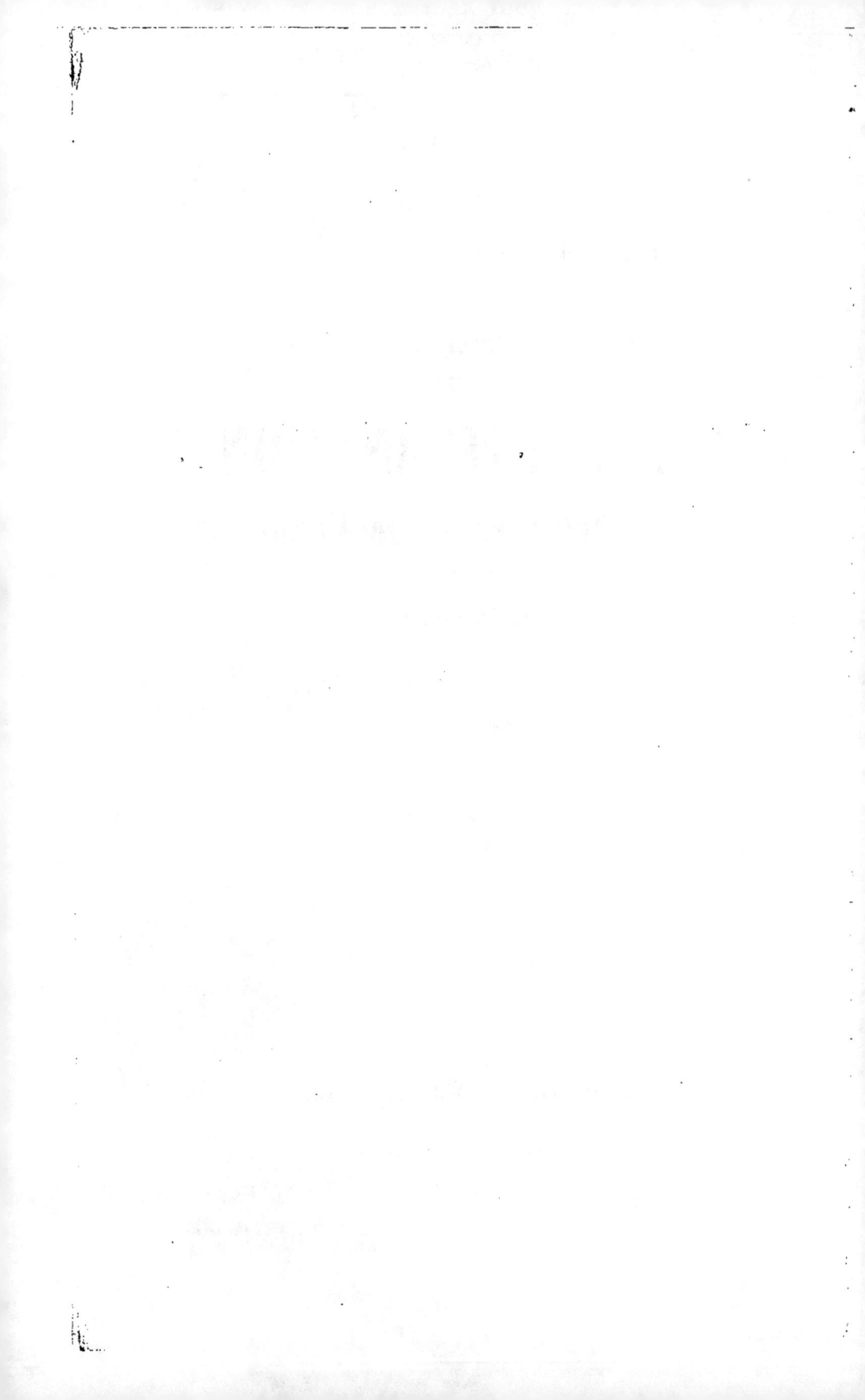

CONGRÈS INTERNATIONAL
D'AQUICULTURE ET DE PÊCHE

TENU A PARIS

DU 14 AU 19 SEPTEMBRE 1900

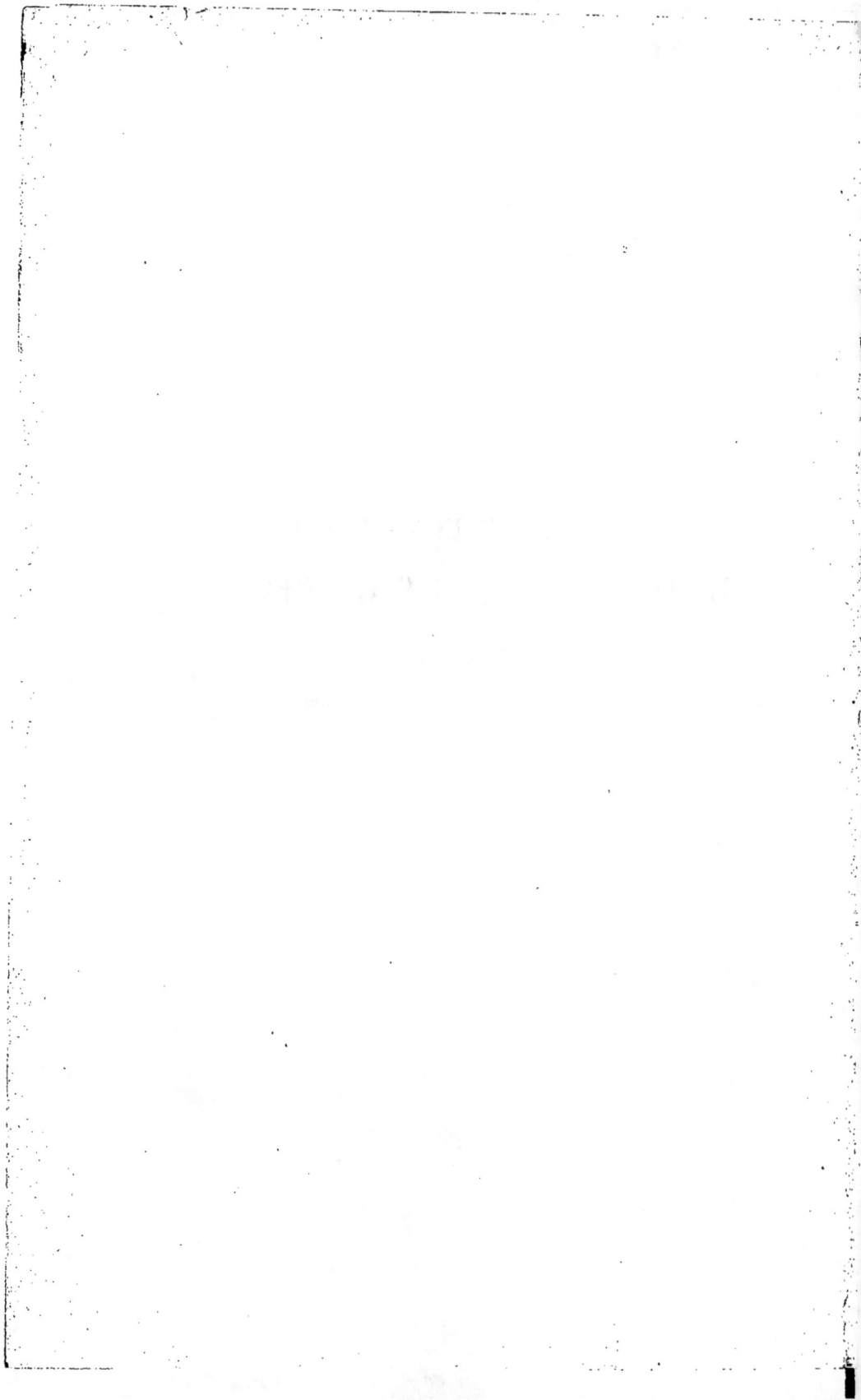

RÉPUBLIQUE FRANÇAISE

MINISTÈRE DU COMMERCE, DE L'INDUSTRIE, DES POSTES
ET DES TÉLÉGRAPHES

EXPOSITION UNIVERSELLE DE 1900

CONGRÈS INTERNATIONAL
d'Aquiculture et de Pêche

MÉMOIRES
ET
COMPTES-RENDUS DES SÉANCES

PUBLIÉS PAR

M. J. PÉRARD
SECRÉTAIRE GÉNÉRAL DU CONGRÈS

et M. MAIRE
SECRÉTAIRE GÉNÉRAL ADJOINT

PARIS
AUGUSTIN CHALLAMEL, ÉDITEUR
Rue Jacob, 17
Librairie Maritime & Coloniale

1901

ORGANISATION DU CONGRÈS

COMMISSION D'ORGANISATION

BUREAU [1]

PRÉSIDENT

M. Edmond Perrier, membre de l'Institut et de l'Académie de médecine, directeur du Muséum d'histoire naturelle.

VICE-PRÉSIDENTS

MM. Émile Belloc, président honoraire de la Société centrale d'aquiculture et de pêche.

Émile Cacheux, président honoraire, fondateur de la Société de l'enseignement professionnel et technique des pêches maritimes.

Fabre-Domergue, inspecteur général des pêches maritimes.

De Guerne, secrétaire général de la Société nationale d'acclimatation de France.

V. Hugot, membre de la Chambre de commerce de Paris.

Mersey, conservateur des forêts, chef du service de la pêche au ministère de l'agriculture.

Alfred Roussin, commissaire général de la marine, en retraite.

SECRÉTAIRE GÉNÉRAL

M. Joseph Pérard, ingénieur, secrétaire de la Société de l'enseignement professionnel et technique des pêches maritimes.

SECRÉTAIRE GÉNÉRAL ADJOINT

M. Maire, inspecteur des forêts au ministère de l'agriculture.

TRÉSORIER

M. Baudouin, secrétaire général du congrès des pêches des Sables-d'Olonne.

(1) Le bureau primitivement nommé a été complété dans la séance de la Commission d'organisation du 18 avril 1900.

MEMBRES

MM. Berthoule, membre du comité consultatif des pêches maritimes au ministère de la marine.

Boigeol, ingénieur des mines.

Bollot (le commandant), commissaire du gouvernement au conseil de guerre.

Bourdon, négociant.

Bresson (Jean), président de la Chambre syndicale des fourreurs et pelletiers.

Calvet, sénateur.

Canu, directeur de la station aquicole de Boulogne-sur-Mer.

Cardozo de Bethencourt, directeur du *Moniteur maritime*.

Chansarel, sous-directeur de la marine marchande au ministère de la marine.

de Claybrooke, archiviste-bibliothécaire de la Société nationale d'acclimatation.

Coutant, inspecteur général de l'instruction publique.

de Cuers (René), secrétaire général du syndicat de la presse coloniale.

de Dax, secrétaire de la Société des ingénieurs civils.

Deha, délégué de l'Union des yachts.

Delamare-Debouteville, ingénieur.

Deléarde, secrétaire de la Société de l'enseignement professionnel et technique des pêches maritimes.

Deneuve (le docteur), administrateur de la Société de l'enseignement professionnel et technique des pêches maritimes.

Droin, ancien président de section au tribunal de commerce de la Seine.

Durassier, directeur de la marine marchande au ministère de la marine.

Ehret, président du syndicat des pêcheurs à la ligne.

Falco, président de la chambre syndicale des négociants en perles.

Fanien, capitaine au long cours.

Gauthier (Henri), ingénieur.

Gautret, député, maire de la ville des Sables-d'Olonne.

George, président de section à la Cour des comptes.

Gerville-Réache, député, président du comité consultatif des pêches maritimes et président du comité d'organisation de la classe 53 (*pêches*) à l'Exposition de 1900.

MM. Guieysse, député, ancien ministre des colonies, président du groupe parlementaire de la marine marchande.

Guiart (le docteur), secrétaire de la Société zoologique de France.

Hamon, secrétaire général de la Société de l'enseignement professionnel et technique des pêches maritimes.

Henneguy (le docteur), professeur suppléant au collège de France.

Junker, ingénieur en chef des ponts et chaussées.

Lemy (Pierre), négociant.

Le Myre de Vilers, député, membre du conseil supérieur des colonies.

Le Play, sénateur.

Moniez, inspecteur de l'Académie de Paris.

Muzet, député.

Raveret-Wattel, directeur de la station aquicole du Nid-du-Verdier.

Richard (Jules), docteur ès-sciences.

Roché (Georges), inspecteur général honoraire des pêches maritimes.

Sarrassin, industriel.

Stœcklin, inspecteur général des ponts et chaussées.

Vaney, inspecteur des forêts.

de Varigny (Henri), docteur ès-sciences.

Wurtz (le docteur), professeur agrégé à la Faculté de médecine de Paris.

DÉLÉGUÉS OFFICIELS DE GOUVERNEMENTS

France.

Ministère de l'agriculture.

MM. Daubrée, conseiller d'État, directeur des eaux et forêts.

Deloncle, inspecteur de l'enseignement de la pisciculture.

Mersey, chef de service de la pêche et des améliorations pastorales.

Ministère des colonies.

M. Dybowski, inspecteur général de l'agriculture coloniale.

Ministère du commerce.

M. Chandèze, directeur du commerce.

Ministère de l'instruction publique.

M. Cacheux, ingénieur des arts et manufactures, membre de la commission d'enseignement de la navigation et de la pêche.

Ministère de la marine.

MM. Durassier, directeur de la marine marchande.
Puech, capitaine de vaisseau, membre de la commission des machines et du grand outillage.
Roucheron-Mazerat, commissaire en chef, secrétaire du comité des inspecteurs de la marine.
Toutain, sous-directeur de la marine marchande.
Chansarel, sous-directeur au ministère de la marine.

Ministère des travaux publics.

M. Desprez, ingénieur des ponts et chaussées.

PAYS ÉTRANGERS

Autriche.

M. Antoine Fritsch, professeur à l'Université de Prague.

Belgique.

MM. Maes, sous-inspecteur des eaux et forêts, secrétaire des commissions pour la pêche fluviale.
Villequet, président de la commission de pisciculture, délégué du ministère de l'agriculture et des travaux publics.

Danemark.

M. Drechsel, capitaine de vaisseau, conseiller des pêches à Copenhague, délégué du ministère de l'agriculture.

Espagne.

M. Adolfo de Navarrete, capitaine de corvette.

États-Unis.

MM. Georges M. Bowers, commissaire général des pêches et pêcheries.
Le docteur T. H. Bean, commissaire du gouvernement à l'exposition de 1900.

MM. le lieutenant commandant C. BAKER.

le docteur H. M. SMITH, membre de la commission des pêches et pêcheries.

Z. T. SWEENEY, membre de la commission des pêches et pêcheries de l'Etat d'Indiana.

Hongrie.

M. Jean LANDGRAF, inspecteur royal de pisciculture au ministère de l'agriculture à Budapest.

Irlande.

M. Spotswood GREEN, inspecteur des pêches à Dublin, délégué du ministère de l'agriculture.

Italie.

M. le comte Crivelli SERBELLONI, président de la Société lombarde de pêche et d'aquiculture.

Japon.

MM. Junzo KAWAMOURA, commissaire du Japon à l'Exposition de 1900. Keisuké SHIMO, ingénieur au ministère de l'agriculture et du commerce.

Mexique.

MM. Augustin ARAGON, ingénieur, député au congrès fédéral du Mexique.

Gabriel PARRODI, membre de la commission mexicaine à l'Exposition.

Norvège.

M. Th. LUNDQUIST.

Pays-Bas.

MM. le docteur P. P. C. HOEK, conseiller scientifique du gouvernement des Pays-Bas en matière de pêche.

J. MEESTERS, membre de la seconde chambre des États généraux.

Portugal.

MM. Cardozo DE BETHENCOURT, directeur du *Moniteur maritime*. Hypacio Frederico DE BRION, capitaine de corvette.

Roumanie.

M. le docteur Gr. ANTIPA, inspecteur général de la pêche, directeur du Muséum d'histoire naturelle à Bucarest.

Russie.

MM. P. A. Grimm, secrétaire d'État, inspecteur des pêches.
Kouznetsoff, chef du service de la pêche au ministère de l'agriculture.
Zaroubine, chef du groupe des forêts à l'Exposition de 1900.

Suisse.

M. le colonel Puenzieux, chef du service des forêts, de la chasse et de la pêche du canton de Vaud.

Tunisie.

M. A. Loir, commissaire général de la Tunisie à l'Exposition universelle de 1900.

DÉLÉGUÉS DES ADMINISTRATION PUBLIQUES
ET
DES SOCIÉTÉS SAVANTES

FRANCE

Chambre de Commerce d'Alger.

MM. le Président de la Chambre de Commerce d'Alger.

Chambre de Commerce de Boulogne-sur-Mer.

Tétard-Gournay, armateur.

Chambre de Commerce de Cette.

Le Président de la Chambre de Commerce de Cette.

Chambre de Commerce de Dieppe.

A. Gelée, armateur.
J. Legal, armateur.

Chambre de Commerce de Dunkerque.

Van Cauwenberghe-Lemaire, armateur.

Chambre de Commerce de Fécamp.

MM. BELLET, président de la Chambre de Commerce de Fécamp.
Tranquille MONNIER, armateur.

Chambre de Commerce du Havre.

Joannès COUVERT, président de la Chambre de Commerce du
Havre.

Chambre de Commerce de Paris.

MARGUERY, membre de la Chambre de Commerce de Paris.

Chambre de Commerce de La Rochelle.

Charles BASSET, membre de la Chambre de Commerce de la
Rochelle.

Chambre de Commerce de Saint-Malo.

LE NORMAND, président de la Chambre de Commerce de Saint-
Malo.

Ville d'Arcachon.

Le maire de la Ville d'Arcachon.

Ville de Bordeaux.

Pr. KUNSTLER, conservateur du Musée d'Histoire Naturelle.

Ville de Boulogne-sur-Mer.

M. CANU, directeur de la station aquicole de Boulogne-sur-Mer.
BOUCLET, armateur.

Ville des Sables-d'Olonne.

BOIZARD Léon, marin pêcheur.
HERVOUET Eugène, marin pêcheur.
GROUSSET Léon, président du Syndicat des marins pêcheurs.

Société Nationale d'Acclimatation de France.

Edmond PERRIER, membre de l'Institut, vice-président de la
Société.
Le baron de GUERNE, secrétaire général de la Société.

MM. Mersey, membre du Conseil de la Société.
Canu, directeur du Laboratoire maritime de Boulogne-sur-Mer.
Le comte de Galbert, pisciculteur à la Buisse.
Suchetet, député de la Seine-Inférieure.

Société centrale d'Aquiculture et de Pêche.

Raweret-Wattel, vice-président de la Société.
Cyrille de Lamarche, secrétaire général de la Société.
Ch. Mailles, secrétaire du Conseil.
Chabert, membre de la Société.
J. Pellegrin, membre de la Société.

Société d'Enseignement technique et professionnel de pêche maritime.

Coutant, inspecteur général de l'Instruction publique, président de la Société.
Hamon, secrétaire général de la Société.
Deléarde, secrétaire.

Société Océanographique de Bordeaux.

Kunstler, professeur à l'Université de Bordeaux.

Société de Pisciculture du Sud-Ouest.

Kunstler, professeur à l'Université de Bordeaux.

Société centrale de Sauvetage des Naufragés.

F. Duboc, inspecteur et secrétaire de la Société.

Société Zoologique de France.

Raphael Dubois, professeur à l'Université de Lyon.
Hallez,   id.   de Lille.
Kunstler,   id.   de Bordeaux.
P. Marchal, professeur à l'Institut national agronomique.
J. Secques, pharmacien de l'Assistance publique.

Société « L'Assistance Rochefortaise ».

Enault V., président de la Société.

Syndicat des Armateurs de Boulogne-sur-Mer.

Tétard-Gournay, président de la Société.
Emile Altazini, armateur à Boulogne.

Syndicat des Marins pêcheurs des Sables-d'Olonne.

MM. Grousset Léon, président du Syndicat.

L'Union des Yachts Français.

Stéphen Deha, membre de la Société.

PAYS ÉTRANGERS

Allemagne.

Deutscher Fischerei Verein, à Berlin.

MM. Dr. Fischer, secrétaire général de la Société.

Deutscher Seefischerei Verein, à Hanovre.

Pr. Dr. Herwig, président de la Société.
Pr. Dr. Henking, secrétaire général de la Société.

Société de Pêche et de Pisciculture de Bavière.

Pr. Dr. Bruno Hofer, de l'Université de Munich.

Autriche.

Société Austriaca de Pesca et Piscicultura Marina de Trieste.

Antoine Valle, professeur au Muséum d'Histoire Naturelle.

Société adriatique des Sciences naturelles.

Pr. Antoine Valle, de Trieste, secrétaire général de la Société.

Danemark.

Société « Dansk Fiskeriforening ».

Feddersen, conseiller du service des Pêches.
Lundbeck, secrétaire de la Société.

Irlande.

Congested District Board For Ireland, à Dublin.

Revd. W. S. Green, inspecteur des pêches.

Italie.

Société Lombarde de Pêche et d'Aquiculture.

Le comte Crivelli Serbelloni, président de la Société.

Société Régionale Veneta pour la Pêche et l'Aquiculture, Venise.

MM. Comte CRIVELLI SERBELLONI.
    Pr. LEVI, Morenos.

Pays Bas

Société pour le développement de la pêche dans les Pays-Bas.

T. A. O. DE RIDDER, bourgmestre de Katwyk.
Le colonel VAN ZUYLEN.

Portugal.

Association des Ingénieurs civils Portugais, Lisbonne.

Mendès GUERREIRO, ingénieur.

Russie.

*Société impériale Russe de Pêche et de Pisciculture,
Saint-Pétersbourg.*

Nicolas BORODINE, rédacteur de la *Revue Internationale de pêche et de pisciculture.*
S. Exc. WESCHINISKOFF, secrétaire d'Etat de S. M. l'Empereur de Russie, président de la Société.

Société Impériale d'Acclimatation de Russie.

Grégoire KOSCHEVNIKOFF, pr. à l'Université Impériale de Moscou.

Suisse.

Société suisse de Pêche et de Pisciculture.

Pr. HEUSCHER, à l'Ecole polytechnique, à Zurick.
STADLER, greffier de la Cour de cassation du canton de Saint-Gall.

Tunisie.

Chambre de Commerce de Tunis.

COSTE, président de la Chambre de Commerce de Tunis.

RÈGLEMENT DU CONGRÈS

Conformément à la décision du commissaire général en date du 12 janvier 1899, le congrès d'aquiculture et de pêche de 1900 est compris dans la série des congrès de l'Exposition de 1900.

ART. 2

Le congrès est placé sous le patronage de personnalités des diverses nations dont le concours a été sollicité.

ART. 3

Le congrès s'ouvrira le 14 septembre dans l'une des salles du palais des congrès et se continuera les 15, 17, 18 et 19 septembre.

ART. 4

Seront membres du congrès les personnes qui auront envoyé leur adhésion au secrétaire général du congrès et qui auront acquitté le montant de la cotisation fixée à *10 francs*.

ART. 5

Les membres du congrès recevront une carte qui leur sera délivrée par les soins de la commission d'organisation ; les cartes seront rigoureusement personnelles.

ART. 6

Les travaux du congrès seront répartis en autant de sections qu'il sera nécessaire pour discuter avec fruit les questions soumises au congrès.

ART. 7

Le congrès comprendra :

Des séances générales ;

Des séances de sections ;

Des conférences ;

Des visites à des établissements scientifiques ;

Des excursions.

ART. 8

Les membres du congrès ont seuls le droit d'assister aux séances et de prendre part aux travaux du congrès.

Les délégués des administrations publiques françaises et étrangères jouiront des avantages réservés aux membres du congrès.

ART. 9

Le bureau du congrès fixe l'ordre du jour de chaque séance générale.

ART. 10

Le bureau de chaque section fixe l'ordre du jour de chaque séance de section.

ART. 11

Les rapports sur les sujets inscrits à l'ordre du jour des séances générales devront parvenir à la commission d'organisation au plus tard le *1er juin*, ils seront imprimés et distribués aux membres du congrès en temps utile.

ART. 12

Les propositions relatives aux travaux des sections devront parvenir à la commission d'organisation avant le *1er juillet*. Cette commission décidera s'il y a lieu de donner suite à ces propositions et de les discuter pendant le congrès.

ART. 13

Pour toute communication, il sera envoyé un très court résumé. Celui-ci devra être remis le *1er septembre* au plus tard ; les communications arrivées après cette date ou présentées pendant le congrès ne pourront être mises à l'ordre du jour que dans le cas où l'on jugera que l'on a assez de temps pour les traiter après les communications fixées d'avance.

ART. 14

Les orateurs ne pourront occuper la tribune plus de quinze minutes ni parler plus de deux fois dans la même séance sur le même sujet, à moins que le président n'en décide autrement.

ART. 15

Les membres du congrès qui ont pris la parole dans une séance, devront remettre à la clôture de celle-ci un résumé de leur communication pour la rédaction des procès-verbaux. Dans le cas où le résumé n'aura pas été remis, le texte rédigé par le secrétaire de la séance en tiendra lieu, ou le titre sera seul mentionné.

ART. 16

Des procès-verbaux sommaires seront imprimés et distribués aux membres du congrès le plus tôt possible après la session.

ART. 17

Un compte rendu détaillé des travaux du congrès sera publié par les soins de la commission d'organisation. Celle-ci se réserve de fixer l'étendue des mémoires ou communications livrés à l'impression.

ART. 18

La langue française sera la langue officielle du congrès, mais il sera rendu compte des communications envoyées en langues étrangères, et la commission fera son possible pour mettre en rapport avec les membres étrangers des personnes disposées à exposer en français, séance tenante, leurs explications.

ART. 19

Le bureau du congrès statue en dernier ressort sur tout incident non prévu au règlement.

2

PROGRAMME GÉNÉRAL

1ʳᵉ SECTION

Études scientifiques maritimes.

Études scientifiques des eaux salées. — Faune et flore marines aquatiques. — Biologie des êtres marins. — Instruments de recherches et d'études. — Piscifacture marine (poissons, mollusques, crustacés, etc.). — Océanographie.

> *Président :* M. le baron J. DE GUERNE, secrétaire général de la Société nationale d'acclimatation de France.

2ᵉ SECTION

Études scientifiques des eaux douces.

Faune et flore aquatiques. — Biologie des êtres aquatiques. — Instruments de recherches et d'études. — Aquiculture. — Limnologie.

> *Président :* M. Émile BELLOC, président honoraire de la Société centrale d'aquiculture et de pêche.

3ᵉ SECTION

Technique des pêches maritimes.

Matériel et engins de pêche, appâts naturels et artificiels. — Bateaux de pêche et leur armement. — Réglementation internationale des pêches maritimes. — Chasse à la baleine et autres cétacés. — Pêche des éponges. — Récolte du corail, de la nacre, des perles, etc.

> *Président :* M. FABRE-DOMERGUE, inspecteur général des pêches maritimes.

3ᵉ SOUS-SECTION

Pêche maritime considérée comme sport.

> *Président :* M. S. DEHA, de l'Union des yachts français.

4ᵉ SECTION

Aquiculture pratique et pêche en eau douce.

Causes diverses du dépeuplement des rivières. — Méthodes diverses pour empêcher ce dépeuplement. — Réglementation. — Pisciculture, ses résultats pratiques. — Aménagement des rivières. — Technique de la pêche en eau douce (engins, appâts, etc.). — Pêche-sport. — Sociétés de pêche à la ligne.

> *Président :* M. MERSEY, conservateur des forêts, chef du service de la pêche et des améliorations pastorales au ministère de l'agriculture.

5ᵉ SECTION

Ostréiculture et mytiliculture.

Technique industrielle, réglementation internationale. — Commerce.

> *Président :* M. ROUSSIN, commissaire général de la marine (en retraite).

6ᵉ SECTION

Utilisation des produits de pêche.

Transport des poissons, mollusques, crustacés, au point de vue technique et économique (bateaux-viviers, wagons spéciaux, chasseurs à vapeur). — Modes divers de conservation des produits de la pêche (emploi de viviers et de chambres frigorifiques, salaison, séchage, fumage, conservation hermétique, etc.). — Sous-produits de l'industrie des pêches (engrais, huile, colle, etc.). — Commerce et écoulement des produits. — Ecorage, halles et marchés. — Corail, nacre, ivoire, perles naturelles et artificielles, éponges, etc.

> *Président :* M. V. HUGOT, membre de la Chambre de commerce de Paris.

7ᵉ SECTION

Économie sociale.

Statistique des pêches, écoles de pêche, institutions de prévoyance, assurances, caisses de secours, etc. — Hygiène, sauvetage. — Hôpitaux flottants.

> *Président :* M. Émile CACHEUX, ingénieur, président honoraire de la Société de l'enseignement professionnel et technique des pêches maritimes, président d'honneur de la Société française d'hygiène.

MEMBRES DU CONGRÈS

Agassiz, Alexandre, professeur au Muséum de zoologie compa-
                     rée, à Cambridge (Massachusets) (Etats-
                     Unis), M. C. P. (1).
Allen,   directeur de la station de biologie marine, à
                     Plymouth (Grande-Bretagne), M. C. P.
Altazin, Emile,   armateur de pêche, 12, rue de la Gare, à
                     Boulogne-sur-Mer (Pas-de-Calais).
Altazin, Gorée,   armateur à Boulogne-sur-Mer (P.-de-C.).
Amblard, E.,   ingénieur constructeur, à Dieppe (Seine-Inf.).
Amman,   député d'Ostende, président de la commis-
                     sion de la pêche maritime, M. C. P.
Andrew Johnson,   merchant S. Andrews Dock, Hull England
                     (Grande-Bretagne).
Antipa (Dr),   inspecteur général de la pêche, directeur du
                     Musée de zoologie, à Bucarest, délégué
                     officiel de la Roumanie, M. C. P.
Aragon, Augustin,   ingénieur, député au congrès fédéral du
                     Mexique, délégué officiel du Mexique.
Archer,   inspecteur général des pêches maritimes à
                     Londres, M. C. P.
Armez,   député des Côtes-du-Nord, 14, rue Juliette-
                     Lambert, Paris, M. C. P.

Baker,   capitaine de vaisseau, délégué officiel des
                     Etats-Unis.
Baldaque da Silva,   capitaine de vaisseau, inspecteur de la pis-
                     ciculture, à Porto (Portugal), M. C. P.
Barbozo du Bocage,   ancien ministre du Portugal, M. C. P.

(1) Membre du comité de patronage du congrès.

Barclay, E., inspecteur des pêches, à Haugesund.-V. (Norvège).

Baret (Dr), L., ex-médecin de la marine, délégué de la Société d'hygiène de France, Grande-Rue, à Saint-Maurice (Seine).

Basset, Charles, industriel, membre de la Chambre de commerce de La Rochelle, 34, rue Réaumur, à La Rochelle (Charente-Inférieure).

Baudoin, secrétaire général du congrès des pêches des Sables-d'Olonne (trésorier du congrès Paris 1900).

Bayet, professeur, directeur de l'enseignement primaire, M. C. P.

Bean, T. H., directeur des forêts, délégué officiel des Etats-Unis, commissaire à l'Exposition de 1900.

Beaud, Jacques, ostréiculteur aux Sables-d'Olonne.

Bellet, président de la Chambre de commerce de Fécamp.

Bellini (Dr Arthur), valliculteur, à Commachio, province de Ferrare (Italie).

Belloc, Emile, président honoraire de la Société centrale d'aquiculture et de pêche (vice-président du congrès), 105, rue de Rennes, Paris.

Beneden (Van), professeur à l'Université de Liège, M. C. P.

Beral, Maurice, inspecteur-adjoint des eaux et forêts à Tulle (Corrèze).

Berge, René, armateur, à Lillebonne (Seine-Inférieure).

Bergis, commissaire général de la marine à Toulon, M. C. P.

Beust, Georges, armateur, à Granville (Manche).

Bezançon, Henry, mandataire aux Halles centrales (poissons), 24, rue des Halles, Paris.

Beziers, René, fabricant de conserves alimentaires (de poissons), à Douarnenez (Finistère).

Bibliothèque populaire des Sables-d'Olonne (Vendée).

Bigache, mareyeur-écoreur, à La Rochelle (Char.-Inf.).

Billard, Clément, publiciste, rédacteur au *Journal des Halles*, 58, rue Greneta, Paris.

Blanc, à Lausanne (Suisse), M. C. P.

Blanc, Charles, conseiller d'Etat, 30, avenue Henri-Martin, Paris, M. C. P.

Blanc, Edouard, explorateur, 52, rue Varenne, Paris.

Blanchard, Alfred,	chanoine, aumônier des hospices civils, 12, rue Saint-Louis, à La Rochelle (Charente-Inférieure).
Blanchard, Jean,	inspecteur des eaux et forêts, à Gex (Ain).
Blanchard, Raphaël,	membre de l'Académie de médecine, professeur à la Faculté, M. C. P.
Blasius Otto (D^r),	médecin à Brunswick, Gauss Strass, 17, (Allemagne).
Blasius Wilhelm,	professeur, directeur du Musée d'histoire naturelle à Brunswick, Gauss Strass, 17, (Allemagne).
Blasius-Zwick, Conrad,	pisciculteur, à Trèves (Allemagne).
Boigeol,	ingénieur à Belfort.
Boizard,	patron de pêche, délégué de la ville des Sables-d'Olonne, rue du Port, Les Sables-d'Olonne.
Bolivar,	professeur de l'Université de Madrid (Espagne), M. C. P.
Bonamy,	fabricant de filets de pêche, à Saint-Just-en-Chaussée (Oise).
Borodine, Nicolas,	délégué de la Société impériale russe de pêche et de pisciculture, rédacteur de la *Revue internationale de pêche et de pisciculture*, Saint-Pétersbourg, M. C. P.
Bottemann,	inspecteur et chef des pêcheries de Zélande et de Zuydersée, à Berg-op-Zoom (Hollande), M. C. P.
Bouchereau,	directeur de l'aquarium Guillaume, à l'Exposition 1900.
Bouclet, L.	armateur à Boulogne-sur-Mer, délégué de la ville de Boulogne-sur-Mer.
Bouquet de la Grye,	membre de l'Institut, M. C. P.
Bourdon,	fabricant d'articles de pêche, 28, quai du Louvre, Paris.
Bourgain, Pierre-René,	patron de pêche, Le Portel (Pas-de-Calais).
Bousquet,	directeur général des douanes, M. C. P.
Bouvier,	professeur au Muséum d'histoire naturelle, 55, rue Buffon, M. C. P.
Bouville (R. de),	garde général des eaux et forêts, attaché à la Station d'expériences de l'Ecole nationale forestière, à Nancy (Meurthe-et-Moselle).
Bowers, Georges,	commissaire général des pêches et pêcheries, délégué officiel des Etats-Unis, M. C. P.

Brandt, Dr Karl,   professeur de l'Université de Kiel (Allema-
                       gne), M. C. P.
Braun, Max,   professeur de l'Université de Koenigsberg
                       (Allemagne), M. C. P.
Brequeville (de),   président de la Société de pisciculture et des
                       pêcheurs à la ligne de Moret-sur-Loing
                       (Seine-et-Marne), receveur des domaines.
Breton, Louis-Félix,   inspecteur adjoint des eaux et forêts à Va-
                       lence, 25, avenue de Roman.
Brien (de) Hypacio-
     Frederico,   délégué officiel du Portugal.
Brot Frédéric,   ostréiculteur à St-Vaast-la-Hougue (Manche).
Bruand,   inspecteur des eaux et forêts, 11 bis, rue de
                       la Planche, Paris.
Brun, Lucien,   négociant, 19, rue des Halles.
Brunchorst,   directeur du Muséum de Bergen (Norvège),
                       M. C. P.
Brusina, Spiridon,   professeur à l'Université, directeur du Musée
                       national zoologique, à Zagreb (Agram)
                       Croatie (Autriche), M. C. P.
Bruyère,   attaché au Muséum d'histoire naturelle de
                       Paris.
Buchet, Gaston,   à Romorantin (Loir-et-Cher).
Bull, H.,   directeur de l'Ecole de pêche de Bergen,
                       M. C. P.
Bullo,   à Commacchio (Italie), M. C. P.

Cabart-Danneville,   sénateur de la Manche, M. C. P.
Cacheux, Emile,   ingénieur des arts et manufactures, membre
                       de la commission d'enseignement de la
                       navigation et de la pêche, délégué officiel
                       du Ministère de l'Instruction publique,
                       président fondateur honoraire de l'ensei-
                       gnement professionnel et technique des
                       pêches maritimes, 25, quai Saint-Michel,
                       Paris.
Caillart, Paul,   pisciculteur, château des Bordes, commune
                       de Sailly (Loiret), M. C. P.
Caldervood,   inspecteur des pêches, à Edimbourg (Grande-
                       Bretagne), M. C. P.
Calvet, Auguste,   sénateur de la Charente, à Pons (Charente-In-
                       férieure), M. C. P.

Caméré, A., — inspecteur général des ponts et chaussées, 17, rue d'Aligre, à Chatou (Seine-et-Oise), M. C. P.

Canu, Eugène (Dr), — membre du comité consultatif des pêches maritimes, directeur de la station aquicole et de l'Ecole des pêches de Boulogne-sur-Mer, délégué de la ville de Boulogne-sur-Mer.

Carazzi, — ostréiculteur à la Spezia (Italie), M. C. P.

Cardeillac (baron de), — château de Saint-Mont (Gers).

Cardozo de Béthencourt, — directeur du *Moniteur Maritime*, délégué officiel du Portugal, 74, rue de Rennes, à Paris.

Cardozo de Béthencourt (Mme), — 74, rue de Rennes, Paris.

Caroly, Joseph-A.-F., — propriétaire et fonctionnaire, 14, rue Charles-Lafitte, à Neuilly-sur-Seine.

Chabert, C., — ancien trésorier général, délégué de la Société d'aquiculture et de pêche, 6, rue de Longchamp, Paris.

Challamel, — éditeur, 17, rue Jacob.

Chambre de Commerce — d'Alger.
— de Bône.
— de Bordeaux.
— de Boulogne-sur-Mer.
— de Cette.
— de Dieppe.
— de Dunkerque.
— de Fécamp.
— du Havre.
— de Paris.
— de La Rochelle.
— de Lorient.
— de Saint-Malo.
— de Marseille.
— de Nantes.
— d'Oran.
— de Philippeville.

Chancerelle, Amédée, — négociant, rue Kerveyan, 4, à Nantes.

Chandèze, — directeur du commerce, délégué du Ministère du Commerce, 80, rue de Varennes, M. C. P.

Chansarel, — sous-directeur au Ministère de la Marine, délégué officiel du Ministère de la Marine.

Charruyer, député, M. C. P.

Chauvassaignes, Franc., conseiller général du Puy-de-Dôme, château de Theix (Puy-de-Dôme), M. C. P.

Chevreux, Edouard, correspondant du Muséum, à Bône (Algérie).

Cligny, à Boulogne-sur-Mer.

Coaz, inspecteur fédéral des eaux et forêts au Palais fédéral, à Berne (Suisse), M. C. P.

Coignerai (le comm.), président de la Société des hospitaliers sauveteurs bretons, à Rennes, 45, avenue de la Gare.

Collette, Robert, de l'Université de Christiania (Norvège), M. C. P.

Collin-Delavaud, directeur de l'Office du travail, M. C. P.

Collins (le capitaine), membre de la commission des pêcheries (Etats-Unis), M. C. P.

Cordeiro, I.-M. de Sousa, ingénieur-chef des services du Tage et du port de Lisbonne (II. 2° L. do Quintella) (Portugal).

Coste, E., délégué de la Chambre de commerce de Tunis, armateur à la pêche, 19, rue Es-Sadikia (Tunis), M. C. P.

Cousin, Vincent, (maison Cousin frères), fabricant de filets pour la pêche, à Commines (Nord).

Coutant, inspecteur général de l'Université, 13, chaussée de la Muette, Passy.

Couvert, Joannès, Président de la Chambre de commerce du Havre.

Crivelli Serbelloni (le comte), Président de la Société lombarde de pêche et d'aquiculture, délégué officiel de l'Italie (Via Monte Napoleone, 21), Milan.

Croizette-Desnoyers L., inspecteur des eaux et forêts, 14, rue du Commandant-Arago, à Orléans (Loiret).

Cuningham, D. J., professeur au Trinity Collège, à Dublin (Grande-Bretagne), M. C. P.

Dahl, O., conseiller des pêcheries, à Christiania (Norvège), M. C. P.

Damoiseau, Adolphe, ingénieur, 26, rue du Garde-Chasse, Les Lilas (Seine).

Daubrée, conseiller d'Etat, directeur des eaux et forêts, délégué du Ministère de l'Agriculture, M. C. P.

Dannewig, G.·M., directeur-fondateur de la station de pisciculture de Flodewig (Norvège), M. C. P.

Decroix, Jules, rentier, 140, avenue de Neuilly, à Neuilly-
sur-Seine.

Debreuil, membre du conseil de la Société d'Acclimatation de France, 50, rue Pasteur, à Melun.

Deha, S., de l'Union des Yachts français, 26, rue de la
Trémoille, Paris.

Delamarre-Debouteville, ingénieur à Fontaine-le-Bourg (Seine-Inf.).

Delobeau, sénateur, M. C. P.

Delafosse, 45, rue de Richelieu, Paris.

Deloncle, inspecteur de l'enseignement de la pisciculture, délégué officiel du Ministère de
l'Agriculture.

Deneuve, château des Tourelles, à Beaumont (Seine-
et-Oise).

Délearde (Dr), délégué et secrétaire de l'enseignement professionnel et technique des pêches mari-
times, 128, boulevard Pereire, Paris.

Delfin, docteur en médecine de la marine du Chili,
Casilla, 115, Valparaiso (Chili).

Desprez, ingénieur des ponts et chaussées, délégué
officiel du Ministère des Travaux publics.

Dohrn, directeur de la station zoologique, à Naples
(Italie), M. C. P.

Dollo, conservateur du Muséum de Bruxelles (Belgique), M. C. P.

Drechsel, capitaine de la marine danoise, conseiller
des pêches à Copenhague, délégué officiel
du Ministère de l'Agriculture de Copenhague (Danemark), M. C. P.

Drouant, Alphonse, marchand d'huîtres, 79, boulevard de Stras-
bourg, Paris.

Drouin de Bouville (de), garde général des eaux et forêts, 6, rue
Girardet, à Nancy.

Drouelle, négociant en perles fines, 7, rue Drouot,
Paris.

Dubel, maire de Saint-Ouen-des-Toits (Mayenne).

Duboc, F., délégué de la Société centrale de sauvetage
aux naufragés.

Dubois, directeur général du service des eaux et forêts, à Bruxelles, M. C. P.

Dubois, Raphaël,   professeur à la Faculté des Sciences de Lyon, directeur du Laboratoire maritime de biologie de Tamaris-sur-Mer (Var).

Duchochois,   mareyeur, 64, 68, rue du Moulin-à-Vapeur, Boulogne-sur-Mer.

Dumont,   ancien président de la Société des Ingénieurs civils de France, M. C. P.

Durassier,   directeur de la marine marchande, délégué officiel du Ministère de la marine, M. C. P.

Dusanier,   mareyeur, 9, 11, quai de la Caserne, à Dieppe (Seine-Inférieure).

Dusser, Maurice,   banquier, 8, Chaussée-d'Antin, Paris.

Duval, César,   sénateur de la Haute-Savoie, M. C. P.

Duval, Mathias,   professeur à la Faculté de Médecine, M. C. P.

Dybowski,   inspecteur général de l'agriculture coloniale, délégué officiel du Ministère des Colonies.

Ecole municipale   de l'enseignement technique et professionnel des pêches maritimes des Sables-d'Olonne, rue du Pont des Sables-d'Olonne (Vendée).

Ehrenbaun (Dr),   de l'Institut de biologie d'Helgoland (Allemagne), M. C. P.

Ehret,   président du Syndicat des pêcheurs à la ligne, président du Syndicat central des présidents des sociétés de pêcheurs à la ligne de France, 4, rue Combes, Paris.

Enault, Victor,   président de l'Assistance rochefortaise, 19, rue des Fleurs, à Rochefort-sur-Mer.

Fabre-Domergue,   inspecteur général des pêches maritimes, 208, boulevard Raspail.

Fages, E. (de),   ingénieur des ponts et chaussées, adjoint au directeur des travaux publics à Tunis (Tunisie), M. C. P.

Falco, Alphonse,   président de la Chambre syndicale des négociants en diamants et en perles fines, 6, rue d'Eylau.

Famin, Etienne,   capitaine au long cours, 29, rue Tronchet, Paris.

Farcy (de),   parvis Saint-Maurice, à Angers.

Fassy, Mac,   professeur, 42, rue Jouffroy, Paris.

Fatio, Victor,   1, rue Bellot, à Genève (Suisse), M. C. P.

Favraux, Victor,   fabricant de filets de pêche, rue les Murs-Fontaines, à Fécamp (Seine-Inférieure).

Feddersen,   conseiller du service des pêches, à Copenhague (Danemark), délégué de la Dansk Fiskeriforening, M. C. P.

Feixeira, Auguste-Cesar-Justino,   président de l'Association des ingénieurs civils portugais, Senein do Paço, Lisbonne.

Fiant, Georges,   industriel, 75, rue de Turenne, Paris.

Fischer,   secrétaire général des DEUTSCHER FISCHEREI VEREINS, Berlin (Allemagne), M. C. P.

Filhol,   membre de l'Institut, 9, rue Guénégaud, Paris, M. C. P.

Fleischer,   secrétaire de la Société d'encouragement des pêches en Norvège, à Bergen, M. C. P.

Freyer,   inspecteur des pêches, Board of trade, Londres, M. C. P.

Fritsch (Dr A.),   professeur à l'Université de Prague, délégué officiel de l'Autriche, M. C. P.

Frogier,   commissaire général de la marine, à Paris, M. C. P.

Fulton,   superintendant scientifique au bureau des pêches d'Edimbourg (G.-Bretagne), M.C.P.

Galbert (le comte de),   pisciculteur à La Buisse, par Voiron (Isère).

Garstang, W.   naturaliste à la section de biologie de l'Institut royal de Plymouth (Grande-Bretagne), M. C. P.

Gaudey, Jules,   garde général des eaux et forêts, à Rochefort-Montagne (Puy-de-Dôme).

Gautier, Gustave,   armateur, quai Moucousu, 19 bis, à Nantes.

Gauthier, Henri,   ingénieur à Courrières (Pas-de-Calais).

Gautret, Fernand,   maire et député des Sables-d'Olonne, 16, boulevard Malesherbes, Paris, M. C. P.

Gauvrit,   8, r. des Cordiers, Sables-d'Olonne (Vendée).

Gelée,   armateur, délégué de la Chambre de commerce de Dieppe.

Georges,   président de Chambre à la Cour des comptes, M. C. P.

Gerville-Réache,   député, président du Comité consultatif des pêches mar., 5, r. Le Goff, Paris, M. C. P.

Gicquel, Jules,   armateur, à Paimpol (Côtes-du-Nord).

Giard, Alfred,	membre de l'Institut, professeur à la Sorbonne, 14, rue Stanislas, M. C. P.
Gil-Christ,	inspecteur des pêches (Colonie du Cap) M.C.P.
Gilles, Louis-Vincent,	mareyeur, 18, 20, rue du Vivier, Boulogne-sur-Mer.
Girard (Dr),	conservateur du Muséum, à Lisbonne (Portugal), M. C. P.
Godard, Auguste,	mandataire aux Halles (marée), 25, rue Malakoff, à Malakoff (Seine).
Godet, René,	directeur des corderies de la Seine, au Havre (Seine-Inférieure).
Golder,	président de la section de pêche de la Chambre de commerce d'Ostende, M. C. P.
Gonzalès, A. (de Linarès),	professeur à l'Univ. de Madrid (Espagne), M. C. P.
Gourret, Paul,	directeur de l'Ecole de pêche de Marseille, 24, rue Lodi, Marseille.
Gradvohl, Achille,	négociant importateur, 88, boulevard Sébastopol, Paris.
Grassy,	professeur à l'Université de Catane (Italie), M. C. P.
Grimm, P.-A.,	inspecteur des pêches, délégué officiel de la Russie, à Saint-Pétersbourg, M. C. P.
Grossiord, Alix,	fabricant de filets, à Saint-Maurice (Seine).
Grousset,	président des marins pêcheurs, délégué de la ville des Sables-d'Olonne.
Gruvel, Jean,	chargé de cours à la Faculté des Sciences de Bordeaux, 26, rue Solférino, à Bordeaux.
Guerne (le baron de),	secrétaire général de la Société nationale d'acclimatation de France, 41, rue de Lille, Paris.
Guiart, (Dr Jules),	secrétaire général adjoint de la Société zoologique de France, 19, rue Gay-Lussac, Paris.
Guilbaud, Emile,	inspecteur adjoint des eaux et forêts, 15, rue de la Paix, les Sables-d'Olonne (Vendée).
Guillard, Victor,	directeur de l'Ecole des pêches maritimes de Groix, Groix (Morbihan).
Guillemet,	député de la Vendée, M. C. P.
Guieysse,	député du Morbihan, M. C. P.
Guyard, Albert,	député, M. C. P.

Hallez,	professeur à l'Université de Lille, délégué de la Société zoologique de France.
Halphen,	69, avenue Henri-Martin, Paris-Passy.
Hamon, Georges,	publiciste, délégué de la Société l'Enseignement technique et professionnel des pêches maritimes, 97, boulevard Port-Royal, Paris.
Harry Scott Johnston,	négociant armateur, 18, pavé des Chartrons, Bordeaux.
Heclat, Emile,	docteur ès-sciences, chef des travaux d'histoire naturelle, Faculté des sciences de Nancy, 12, rue Victor-Hugo, Nancy.
Heincke,	profes., directeur de l'Institut royal d'Helgoland (Allemagne), M. C. P.
Helgerud, G. M.,	directeur, président de l'Alliance française, à Trondhjem (Norvège).
Henking,	secrétaire général des Deutscher Seefischerei Vereins, à Hanovre, Eichstrasse, 2 (Allemagne), M. C. P.
Hensen,	de l'Université de Kiel (Allemagne), M. C. P.
Herbet, Alexandre,	négociant, 5 bis, boulevard Bonne-Nouvelle, Paris.
Herdmann,	professeur, à Liverpool.
Hervouet,	marin-pêcheur, délégué de la ville des Sables-d'Olonne.
Herwig Walter (Dr),	président der Koniglich Preussischen Klosterkammer et des Deutscher Seefischerei Vereins à Hanovre Eichstrasse, 2 (Allemagne), M. C. P.
Heuscher,	profes., délégué de la Société de pêche de la Suisse, Hélios Strasse, Zurich, directeur du *Sweizerischefischerei-Zeitung*, Zurich, M. C. P.
Hoek, P.-P.-C. (Dr),	conseiller scientifique du gouvernement néerlandais en matière de pêche, délégué officiel des Pays-Bas (Helder), M. C. P.
Hofer, Bruno (Dr),	professeur de l'Université de Munich, délégué de la Société de pêche et de pisciculture de Bavière, M. C. P.
Hoffmann,	professeur, membre du collège pour les pêches maritimes, à Leyden (Pays-Bas), M. C. P.
Holt, I.-F.,	chef des études sur les pêcheries à la Société royale, à Dublin (Grande-Bretagne), M.C.P.

Horst, professeur à l'Université de Leyde (Pays-Bas), M. C. P.

Houssaye, Paul-Emile, pharmacien des dispensaires de l'assistance publique, 3-5, rue de l'Epée-de-Bois, Paris.

Hubrecht, professeur à l'Université d'Utrecht (Hollande), M. C. P.

Hugot, V., membre de la Chambre de commerce de Paris, 4, rue de la Renaissance.

Huguet, sénateur, M. C. P.

Ito, attaché à la légation de Paris (Japon), M. C. P.

Ijord, L., à Christiania (Norvège), M. C. P.

Ingwersen (Ramus Schandorff), consul général de la République du Paraguay, ancien président de la Société de pêche « l'Amateur en Danemark », Novsvei, 5, Copenhague (Danemark).

Jacquot, Auguste, 38, boulevard Maillot, Neuilly-sur-Seine.

Jaffé, Siegfried, pisciculteur, membre de la Société centrale d'aquiculture de France, membre de la commission de la Société royale d'aquiculture, à Hanovre, domaine de Sandfort, près Osnabrück, Hanovre (Allemagne).

Jardin, Désiré, président de la Société ostréicole du bassin d'Auray, à Auray (Morbihan).

Jousset de Bellesme, directeur de l'Aquarium municipal de la ville de Paris, 6, avenue de l'Opéra, Paris.

Juncker, ingénieur en chef des ponts et chaussées, 20, rue Euler, Paris.

Kahnsen, directeur du collège des pêches maritimes d'Amsterdam, président du conseil royal des pêches maritimes (Hollande), M. C. P.

Kawamura, Jungo, commissaire du Japon à l'Exposition 1900, délégué officiel du Japon.

Keisuké Shimo, ingénieur au Ministère de l'Agriculture et du Commerce du Japon.

Kerbert (Dr C.), directeur de la Société royale de zoologie, « Natura Artis Magistra » d'Amsterdam (Hollande), M. C. P.

Kerjégu (de), député, M. C. P.

Kikkert, armateur, membre de la commission néerlandaise pour la pêche maritime, à Wlaardingen (Hollande), M. C. P.

Kishinouye,	de l'Université de Tokio (Japon), M. C. P.
Knipowitch, N.-M.,	membre de la Commission des pêches, à Saint-Pétersbourg, Russie, M. C. P.
Kojevnikoff, Grégoire,	professeur à l'Université impériale de Moscou, délégué de la Société impériale d'acclimatation de Russie.
Kousnetzoff, I.-D.,	chef de section de la pêche au département de l'Agriculture, à Saint-Pétersbourg, délégué officiel de la Russie, M. C. P.
Kunstler,	professeur à l'Université de Bordeaux, conservateur du Musée d'histoire naturelle, délégué de la ville de Bordeaux, délégué de la Société océanographique de Bordeaux.
Lacaze Duthiers,	membre de l'Institut, M. C. P.
Lahille (Dr F.),	chef de la 2me division, chasse et pêche, au Ministère de l'Agriculture, à Buenos-Ayres (République Argentine).
Lahner, Georges,	président de la Oberosterreichischer Fischerei Vereins, à Linz-Danube (Autriche-Hongrie).
Lamarche	secrétaire général de la Société centrale d'aquiculture, 10, rue Séguier, Paris.
Lambert, Ch.,	ingénieur, 73, rue Turbigo, Paris.
Lameille, Victor,	armateur, Le Tréport (Seine-Inférieure).
Landgraf, Jean,	inspecteur royal de pisciculture au Ministère de l'Agriculture, à Budapest, délégué officiel de la Hongrie, M. C. P.
Landmark, A.,	inspecteur des pêcheries de saumon, à Christiania (Norvège), M. C. P.
Launey, Albert,	inspecteur adjoint des eaux et forêts, à Bar-sur-Seine (Aube).
Laurant, Jules,	mandataire aux Halles (marée), 8, boulevard Sébastopol, Paris.
Laveissière, Alberto,	Illescas, province de Toledo (Espagne).
Lavieuville, Gustave,	directeur de l'Ecole d'hydrographie et de l'Ecole de pêche de Dieppe, rue du Mont-de-Neuville-les-Dieppe (Seine-Inférieure).
Lebel,	trésorier de la caisse d'épargne de Péronne (Somme).
Le Bourgeois, Paul,	avocat, 6 bis, rue d'Ecosse, à Dieppe, président de la Chambre de commerce de Dieppe, M. C. P.

Le Bozec, Pierre,	commissaire de la marine (en congé hors cadres), administrateur, délégué de la Société la Pêche coopérative, 13, rue Berger, Paris.
Le Bras, Alexandre,	juge de paix, à Pont-Croix (Finistère).
Lechat et R. Philippe,	fabricants de conserves alimentaires, à Nantes (Loire-Inférieure).
Le Cocq, A.-C.,	directeur du service agronomique au Ministère des Travaux publics, à Porto (Portugal), M. C. P.
Leconte, Théophile,	négociant, marchand d'huîtres, 382, rue de Vaugirard.
Le Coustellier,	20, rue de la Tapinerie, à Abbeville (Somme).
Lefebvre, Albert,	banquier, 8, rue Chaussée-d'Antin, Paris.
Lefebvre, Alfred,	pisciculteur, 5, route de Paris, à Amiens (Somme).
Lefeuvre, Marcel,	armateur, à Croix-de-Vie (Vendée).
Legal,	délégué de la Chambre de commerce de Dieppe, 7, quai Henri IV, à Dieppe.
Lehmkuhl, F.,	président de la Société d'encouragement des pêches, à Bergen (Norvège), M. C. P.
Lemy, Pierre,	fabricant de conserves, 108, rue Saint-Honoré, Paris.
Le Myre de Villers,	député, président de la Société nationale d'acclimatation de France, M. C. P.
Le Normand, François,	président de la Chambre de commerce de Saint-Malo, 3, rue de la Cité, à Saint-Servan (Ille-et-Vilaine, M. C. P.
Leplay,	ancien sénateur, M. C. P.
Leposckine, W.,	à Moscou, M. C. P.
Leprince,	trésorier de la Société centrale d'aquiculture et de pêche, 24, rue Singer, Paris.
Leroy,	directeur du *Messager des Assurances*, passage des Princes, Paris.
Lesani,	ostréiculteur, Anse Celino, commune de Baden (Morbihan).
Lescœur, François,	mandataire aux Halles (marée), 21, rue Saint-Denis, à Noisy-le-Sec (Seine).
Leseigneur, Jacques,	commissaire de la division des gardes côtes, à bord du *Bouvines*, à Toulon.
Lesperon, Léonce,	château de Saint-Rieul, Villenave d'Ornon (Gironde).
Levasseur,	membre de l'Institut, M. C. P.

3

Levêque, Constant. ostréiculteur, à St-Vaast-la-Hougue (Manche).

Ligneau de Séréville, à Saint-Just-en-Chaussée (Oise).

Lindeman, docteur en philosophie, Dresden Schnow-strasse, 62, II (Allemagne).

Loir, A., commissaire général de la Tunisie à l'Exposition 1900, délégué officiel de la Tunisie.

Lourties, sénateur des Landes, M. C. P.

Lundbeck, secrétaire de la Dansk Fiskeriforening, à Copenhague (Danemark).

Lundberg, Rudolphe, docteur en philosophie, inspecteur général des pêches, à Stockholm (Suède), M. C. P.

Lundquist, délégué officiel de la Norvège.

Luthen, professeur, directeur du Muséum de Copenhague, M. C. P.

Mac-Allister, ostréiculteur, membre de la Société zoologique de Londres. Ile de Fandouillec, par Landevant (Morbihan).

Mac-Intosh, professeur à l'Université de Saint-Andrews (Grande-Bretagne), M. C. P.

Maes, sous-inspecteur des eaux et forêts, secrétaire de la Commission pour la pêche fluviale et maritime, délégué officiel de la Belgique, 25, rue van Campenhout, quartier N.-E., Bruxelles.

Mailles, Charles, délégué de la Société centrale d'aquiculture et de pêche, à La-Varenne-Saint-Hilaire, rue de l'Union.

Maire, inspecteur des forêts au Ministère de l'Agriculture, secrétaire génér. adj. du congrès.

Maister, M., président de la Société suisse de pêche, à Zurich, M. C. P.

Malepeyre, Edouard, inspecteur des eaux et forêts, 3, rue Minoy, Bordeaux.

Malin, intendant des pêcheries, à Gothembourg (Suède), M. C. P.

Marguery, délégué de la Chambre de commerce de Paris, 36, boulevard Bonne-Nouvelle.

Marny, de l'Association des industriels de France, rue de Lutèce, Paris.

Marchal, Paul. professeur de zoologie à l'Institut national agronomique, 126, rue Boucicaut, à Fontenay-aux-Roses (Seine).

Marcillac, (Alph. de),	à Bessemont, par Villers-Cotterets (Aisne).
Masselin, Raoul,	inspecteur-adjoint des eaux et forêts, à Landerneau (Finistère).
Meesters, J.,	bourgmestre de Steenwijk-Lidder, membre de la seconde Chambre des Etats généraux, délégué officiel des Pays-Bas.
Mello de Mathos, (José-Maria de),	ingénieur des travaux publics, rue Junqueine, 247, à Lisbonne (Portugal).
Mendès-Guerreiro,	ingénieur délégué de l'Association des ingénieurs civils portugais.
Mersey,	chef du service de la pêche et des améliorations pastorales au Ministère de l'Agriculture, délégué officiel du Ministère de l'Agriculture.
Meschinelli, L.,	docteur en sciences naturelles (Venise), (Italia).
Metzger,	professeur de l'Ecole forestière de Gemunden (Allemagne), M. C. P.
Messin, Théodore,	mandataire aux Halles, marée et eau douce, 2, rue Turbigo, Paris.
Mesureur,	vice-président de la Chambre des députés, M. C. P.
Meunier, Charles,	administrateur de l'Etablissement des invalides de la marine (en retraite), 48, rue d'Assas, Paris, M. C. P.
Michaud, Paul,	conservateur des eaux et forêts, à Bourges (Cher).
Mobius (Dr),	directeur du muséum d'histoire naturelle de Berlin (Allemagne), M. C. P.
Moltke-Bregtvend,	président de la Dansk fiskeri forening (Danemark), M. C. P.
Morenos (David Levi),	professeur, délégué de la Société régionale de pêche et d'aquiculture, à Venise (Italie), M. C. P.
Mouliets, Marcel,	ostréiculteur, à La Teste (Gironde), rue du Quatorze-Juillet.
Mousel,	directeur du service des eaux et forêts, délégué officiel du Ministère de l'Agriculture de Bruxelles (Belgique).
Muller,	chambellan (Danemark), M. C. P.
Mun (de),	député, M. C. P.
Muntadas,	directeur de l'Etablissement de pisciculture de Piedra (Espagne), M. C. P.

Muzet,	député de la Seine, M. C. P.
Murray (sir John),	Challenger Lodge, Edimbourg (Grande-Bretagne), M. C. P.
Nadal, Antoine-Vila,	professeur à l'Université de Santiago, directeur de la station de biologie marine, à l'Université de Carril.
Nansouty (Marx Champion de),	publiciste, 10, rue Saint-Joseph.
Navarrete (Adolfo de),	capitaine de corvette, à Madrid (Espagne), délégué officiel de l'Espagne, M. C. P.
Nikolaeff, Léonty,	docteur en médecine, représentant de la maison des frères Sapojnikoff, 4, rue Hautefeuille, à Paris (ou à suivre).
Nelss, S.,	président du congrès national, directeur de la pisciculture de l'Etat de New-York, à Glensfalls (Etats-Unis), M. C. P.
Nelson, Enrique, M..	ingénieur agronome, directeur de l'enseignement agricole au Ministère de l'Agriculture de la République Argentine, Buenos-Aires (République Argentine), 481, Entre Rios.
Nègre.	commiss. de la marine, à Rochefort, M. C. P.
Nehring.	professeur de la Landvirthschafttliche Hoch Schule, à Berlin, M. C. P.
Neveu,	commissaire de la marine, à Cherbourg (Manche), M. C. P.
Nielssen,	superintendant des pêches, à Terre-Neuve, M. C. P.
Nobre, Auguste,	directeur de la station agricole du Ave (villa Conde), naturaliste de l'Académie polytechnique de Porto, Foz do douro (Portugal), M. C. P.
Nordgaard, O.,	de la station de biologie de Bergen (Norvège), M. C. P.
Nordquist, Osc.,	inspecteur des pêches de la Finlande, Helsingfors, Finlande (Russie), M. C. P.
Odin, Amédée,	directeur du Laboratoire de zoologie marine, 10, quai Franqueville, Les Sables-d'Olonne (Vendée).
Olivier, Léon,	délégué des marins de Trouville.

Orban de Xivry,	membre de la Commission royale de pisciculture et de mariculture, vice-président de la Commission royale de la pêche maritime (Belgique), M. C. P.
Pams.	député des Landes, M. C. P.
Parrodi, Gabriel,	membre de la Commission mexicaine de l'exposition de 1900, délégué officiel du Mexique.
Pellegrin,	délégué de la Soc. d'aquiculture et de pêche.
Pérard, J.,	ingénieur, secrétaire de la Société de l'enseignement professionnel et technique des pêches maritimes, secrétaire général du congrès.
Perdu, Charles,	maire de la ville de Boulogne-sur-Mer.
Perdrizet,	inspecteur des eaux et forêts, à Thonon-les-Bains (Haute-Savoie).
Perrier, Edmond,	membre de l'Institut, directeur du Muséum d'histoire naturelle de Paris, président du congrès.
Perrier, Léon,	préparateur de zoologie, Faculté des sciences, à Grenoble (Isère).
Perrin, Ernest,	conservateur des eaux et forêts, à Vesoul, (Haute-Saône).
Petersen,	directeur de la station biologique marine et du service des pêches, à Copenhague, M. C. P.
Petit, Albert,	conseiller maître à la Cour des comptes, M. C. P.
Petit, Gustave,	fabricant d'articles de pêche, 3, rue de Rome, Paris.
Petit, Henri,	2, rue Saint-Joseph, à Châlons-sur-Marne.
Petterson,	professeur à l'Ecole des Hautes Etudes, à Stockholm, M. C. P.
Peyrouse, Emmanuel,	inspecteur-adjoint des eaux et forêts, 3, rue Carnot, à Clermont-Ferrand.
Peracamps (le comte de),	président de la Société générale pour les exploitations scientifiques et industrielles de pisciculture, à Saint-Sébastien (Espagne), M. C. P.
Philippe,	directeur de l'Hydraulique Agricole au Ministère de l'agriculture, M. C. P.
Pineau, Henri (Dr),	14, rue Rambaud, à La Rochelle (Char.-Inf.).

Pollette, Frédéric, industriel, agent consulaire de France, Porto San Stefano, Toscana.

Pompe van Meerdevoot, à Nvewport (Belgique).

Ponzevera, chef du service de la navigation et des pêches en Tunisie, M. C. P.

Pottier, René, commissaire de l'Inscription maritime, à Marennes (Charente-Inférieure).

Pré de Saint-Maur (Louis du), 53, avenue Ségur, Paris.

Pretot-Freire, Victor, ingénieur, 101, rue Miromesnil, Paris.

Prince, commissaire des pêches, à Ottawa (Canada), M. C. P.

Puech, capitaine de vaisseau, membre de la Commission des machines et du grand outillage, délégué officiel du Ministère de la Marine, 5, avenue Montaigne, Paris.

Puenzieux (le colonel), chef du service des forêts, de la chasse et de la pêche du canton de Vaud, délégué officiel de la Suisse, à Clarens (Suisse), M.C.P.

Pype, directeur de l'Ecole de pêche d'Ostende (Belgique), M. C. P.

Quinette de Rochemont (E.-Théod., baron de), inspecteur général des ponts et chaussées, 18, rue de Marignan, Paris, M. C. P.

Raffaelle, au Laboratoire de Naples (Italie), M. C. P.

Raspail, Xavier, membre de la Société zoologique de France, et de la Société nationale d'acclimatation, à Gouvieux (Oise).

Rathbum, Rich., commissaire des pêcheries des Etats-Unis, à Washington (Etats-Unis), M. C. P.

Raveret-Wattel, Casimir, directeur de la station aquicole du Nid du Verdier, 20, rue des Acacias, Paris.

Rawlings, Edward, Richemont House Wembledon commune.

Ray Lancaster, professeur, président de la marine biologicale Association et du British Museum, à Londres (Angleterre), M. C. P.

Récopé, Léon, conservateur des eaux et forêts, 125, rue de Sèvres, Paris.

Regimbeau, inspecteur général des eaux et forêts, à Marmande (Lot-et-Garonne).

Richard (Dr Jules),   conservateur des collections scientifiques de S. A. S. le prince de Monaco, 30, faubourg Saint-Honoré, Paris.

Ridder, T. A. O.,   bourgmestre de Katwijh (Hollande), délégué de la Société pour le développement de la pêche dans les Pays-Bas.

Rigaux, Paul,   ingénieur des ponts et chaussées, 3, place Condé, à Charleville (Ardennes).

Rioteaux,   député de la Manche, M. C. P.

Robertson (Dr),   secrétaire du fishery board for scotland, à Edimbourg (Grande-Bretagne), M. C. P.

Roché, Georges,   inspecteur général honoraire des pêches maritimes, 47, boulevard Saint-Germain, Paris.

Romet, Pierre,   avocat, 47, rue Vaneau, Paris.

Rouchon Mazerat,   commissaire en chef, secrétaire du comité des inspecteurs de la marine, délégué officiel du Ministère de la Marine.

Roucy, Louis (de),   inspecteur des eaux et forêts, à Epernay.

Rouland,   député de la Seine-Inférieure, M. C. P.

Roume,   directeur des colonies au Ministère des Colonies, M. C. P.

Roussin, Alfred,   commissaire général de la marine en retraite, 11 bis, avenue Mac-Mahon, Paris.

Rouyer, Charles,   conservateur des eaux et forêts, à Bar-le-Duc (Meuse).

Runeberg,   commissaire de la Finlande à l'Exposition universelle de 1900.

Saffrey, Emile,   président de la Chambre de commerce de Pont-Audemer (Eure).

Sailly, Pierre-Raymond-Joly (de),   inspecteur des eaux et forêts, 4, rue de l'Observatoire, à Limoges.

Sahn, W.-A.,   à l'Université forestière Wagennugen (Hollande).

Sanson,   pisciculteur, à Vitry-sur-Seine, 70, rue Saint-Didier, Paris, 16º.

Santa-Cruz (André de),   à Trappes (Seine-et-Oise) ou à Paris, 94, rue de l'Université.

Sarda, A.,   directeur de l'Ecole nationale de Madrid (Espagne), M. C. P.

Sars,   professeur à l'Université de Christiania (Norvège), M. C. P.

Saumon, Henri,   ostréiculteur, 129, Lower Thames street, Londres.

Sauvage (Dr),   à Boulogne-sur-Mer (Pas-de-Calais).

Schwarzenberg (S. E. le prince de),   Autriche-Hongrie, M. C. P.

Sechez, Charles,   maire de l'Ile Tudy, 10, boulevard de l'Odet, à Quimper.

Secques,   pharmacien de l'assistance publique, délégué de la Société zoologique de France.

Selys Longchamps (de),   vice-président du Sénat, membre de l'Académie des sciences naturelles, Belgique M. C. P.

Senné Desjardins,   commissaire en chef de 1re classe de la marine, chef du service de la marine, à Saint-Servan, hôtel de la Marine (Ille-et-Vilaine).

Sépé, Georges,   directeur de la *Revue Ostréicole et Maritime*, 62, allées Damour, Bordeaux.

O'Shéa, Henri,   président de Biarritz Association, 1, rue de France, à Biarritz (Basses-Pyrénées).

Sibille, Maurice,   député de la Loire-Inférieure, M. C. P.

Siegfried, Jules,   député des Côtes-du-Nord, M. C. P.

Silhouette, Léon,   21, avenue de la République, à Biarritz (Basses-Pyrénées).

Skarzynski, Louis (le comte),   délégué du Ministère des Finances russe à l'Exposition 1900, 14, rue Tronchet.

Société adriatica di scienza nationale di Trieste (Autriche).

— centrale d'aquiculture et de pêche, 41, rue de Lille, Paris.

— centrale de sauvetage des naufragés.

— des ingénieurs civils portugais.

— deutscher fischerei verein (Berlin).

— deutscher seefischerei verein, Hanovre.

— l'Assistance rochefortaise.

— l'Enseignement professionnel et technique des pêches maritimes, 21, quai Saint-Michel, Paris.

— l'Union des yachts français.

— nationale d'acclimatation de France, 41, rue de Lille, Paris.

— océanographique de Bordeaux.

— pour l'encouragement des pêches néerlandaises.

— régionale de pêche et d'aquiculture, Venise (Italie).

— suisse de pêche et d'aquiculture, Zurich.

— zoologique de France.

Smith (Dr Hug. M.),	membre de la commission des pêches et pêcheries, à Washington D. C. (Etats-Unis), délégué officiel des Etats-Unis, M. C. P.
Smitt,	professeur à l'Université de Stockholm (Suède), M. C. P.
Spotswood Green, F. R.,	inspecteur des pêches, à Dublin, délégué du Ministère de l'Agriculture de l'Irlande, délégué des congested district board for ireland de Dublin, M. C. P.
Stadler.	greffier à la cour de cassation du canton de Vaud, délégué de la Société de pêche et d'aquiculture de Zurich.
Stael-Holstein (le baron Renaud),	délégué de la Frankfurter Bank, Neü Auzen par Riga, en Livonie (Russie).
Steindachner (Dr Franz),	Burgung-s-Vien (Vienne, Autriche).
Stevens, Jean,	directeur de l'Enseignement industriel et professionnel au ministère de l'industrie et du travail, secrétaire de la commission de la pêche maritime, 19, rue de la Loi, à Bruxelles.
Stoecklin, Auguste,	inspecteur général des ponts et chaussées, 6, avenue de l'Alma, Paris.
Suchetet,	député de la Seine-Inférieure, à Breauté (Seine-Inférieure), délégué de la Société nationale d'acclimatation de France.
Sweeney, Z. T.,	membre de la commission des pêches et pêcheries des Etats-Unis, délégué officiel des Etats-Unis.
Tétard-Gournay,	armateur, délégué de la Chambre de commerce et du syndicat des armateurs de Boulogne-sur-Mer.
Thirouard, Charles,	mandataire à la vente en gros du poisson aux Halles, 8, rue Théodule-Ribot, Paris.
Thomas, Martin,	commerçant à Groix (Morbihan).
Thorndike-Nourse,	membre de la Société coloniale d'agriculture et de pêche, aux soins de M. John Robert Stevens, 2, Austin-Friars (Londres).
Thuillier Buridard, Paul,	industriel, à Vignacourt (Somme).
Thubé, Gaston,	industriel, 2, avenue de Launaz, à Nantes.
Trybom,	directeur, premier assistant des pêcheries Karlavägen, 41, Stockholm.

Toutain, Jules,   sous-directeur au ministère de la marine, délégué officiel du ministère de la marine, 1, rue du Printemps, Paris.

Vaillant, Léon,   professeur au muséum d'histoire naturelle, 36, rue Geoffroy-Saint-Hilaire, Paris, M. C. P.

Valle, Antoine,   conservateur du muséum d'histoire naturelle, secrétaire général de la Société autrichienne de pêche et de pisciculture marine et de la Société adriatique des sciences naturelles, membre du comité consultatif des pêches maritimes à Trieste (Autriche), M. C. P.

Van Cauwenberghe Le-maire,   armateur, délégué de la Chambre de commerce de Dunkerque.

Vaney, Camille,   inspecteur des eaux et forêts, 6, rue Surcouf, Paris.

Van Graefschepe,   parcs à huîtres et homards, rue du Cercle, 25.

Van Zuylen (le colonel),   délégué de la Société pour le développement de la pêche dans les Pays-Bas, à La Haye.

Varigny (de),   18, rue Lalo, Paris, M. C. P.

Vauchez, Emmanuel,   publiciste, quai du Remblai, les Sables-d'Olonne (Vendée).

Vassillère,   directeur de l'agriculture au Ministère de l'Agriculture, M. C. P.

Venot, Gabriel,   6, rue des Colonnes, Paris.

Vincent, Pierre,   ingénieur, 28, boulevard Malesherbes, Paris.

Vinciguerra, L.,   directeur de la station royale de pisciculture, Viâ Susanne, 1. A. Rome (Italie), M. C. P.

Vion, Emmanuel,   68, rue Laurendeau, à Amiens (Somme).

Wallem, Frédéric,   inspecteur des pêches maritimes, à Trondjem (Norvège).

Warington, Herbert (Brith),   délégué du gouvernement de Siam, Siamèse-Légation, 23, Ashbron place, à Londres, S. W.

Watenvyl,   inspecteur des pêches, à Berne (Suisse), M. C. P.

Wattenmergel,   à Berne (Suisse). .

Weden, Théodore,   ingénieur des phares, à Copenhague.

Weill, Georges,   négociant, importateur d'éponges, 12, rue des Francs-Bourgeois, Paris.

Wladimir Weschniakoff, membre du Conseil d'Etat, président de la Société impériale russe de pisciculture et de pêche, Saint-Pétersbourg, M. C. P.

Willequet, président de la commission de pisciculture à Konincke (Belgique), M. C. P.

Winkler, Oscar, négociant, Foldbodgade, 16, Copenhague.

Wurtz (Dr), professeur à la Faculté de médecine, 67, rue des Saints-Pères, Paris.

Zacchokke, professeur à l'Université de Bâle (Suisse), M. C. P.

Zaroubine, délégué officiel de la Russie, 20, rue de Longchamps, Paris.

Zograff, N.-J., professeur de zoologie, à Moscou, M. C. P.

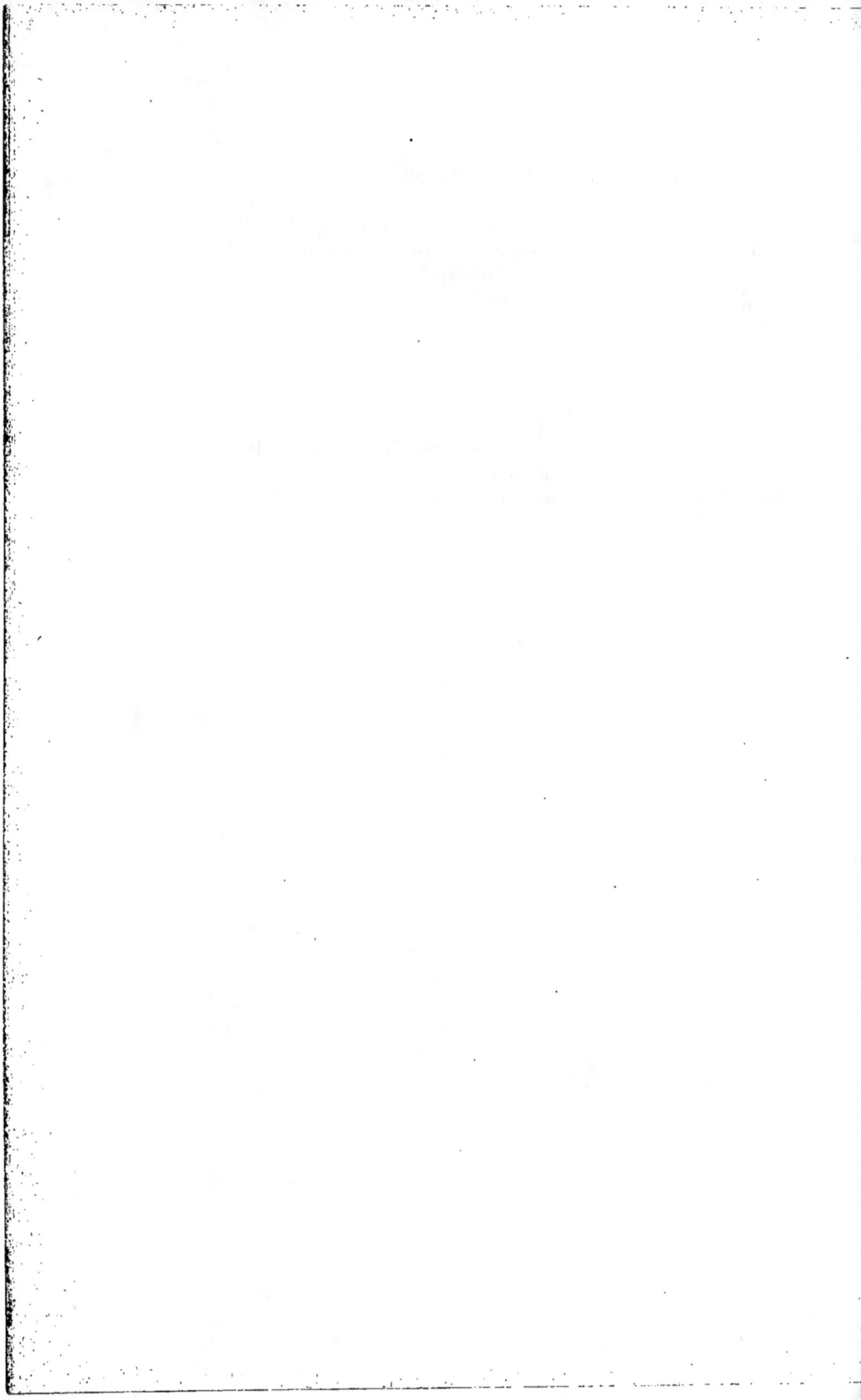

CONGRÈS INTERNATIONAL

D'AQUICULTURE ET DE PÊCHE

TENU A PARIS

DU 14 AU 19 SEPTEMBRE 1900

SÉANCE D'OUVERTURE

DU VENDREDI 14 SEPTEMBRE A 10 HEURES (MATIN)

PRÉSIDENCE DE M. JEAN DUPUY, *ministre de l'agriculture*

Le congrès international d'*aquiculture et de pêche* de l'Exposition de 1900 a tenu sa séance d'ouverture dans le palais des congrès, sous la présidence de M. Jean DUPUY, ministre de l'agriculture.

Quelques instants avant la séance, le ministre avait reçu dans une salle voisine les délégués officiels, ainsi que les représentants des diverses sociétés savantes de France et de l'étranger.

M. Jean DUPUY prend place au fauteuil présidentiel.

Autour du ministre on remarquait : MM. Edmond PERRIER, membre de l'Institut, président de la commission d'organisation ; VESCHNIAKOFF, secrétaire d'Etat, président de la Société impériale russe de pêche et de pisciculture ; l'amiral BAYLE, représentant le ministre de la marine ; NAVARRETE, capitaine de corvette, délégué officiel d'Espagne ; DAUBRÉE, conseiller d'Etat, directeur des eaux et forêts ; CHANDÈZE, directeur du commerce ; DURASSIER, directeur de la marine marchande ; MERSEY, conservateur des forêts, chef du service de la pêche au ministère de l'agriculture ; J. PÉRARD, secrétaire général, et M. MAIRE, secrétaire général adjoint de la commission d'organisation.

M. LE MINISTRE a adressé ses plus vifs remerciements au comité d'organisation pour l'honneur qu'on lui avait fait en l'appelant à la présidence de cette séance d'ouverture ; il a été heureux de pouvoir, en acceptant, témoigner tout l'intérêt que le gouvernement de la République porte aux travaux du congrès. Il est heureux de constater que les savants étrangers ont répondu en très grand nombre à l'invitation de la France, et les remercie d'avoir bien voulu apporter le concours de leur science et de leur expérience, de manière à contribuer au succès de l'œuvre commune.

« L'Exposition universelle, dit-il, a dépassé les espérances même les plus optimistes, et elle constitue une œuvre aussi grande et aussi belle qu'il soit possible de l'imaginer.

« Les congrès ont été nombreux ; ils ont scruté l'ensemble des connaissances humaines. Le congrès d'aquiculture et de pêche tiendra dignement sa place dans ce concert. Les nombreuses questions inscrites à votre programme, l'ardeur que vous avez mise à chercher les solutions des problèmes qu'il comporte démontrent le haut intérêt qui s'attache à vos travaux. La compétence des hautes personnalités qui composent votre comité de patronage est un sûr garant que les vœux que vous émettrez constitueront une œuvre de progrès dont les pouvoirs publics ne manquèront pas de tenir le plus grand compte. »

Le ministre déclare ouvert le congrès international d'aquiculture et de pêche.

Se faisant ensuite l'écho de l'ensemble du congrès, il propose de nommer comme président effectif M. Edmond PERRIER, membre de l'Institut et de l'Académie de médecine, directeur du Muséum d'histoire naturelle de Paris, membre du comité consultatif des pêches maritimes, président du comité d'organisation.

Cette proposition est accueillie par acclamation.

M. Edmond PERRIER remercie de l'honneur qui lui est fait ; il fait remarquer que deux fois déjà, aux Sables-d'Olonne et à Dieppe, on a bien voulu lui confier une semblable mission, ce qui lui permet d'envisager avec moins d'appréhension la lourde tâche qui lui est dévolue ; il se félicite de l'appui officiel dont M. le ministre donnait tout à l'heure l'assurance et rappelle que le gouvernement français a bien voulu considérer les précédents congrès de pêche comme des « parlements au petit pied » chargés d'élaborer les projets de loi et les meilleurs règlements à soumettre aux chambres et aux administrations publiques.

Cette brillante improvisation est accueillie par les applaudissements répétés de l'assemblée tout entière.

M. le ministre propose ensuite, au nom de la commission d'organisation, de nommer présidents d'honneur du congrès :

Son Exc. M. WESCHINAKOFF, secrétaire d'Etat de Russie, président de la Société impériale russe de pêche et de pisciculture ;
MM. MILLERAND, ministre du commerce ;
    DE LANESSAN, ministre de la marine ;
    Jean DUPUY, ministre de l'agriculture ;
    BAUDIN, ministre des travaux publics ;
    LEYGUES, ministre de l'instruction publique ;
    DECRAIS, ministre des colonies.

Il propose ensuite de compléter le bureau de la manière suivante :

Vice-présidents :

MM. GERVILLE-RÉACHE, député ;
    GAUTRET, député ;
    Albert PETIT, conseiller-maître à la Cour des comptes ;
    Raphaël DUBOIS, professeur à la Faculté des sciences de Lyon ;
    le commandant DRECHSEL, délégué officiel du Danemark ;
    le docteur T. H. BEAN, délégué officiel des Etats-Unis ;
    le docteur P. P. C. HOEK, délégué officiel des Pays-Bas.
    LANDGRAF, délégué officiel de la Hongrie :
    le docteur ANTIPA, délégué officiel de la Roumanie ;
    le docteur KUSNETSOFF, délégué officiel de la Russie ;
    le professeur Max BRAUN, de l'Université de Kœnisberg ;
    le révérend SPOTSWOOD GREEN, inspecteur des pêches à Dublin ;
    FEDDERSEN, conseiller des pêches à Copenhague.

Secrétaires généraux :

MM. J. PÉRARD, ingénieur des arts et manufactures ;
    N. BORODINE, rédacteur en chef de la *Revue internationale de pêche et de pisciculture.*

Secrétaires généraux adjoints :

MM. MAIRE, inspecteur des forêts au ministère de l'agriculture;
MAES, sous-inspecteur des forêts, délégué officiel de la Belgique.

Trésorier :

M. le docteur Marcel BAUDOUIN.

L'assemblée, par ses applaudissements, acclame ces propositions.

Ayant ainsi procédé à l'élection du bureau du congrès, M. le ministre se retire, laissant la présidence à M. Edmond Perrier. Celui-ci prononce alors le discours suivant :

Messieurs,

Après vous avoir exprimé ma confusion et ma gratitude pour le grand honneur que vous m'avez fait en me chargeant de diriger les débats internationaux, mon premier devoir est de remercier les ministres auxquels doivent être transmises les résolutions que vous prendrez, et qui, en venant présider vos réunions les plus importantes ou les plus fraternelles, affirment, par cela même, leur désir de réaliser les créations ou les réformes que vous aurez librement votées. Je dois ensuite adresser les souhaits les plus cordiaux de bienvenue aux représentants officiels des puissances et des sociétés savantes étrangères, aux représentants des ministères, des chambres de commerce et des sociétés savantes françaises qui se pressent en si grand nombre autour de votre bureau. Notre grande sœur la Russie, les Pays-Bas, la Belgique, la Suède, la Norvège, la Grande-Bretagne, l'Autriche, la Hongrie, la Roumanie, l'Italie, le Portugal, l'Espagne, le Japon, les États-Unis, le Mexique ont accrédité auprès de nous les plus autorisés de leurs hommes de science ou de leurs praticiens de la pêche; je les salue en votre nom et je leur suis profondément reconnaissant d'avoir bien voulu apporter à notre réunion le plus précieux de tous les concours, l'éclat de leur renommée. Leur présence est un gage de l'importance qui s'attache à vos travaux.

Le domaine des pêcheurs est, en effet, Messieurs, autrement considérable, mais aussi autrement difficile à cultiver, autrement mystérieux que celui des agriculteurs. Il s'étend sur environ les 3/4 du globe, et tandis que les agriculteurs ne travaillent, pour ainsi dire, qu'en surface, les pêcheurs disposent des profondeurs, de profondeurs qui dépassent sur certains points 8,000 mètres et qui tout près de nos côtes, à quelques milles de Rochefort, peuvent atteindre 5,000 mètres. Or, cette immensité est peuplée d'organismes dont les dimensions s'échelonnent depuis celle des plus petits microbes jusqu'à celle de la baleine et parmi lesquels se trouvent, dans le règne animal aussi bien que dans le règne végétal, les organismes les plus petits et les organismes les plus grands. Quelle serait donc la puissance alimentaire des eaux relativement à celle des terres, si l'on pouvait jamais atteindre ce but que certain philosophe utilitaire — il y en a de tous — proposait comme but suprême à l'activité humaine : faire que le globe tout entier soit exclusivement peuplé d'organismes capables de servir à l'alimentation de l'homme, ou de lui être de quelque secours ! Je ne crois pas que le xxe siècle obtienne jamais ce résultat, et peut-être n'est-il pas souhaitable. Les Foa, les Monteil, les de Béhagle, les Marchand, les Foureau, les Lamy du prochain siècle regretteraient sans doute que l'Afrique centrale fût privée de ses monstres, comme nous regrettons le mastodonte, le mammouth ou les smilodon des temps anciens, et la mer serait moins fascinatrice si elle ne roulait dans son sein les formidables requins, les pieuvres gigantesques et les êtres apocalyptiques qui ajoutent à l'horreur de ses tempêtes, à l'épouvante suscitée par ses convulsions. Nous serions nous-mêmes diminués, malgré l'orgueil de notre victoire sur le monde vivant, par les facilités trop grandes de la vie, car la lutte seule fortifie et grandit, car la lutte seule contient en elle la santé et la joie, car il n'y a pas d'organisme qui ne soit voué à la déchéance s'il ne fait un incessant usage de l'activité dont il dispose, s'il ne déploie toute la force dont il est capable, s'il ne vit, en quelque sorte, d'une façon intégrale.

C'est là, Messieurs, la glorification physiologique du travail, la punition prochaine de ceux qui s'affranchissent de ses saintes et inéluctables lois. C'est parce qu'elles constituent la plus prodigieuse excitation au travail, au travail utile, que les expositions universelles sont éminemment bienfaisantes. Et quelle plus magnifique leçon le genre humain peut-il se donner à lui-même qu'une exposition qui atteint la splendeur de celle-ci !

Vous avez visité le superbe palais de la Chasse et de la Pêche où sont accumulés tout ce que les forêts, les eaux douces, les mers fournissent de produits à l'industrie humaine, et aussi tous les engins imaginés par l'homme pour s'emparer des animaux sauvages de la terre et des eaux. Que de merveilles réunies pour quelques jours encore ! Il semble que quelque dieu des eaux ait évoqué d'un coup, pour nous éblouir, toutes les richesses de ses palais enchantés : poissons

colossaux ou déconcertants par l'étrangeté de leurs formes, l'éclat, la
variété ou le bizarre assemblage de leurs couleurs ; crustacés énormes,
coquillages étincelants et mollusques savoureux se mêlent aux perles
et aux coraux ; la fruste éponge elle-même a réussi à se faire gracieuse
et élégante pour donner sa note dans cette fête des yeux. Mais ce qui
est plus admirable encore ce sont les efforts tentés par l'homme pour
conquérir ce domaine des eaux dont certaines parties semblaient devoir être éternellement inaccessibles pour lui.

L'eau douce, à la vérité, vient en quelque sorte vers nous : nuage
parti de la mer, elle se fait neige, pluie ou rosée, pour retomber sur
le sol, pénétrant dans ses couches profondes, coulant sur ses déclivi-
tés, remplissant ses excavations pour former les étangs et les lacs,
portant partout avec elle le mouvement, la fécondité et la vie, frayant
les routes primitives par lesquelles l'homme pénètre au sein des forêts
et arrive à s'emparer du sol. L'homme lui en est reconnaissant; à
tout âge, d'instinct, il l'aime, il la cherche pour elle-même, rien que
pour la voir claire et mobile, un peu mystérieuse aussi, comme il
convient à une amie discrètement coquette et d'autant plus choyée.
Et c'est bien plus pour ce plaisir, pour la joie de sa course capricieuse,
de ses miroitements, de son murmure, que pour le bonheur de capturer de vagues chevaines ou de problématiques goujons, que les longues théories rêveuses de pêcheurs à la ligne se déploient le dimanche,
au bord de nos cours d'eau. Mais s'il y a des eaux qui se laissent ainsi
contempler et caresser du bout du roseau sans rien rendre en échange,
d'autres sont éminemment généreuses et nos pêcheurs parisiens ont
dû demeurer stupéfaits devant les carpes, les brochets, les sandres
monstrueux que le prince Schwartzenberg pêche dans ses étangs de
Bohême, ou devant les silures et les esturgeons que conservent par toutes sortes de procédés et expédient dans toutes les parties du monde
les frères Sapojnikoff, d'Astrakan. Naturellement, les fleuves où se
trouvent ces poissons qui atteignent la taille d'un homme et vivent
souvent en troupes, sont d'un trop gros revenu pour qu'on ne se soit
pas préoccupé d'en assurer le rendement tout à la fois par d'habiles
aménagements et par une sage législation. La Russie, la Roumanie,
l'Autriche peuvent servir de modèles à nos pisciculteurs qui ont d'ailleurs obtenu, eux aussi, dans l'élevage des salmonides, d'excellents
résultats tels que ceux de M. de Marcillac à Bessemont (Aisne), de
M. Raveret Watel au Nid du Verdier, de MM. Chauvassaigne et Berthoule dans le Cantal, de M. Jousset de Bellesme au Trocadéro. Ici, à
la vérité, c'est nous qui devions être les modèles. A part le Japon qui
a fait de bonne heure de la pisciculture de luxe, nous sommes les
premiers avec Rémy, Géhin et Coste qui ayons essayé de la pisciculture rationnelle et les appareils de Coste sont employés partout ; il ne

semble pas cependant que nous soyons arrivés, quant aux cours d'eau, à des résultats pratiques considérables. Cela tient à plusieurs causes : la guerre nous a enlevé l'établissement d'Huningue sur lequel il est impossible aujourd'hui de retrouver aucun document officiel ; deux administrations relevant de deux ministères différents, les ponts et chaussées d'une part, les eaux et forêts d'autre part, se sont disputé l'aménagement des cours d'eau ; la surveillance des cours d'eau eux-mêmes est de plus en plus difficile. Les eaux à tout faire sur lesquelles on a longtemps instrumenté sont d'ailleurs aussi peu propres que possible à l'élevage du poisson. Comment une rivière qui sert à la fois de canal de navigation et d'égout pourrait-elle nourrir des truites saumonées ? Les bons résultats n'ont été obtenus qu'à l'aide de petites rivières disposées de façon à former des étangs d'élevage dans des propriétés bien gardées. Quoi qu'il en soit, nous sommes tranquilles pour l'avenir. Le service de l'aménagement des eaux et de la pisciculture est entre des mains habiles ; M. le directeur des eaux et forêts, Daubrée et le très savant, très actif et très intelligent président de la deuxième section de notre congrès, M. Mersey, lui apportent tout leur dévouement ; ils sauront mettre bientôt notre pays au rang de ceux dont les eaux sont les plus productives et les mieux aménagées.

La mer a été pendant longtemps plus rebelle à nos efforts ; elle est aujourd'hui tout au moins attaquée de tous côtés. On ne savait, il y a quelques années, ce que pouvait être le fond des océans, ni même à quelle distance il se trouvait de la surface. Sur la foi d'observations incomplètes et isolées, on était disposé à penser qu'il y avait par places d'insondables abîmes ténébreux et glacés, où rien ne pouvait vivre, vestibules en quelque sorte de l'Hadès antique. Et voilà que les sondes, les thermomètres, les chaluts et les dragues hardies du Lightning, du Porcupine, du Challenger, du Hassler, du Blake, de l'Albatros, du Travailleur, du Caudan, des deux yachts l'Hirondelle et la Princesse Alice et de bien d'autres encore mesurent ces profondeurs, déterminent leur température et font surgir du sein des eaux — *Vita maris in profundo deprehensa* — tout un monde d'êtres supposés perdus ou demeurés insoupçonnés. Vous avez admiré, au pavillon de Monaco, les collections recueillies sous la direction personnelle du prince par ses deux yachts, l'Hirondelle et la Princesse Alice.

Si la vie descend à 8000 m. au-dessous de la surface de l'eau, il y a des chances sérieuses pour que toute l'épaisseur des eaux soit peuplée ; il ne saurait y avoir, à la vérité, à partir d'une certaine distance du fond, que des animaux nageurs ou flottants, tout ce qui rampe étant éliminé. Mais quels sont-ils ? On a construit des appareils spéciaux pour saisir ce que les Allemands nomment avec Hæckel le *necton* et ce qu'on pourrait appeler la *vie entre deux eaux*. Ils nous feront bientôt connaître jusqu'où descendent les poissons que les pêcheurs recherchent et nous pouvons dire qu'une campagne organisée par le ministère de la marine, à l'aide de la *Vienne* ayant à son bord MM. Fabre-Domergue, Portier, Cligny et Guieysse, a déjà recueilli sur cet important sujet de précieux documents.

On sait de combien de mystères sont encore entourées les apparitions et les disparitions successives des bancs d'anchois, de sardines, de harengs, de maquereaux. On a pensé que le problème serait résolu par l'étude des variations que présente la population infime des régions les plus superficielles de la mer, celle que Hæckel a désignée sous le nom de *plankton*. Tout près de la surface des eaux, grouillent en quelque sorte une infinité d'êtres minuscules : algues microscopiques, fabriquées par le soleil, infusoires, menus crustacés, adultes ou larves de grands crustacés, de vers, de mollusques, qui sont les aliments des petits poissons et des larves de grandes espèces, à moins qu'ils ne les dévorent, et qui, à ce titre, bien qu'invisibles pour le pêcheur, sont pour son industrie du plus haut intérêt. De quoi est fait, dans chaque région, ce plankton régulateur des migrations des bancs de poissons ? Est-il possible de favoriser et de régulariser sa production ? Peut-on tout au moins suivre ses modifications, en tirer profit pour prédire l'apparition prochaine des bancs de poissons, et mettre ainsi les pêcheurs sur leurs gardes, en utilisant pour les avertir soit des signaux sémaphoriques, soit des pigeons voyageurs ? Ne pourrait-on pas même substituer aux indications du plankton, des indications barométriques, thermométriques et photométriques, plus faciles à recueillir et à vulgariser ? Ce sont là de grosses questions dont l'étude est à peine amorcée. En 1875, Hensen et Apstein ont brillamment ouvert la voie pour la mer du Nord ; le *fishery board* d'Angleterre a dirigé des recherches analogues sur les côtes d'Ecosse et la station biologique du Danemark s'est occupée à son tour du Cattégat. Mais, comme vous pouvez vous en rendre compte, il y a entre les divers pays d'Europe de telles différences au point de vue de l'organisation scientifique du service des pêches qu'on ne peut espérer obtenir, avec ce qui existe, de résultats comparables. L'Angleterre, l'Ecosse, l'Irlande, la Hollande, les Etats-Unis, le Canada ont des commissions des pêches très fortement organisées, richement dotées, qui travaillent méthodiquement et ont publié une longue série de magnifiques volumes remplis de recherches et de documents originaux.

Malgré l'intérêt tout particulier que S. M. le roi de Portugal porte aux pêches maritimes et les marques précieuses de dévouement personnel qu'il leur a données, les états du sud de l'Europe ne possèdent rien de semblable, et la France a bien un comité de pêches maritimes conduit par un président dont le dévouement, la compétence et la hauteur de vues sont au-dessus de tout éloge, M. le député Gerville-Réache ; des laboratoires maritimes nombreux et désireux d'être utiles ; mais le comité et le laboratoire se connaissent à peine ; chacun travaille de son côté, sans coordination, sans méthode, sans direction, de sorte que ce qui se fait ainsi fournit rarement une base solide pour des conclusions pratiques. Nous espérons cependant que la grande leçon de choses qu'est l'exposition ne sera pas perdue, et que 1900 ouvrira à l'étude vraiment scientifique et complète des mers une ère nouvelle. Nous sommes assurés tout au moins de la bonne volonté de la direction de la marine marchande au ministère de la marine et de la clairvoyance de son chef, M. Durassier.

La diminution de la richesse des mers, les moyens d'y remédier, voilà d'autres questions qui ont été agitées dans tous les pays et qui ont donné lieu à une industrie nouvelle, la *piscifacture*. « La mer s'appauvrit, ensemençons-la ! » ; tel est le projet hardi qui fut conçu par Spencer Baird en 1872, poursuivi par Marshall Mac Donald, aux États-Unis, par Dannewig père, en Norvège (1883), par le Dr Nielsen, à Terre-Neuve (1889), par Wennyss Fulton et Harold Dannewig, en Écosse. L'ensemencement consistait à jeter à la mer des alevins mis à l'abri dans des appareils spéciaux jusqu'au moment de la résorption de la vésicule vitelline. Les résultats de ces essais ont été fort contestés, et l'on s'est demandé s'il était utile de faire de la piscifacture et s'il ne valait pas mieux protéger tout simplement le poisson là où on se livre à ses dépens à une exploitation intensive. Mais cette protection n'a produit jusqu'ici que de médiocres résultats, justement parce qu'on est à peu près dans l'ignorance de ce qu'il faudrait faire pour arriver à une protection efficace et l'on est amené à demander par conséquent, à des recherches scientifiques, les éléments de la nouvelle direction qu'il faudrait lui donner. Il y a d'ailleurs bien des arguments en faveur de la continuité des recherches de piscifacture marine :

1° Rien ne doit être négligé pour réussir à élever jusqu'à l'état adulte, en captivité, les principales espèces de poissons comestibles parce que c'est le plus sûr moyen d'arriver à connaître avec certitude la marche de leur évolution, leur mode d'alimentation et leurs mœurs aux différents âges.

2° La piscifacture compte à son actif des résultats incontestables et que vous pourrez constater dans l'exposition des États-Unis : l'*alosa sapidissima* de la côte atlantique d'Amérique a été ensemencée et acclimatée sur la côte pacifique. La culture du homard a parfaitement réussi.

3° Il est certain que lorsqu'une région a été dépeuplée par une cause quelconque, il est plus avantageux de la repeupler à l'aide d'alevins que l'on peut jeter en grand nombre sur un même point, qu'à l'aide

de poissons adultes, peu nombreux et exposés à disparaître, par conséquent, avant d'avoir pondu.

4° Sur toutes les côtes se trouvent une foule d'étangs ou d'anses
susceptibles d'être clos et surveillés dans lesquels la pisciculture
marine donnerait les mêmes résultats que la pisciculture d'eau douce
et les résultats seraient faciles à contrôler.

Il y a donc de ce côté quelque chose à faire; mais ce quelque chose
n'est pas mûr pour prendre encore un caractère industriel; ce doit
être l'œuvre de laboratoires outillés spécialement à cet effet, et dont
les études doivent être poursuivies parallèlement avec l'observation
des poissons en liberté. On obtiendra ainsi tous les éléments d'une
réglementation vraiment rationnelle de la pêche, et l'on peut déjà,
d'après le petit nombre des résultats obtenus, indiquer un vice capital
des réglementations actuelles. A de rares exceptions, les réglementations visent l'ensemble des poissons, comme si les époques et l'âge de
la reproduction, les lieux de ponte, la durée du développement, le
séjour des jeunes à différents âges étaient les mêmes pour tous.
Or, il n'en est rien. Des mesures de protection prises en Écosse dans
la baie de Saint-Andrew se sont trouvées efficaces pour les limandes,
inefficaces pour les plies et les soles-limandes. Il est donc vraisemblable
que le plus sage est de faire dans chaque quartier de pêche choix d'un
groupe d'espèces pour lesquelles on établirait une réglementation
appropriée et qui varierait d'un quartier à l'autre avec le groupe d'espèces le plus rémunérateur. Mais les bases de telles réglementations
ne peuvent être fournies, on ne saurait trop le répéter, que par des
recherches scientifiques précises. C'est pourquoi il est urgent de pré-
coniser la création dans tous les pays — en France notamment — de
comités scientifiques, analogues à ceux qui fonctionnent dans les pays
du Nord, comités ayant une autorité suffisante pour rédiger un programme suivi d'études, et en obtenir la réalisation.

Ces problèmes ne se posent plus aujourd'hui pour d'autres productions marines qui font la joie des gourmets et sont, avec le champagne, de toutes les fêtes; j'ai nommé les huîtres. L'ostréiculture est
devenue une industrie régulière, à rendement constant pour ainsi dire.
Elle était presque à elle seule, en 1889, l'exposition tout entière des
pêches maritimes. Elle n'est plus représentée dans la classe 53 de notre
exposition que par de très modestes comptoirs et par un bac solitaire
qui n'en jouit pas moins de toute la faveur du public. Il n'en faudrait
pas conclure que l'ostréiculture soit en péril, et que ses brillants succès
d'il y a dix ans aient subi un temps d'arrêt. Les huîtres sont seulement demeurées chez elles parce qu'elles ont trouvé, comme beaucoup
d'autres, les loyers un peu chers au Champ de Mars. Toutefois, les
ostréiculteurs se plaignent; ils se plaignent surtout des octrois des

villes, des tarifs de chemins de fer et aussi de la médisance. On a accusé leur délicat mollusque de propager la fièvre typhoïde. Vous entendrez dans votre cinquième section des communications qui mettent toutes les choses au point et qui sont une sorte d'exposé complet de ce qu'est actuellement l'ostréiculture et même de ce qu'elle a été.

La méthode qui a réussi pour l'ostréiculture et qui pourrait ouvrir des voies nouvelles à la pisciculture marine, s'applique avec quelques variantes à d'autres mollusques : sur nos côtes, à la moule, à la palourde, à la coque, au pecten ; au Japon à l'arche, à une sorte de couteau ; elle s'applique aussi à la nacre ou huître perlière. Il existe plusieurs espèces de nacres ? L'une d'elles se trouve déjà dans le golfe de Gabès, en Tunisie ; les autres sont répandues dans toutes les régions chaudes du Pacifique. Elles sont une des richesses de nos colonies océaniennes : leur coquille brute se vend déjà 1500 francs la tonne, mais elles sont surtout les productrices du bijou par excellence, du bijou favori des poètes, du bijou sur lequel les musiciens même n'ont pas dédaigné d'égrener leurs mélodies : de la perle. Les artistes ont tout de suite deviné son origine. Naguère, le peintre Albert Maignan nous la montrait naissant au sein de vagues diaprées du baiser de deux êtres charmants, quelque page de Neptune épris d'une adorable suivante d'Amphitrite. Sans doute cela est vrai, puisque M. Albert Maignan le sait de cette science certaine qui illumine les artistes. Les savants sont moins heureux ; ils n'ont su découvrir ni l'heureux page ni sa bien-aimée et attendent encore que la perle leur livre le mystère de sa naissance. Ils la sollicitent cependant d'une façon puissante et peut-être réussiront-ils à obtenir des confidences prochaines. La perle n'est d'ailleurs pas un produit exclusivement marin. La recherche des perles d'eau douce, que nos mulettes savent aussi produire, suscite de temps en temps, aux Etats-Unis, une véritable fièvre semblable à la fièvre de l'or. Les sages utilisent pratiquement les coquilles perlières d'eau douce, très abondantes dans certaines rivières américaines, pour fabriquer les boutons de nacre vulgaire que l'on coud à nos objets de lingerie ou les boutons doubles de nos chemises, de nos faux-cols et de nos manchettes.

Les essais de culture se sont même étendus aux éponges. Au moment de la plus grande prospérité de l'Empire, de nombreux esprits s'étaient engoués d'applications pratiques de la science, toujours assurées, fussent-elles passablement chimériques, de trouver complaisante l'oreille d'un souverain qui avait de bonnes raisons pour croire à l'impossible. Isidore Geoffroy Saint-Hilaire venait de fonder la Société d'acclimatation qui a eu et saura retrouver de beaux jours. Un des membres de cette société, nommé Lamiral, essaya d'acclimater les éponges aux environs de Toulon. Il ne réussit pas à obtenir les champs d'éponge qu'il avait rêvés ; mais l'expérience a réussi ailleurs dans l'Adriatique, aux Antilles, sur la côte de Floride et elle est reprise actuellement sur les côtes de Tunisie, à Sfax. En attendant que ces cultures puissent devenir réellement industrielles, on a essayé de réglementer la pêche des éponges ; mais là encore, faute de connaissances très précises sur l'époque de la ponte et sur la rapidité de croissance de l'éponge on réglemente au petit bonheur. Il serait nécessaire de refaire pour l'éponge usuelle, avec tous les éléments que met entre les mains des hommes de science une technique très perfectionnée, des recherches analogues à celles que fit, en 1862, M. de Lacaze Duthiers pour le corail de la Méditerranée et qu'il y aurait lieu d'étendre à celui des îles du cap Vert et à celui du Japon.

Chaque jour d'ailleurs s'étend l'activité coloniale des Européens, qui se trouvent ainsi placés de la façon la plus imprévue en présence de besoins nouveaux. Sur plusieurs points de nos côtes, sur tout le littoral méditerranéen notamment, on rencontre en abondance de singuliers animaux assez semblables à des concombres à cinq côtes qui porteraient une fleur à une de leurs extrémités et ramperaient en demeurant couchés tout de leur long ; ce sont des holothuries. Dans le patois provençal, on les appelle des *bitche di mare*, appellation assez inconvenante que nous traduisons en latin par *phallus marinus* et que les Anglais se sont appropriée, tout en la francisant à leur façon ; ils donnent commercialement aux holothuries la dénomination assez inattendue de *bêches de mer*. Les Chinois mangent ces « bêches de mer » qui se développent par milliers sur les récifs de madrépores ; ils les achètent un bon prix, et j'ai reçu récemment la visite d'un de nos meilleurs colons de la Nouvelle-Calédonie, concessionnaire de bancs de nacre, qui en vendait pour 40,000 francs par an. Malheureusement, les bêches de mer trop pêchées se raréfiaient et leur vendeur venait me demander s'il n'y avait pas moyen de les cultiver. J'avoue que je n'y avais jamais pensé. Mais, nous avons en France, qu'on me permette de le dire avec quelque fierté, un établissement unique merveilleusement apte à étudier et à résoudre toutes les questions de cet ordre, vers lequel les colons se tournent d'instinct chaque fois qu'elles se posent, qui peut leur rendre avec promptitude les plus grands services et qui, avec ses immenses collections, son admirable bibliothèque, ses laboratoires de Paris pourvus de tous les instruments de recherche, ses annexes de Vincennes, son laboratoire maritime, son personnel de savants d'élite, possède un outillage hors de pair pour répondre à tous les besoins d'ordre biologique de nos colonies ; c'est notre Museum national d'histoire naturelle. En relations constantes avec nos marins, avec notre corps consulaire et diplomatique, avec notre administration coloniale et nos colons, loin de se confiner dans la science contemplative et de s'endormir, dans la splendeur de ses musées, il se souvient plus que jamais qu'il fut institué par la Convention pour « étudier les « sciences naturelles dans toute leur étendue et particulièrement dans « leurs applications à l'avancement de l'agriculture, du commerce « et des arts ». (Art. 2 du décret de la Convention.)

Je viens, Messieurs, d'esquisser à grands traits les problèmes que posent l'exploitation et la culture des eaux, et je me suis surtout attaché à vous montrer combien, dans ce vaste domaine, à côté des progrès considérables accomplis, il demeurait encore à faire à la science. Les progrès même qui ont été réalisés ont fait apparaître une face nouvelle de la question. L'insuffisance des recherches entreprises isolément dans chaque pays semble chaque jour plus évidente. Abandonnées à l'initiative de savants isolés ou de comités indépendants, les observations ne portent pas sur une étendue suffisante de mer, pour qu'on en puisse tirer des conclusions générales, et quand on veut les relier entre elles, on s'aperçoit qu'elles ne sont pas comparables ; il est absolument nécessaire de discipliner le travail si on veut qu'il soit utile. Dans ce but, le gouvernement suédois a pris l'initiative de réunir une conférence internationale qui a tenu ses assises en juin 1899, à Stockholm. Il s'agissait surtout d'étudier la mer glaciale, l'atlantique septentrional, la mer du Nord et la Baltique. A la conférence avaient été conviés les représentants des états riverains de ces mers : la Suède, l'Allemagne, le Danemark, la Grande Bretagne, l'Irlande, la Norvège et les Pays-Bas. La conférence était chargée : 1° d'organiser tout un réseau d'observations de même nature, et de partager convenablement le territoire à étudier entre les parties contractantes, en se fondant sur le principe que chaque pays doit faire des recherches scientifiques dans la région marine qui se trouve le plus près de ses propres côtes ; — 2° de fixer les époques des observations simultanées à faire ; — 3° de déterminer les méthodes à suivre dans les sondages à bord des navires et dans le travail analytique des laboratoires. Elle a arrêté un programme de recherches et naturellement la question s'est posée de savoir si les recherches devaient être limitées aux mers pour lesquelles la conférence avait été réunie ou s'étendre aux mers voisines. La réponse était, pour ainsi dire, faite d'avance. Au Congrès des pêches de Tampa, aux Etats-Unis, au congrès international des pêches maritimes de Dieppe, au congrès international de zoologie de Cambridge tenus presque en même temps, en 1898, le vœu avait été émis qu'un organisme international fût constitué pour l'étude de toutes les questions relatives aux pêches maritimes ; des délégués avaient même été nommés, à l'effet de poursuivre la réalisation de ce vœu auprès de leurs gouvernements respectifs. Il ne se présentera plus d'aussi belle occasion de le reprendre, si vous le jugez utile, et peut-il en être autrement ?

Nous savons bien qu'il n'existe entre les mers aucune limite, que la mobilité est l'essence même des flots ; que de vastes courants relient les diverses parties des océans ; qu'il en est, comme le gulf Stream si bien étudié par le prince de Monaco, qui conduisent jusqu'au pôle les eaux chaudes de l'équateur ; que si la température des grands fonds est si basse, c'est que le froid des pôles est, en quelque sorte, convoyé vers l'équateur par un courant profond ; que la lune promenant incessamment une vague immense, la marée brasse, pour ainsi dire, sans relâche et mélange entre elles les eaux du monde entier ; que le soleil enfin, échauffant successivement tous les méridiens, détermine la formation incessante de courants superficiels qui vont des régions chaudes aux régions froides. Les océans ne forment donc qu'un vaste corps dont toutes les parties sont solidaires, qu'on ne peut étudier en détail et qu'il faut, comme l'atmosphère, considérer en bloc, si l'on veut arriver à un résultat utile et d'une application générale. Une pareille étude suppose une organisation sensiblement homogène dans les divers pays ; vous savez tous que nous en sommes bien loin et ce serait déjà un magnifique résultat si de ce congrès, où sont réunies tant de hautes autorités, pouvait sortir l'organisme international que nous souhaitons. Au début d'un siècle nouveau, s'ouvrirait ainsi une ère nouvelle dans l'étude des questions maritimes.

Cette union des hommes de science répartis sur toute la surface de la terre sera, sans aucun doute, un des traits caractéristiques du xxe siècle. Notre planète semble vraiment devenue trop petite pour l'essor de l'intelligence et de l'activité humaines. Les facilités de transport dont nous disposons, la rapidité avec laquelle la pensée circule autour de la surface du globe, nous ont appris à envisager non plus seulement les petites régions dans lesquelles nos ancêtres vivaient jadis emprisonnés, mais le globe lui-même dans son ensemble. Nous voyons en lui un être homogène, autonome, dont les moindres vibrations se propagent non seulement sur toute sa surface, mais dans toute sa profondeur. C'est pourquoi les savants éprouvent aujourd'hui le plus impérieux besoin de se rapprocher : les observatoires astronomiques et météorologiques, les offices des poids et mesures, les académies mêmes sont arrivées à se grouper en corps étroitement solidaires, fonctionnant d'un commun accord pour le plus grand profit de la science et de l'humanité. A ce compte, on arrive bien vite à oublier les frontières, à rêver de paix perpétuelle, à imaginer une humanité réconciliée avec elle-même dans une universelle fraternité. Généreuse, mais bien dangereuse utopie, contraire d'ailleurs à tout ce que nous savons des lois du progrès dans le monde vivant. Là, en effet, la loi c'est la concurrence, c'est-à-dire la guerre sous l'une des formes variées, doucereuses et polies ou violentes et terribles qu'elle sait revêtir, et la concurrence c'est la condition du progrès parce qu'elle suscite l'activité et que l'activité c'est la force des organismes, comme celle des corps sociaux dont ces organismes font partie.

Que les hommes de mer sans cesse aux prises avec les éléments les plus mobiles et les plus redoutables n'envient donc pas l'apparente tranquillité des gens de terre. Leur cerveau toujours en éveil, leurs muscles toujours en mouvement sont d'une qualité supérieure ; leur esprit ne connaît pas les subtilités décevantes de la rhétorique ; leur force méprise tout ce qui est ruse ou artifice, et c'est pourquoi nous aimons d'une passion profonde les marins. Cette sollicitude s'affirmera dans ce congrès, Messieurs, par le nombre des orateurs qui se sont fait inscrire dans votre septième section. Les uns comptent vous parler de la psychologie des marins, d'autres des risques qu'ils encourent, des accidents qu'ils subissent, des moyens d'en atténuer les conséquences et d'assurer à notre population côtière tout le bonheur auquel elle peut prétendre. Peut-être au travers de ce programme où court un souffle si généreux de fraternité le marin semblera-t-il un peu idéalisé. Il apparaît aux hommes de cœur qui comptent vous parler de lui comme la victime résignée de forces capricieuses et indomptables, au milieu desquelles il joue quotidiennement son existence, avec un héroïsme pour ainsi dire instinctif. Pas plus que ceux de l'antiquité, ce héros n'est un petit saint, et il s'est octroyé malheureusement une passion capitale. Il a pour les pires alcools une prédilection redoutable ; il a inventé la soupe à l'eau de vie et, chose horrible, d'aucuns la font manger à leurs enfants.

Il y a là un danger social qu'il est dans votre rôle de signaler énergiquement, danger d'autant plus grave que l'alcool détruit tous les bénéfices physiologiques que le marin devrait retirer de sa rude existence. Sans l'alcool, la population qu'il procrée serait de toutes la plus robuste et la plus active. Malgré tout, elle porte encore un signe caractéristique qui est le goût de l'action. Ce goût se traduit nettement par la pédagogie spéciale qu'il a fallu adopter dans ces écoles de pêches dues à l'initiative des Cacheux, des Guillard, des Lavieuville, de leurs émules et de cette *Société pour l'instruction élémentaire des marins pêcheurs* qui, en outre, a organisé les congrès internationaux des Sables d'Olonne, de Dieppe, l'exposition française de Bergen, de même qu'elle a été l'inspiratrice du congrès actuel : « Nos élèves, m'écrivait il y a quelques jours le fondateur de l'école d'Arcachon, ne suivent ni les théories, ni les démonstrations abstraites, mais qu'on leur montre un mécanisme, une manœuvre, ils saisissent aussitôt et sont dans la main du maître. » Ce goût de l'action, on ne saurait trop l'encourager ; c'est lui qui grandit les nations et les rend fortes et prospères.

Les peuples arrivés à une civilisation raffinée, et qu'une longue sécurité a par trop tranquillisés sur l'avenir, sont, en effet, menacés d'un mal pour ainsi dire naturel, qui commence par les classes aisées, mais bien vite gagne les autres. Dans les loisirs d'une longue paix, on se désintéresse de l'action, et non seulement on y renonce pour soi, mais on en arrive à la trouver insupportable chez les autres. Oubliant que l'activité du muscle est la compensation physiologique nécessaire de celle du cerveau, on laisse les sensations et l'imagination prendre peu à peu le pas sur l'intelligence et sur la raison. On attache une importance croissante à tout ce qui provoque une excitation quelconque de l'esprit ou des sens : le roman, le théâtre, les arts qui s'adressent à l'œil ou à l'oreille; et tandis qu'on se grise passivement à cette évocation perpétuelle de la fantaisie, à cet ébranlement sans cesse renaissant de tous les nerfs sensitifs, tandis que, faute du contrôle de l'action qui assigne bien vite à chacun sa place, on est prêt à se déclarer les plus grands et les plus nobles et à se lancer à la poursuite de toutes les chimères, d'autres, sondant les réalités et se rendant maîtres des choses, combinent en de savants calculs l'hégémonie des Spartes au détriment des trop présomptueuses et brillantes Athènes. Si jamais de telles catastrophes, ce qu'à Dieu ne plaise, menaçaient votre pays, vous seriez là, vous les hommes de mer, vous les hommes de champs, riverains des lacs et des fleuves, pour rétablir l'équilibre au profit des réalités et c'est pourquoi chaque peuple peut saluer en vous les sauveurs éventuels de la patrie !

L'assemblée tout entière applaudit à plusieurs reprises.

M. LE PRÉSIDENT propose ensuite à l'assemblée de bien vouloir ratifier le choix déjà fait par le Comité d'organisation de :

MM. le baron J. DE GUERNE, secrétaire général de la Société nationale d'acclimatation de France, comme président de la 1re section ;

Emile BELLOC, président honoraire de la Société d'aquiculture et de pêche, comme président de la 2e section ;

FABRE-DOMERGUE, inspecteur général des pêches maritimes, président de la 3e section ;

S. DEHA, de l'Union des yachts français, président de la 3e sous-section ;

MERSEY, conservateur des forêts, chef du service de la pêche au Ministère de l'Agriculture, président de la 4e section ;

ROUSSIN, commissaire général de la Marine, en retraite, président de la 5e section ;

V. HUGOT, membre de la Chambre de commerce de Paris, président de la 6e section ;

M. Emile CACHEUX, président honoraire fondateur de la Société
d'enseignement professionnel et technique des pêches maritimes, président de la 7e section.

Ces choix sont ratifiés par acclamations.

M. LE PRÉSIDENT fait alors savoir que, suivant le programme
du Congrès, ces diverses sections se réuniront dans l'après-midi
pour compléter leurs bureaux et fixer l'ordre du jour de leurs
séances ultérieures.

La séance est levée à midi.

SÉANCES DE SECTIONS

L'après-midi du 14 septembre a été consacrée à la nomination des bureaux de chacune des sections, à l'examen sommaire de différents mémoires présentés devant chacune d'elles et à la fixation de l'ordre du jour des séances suivantes.

Les bureaux ont été ainsi constitués :

1re SECTION

Etudes scientifiques maritimes.

Président : M. le baron J. DE GUERNE, secrétaire général de la Société nationale d'acclimatation de France.

Vice-présidents : MM. BRANDT, professeur à l'Université de Kiel (Allemagne) ; E. CANU, directeur de la Station aquicole de Boulogne-sur-Mer ; KUNSTLER, professeur à la Faculté des sciences de Bordeaux.

Secrétaire : M. PELLEGRIN, attaché au Muséum d'histoire naturelle de Paris.

2e SECTION

Etude scientifique des eaux douces.

Président : M. Emile BELLOC, président honoraire de la Société centrale d'aquiculture et de pêche, à Paris.

Vice-Présidents : G. CRIVELLI-SERBELLONI, président de la Société lombarde de pêche et de pisciculture, délégué officiel de l'Italie ; Dr Bruno HOFER, professeur à l'Université de Munich ; Dr WURTZ, professeur à la Faculté de médecine de Paris.

Secrétaire : M. BRUYÈRE, attaché au Muséum d'histoire naturelle de Paris.

3e SECTION

Technique des pêches maritimes.

Président : M. Fabre-Domergue, inspecteur général des pêches maritimes.

Vice-présidents : MM. Navarete, capitaine de corvette, délégué officiel du Gouvernement de l'Espagne ; Coste, vice-président de la Chambre de commerce de Tunis ; Amédée Odin, directeur du laboratoire zoologique maritime et de l'Ecole des pêches des Sables-d'Olonne.

Secrétaire : M. Cardozo de Bethencourt, ingénieur civil.

3e SOUS-SECTION

Pêche considérée comme sport.

Président : M. S. Deha, directeur de l'Union des yachts français,
Secrétaire : M. le docteur Aumont, de l'Union des yachts français.

4e SECTION

Aquiculture et pêche en eau douce.

Président : M. L. Mersey, conservateur des Eaux et Forêts, chef du service de la pêche et de la pisciculture au Ministère de l'agriculture.

Vice-présidents : MM. le comte de Galbert, secrétaire général de la Société d'agriculture de l'Isère ; Mousel, directeur des Eaux et Forêts au Ministère de l'agriculture de Belgique ; le colonel Puenzieux, chef du service des Forêts, de la chasse et de la pêche, délégué officiel du Gouvernement suisse.

Secrétaire : M. C. de Lamarche, secrétaire général de la Société centrale d'aquiculture et de pêche, à Paris.

5e SECTION

Ostréiculture et mytiliculture.

Président : M. le commissaire général Roussin.

Vice-présidents : MM. Lundquist, délégué officiel de la Norwège ; A. Valle, secrétaire général de la *Societa adriatica de pesa e aquicultora.*

Secrétaire : M. Pottier, commissaire de la Marine.

6ᵉ SECTION

Utilisation des produits de pêche.

Président : M. V. Hugot, membre de la Chambre de commerce de Paris.

Vice-présidents : MM. Bellet, président de la Chambre de commerce de Fécamp ; Emile Altazin, armateur à Boulogne ; Augustin Aragon, député, délégué officiel du Mexique ; Junzo Kawamoura, délégué officiel du Japon.

Secrétaire : M. Henri Gauthier, ingénieur des Arts et manufactures.

7ᵉ SECTION

Economie sociale.

Président : M. Emile Cacheux, président honoraire, fondateur de la Société de l'enseignement professionnel et technique des pêches maritimes.

Vice-présidents : MM. le colonel van Zuylen, délégué de la Société pour le développement de la pêche dans les Pays-Bas ; Lavieuville, directeur de l'école de pêche de Dieppe ; Hamon, secrétaire général de la Société de l'enseignement professionnel et technique des pêches maritimes ; le commandant Coignerai.

Secrétaire : M. Beaud, directeur de la Compagnie d'assurances *l'Eternelle*.

Les diverses sections arrêtent ensuite l'ordre du jour de leurs différentes séances. Les sections 2 (études scientifiques des eaux douces) et 4 (aquiculture et pêche en eau douce) décident de tenir leurs séances en commun.

Iʳᵉ SECTION

ÉTUDES SCIENTIFIQUES MARITIMES

Séance du 15 septembre 1900

PRÉSIDENCE DE M. K. BRANDT, *vice-président.*

La séance est ouverte à 9 heures.

La parole est donnée à M. FABRE-DOMERGUE pour une communication *sur la technique et les résultats actuels de la pisciculture maritime.*

M. Fabre-Domergue expose que la technique piscicole maritime diffère essentiellement de la technique d'eau douce. En effet, les alevins des poissons marins ne sont pas, au moment de leur naissance, aussi bien constitués que ceux des poissons d'eau douce pour pourvoir à leur alimentation. Ils ont besoin d'absorber de la nourriture avant la résorption de la vésicule vitelline et ils sont incapables de rechercher cette nourriture qui ne peut être absorbée par eux qu'à la condition qu'elle s'introduise, pour ainsi dire, d'elle-même dans leur bouche. Cette nourriture se compose presque exclusivement de très petits infusoires extrêmement abondants dans les eaux marines. La technique piscicole doit donc tendre à mettre constamment cette nourriture à la portée de la bouche de l'alevin de façon à ce que celui-ci puisse l'absorber sans efforts. M. Garstang a imaginé, pour arriver à ce résultat, un dispositif qui consiste dans un disque de verre constamment animé d'un mouvement vertical qui imprime à l'eau une certaine agitation et met ainsi les infusoires qu'elle renferme en contact constant avec les alevins qui les absorbent lorsqu'ils passent à leur portée.

M. KUNSTLER fait observer que l'année dernière M. le capitaine Dannevig a exposé à Bergen des poissons qu'il avait élevés lui-même et qui avaient une taille assez forte. Il ignore par quel procédé M. Dannevig était arrivé à ce résultat.

M. Kunstler ajoute qu'il a essayé d'élever lui-même, à Arcachon, des larves de grisets. Il n'a pu réussir à mener à bien cet élevage, parce qu'il lui a été impossible d'obtenir des infusoires suffisamment séparés des eaux corrompues dans lesquelles ils vivaient.

3

M. Fabre-Domergue répond qu'il existe un moyen assez simple d'obtenir ce résultat. Les infusoires se tiennent presque toujours à la surface de l'eau. Il est possible de les capturer au moyen d'un tube en verre ou d'une pipette et de les récolter en se bornant à effleurer la surface de l'eau sans troubler celle-ci.

M. de Navarette présente un ouvrage dont il est l'auteur et ayant pour titre *Manual de zootalassografia*, et lit un mémoire *sur les campagnes scientifiques d'explorations sous-marines.*

CAMPAGNES SCIENTIFIQUES D'EXPLORATIONS SOUS-MARINES

Par A. de NAVARETTE

Capitaine de Corvette,
Délégué officiel du Gouvernement Espagnol au congrès d'aquiculture et de pêche

C'est avec intention que j'ai choisi les campagnes scientifiques d'explorations sous-marines pour objet de cette communication.

J'ai déjà eu l'honneur d'offrir au congrès, sur ce sujet, un ouvrage « *Le Manuel de Zootalassographie* », où j'ai tâché de réunir toutes les connaissances nécessaires à l'officier de marine pour prendre part à ces explorations au profit des sciences naturelles, le renseignant sur tous les procédés suivis pour faire des recherches et des études, tant de biologie marine que d'océanographie, et sur tout l'outillage nécessaire à bord des bâtiments qui se consacrent à l'exploration des mers.

Mais ces explorations sont aujourd'hui d'un si grand intérêt international, reconnu et déclaré par la conférence de Stockholm de l'année dernière, que j'ai cru utile d'attirer votre attention sur la manière de faire prendre un grand développement à toutes les recherches scientifiques destinées à la plus parfaite connaissance de la vie au sein de la mer et de toutes les conditions du milieu ; et de vous faire remarquer également toute l'importance qu'il y a à ce que ces études ne soient pas limitées seulement à la partie nord de l'Atlantique, à la mer du Nord et à la Baltique, selon ce qui a été déjà décidé par la conférence de Stockholm.

Dans une campagne d'exploration, à chaque station ou arrêt, fait par le bâtiment destiné aux recherches biologiques et océanographiques, il peut faire, comme vous le savez bien, plusieurs observations :

Observations géographiques pour connaître la latitude et la longitude du lieu ;

Observations météorologiques pour constater l'état de l'atmosphère qui présente une grande influence sur celui de la mer, tant à sa surface comme à de petites profondeurs, touchant à sa couleur, sa transparence, sa température, son agitation, ses courants et à la quantité de lumière qu'elle reçoit et laisse pénétrer dans son intérieur jusqu'à une certaine distance ;

Observations physiques et chimiques du milieu, pour déterminer les températures, les pressions, les quantités de lumière et les courants qui y existent à différentes profondeurs, ainsi que la profondeur et la qualité du fond, la densité de l'eau, sa transparence, sa composition, les gaz en elle contenus et, en somme, toutes les données nécessaires pour la connaissance de sa constitution physique et chimique ;

Observations biologiques, enfin, pour la capture, la conservation et la classification de tous les êtres qui habitent ou se trouvent dans la mer.

Pour faire toutes ces sortes d'observations, il faut disposer d'un outillage nombreux, compliqué et coûteux, et l'installer à bord d'un bâtiment destiné spécialement à ces recherches, comme l'ont fait plusieurs gouvernements depuis l'an 1840, avec des résultats aussi superbes que ceux du Lightning et de la Porcupine, du Zwimpo, du Challenger, du Travailleur et du Talisman, du Blake, du Washington, du Vettor Pizani, du Voringen, de la Gazelle, et dernièrement des yachts Hirondelle, Princesse-Alice et Amélie, où S. A. le Prince de Monaco et S. M. le Roi du Portugal, ont accumulé tout ce qu'il y a de plus parfait dans tous les appareils et instruments utiles pour ces recherches biologiques et océanographiques.

Mais, on peut séparer parfois la partie hydrographique et océanographique de ces recherches, de la partie biologique, c'est-à-dire les observations plus communes au marin, de celles qui appartiennent au naturaliste, et de cette sorte, on peut obtenir les observations météorologiques, physiques et une partie des observations chimiques sans faire de grandes et coûteuses installations à bord des bâtiments, ni y consacrer un personnel spécial.

Presque tous les appareils nécessaires pour déterminer la plupart des données physiques sont déjà installés à bord des bâtiments, il n'y a donc qu'à augmenter ceux qui manquent comme certains thermomètres bathymétriques, sondes, courantmètres, bouteilles d'eau, flotteurs et autres qui complètent l'outillage de précision, réglementer d'une façon systématique les observations de tous ces instruments et le réunir dans un bureau central et international pour commencer à avoir dans tout le monde une grande partie des observations que la conférence de Stockholm marque dans son programme pour les travaux hydrographiques et biologiques à entreprendre dans l'Atlantique septentrional, la mer du Nord et la Baltique.

Je crois pourtant qu'il serait convenable que tous les bâtiments de guerre, surtout les garde-côtes et garde-pêches, ainsi que les grands paquebots de commerce et plus spécialement les paquebots côtiers, fussent mis en mesure de contribuer d'une façon méthodique à ces recherches océanographiques venant ainsi en aide aux bâtiments et aux établissements que les gouvernements veulent consacrer aux études scientifiques d'explorations sous-marines.

En même temps, j'estime que les résolutions de la conférence de Stockolm de l'année dernière devraient être d'universelle acceptation, pour que l'industrie des pêches soit étudiée partout sur des données déterminées par la coopération internationale et partant d'une façon harmonique et scientifique.

Je propose donc, au congrès, de prendre ces deux idées en considération et d'adopter sur ces bases la résolution qui lui semblera la plus favorable aux intérêts de l'aquiculture et de la pêche maritimes.

M. LE PRÉSIDENT remercie M. Navarette de son intéressante communication. L'ordre du jour étant épuisé la séance est levée à 10 heures.

Séance du 18 septembre 1900.

PRÉSIDENCE DE M. J. DE GUERNE, *président.*

La séance est ouverte à 10 h. 1/2.

M. LE PRÉSIDENT donne lecture de la lettre suivante de M. C. DE BÉTHENCOURT :

SUR LES RECHERCHES ENTREPRISES
PAR S. M. LE ROI DE PORTUGAL CONCERNANT LA PÈCHE DU THON
SUR LA COTE DES ALGARVES

Depuis 1896, S. M. le roi Don Carlos a entrepris des recherches océanographiques sur les côtes du Portugal. En 1898 et en 1899, ces études ont porté sur la pêche du thon et du germon dans les eaux méridionales de l'Algarve. Cette région est d'autant plus intéressante qu'elle confine au détroit de Gibraltar, c'est-à-dire au lieu où la Méditerranée confond ses eaux avec celles de l'Océan.

En mai-juin, les bandes de thon se dirigent vers l'est (Méditerranée); elles reviennent vers l'ouest en juillet-août. Aux mêmes époques, on constate la présence de bandes moins nombreuses allant en sens inverse.

Le programme des recherches, faites à bord du yacht *Amelia* et publiées par le roi, comprenait le rapprochement du nombre des captures dans les madragues avec les faits suivants : variations barométriques et thermométriques, phases de la lune, temps, intensité et direction des vents, état de la mer, température des eaux, le tout avec comparaison des captures quotidiennes.

On ne saurait déduire aucune loi d'observations ne portant encore que sur deux années, mais on peut néanmoins signaler les faits ci-après :

1° Le thon (*Orcynnus thynnus* Lin.) et germon (*Orcynus Alalonga* Lin.) ont eu un régime différent;

2° Les variations météorologiques paraissent sans influence sur le rendement des madragues de l'Algarve ;

3° Il y a correspondance, à 52 jours de distance, entre l'arrivée et le retour des bandes de thon, quant à l'importance quotidienne de la pêche ;

4° Le thon ne se pêcherait pas en bande dans des eaux ayant une température inférieure à 13° centigrades.

On comprend combien il serait intéressant de vérifier si l'on est en présence de lois fixes ou de simples coïncidences.

Je vous propose donc, Messieurs, de vouloir bien émettre le vœu suivant que j'ai présenté, en 1899, au congrès de Biarritz et qui a été adopté sur la proposition de M. le baron Jules de Guerne :

Le congrès, après avoir pris connaissance des études faites sur le littoral des Algarves par S. M. le roi de Portugal, émet le vœu que les recherches concernant le régime du thon et du germon soient entreprises ou continuées tant sur les côtes du Portugal que sur celles de l'Algérie, de l'Espagne, de la France, de l'Italie et de la Tunisie.

Après l'échange de quelques observations, M. LE PRÉSIDENT met aux voix le vœu suivant : le Congrès, après avoir pris connaissance des études faites sur le littoral des Algarves par S. M. le roi du Portugal, émet le vœu :

Que les recherches concernant le régime du thon et du germon soient entreprises ou continuées tant sur les côtes du Portugal que sur celles de l'Algérie, de l'Espagne, de la France, de l'Italie et la Tunisie.

Ce vœu est adopté.

M. LE PRÉSIDENT donne ensuite lecture de deux notes de M. J. BEAUD, ostréiculteur aux Sables-d'Olonne :

1° *Culture artificielle de la palourde sur tous les terrains baignés par la mer ;*

2° *Culture artificielle de la chevrette dans des eaux salées en dehors de la mer.*

CULTURE ARTIFICIELLE DE LA PALOURDE. — Il y a quelque trente-cinq ans, les gisements naturels des huîtres avaient complètement disparu de nos côtes de Vendée, du bassin d'Arcachon et de Bretagne : ce qu'on en rencontrait ne servait qu'à rappeler le souvenir des temps prospères.

Grâce aux études et aux connaissances du savant M. Coste, inspecteur général des pêches maritimes, la culture de l'huître et les moyens de la reproduire artificiellement, furent découverts et peu après, ce mollusque tant estimé se multiplia à l'infini, et présentement donne à la France une branche de commerce dont le produit se chiffre par millions.

Aujourd'hui, par l'abus qui a été fait des gisements de la Palourde, coquillage très estimé et très apprécié également, ce mollusque est devenu très rare, aussi ne le trouve-t-on en petite quantité que sur les marchés voisins des côtes, où les prix sont inabordables aux petites bourses, surtout lorsqu'il a atteint une grandeur convenable.

Les gisements naturels sont, du reste, peu nombreux, et le fussent-ils davantage, même sans la destruction qui en est faite, que la production serait loin d'être suffisante pour paraître sur tous les marchés.

Je me suis longtemps préoccupé de la disparition et de la destruction de ce mollusque, en même temps que je cherchais par quel procédé on pourrait arriver à le faire vivre artificiellement et à le reproduire en abondance afin d'en fournir partout comme cela a lieu pour les huîtres.

Loin de moi la pensée de me comparer à l'illustre M. Coste. Je n'en suis que le très humble et très fervent disciple et admirateur. Ce sont ses découvertes qui m'ont suggéré l'idée de chercher, dans le vaste champ maritime, si de nouvelles cultures ne pourraient pas y être encore pratiquées.

Mes études, mes observations et mes recherches sur la manière de vivre de la palourde ont été couronnées de succès. Grâce à la composition d'une terre artificielle que j'ai découverte, ce mollusque peut y vivre et se reproduire aussi aisément que dans les gisements naturels.

Cette culture peut se faire dans tous les lieux baignés par la mer et même sur des fonds où ce coquillage n'a jamais paru. Il suffit que la mer baigne journellement ou même périodiquement le sol sur lequel seront faits des travaux spéciaux dont l'exécution sera toujours très rudimentaire.

Il résultera de cette nouvelle culture un commerce important qui ne sera guère inférieur à celui des huîtres, et dont le produit sera une source de revenus qui rejaillira à la fois sur les classes pauvres des côtes et sur les familles des marins qui voudront se donner à ce travail, en même temps qu'il fournira partout un aliment sain, agréable et à bon marché. L'Etat lui-même y trouvera un nouvel impôt tout naturel, par la location de ses terrains maritimes.

La palourde, pour être comestible et avoir une saveur flatteuse, doit atteindre de 4 à 5 centimètres dans son plus grand diamètre, aussi sera-t-il nécessaire, plus tard, d'en réglementer les dimensions pour la vente, comme cela a été fait pour les huîtres d'Arcachon.

CULTURE ARTIFICIELLE DE LA CHEVRETTE. — Quiconque a étudié attentivement les produits de nos pêches côtières dans tous les genres, est frappé de la diminution sérieuse de toutes les espèces de poissons qui y abondaient, il y a quelques années. Les bateaux qui faisaient le chalut à quelques milles du littoral sont obligés aujourd'hui de s'en éloigner de plus de vingt à trente lieues pour ne rapporter le plus souvent qu'une bien faible capture.

Je ne fais que constater un fait dont je n'ai pas à rechercher ici les causes qui, très probablement, seront traitées dans ce congrès.

Non seulement les poissons ordinaires deviennent rares, au grand préjudice des marins-pêcheurs, mais encore les homards, les langoustes, les chevrettes, si nombreux dans les parages de l'île d'Yeu et des côtes de Vendée et de Bretagne, ont presque disparu, par suite de la pêche abusive qu'on en a fait, et sont insuffisants aujourd'hui pour alimenter nos marchés, aussi ces crustacés ne peuvent-ils paraître que sur la table des riches : l'ouvrier, l'artisan et le petit commerce sont privés de cet aliment tout à la fois sain et agréable.

J'ai été frappé surtout depuis longtemps de la rareté de la chevrette sur nos places, conséquence de sa disparition presque complète sur nos côtes de Vendée et ailleurs. Ce petit crustacé si recherché et d'un goût si fin n'existera plus bientôt qu'à l'état de souvenir pour beaucoup de monde, à moins que l'on n'arrive à le reproduire artificiellement en grande quantité.

C'est sur cette dernière question que mon attention a été attirée, aussi ai-je cherché très longtemps par quel moyen il serait possible de le cultiver artificiellement et sans dépenses extraordinaires.

J'ai étudié sur place ses mœurs, sa manière de vivre, ainsi que ses instincts et son mode de reproduction. Contrairement aux homards et aux langoustes qui se plaisent dans des roches profondes plus ou moins éloignées des côtes, comme pour échapper à la poursuite des pêcheurs, la *chevrette* se plaît dans des fonds peu éloignés du rivage, même sur les plages entourées de faibles récifs, parce que là elle trouve assez de nourriture apportée par les marées descendantes. Elle n'a pas peur de l'approche de l'homme, et elle reste à demeure à marée basse dans des cavités rocheuses où elle est facile à saisir. Mais ce sont principalement les moyens dont elle se reproduit qui m'ont toujours frappé et dont j'ai saisi tous les secrets. Ses œufs qu'elle projette à toute époque éclosent depuis les beaux jours de mars jusqu'à novembre. Pendant l'hiver ceux qui n'ont pas donné naissance à des alevins restent ensevelis dans les sables où il en disparaît des quantités ; le mouvement des eaux qui met les survivants à jour aux premières chaleurs du printemps, les métamorphose en naissains ;

mais que de milliers disparaissent alors, mangés par les poissons, jusqu'à ce que leur essence gélatineuse soit convertie en
petite carapace hérissée et assez dure pour se défendre de leurs
ennemis.

Après toutes ces remarques et après avoir acquis l'assurance
que la chevrette peut vivre en captivité et se reproduire à l'infini
dans des eaux salées en dehors de la mer, je dois faire savoir
que cette question qui me paraissait d'abord très complexe, est
résolue et que son application est d'autant plus simple qu'elle
paraissait tout d'abord présenter des difficultés insurmontables.

Un avantage sérieux de cette culture, c'est qu'elle nécessite
peu de frais pour l'installation des travaux ; le concours seul de
manœuvres et de terrassiers est suffisant.

L'on pourra attendre la croissance normale de la chevrette et
la pêcher quand elle aura atteint environ un centimètre d'épaisseur : là se bornera le rôle des personnes qui feront cet élevage
dans leurs propriétés.

Mais si l'administration maritime prend en considération cette
culture artificielle, ce dont je ne doute pas, il sera préférable de
pêcher les alevins pendant les beaux jours, et ce sera par milliers
qu'on pourra les jeter à la mer dans le voisinage des roches ou
des petites baies sablonneuses du rivage. On arrivera de la sorte
à repeupler abondamment nos côtes de ce précieux petit crustacé.

Seulement, comme pour la palourde, un règlement sévère
devra intervenir pour que les chevrettes pêchées à la mer ou
dans les propriétés particulières soient visitées par les gardes-
maritimes ou les gardes-côtes, afin de constater les contraventions et de faire rejeter à la mer toutes celles qui n'auraient pas
les dimensions réglementaires.

Telles sont, Messieurs, les deux découvertes que je viens soumettre au congrès, et dont je serai heureux de doter les populations des bords de la mer et principalement les marins-pêcheurs.

Mon âge avancé ne me permettra pas de voir se réaliser les
grands résultats qui n'en découleront qu'à la longue, mais j'aurai
toujours la satisfaction morale d'avoir procuré à mon pays deux
éléments de ressources populaires.

M. le Président communique à l'assemblée une lettre de M. Ascroft,
signalant la très grande diminution du nombre des bateaux de pêche

voiliers sur la côte orientale d'Angleterre. L'auteur demande, en outre, que le Congrès s'occupe d'établir un règlement concernant les filets employés pour les recherches scientifiques. Il serait nécessaire de fixer la dimension des mailles, la matière (soie ou coton), avec laquelle ils doivent être fabriqués et la dimension du cercle sur lequel ils sont montés.

M. MENDES-GUERREIRO, délégué de l'Association des ingénieurs civils portugais, présente au nom de M. MELLO DE MATTOS deux ouvrages : « *Os trabalhos recentes acerca de piscicultura em Portugal* et *Laboratorio maritimo de Aveiro*.

L'un des volumes se rapporte à l'établissement d'un laboratoire maritime à Aveiro, dont le devis monte à 80,000 fr., deux dessins y sont joints.

L'autre, c'est un aperçu sur les travaux de pisciculture exécutés au nord du pays.

En dehors des travaux, si intéressants, que S. M. le roi du Portugal poursuit avec tant de profit pour la pêche du thon et de la sardine ; d'autres travaux se continuent encore dans les côtes portugaises du continent et des îles adjacentes ; surtout aux Açores où les travaux scientifiques de Mgr le prince de Monaco sont d'une valeur universellement reconnue pour les études océanographiques.

L'acclimatation et la fixation d'espèces migratrices, comme les salmonides et les crustacés seront le sujet d'études officielles dans les régions granitiques au nord du pays, où le courant du gulf Stream tombe directement et produit dans la Galicie ibérique des fjords semblables à ceux de la Norvège.

Je souhaite vivement que des membres de ce Congrès, tant Espagnols que Portugais, s'en occupent avec la compétence qu'on leur reconnaît.

Après quelques observations présentées par quelques membres de la section, l'assemblée est d'avis qu'en ce qui concerne les travaux scientifiques la plus grande liberté soit laissée aux chercheurs.

M. le commandant NAVARETTE, délégué du gouvernement espagnol, prend la parole au sujet d'un vœu présenté comme sanction à une communication faite par lui dans une précédente séance *sur les campagnes scientifiques d'explorations sous-marines.*

M. MENDES-GUERREIRO demande quelques modifications à la rédaction qu'il propose et le vœu suivant, présenté par M. le commandant Navarette et M. Mendes-Guerreiro, est adopté par la section :

Le Congrès émet le vœu :

Que les études, observations et travaux indiqués et convenus dans la Conférence internationale de Stockholm en 1899 soient poursuivis d'une façon uniforme par toutes les nations intéressées aux pêches maritimes.

La séance est levée à 11 h. 1/2.

2ᵉ & 4ᵉ SECTIONS RÉUNIES

Séance du vendredi 14 septembre 1900.

PRÉSIDENCE DE M. MERSEY, *président* ET DE M. MOUSEL,
vice-président de la 2ᵉ section.

La séance est ouverte à 2 heures 1/2 par M. Mersey, président de la 2ᵉ section. En raison de l'absence de M. Emile Belloc qui a le vif regret, par suite de son état de santé, de ne pouvoir assister au Congrès et de la connexité des travaux des 2ᵉ et 4ᵉ sections, il est décidé par les membres présents que ces deux sections se réuniront pour tenir leurs séances en commun.

M. Mersey est désigné, par la réunion, pour présider le groupement des 2 et 4ᵉ sections.

Le bureau définitif est complété par la nomination :

1° pour la 2ᵉ section :

Vice-présidents : MM. Hofer, professeur à l'Université de Munich (Bavière) ;

Crivelli Serbelloni, président de la société Lombarde de pisciculture et de pêche, délégué du gouvernement italien ;

Wurtz, professeur à la Faculté de médecine de Paris ;

Secrétaire : M. Bruyère, attaché au Muséum d'Histoire naturelle à Paris ;

2° pour la 4ᵉ section :

Vice-présidents : MM. le Comte de Galbert, secrétaire-général de la Société d'agriculture de l'Isère ;

Mousel, directeur des eaux et forêts au ministère de l'agriculture de Belgique ;

Colonel Puenzieux, chef du service des forêts, de la chasse et de la pêche, délégué du gouvernement Suisse ;

Secrétaire : M. C. de Lamarche, secrétaire-général de la Société Centrale d'aquiculture et de pêche.

Sur la proposition de M. Mersey, M. Mousel, élu vice-président de la 4ᵉ section, est invité à prendre place au fauteuil de la Présidence pour cette première séance.

Quelques personnes ayant demandé que les séances des sections aient lieu dans l'après-midi au lieu d'être tenues le matin, afin de leur permettre de visiter l'Exposition à l'heure où elle est moins encombrée par la foule, une discussion est ouverte à ce sujet. Plusieurs membres font observer que si cette motion était adoptée, les séances générales ayant lieu dans l'après-midi, il serait impossible d'assister en même temps à celles-ci et aux séances des sections. Il est décidé qu'on fixera à chaque séance l'heure de la réunion de la séance suivante.

M. Mersey donne connaissance à l'Assemblée des questions qui doivent être discutées pendant le Congrès et au sujet desquelles des mémoires ou des notes ont été envoyés ou annoncés et il demande si de nouveaux mémoires doivent être présentés ; M. Hofer fait connaître qu'il se propose de remettre une note sur la maladie des écrevisses et M. Frant dit qu'il interviendra dans la discussion qui sera ouverte sur la question de la pollution des eaux.

La prochaine séance est fixée au samedi 15 septembre, à 9 heures du matin ; l'ordre du jour en est arrêté après discussion.

La séance est levée à 4 heures.

Séance du 15 décembre 1900.

Présidence de M. le Dr BRANDT, *vice-président de la 1re section*, assisté de M. L. MERSEY, *président du groupe des 2e et 4e sections.*

La séance est ouverte à 10 heures.

La parole est donnée à M. de Sailly, qui entretient l'assemblée des avantages que présenterait *la substitution de la porcelaine aux matières premières actuellement employées pour la confection des augettes à incubation.*

DE L'EMPLOI DE LA PORCELAINE POUR AUGETTES

DESTINÉES A LA MISE EN ÉVOLUTION DES

ŒUFS EMBRYONNÉS

DANS LES LABORATOIRES DE VILLE

Par JOLY DE SAILLY
Inspecteur des eaux et forêts

Au Palais des forêts, classe 53, a été exposé un modèle d'augettes à éclosion (pour laboratoire de ville) en porcelaine de Limoges, au sujet duquel je donne les explications suivantes :

Chargé en 1897 de la gestion de l'établissement départemental de pisciculture de la Haute-Vienne qui fonctionne à Limoges depuis 1884 et fournit par an de cent à cent vingt mille alevins de truite de deux à trois mois à répartir entre les cours d'eau du département, j'ai trouvé cet établissement pourvu d'un matériel de récipients en zinc avec boîte intérieure mobile à fond et parois perforés dont l'acquisition remontait aux années 1884 et 1886.

Le métal de ces récipients a été primitivement recouvert intérieurement et extérieurement d'un enduit de couleur à l'huile destiné à le préserver de l'oxydation et de toute autre altération par influence chimique.

A la longue, l'enduit a disparu par places; le métal s'est oxydé et il s'est produit des perforations qui ont mis bon nombre d'augettes hors de service à la fois.

Pour prévenir semblable détérioration sur les autres augettes on a dû les repeindre : mais cette opération ne va pas sans dépense : il a fallu gratter et décaper le métal avant de le réenduire. A la suite de cette réparation les augettes ont été remises en service dans l'hiver 1897-1898.

Sous l'influence de l'humidité constante, l'enduit qui paraissait absolument sec a laissé suinter l'huile en excès qui se mélant aux corpuscules en suspension dans l'eau formait un cambouis : ce cambouis obstruant les perforations du fond et des parois de la boîte intérieure s'opposait au renouvellement incessant de l'eau de sorte que les œufs mis en évolution sur ce fond s'y trouvaient dans une eau stagnante bien que tout autour, et en dessous de la boîte intérieure qui les contenait coulât abondamment un courant d'eau très aérée et suffisamment propre.

Dans de telles conditions les œufs devaient forcément succomber aux attaques des germes de corruption inévitables dans une eau qui provenant des réservoirs de la ville avait traversé plusieurs bassins de distribution avant de se déverser dans les augettes.

Une invasion de *saprolegnia ferax* (moisissure frangée prolifique) due à ces germes préexistants et favorisée par les conditions d'hygiène défectueuse ci-dessus énumérées fit perdre, en l'espace de huit jours, au début de 1898, tous les œufs, au nombre de plus de cent mille, mis en éclosion.

Cet échec suggéra immédiatement l'idée de substituer aux récipients de métal des récipients de porcelaine pour les opérations entreprises dans un laboratoire de ville.

Par sa dureté en effet, par *l'inaltérabilité absolue de son émail* qui consiste, comme on sait, en pegmatite vitrifiée par l'action du feu (substance composée de silice et de silicates alcalino-terreux), par la facilité d'entretien constant à l'état de netteté parfaite, la porcelaine était la matière toute désignée pour répondre au but proposé.

Les augettes en métal ont l'inconvénient de ne pouvoir servir qu'à condition d'être protégées contre l'oxydation résultant de l'action corrosive des acides par un enduit dont l'huile forme la base. Au bout de quelques années d'usage l'enduit s'écaille ; l'eau se trouve en contact avec le métal et l'acide carbonique qu'elle tient en dissolution produit à la longue l'oxydation et, très peu après, la perforation du métal.

Si l'on atteint ce délai que l'expérience prouve être de quinze ans dans des conditions normales, on se trouve en présence d'un matériel hors d'usage à réparer d'année en année et à mettre bientôt au rebut. Si, sans attendre ce moment, on croit prévenir le mal en procédant au bout de dix à douze ans à la réfection des enduits, on s'engage dans une dépense assez forte ne pouvant avoir d'effet que pour un nombre d'années restreint et l'on est exposé en outre à des accidents très graves et même à la perte totale de la dépense et des soins d'une campagne.

Pour les laboratoires de ville, en dehors des augettes en métal on ne voit en usage que des jarres ou augettes en verre et des récipients en faïence ou en grès vernissé. Mais, ni le verre, ni l'émail de la faïence, ni le vernis du grès ne jouissent d'une immunité absolue au point de vue de l'oxydation et, par conséquent de la propreté des récipients. Cette propreté ne peut être assurée que par des surfaces lisses toujours nettes des germes organiques qui altèrent la pureté de l'eau et absorbent l'oxygène de l'air qu'elle contient au détriment de la vie des embryons évoluant dans leurs œufs.

En outre ces substances ont de graves défauts : Le verre, son extrême fragilité, la faïence et le grès leur poids considérable. Concurremment avec ces deux dernières, il est d'usage d'employer soit du sable, soit des claies en verre pour étaler les œufs embryonnés mis en éclosion.

Ces deux sortes de fonds comportent d'égales difficultés pour le nettoyage et l'entretien à l'état de propreté absolue soit d'une campagne à l'autre, soit pendant la période d'évolution des œufs.

Avec les récipients en porcelaine tous ces inconvénients sont évités.

Voici la description sommaire des augettes de cette matière que j'ai fait construire et mises en usage dans l'établissement de Limoges :

Les récipients sont en porcelaine blanche fabriquée de la même manière que les ustensiles servant aux usages de la table ou de la toilette.

Ils consistent en bassins de forme rectangulaire; adaptés à la disposition en gradins, avec les dimensions suivantes : Longueur 0^m47, largeur 0^m155, hauteur 0^m125 avec parois de 0^m004 à 0^m005. Ils sont divisés dans le sens de la largeur, par une cloison fixe, faisant corps avec le vase et forée de trous, en deux compartiments, l'un de 0^m07 dans lequel tombe l'eau de la vasque supérieure, l'autre de 0^m385 destiné à recevoir les œufs. Ce dernier comporte un fond mobile en porcelaine plat perforé et à léger rebord pour les manipulations mesurant 0^m36 et 0^m125. Ce fond sur lequel peuvent tenir étalés sans superposition environ 1300 œufs de truite repose sur un redan de l'augette obtenu par un rapprochement des parois longitudinales sur 0^m05 de haut à partir du fond. Le poids d'une augette est de 3 kg. dont 0 kg. 400 pour le fonds mobile perforé.

Un déversoir en forme de coquille placé tantôt à droite tantôt à gauche de la face antérieure de l'augette fixe à deux ou trois centimètres du bord de celle-ci le niveau de l'eau courante. Les œufs reposent ainsi de 4 à 5 centimètres de ce niveau et à une distance égale du fond plein de l'augette.

Une forme un peu gondolée (comme celle des devants de commodes du style Louis XV) a été donnée à la partie antérieure de l'augette parce qu'en industrie céramique il est impossible d'obtenir en hauteur des surfaces régulièrement planes. Le poids de la matière fait affaisser les parties droites et déforme les plans verticaux au moment de la cuisson.

Cet effet ne se produit pas sur les surfaces courbes, rondes, gauches ou contournées qui offrent plus de résistance à la compression et à la déformation par pesanteur.

Ces appareils ont été construits sur mes indications et dessins par un fabricant de Limoges.

Le prix d'une augette avec fond mobile est de dix-sept francs : ce prix a été justifié, jusqu'à présent, par les frais de fabrication des premiers moules, par l'obligation de placer chaque pièce à cuire dans une enveloppe volumineuse très massive de terre réfractaire, dite *cazette* qui prend dans les fours une place considérable équivalant à celle d'un bon nombre d'assiettes ou de pièces d'un service et enfin par les frais de main-d'œuvre pour les parties du travail qui ne se font pas au moule, c'est-à-dire le forage des trous du fond mobile et l'application de l'émail liquide dans la paroi de chacun des trous lorsque la pâte est en état de biscuit.

Mais il est hors de doute que lorsque la supériorité et les avantages de la porcelaine sur toute autre matière seront bien reconnus comme ils le méritent, l'importance et la régularité des commandes pourront abaisser à dix francs le prix de l'augette. Ce dernier prix est encore supérieur à celui des augettes en grès ou en terre vernissée, mais, indépendamment des avantages ci-dessus énumérés, il y a compensation d'autre part dans la durée indéfinie de la porcelaine, comparée au métal, et dans l'abaissement des frais de transport à cause du poids moindre pour la porcelaine que pour le grès, la faïence et pour les poteries vernissées.

M. le Président remercie M. de Sailly de son intéressante communication et donne la parole à M. Perdrizet, pour la lecture d'une note au sujet *d'un nouveau mode de production des daphnies.*

SUR LA NUTRITION DES ALVINS PENDANT LE PREMIER AGE

Par M. PERDRIZET
Inspecteur des eaux et forêts

La question de l'âge à choisir pour la mise à l'eau des alevins de truites est très controversée. Les uns prétendent qu'il est bon de mettre les alevins de salmonides à l'eau aussitôt après la résorption de la vésicule ombilicale et dès qu'ils cherchent à manger, d'autres affirment que la période dangereuse est loin d'être passée à ce moment et qu'il convient de les nourrir pendant plusieurs mois si possible pour les soustraire pendant le premier âge aux ennemis multiples qui les guettent.

L'une des objections que l'on fait à cette dernière manière de voir est la difficulté de nourrir les alevins à une époque de l'année où la faune microscopique des eaux qui leur est indispensable fait encore presque complètement défaut.

Elle est sérieuse, malgré les divers procédés inventés pour obtenir des daphnies en primeurs.

Vous connaissez ceux de MM. Rivoiron et Lefebvre, décrits par M. le Dr Brocchi. Le développement des daphnies à l'aide de fumier placé dans des réservoirs ou au moyen d'un bouillon de bouse de vache, de colombine et d'eau, le tout tamisé et chauffé.

Nous voudrions vous indiquer ici un procédé qui nous a particulièrement bien réussi à l'établissement de Thonon et que nous croyons inédit.

M. Lugrin de Gremare (Ain) avait eu l'obligeance de nous envoyer des daphnies pour ensemencer des bassins nouvellement établis pour la culture de ces crustacés en nous recommandant de les alimenter à l'aide de détritus de poissons.

Cela marcha assez bien pendant 2 mois environ lorsqu'au mois de mars on s'aperçut que les daphnies commençaient à disparaître. Il fallut restreindre ce mode d'alimentation et donner aux alevins du sang cuit.

Une certaine quantité de sang étant restée un jour sans emploi et s'étant caillée on eut l'idée de le jeter dans les bassins à daphnies.

3 ou 4 jours après les daphnies pullulaient et depuis cette époque nous n'avons pas cessé de leur donner du sang mais cuit et râpé et d'avoir des daphnies en quantité.

La distribution se fait une fois par semaine, nous employons 3 à 4 litres (à 0,10 l'un) pour 6 bassins d'une capacité de 36 mètres environ.

Nous invitons instamment les pisciculteurs à essayer ce procédé et à faire connaître le résultat de leurs expériences.

M. LE PRÉSIDENT remercie M. Perdrizet et donne la parole à M. HOFER pour l'exposé de sa communication *sur la peste des écrevisses en Russie.*

RECHERCHES SUR LA PESTE DES ÉCREVISSES EN RUSSIE

Par le Dr Pr BRUNO HOFER
De l'Université de Munich

Il est peu de personnes qui ne connaissent cette maladie qui, vers l'année 1878, a détruit, en Europe, une grande partie des écrevisses de nos rivières, et qu'on a désignée sous le nom de *peste des écrevisses*. Cette épidémie, qui a achevé l'anéantissement presque complet de ces crustacés dans l'ouest de l'Europe, sévit maintenant dans les eaux de la Russie. Il y a environ six ans que les premiers cas de peste des écrevisses ont été observés et étudiés; et depuis cette époque les larges fleuves du Volga, du Don, du Dniéper, ainsi que les autres rivières de la Russie ont été dépouillés de leurs écrevisses y compris même celles qui appartiennent à l'espèce *Astacus leptodactylus* (1).

La peste des écrevisses sévit tout particulièrement dans les provinces de l'ouest et au centre de la Russie. Dans les bassins de la Duna, dans celui du lac de Peipus, en Courlande, en Livonie, j'ai pu constater au courant de cet été, pendant des centaines de kilomètres, le long des fleuves et des rivages des lacs, que la plupart des écrevisses avaient disparu. *J'ai pu également me rendre compte que la cause de cette disparition était justement la peste des écrevisses que j'avais déjà étudiée en Allemagne* et dont j'ai décrit l'agent sous le nom de *Bacillus pestis Astaci* (2).

J'avais auparavant, d'après mes recherches de laboratoire, ex-

---

(1) Consultez à ce sujet *J. D. Koustnetzoff*. *Fischerei und Thiererbeiutung in Russland*, Saint-Pétersbourg, 1898, ministère de l'agriculture et des domaines.

D'autres recherches de l'accroissement de la peste des écrevisses en Russie ont été faites par le *Dr Arnold* assistant au laboratoire impérial de l'institut agricole de Nikolsk dans une réunion de la Section Livonienne de la Société russe de pêche et de pisciculture, le 17 juillet 1900, avec production d'une carte à l'appui. — Cette carte n'est pas encore publiée.

(2) *Bruno Hofer* — *Uber die Krebpest*. Tirage à part du no 17 de l'Allgemeinen fischerei Zeitung, 1898.

Dr A. Weber, *Zur Æticologie der krebpest*, Publication de l'office de santé impériale, volume XV. Ce travail contient de très belles illustrations et une description précise du *Bacillus pestis Astaci*.

primé l'opinion qu'on ne peut toujours attribuer à la même cause
la disparition des écrevisses dans des domaines très éloignés les
uns des autres et j'ai constaté qu'il existe une vingtaine d'espèces
de bactéries plus ou moins nuisibles à l'écrevisse, de sorte qu'on
peut dire, qu'il n'est presque pas d'espèces de bactéries aquatiques, qui ne soient pernicieuses à ces crustacés (1). Je montrerai, en effet, plus loin, qu'aucun animal n'est aussi prédisposé que
l'écrevisse à l'infection par les bactéries. Nous aurons à rappeler ce
manque de résistance quand nous nous occuperons de la repopulation de nos eaux. C'est une action fondamentale dont nous ne
pouvons faire omission et dont nous allons donner une explication.
Cette fragilité faisant pour ainsi dire partie intégrante de tout l'organisme de ce crustacé. Notre écrevisse de rivière, en effet, contrairement à l'homme et aux vertébrés, ne possède pas un circuit
sanguin fermé. De son cœur, partent de courts vaisseaux qui ne se
terminent pas comme chez l'homme et les animaux plus élevés par
une multitude de vaisseaux capillaires, mais débouchent directement dans les lacunes de la cavité générale où sont situés tous les
organes de l'écrevisse. En vertu de cette imperfection dans l'organisation de son système sanguin, l'écrevisse ne peut se défendre
quand une partie de son corps se trouve soumise à l'infection de
bactéries. En effet, à l'encontre de ce qui se passe chez les animaux
plus élevés et l'homme qui peuvent amener à l'aide de leurs vaisseaux capillaires, dans l'endroit infesté, un afflux de sang, ce qui
donne l'image bien connue de l'inflammation et produit une résistance à la propagation de l'infection; l'écrevisse n'ayant pas de
vaisseaux capillaires manque d'un tel moyen de défense.

Il faut ajouter encore que les animaux d'un ordre plus élevé
contiennent en dissolution dans leur sang des substances bactéricides qui les débarrassent de l'infection. — C'est d'ailleurs à la présence de ces bactéricides qu'est due la plus grande découverte faite
par l'homme dans le domaine de la médecine moderne, la sérum-
thérapie.

En réalité ces substances existent bien dans le sang de l'écrevisse mais en quantité insuffisante, de sorte que les bactéries
peuvent se développer aussi sûrement qu'elles le feraient dans

(1) *Bruno Hofer. Weitere mitheilungen uber die krebpest*, Allgemeine
fischerei Zeitung, n° 19, 1899.

un bouillon de culture (1). Ce qui démontre surabondamment l'extrême sensibilité de l'écrevisse à toute cause d'infection par les bactéries. A l'encontre de ce qu'il semblerait peut-être, leur carapace consistante et chitineuse devrait être un moyen de défense suppléant à ceux qui leur manquent à l'intérieur, à l'opposé des animaux d'un ordre plus élevé qui ont un épiderme tendre et délicat. Devant ces faits, il était rationnel de penser que la maladie des écrevisses était due à des causes aussi nombreuses que le nombre même des bactéries pouvant concourir à leur infection et que l'on désignait sous le nom de *peste des écrevisses*, les différentes maladies causant leur disparition. Cette opinion que j'avais moi-même émise en m'appuyant sur des recherches de laboratoire, comme je l'ai dit plus haut, est une déduction théorique que nous ne pouvons rejeter sans examen mais dont l'expérience pratique nous démontrera la valeur.

Or, il résulte de mon examen dans chaque cas, aussi bien dans le nord de l'Allemagne que dans l'ouest de la Russie, que les faits ne correspondent pas à la théorie, car je n'ai jamais découvert qu'un unique bacille travaillant à la destruction des écrevisses, bacille qui n'est autre que celui que j'avais déjà trouvé en 1898. Cela n'infirme en rien ma théorie puisque dans nos eaux aussi bien que dans celles de l'ouest de l'Europe, on a apporté les causes les plus diverses de corruption.

Il résulte de mes recherches dans les rivières de Russie que la propagation de la maladie se ferait d'aval en amont. Mon examen s'est porté particulièrement sur les eaux du Woo et j'ai noté semaine par semaine la marche en avant et les progrès de la peste des écrevisses.

Ce fleuve qui coule à travers la Livonie vers le sud du lac de Peipus sur une longueur de plus de 100 kilomètres est une des plus grandes rivières de l'Europe. Fait à retenir, dans une partie de son cours, il traverse toute une série de moulins dont les digues barrent son lit. Il est démontré que la peste d'écrevisses entra dans le milieu de son cours vers l'année 1897, et plus spécialement dans le lac de Werro que le Woo traverse.

---

(1) D'après les recherches faites sous la direction de l'auteur par les D<rs> *Adolf Schillinger et Wilde* à l'institut d'hygiène de l'université de Munich.

Cette même année, toutes les écrevisses moururent en aval jusqu'au lac de Peipus, tandis que la peste n'a progressé en amont, de 1897 à 1900 que sur une étendue de 30 kilomètres. L'épidémie marquait un temps d'arrêt, s'arrêtant devant chaque digue pour reprendre ensuite dans le bief supérieur. Cette année, la peste des écrevisses est arrivée à environ 10 kilomètres de la réunion des sources du Woo et j'ai pu observer sa marche pendant 7 semaines durant les mois de juillet et d'août, sur une longueur de 4 à 5 kilomètres. Depuis mon départ, la maladie a de nouveau franchi de nouvelles digues. L'étendue sur laquelle mouraient les écrevisses frappées par la peste était d'environ un demi-kilomètre ; à cet endroit, on pouvait découvrir, dans l'eau la plus tranquille, des centaines d'écrevisses mortes, mourantes ou malades. La plupart des crustacés malades étaient couchés, sans mouvement, sur le dos ou sur le côté, si on les tirait de l'eau, ils essayaient à peine de se mouvoir. Sur quelques sujets se trouvant justement dans une période de convulsions, les extrémités se rassemblaient et la queue se rétrécissait ; un grand nombre étaient privés de leurs pinces, enfin certain cas de mort nous montre l'écrevisse rouge comme si elle avait été cuite. Si on plaçait les animaux malades dans un bassin rempli d'eau, on n'observait que rarement les convulsions des extrémités. C'est la paralysie du cœur qui entraînait la mort de l'écrevisse.

Sous la première atteinte de la maladie, les écrevisses n'étaient qu'épuisées, puis l'affaiblissement s'accentuait pour aboutir lentement à la mort. Celui qui se contenterait d'observer, pendant un court espace de temps, les écrevisses malades et mortes sur le sol de la rivière pourrait seulement constater cet épuisement de plus en plus accentué et entraînant la mort. Mais en observant plus longuement dans l'eau, les animaux les plus malades, il apercevrait alors seulement les convulsions clownesques des affections tétaniques, phénomènes causés par la peste des écrevisses. Ils sont difficiles à observer, car ils sont de courte durée et faiblement accentués. Quant à la période d'évolution de la maladie elle dure ordinairement une huitaine de jours. Enfin les derniers phénomènes n'ont peut-être pas toujours lieu et à travers les infections nombreuses dont les écrevisses sont atteintes, l'image nette de la peste d'écrevisse est légèrement altérée et s'estompe en partie.

Les symptômes de la maladie n'établissent aucun phénomène particulier sur les organes internes des écrevisses soit avant soit après leur mort. Les recherches au microscope sur ces organes internes ne font découvrir aucun changement pathologique ou anatomique, mais on trouve dans le sang et dans les organes une grande quantité de bactéries. Dans un individu malade depuis plus ou moins longtemps, on note une quantité plus ou moins grande d'espèces de bactéries, mais on y retrouve toujours le bacille de la peste astacienne. Je parvins plusieurs fois à n'observer, que deux espèces de bactéries seulement dans des écrevisses qui venaient d'être attaquées de la maladie et qui avaient encore la force de bien serrer les pinces; dans d'autres cas je n'ai même découvert qu'une seule espèce de bactérie: le bacille de la peste astacienne. Si avec la culture pure de ce bacille on inocule artificiellement les écrevisses saines, on fait naître, peu de minutes après cette inoculation, les symptômes complets de la peste des écrevisses que nous venons de décrire. C'est sans aucun doute le bacille de la peste astacienne qui dans le Woo et les autres fleuves est la cause de la maladie et de la mort des écrevisses; car j'a observé sur les écrevisses malades de ces rivières les symptômes que j'ai décrits.

Si on place, dans les endroits où règne la peste des écrevisses, quelques-uns de ces crustacés, dans des caisses de bois percées de trous, l'expérience démontre qu'elles s'affaiblissent après un séjour de 6 jours, et que 2 jours après, elles périssent.

En examinant le fleuve, j'ai observé que les cadavres d'écrevisses se trouvaient en grandes quantités en aval du lieu infesté. En amont, le nombre des écrevisses mortes décroissait et à un demi-kilomètre du champ de mort aucun cadavre n'était plus retrouvé. Dans cette partie de la rivière on pouvait apercevoir pendant la journée et en plein soleil quelques écrevisses qui se promenaient lentement de tous côtés. C'était la preuve qu'elles étaient attaquées de la maladie car les écrevisses saines ne quittent pas leurs trous pendant la journée. Elles donnaient encore tous les caractères extérieurs que présente ce crustacé à l'état sain, ainsi elles pouvaient donner d'énergiques coups de queue et nager vivement, mais l'examen bactériologique démontrait qu'elles avaient souvent dans leur sang à côté du *bacillus pestis Astaci* d'autres bactéries. Une centaine de mètres, en amont, les écrevisses qui étaient dans leurs trous étaient pleines de santé et non contaminées par les bactéries, mais une semaine plus tard elles présentaient les mêmes caractères découverts 8 jours auparavant à 100 mètres en aval. Le sol du fleuve était couvert de centaines d'écrevisses malades, mourantes ou mortes, tandis qu'on voyait en amont, de moins en moins, d'écrevisses malades et à 1 2 kilomètre on retrouvait de nouveaux sujets tout à fait sains.

Nous basant sur ces observations nous pouvons donc affirmer ce que nous avons déjà mentionné : que la peste des écrevisses progresse d'aval en amont.

Les bactéries qui occasionnent la maladie manquent de force pour remonter le courant du fleuve. Mais elles peuvent être apportées à la montagne par le transport des écrevisses. Ces crustacés eux-mêmes sont un agent de propagation, en effet, les écrevisses saines sortent de leurs trous pendant la nuit pour chercher leur nourriture et cela aussi bien en amont qu'en aval, elles rencontrent donc leurs compagnes atteintes par la maladie, dévorent même leurs cadavres et s'infusent ainsi elles-mêmes des bactéries. J'ai fait de nouvelles recherches dans le Woo à quelques 20 kilomètres en aval de l'endroit où régnait, cet été, la peste des écrevisses. J'ai placé des écrevisses saines dans des caisses en bois percées de trous et je les nourrissais avec des écrevisses malades ou mortes. J'ai pu constater que dans l'espace d'une semaine les écrevisses saines mouraient de la peste tandis qu'à ce même endroit des centaines d'écrevisses qui furent privées de nourriture restaient saines de longues semaines.

La peste est non seulement apportée dans la rivière par les écrevisses elles-mêmes, mais aussi par les poissons ; ainsi j'ai pu constater dans le Woo, particulièrement, que les poissons dévorent les écrevisses mortes et propagent avec leurs déjections les bactéries de la peste, bactéries presque sans effet sur eux-mêmes, car j'ai observé que les poissons ne meurent presque jamais de cette inoculation. La possibilité de voir la peste propagée par leurs déjections n'offre donc aucun doute et on peut grandement affirmer que le poisson est un des agents de propagation de la peste des écrevisses. Du reste nous nous promettons de vérifier plus exactement cette assertion dans de prochains essais, car il n'est guère possible de résoudre cette question d'une manière générale ; cela doit dépendre des espèces et de la quantité de poisson qui se trouvent dans une rivière.

Le progrès de la maladie est habituellement beaucoup plus rapide en aval, parce que les eaux sont infectées par les bactéries ; il faut cependant pour cela qu'un grand nombre de bactéries se présente en même temps ; un petit nombre ne suffit pas pour rendre malades les écrevisses, par le contact seul de l'eau.

J'ai fait, pour constater cette propagation, l'expérience de suspendre en différents endroits dans la rivière, en aval de celui où régnait la peste des écrevisses, des caisses percées de trous dans lesquelles étaient placées des écrevisses saines. J'ai trouvé qu'à environ 15-20 kilomètres au-dessous du foyer de la peste il n'était plus possible d'infecter les écrevisses par le seul moyen de l'eau. A une distance d'à peu près 20 kilomètres, en aval, j'ai conservé dans des caisses à claire-voie des centaines d'écrevisses pendant des semaines sans qu'elles fussent atteintes de la maladie.

Il ressort de ce fait qu'une rivière infectée se purifie assez vite et l'opinion si répandue, mais nullement basée sur des expériences exactes qu'on doit attendre cinq années après la disparition de la maladie pour repeupler les cours d'eau, peut être rejetée. Dans le Woo, à des endroits où la peste avait disparu depuis deux ans et à 15 à 20 kilomètres en aval de foyers de maladie encore en activité, il ne fut plus possible d'infecter des animaux sains par la seule influence des eaux.

Toutefois je suis loin de vouloir tirer une conclusion de ce fait et je trouve qu'on ne doit pas aller avec précipitation dans le repeuplement. Il faut attendre pour le tenter que l'épidémie ait disparu de tout le bassin du fleuve et que les hautes eaux aient emporté au loin les cadavres des écrevisses contaminées.

J'ai en outre constaté un fait remarquable, non dans le Woo, mais dans d'autres eaux, comme par exemple dans celles d'un lac situé près d'un fort en Livonie, ce lac était éloigné de la Duna, cependant la peste survint, atteignit en même temps les écrevisses du lac et celles des rivières. Les plus gros animaux furent atteints les premiers pendant que les plus petits particulièrement des écrevisses de 4 à 5 centimètres et au-dessous étaient épargnées. Dans quelques ruisseaux où depuis un an régnait la peste des écrevisses on pouvait encore trouver de ces petits crustacés à l'état sain parce que ceux-ci ne pouvaient manger leurs compagnes malades et cherchaient d'autre nourriture. L'eau seule n'est pas un véhicule très actif pour la maladie, et les jeunes écrevisses ne se nourrissent que de larves aquatiques. La peste ne détruit donc pas radicalement toutes les écrevisses et dans une région contaminée plusieurs ruisseaux peuvent être épargnés.

Il résulte donc de mes expériences faites en Russie que la peste se propage d'aval en amont, que la lutte contre les bactéries elles-mêmes est impossible, et qu'il est plus pratique de combattre les messagers de la peste, que la maladie elle-même. Ainsi, il est indispensable, comme je l'ai constaté, de mettre à l'écart les écrevisses placées dans un foyer de peste, car il est impossible autrement de les empêcher d'entraîner en amont les bactéries.

Comme moyen sûr et facile, je conseille de détruire, dans les ruisseaux les plus petits, écrevisses et poissons en employant de la chaux vive. La quantité à employer varie de 10 à 30 et 50 quintaux suivant le volume d'eau de la rivière ; il faut avoir soin de jeter ce produit à un demi-kilomètre en amont de l'endroit où l'on a observé les premières écrevisses mortes, ou mieux les écrevisses déjà malades, mais non pas encore infestées. Quand celles-ci, et naturellement avec elles les poissons sont morts, tout danger est passé et les écrevisses saines peuvent venir chercher leur nourriture dans l'endroit même où régnait la peste ; le transport des bactéries en amont sera, de la sorte, interrompu. Dans quelques années on pourra juger si les effets de cette mesure auront été vraiment efficaces ou s'il faut répéter cette mesure plus radicalement.

Tels sont les résultats les plus importants de mes recherches sur la peste des écrevisses en Russie. Je fais abstraction de toute une série de détails que je compte publier ultérieurement.

Nous devons toutefois en tirer une conclusion pratique au sujet du repeuplement de nos eaux.

Il est facile de voir maintenant pourquoi les efforts faits pour le repeuplement de nos eaux ont échoué jusqu'ici. Les principales fautes commises ont été les suivantes.

Tout d'abord nous n'avons pas toujours d'une façon certaine, employé des sujets non contaminés, pour ce repeuplement. En grande partie les écrevisses, destinées au repeuplement, furent retirées des provinces de l'Est et chose capitale provenaient de

Russie, où régnait depuis une dizaine d'années la peste des écrevisses. Il semblerait vraiment qu'avec de tels sujets nous avons dû recevoir à nouveau la peste en même temps qu'eux. La possibilité de cette invasion est même évidente pour qui a vu en Russie le commerce et la capture des écrevisses. On dirige vers un point unique toutes les écrevisses, au nombre de plusieurs centaines de mille, et provenant aussi bien de provinces saines que de provinces contaminées.

Il me paraît bien impossible que dans ces conditions des écrevisses malades ne se soient pas trouvées dans ces dépôts d'écrevisses et n'aient, par leur contact, communiqué la peste aux écrevisses saines.

Enfin, si les écrevisses fournies par l'Est de l'Europe n'ont pas apporté la peste, il faut se rappeler toutefois que les écrevisses sont prédisposées à l'infection par les bactéries et qu'elles peuvent par un long transport s'infuser très facilement des bactéries de toute nature. J'ai envoyé des centaines d'écrevisses saines dans les contrées les plus éloignées et à l'arrivée 20 ou 30 pour cent parfois même la moitié se trouvaient infectées de bactéries. Ce sont de telles écrevisses que nous avons eu jusqu'ici comme sujets de repeuplement.

Comme conséquence de ces faits j'ai établi la nécessité que tous les sujets pour le repeuplement qui nous arrivent ainsi, devaient être observés de 8 à 15 jours dans un espace fermé pendant lequel les écrevisses doivent être placées à côté les unes des autres dans des viviers ou des caisses en lattes de bois. Si après ce temps elles se montrent bien portantes, on peut les utiliser pour le repeuplement. Si au contraire elles sont malades, elles mourront dans un espace de 8 à 15 jours.

Cette quarantaine de reproducteurs est une conséquence nécessaire de nos observations sur la peste des écrevisses, nous devons y tenir fermement sans restriction car elle sera un moyen sûr de combattre d'une manière certaine cet unique motif de pénétration de la peste sans toutefois l'empêcher d'une manière complète. Le règlement des états royaux Bavarois impose la condition de n'employer pour la repopulation des eaux que les écrevisses provenant d'une source autorisée qui auront fait une telle quarantaine.

Une plus large conséquence de mes nouvelles études en Russie, est la conviction qu'en tout état de cause, il n'est pas besoin d'être aussi strict pour le repeuplement de nos eaux.

Nous avons vu dans la descente du Woo combien et de quelle manière une eau se purifiait rapidement de la peste des écrevisses.

A la vérité, nous devons nous montrer particulièrement prévoyants, surtout si les rapports se montrent sans aucun doute favorables à des expériences analogues à celles que j'ai entreprises dans le Woo où j'ai démontré que tout danger était écarté pour les écrevisses restantes.

Pour terminer cette étude je dois ajouter que la peste serait apportée d'une manière plus ou moins facile suivant la pollution des cours d'eau, j'ai émis l'opinion et je maintiens que les origines de la peste sont la corruption de nos eaux par les substances putréfiées de l'ouest de l'Europe. J'ai acquis cette opinion non comme suite de l'ensemble de mes observations ou encore parce que cette opinion paraît très vraisemblable en soi ; mais bien dans mes expériences de laboratoire qui m'ont démontré la susceptibilité des écrevisses et la facilité de propagation de la peste. Il était donc particulièrement intéressant d'étudier la peste en Russie parce qu'il s'agit ici d'un pays où les provinces de l'Est ne présentent pas la moindre corruption dans la valeur des eaux, et qu'en tout cas je n'ai trouvé dans aucun cas de matières putréfiées dans les eaux où régnait la peste des écrevisses. C'est par des recherches sur l'oxygène dissous que j'ai pu établir la proportion exacte des matières organiques contenues dans l'eau.

S'il en est ainsi en Russie dans les cours d'eau où la peste s'est rencontrée à l'origine, il n'en est pas de même en Allemagne, et particulièrement dans l'Est de ce pays comme nous l'avons établi dans nos précédents rapports.

Tout cela prouve d'une manière évidente la marche de l'épidémie, de l'Est de l'Allemagne vers la Russie, et l'époque de l'entrée de cette épidémie en Russie correspondant avec celle où la peste régnait dans l'Est de l'Allemagne.

C'est naturellement le manque de nouvelles suffisantes et authentiques à ce sujet au moment où la peste entrait en Russie qui a empêché de découvrir la cause de cette entrée. Nous devons nous souvenir cependant que la peste est transportée très facilement d'une rivière dans l'autre par les nasses des pêcheurs d'écrevisses.

La capture des écrevisses dans les provinces de l'Est n'est faite commercialement que d'une manière tout à fait exceptionnelle, par les possesseurs eux-mêmes; mais au contraire elle est pratiquée par des compagnies bien organisées. Les propriétaires et les autorités sont obligés de faire violence contre l'habitude générale qu'ont les pêcheurs de se servir comme appât de restes d'écrevisses, ce qui est susceptible d'apporter la peste dans les eaux.

En Russie, j'ai observé d'une manière précise que la peste fut apportée par les engins des pêcheurs, ce que nous avons pu constater nous-même dans le lac Wero. Les pêcheurs y avaient établi un grand dépôt d'écrevisses et ces crustacés moururent en telle quantité que l'odeur des cadavres incommodait les habitants. On résolut de prendre la précaution absolument utile de désinfecter les nasses à l'eau de chaux avant de permettre leur emploi dans d'autres eaux, afin de ne pas y apporter la peste et d'obliger les pêcheurs à ne pas exercer leur commerce et de les empêcher de colporter leurs marchandises.

Comme, en Russie, j'ai pu démontrer comme provocateur de la peste des écrevisses le seul *Bacillus pestis Astaci*, bacille que j'avais déjà trouvé en Allemagne en 1898, on peut alors être porté à conclure que la peste n'a aucun rapport avec la corruption des eaux et que la maladie peut venir et aussi disparaître d'elle-même comme elle est venue. J'avoue que cette opinion est autorisée si la peste a été apportée dans les eaux corrompues et n'y est pas née. Dans ces dernières en effet la peste peut revenir sur des écrevisses prédisposées à la contamination, de plus elles renferment un très grand nombre d'autres bactéries qui peuvent causer des maladies présentant le caractère d'épidémie comme nos expériences de laboratoire sur la susceptibilité des écrevisses à l'infection par les bactéries l'ont démontré. Cette conséquence de la corruption des eaux peut donc être très fatale pour le repeuplement. Or nos eaux sont trop corrompues et trop surchargées de substances putréfiées pour vouloir y replacer des écrevisses dans le but de faire du repeuplement. Il y a tout lieu de craindre que dans ce cas l'épidémie croîtra et atteindra les eaux saines. Je peux donc affirmer de nouveau que nous devons fermer sévèrement toute eau corrompue de quelque importance qu'elle soit. Nous nous contenterons des eaux pures comme celles des sources de nos rivières des lacs isolés, etc., etc., où les écrevisses pourront être placées en grande quantité. C'est là que devront être commencées et concentrées nos ressources. Si l'écrevisse y trouve ses conditions de vie elle devra d'elle-même conquérir d'autres espaces en amont. Nous réussirons ainsi à retrouver l'ancienne abondance en écrevisses qui a régné dans l'ouest de l'Europe avant l'apparition de la peste. Mais je tiens à répéter que l'écrevisse placée dans une eau corrompue devient une victime de la culture comme aussi avant elle beaucoup d'autres animaux. Nous devons donc nous réjouir que nous ayons encore des eaux saines où nous puissions parvenir à nouveau à tirer profit des derniers vestiges d'un crustacé si estimé.

M. LE COLONEL PUENZIEUX fait connaître qu'il y a quelques années, les écrevisses avaient complètement disparu dans le canton de Vaud ; elles ont reparu depuis peu de temps et paraissent maintenant se développer d'une façon normale. M. Puenzieux dit que la principale cause d'insuccès dans le repeuplement des cours d'eau en écrevisses provient de la manière défectueuse dont sont pratiqués les déversements. Si les crustacés sont mis immédiatement à l'eau la plupart meurent ou ne restent pas dans le cours d'eau ; il est nécessaire de les placer sur le bord et de les laisser eux-mêmes gagner la rivière. Ce n'est qu'à cette condition que les déversements peuvent être pratiqués avec chance de succès. MM. de Sailly, de Galbert, Borodine, etc. prennent part à cette discussion.

M. LE SECRÉTAIRE donne ensuite lecture des deux notes suivantes : 1° de M. Dongé sur certains coléoptères qui s'attaquent aux poissons et causent leur mort ; 2° de M. le Dr Oltramare, qui préconise l'usage du coton hydrophile employé comme filtre pour aseptiser l'eau des appareils d'incubation et d'alevinage.

OBSERVATIONS SUR QUELQUES COLÉOPTÈRES AQUATIQUES NUISIBLES A LA PISCICULTURE

Par M. DONGÉ

Quoique la voracité des Dytiques, des Colymbètes et autres gros coléoptères aquatiques soit bien connue, il n'est peut-être pas inutile de multiplier les expériences permettant d'apprécier

les dommages que ces insectes sont capables de causer aux pisciculteurs.

J'ai eu dans le courant de l'année 1898 l'occasion de faire à ce
sujet l'observation suivante.

Une fosse maçonnée, revêtue intérieurement de ciment mesurant 6 mètres de long, 5 de large et 1ᵐ80 de profondeur, fut remplie d'eau, garnie d'un fond de sable, de plantes aquatiques et
recouverte exactement par un grillage serré en fil de fer.

Dans ce bassin furent jetés le 8 juillet 25 poissons vigoureux
mesurant 9 à 12 centimètres de longueur (10 carpes, 10 tanches,
5 gardons) ainsi que 6 exemplaires ♂ ♀ de *Dytiscus marginalis*
et 2 *Cybister Rœseli*.

Vers rouges, larves de phryganes (porte-bois), têtards, petits
coléoptères aquatiques, etc. furent également mis dans le bassin
en quantité suffisante pour assurer la nourriture des poissons et
satisfaire la voracité des Dytiques.

Néanmoins du 8 juillet au 6 août, c'est-à-dire en 30 jours, on
retira du réservoir les cadavres de 19 poissons à demi dévorés,
savoir : 8 tanches, 6 gardons et 5 carpes. Les tanches étaient en
général rongées profondément aux orbites ou derrière la tête, les
carpes et les gardons éventrés entre les nageoires pectorale et
l'anale.

J'insisterai sur les points suivants :

Le bassin étant comme je l'ai dit cimenté et recouvert très
exactement d'un très fin grillage, les Musaraignes d'eau ne pouvaient y pénétrer et la mort des poissons ne peut être attribuée
qu'aux dytiques dont plusieurs du reste furent retirés encore
accrochés à leur proie. Le volume d'eau contenu dans le bassin
était très suffisant pour permettre aux poissons d'échapper par
la fuite aux attaques des Dytiques et ceux-ci trouvaient dans les
insectes et têtards introduits des proies faciles et abondantes.

Des observations analogues quoique faites dans un bassin
beaucoup moins grand m'ont permis de constater que les *Colipu-
betes fuscus*, insectes beaucoup plus petits que les Dytiques, attaquent également et dévorent des alevins de 4 à 5 centimètres de
longueur.

Les espèces de taille inférieure telles que Ilybius, Hydaticus,
Agabus, etc. ne m'ont pas paru s'attaquer aux alevins ni même
aux œufs des poissons.

DE L'INCUBATION ASEPTIQUE DES ŒUFS DE SALMONIDES

Par le Dr OLTRAMARE
Professeur à l'Université de Genève.

Tous les pisciculteurs expérimentés ont reconnu la nécessité d'assurer aux œufs en incubation, non seulement une eau d'une température convenable et suffisamment aérée, mais aussi exempte que possible d'impuretés et de germes. Les dépôts limoneux ont en effet le double inconvénient de diminuer la surface respiratoire des œufs, et d'empêcher le triage méthodique de ceux qui ont succombé; tandis que les germes engendrent le développement des moisissures, autrement nuisibles que les simples débris minéraux. C'est pourquoi on recommande de rechercher comme eaux d'incubation celles des sources dont la pureté évite bien des ennuis; mais ces conditions ne pouvant être toujours réalisées, j'ai étudié un procédé qui permît la stérilisation d'une eau quelconque et qui épargnât également le travail si fastidieux du triage des œufs avariés, triage qui n'est pas toujours sans inconvénients, s'il est fait par une main maladroite. J'ai pensé pouvoir utiliser les propriétés filtrantes du coton qui, comme chacun le sait, permet sous une couche d'une certaine épaisseur de retenir les poussières et les germes les plus ténus, et qui, d'autre part, donne libre accès à l'air si indispensable au développement de l'embryon. Dans une première série d'expériences entreprises en 1898 et 1899, voici de quelle façon j'avais procédé: les œufs, de suite après la ponte, avaient été étendus sur une couche de coton stérilisé bien régulière, posée elle-même sur un cadre en bois, tendu de treillis métallique, puis recouverts d'une nouvelle couche de coton stérilisé. Après un copieux arrosage, ils ont été placés dans mon laboratoire d'éclosion, à une température à peu près fixe de 10° à 13° centigrades, et matin et soir on les a arrosés avec de l'eau à la même température. L'embryonnage a été normal et l'éclosion s'est produite en même temps que dans d'autres bacs à eau courante et dans des conditions analogues. Cette année la même expérience a été reprise sur une plus grande échelle et avec quelques modifications qui me semblent perfectionner le système. En effet, les alevins provenant de mes premières incubations paraissaient chétifs et surtout anémiques, les œufs n'avaient pas pris cette belle teinte orangée qui témoigne par transparence de la formation d'un sang riche en hémoglobine, et cette pâleur persistait chez les alevins qui en provenaient ; néanmoins, le pourcentage de réussite restait normal.

Pour obvier à cet inconvénient que j'attribuai à une oxygénation insuffisante et peut-être à une saturation du milieu ambiant par les produits excrémentiels, il me sembla rationnel de remplacer les arrosages pratiqués toutes les douze heures par une irrigation constante.

Les résultats obtenus cette année ont été excellents. L'expérience a porté comme précédemment sur des œufs de truite arc-en-ciel, au nombre de 12,000 répartis en quatre grilles superposées ; l'eau, arrivant en un petit jet, se répandait sur une première grille d'où elle s'écoulait goutte à goutte sur les grilles inférieures. Mis en incubation le 22 mars, les œufs ont été sortis du coton le 29 avril ; deux jours après ils ont commencé à éclore d'une manière parfaitement normale.

Pendant le temps d'incubation les grilles n'ont pas été touchées quoique la surface du coton surtout à la grille supérieure fût très sale. Les œufs morts n'étaient recouverts d'aucune moisissure et n'avaient porté aucun préjudice à leurs voisins ; après lavage à grande eau, le triage à la pipette fut très facile. En somme, le procédé que nous décrivons, et qui pourra certainement se perfectionner dans l'avenir, nous semble présenter certains avantages qui pourront, suivant les circonstances, le faire adopter.

1. Grande simplicité de matériel, puisqu'il suffit de cadres tendus de treillis métallique (galvanisé et verni ensuite à cause de la facilité d'oxydation du métal dans les conditions où nous opérons) et d'un peu de coton hydrophile, tel qu'on le trouve dans toutes les officines, pour mettre en incubation un grand nombre d'œufs.

2. Espace très restreint occupé par les appareils qui peuvent avec avantage être placés dans une cave, ou dans tout autre réduit frais, obscur et humide, et empilés les uns sur les autres.

3. Très faible consommation d'eau, puisqu'il suffit d'un jet minuscule s'étalant goutte à goutte sur les grilles.

7

4. Absence de tout triage pendant la période d'incubation, celui-ci se faisant en une seule fois, au moment du déballage des œufs.

5. Grande facilité de déplacement, les grilles pouvant être transportées telles quelles à une distance quelconque.

6. Sécurité absolue, l'eau d'alimentation pouvant à la rigueur et sans inconvénient sérieux s'arrêter pendant plusieurs heures.

Nous pourrions encore allonger la liste des avantages que peut procurer le nouveau mode d'incubation et insister sur tous les perfectionnements dont il est susceptible, ainsi que sur les appareils qu'on pourrait construire pour le rendre plus pratique, mais nous croyons en avoir suffisamment dit pour permettre aux pisciculteurs que cela peut intéresser d'en faire l'essai.

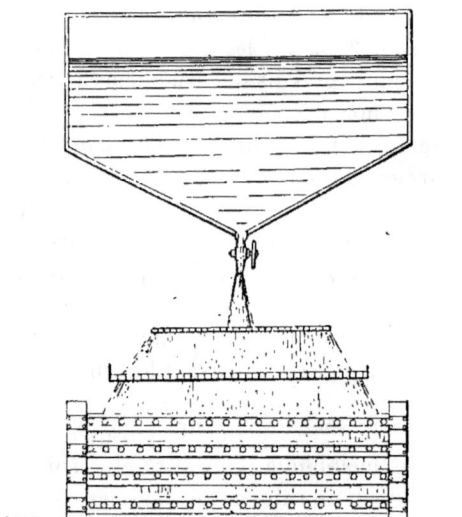

M. Breton ensuite présente un travail très intéressant ayant pour objet de mettre les agents chargés de la surveillance de la pêche, — ainsi que la partie du public qui est peu au courant des études d'histoire naturelle, — à même de déterminer d'une façon simple et facile, mais en même temps scientifique, les diverses espèces de poissons qui peuplent les eaux douces.

Si en effet la plupart des agents chargés de la police de la pêche, connaissent la désignation vulgaire des poissons qu'ils rencontrent, cette désignation, variable d'une région à l'autre, variable aussi indéfiniment parfois dans la même région, ne peut suffire, semble-t-il, à caractériser l'espèce de poisson à laquelle elle est censée s'appliquer. Ces appellations diverses peuvent donner lieu à des confusions regrettables. Le remède est facile : il suffit d'exiger le remplacement des noms vulgaires, innombrables et variables, par le nom scientifique, au moins dans tous les actes officiels, tels que les procès-verbaux.

Il est vrai que la question est singulièrement compliquée par le nombre considérable des variétés d'une même espèce ; aussi dans la clef que M. Breton présente au congrès il a écarté toutes les variétés, et n'a dans chaque genre indiqué, en général, qu'une seule, quelquefois deux espèces, choisies parmi les plus généralement répandues, de façon à ne pas compliquer une question déjà assez difficile par elle-même.

Ecartant, autant que possible, tous les caractères difficiles à déterminer sans une sérieuse instruction scientifique, évitant autant que possible toute dissection, M. Breton a cherché à faire une œuvre à la portée de tous, renfermant, sous un petit volume très portatif, les caractères les plus faciles à discerner, et ne renfermant que ceux-là.

Il est indiqué pour chaque espèce l'époque du frai.

M. le Président remercie M. Breton de son intéressante communication.

L'assemblée fixe sa prochaine séance au lundi 17 septembre, à 9 h. 1/2 du matin. L'ordre du jour comprend quinze communications dont le programme a été distribué à l'issue de la séance.

La séance est levée à 11 heures.

3ᵉ séance du 17 septembre 1900 (matin).

Présidence de M. le Pʳ BRUNO-HOFER, *de l'Université de Munich*,
assisté de M. MERSEY, *président du groupe des 2ᵉ et 4ᵉ sections.*

La séance est ouverte à 9 heures et demie. L'ordre du jour appelle
la communication de M. le professeur Raphaël Dubois sur la maladie
des écrevisses.

LA PESTE DES ÉCREVISSES

Par Raphael DUBOIS
Professeur de l'Université de Lyon
Directeur du laboratoire de biologie maritime de Tamaris-sur-Mer.

A propos de la communication de M. Hofer, M. R. Dubois
rappelle qu'en 1892 il a été chargé par le Conseil général du
département de l'Ain d'étudier les causes de dépopulation des
ruisseaux de cette région et les moyens d'y remédier. Il s'agissait
principalement de rechercher s'il y avait lieu de repeupler en
écrevisses le lac de Nantua et quelques cours d'eau où les écrevisses étaient abondantes avant la grande épidémie qui, en quelques jours, détruisit tous ces crustacés. M. R. Dubois rechercha
d'abord si la maladie existait encore et, dans des affluents du
lac de Nantua, il constata qu'au-dessus de certains barrages ou
de cascades naturelles les écrevisses n'avaient point disparu,
même au moment de la grande épidémie. Seulement, celles qui
franchissaient accidentellement ces barrages ne tardaient pas à
disparaître. Dans certains points, aux mois de juin et juillet principalement, on rencontrait beaucoup de cadavres et des écrevisses
malades présentant tous les symptômes indiqués par les auteurs
qui ont étudié la peste des écrevisses. Des inoculations de sang
de ces malades furent faites avec précaution à des sujets sains,
qui, au bout de plusieurs semaines, ne présentaient rien de particulier. Ce résultat négatif avait déjà été obtenu par divers expérimentateurs, au moment de la grande épidémie et écartait une
fois de plus l'idée que l'agent morbide était un microbe. L'examen
microscopique fit constater, chez toutes les écrevisses malades,
dans le tube digestif, la présence d'une quantité considérable de
petites capsules allongées d'où sortait, à un moment donné,

une masse gélatineuse renfermant de petits corpuscules, qui ne pouvaient être autre chose que des spores. Des essais de culture nombreux restèrent sans résultats.

Dans les muscles des pattes et de la queue, on rencontrait également ces corps ovoïdes et, de l'ensemble de ces observations, M. R. Dubois en arriva à penser qu'on était en présence d'un parasite qui s'introduisait par le tube digestif, mais dont les spores devaient passer par les muscles pour se développer ensuite. Vraisemblablement les écrevisses ingéraient le parasite en même temps que leur nourriture, qui est le plus souvent animale. La rapidité avec laquelle la maladie s'était répandue, la marche de l'épidémie de l'embouchure des fleuves vers leur source, ou celle de leurs affluents, la barrière opposée par des obstacles, tels que les cascades, faisaient de suite penser que le parasite était venu de la mer apporté par des poissons migrateurs. M. R. Dubois institua alors un grand nombre d'expériences dans le lac de Nantua. Des écrevisses saines furent placées dans des bacs et nourries dans chaque bac avec une espèce de poisson différente. Dans cinq de ces bacs, les écrevisses ne subirent qu'une mortalité relativement très faible, mais dans un sixième où elles étaient nourries avec la chair du gardon, qui cependant n'est pas un poisson migrateur, la mortalité fut considérable.

Dans les muscles du gardon, on retrouva les corpuscules ovoïdes en question, il y avait aussi dans le tube digestif des écrevisses, les corps allongés mentionnés plus haut.

M. R. Dubois attribua alors la cause de la grande épidémie à un sporozoaire présentant, au point de vue de l'évolution, une grande analogie avec la pébrine du ver à soie. Il conclut, en outre, de ses observations et de ses expériences qu'il n'y avait pas lieu de faire des tentatives de repeuplement tant que la maladie existait et que si celle-ci venait à disparaître avec le temps, le repeuplement se ferait d'abord spontanément et pourrait, à ce moment-là, mais à ce moment-là seulement, être encouragé. Dans le même temps, à peu près, MM. Telohan et Coutejean, qui ne connaissaient pas les recherches de M. Dubois, signalaient dans les muscles des écrevisses malades l'existence d'un sporozoaire.

Plus tard, M. Bataillon, de Dijon, attribua la disparition des écrevisses dans les cours d'eau à une maladie microbienne pouvant atteindre les batraciens, les poissons et ayant sévi particu-

lièrement sur les truites ; il donna à cette maladie le nom de
« Peste des eaux douces ».

M. Hofer est arrivé aux mêmes conclusions que M. Bataillon,
mais il me semble que ces deux auteurs ont observé une maladie
différente de celle qui a sévi chez nous, vers 1876 et qui a causé
de si grands ravages dans toute l'Europe. Les raisons qui militent
en faveur de cette manière de voir sont les suivantes :

1° Les tentatives d'inoculation directe faites par divers expérimentateurs en 1876 et par moi en 1892 n'ont donné aucun
résultat ;

2° Il est de notoriété publique, dans les régions contaminées
et particulièrement dans celles de Nantua, que *seules* les écrevisses
ont eu à souffrir de l'épidémie de 1876 et que les poissons et les
batraciens ont été épargnés. Il se peut, cependant, que les poissons aient pu être infestés, mais la mortalité n'a pas été accrue,
ce qui n'est pas le cas dans la peste des eaux douces de M. Bataillon. Il y a là une spécificité tout à fait remarquable et bien établie.

3° La constatation a été faite, par MM. Contejean et Télohan
d'un sporozoaire dans les muscles de l'écrevisse malade, au moment même où mes recherches me conduisaient à un résultat identique.

4° Il ne nous a pas été possible d'obtenir des cultures micro-
biennes infectieuses. Ce dernier résultat négatif concorde avec
ceux qui ont été notés lors de la grande épidémie de 1876.

La conclusion générale qui s'impose est que la maladie microbienne signalée par M. Bataillon et Hofer est différente de celle
qui a été observée lors de la grande épidémie et ultérieurement
par M. Raphaël Dubois, Contejean et Télohan, laquelle est attri-
buable à un sporozoaire.

M. LE PRÉSIDENT, après avoir remercié M. Dubois de sa très intéressante communication ouvre la discussion sur les conclusions de son
rapport, ainsi que sur celles ressortant du travail du Pr Hofer.

M. HOFER, qui a découvert le bacille de la peste de l'écrevisse, ne
veut pas un seul instant qu'il puisse y avoir chez certaines écrevisses
un organisme analogue à celui qui produit la pébrine du ver à soie
(*Glugea bombycis*), mais ce qu'il affirme et ce qu'il dit être basé sur
des études remontant à de longues années, c'est que la vaste épidémie
qui a dépeuplé l'Europe, la véritable peste de l'écrevisse, est due à
l'organisme qu'il a cultivé et qu'il possède en cultures pures, de façon

à être à même d'inoculer la maladie et de tuer à volonté les écrevisses. Du reste, les sporozoaires sont très fréquents dans leurs muscles, sans pour cela aboutir à d'aussi redoutables affections. Au contraire, les invasions bacillaires sont tellement fréquentes et tellement faciles chez l'écrevisse que chez les individus transportés, il arrive souvent que l'on trouve une quantité telle de bacilles dans la cavité générale qu'elle est équivalente à 50 0/0 de la masse totale.

M. Kunstler fait remarquer que, depuis vingt ans, il étudie les sporozoaires et que, dans la règle, ces organismes ne transmettent pas de maladies foudroyantes ; au contraire, hôte et parasite arrivent à vivre en bonne harmonie, sans affaiblissement trop notable. Il est, toutefois, possible que les deux orateurs ne soient pas si éloignés l'un de l'autre que les apparences sembleraient le faire croire. Il est fort possible que la peste des écrevisses soit souvent une maladie mixte, le sporozoaire préparant le terrain et permettant l'invasion du bacille infectieux. De plus, il paraît hors de doute que ce qui a été désigné sous la dénomination de peste de l'écrevisse est un ensemble de maladies et non une affection déterminée. Il y aura donc lieu de créer des diagnostics différentiels et de donner des noms différents à des maladies diverses. Quoi qu'il en soit, la maladie étudiée par M. Hofer, en Russie, ayant reçu scientifiquement le nom de peste et son bacille étant désigné régulièrement sous la dénomination de bacille de la peste, la qualification de peste de l'écrevisse sera réservée à cette maladie.

M. Dubois indique que depuis de longues années, on a essayé des inoculations d'un individu à un autre sans aboutir à une transmission de la maladie, comme cela devrait se voir dans le cas d'une affection bacillaire. M. Dubois appuie encore son objection par la constatation de la spécificité de la maladie qu'il a étudiée et qui est strictement limitée à l'écrevisse, et n'atteint pas les gardons ou les grenouilles. Il termine en s'élevant contre les pollutions de nos eaux dont la répression est trop aléatoire et demande qu'il soit possible, d'un autre côté, de répandre dans les ruisseaux à écrevisses des matières organiques susceptibles de servir à leur nutrition.

M. Kunstler objecte que ces soi-disant substances nutritives se transformeront rapidement en foyers putrides, dont les inconvénients seraient plus grands que ceux du mal que l'on veut combattre.

M. le comte de Galbert réclame une répression très sévère du braconnage. Il demande qu'on frappe sévèrement les recéleurs qui achètent aux braconniers.

On passe à la discussion des dimensions commerciales internationales de l'écrevisse et il est résolu qu'on demandera une longueur minimum de 10 centimètres depuis la pointe céphalique jusqu'à l'extrémité de la queue pour que l'importation et l'exportation puissent être permises.

Il est toutefois, bien entendu, sur la proposition de M. Kunstler, que les écrevisses de repeuplement seront exceptées.

M. KUNSTLER, au nom de la Société de pisciculture du Sud-Ouest, vient exposer des vues spéciales sur l'action des pouvoirs publics, concernant les repeuplements aussi bien en écrevisses qu'en poissons.

Tout d'abord il s'associe à tous les vœux de répression énergique de braconnage et de repeuplement intensif qui ont été si souvent émis au sein des Congrès. Mais, hélas! dit-il, est-il indispensable de se nourrir d'illusions? Une répression efficace aura-t-elle jamais lieu? Une purification des eaux pourra-t-elle jamais être imposée? Il faut réellement n'avoir pas vu de près ce qui se passe pour avoir une confiance aussi consolante. Ce serait un heureux phénomène, mais l'action publique ne doit pas se borner à cela. Nous vivons dans une période d'évolution sociale qui exige de nouveaux moyens d'action, et les efforts réclamés sont notoirement insuffisants. Des exemples pris autre part fixeront cette pensée. Nul n'a eu l'idée de réclamer la protection du gibier, pour assurer le ravitaillement de l'univers, à l'exclusion des animaux domestiques. Nul n'a revendiqué la protection et la cueillette des plantes spontanées des lieux incultes pour supplanter la culture maraîchère et le grand labour. Les chemins de fer, les communications rapides, l'extension des besoins, la demande ascendante, ne sauraient plus s'accommoder de la mesquinerie des moyens proposés. A l'aurore du vingtième siècle, à une époque de transactions commerciales intenses, il faut autre chose.

La voie nouvelle dans laquelle il est urgent d'entrer, gît dans la génèse d'une industrie nouvelle, dans la fondation de véritables fabriques de poisson, qui permettront d'assurer l'alimentation publique, en abandonnant la population des cours d'eaux à ceux qui, comme cela arrive pour la chasse, en font un agréable et rémunérateur sport. Sans vouloir diminuer l'importance du rendement des eaux publiques, en l'augmentant même dans la mesure du possible, il est indispensable de créer autre chose.

Quelques dispositions légales rendront ces progrès possibles et l'initiative privée ne tardera pas à combler une regrettable lacune.

M. Kunstler fait remarquer que dans le cas où un agent administratif ou un mauvais voisin désirerait nuire à un établissement de pisciculture, il n'aurait que l'embarras du choix. En effet, la loi impose la nécessité de laisser les ruisseaux librement ouverts jusqu'à leur source, sous le prétexte que les poissons iraient pondre là. D'un autre côté, il est même possible d'empêcher légalement un propriétaire de nourrir ses poissons sous prétexte de pollution des eaux. C'est l'abolition de ces deux dispositions prohibitives et nuisibles que M. Kunstler a énergiquement réclamée, non sans se rendre compte que, demandant une diminution de l'autorité administrative au bénéfice d'une industrie naissante, il ne serait pas chaleureusement soutenu par les représentants de l'autorité centrale.

M. Bruyère demande que la dimension des mailles des balances servant à la pêche des écrevisses soit augmentée. Avec les balances actuellement tolérées, on prend très souvent des écrevisses n'ayant pas la taille réglementaire.

Cette discussion se termine par l'adoption des résolutions suivantes proposées la première par M. R. Dubois, la seconde par M. Hofer et la troisième par M. Puenzieux.

1° *Les gouvernements n'accorderont pas leur concours pour tenter des repeuplements d'écrevisses, sans qu'une enquête préalable ait démontré la possibilité d'un succès, tant au point de vue de la terminaison complète des épidémies, que des déversements industriels et, en général, de toutes les causes qui peuvent nuire à la réussite de l'opération.*

2° *Le congrès émet le vœu que les écrevisses destinées au repeuplement soient soumises à une rigoureuse quarantaine de huit à quinze jours dans des bassins fermés (caisses à claire-voie) avant d'être placées dans les cours libres.*

3° *Les gouvernements sont invités à prendre les mesures nécessaires pour que les écrevisses ne puissent être importées ou exportées à des dimensions inférieures à 10 centimètres mesurés de la pointe de la tête à l'extrémité de la queue.*

M. le Président donne ensuite la parole à M. Meesters, délégué du gouvernement des Pays-Bas pour la lecture de son mémoire sur *l'État des pêches d'eau douce en Hollande.*

SUR L'ÉTAT DE LA PÊCHE D'EAU DOUCE EN HOLLANDE

PAR

M. MEESTERS
Délégué du gouvernement des Pays-Bas

La commission spéciale de la pêche Néerlandaise à l'exposition de 1900 a édité une brochure contenant un aperçu sur la pêche aux Pays-Bas.

Dans cette brochure elle divise la pêche en deux parties :

1° La pêche maritime,

2° La pêche d'eau douce.

En acceptant cette division qui est celle de la loi, en vigueur en Hollande à l'heure actuelle, je remarque que la Commission a traité d'une manière un peu sommaire la seconde catégorie. Elle en convient elle-même en déclarant que la pêche d'eau douce ne mérite pas de longues descriptions eu égard au but qu'elle s'est proposé.

En partie, je me réjouis de cette restriction : mais seulement en partie, parce qu'elle nous prive d'une intéressante description de cette pêche. Mais d'autre part je n'en suis pas trop fâché, parce qu'elle me donne (à moi), l'occasion d'en dire un peu plus long. Habitant une partie des Pays-Bas où se trouvent de grandes étendues d'eau, formant des lacs, et où se trouvaient autrefois de grandes tourbières, épuisées en partie et ne pouvant plus nourrir une partie de la population, quoi de plus naturel que, voyant nombre de personnes émigrer, je me suis mis à tâche de chercher les causes de ce mouvement.

Des recherches et de nombreuses causeries avec les pêcheurs m'ont donné la conviction que la principale cause de la diminution de la pêche d'eau douce est une réglementation tout à fait insuffisante.

La loi de l'an 1857 traite en même temps de la chasse et de la pêche. Cette union a été fort nuisible à la dernière parce que les législateurs de cette époque ont traité ces deux sujets hétérogènes de la même manière, mais avec une prédilection visible pour la chasse.

Pour la grande partie la chasse est un sport, tandis que la pêche forme un moyen de vivre pour des milliers de personnes, dont elle est le gagne-pain quotidien, et que le sport ne vient qu'en second lieu. Les mêmes causes qui ont abouti en Belgique à la loi du 19 janvier 1883 existent en Hollande.

Les eaux sont dépeuplées à cause de la multitude des personnes qui prennent leur bien où ils le trouvent et qui sacrifient à un gain immédiat les ressources et l'espoir du futur. De nuit, comme de jour, en toutes saisons et avec toutes sortes d'engins, une foule de personnes sont occupées à rassembler ce que la rapacité de leurs prédécesseurs n'a pas pu soustraire à nos eaux. Ces gens-là sont à blâmer en transgressant contre la loi, mais la loi elle-même en est la cause principale en ne punissant pas *rigoureusement* les braconniers.

Les amendes imposées sont trop minimes pour leur donner la conviction qu'ils ont commis une faute grave en pêchant dans des eaux affermées. Il faut donc absolument que la législation sur ce point soit changée et à mon opinion en retournant en partie aux soins paternels d'autrefois. Il se peut que ces soins aient été exagérés parfois, mais il s'agira de trouver le terme moyen entre les soins trop paternels d'un âge passé et la liberté trop grande du présent.

La pêche d'eau douce est exercée par des milliers de personnes. Pour en donner une idée, je citerai le nombre de licences émis en 1898, des licences pour la grande pêche, c'est-à-dire des licences qui donnent droit à l'emploi de toutes sortes d'engins :

Permis 5.397
Licences donnant droit à l'emploi d'un seul engin
    permis 9.407
Tandis que des permis gratuits ont été émis au
    nombre de 5.854

Quand j'ajoute, qu'en Hollande, la pêche à la ligne flottante n'est sujette à aucun droit et quand on sait qu'un nombre considérable de personnes de tout âge considère cette pêche comme un sport, je n'exagère pas en affirmant que la pêche d'eau douce est pratiquée en Hollande par des milliers de personnes.

La législation insuffisante n'est pourtant pas la seule cause du dépeuplement des eaux douces. L'exportation y est aussi pour quelque chose.

Tout le monde sait que les produits de chasse ou de pêche sont les plus difficiles à avoir près des lieux où ils sont capturés. Les poissons de qualité supérieure étant envoyés aux marchands, les habitants doivent se contenter du reste. Aussi, pour pourvoir aux besoins de ceux-là, les poissons qui n'ont pas acquis leur pleine croissance prennent une certaine valeur et sont pris. C'est encore sacrifier le futur au présent ; mais la plupart des pêcheurs sont de pauvres gens et la loi ne le défendant pas, ils sont en règle avec leur conscience et avec leur bourse.

Il faudra donc absolument que la loi ouvre au moins la faculté d'interdire la capture des poissons d'une taille insuffisante ou en ordonnant, que — étant pris dans les filets — les pêcheurs les rendent immédiatement à leur élément naturel.

Une telle interdiction sur les espèces de poissons, qui forment la principale population des eaux douces — tels que le brochet, la perche et la tanche — serait une mesure justifiée par les circonstances. Une mesure de plus qui serait appréciée par les marchands de poissons et par les pêcheurs. Il est vrai que les derniers y perdraient d'abord, mais en moins de trois ans ils ne prendraient que des poissons d'une taille telle, qu'ils auraient cause à se féliciter de la sage prévoyance de leurs gouvernants.

Heureusement les pêcheurs eux-mêmes sont convaincus que le régime d'à présent ne pourra durer, parce que les eaux seraient bientôt épuisées tout à fait.

Une opinion publique non douteuse sur ce point s'est formée, des sociétés pour l'avancement de la pêche d'eau douce se sont formées sur ce programme en plusieurs provinces, et dans la 2ᵉ Chambre des Etats-Généraux plusieurs voix se sont élevées pour insister près du Gouvernement sur un nouveau projet de loi, spécialement pour cette pêche.

Ces efforts n'ont pas été infructueux. Un arrêté royal du 8 juillet 1898 ordonne de transporter la gestion de la pêche d'eau douce au Ministère de l'Intérieur qui en même temps s'occupe de l'agriculture, en affirmant par là que, comme celle-ci, la pêche d'eau douce a droit aux soins très particuliers du Gouvernement.

De plus, le Gouvernement a manifesté son intention de proposer à court délai un projet de loi sur la pêche d'eau douce, séparée de la chasse. C'est sur ce que ce projet de loi devra contenir que je me propose de communiquer l'opinion commune, émanée du Congrès national de pêche, tenu à Utrecht les 9 et 10 novembre 1898.

C'est avec une vive satisfaction que je remarque que le Président de la VIIᵉ section de ce Congrès — M. Cacheux — a été présent au congrès d'Utrecht et a contribué beaucoup par sa présence au chaleureux accueil qu'a eu en Hollande l'invitation du Gouvernement français de prendre part à ce Congrès International.

Il va de même que c'est seulement la question de principe, et non les détails, que je vais traiter.

D'abord je ferai remarquer que les eaux douces en Hollande (rivières, canaux, lacs) diffèrent peu sous le rapport de la faune et de la flore, de sorte qu'il sera possible d'appliquer une réglementation uniforme. Une telle réglementation peut être acquise en détaillant les principes dans la loi même, ou la loi peut poser seulement les principes en laissant l'application à des arrêtés royaux, après être examinés par le Conseil d'Etat. Cette dernière méthode doit être préférée quand on a affaire à des objets essentiellement techniques, parce qu'elle laisse la faculté de modifier les détails quand l'expérience aurait démontré que les règlements en vigueur ne procurent pas le résultat voulu. Il me semble que cette méthode est surtout préférable, quant aux règlements relatifs à la pêche d'eau douce, parce qu'il est possible que l'expérience prouve que les dimensions des mailles, la longueur des poissons, la durée du temps frai, etc., ont été fixées trop grandes ou trop petites. Il est évident qu'une méthode de législation qui permet de se rendre compte des résultats obtenus est à préférer à une qui fixe à tout jamais (hormis la faculté de modifier la loi) les mesures une fois prises.

En Hollande se trouvent aussi des adhérents au système allemand, c'est-à-dire de former de grands complexes d'eau et d'affermer ceux-ci à une seule société anonyme ou à une commune. Ce système serait, à mon opinion, très difficilement applicable en Hollande, d'abord parce que la plupart des eaux sont en rapport les unes avec les autres, vu la situation basse des terrains et aussi parce qu'on trouve presque partout un grand nombre de propriétaires riverains. Ce système aurait pour conséquence que nombre de pêcheurs, qui travaillent à présent pour leur propre compte, deviendraient les asservis de quelques grandes sociétés anonymes ou de quelques grands propriétaires. Cette conséquence me semble surtout peu d'accord avec le caractère indépendant des pêcheurs et je ne crois pas qu'une loi, posée sur ce principe, mériterait d'être nommée nationale.

De ce qui précède s'ensuit, à mon opinion, que le système de licences (ou permis de pêche), conservé également en Belgique, doit être maintenu.

A cet égard, la question de savoir si l'usage de la ligne flottante (à présent libre), devrait être sujette ou non à une licence, mériterait d'être envisagée sérieusement.

Non seulement la multitude de petits poissons, pris de cette manière par les enfants, mais surtout le braconnage qui se fait sous ce prétexte, donnent lieu à de graves réflexions.

La méthode à suivre, pour améliorer la position des pêcheurs, doit avoir un double but :

1° Prévenir que les eaux soient dépeuplées ;

2° Les repeupler.

Le premier doit être atteint par la loi et vient au premier plan. D'abord une sécurité, sinon absolue, du moins relative, doit être obtenue avant que le pisciculteur se donne la peine d'améliorer l'espèce. La sécurité, qu'on gardera les produits de ses exertions, permettra aux pisciculteurs d'entrer en lice pour repeupler les eaux et améliorer les espèces de poissons.

Je me bornerai à énumérer les diverses mesures, jugées nécessaires par le Congrès national d'Utrecht, pour atteindre le premier but et qu'il veut voir fixer par la loi :

1° Un même temps de frai pour le pays entier.

Les mois d'avril et de mai s'y prêteraient le mieux.

2° Mêmes dimensions pour les mailles des filets ;

3° Prohibition de certains engins de pêche.

A l'heure actuelle ces trois objets sont réglés par la députation permanente de chaque province et pour chaque province d'une manière différente.

4° Défense de prendre et de vendre des poissons au-dessous d'une certaine taille ;

5° Une meilleure protection des œufs ;

6° Abolition des licences gratuites.

L'abus fait de ces licences est tel et le nombre d'eux si grand qu'il est urgent de les abolir tout à fait. Pour le démontrer, il suffit de dire qu'en 1898 on a émis 20,650 licences, dont 5,854 gratuites.

7° Accorder des primes pour la capture d'animaux, nuisibles à la pêche, comme le héron, la loutre.

Le professeur Metzger estime qu'un héron mange annuellement de 100 à 120 kilogrammes de poisson.

On estime que la loutre dévore jusqu'à 3 kilogrammes par jour.

Inutile d'en dire davantage sur la nécessité d'une telle mesure.

8° Surtout et avant tout une rigoureuse constatation des délits et des amendes graves et en cas de récidive incarcération.

Des primes pourraient être accordées aux agents, chargés de la surveillance, dans les cas où le délit serait prouvé et puni. De plus, il serait recommandable de charger avec la surveillance des gardes, spécialement adonnés à ce service, des gardes-pêche, sans se priver des services que peuvent rendre la maréchaussée et les agents de police de l'Etat ou des communes.

Je suis convaincu que l'introduction de ces principes dans une loi spéciale servira à mettre un terme au braconnage et au dépeuplement des eaux et par suite donnera un grand élan au commerce de poissons.

De plus, il serait nécessaire d'empêcher la pollution des eaux par les détritus des fabriques. Une commission, avec ce but avéré, a été nommée par arrêt royal du 13 octobre 1897 et le zèle des membres de cette commission est une garantie qu'elle mènera sa tâche difficile à bonne fin.

En attendant la loi annoncée, une grande société en Hollande, la Société des Bruyères (Heidemaatschappy) a, sous l'égide de son président, le directeur général de l'agriculture, M. Sickesz, commencé à cultiver artificiellement des poissons — surtout des carpes de Galicie — et en a déjà distribué des centaines à trois sociétés pour l'avancement de la pêche, établies en trois provinces.

Dès que la nouvelle loi sera en vigueur, cet exemple sera suivi par d'autres sociétés et ce sera ainsi qu'on pourra espérer qu'une meilleure ère commencera pour la nombreuse population de la Hollande qui s'occupe de la pêche d'eau douce.

Arrivé à la fin de mon exposé, dans lequel j'ai essayé de donner une faible esquisse des mesures à prendre pour arrêter le dépeuplement des eaux douces en Hollande, j'ai tenu à ne pas entrer en détails, parce que ceux-là diffèrent pour chaque pays et qu'il se pourrait que les mesures générales indiquées s'appliquent à d'autres pays où les conditions sont à peu près égales.

C'est surtout au point de vue de la réglementation que j'ai traité ce sujet, étant convaincu que la législation est appelée en premier lieu pour porter secours à cette industrie et qu'elle pourra contribuer efficacement à faire revivre ce qui fut autrefois une des principales sources d'existence en Hollande.

J'y ajouterai que l'ordre du jour d'aujourd'hui a fait naître chez moi l'idée qu'en cet égard, en France aussi peu qu'en Hollande, tout est pour le mieux dans le meilleur des mondes.

Sur les communications annoncées par des membres français, il n'y en a pas moins de trois qui se rapportent à la réglementation de la pêche, et quand une loi est irréprochable, il me semble qu'on n'en fait pas un sujet de discussion.

De là résulte qu'une discussion sur ce sujet pourra être utile à plus d'une nation et mériterait ainsi d'être mise à l'ordre du jour d'un congrès international.

M. LE PRÉSIDENT partage la manière de voir de M. Meesters, il le remercie de son fort intéressant exposé qui donne, en effet, d'utiles indications pour une question internationale, quant au principe. L'ordre du jour appelle ensuite toute une série de communications qui, quoique concernant plus spécialement la France, peuvent, par analogie, présenter un intérêt pour les représentants des nations étrangères. M. le Président les a donc groupées de manière à les discuter successivement. Il donne la parole à M. DE SAILLY pour la lecture d'un mémoire sur un ensemble de mesures proposées pour la réglementation de la pêche dans les cours d'eaux.

MESURES PROPOSÉES POUR EMPÊCHER LES PÊCHES ILLICITES DANS LES CANAUX D'AMENÉE OU DE RETENUE DES EAUX DÉRIVÉES D'UN COURS D'EAU DU DOMAINE PUBLIC.

PAR M. DE SAILLY
Inspecteur des Eaux et Forêts.

Il est un genre d'infraction dont sont coutumiers les propriétaires de moulins et d'usines tirant leur force motrice d'un cours d'eau du domaine public.

Prévu et puni par l'art. 17 du décret du 5 septembre 1897, ce délit, qui consiste à pêcher « dans les parties de rivières, canaux « ou cours d'eau dont le niveau serait accidentellement abaissé « soit pour y opérer des curages ou travaux quelconques, soit « par suite du chômage des usines et de la navigation », est, malgré cette sanction, très fréquente et très difficile à réprimer. C'est pour en rendre la constatation plus facile et, par conséquent, en assurer la répression que l'on propose une mesure additionnelle à l'article en question.

Lors de l'enquête faite en 1880-1881 au nom de la Commission du Sénat chargée de recueillir les renseignements sur le Repeuplement des Eaux, M. Georges, secrétaire rapporteur de cette commission, s'exprimait ainsi :

« Quant à la répression des délits commis par les usiniers sur « leurs canaux et biefs, on voudrait une pénalité spéciale d'autant

« plus sévère que les usines et propriétaires ont toutes facilités
« pour les commettre et que la constatation de ces délits commis
« dans l'intérieur de propriétés souvent closes est plus difficile.

« Toutes les dépositions recueillies sont d'accord pour recon-
« naître que les dérivations agricoles et industrielles, canaux
« d'irrigation, biefs et ouvrages d'eau d'usine doivent être sou-
« mis à un règlement spécial et être l'objet d'une surveillance
« particulière. »

On considérait donc dès lors comme illusoire par son insuffisance sur ce point le décret de 1875. Or le décret du 5 septembre
1897 qui a abrogé celui de 1875 n'a rien changé à l'art. 17; il a
même inséré à l'art. 18 un paragraphe dont les tendances sont
en contradiction avec le vœu en question bien que la disposition
dont il s'agit ne concerne que les fermiers ou propriétaires du
droit de pêche et non les propriétaires d'usines.

Depuis longtemps, en Limousin (département de la Haute-
Vienne et de la Creuse), les meuniers ou usiniers ont l'habitude
de profiter de toutes les occasions qui s'offrent à eux pour organiser des pêches fructueuses dans les biefs ou écluses de leurs
barrages. Une fois au moins par an, plus souvent deux, c'est un
curage ou un faucardement, tantôt c'est l'entretien des murs,
perrés ou radiers, tantôt c'est la réparation des pelles et vannes,
trop souvent enfin c'est sans besoin et pour le seul agrément et
profit de la pêche que les industriels ou agriculteurs mettent à
sec les canaux de conduite ou d'irrigation.

Il existe même des usines ou moulins où la conduite des eaux
est aménagée de telle façon que les biefs peuvent être pêchés à
toute époque et à tout moment sans arrêter la marche de l'usine;
à cet effet, dans un bief de 2 à 3 m. de large et de 0 m. 80 à
1 m. 50 de profondeur, on installe sur une longueur de 300 m.
un canal étanche en bois supporté par des chevalets et dont la
section (environ 0 m. 60 de large sur 0 m. 40 à 0 m. 50 de profondeur) correspond au débit d'étiage du ruisseau moteur.

Avec un système de pelles en amont et en aval, le propriétaire
peut, aussi souvent qu'il lui plaît, remplir et vider le bief et le
pêcher sans arrêter le travail industriel. L'installation de ce canal
en bois peut coûter de 3 à 10 francs par mètre courant, mais
certains amateurs ne reculent pas devant cette dépense.

L'établissement en question ne constitue pas par lui-même un

8

appareil de pêche prohibé puisque ostensiblement il est organisé pour le fonctionnement du moulin ou de l'usine et qu'il y est effectivement employé à de certaines époques : il n'y a donc pas lieu à répression, interdiction ou démolition. Et, cependant, il est nécessaire d'empêcher l'usinier de faire servir à la pêche une installation industrielle ; car l'autorisation donnée à un propriétaire ou industriel de détourner et retenir momentanément, pour les besoins de l'industrie et de la culture, des eaux dont le cours est du domaine public, ne lui confère aucun droit de s'approprier le poisson par des moyens spéciaux à son industrie et qui ne sont ni à la disposition de tous, ni conformes à la loi.

Le soussigné propose donc de mettre obstacle à toute pêche illicite pratiquée à l'occasion du fonctionnement d'un moulin, usine ou établissement quelconque comportant une dérivation ou une retenue des eaux dont le cours est du domaine public, par l'obligation de déclaration préalable à toute opération de mise à sec.

Modification à l'art. 17 du décret du 15 septembre 1899.

A la suite du paragraphe unique de la rédaction actuelle ajouter :

A peine d'une amende de..... à..... francs, il est interdit de vider aucun bief, écluse, canal d'amenée ou d'irrigation ou bassin de retenue alimenté directement ou indirectement par un cours d'eau du domaine public soit pour y effectuer des réparations, soit pour tout autre motif, — si ce n'est pour obéir à une injonction de l'autorité administrative compétente, — sans en avoir fait la déclaration à la Mairie de la commune de situation des lieux

OBSERVATIONS ET MOTIFS

Sauf l'exception d'injonction de l'autorité administrative, il y a lieu à déclaration, quel que soit le motif pour lequel le canal est mis à sec.

Par autorité compétente, il faut entendre le service hydraulique, celui des Ponts et Chaussées et l'Administration des Eaux et Forêts, chacun à raison de ses attributions respectives.

Cette prescription a pour but d'empêcher un industriel de se croire en règle pour avoir fait longtemps à l'avance une décla-

quarante-huit heures au moins et huit jours au plus à l'avance.

La déclaration est également obligatoire au cas d'abaissement subit ou graduel du niveau des eaux dans ces ouvrages par cause fortuite ou inconnue ayant occasionné ou faisant craindre la mise à sec à bref délai.

La déclaration ne sera recevable que si elle énonce le nom de l'usine, celui du propriétaire ou gérant, la nature de l'opération : curage, réparation de maçonnerie ou de boisage ou faucardement, et le jour fixé pour l'opération.

L'obligation de déclaration incombe à celui qui a charge de l'entretien du canal ou bassin.

Au reçu de la déclaration, le Maire ou son suppléant est tenu d'en donner acte sans délai au déclarant par note signée et revêtue du cachet de la Mairie mentionnant le jour et l'heure de réception.

Il doit, en outre, faire afficher le texte de la déclaration en place apparente à la porte

ration qui a pour effet d'attirer l'attention du public ou de l'administration sur l'opération projetée.

Il est évident que le but serait manqué s'il pouvait s'écouler entre la déclaration et l'opération un temps tel qu'il n'y eût plus entre elles connexité et corrélation.

Cette clause a pour but d'empêcher l'usinier d'éluder toujours une déclaration en prétextant le cas de force majeure ou de cause étrangère à sa volonté. La déclaration n'est obligatoire qu'à partir du moment où l'exploitant n'a pas pu ne pas voir la baisse anormale des eaux.

de la Mairie et à l'extérieur.

En ce qui concerne les manœuvres d'éclusée pour fonctionnement des moulins et usines en temps d'étiage, la déclaration ne sera obligatoire qu'une fois pour toutes au commencement de la période des manœuvres.

Ce serait apporter inutilement une gêne excessive au fonctionnement des usines que d'obliger l'industriel à des déclarations non seulement fréquentes mais même journalières au cas dont il s'agit.

M. DE SAILLY donne ensuite lecture de différentes notes de M. ROUYER, conservateur des forêts à Bar-le-Duc, sur le même objet.

CONSIDÉRATIONS GÉNÉRALES SUR LES CAUSES DE DÉPEUPLEMENT DES COURS D'EAU ET SUR LES MOYENS PRATIQUES D'ARRIVER A LEUR REPEUPLEMENT

PAR M. ROUYER
Conservateur des eaux et forêts.

Le dépeuplement des cours d'eau est constaté à peu près dans tous les pays. C'est un fait matériel qui, depuis quelques années, a frappé tout le monde, aussi s'est-on sérieusement occupé de rechercher les causes de ce dépeuplement et les moyens pratiques d'y remédier.

C'est sur ces questions, d'ailleurs très complexes, que je dirai quelques mots.

DÉPEUPLEMENT. — Le dépeuplement provient de causes nombreuses, mais elles me paraissent pouvoir se résumer en trois :

1º La maladie ;

2º Le déversement dans les cours d'eau des résidus industriels ;

3º Enfin et surtout, la jouissance abusive ; que cette jouissance soit le fait des braconniers, des pêcheurs de profession ou des amateurs, observateurs plus ou moins scrupuleux des règlements.

REPEUPLEMENT. — Le repeuplement s'obtiendra de deux façons :

1º Naturellement, en mettant un frein à la jouissance abusive par des lois ou règlements mieux compris, permettant une surveillance plus efficace ;

2° Artificiellement, en peuplant les cours d'eau d'espèces nouvelles judicieusement choisies, ou en y jetant, en qualité suffisante, des alevins d'espèces indigènes pris dans d'autres cours d'eau ou obtenus par les procédés qu'indique la science de la pisciculture.

Le programme est très vaste et fournirait matière à des développements considérables pour qui voudrait entrer dans les détails, mais je me contenterai de rester dans les généralités.

Causes de destruction. — Maladie. — Nul n'ignore qu'en France, par exemple, depuis 25 ou 30 ans, l'écrevisse a complètement disparu de presque tous les cours d'eau, et qu'actuellement, pour la consommation de ce crustacé, notre pays est tributaire de l'étranger.

Dans différentes contrées de l'Europe, également frappées, on a étudié la maladie avec soin ; on en a déterminé les causes et la marche, mais jusqu'alors (c'est là le point important) on n'a pu trouver le moyen de détruire le microbe malfaisant, ou même d'en atténuer les ravages.

Dans l'ignorance où on se trouve des procédés permettant de constater s'il existe encore dans les cours d'eau dépeuplés, les essais de repeuplement sont faits au hasard, aussi ne doit-on pas être surpris si, jusqu'alors, ils n'ont pas donné de résultats appréciables.

Depuis 25 ans, également, dans tout l'Est de la France, le barbeau est décimé par une sorte de lèpre qui couvre son corps d'abcès et amène rapidement sa mort ; aussi est-ce en grand nombre que, chaque année, on voit les cadavres de ce poisson aller à la dérive dans bon nombre de cours d'eau. Comme pour l'écrevisse nous restons impuissants à guérir le mal. Aussi, je crois pouvoir dire que contre les maladies il n'y a pas de remèdes, au moins pour le moment, car avec la science il ne faut désespérer de rien. Peut-être, en inoculant certain vaccin à quelques reproducteurs, arrivera-t-on à les rendre rebelles à la maladie, eux et leurs descendants ? Alors, seulement, la maladie sera conjurée par le fait de l'intervention de l'homme, car elle peut disparaître sous l'influence de causes naturelles qui nous seront inconnues. On ne peut, en tout cas, songer à soigner les poissons individuellement et, encore moins, à leur donner des remèdes dont l'eau des rivières serait le véhicule.

DÉJECTIONS INDUSTRIELLES. — D'une manière générale, toutes les déjections, qu'elles soient liquides ou solides, sont nuisibles aux poissons ; seulement, pour amener la mort, tout dépend de la dose. Qu'elles proviennent des égouts des villes, du lavage des minerais, du décapage des métaux, des fabriques de sucre, de colle, du blanchiment des étoffes, etc., leur action nuisible ne tarde pas à se faire sentir, surtout à l'époque des basses eaux.

De tout temps on s'est préoccupé de protéger les poissons contre l'évacuation directe dans leur domaine de ces produits nuisibles ; on a, à cet effet, prescrit des décantations, des neutralisations appropriées, mais, on doit le reconnaître, les résultats obtenus n'ont pas été très satisfaisants.

Les usiniers placés entre des obligations coûteuses que leur imposait la loi avec ses rigueurs et leur intérêt qui les engageait à se débarrasser, sans frais, de produits gênants, ont, en effet, rarement hésité à pratiquer l'envoi direct en rivière, au moins tant qu'ils ont pensé pouvoir le faire sans s'exposer à des poursuites.

Aussi, ces causes de destruction du poisson existeront toujours et on ne pourra les atténuer qu'avec une surveillance très active, mais bien difficile, car en général les délinquants n'opèrent que la nuit et il n'est pas toujours facile d'établir matériellement leur culpabilité.

D'autre part, il faut bien reconnaître que pour quelques poissons morts, il ne serait peut-être pas prudent de se montrer trop sévère et d'apporter, dans certaines usines, une gêne qui pourrait être fatale à leur développement ou à leur marche régulière.

Il est d'ailleurs à remarquer que l'action nuisible est localisée et que, généralement, elle ne s'étend pas au delà de un ou deux kilomètres, au maximum. Aussi ne doit-on pas considérer le voisinage des usines comme une cause très sérieuse de dépeuplement.

JOUISSANCE ABUSIVE. — Le temps où les rivières étaient poissonneuses n'est pas très éloigné et pourtant elles avaient déjà sur leurs rives des industriels qui se débarrassaient de leurs résidus en prenant certainement beaucoup moins de précautions qu'aujourd'hui. Aussi, sans chercher à innocenter les usines qui certes contribuent au dépeuplement, je n'hésite pas à attribuer la disparition du poisson, presque exclusivement aux pêches abusives qui sont faites depuis une trentaine d'années.

Il y a 40 ans, les moyens de communication rapide n'existaient pas ou peu et le poisson, d'un prix peu élevé, devait être consommé presque sur place. Le pêcheur n'avait donc aucun intérêt à capturer plus de poissons que ne pouvait en consommer une clientèle tout à fait locale, il ne cherchait pas non plus à perfectionner des engins grossiers, fabriqués en famille, mais avec lesquels on prenait toujours assez de poisson. Aujourd'hui, au contraire, les moyens de transport sont nombreux, peu coûteux et d'une facilité telle que les limites pour la consommation n'existent pour ainsi dire pas. Le prix du poisson a doublé dans les pays de production et, quelle que soit l'abondance de sa pêche, le pêcheur est certain d'en trouver le placement dans les grands centres où il a des marchés passés à l'avance.

D'autre part, le goût de la pêche s'est développé d'une façon incroyable, car presque tout le monde s'offre cette distraction peu coûteuse et rendue profitable par le prix élevé du poisson. C'est si vrai que dans des petites villes où, autrefois, on trouvait à peine deux ou trois professionnels, on compte aujourd'hui dix ou quinze pêcheurs avec barque et cinquante ou soixante pêcheurs à la ligne.

Autrefois, on ne connaissait pas la pêche à la dynamite, l'empoisonnement par les acides, par le chlore et la chaux ; or personne n'ignore que ces moyens de pêche, aujourd'hui très répandus et d'une répression très difficile, contribuent puissamment au dépeuplement, car, avec les gros poissons, c'est par milliers que les alevins périssent. Enfin, j'ajouterai que, par suite des relations devenues plus faciles de pays à pays, la science de la pêche s'est perfectionnée, chacun pouvant profiter de l'expérience acquise par son voisin, et que le poisson devenant plus rare et, peut-être plus habile à se défendre, le pêcheur, pour maintenir le rendement de ses pêches, a dû perfectionner ses engins. Quelle différence, en effet, entre les lignes grossières fabriquées par nos pères et ces lignes en soie montées sur racines si fines qu'on les aperçoit à peine et que le commerce nous offre aujourd'hui. Quelle différence entre les filets d'autrefois et ceux dont nous nous servons ! Pour en juger, il suffit de les comparer à ce merveilleux filet appelé « araignée » dont les fils sont si menus qu'ils deviennent presque invisibles ; et pourtant, ils peuvent retenir dans leurs mailles les plus gros poissons.

Autrefois on ne connaissait que le verveux en ficelle, engin difficile à tendre, surtout dans les eaux profondes, piège intermittent puisqu'on doit le relever tous les 2 ou 3 jours, ne fût-ce que pour le faire sécher et l'empêcher de pourrir. Aujourd'hui, par contre, avec la nasse en grillage métallique, on possède un engin merveilleusement compris et qui constitue un piège en quelque sorte perpétuel. Facile à tendre, dans les eaux basses comme dans les eaux profondes où elle va se placer, entraînée par son propre poids, la nasse est devenue un engin destructeur au premier chef. D'un prix relativement peu élevé; elle est à la portée de tous, aussi sont-ils nombreux ceux qui l'emploient! On la place à l'ouverture de la pêche et on va la retirer le jour de la fermeture. Le seul souci qu'elle donne, précisément ce souci est le plaisir de la pêche, consiste à aller la visiter tous les 3 ou 4 jours et à s'emparer de poissons capturés sans peine. Enfin, je pense ne surprendre personne, en disant que même le pêcheur à la ligne, classé pourtant parmi les inoffensifs, contribue aussi quelque peu au dépeuplement. En effet, la pêche à la ligne est devenue un art dans lequel beaucoup sont passés maîtres; or avec les lignes perfectionnées qu'aujourd'hui on trouve partout dans le commerce, on arrive encore, malgré le dépeuplement, à faire des pêches magnifiques. Ainsi, tout récemment encore, j'ai vu des pêcheurs à la ligne prendre jusqu'à 15 et 20 livres de poissons dans une journée. Cependant que les pêcheurs à la ligne se rassurent! si j'ai tenu à démontrer qu'ils ne sont pas quantité négligeable dans la jouissance, je n'ai nullement l'intention de leur chercher querelle, car j'estime que la pêche à la ligne est la seule vraiment intéressante.

Je n'en ai parlé que pour mieux faire ressortir que le développement du goût de la pêche, que l'augmentation du nombre des pêcheurs, que le perfectionnement des engins, que les nouveaux modes de pêche mis en usage par les braconniers, tout cela contribue à faciliter la jouissance et que si les rivières se dépeuplent c'est parce que la jouissance dépasse les limites de la production.

MOYENS PRATIQUES D'ARRIVER AU REPEUPLEMENT DES COURS D'EAU. — On peut arriver au repeuplement des cours d'eau :

1° NATURELLEMENT,

2° ARTIFICIELLEMENT.

1° On arrivera tout naturellement au repeuplement des cours

d'eau en luttant contre la jouissance abusive, en utilisant la merveilleuse puissance prolifique des poissons, par une protection efficace donnée aux alevins contre une destruction faite inconsidérément et presque sans profit.

Pour arriver au but, je crois utile de proposer :

1º La prohibition de l'emploi des engins de pêche à petites mailles.

2º L'adoption d'un gabarit spécial pour les mailles des engins fabriqués avec le grillage métallique.

3º La division des cours d'eau en deux catégories :

1º Ceux où les salmonidées sont en majorité,

2º Ceux où ils sont en minorité,

et adoption d'un règlement spécial pour l'exercice de la pêche dans les cours d'eau de chaque catégorie.

4º L'interdiction de la circulation des oies et des canards sur les cours d'eau pendant l'époque du frai.

5º La protection des frayères naturelles.

1º *Suppression de l'emploi des engins de pêche à petites mailles.* — Les engins de pêche à petites mailles sont employés dans tous les pays. Pour mieux faire ressortir les inconvénients graves qu'entraîne leur usage, je vais examiner ce qui se passe en France.

Pour la pêche en eau douce, la loi française n'autorise l'emploi des engins à mailles de 10 millimètres que pour la capture des petites espèces.

Les poissons dits de petite espèce sont : le goujon, l'ablette, le véron, l'épinoche, la loche, le chabot ou baveau. Les filets mis en usage sont : l'épervier dit goujonnier, l'étiquet ou carrelet, le verveux en ficelle, la nasse en osier et la nasse en fer. La loche et le chabot, qui vivent sous les pierres, échappent, en général, à l'action de l'épervier ; on ne les prend pas davantage avec l'étiquet et, encore moins avec les verveux ou les nasses que jamais, d'ailleurs, on ne tend dans l'intention de les capturer. Le véron et l'épinoche sont de trop petite taille pour être capturés avec des filets à mailles de 10 millimètres et le véron ne se prend qu'avec la bouteille en verre. Seuls le goujon et l'ablette peuvent être pêchés avec l'épervier ou avec l'étiquet et jamais, ou presque jamais, on ne les voit s'introduire dans les verveux et les nasses.

On peut donc affirmer que verveux et nasses à petites mailles ne peuvent contribuer utilement à la pêche des petites espèces et cependant ces engins sont tellement répandus, qu'on les voit mis en vente chez tous les marchands d'ustensiles de pêche.

La raison en est bien simple : ils servent à capturer les gros et les petits poissons, dits d'espèces grossissantes, et c'est précisément parce qu'ils promettent une pêche plus fructueuse qu'ils sont mis en usage partout. Tout naturellement, on préfère un engin qui prend tout, petits et gros, à un engin qui, laissant passer les petits, ne retient que les gros poissons.

L'étiquet à petites mailles sert quelquefois à la pêche du goujon et de l'ablette, mais plus fréquemment, on l'emploie à la capture des gardons, des dards, des petits chevaines, des petites brèmes. Ce n'est que par exception que la truite, le brochet et la perche viennent sur ce filet qui s'attaque surtout à ce qu'on appelle vulgairement le poisson blanc. Par contre l'épervier, dit goujonnier, est l'engin destructeur par excellence, car il capture tout ce qu'il recouvre, sans distinction de taille ou d'espèce ; aussi contribue-t-il puissamment au dépeuplement des rivières dont il détruit les alevins des espèces les plus précieuses. On l'emploie partout, même dans les rivières où il n'y a ni ablettes ni goujons, mais où il sert à prendre quantité d'alevins de toute nature, et cela souvent sans grand profit pour le pêcheur. D'autre part, il est à remarquer que quand on jette l'épervier sur des herbes, on les arrache en le retirant et on ramène avec elles des multitudes de petits alvins presque microscopiques que le pêcheur abandonne sur la rive en nettoyant son filet.

Un jour j'ai suivi un pêcheur au goujonnier et j'ai eu la curiosité d'analyser le résultat de sa pêche. Dans une vingtaine de coups de filet, il a capturé 32 goujons et ablettes, 95 gardons, petites brèmes ou petits chevaines, 14 vaudoises et 22 petites perches, soit en tout 163 petits poissons pesant environ 2 kil. 600 et ayant une valeur de 2 fr. 50. D'autre part, à chaque coup il ramenait avec les herbes de petits alevins de 1 à 3 centimètres de long qu'il laissait périr sur la berge et dont le nombre a été de plus de 200. Il a donc, dans sa pêche, détruit au minimum, 363 petits poissons pour en tirer un profit de 2 fr. 50, quand avec 5 ou 6 de ces mêmes poissons arrivés à l'âge adulte, il eût obtenu un résultat bien plus avantageux.

Ce fait, qui tous les jours se reproduit, prouve d'une façon indiscutable combien, pour être fructueuse, la pêche au goujonnier

doit faire de victimes et dans quelle proportion énorme, l'usage de cet engin contribue au dépeuplement des cours d'eau.

Aussi je n'hésite pas à dire que partout l'usage des filets à petites mailles devrait être sévèrement prohibé.

Ce n'est pas la peine, en effet, de songer à augmenter la population des cours d'eau en y lançant des alevins obtenus artificiellement et à grands frais quand, chaque jour, avec les engins à petites mailles, on les verra détruire pour ainsi dire sans profit.

2° *Emploi d'un gabarit spécial pour les mailles des engins de pêche fabriqués avec le grillage métallique.* — J'ai fait ressortir plus haut combien l'emploi des nasses en grillage métallique, d'invention relativement récente, tendait à se généraliser ; j'ai montré, surtout, combien ces engins admirablement combinés et constituant des pièges constamment tendus pouvaient contribuer au dépeuplement. Or il est à remarquer que les lois, faites antérieurement à leur emploi, sont muettes au sujet des dimensions à donner aux mailles des nasses en grillage métallique. Il est bien question de la maille à donner aux filets en fil, mais on doit le reconnaître la différence est grande entre la maille souple faite par la ficelle et la maille rigide du grillage en fer. En effet, en les supposant toutes deux carrées et ayant également l'écartement prescrit par la loi, il est certain qu'un poisson qui passera à travers la maille en ficelle qui s'arrondira sur son corps, ne trouvera pas passage à travers la maille du fer qui restera carrée :

Aussi j'estime que pour ces engins de pêche qui restent constamment tendus, il serait bon de décider que, partout, on ne pourra employer que le grillage à triple torsion et à écartement de 31 millimètres.

3° *Division des cours d'eau en deux catégories : a) Eaux où les salmonidées dominent; b) Eaux où ils sont l'exception, et adoption d'un règlement spécial pour la pêche dans les cours d'eau de chaque catégorie.* — En général, en France notamment, les périodes d'interdiction visent les poissons et non les cours d'eau. Il en résulte que si dans une rivière, on ne peut prendre la truite du 20 octobre au 31 janvier, par contre pendant cette même période on peut y capturer d'autres poissons. Légalement donc, dans bon nombre de cours d'eau, la pêche reste ouverte toute l'année avec cette restriction, toutefois, que pendant telle ou telle période on ne pourra, sans se mettre en délit, capturer tels ou tels poissons.

Or cette protection fort sage, en théorie, est absolument illusoire dans la pratique. En effet, je pense ne surprendre personne en disant que tout pêcheur trouve bon à garder le poisson pris dans des filets et que le pêcheur, assez consciencieux pour rejeter en rivière une belle truite, parce qu'elle a été capturée en temps prohibé, n'existe pas.

En d'autres termes, le pêcheur de profession, comme le pêcheur amateur, n'observe les règlements sur ce point que quand il se trouve en présence du garde pêche. Or il est à remarquer qu'en interdisant d'une façon absolue la pêche de toute espèce de poisson dans un cours d'eau où la truite domine pendant toute la durée du frai de ce poisson on facilitera singulièrement la surveillance. En effet, la pêche étant interdite on ne pêchera pas, ou on ne pêchera qu'en se cachant, par la raison bien simple que rien n'est plus facile à constater, même à grande distance, qu'un acte de pêche.

Au contraire si la pêche reste ouverte on pêchera librement, or rien n'est plus difficile à constater, à distance, que l'espèce du poisson capturé dans un filet. Pour arriver à déterminer cette espèce le garde devra s'approcher très près et alors le pêcheur s'empressera de rendre à la rivière le poisson dont la pêche est prohibée.

Aussi qu'arrive-t-il ? les délits de l'espèce, quoique journaliers, ne peuvent être constatés que très rarement. Le seul moyen pratique de protéger le poisson pendant qu'il se reproduit est donc de prohiber d'une façon absolue la pêche pendant toute la durée du frai, au moins en ce qui concerne les espèces les plus précieuses et les plus abondantes.

C'est dans ce but, et parce que les cours d'eau s'y prêtent naturellement, que leur division en 2 catégories semble s'imposer, suivant que les salmonidées s'y montrent comme espèces dominantes ou seulement comme exception.

Quant à la réglementation de l'exercice de la pêche, rien ne sera plus simple.

Dans les cours d'eau de la première catégorie l'interdiction de la pêche sera absolue pendant toute la durée du frai pour les salmonidées et limitée à la capture des autres espèces pendant l'époque où ces dernières frayent.

Dans les cours d'eau de la seconde catégorie on fera l'inverse.

4° *Interdiction de la circulation des oies et des canards sur les cours d'eau au moment du frai.* — Nul n'ignore que c'est par milliers que ces oiseaux détruisent les œufs et les jeunes larves de poissons, aussi je n'insiste pas sur l'opportunité d'une mesure dont l'utilité n'est pas discutable.

5° *Protection des frayères naturelles.* — Les frayères sont attaquées par un certain nombre d'ennemis dont les principaux sont :

1° Les oies et les canards qui mangent avec avidité les chapelets d'œufs attachés aux herbes.

Il suffit de les empêcher de sortir au moment du frai.

2° L'homme, et ce n'est pas le moins dangereux, car j'ai vu, un jour, un individu prendre plus de 50 kilos de chiffe (*Chondrostoma nazus*) en quelques coups d'épervier jetés sur des frayères.

Un redoublement de surveillance au moment du frai sera toujours une excellente chose, ne fût-ce que pour tenir éloignés de la rivière ceux qui ont peur d'un procès-verbal ; mais à part cela, je crois que la surveillance, même la plus active, sera absolument insuffisante. Il sera toujours facile, en effet, en guettant le garde, de jeter un coup d'épervier sur une frayère sans se faire prendre. Aussi j'estime que le seul moyen réellement efficace de réagir contre l'action destructive de l'homme est de l'empêcher de prendre du poisson.

A cet effet, je crois qu'on arrivera à protéger utilement les frayères naturelles en plantant, à l'endroit où elles s'établissent, un certain nombre de piquets armés de pointes et cachés à 0^{m}10 ou 0^{m}15 sous l'eau ; ou, mieux encore, en jetant en travers de ces frayères des ronces métalliques portant à chaque extrémité des pierres de 3 ou 4 kilos qui les tendront au fond de l'eau.

On peut être certain que si un pêcheur, avide de faire une bonne capture, se hasarde à jeter son épervier sur la frayère il ne recommencera pas, par la raison bien simple qu'il ne pourra retirer son engin qu'en l'arrachant sans prendre de poisson. Rien n'est donc plus facile et plus pratique.

Artificiellement.

Par repeuplements artificiels, j'entends tous ceux qui seront tentés sans utiliser les ressources naturelles du cours d'eau qu'on veut rempoissonner. Je considère donc comme repeuplement artificiel d'une rivière aussi bien le fait d'y apporter des alevins pris dans des cours d'eau plus poissonneux que le fait d'y lancer des alevins produits artificiellement dans des établissements de pisciculture.

Sans être hostile le moins du monde au repeuplement artificiel, car, dans bien des cas, il peut donner d'excellents résultats, je crois, cependant, pouvoir dire que souvent on en exagère considérablement les effets. Ainsi, dans le public, on s'imagine volontiers qu'il suffit, par exemple, de lancer 15.000 carpillons dans un ruisseau pour, au bout d'une ou deux années, le trouver peuplé de 10.000 carpes pesant chacune 1/4 ou 1/2 kilo.

Hélas ! ce qui peut être vrai quand on opère dans une eau fermée et tranquille, dans un étang ou dans le bief d'un canal, est loin de se réaliser dans une rivière sujette à des variations de débit et surtout à de fortes crues. Ainsi je pourrais citer un cours d'eau où j'ai vu mettre 10.000 carpes et où on n'en a pas pris 4 pendant 10 ans. Nul n'a jamais pu dire ce qu'elles étaient devenues !

Depuis fort longtemps cette question de repeuplement des cours d'eau au moyen d'alevins m'a préoccupé, or, des expériences faites, je crois pouvoir conclure que la plupart périssent et que songer à remplir les vides produits par une jouissance abusive, en lançant directement des alevins en rivière, c'est s'exposer à dépenser beaucoup pour, bien souvent, n'obtenir qu'un mince résultat.

C'est, en effet, par millions que les alevins se trouvent dans des cours d'eau même dépeuplés et qu'on les verrait se développer si, ainsi que je le faisais remarquer à l'article « repeuplements naturels », on ne les laissait détruire presque sans profit.

C'est donc avec raison, ce me semble, en présence de cette multitude d'alevins naturels répandus dans les cours d'eau et détruits prématurément que je me crois autorisé à dire qu'*en général*, on ne peut compter que faiblement sur les résultats du repeuplement artificiel, d'autant que, dans bien des cas, on n'apporte pas à ce repeuplement toute l'attention et tout le soin désirables.

C'est avec intention que plus haut j'ai dit « en lançant *directement* les alevins en rivière », car si, au lieu de les mettre immédiatement dans les cours d'eau on les versait d'abord dans le bief d'un canal dont l'eau est tranquille pour les laisser ensuite partir

dans la rivière en y vidant le bief on aurait un tout autre résultat.

En effet, les larves et les jeunes alevins élevés dans les bassins de pisciculture où ils trouvent, sans la chercher, une nourriture abondante, où ils sont à l'abri de tout danger, ne me semblent pas préparés à la vie en liberté. Beaucoup périssent ou d'une façon ou d'une autre et fort peu résistent, surtout si une crue un peu forte vient les surprendre avant qu'ils ne se soient habitués à vivre dans un milieu où ils ne sont pas nés.

Dans un bief, au contraire, ils n'auraient à redouter aucune crue et ils arriveraient en rivière en grande quantité, dans la force de l'âge et habitués à vivre en liberté, c'est-à-dire dans les meilleures conditions pour se défendre et se reproduire. Les biefs de canaux ne manquent pas où on pourrait faire des essais de ce genre.

J'ajouterai encore que beaucoup d'alevins périssent parce qu'ils ne reçoivent pas dans le transport ou pour la mise à l'eau tous les soins nécessaires.

Je ne rappellerai pas toutes les précautions qu'on doit prendre, l'énumération en est faite dans tous les ouvrages de pisciculture, je me contenterai de recommander de n'opérer la mise à l'eau que quand, après une crue, on pourra espérer avoir des eaux tranquilles pendant un temps suffisamment long pour permettre aux alevins de se fortifier et de se faire à leur nouvelle existence.

D'autre part, j'ai cru remarquer qu'en général, soit qu'on veuille, dans ces cours d'eau introduire une nouvelle espèce, soit qu'on veuille renforcer la population des espèces indigènes, on ne se préoccupe pas assez : dans le premier cas, de la nature du sol, de la valeur des eaux et des exigences du poisson qu'on veut acclimater ; dans le deuxième cas, de la façon dont se sont naturellement comportées les espèces dont on veut augmenter le nombre.

Le public croit généralement que pour avoir du poisson, il suffit de lancer dans n'importe quelles eaux des poissons de n'importe quelles espèces. Rien n'est plus faux et j'estime que le choix de l'espèce a une importance capitale, même quand le poisson choisi existerait déjà dans le cours d'eau. Il est certain qu'on perdra son temps et son argent à vouloir repeupler en carpe ou en tanche un ruisseau à eau froide, à cours rapide, à fond sablonneux et que, par contre, on s'exposera à un insuccès en mettant de la truite dans une rivière à eau stagnante, à fond marécageux qui conviendrait admirablement à la carpe ou à la tanche.

Aussi je n'insiste pas dans une démonstration dont l'évidence saute aux yeux, quand il s'agit de poissons ayant des exigences aussi opposées que la truite et la tanche; j'en arrive au cas où on veut essayer de renforcer la population avec une espèce qui existe dans le cours d'eau et qu'on sait pouvoir y vivre puisqu'on l'y trouve. Eh bien, je crois que dans ce cas, si on ne veut faire école, on devra examiner avec soin ce qu'a fait la nature, et que chercher, par exemple, à augmenter d'une façon notable la proportion des truites dans une rivière où il y en a toujours eu, mais où ce poisson n'a jamais été rencontré que par exception, même quand la rivière était poissonneuse, c'est absolument perdre son argent.

Il n'y a pas à discuter : la nature fait bien ce qu'elle fait et, très souvent, nous ne commettons des erreurs que parce que nous ne savons pas tirer profit de ses indications; si donc la truite n'a jamais été que rare c'est parce que les eaux où on la rencontre ne lui conviennent pas et on peut conclure hardiment qu'on tentera en vain de faire artificiellement ce que n'a pu obtenir la nature qui dispose de forces autrement puissantes que l'homme, même armé de la science.

A l'appui de ce que je viens de dire je citerai un exemple.

La Meuse a comme affluents de nombreux ruisseaux à fond sablonneux, à eaux froides et limpides qui, de tout temps, ont renfermé quantité de très belles truites; et pourtant jamais ce salmonidée n'a figuré dans la Meuse que comme exception!... Pourquoi? Parce que ni son lit ni ses eaux ne conviennent à la truite, autrement, venant des ruisseaux tributaires, elle s'y serait répandue et n'aurait pas tardé à y prendre la première place. Je crois donc pouvoir conclure que si dans une rivière on veut renforcer le nombre des poissons qui y vivent on devra choisir, parmi les espèces les plus précieuses, celles qui, avant le dépeuplement, tenaient, comme nombre, les premiers rangs.

Quant à l'introduction d'espèces nouvelles j'estime qu'elle ne devra être tentée qu'en prenant les plus grandes précautions, notamment après s'être assuré que l'espèce choisie ne sera pas une cause de destruction pour les bonnes espèces indigènes avec lesquelles elle devra, tout au moins, pouvoir rivaliser pour la qualité de sa chair.

Je comprends très bien qu'on essaie l'introduction dans nos ruisseaux de la truite arc-en-ciel qui, par sa manière de vivre et par la qualité de sa chair, ressemble à la truite ordinaire, mais qu'on tente dans une rivière peuplée de brochets, de perches, de gardons, etc., l'introduction du *Chondrostome naze*, voilà ce que j'appellerais un essai malheureux.

Le naze, en effet, est un fort mauvais poisson, à chair filandreuse remplie d'arêtes et dont personne ne veut. Il se propagera rapidement, c'est incontestable, mais il vivra aux dépens de poissons d'espèces meilleures dont il entravera le développement.

Car, il ne faut pas se le dissimuler, la quantité de nourriture fournie par un cours d'eau n'est pas illimitée ; il est donc préférable de l'employer à produire de bons que de mauvais poissons.

DESTRUCTION DU MARTIN-PÊCHEUR. — Fréquemment les pisciculteurs se plaignent des dégâts commis par le martin-pêcheur dans leurs bassins d'alevinage.

Pour détruire cet oiseau, sans compter le poison, de nombreux pièges ont été mis en usage ; or je n'en connais pas de plus efficace que la raquette ou sauterelle jadis employée pour la capture des petits oiseaux.

Il suffit d'en tendre une dizaine sur les bords des bassins de pisciculture pour immédiatement faire de nombreuses captures.

Le martin-pêcheur va, en effet, tout naturellement se poser sur la buchette du piège qui lui semble un perchoir fort commode d'où il pourra faire le guet et se précipiter rapidement sur sa proie.

On peut confectionner deux espèces de sauterelles également bonnes : celle où le ressort est constitué par un fil de fer, celle dans laquelle c'est le bois lui-même qui se détend pour prendre l'oiseau.

M. MERSEY fait part de l'envoi fait par M. le baron del Péré de Cardaillac Saint-Paul, ancien inspecteur des eaux et forêts, d'un travail fort remarquable et très documenté sur *l'Etude de la surveillance de la pêche en France*, son état actuel et les améliorations qu'il serait nécessaire d'apporter à ce service.

M. LE SECRÉTAIRE donne lecture du mémoire suivant de M. Xavier Raspail :

9

SUR QUELQUES CAUSES DU DÉPEUPLEMENT DE CERTAINES RIVIÈRES NAVIGABLES

Par Xavier RASPAIL

Au milieu des questions si importantes qui sont traitées dans ce Congrès par des savants et des spécialistes d'une autorité considérable, les observations que j'ai pu faire concernant les causes de dépeuplement de nos rivières paraîtront peut-être d'un intérêt bien secondaire. Il me semble cependant qu'il n'est pas de petits apports qui ne soient en état de fournir quelques indications utiles et de permettre d'en retirer quelque profit. C'est cette considération qui m'a encouragé à venir prendre une part des plus modestes au Congrès d'aquiculture et de pêche.

Je ne m'occuperai pas de la destruction du poisson à l'aide de la dynamite et de la coque du Levant, qui se pratique dans beaucoup de pays, jusqu'ici leur emploi étant heureusement encore inconnu dans ma région ; de même, je n'émettrai aucune opinion sur la réglementation des procédés et engins en usage dans l'exploitation de la pêche, et j'aborderai immédiatement les causes auxquelles j'attribue une sérieuse importance pour le dépeuplement des rivières et qui sont : le chômage, la navigation à vapeur, le braconnage nocturne à l'épervier, la pêche à la ligne avec amorçage de fond.

LE CHOMAGE. — Dans les rivières dont on a dû modifier l'étiage à l'aide de barrages et d'écluses, la navigation est appelée tous les ans à subir une interruption ; pendant ce chômage d'une durée de trois semaines à un mois, les eaux sont ramenées au niveau de l'ancien lit de la rivière et, en ce qui concerne l'Oise, l'abaissement est de 2 m. 50 environ. C'est une mesure qui porte un sérieux préjudice à la navigation fluviale, mais qui est nécessaire pour procéder aux réparations en même temps qu'à l'inspection de toutes les constructions submergées et dont on ne peut reconnaître la détérioration que par leur mise à découvert.

Sous ce rapport, nécessité fait loi ; mais où la critique reprend ses droits, c'est au sujet de l'époque choisie depuis nombre d'années pour commencer le chômage. Ainsi cette année, l'ouverture de la pêche a eu lieu le 17 juin, le lendemain 18, les eaux commençaient à baisser et le 19 il était interdit de pêcher; de sorte qu'ouverte un jour, la pêche était fermée le lendemain pour un mois; il faut compter qu'il en est ainsi tous les ans du 18 juin au 15 ou 20 juillet.

Les pêcheurs, à tort ou à raison, considèrent le choix de cette époque comme une mesure vexatoire à leur égard et, tant qu'il ne leur sera pas prouvé qu'il est impossible de faire autrement et de reporter le commencement du chômage au 15 juillet, voire même au 1er août, je crois qu'il sera difficile de les faire revenir sur cette opinion. Mais ce que je veux démontrer, c'est que le chômage pratiqué en juin est une des causes les plus sérieuses de dépeuplement; pour cela, il me suffira de rappeler l'époque de la fraie de quelques-unes des principales espèces de poissons qui habitent l'Oise.

La Carpe (*Cyprinus carpio*) se reproduit en mai et juin et souvent, suivant la température, la reproduction a lieu de juin en juillet; ses œufs sont déposés sur les végétaux où ils adhèrent et, par suite du chômage, mis en partie à découvert et perdus. C'est pour cette raison que, dans l'Oise où d'énormes Carpes habitent les grands fonds pierreux, notamment en face du camp de César, sur le territoire de Gouvieux, cette espèce ne se multiplie pas malgré l'extrême abondance de ses œufs qu'on estime à plusieurs centaines de mille.

Le Barbeau (*Barbus vulgaris*) est moins atteint par le chômage; ses œufs sont déposés et adhérents sur les pierres et le gravier rarement mis à découvert par la baisse des eaux. Mais, séjournant dans les trous les plus profonds de la rivière, il y devient la victime des accumulations de produits toxiques déversés dans les cours d'eau par les industries diverses et que la diminution du courant n'entraîne et ne dilue pas suffisamment. C'est, en effet, surtout pendant le chômage et en raison de la température élevée à cette époque de l'année, que la mortalité du Barbeau devient importante; j'ai vu passer dans une journée, au fil de l'eau, plus de vingt cadavres de ce poisson dont certains me paraissaient devoir dépasser trois kilogrammes.

La Tanche (*Tinca vulgaris*). Je ne mentionne que pour mémoire ce poisson peu intéressant pour la pêche et qu'on ne prend guère qu'au verveux. La Tanche fraie d'avril au mois d'août et sa ponte s'élève à plusieurs centaines de mille œufs ; il faut que les causes de destruction soient nombreuses pour cette espèce, car elle ne paraît pas se multiplier dans l'Oise.

LE GOUJON (*Gobio fluvialis*). De même que le Barbeau et pour les mêmes raisons, le Goujon ne souffre pas dans sa reproduction du fait du chômage.

LA BRÈME (*Abramis brama*) a généralement fini de frayer au 15 juin ; mais il ne s'ensuit pas que la ponte soit sauvée, car les œufs mettent plus de trois semaines pour éclore et, comme ils sont attachés près des rives aux végétaux et à peu de profondeur, l'abaissement des eaux les supprime en les mettant à découvert.

L'ABLETTE (*Alburnus lucidus*) fraie également en mai-juin et les œufs, qui ne sont pas éclos au moment du chômage, sont perdus étant déposés sur les pierres ou les végétaux à une faible profondeur.

LE GARDON (*Leucinus rutilus*) fraie au printemps ; ses œufs, au nombre de cinquante mille en moyenne, sont déposés à une petite profondeur ; mais ils sont généralement tous éclos au moment du chômage. Or, c'est le poisson qui se maintient en plus grand nombre dans l'Oise.

LE CHEVAINE (*Squalius cephalus*) fraie beaucoup en juillet et comme ses œufs sont déposés près des rives où il y a des pierres et du gravier à peu de profondeur et par conséquent mis à découvert par suite du chômage, sa reproduction est des plus compromises. Il en résulte qu'il est peu abondant dans l'Oise, malgré sa ponte de plus de cent mille œufs.

LE SURMULET ou NASE (*Chondrostoma nasus*) appelé par les pêcheurs de l'Oise le MULET, fraie au printemps et ses œufs ne demandant que deux semaines pour éclore, il n'est pas atteint par le chômage. Ainsi que dans beaucoup de rivières, la présence de ce poisson dans l'Oise ne remonte pas à plus d'une trentaine d'années, et cependant, en 1880, il y existait déjà en bandes nombreuses formées d'individus de grande taille. Je reviendrai sur les pêches surprenantes qu'il permettait de faire à cette époque, de même que sur sa rareté depuis quelques années.

LE BROCHET (*Esox lucius*), a fini de frayer au milieu du printemps et comme ses œufs mettent très peu de temps à éclore, sa reproduction n'est pas troublée par le chômage.

LA Perche (*Perca fluviatilis*). De même que le Brochet, ce poisson a fini de frayer au mois de mars. La Perche détruit une quantité considérable de jeunes alevins pendant le chômage, parce qu'ils n'ont plus pour échapper à sa poursuite incessante les herbes abondantes qui garnissent les rives.

LA navigation a vapeur. — Une des causes de dépeuplement qui doit être également à considérer, résulte incontestablement de la modification apportée depuis quelques années dans la traction des chalands qui descendent et remontent l'Oise en grand nombre. Auparavant, ils étaient remorqués par des chevaux et il n'en résultait aucune vague assez forte pour arriver jusqu'aux rives. Aujourd'hui ce mode de traction, d'une lenteur qui occasionnait une perte de temps considérable et qui avait l'inconvénient de mettre souvent le batelier à la merci du caprice du charretier presque toujours disposé à l'exploiter, est en partie remplacé par des toueurs à vapeur qui remorquent jusqu'à six et sept bateaux avec une vitesse qui amène, surtout lorsque deux convois se croisent, des remous et des vagues qui viennent battre violemment les rives. Il est certain que beaucoup d'œufs de poissons bien qu'adhérents aux herbes, aux morceaux de bois, aux pierres, doivent être détachés par ces remous, surtout lorsqu'ils viennent d'être tout nouvellement pondus et que l'adhérence n'a pas encore pris toute sa consistance ; ils sont entraînés dans les fonds où leur éclosion est compromise et pendant qu'ils flottent entre deux eaux, ils se trouvent plus à la portée de tous les poissons qui les recherchent, tels que la Carpe, le Goujon, le Barbeau, l'Ablette, le Chevaine, le Nase, la Perche.

LE braconnage. — Le braconnage nocturne à l'épervier est pratiqué sur la plus large échelle sur les cours d'eau qui avoisinent les grands centres usiniers. C'est ainsi que de Creil et de Montataire, un grand nombre d'individus se répandent la nuit, par petites bandes, dans les bords de l'Oise jusqu'à 10 et 12 kilomètres, en amont et en aval, et ils opèrent avec toute l'assurance qu'ils ne seront pas dérangés, car ils savent que ce n'est pas le garde-pêche qui se hasardera jamais à venir seul les aborder.

Lorsqu'on passe sur un pont assez tard dans la nuit, il est rare qu'on n'entende pas le bruit des filets tombant sur l'eau et ce bruit se perçoit facilement à plusieurs kilomètres de distance.

Cette pêche qui se pratique du bord est toujours fructueuse, car le poisson vient la nuit jouer dans les herbes et, lorsque arrive l'époque du frai, elle devient très destructive. Plusieurs espèces de poissons et surtout la Brême approchent des rives en bandes se poursuivant à la surface, battant bruyamment l'eau de leur queue ; le braconnier prévenu ainsi couvre facilement de son épervier un grand nombre de ces poissons. Un individu que je savais faire ce métier, m'avoua avoir pris, une nuit de mai, près du pont de Précy, 21 Brêmes pesant en moyenne 1 kilogr. 200 ; ce coup d'épervier n'avait pas supprimé moins de 2,000,000 d'œufs, en comptant autant de femelles que de mâles.

La destruction s'augmente de tous les alevins ramenés dans le filet et abandonnés dans l'herbe ; j'ai vu un jour, en parcourant les bords de l'Oise, onze places où l'épervier avait été retiré la nuit précédente sur la berge et, à toutes ces places, il y avait une quantité de petits poissons dédaignés par les braconniers. Il y a de ce fait une perte importante et sans profit pour personne.

Il n'est cependant pas de braconnage qu'il serait plus facile, sinon de supprimer radicalement, du moins de restreindre dans une large mesure, tandis qu'il s'aggrave de jour en jour, en raison de l'impunité dont se savent assurés ceux qui arrivent à en faire profession. Les agents n'auraient pas besoin pour cela de parcourir à l'aventure les bords de la rivière, il leur suffirait de tendre l'oreille qui leur permettrait de percevoir dans le silence de la nuit et de très loin, le bruit de l'épervier venant frapper l'eau, et alors, sûrs de la présence des délinquants, ils n'auraient plus qu'à les attendre quand ils reviennent passer le pont pour reprendre le chemin de halage qui généralement leur offre le parcours le plus désert pour regagner leur domicile. Souvent, avant d'être arrivés chez eux, ils ont trouvé à vendre leur poisson, en passant dans les villages qui bordent les cours d'eau, aux cabaretiers qui ouvrent de très bonne heure et qui trouvent ainsi à acheter d'excellente friture à raison de 0 fr. 50 à 0 fr. 60 le demi-kilog.

Je le répète, ce n'est pas le garde-pêche qui peut agir contre plusieurs individus souvent décidés, coûte que coûte, à ne pas se laisser reconnaître et je ne pense pas que les syndicats de pêcheurs qui se forment sur plusieurs points, soient en état de disposer d'un nombre d'agents suffisants pour tenter de réprimer ce braconnage.

Aussi, il y a lieu de regretter que la gendarmerie ne serve plus à protéger nos campagnes la nuit par des rondes comme elles se pratiquaient jadis et comme elles existent encore en Belgique. Certes, ce n'était pas la suppression des malfaiteurs, mais ceux-ci avaient la crainte d'être surpris à tout instant, et, dans tous les cas, ils n'étaient pas, comme ils le sont aujourd'hui, absolument libres de vaquer en paix à leurs opérations nocturnes.

Si donc, ne fût-ce que deux fois par mois, les gendarmes, guidés par le garde-pêche, venaient surveiller la nuit les bords des rivières ainsi ravagées, l'effet ne tarderait pas à se produire ; une crainte salutaire retiendrait chez eux le plus grand nombre de ces individus qui braconnent grâce à la facilité qu'ils ont de le faire en toute impunité ; il ne resterait que les incorrigibles et encore la confiscation de l'épervier, chaque fois qu'ils seraient pris, mettrait certainement un frein à une passion qui deviendrait par trop onéreuse.

La pêche a la ligne. — Présenter la pêche à la ligne flottante comme une cause de dépeuplement des rivières sera certainement pris pour un paradoxe, tellement il apparaît peu admissible que le pêcheur qui se sert de cet engin puisse jamais devenir un ravageur de nos cours d'eau ; et cependant, par des faits dont je certifie la rigoureuse exactitude, on verra que cette cause n'est pas à négliger.

Je n'entends pas viser ici cette armée de braves gens qui, le dimanche et les jours de liberté, s'en vont s'asseoir au bord de la rivière et attendent avec une patience inlassable qu'un malheureux fretin vienne s'accrocher à leur hameçon ; ceux-là ne seront jamais des destructeurs et la modeste friture qu'ils peuvent conquérir à la fin d'une journée certes mieux remplie pour beaucoup, au point de vue de la santé et de la bourse, que s'ils l'avaient passée au cabaret, ne saurait leur être reprochée.

Mais je veux parler de ces pêcheurs expérimentés qui ne se contentent pas d'aussi maigres prises ; c'est à eux que j'attribue la presque disparition, en quelques années, dans le canton situé entre le pont de Boran et le pont de Saint-Leu d'Esserent, du Nase ou Surmulet dont la présence dans l'Oise avait été constatée en grand nombre dès 1880. Ce poisson ne se répand pas indifféremment sur tout le lit de la rivière, il affectionne certains fonds où il se tient en bandes nombreuses et, sa voracité aidant, il ne pouvait manquer d'être rapidement décimé. Les hécatombes qui en furent faites datent de cette année 1880 où, peu initié à l'art de la pêche, j'allai avec un véritable maître faire l'ouverture à Toute-Voie; celui-ci avait établi son bateau en face de l'embouchure de la Nonette, sur un fond de 3m50, après un minutieux sondage. Pour amorcer, il avait apporté trois litres d'asticots, cinq litres de blé cuit avec du thym, un seau de sang et un baquet de terre argileuse prise au pied de la berge. Son premier soin fut de pétrir cette terre avec le sang et d'en confectionner des boules de la grosseur d'un fromage de Hollande dans lesquelles, après y avoir fait un large trou, il enferma une poignée d'asticots et de blé. Lorsqu'il en eut ainsi une dizaine, il les jeta un peu en avant de façon que le courant les amenât à toucher le fond juste en face du bateau à 2 mètres au large; la place du reste en était nettement indiquée par des bulles d'air venant éclater à la surface.

« Ces boulettes, m'expliqua-t-il, servent à attirer le poisson, à le réunir sur le coup, puis en même temps à lui faire saisir, sans qu'il se méfie, l'hameçon amorcé de deux à trois asticots; pour cela, il faut, en jetant la ligne le plus loin possible en avant, bien calculer les distances pour que l'hameçon, qui doit traîner d'au moins trente centimètres sur le fond, vienne exactement passer au milieu des boulettes; il se mêle ainsi aux asticots qui s'échappent sans cesse de la terre qui se délaie en troublant l'eau autour des poissons, dont la méfiance est détournée par l'action qu'ils mettent à saisir cette nourriture offerte en abondance à leur voracité. Il ne faut pas craindre d'augmenter le nombre de ces boulettes et il est nécessaire toutes les heures d'en jeter une ou deux pour entretenir le coup. Dans ces conditions, termina-t-il, avec une ligne bien confectionnée et armée d'un hameçon n° 15 monté sur un crin de cheval, le vent n'étant pas défavorable, on doit faire une bonne pêche. »

Et nous la fîmes en effet; son produit pesé au retour donna 50 kilogr. de Nases et 10 kilog. de Brêmes et de Gardons.

En 1884, le record fut obtenu par le propriétaire d'une filature M. B... et son fils qui enlevèrent dans leur journée d'ouverture 63 kilogr. de Nases. Aussi, depuis cinq ou six ans, je n'entends plus parler que de très rares captures de ce poisson et encore d'individus de faible taille.

Je pourrais citer de nombreux exemples, presque courants à l'époque, où tel pêcheur prenait, de 5 h. à 10 h. du matin, 22 kilogr. 500 de Brêmes, tel autre dans sa journée, 31 kilogr. de Brêmes, Gardons et Chevaines. Depuis, le nombre des pêcheurs pratiquant les procédés que je viens d'indiquer a augmenté au point qu'à Toute-Voie où, en 1880, nous n'étions guère plus d'une dizaine, aujourd'hui ils dépassent la centaine. Par contre, le poisson a suivi une progression inverse : l'année dernière, les prises furent insignifiantes et si, cette année, j'entends dire que l'Oise paraît un peu plus peuplée, les plus favorisés, parmi les pêcheurs expérimentés, sont très heureux quand ils rapportent quelques kilogr. de poissons. Ce résultat est la conséquence des causes de dépeuplement que je viens de passer en revue.

Quant à celle provenant de la pêche à la ligne, elle apparaît par les quelques chiffres que j'ai donnés plus haut et qui me font estimer qu'il y a encore une dizaine d'années, certains jours, sur un parcours de 2 kilomètres à peine, on ne retirait pas moins de 200 kilogr. de poisson de l'Oise.

En résumé. — Pour les rivières qui se trouvent dans les mêmes conditions que l'Oise, il y aurait lieu de prendre certaines mesures afin d'atténuer l'effet des causes de dépeuplement que je viens d'examiner.

D'abord, les conséquences du chômage pourraient être évitées, car je ne vois pas les raisons qui empêcheraient de le commencer au plus tôt le 15 juillet; on serait assuré ainsi qu'à cette date, il n'en résulterait aucun dommage pour la reproduction.

Pour la navigation à vapeur, c'est autre chose; le tort sérieux qu'elle cause ne peut être évité, il faut le supporter; mais il serait facile d'y remédier en offrant aux poissons des retraites paisibles où certainement ils ne manqueraient pas de venir frayer. Il suffirait d'établir par canton, sur les parties de terrain qui s'y prêteraient le mieux, des réserves ou frayères dans le genre de celle qui existe sur l'Oise à Toute-Voie, sorte de canalisation demi-circulaire communiquant des deux bouts avec la rivière. Seulement, ces frayères nécessiteraient un entretien manquant totalement à la réserve de Toute-Voie qui est envasée et envahie complètement par les herbes, de sorte que l'eau n'y pénètre pour ainsi dire jamais. On remédierait à cet état de choses par un curage et un faucardement annuels.

Quant au braconnage nocturne à l'épervier, je rappellerai simplement le moyen que j'ai indiqué de le combattre avec efficacité ; c'est une simple mesure administrative à prendre pour obtenir le concours de la gendarmerie.

Reste la pêche à la ligne flottante ; je reconnais que j'ai soulevé là une question très délicate étant donnée l'importance qui paraît de plus en plus s'y attacher ; mais je n'ai eu d'autre but que de montrer ce que cette pêche pratiquée par un grand nombre d'individus, dans les conditions que j'ai indiquées, pouvait enlever chaque jour, d'une rivière, de kilogrammes de poissons ; il me semble qu'il y a là une exagération dans l'usage d'un privilège laissé à chacun de trouver dans nos cours d'eau, en même temps qu'un plaisir, une certaine ressource alimentaire, car le pêcheur qui capture dans sa journée 20 et 30 kilogr. de poissons ne peut les consommer et il est obligé de les donner ou, selon sa position, d'en tirer profit ; le législateur ne l'a certainement pas entendu ainsi. Je laisse donc à d'autres le soin d'examiner s'il n'y a pas là un abus à restreindre par une sage réglementation, sans pour cela toucher au droit, qui appartient à tout citoyen, de rechercher librement dans ce paisible exercice un passe-temps aussi utile qu'agréable.

M. le Secrétaire donne également lecture d'un mémoire de M. Campardon, inspecteur des Eaux et forêts, sur *les modifications à apporter à la loi française du 15 avril 1829 sur la pêche fluviale*.

NOTE SUR LES MODIFICATIONS

AUX ARTICLES 25 ET 34 DE LA LOI FRANÇAISE DU 15 AVRIL 1829
SUR LA PÊCHE FLUVIALE

Par M. CAMPARDON
Inspecteur des Eaux et Forêts.

I. — L'article 25 de la loi du 15 avril 1829, complété par la loi du 23 novembre 1898, prévoit et punit le jet dans les eaux des drogues ou appâts qui sont de nature à enivrer ou à détruire le poisson. La pénalité édictée (emprisonnement d'un mois à un an) est d'autant plus rigoureuse que cette dévastation des cours d'eau est plus difficile à constater. Il faut, en effet, surprendre le braconnier au moment précis où il jette la drogue ou la cartouche de dynamite. Très peu de temps après, quand le poison ou l'explosion de la cartouche ont produit tous leurs effets, le même braconnier peut revenir en toute sécurité avec un engin réglementaire, et ramasser en quelques coups de filets tous les poissons enivrés ou morts qui flottent à la surface de l'eau. Il échappera à toute répression, profitant ainsi d'une lacune de la loi qui ne punit pas la pêche du poisson enivré ou empoisonné.

En conséquence, nous proposons d'ajouter à l'article 25 de la loi du 15 avril 1829 un troisième paragraphe ainsi rédigé :

« Ceux qui pêcheront, mettront en vente ou colporteront des « poissons enivrés, empoisonnés, ou détruits par l'un des pro- « cédés punis par le présent article, seront punis d'une amende « de 30 à 100 francs, et d'un emprisonnement de dix jours à « un mois. »

Il est à noter que l'article 7 de la loi du 31 mai 1865 punit déjà de la même peine la vente, la mise en vente, l'achat, le transport, le colportage, l'exportation et l'importation des pois- sons enivrés ou empoisonnés, mais seulement en temps prohibé.

II. — Dans l'état actuel de la législation, la vérification des engins dont les pêcheurs font usage sur les cours d'eau qui ne sont ni navigables ni flottables est à peu près impossible. En effet, l'article 34 de la loi du 15 avril 1829 ne s'applique qu'à la pêche sur les rivières et canaux désignés par les deux premiers paragraphes de l'article 1er de la même loi, et encore même ne donne-t-il pas expressément aux préposés le droit de vérifier les instruments de pêche, puisqu'il ne parle que des « *réservoirs ou* *boutiques à poissons* ». Toutefois, la jurisprudence, se fondant sur ce que cet article a eu pour objet de fournir aux gardes- pêche le moyen : « de constater les contraventions qui pourraient « être commises par les pêcheurs aux dispositions de la présente « loi », décide en général *que l'énonciation des objets soumis à* *la vérification qui sont mentionnés dans l'article 34 n'a rien de* *limitatif et doit être interprétée dans ce sens que les pêcheurs* *sont tenus de soumettre, d'une manière générale, à la visite des* *gardes les choses dont l'inspection peut servir à la constatation* *des délits* (M. E. Martin, Commentaire de la loi du 15 avril 1829). Mais cette obligation ne peut être invoquée en matière de pêche sur les cours d'eau qui ne sont ni navigables ni flottables. Ac- tuellement, en temps de pêche permise, un pêcheur, se servant sur ces cours d'eau d'un engin prohibé, est vu et parfaitement reconnu à distance par un préposé qui l'interpelle et le somme de s'arrêter pour laisser mesurer les mailles du filet; le pêcheur, ne tenant aucun compte de cette sommation, prend la fuite emportant son engin : ce fait n'est pas punissable.

Très souvent, les gardes-pêche se plaignent de leur impuissance et de la situation quelque peu ridicule dans laquelle ils se trouvent ainsi placés.

Il conviendrait de modifier l'article 34 de la loi du 15 avril 1829 de façon à rendre ses dispositions plus claires et plus générales. Voici la rédaction que nous proposons.

« Les fermiers de la pêche, les porteurs de licence et tous les « pêcheurs en général dans tous les cours d'eau dont la pêche « est réglementée par la présente loi, seront tenus d'amener « leurs bateaux, de laisser vérifier et examiner tous les engins de « pêche, d'ouvrir leurs paniers, loges, hangars, bannetons, « huches et autres réservoirs ou boutiques à poisson à toute « réquisition des agents et préposés chargés de la police de la « pêche, à l'effet de constater les contraventions qui pourraient « être par eux commises aux dispositions de la présente loi.

« Ceux qui s'opposeront à cette vérification seront punis d'une amende de 50 francs. »

M. le Secrétaire donne également lecture d'une note présentée par M. Henri Petit, de Châlons-sur-Marne, demandant que les pêcheurs à *la ligne tenue à la main* aient le droit dans toute la France d'adapter à leurs lignes toutes les sortes d'appâts naturels et artificiels, etc.

M. G. Petit, de Paris, demande que la vente du poisson d'eau douce soit interdite pendant la fermeture de la pêche ;

Que le braconnage soit puni plus sévèrement qu'il ne l'est actuellement.

Ces diverses communications ne donnent lieu à aucune observation.

M. le Secrétaire dépose sur le bureau un exemplaire du supplément récemment publié, du Dictionnaire général des Eaux et Forêts de MM. Baunel et Bauer, envoyé par M. Bauer.

M. le Président remercie M. Bauer de son intéressant envoi.

Sur la proposition de plusieurs membres, l'ordre du jour étant encore très chargé, il propose de tenir ce même jour une séance à 4 heures de l'après-midi, à l'issue de la séance générale.

Cette proposition est adoptée.

La séance est levée à 11 heures 1/2.

4ᵉ séance du 17 septembre (soir).

Présidence de M. le comte CRIVELLI-SEBERLONI, *Délégué du Gou-
vernement italien, Vice-président de la 2ᵉ section, assisté de*
M. MERSEY, *président du groupe des 2ᵉ et 4ᵉ sections.*
La séance est ouverte à 4 h. 1/2.

M. de Guerne résume une communication de M. Fritsh, de Prague,
sur *la station zoologique volante* de Bohême, *sur la faune d'eau douce
et le plankton utile aux poissons.*

LA STATION ZOOLOGIQUE VOLANTE DE BOHÊME

PAR LE Dʳ A. FRITSCH

La station zoologique volante en Bohême sert depuis 12 ans à
l'étude de la faune d'eau douce et a donné occasion de publier
toute une série de mémoires.

L'un d'entre eux est le rapport sur la faune d'un étang avec
Leptadora hialina et un autre avec *Holopedium gibbosum* tous
deux caractéristiques du plankton ; cet étang est très favorable
au développement du *Salmo irrideus* (1).

Le second travail s'occupe de recherches concernant deux lacs
dans le Bœhmerwald (2), à l'heure actuelle, la station fait depuis
trois années des études concernant l'Elbe.

Ces recherches s'étendent également à la nourriture de poissons
et à leurs parasites.

(1) Dʳ A. Fritsch *und* Dʳ Varru, *Untersuchung zweien Feiche.* Archiv für
Landesdurchfarschung van Böhmen, Band IX, n° 2.
(2) *Untersuchung zweien Böhmerwald seen*, Band X, n° 3.

La station a aussi publié des monographies sur la couleur des crustacés, sur les sporozoaires, sur les infusoires et une étude très importante sur le crustacé astracade.

A côté de la station volante existe aussi une station fixe près de Prague qui sert à l'instruction des étudiants de l'Université et à différentes conférences sur le plankton faites aux pisciculteurs.

Il serait à souhaiter qu'il fût créé en France des institutions analogues qui seraient de nature à rendre les plus grands services à la science, et à la pisciculture pratique.

M. DE GUERNE reproduit à ce sujet un vœu présenté par lui l'année dernière au Congrès de Biarritz dans lequel il signale l'intérêt des études à poursuivre concernant la biologie lacustre, spécialement en ce qui touche à la pisciculture et demande que des études méthodiques entreprises sur cette matière soient favorisées autant que possible, après l'échange de diverses observations l'assemblée adopte le vœu suivant :

Le congrès considérant l'intérêt théorique et pratique des recherches à poursuivre concernant la biologie lacustre, spécialement en ce qui touche à la pisciculture, émet le vœu que les études méthodiques sur cette matière soient favorisées autant que possible.

L'assemblée après discussion adopte les vœux suivants proposés à la suite des communications faites dans la séance du matin :
Vœu présenté par M. DE SAILLY :

Obligation pour tous les propriétaires et directeurs d'établissements industriels établis sur des cours d'eau, ainsi qu'aux propriétaires de canaux d'irrigation ou d'assainissement, de ne pouvoir vider les biefs d'amont ou canaux d'adduction des eaux pour réparations, curages ou faucardements qu'après déclaration préalable à l'autorité locale.

Vœu présenté par M. PUENZIEUX.

Il est désirable que, dans les cours d'eau de peu de largeur et de peu d'importance, la pêche à la ligne soit seule tolérée et que l'emploi des filets et autres engins soit limité le plus possible.

Le congrès émet le vœu que des mesures soient prises en vue de protéger les frayères naturelles, les œufs et les alevins.

Le congrès émet le vœu que des primes dont l'importance pourrait varier suivant les circonstances et les régions soient accordées enfin de faciliter la destruction des animaux les plus dommageables aux poissons et spécialement celle de la loutre et du héron.

M. PERDRIZET lit ensuite une communication relative au *repeuplement des rivières en salmonides.*

SUR UN MOYEN FACILE ET PEU COUTEUX DE REPEUPLEMENT DES RIVIÈRES EN SALMONIDES

Par M. PERDRIZET
Inspecteur-adjoint des eaux et forêts.

Il y a déjà bien des années qu'a retenti ce cri d'alarme : Nos rivières se dépeuplent et depuis lors les causes multiples de cette dépopulation n'ont fait qu'augmenter.

De nouveaux barrages ont arrêté la remonte du poisson, de nouvelles usines ont déversé leurs eaux malfaisantes dans nos rivières et les braconniers, encouragés par l'augmentation de prix des espèces devenues rares, ont doublé de nombre et redoublé de ruses et d'efforts dans l'exercice de leur coupable industrie.

A tant de maux les pisciculteurs ont cherché le remède et l'ont trouvé, en partie au moins, dans les repeuplements artificiels qui ont pris un grand développement et doivent en prendre un plus considérable encore dans l'avenir.

On connaît l'objectif : Mettre en rivière le plus grand nombre possible d'alevins obtenus par des moyens artificiels de fécondation et d'incubation.

Les procédés sont nombreux, les établissements de pisciculture les emploient en choisissant ceux qui leur conviennent le mieux et nous ne voulons en ce moment qu'appeler l'attention des membres du Congrès non sur un procédé mais sur un mode de repeuplement qui nous paraît bon parce qu'il est simple et peu coûteux.

Il faut bien l'avouer en effet le repeu)lement à l'aide d'alevins provenant d'un établissement de piscicu'.ture revient généralement fort cher. Placé par nos fonctions à la tête de l'établissement de pisciculture de Thonon, et n'ayant pas à notre disposition de pêcherie comme il en existe à l'étranger, en Suisse notamment, nous avons pu constater combien il est peu aisé de se procurer la matière première, les œufs, et la dépense que cela occasionne lorsqu'il faut la demander au commerce et surtout à l'étranger. Nous avons essayé de tourner la difficulté, voici comment :

Les poissons, chacun le sait, n'attendent pas pour frayer les dates qui leur sont fixées par les arrêtés et règlements, ils frayent avant et même après la période d'interdiction déterminée pour chaque espèce. Nous avons donc prié un certain nombre de pêcheurs du lac Léman de vouloir bien, lorsque dans leurs prises ils auraient des reproducteurs prêts à frayer, mettre de côté les œufs mûrs sans valeur pour eux ; recueillis par nos gardes-pêche ces œufs ont été fécondés à l'aide de mâles bénévolement fournis aussi par les pêcheurs et transportés ensuite à l'établissement.

Nous avons ainsi obtenu l'an dernier sans bourse délier environ 20.000 œufs de salmonides qui nous ont donné 15.000 sujets.

Ce moyen qui nous a si bien réussi sur le Léman et que nous développerons dans l'avenir, on peut l'employer également sur nos rivières.

Que les gardes ou les membres de ces Sociétés de pisciculture — dont la création doit être vivement encouragée à notre avis, car ce seront les plus utiles auxiliaires du repeuplement et de la surveillance — s'entendent avec les pêcheurs pour obtenir des œufs comme nous venons de le dire, qu'ils les mettent incuber dans le peu dispendieux appareil de Jacoby — complété par des claies en verre — et placé dans le ruisseau le plus proche et voilà quelques milliers peut-être de poissons complètement perdus auparavant qui vont enrichir la rivière.

On y trouve en outre ce grand avantage d'apprendre aux gardes la manière d'opérer avec adresse la fécondation artificielle, de leur faire suivre avec attention la marche de l'incubation, de les initier aux besoins des alevins dans le premier âge, en un mot de leur faire prendre goût à toutes les phases de la pisciculture.

Et l'on peut être assuré que les alevins ainsi obtenus seront l'objet d'une active surveillance car celui qui les aura élevés avec

tant de précautions et de soins ne permettra pas que l'on touche
sans droit et sans respect à ses poissons.

C'est un petit moyen sans doute mais nous croyons pour notre
part que la dissémination et la répétition le long de nos cours
d'eau de ces petits moyens peut en assurer le repeuplement dans
les meilleures conditions de réussite.

A cette occasion, M. DE GALBERT propose d'insérer dans les baux de
location de cantonnements de pêche une clause par laquelle les adju-
cataires seraient tenus de déverser chaque année dans les lots qui leur
sont attribués un certain nombre d'alevins, et dépose sur le bureau,
à ce sujet, le mémoire suivant.

SUR L'ÉPOQUE A CHOISIR POUR LA MISE A L'EAU
EN RIVIÈRE DES ALEVINS DE SALMONIDES

Par M. LE COMTE de GALBERT
Pisciculteur

Le rapport si détaillé et intéressant de M. l'inspecteur Perdrizet
sur les difficultés de se procurer des reproducteurs et de les conserver jusqu'au moment où ils sont prêts à frayer m'engage à
vous parler de *l'époque à laquelle, à mon avis, il est préférable
de déverser les alevins de salmonides dans les ruisseaux publics*,
et de vous soumettre une proposition destinée à venir en aide à
l'administration pour les repeuplements. On a soutenu que les
alevins devaient être versés alors qu'ils avaient encore la vésicule ; cela a pu peut-être réussir dans des eaux fermées, à l'abri
de toutes causes de déperdition provenant des crues d'eaux ou
des animaux destructeurs, mais je crois infiniment plus sûr d'attendre pour cette opération dans les cours d'eau publics que l'alevin ait atteint un âge plus avancé, qu'il ait *appris à se nourrir
de proies vivantes* et qu'il ait surtout la vigueur nécessaire
pour pouvoir fuir ses nombreux ennemis qui n'en font qu'une
bouchée lorsque, ayant la vésicule, il reste à peu près inerte sur
le bord des ruisseaux.

A cette manière de procéder, je vois deux avantages : le premier qu'on ne déversera que des animaux bien formés et vigou-

reux, munis d'un appétit qui les contraindra à chercher leur nourriture, à beaucoup courir pour cela, à se mettre, par conséquent,
à l'abri des insectes qui peuvent les dévorer.

Je ne demande pas qu'on attende 5 ou 6 mois, ce délai ferait
de l'alevin un animal trop cher, à cause de la quantité de nourriture qu'il serait nécessaire de lui donner, mais je voudrais qu'il eût
au moins pris pendant huit ou dix jours, quinze serait mieux,
la nourriture vivante ; de plus, il est indispensable de ne les déverser qu'au moment où la nature s'est réveillée dans les ruisseaux, cette époque est très variable, car dans les eaux de torrents
de nos montagnes, ce n'est guère et heureusement, qu'après la
fonte des neiges qu'elle se produit.

Si on déversait les alevins avant cette époque, il n'en resterait
pas un seul. Ils mourraient de faim et seraient, en tous cas, emportés par les grosses eaux. Il en est de même dans les rivières
qui sont très fortes jusqu'en juillet et débordent dans les prai-
ries ou entraînent une quantité considérable de sable qui tue tout
ce qui n'a pas la force de remonter un fort courant.

Je voudrais aussi que les alevins ne soient jamais déversés dans
la rivière ou le torrent *directement*. Il faut que les agents chargés
de la surveillance trouvent sur les bords une source, un ruisseau bien propre, fourni en herbes produisant de la chevrette ou
des daphnies, et les mettent là à l'abri des gros poissons, des
crues d'eau et des autres ennemis de tous genres. Lorsqu'ils s'en
sentiront la vigueur, lorsque, plus gros, la nourriture leur fera
défaut dans le ruisseau, ils iront seuls à la rivière ; mais le gros
poisson ne sera pas incité à venir spécialement à l'endroit où il
ne trouvera pas réunie une abondante pâture et ainsi on pourra
conserver un plus grand nombre d'alevins.

De plus, et pour favoriser encore davantage le repeuplement,
je voudrais voir adopter par l'administration un usage déjà répandu dans quelques départements qui consiste à insérer dans les
baux de pêche une clause spéciale obligeant le concessionnaire à
déverser à ses frais et *en sus du prix de son bail*, et ce, en présence de MM. les agents forestiers, à tel point qui sera choisi
par eux, et à telle époque qui sera convenue, une certaine quantité d'alevins d'espèce et de taille indiquées.

Ils seraient déversés comme il est ci-dessus indiqué. Pour faciliter ce repeuplement, un lot de pêche pourrait être réservé par

l'administration dans lequel, sous sa haute surveillance, seraient, *même en temps prohibé*, pris un certain nombre de reproducteurs destinés à fournir les alevins dus par les adjudicataires, si même ils ne préféraient, pour éviter les frais d'élevage, acheter directement dans le commerce leurs alevins. Il reste entendu que les reproducteurs ne seraient que confiés aux adjudicataires qui devront les reverser dans les lots d'où ils sortent, en présence des agents de l'administration.

Ce vœu que j'indique à l'administration n'est pas international et ne peut être soumis au vote du Congrès, mais je le soumets à vos réflexions et le donne à titre d'indication.

M. le Dr Wurtz a ensuite la parole pour sa communication sur l'emploi du sang, pour la nourriture des alevins.

L'EMPLOI DU SANG STÉRILISÉ POUR LA NOURRITURE DES ALEVINS DE TRUITE

Par le Dr R. WURTZ.

Dans le petit établissement de pisciculture adjoint à notre pêche sur la rivière de Bresle, il est arrivé parfois pendant les mois d'été que l'alimentation des alevins devenait difficile, soit qu'il fût impossible de se procurer des rates de bœuf, soit que la chaleur eût déterminé un commencement de putréfaction de ces rates.

Pour suppléer à cette lacune momentanée, nous avons eu l'idée de préparer des conserves de sang, et de nourrir nos alevins avec ce sang, stérilisé et mis en boîte. L'expérience a parfaitement réussi. Le sang cuit est un aliment bien connu des pisciculteurs. Dans les conditions où nous nous trouvions, il n'était pas possible de le cuire à l'abattoir au village, et d'ailleurs le sang coagulé en grandes masses et sans précautions d'asepsie se putréfie rapidement à l'air libre.

Nous avons donc fait des conserves de sang de cheval, défibriné stérilisé à 120° à l'autoclave, et soudé dans des boîtes de conserves, exactement comme des conserves alimentaires. Le volume des boîtes employées correspondait à un repas de nos alevins.

Pour s'en servir, on écrase le contenu d'une boîte sur une

passoire fine et les alevins se jettent avidement sur les minces fils de sang coagulé ainsi obtenus.

La question est de savoir si, industriellement, ces conserves de sang pourraient être fabriquées à un prix qui les rendît abordables à la pisciculture. Il nous a semblé qu'il paraîtrait peut-être intéressant à quelque membre du congrès, s'occupant d'aquiculture, de se documenter sur ce point, cette note n'ayant d'autre but que d'attirer l'attention sur un procédé donnant une *réserve de vivres*, commode et d'excellent emploi, pour les alevins de truite.

M. Jousset de Bellesme ajoute quelques renseignements très pratiques à la communication de M. Wurtz ; il recommande d'apporter le plus grand soin à la préparation du sang ; il préconise pour la nourriture des alevins l'usage de la rate crue dont on extrait la pulpe en grattant au moyen d'une lame non tranchante la rate dont la peau a été préalablement divisée par quelques incisions.

Le Secrétaire, donne ensuite lecture d'une communication de M. Vincent sur la *reproduction de l'alose*.

MÉTHODES SUIVIES AUX ÉTATS-UNIS POUR LE REPEUPLEMENT DES GRANDS COURS D'EAU. — L'ALOSE ET SA REPRODUCTION ARTIFICIELLE

Par J.-B. VINCENT

Il y a actuellement plus de trente ans que les travaux de propagation artificielle de l'Alose ont été entrepris aux États-Unis et continués depuis sans interruption. Les résultats qui ont été obtenus sur cette espèce sont universellement connus aujourd'hui, et c'est à juste titre que, dans son discours d'ouverture de ce congrès, notre président, M. Edmond Perrier, les citait à l'actif incontestable de l'aquiculture pratique.

Malgré cela, il est à remarquer, qu'en dehors des travaux que j'ai faits dans cette voie en France à l'établissement de Saint-Pierre-lès-Elbeuf, ces opérations ne se sont pas répandues en Europe.

Et cependant il n'est aucun poisson dont la conservation réclame autant des mesures exceptionnelles, sans lesquelles il est facile de démontrer que, par ses mœurs et les conditions de sa pêche, il est voué à une destruction rapide et inévitable. En effet, en temps ordinaire, cette espèce se retire dans des fonds marins inaccessibles et on ne la pêche que lorsqu'elle entre dans les fleuves pour frayer. Cette migration en eau douce, au printemps, se place entre des dates peu variables d'une année à l'autre; en outre, dans le chenal resserré des rivières, les Aloses suivent un itinéraire parfaitement défini et connu des pêcheurs; il s'ensuit que la pêche en est extrèmement facile et on peut se demander comment, depuis qu'elle se pratique, cette espèce qui, il est vrai, est réduite pour ainsi dire à rien, n'est pas encore tout à fait disparue.

Les premières Aloses qui remontent au début de la saison restent environ deux mois en eau douce avant de frayer; mais, pour la plus grande part, ce séjour est beaucoup plus court et elles sont prêtes à frayer pour ainsi dire en arrivant. Comme conséquence, si on voulait établir une protection réellement efficace de cette espèce, il faudrait n'en permettre la pêche que pendant un mois tout au plus après le début de la saison de montée.

La solution qui a prévalu aux États-Unis est bien préférable. Elle a consisté à ne pas demander la conservation et la propagation de l'Alose à des mesures restrictives, mais à créer un outillage aussi complet qu'ingénieux pour en recueillir, féconder et incuber les œufs et restituer ainsi aux divers fleuves, à la place des milliers de poissons adultes pêchés, des millions d'alevins. L'avantage de ces opérations est double. D'abord, et la preuve en est faite aujourd'hui, la conservation de l'espèce et le repeuplement sont obtenus dans les meilleures conditions et, ensuite, les pêcheurs et l'alimentation profitent de la quantité des Aloses qu'il faudrait, par des mesures restrictives, réserver à la reproduction naturelle et qui, après le frai, perdent toute valeur alimentaire.

Ces travaux devraient donc être effectués partout.

« L'*Alosa sapidissima* » des Américains n'est pas absolument identique à notre Alose d'Europe et se comporte un peu différemment. Mais cette dernière a été étudiée d'une manière très complète à la Station aquicole de Saint-Pierre-lès-Elbeuf et les travaux qui y ont été poursuivis ont établi d'une manière précise les conditions de sa migration et la possibilité d'en effectuer la reproduction comme aux États-Unis (1).

Sans doute, les sommes considérables qui ont été dépensées aux États-Unis pour ces travaux peuvent paraître hors des moyens que les budgets d'Europe attribuent à la pisciculture. Aussi, dans mes études sur la reproduction de cette espèce, je me suis surtout attaché à simplifier de plus en plus les installations nécessaires et à réaliser un modèle de station peu coûteuse et permettant cependant d'opérer avec l'ampleur voulue.

La conclusion et le résultat auxquels je suis arrivé dans cette voie sont qu'avec une dépense de première mise de six mille francs environ une station de production d'alevins d'Alose peut être parfaitement établie. En dehors des frais de premier établissement, cette production est, du reste, très économique, car, en opérant sur un chiffre assez important, le prix de revient de un million d'alevins versés en rivière peut arriver à ne pas dépasser 15 à 20 francs.

J'estime donc, qu'en raison de l'importance des résultats obtenus aux États-Unis, de la facilité démontrée par mes travaux de les réaliser en Europe, il y aurait lieu d'appeler l'attention des gouvernements sur cette question et j'ai l'honneur de soumettre à l'approbation du congrès un vœu dans ce sens :

« *Le congrès, vu la valeur économique de l'Alose et l'importance*
« *des résultats qui ont été obtenus aux États-Unis dans la culture*
« *de ce poisson, signale aux gouvernements l'intérêt considérable que*
« *présenterait l'application suivie d'opérations analogues.* »

M. le Président, met aux voix l'adoption d'un vœu, celui-ci est adopté.

L'ordre du jour appelle ensuite la communication de M. Borodine, sur l'Esturgeon. M. Borodine fait passer sous les yeux de l'assemblée un certain nombre de dessins et une très intéressante série d'échantillons de jeunes Esturgeons aux différents stades de leur développement.

(1) Voir à ce sujet, un mémoire de l'auteur publié dans la *Revue Maritime et Coloniale*, nos de Septembre, Octobre, Novembre 1894. Voir aussi, *Bulletin du Ministère de l'Agriculture*, années 1888 et 1889.

NOTE SUR LA PROPAGATION ARTIFICIELLE
DE L'ESTURGEON (*Acipenser Güldenstaedtii*)
EN RUSSIE

Par N. BORODINE

Ancien commissaire des pêcheries de l'Oural, Spécialiste en chef de pisciculture
au Ministère de l'Agriculture, Saint-Pétersbourg.

Il y a 15 ans, j'ai réussi à faire la fécondation artificielle des œufs de l'esturgeon étoilé (*Ac. stellatus*) et l'éclosion de quelques centaines d'alevins de cette espèce (1). Depuis l'année 1897 la propagation artificielle de l'esturgeon étoilé sur le fleuve de l'Oural a donné des résultats pratiques.

En 1897 on y a mis près de 10.000 petits esturgeons artificiellement éclos, en 1898, près de 6.000. Plusieurs tentatives ont été faites aussi pendant les dernières années afin de réussir la propagation artificielle du poisson le plus important au point de vue commercial l'esturgeon russe (*Ac. Güldenstaedtii*) mais tous les efforts ne donnèrent, jusqu'au printemps de 1899, aucun résultat pratique ; ce n'est que l'année passée que j'ai réussi à obtenir l'éclosion de plus de 40.000 alevins de ce poisson aux environs de la ville Ouralsk.

Cet esturgeon pond au commencement du printemps (d'ordinaire du 17 au 23 avril) dans les endroits à fond pierreux. On pêche ici des esturgeons au moyen des filets flottants. Si les œufs sont déjà mûrs, ils s'écoulent aisément du poisson.

La fécondation artificielle une fois faite, des œufs ont été placés dans les boîtes flottantes de Seth-Green, lesquelles ont été transportées flottant dans l'eau jusqu'à Ouralsk pendant près de 20 kilomètres. Des boîtes ont été placées sur le courant fort du fleuve de sorte que les œufs ont été toujours en mouvement très rapide. La température de l'eau était, à cette époque, de 19-20 centigrades. Sept jours après la fécondation, les premiers alevins de l'esturgeon furent éclos, ayant une taille de 1 cm. 23 en longueur. Là fut créée une station temporaire de pisciculture. C'est le 26 avril que nous avons vu éclore la plus grande quantité d'esturgeons :

(1) Voir « *Ein Versuch künstlicher Befruchtung des Rogens des Sternhausen*, D. F. Z. 14, 1885.

quatre boîtes en ont été pleines et dans une boîte nous avons compté 10.000 alevins.

Vu le manque d'arrangements nécessaires pour élever des alevins, la plupart des esturgeons ont été mis à l'eau dans le fleuve. Quelques milliers ont été placés dans une boîte plus grande, mais la plupart des petits esturgeons s'évadèrent par les menus trous du tamis métallique, formant les deux parois extrêmes de la boîte.

La consistance demi-fluidique du corps du jeune esturgeon l'aide à traverser des trous qui sont 4-5 fois plus petits que l'épaisseur de l'alevin. J'attire l'attention de tous les pisciculteurs sur ce fait.

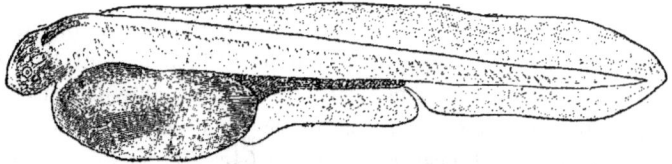

Fig. 1. — Alevin de l'esturgeon russe, qui vient d'éclore.   échelle 13/1.

Les alevins de l'esturgeon sont très actifs : ils nagent presque sans cesse; mais les premiers jours ils sont toujours débiles et il faut les placer dans la partie faible du courant du fleuve.

S'il est bien difficile de se procurer des œufs mûrs de l'esturgeon, il paraît encore plus difficile d'élever des alevins pendant la période post-embryonnaire, parce qu'ils sont très délicats et faibles. Ainsi par exemple le simple changement d'eau les fait souvent périr. Plusieurs centaines de jeunes esturgeons périrent à l'aquarium, n'étant âgés que de 5 à 6 jours, ainsi qu'une

Fig. 2. — Jeune esturgeon russe, âgé de 11 jours.   échelle 8,5/1.

douzaine âgés de 14 à 15 jours et 3 esturgeons seulement ont été laissés et élevés dans un aquarium de très petites dimensions pendant 2 mois; l'un d'eux a bien vécu dans le dit aquarium tout l'hiver, et à l'âge de 7 mois il avait déjà 330 mm. de longueur.

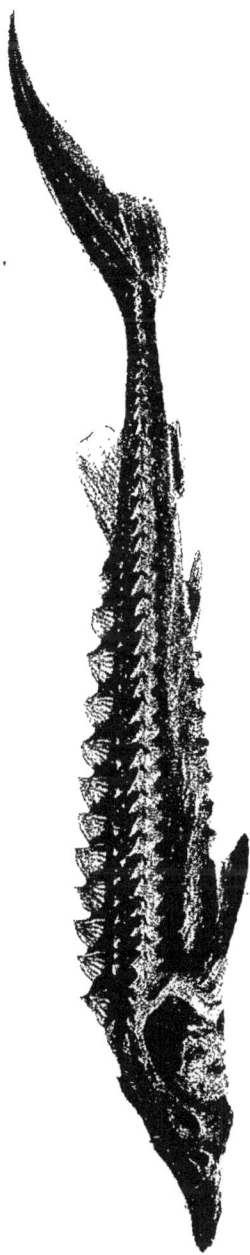

Fig 3. Jeune esturgeon russe, âgé de 6 mois.

De petits esturgeons ont été nourris de petits vers (*Lumbricola arvensis*), ils atteignaient comme dimensions une longueur de 1,50 cent. et une épaisseur de 1,5 mm. Ils sont d'une voracité incroyable; 3 jeunes esturgeons longs de 2 à 2 1/2 pouces pouvaient dévorer jusqu'à 200 vers par jour. En conséquence ils croissent rapidement, atteignant pendant 2 mois une longueur de 4 à 5 1/2 pouces. Presque tous les traits caractéristiques des esturgeons adultes se trouvent déjà chez les petits âgés de 1 1/2 à 2 mois.

L'esturgeon russe (*Ac. Güldenstaedtii*) de bas âge était jusqu'à présent inconnu. Je reproduis ici trois dessins faits d'après nature.

M. KUNSTLER fait observer que la nourriture par vers coupés en morceaux ne saurait guère convenir au tout jeune âge. Il y a lieu de penser que les protozoaires se développant spontanément dans la rivière ont dû leur servir de nourriture, en ce moment-là, de façon à leur permettre de passer par les phases les plus rudimentaires. M. Kunstler donne ensuite quelques renseignements généraux sur la nutrition des poissons d'eau douce et d'eau de mer. C'est ainsi qu'il a pu faire grossir des alevins d'alose avec des cultures pures de paramœcies, infusoires ciliés qui commencent déjà à être visibles à l'œil nu. Pour les cultiver, le procédé est fort simple. On fait bouillir de la salade molle pendant un instant, notamment de la laitue; cette substance un peu cuite est entourée d'un linge noué, et plongée dans de l'eau stérilisée. En ensemençant avec des paramœcies, ces infusoires ne tardent pas à se multiplier d'une façon extraordinaire.

En général, les proies vivantes sont excellentes pour le premier âge, quoiqu'il y ait là une difficulté assez particulière. En effet, ces organismes ne se développent guère que dans des milieux plus ou moins en voie de décomposition. S'il est des poissons dont les alevins supportent assez facilement l'action directe de ces milieux, d'autres, au contraire, sont d'une susceptibilité remarquable à leur égard. C'est ainsi que les alevins de certains poissons dits d'été (carpes, etc.) sont capables de prospérer dans des fossés de culture de daphnies, tandis que les alevins de salmonides y mourraient à peu près instantanément. La manière d'être des alevins de poissons de mer ne diffère pas sensiblement de ce qui précède, et tout le problème de leur élevage industriel gît dans le dispositif adopté pour les nourrir.

M. BORODINE communique une note de M. KOUSNETZOFF sur la biologie et la pêche du hareng d'Astrakan. Cette communication est accompagnée de 2 tableaux présentant la quantité de harengs pêchés annuellement dans la mer Caspienne et dans le Volga.

LA BIOLOGIE ET LA PÊCHE DU HARENG D'ASTRAKAN

Par J. D. KOUSNETZOFF, délégué du gouvernement de Russie.

Parmi les poissons nombreux et variés qui constituent plus de 30 espèces, dont on fait la pêche dans la partie nord de la mer Caspienne et dans le Volga, les plus intéressants, à mon avis, sous des points de vue différents, sont les poissons appartenant à la famille des clupéides.

La présence du hareng dans la mer Caspienne indique l'union qui existait à l'époque géologique très éloignée de cette mer close avec le bassin de la mer Sarmate et prouve son origine commune avec la mer Noire et la mer d'Azow. A l'époque du frai les harengs remontent de toutes ces trois mers leurs divers affluents.

L'Europe Occidentale ne connaît que deux espèces de harengs remontant les fleuves : ce sont l'alose (*Alosa vulgaris C. V.*) et l'alose feinte (*Al. finta C.*). Les harengs de nos eaux douces sont beaucoup plus nombreux. Dans le remarquable mémoire du Dr Heinke (mémoire qui exigea de son auteur beaucoup de travail et de temps) nous apprenons, que les harengs de mer forment très facilement des variétés différentes sous l'influence de leurs divers habitats. Le même fait peut être affirmé, avec toute assurance, en ce qui concerne les harengs des eaux douces. Actuellement nous n'avons à notre disposition ni la comparaison des harengs des fleuves de la Russie avec ceux de l'Europe Occidentale, ni une recherche détaillée de toutes les espèces et variétés des harengs de notre patrie. Quant aux harengs du bassin de la mer Caspienne, M. le Dr Oscar Grimm, dans sa recherche systématique de 1887, concernant les harengs d'Astrakan, les a définitivement divisés en 4 espèces. Ces espèces se distinguent principalement par les dents et par les épines sur les arcs branchiaux. Voici ces différentes espèces avec leur nom en langue russe : sardelka, *Clupea delicatula*, Nordm. ; Joubanok, *Cl. saposchnikowii*, Gr. ; seld, seliodxa, *Cl. caspia*, Eichw (avec une variété portant le nom « pouzanok ») ; bechenke ou Jalome, *Cl. kessleri*,

Gr. En 1898, M. V. Brashnikoff a décrit une espèce particulière du hareng provenant de la mer Caspienne qui ne remonte pas les fleuves, à ce qu'il paraît, mais qui dépose ses œufs dans l'eau salée près des bords de l'île Koulaly (non loin de la rive Est de la mer).

Le plus petit de tous ces poissons, c'est *Cl. delicatula* (il atteint la grosseur de 9 cent.). Ce poisson se tient de préférence non loin des embouchures et ne remonte que par hasard les fleuves. Quelquefois cependant, il pénètre assez haut, ainsi M. N. Borodine a décrit une variété particulière de *Cl. delicatula var. tscharkhalensis*, provenant du lac Tcharkhal (ce lac se trouve dans la vallée du fleuve Oural à la distance de plusieurs centaines de kilomètres de la mer).

Quant aux aloses de l'Europe, nous savons que ces poissons peuvent pénétrer dans des lacs (en sortant des fleuves) et y former des variétés ne descendant pas dans la mer.

Joubanok (*Cl. saposchnikowii*) se rencontre aussi dans les parties les plus basses du delta du Volga et n'a pas une grande importance pour la pêche. Cependant depuis quelque temps on pêche une assez grande quantité de ce poisson, ce fait provient sans doute de la diminution des richesses harenguières de la mer Caspienne.

Cl. caspia, qui peut remonter jusqu'à Saratow ou même plus haut, atteint la grosseur de 40 centimètres (et plus), mais *Cl. Kessleri* est encore plus gros, il atteint jusqu'à 0 mètre 50. Ce dernier poisson remonte individuellement et non par bancs, le haut Volga jusqu'à Iaroslavl.

Ce sont ces deux dernières espèces (la variété de *Cl. caspia* y comprise), qui font le principal objet de la pêche du hareng du Volga. C'est donc surtout de ces dernières espèces, que nous allons parler dans la suite. La plus grande partie de l'année le hareng reste dans les profondeurs de la mer Caspienne, car il s'y trouve une abondante nourriture dans la masse des êtres vivants, commençant par les crustacés et finissant par le poisson menu *Atherina caspia*. Eichw.

Au printemps les harengs, réunis en grandes troupes, se dirigent vers les embouchures du Volga, longeant préférablement les bords Est et Ouest de la mer.

C'est dans ce fleuve seul, que remontent les harengs en grandes troupes, tandis que dans les autres rivières du bassin ils ne remontent que rarement ou alors individuellement. Le hareng de fleuve préfère les affluents avec un courant plus lent, c'est pour cette cause qu'il ne remonte pas les fleuves rapides, comme la Koura et le Ferek. L'Oural n'est pas fréquenté par le hareng, probablement, parce qu'il manque devant ce fleuve une grande étendue d'eaux devenues douces, comme il y en a devant le Volga.

Le delta de ce dernier, qui est le plus grand fleuve de la Russie, de l'Europe, présente un tableau tout à fait original. A la distance de plus de 100 kilomètres de la mer, le fleuve se divise en une masse de bras qui se rejoignent et s'entrelacent formant ainsi tout un réseau d'artères aquatiques. A mesure que les îles, baignées par ce fleuve, s'avancent vers la mer, elles deviennent de plus en plus basses, bientôt des massifs de roseaux les remplacent, et à la fin le même réseau des bras du fleuve, disparaissant sous la surface de l'eau, s'allonge loin dans la mer sur le fond en pente de sa partie nord. C'est par ces canaux de la barre du fleuve que le poisson remonte les embouchures. Le hareng s'assemble en troupes, de préférence dans trois baies du delta du Volga, et cela dans les angles est et ouest et aussi au centre. Là les troupes de harengs s'arrêtent dans leur marche et attendent de voir se présenter les conditions favorables pour pouvoir remonter le fleuve, ils « tournoient » comme disent nos pêcheurs. A vrai dire exactement nous ne savons pas ce qu'attendent précisément les harengs. A ce qu'il paraîtrait, ils attendraient l'apparition de l'eau plus tiède à 10°-12° C. Ce fait est prouvé, en partie, par cette considération que les harengs suivent de préférence les bras du fleuve dans lesquels les eaux affluent des *ilmènes*, sous ce nom sont désignés chez nous des élargissements peu profonds des bras du fleuve formant des sortes de lacs, dont l'eau se réchauffe très vite. Le vent peut avoir aussi une grande influence dans ce cas, parce que, dans la partie du nord peu profonde de la mer Caspienne, le niveau de l'eau varie beaucoup sous l'influence des vents ; si le vent souffle du côté de la mer, l'eau monte, les bras du fleuve deviennent plus profonds, leur courant plus lent, etc. ; le vent du côté du fleuve produit les faits contraires. *Que l'époque de l'entrée des harengs dans le fleuve dépend du changement des différentes conditions physiques*. Il est également prouvé par la coïncidence suivante entre la marche des poissons et le temps de la débâcle du Volga, faite par moi en 1893, et représenté dans le tableau graphique ci-joint n° 1. Dans le fleuve le hareng se tient pendant la journée préférablement dans les couches d'eau supérieures mais à la tombée de la nuit, il descend vers le fond. Les troupes des harengs se suivent sans interrompre les uns après les autres (les mâles d'abord, les femelles ensuite), de telle manière qu'on peut voir quelquefois une véritable houle causée par la marche des bancs de poissons. Tous ces poissons se dirigent vers les endroits du frai, et pendant tout ce temps les harengs comme les autres poissons, remontant les fleuves, ne se nourrissent que de la graisse de leur corps, n'employant aucune autre nourriture. Ils déposent leur frai au milieu du fleuve. A ce moment, les harengs décrivent des cercles sur la surface de l'eau, et, quelquefois même ils sautent au dehors d'elle. Ce tournoiement et les mouvements rapides et saccadés sont la cause de ce que le simple peuple, surnommant le hareng du Volga « bechenka », c'est-à-dire « poisson enragé », ne l'employait pas pendant longtemps comme nourriture. Vers la moitié du siècle courant ce préjugé fut combattu, grâce surtout à l'académicien de Pétersbourg bien connu, M. von Baer. L'histoire du développement de nos harengs n'estpas connue. (Les recherches les plus complètes sur la fécondation artificielle ont été faites par M. N. Borodine sur *Cl. cultiventris*.) Les alevins des harengs roulent probablement dans la mer, et là quelques-uns d'eux subissent toutes leurs transformations. Du moins, M. O. Grimm s'est procuré dans la mer Caspienne un petit poisson, nommé par le feu professeur K. Kessler *Clupeonella Grimnii*, et ce petit poisson peut être considéré comme une espèce d'alevin de hareng.

Certains individus *Cl. Kessleri* hivernent, à ce qu'il paraît, dans le haut Volga — fait analogue avec la vie des aloses d'Europe dans les lacs.

Telle est en traits généraux la biologie du hareng d'Astrakan.

Sa pêche est complètement conforme à son genre de vie.

Sur la rive Est de la mer, les Turkomans pêchent le gros hareng à la ligne avec un hameçon formé d'une arête de poisson, et avec des athérines comme amorce ; le hareng même peut être aussi employé comme amorce pour les crochets énormes, à l'aide desquels on pêche le grand esturgeon, *Acipenser huso Z.* Ensuite au printemps on emploie partout, aux bords de la mer, les filets dormants et les seines à sac.

Les meilleures pêches sont celles qui ont lieu devant les embouchures du Volga; ici on emploie, à cet effet, les filets que nous avons mentionnés. Les seines à sac sont en si grande quantité à cause du grand nombre des pêcheurs, qu'elles forment comme un labyrinthe, qui ne permet pas aux poissons de remonter le fleuve. Quelques pêcheurs du haut fleuve prétendent que c'est là qu'on doit chercher la cause de la diminution de la quantité des harengs dans le Volga. Il est vrai que la pêche des harengs dans la mer s'est développée beaucoup dans les dernières années, mais ce n'est pas là une raison suffisante pour prétendre, que les filets des pêcheurs de mer sont la cause de la diminution du hareng.

Le principal engin, à l'aide duquel on pêche le hareng dans le fleuve, est la seine à sac avec les mailles serrées, appelée en russe « wolokoucha ». On pêche le hareng dans le fleuve aussi avec les filets flottants, qu'on laisse suivre le courant.

Les règles concernant la pêche dans le bas Volga (en bas de Kamychine) furent réglementées en 1865, quand on ne pêchait le hareng que pour en fondre l'huile, et à cause de cela les règles susnommées concernant la pêche du hareng n'étaient presque pas du tout limitées. Avec le temps cependant les pêcheurs du haut fleuve ont soulevé la question de la réglementation de la pêche du hareng. Des règles furent édictées à cet effet en 1884. D'après elles on peut employer à chaque endroit de pêche, séparé de l'autre par la distance d'au moins 2 verstes, 4 seines d'une longueur indéterminée. Les filets flottants ne peuvent être employés que dans les endroits où le fleuve atteint au moins 1600 mètres de largeur. Mais de pareils endroits aussi larges sont assez rares même dans le Volga, dont les eaux sont très abondantes. Mais toutes ces mesures, comme plus tard l'expérience le montra, n'étaient pas suffisantes. La quantité des harengs pêchés commence à baisser dès l'année 1885, comme on peut le voir facilement sur le tableau graphique ci-joint (n° 2). Dès 1895 le nombre limité des wolokousches fut réduit à 2 pour chaque endroit de la pêche, et encore avec la condition, que si cet endroit est à la distance de moins de 2 verstes des endroits voisins, il ne peut y avoir qu'une seule seine. Malgré ces mesures, la valeur de la pêche de chaque année continue de baisser il est incontestable cependant que dès 1895 dans le haut fleuve, la pêche du hareng commence à s'améliorer, et cela prouve que la plus grande partie des poissons peut remonter jusqu'aux endroits du frai.

Personnellement, j'appartiens au nombre de ceux qui voient la cause de la disparition des richesses de hareng du Volga dans la pêche intensive des harengs dans les endroits en bas du delta du Volga. Ici dans les bras peu profonds, étroits et paisibles il est très facile de barrer le passage au hareng à l'aide de longues seines jetées l'une après l'autre. Mais je dois dire cependant que d'autres voient la cause de la diminution des harengs dans les autres faits, qui n'ont aucun rapport avec la pêche. Ce sont : 1° l'envasement des embouchures des bras du Volga et 2° l'influence de la pollution des eaux du fleuve par le naphte, qui coule des barques de bois dans lesquelles on le transporte.

C'est M. le docteur O. Grimm qui soutient principalement cette opinion. Ici le temps ne nous permet pas d'exposer les arguments pour ou contre ces différentes opinions. Mais personne ne doute que les richesses des harengs du Volga diminuent. Il suffit de jeter un regard sur la courbe du dessin n° 2. Je me permets d'indiquer, que dans sa forme générale on voit comme une influence de la périodicité. Si une telle influence existe en réalité, on peut attendre des pêches plus ou moins abondantes en 1901-1902.

C'est l'avenir qui nous montrera, si cette hypothèse est juste.

Maintenant après avoir fait connaître, de mon mieux, aux étrangers l'état de nos pêches du hareng d'Astrakan, je me permets d'exprimer ici au Congrès international d'aquiculture de pêche les souhaits suivants :

1° Il est indispensable d'apprendre quels rapports mutuels existent entre nos harengs de fleuve et ceux de l'Europe Occidentale ; 2° de faire le résumé général de la biologie et de la pêche de ces poissons très intéressants et 3° de comparer les harengs de fleuve du Vieux Monde avec ceux de l'Amérique.

Quant à la manière d'utiliser les harengs du Volga, on les emploie en nourriture salés ou quelquefois fumés. Leur viande assez dure n'atteint jamais le goût et la délicatesse de celle des harengs de mer, aussi le hareng d'Astrakan fait préférablement la nourriture des classes inférieures de la population. Maintenant le hareng est devenu excessivement cher (35 centimes

pour un poisson). Cependant la demande de ce poisson est fort
élevée. Il suffit de rappeler à cet égard que la partie principale

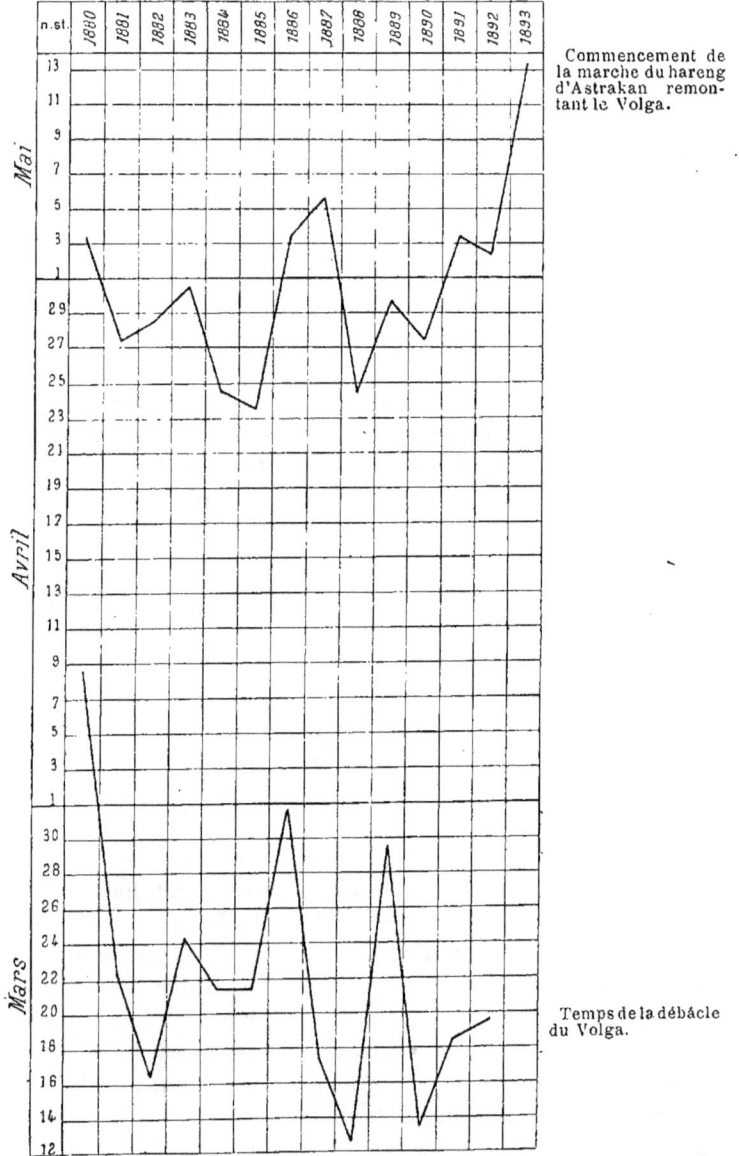

Graphique 1. — Époques de la pêche du Hareng d'Astrakan.

Millions des pièces	1879	1880	1881	1882	1883	1884	1885	1886	1887	1888	1889	1890	1891	1892	1893	1894	1895	1896	1897	1898	1899

320
310
300
290
280
270
260
250
240
230
220
210
200
190
180
170
160
150
140
130
120
110
100
90
80
70
60
50

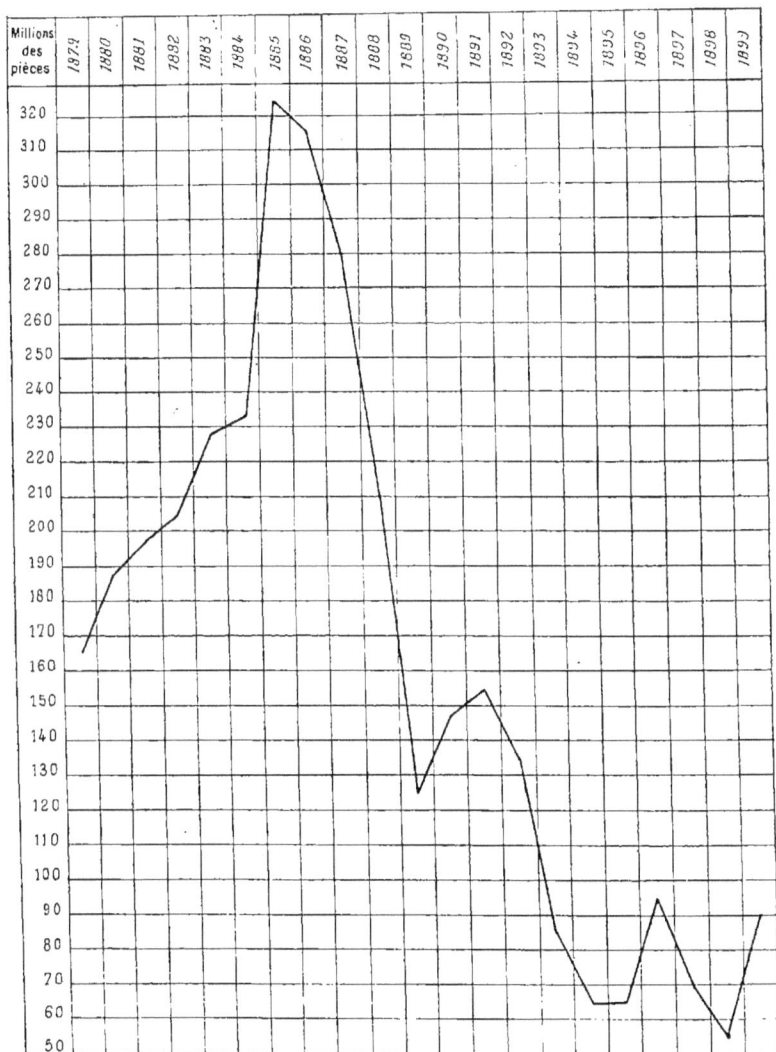

Graphique 2. — Indiquant la quantité des harengs (en millions de poissons) pêchés annuellement dans la partie nord de la mer Caspienne et dans le Volga.

(80 0/0) de toute l'importation immense du poisson et de ses produits en Russie (pour la somme de 35 millions francs annuellement) est due précisément au hareng (de mer). Dans la mer Blanche et près des bords de la mer de Marmara le hareng ne se

11

trouve en grande quantité, mais les richesses en hareng de l'Extrême-Orient sont à vrai dire inépuisables ; de cet Orient, vers lequel, grâce aux tristes événements de la guerre, sont fixés maintenant les pensées et les regards de tout l'univers civilisé.

On peut dire que le temps est venu pour la Russie de s'occuper, comme les autres nations, d'une véritable pêche maritime pratiquée sur une grande échelle, et nous pensons qu'ici dans le pays hospitalier des Français qui protègent les grandes pêches de Terre-Neuve et d'Islande nous apprendrons certainement beaucoup de nouveau et d'instructif relativement à cette branche du travail paisible de l'homme.

M. le Président remercie MM. Borodine et Kouztnetzoff de leurs très intéressantes communications et s'associe en tous point aux vœux qu'ils forment.

Personne ne demandant la parole à leur sujet M. le Secrétaire donne lecture d'une communication de MM. Duval et Wurtz sur le faucardement.

NOTE SUR LE FAUCARDEMENT DANS LES RIVIÈRES A TRUITES

Par MM. Gaston DUVAL et R. WURTZ

Les herbes, dans les cours d'eau, jouent un rôle multiple. Elles concourent à l'assainissement et à la purification des eaux, en fixant l'acide carbonique et en oxydant la matière organique. Elles servent, de plus, directement et indirectement, à la nourriture des poissons. Si pendant le fauchage (ou faucardement) d'une rivière, au printemps ou en été, on examine de près une tige d'herbe qui vient d'être coupée et qui flotte à la surface de l'eau, on est frappé du nombre et de la prodigieuse diversité des zoophytes qui s'y trouvent. Cette faune des herbes aquatiles, si variée, composée de larves, de crustacés, de mollusques, prolonge pour ainsi dire, entre deux eaux, la faune du fond de la rivière jusqu'à la surface, et concourt pour une part importante à la nourriture des truites.

Les organismes dont elle se compose constituent même la nourriture presque exclusive des alevins et des truitelles, qui chasseront, plus tard seulement, les autres espèces de poissons. C'est encore la nourriture de choix pour la truite adulte. Les expériences faites en Angleterre ont en effet montré que la nourriture variée fournie aux truites par la faune du fond de la rivière et des herbes donnait à ces poissons un accroissement plus rapide et une chair supérieure à celles des truites nourries exclusivement avec des vérons ou des vers de terre.

Le développement des herbes dans une rivière est donc intimement lié à l'alimentation du poisson. La suppression des herbes entraîne une diminution notable dans la production de la nourriture et, par suite, diminution dans la population de la rivière ; il s'ensuit aussi une croissance moins rapide de ses habitants.

Mais le développement rapide des herbes nécessite un faucardement périodique. Cette coupe est faite dans un triple but :

I. Pour les besoins de l'industrie, qui utilise la force hydraulique du cours d'eau.

II. Pour la pêche à la ligne, qui n'est pas praticable dans une rivière couverte d'herbes et pavoisée de joncs et de roseaux.

III. Pour l'entretien du lit et des berges de la rivière.

On se sert des herbes elles-mêmes ménagées en certains points et coupées en d'autres, pour amener le courant là où les envasements semblent se produire, ou pour protéger les berges que menace l'affouillement. C'est ainsi que les Anglais régularisent et nivellent le jonc et les bords de leurs rivières en conservant un tiers de la surface des herbes.

Examinons maintenant comment se fait le faucardement en France, le but de cette note étant de signaler les parties qui nous semblent défectueuses, au point de vue de l'aquiculture et de la pêche, et de proposer quelques mesures simples pour porter remède à l'état de choses existant.

Actuellement, là où il n'y a pas d'industries, le faucardement est fait par les riverains. Le plus souvent c'est au mois d'août, époque peu gênante pour les pêcheurs de truite. La rivière est fauchée dans toute son étendue, à la faux à main. Nous *pensons qu'une proportion de deux tiers d'herbe faucardée, et un tiers d'herbe conservée répondrait parfaitement aux besoins de la pêche*, en même temps qu'elle conserverait de la nourriture pour les poissons et gênerait très sensiblement le braconnage au filet.

En fixant les dates entre lesquelles le faucardement doit se faire, les gardes-pêche veillant à l'exécution de l'arrêté, indiquant à chacun ce qu'il doit laisser et ce qu'il doit couper, on arriverait facilement à une solution satisfaisante pour tout le monde.

La question est plus complexe sur les rivières à grande industrie. Les herbes retardant le courant, il est indispensable, pour conserver la force motrice, de désobstruer la rivière en aval des roues ou des turbines sur une longueur variable.

C'est généralement un syndicat des usiniers qui se charge de faire faucarder la rivière, et c'est ici que faute d'un peu d'entente ou de bonne volonté, on lèse les intérêts de l'agriculture et de la pêche. En effet, dans l'immense majorité des cas, chaque portion de rivière est donnée à l'année, par le syndicat à un faucardeur, généralement doublé d'un braconnier, qui faucarde comme et quand il veut. Le faucardement est indéfini, s'exerçant dès l'instant qu'un pêcheur à la ligne apparaît sur les bords de la rivière et rend la pêche impossible.

Or, il est facile de remédier à ce fâcheux état de choses, sans léser en quoi que ce soit les intérêts vitaux de l'industrie. Il suffirait, au lieu de faucarder avec la faux à main, d'employer la chaîne à faux. D'invention bourguignonne, cette *chaîne à faux* ou *chaîne-scie* est employée couramment en Angleterre où elle rend de grands services.

Ce sont des faux, articulées et placées bout à bout, dont le plat est maintenu sur le fond de la rivière par des poids appropriés, et que l'on manie du bord, à l'aide de deux cordes que l'on hâle, par un mouvement de scie, de l'une à l'autre rive, à travers la rivière et en remontant. Bien aiguisée et à condition de ne pas aller trop vite, cet instrument fait merveille. Nous avons nous-mêmes fauché la rivière de Bresle, sur une largeur de 18 mètres environ et sur une longueur de 300 mètres, en un peu moins de deux heures. Il y avait deux équipes, de trois hommes chaque, sur chaque rive. C'était au mois de mai. La rivière était complètement obstruée d'herbes, et il eût fallu huit jours au faucardeur attitré pour faire cette besogne. En allongeant la corde d'un côté ou en la raccourcissant, on arrive, soit à couper les herbes au ras de la berge, soit, au contraire, à ménager une bordure d'herbes de la largeur qu'on juge convenable. Il va de soi que certains endroits, dans les tournants ou les encoches des rives, peuvent être finis à la faux à main, si cela est nécessaire.

L'objection qui nous a été faite par les propriétaires d'usine est que l'emploi de cette chaîne-scie est trop dispendieux. Le faucardeur à l'année est meilleur marché. C'est ici que nous croyons devoir faire un appel à la bonne volonté. Il est injuste que les industriels gênent les pêcheurs pour une dépense insignifiante. Pour un syndicat d'industriels, une augmentation d'une ou deux centaines de francs par an n'est qu'une bagatelle.

La chaîne-scie a l'immense avantage de ne pas nécessiter d'ouvriers spéciaux. N'importe qui, du premier coup, peut la manœuvrer efficacement. Avec elle on peut faire en un jour ce que le faucardeur fait en vingt jours. C'est donc l'instrument de choix, puisqu'avec lui on fait vite et bien.

L'emploi de cette chaîne-scie simplifierait singulièrement les mesures à prendre au sujet du faucardement des rivières à truites, mesures que nous désirerions voir approuvées par le congrès, adoptées par l'administration et par lesquelles nous allons conclure cette note.

Ces mesures sont les suivantes :

1° Les époques du faucardement, pour les syndicats de rivière, seront rigoureusement fixées.

Les faucardements supplémentaires sous les roues ou turbines seront limités au temps nécessaire, quelques heures au plus. En dehors des époques fixées chaque année, suivant l'état de la végétation aquatique, il faudra, pour pratiquer des faucardements supplémentaires, une autorisation accordée par le président du syndicat de la rivière.

2° Sauf sur les points situés en dessous des usines où le jeu des roues ou turbines nécessite le fauchage complet de tout le lit de la rivière, on ne coupera que les deux tiers de la surface du cours d'eau, les gardes pêche, gardes particuliers et riverains désignant les parties qu'ils désirent voir conserver ou enlever, suivant l'état du fond de la rivière et des berges.

3° On rappellera aux usiniers qu'ils doivent arrêter les herbes qui arrivent d'amont à leur usine.

L'heure étant très avancée, M. LE PRÉSIDENT propose de renvoyer la discussion de cette communication et la continuation de l'ordre du jour, à la prochaine séance. Celle-ci est fixée au mardi 18 septembre, à 9 h. 1/2.

La séance est levée à 6 h. 15.

5ᵉ séance du 18 septembre 1900 (matin).

Présidence de M. BORODINE, *Secrétaire général du Congrès,*
Assisté de M. MERSEY, *Président du groupe des 2ᵉ et 4ᵉ sections.*

La séance est ouverte à 9 heures 1/2.

L'assemblée adopte le vœu ci-après, comme suite à la discussion
établie dans la séance précédente, sur une proposition de MM. Duval
et le docteur Wurtz :

*Dans l'exécution des curages et faucardements de rivière, il devra
être tenu compte des conditions de reproduction des poissons, tant
pour les points à ménager comme frayères que pour l'époque et la
durée de ces opérations.*

*Le Congrès appelle à cet égard l'attention sur l'emploi de la chaîne-
scie, déjà en usage dans certaines rivières, et qui permet d'exécuter
les faucardements avec beaucoup plus de précision et surtout de
rapidité.*

M. Ehret donne lecture d'un mémoire sur *l'importance et le rôle
des Sociétés de pêcheurs à la ligne.*

LE SYNDICAT CENTRAL DES PRÉSIDENTS DES PÊCHEURS
A LA LIGNE DE FRANCE

Par M. EHRET,
Président de ce Syndicat.

J'ai pensé que peut-être les Sociétés de Pêcheurs à la ligne de
certains pays pourraient s'inspirer de ce que nous avons fait ici
et qui est encore peu connu.

Si ces Sociétés rencontrent, comme aujourd'hui dans toutes les
Administrations publiques de France, des partisans résolus du

repeuplement des rivières, l'entente de l'Administration et des Présidents des Associations de Pêcheurs à la ligne peut produire des résultats prodigieux.

Chez nous, Ministres, Conseillers d'Etat Directeurs, et tous les plus hauts Fonctionnaires sont, pour les représentants de nos Sociétés, d'une amabilité, d'une bienveillance dont nous demeurons profondément touchés et reconnaissants.

Tous les jours une preuve nouvelle d'intérêt nous est donnée et, ici même, le Congrès, ouvert par M. le Ministre de l'Agriculture, compte dans son sein, grâce à l'honorable M. Jean Dupuy, que nous ne saurions trop remercier, trois Délégués officiels de son Ministère :

Le premier Délégué est l'honorable M. Daubrée, conseiller d'Etat, Directeur des Eaux et Forêts ;

Le second est M. Charles Deloncle, Inspecteur général de l'Enseignement de la Pisciculture, Chef du Cabinet du Ministre ;

Le troisième est le haut fonctionnaire qui préside avec tant de tact, de fermeté et de compétence, notre 4ᵉ Section, c'est M. Mersey, Conservateur des Eaux et Forêts, chef du Service de la Pêche et de la Pisciculture.

J'ajoute que MM. Deloncle et Mersey faisaient déjà partie, en qualité de Membres du Jury supérieur, de la si intéressante innovation du Concours international de Pêche à la ligne dont la réussite a été complète.

L'idée même de ce concours, très sympathiquement accueillie et effectivement encouragée par le Commissariat général de l'Exposition, avait été proposée par le Syndicat Central des Pêcheurs dont je vais avoir l'honneur de vous entretenir.

Messieurs, depuis une trentaine d'années, et malgré tous les efforts de la pisciculture, la ruine des rivières françaises s'accentue.

Cette ruine tient à deux causes principales : le braconnage et les empoisonnements.

Récemment on était presque tenté de croire que les cours d'eau appartenaient à trois sortes de propriétaires :

1° Le braconnier ;

2° La commune qui considérait la rivière comme un déversoir naturel de ses immondices ;

3° L'industriel qui, en vertu d'une certaine tolérance, se croyait de même absolument le maître et jetait sans se gêner, sans se préoccuper des autres habitants, ses eaux résiduaires et de lavages dans des cours d'eau qui se trouvaient ainsi empoisonnés sur de longs parcours.

Or l'eau appartient non pas à des individualités, ni à des communes, mais à tout le monde. Pure, elle est indispensable au bon fonctionnement de la machine humaine, et, à ce point de vue, les hommes ont besoin d'être protégés énergiquement par l'Etat.

Donc, nécessité de réagir.

Des Sociétés de Pêcheurs à la ligne, n'ayant primitivement en vue que le plaisir personnel de leurs Membres, se sont constituées. Elles ont obtenu des résultats locaux au point de vue du repeuplement, mais elles n'ont pu mater le braconnage et les empoisonnements industriels ne se sont guère ralentis.

C'est qu'un homme, quelle que soit son influence, est impuissant à lutter contre tous. De même, une simple Société a la plus grande peine à acquérir la force nécessaire pour arriver au but qu'elle se propose. Si elle veut obtenir des résultats, elle doit s'unir à d'autres.

Et un des excellents Vice-Présidents du Syndicat Central, M. Rey du Boissieu, de Rennes, le disait au banquet des Présidents du 12 Août : « On ne peut rompre une corde faite de trois brins, alors qu'on brise facilement chacun de ses brins séparément. »

D'ailleurs, les efforts, les dévouements locaux profitent rarement à l'ensemble d'un pays.

Ce qu'il faut, c'est non pas agir isolément ; c'est, au contraire, faire en sorte que particuliers et Sociétés de Pêcheurs se solidarisent afin de pouvoir s'adresser aux Pouvoirs publics avec toutes chances de succès.

C'est ce que les membres de l'Association syndicale des Pêcheurs à la ligne de Paris ont fort bien compris, d'accord avec les représentants d'autres Sociétés, comme celles de Toulouse, Saumur, Moret-sur-Loing, Tours, etc.

Sur l'initiative de la Société de Paris, était constitué, le 25 août 1897, le Syndicat Central des Présidents des Associations des Pêcheurs à la ligne de France.

Je vous prie d'abord de remarquer qu'il s'agit d'un Syndicat des Présidents, car le nombre des Pêcheurs est trop grand pour qu'ils puissent être admis aux Assemblées — et, d'ailleurs, leurs représentants naturels sont les Présidents.

Mon raisonnement s'étaiera, si vous le voulez bien, sur :

1° Ce qui existait ;
2° Ce qui est aujourd'hui ;
3° Ce qui sera demain.

Ce qui existait. — Je viens d'avoir l'honneur de vous le dire : le poisson disparu des rivières ; les cours d'eau, au lieu d'apporter la vie, la richesse et la joie dans les contrées qu'ils traversent, amenant au contraire la désolation, l'empoisonnement, comme, assure-t-on, la transmission de dangereuses maladies ; l'eau, corrompue, ne pouvant plus être employée ni pour les besoins de l'homme, ni pour abreuver les animaux et viciant l'air sur des régions très étendues ; tout le monde privé de ces deux éléments indispensables à la santé, l'air pur, l'eau pure, et cela pour une mesquine question d'argent, au seul profit de quelques-uns.

Ce qui est aujourd'hui. — L'entrée en lice du Syndicat Central a immédiatement porté ses fruits.

L'administration qui voyait le mal, mais qui, livrée à elle-même, n'avait guère les moyens de l'enrayer, a mis immédiatement toute la bonne grâce possible à s'unir aux efforts tentés par le Syndicat Central.

Aujourd'hui, elle protège et subventionne les Associations de pêcheurs ; elle examine leurs demandes avec bienveillance ; elle modifie le cahier des charges ; elle appuie les desiderata formulés par le Syndicat Central, tels que la suppression de l'épervier goujonnier. Nous avons obtenu — chose extrêmement importante — de M. le Garde des sceaux, que les braconniers de profession fassent toujours la prison à laquelle ils ont été condamnés et subissent la contrainte par corps en cas de non-payement de l'amende. De plus, les gardes particuliers des Associations sont commissionnés au nom et aux frais de l'Etat, etc., etc. Bref, l'administration montre une bonne volonté, un désir d'arriver au repeuplement, dont — comme je l'ai déjà dit — nous lui sommes profondément reconnaissants.

De son côté, le Syndicat Central agit. Il sollicite tous les Corps élus : conseils municipaux, conseils généraux, députés, sénateurs. Sa campagne se développe tous les jours.

Le Syndicat Central est écouté et appuyé ; on est surpris des chiffres qu'il proclame, et tous les élus du suffrage universel, qui comprennent toute l'étendue de la mission dont ils sont investis, sont aujourd'hui heureux de l'aider.

Les magnifiques résultats obtenus dans certains cantonnements particuliers des Sociétés contribuent aussi puissamment à inspirer la confiance dans le succès final, succès prôné par le Syndicat Central.

Il faut donc espérer que le braconnage des rivières a atteint son maximum d'intensité et qu'il va diminuer.

Sans doute, la question délicate des empoisonnements causés par les communes et les industriels n'est pas résolue.

Elle demeure grosse de difficultés, mais ces difficultés ne sont pas insurmontables, puisqu'elles sont aplanies dans d'autres pays.

Et nous pouvons nous appuyer sur le droit qu'a l'Etat, en France comme à l'étranger, de réglementer l'*usage* et la *jouissance* des eaux courantes, parce que ces eaux n'appartiennent nullement aux riverains et sont, au contraire, la propriété de tous. Or, le *droit naturel* est imprescriptible et c'est le premier des devoirs des gouvernants de le sauvegarder.

Déjà, les tribunaux français commencent à prononcer, contre les auteurs d'empoisonnement, des condamnations comportant de forts dommages-intérêts vis-à-vis des Sociétés et des particuliers. Mais ce qui a aussi une très sérieuse importance, c'est que l'administration des eaux et forêts, en cas de transaction, a tout au moins exigé, dans certains cas déterminés, le repeuplement — avec des alevins appropriés, bien entendu — des lots ruinés par la faute des industriels.

Comme vous le voyez, Messieurs, l'accord qui règne, depuis trois ans, entre l'administration et le Syndicat Central, produit des résultats surprenants. Ces résultats vont s'accentuer encore.

Ce qui sera demain. — Le Syndicat Central n'est pas seulement le représentant des associations de pêcheurs à la ligne, dont le nombre dépasse 330. Ses bases sont autrement larges.

Les pêcheurs isolés, libres, sont légion. Ils constituent l'immense majorité. Le Syndicat Central fait appel à leur dévoûment, les accueille, leur demande de formuler leurs revendications. Et ce qui est très important, c'est qu'il prend aussi la défense des riverains, dont les intérêts sont identiques à ceux des pêcheurs à la ligne. Il les invite à se joindre à lui et à établir leurs desiderata.

Donc, d'une part, le Syndicat Central représente tous les pêcheurs affiliés ou non à une Société, et, de l'autre, les riverains.

Pour arriver à coordonner toutes ces forces colossales, mais éparses, qu'a-t-il fait? Il a créé de toutes pièces une organisation. Dans chaque département, il a constitué un comité des présidents. Ce comité est composé : D'un président départemental ; d'un président par arrondissement, et, dans certains cas spéciaux, de présidents de canton ; des présidents de toutes les associations de pêcheurs à la ligne du département.

Le Comité départemental se réunit une fois par an. Il nomme vice-présidents, secrétaire, trésorier, et vote chaque année *une seule* mesure locale. Il fait aussi connaître son sentiment sur la réforme qui doit être portée à l'ordre du jour de l'assemblée générale annuelle des présidents.

De plus, les différents comités départementaux d'un même bassin peuvent se réunir pour étudier, de concert, les mesures à prendre dans l'intérêt de la région. Ils forment alors des *Sections régionales* qui nomment elles-mêmes leur bureau.

Il est inutile d'insister davantage sur l'importance du rôle des comités départementaux : se mettre en relations avec toutes les autorités : préfet, conservateur et inspecteurs des eaux et forêts, ingénieur en chef et ingénieurs des ponts et chaussées, etc.

Si j'ajoute que le Comité départemental doit naturellement conquérir à la cause qu'il défend les sénateurs et députés, les conseillers généraux et municipaux, etc., il est facile de saisir tout le bien qui doit découler de cette organisation puissante et on pourra alors mieux adapter la réglementation de chaque région à ses conditions spéciales et à ses besoins, ne plus maintenir *un règlement uniforme* pour toute la France.

Telle est, Messieurs, dans ses grandes lignes, l'organisation du Syndicat Central.

Les Pêcheurs libres et les riverains versent une cotisation légère : 3 fr. an ; les Membres honoraires, 5 fr. et plus ; les Membres du Comité d'honneur, 20 fr. et au-dessus. La cotisation des Pêcheurs, faisant partie d'une Société, a été fixée à 0 fr. 10 par membre, car il faut tenir compte des sacrifices que font nos camarades pour leur propre Société. Nous comptons que, comme précédemment, les Associations riches auront à cœur de nous aider plus largement que les autres.

La recette, sauf un prélèvement pour les frais généraux, sera dépensée dans le département même. Le Syndicat central y pourra, sur l'initiative et d'après les propositions du Comité départemental, nommer des gardes, leur allouer des gratifications, les récompenser, mettre des alevins, etc., etc.

Petit à petit, l'organisation du Syndicat Central se développe. Elle a déjà produit d'importants résultats. Nous trouvons, en effet, partout, des hommes dévoués, désintéressés, capables, qui tiennent à apporter leur concours à cette belle œuvre du repeuplement des rivières de France.

Veuillez me permettre un mot encore. Je crois qu'il n'y a pas de plus profond observateur, d'homme plus au courant des mœurs et des habitudes du poisson *en liberté* que le Pêcheur à la ligne.

Or, le Syndicat Central met en commun les études et le savoir de tous. Il réunit donc la pratique, l'expérience consommées, comme il concentre tous les intérêts.

Mais il ne suffit pas de formuler des desiderata, d'adresser des lettres, des plaintes à l'Administration, de voter des vœux. Non, ce qui distingue le Syndicat Central, c'est que, non seulement il dit à tous ce qu'il faut faire, mais, qu'après l'avoir proclamé, il agit lui-même. C'est lui qui fait le nécessaire pour que les vœux qu'il émet soient accueillis, passent ou dans un règlement ou dans une loi.

C'est ainsi que, sur son initiative, un projet de loi tendant à la prolongation des baux des Sociétés de Pêcheurs à la ligne fermières de cantonnements appartenant à l'État, a été récemment déposé sur le bureau de la Chambre des Députés et, qu'à la rentrée, une autre proposition de loi relative à la création de brigades volantes de gardes-pêche, sera également déposée.

Comme le Syndicat Central marche d'accord avec les Corps électifs et l'Administration, *il n'est pas possible* que les cours d'eau français ne retrouvent pas, d'ici à très peu d'années, la richesse piscicole qu'ils possédaient autrefois.

J'ai fini, Messieurs, et je vous remercie de l'extrême bienveillance avec laquelle vous avez bien voulu écouter l'exposé de notre œuvre dont vous avez compris toute la portée.

M. Puenzieux fait une communication sur *l'introduction d'espèces nouvelles de poissons* et sur les inconvénients de placer dans les cours d'eau des espèces non encore suffisamment étudiées et qui pourraient nuire aux poissons indigènes.

INTRODUCTION DANS LES COURS D'EAU ET LACS INTERNATIONAUX DE NOUVELLES ESPÈCES DE POISSONS

Par A. PUENZIEUX

Chef du service des Forêts, Chasse et Pêche du Canton de Vaud (Suisse).

Depuis quelques années nous constatons qu'il se manifeste parmi les pisciculteurs-éleveurs une tendance à recommander de nouvelles espèces de poissons, à en importer de l'étranger ou à provoquer des croisements donnant naissance à des produits spéciaux et divers qui, au premier abord, semblent tout à fait favorables comme rusticité mais dont il n'a pas encore été possible de bien se rendre compte des conditions d'existence pratiques, surtout de fécondité et de reproduction naturelle. Nous citerons, entre autres : la truite arc-en-ciel, différentes espèces de saumons ou de perches, le zander, etc., et parmi les espèces voraces indigènes : l'anguille.

Loin de nous l'idée de restreindre ou nuire à ces essais ; au contraire ils sont à appuyer puisque chaque jour nous réserve des constatations progressives, des découvertes nouvelles ; mais il y a nécessité, croyons-nous, de ne pas croire trop vite aux avantages préconisés par les éleveurs et mis grandement en évidence par des réclames intéressées, à ne pas se fier à des particuliers, propriétaires de droits de pêche trop zélés, aux sociétés de pêche ou syndicats de pêcheurs qui dans leurs statuts ont pour but l'introduction d'espèces nouvelles, etc. Sans être bien assuré si, en pratique et scientifiquement elles justifient les divers avantages cités et si ceux-ci surpassent ceux des espèces indigènes qui ont fait leurs preuves et qui, par une étude et connaissance encore plus approfondies de leurs conditions d'existence méritent de la part de l'autorité un appui toujours plus constant, justifient d'être comprises et considérées comme relevant de l'intérêt général du pays et ont droit à la protection légale pour assurer toujours plus leur conservation, leur reproduction et leur dissémination *rapide*.

Nous formulons en conséquence le vœu ci-après, souhaitant qu'il soit discuté et pris en considération :

L'essai d'introduction ou l'introduction elle-même d'espèces exotiques de poissons dans les cours d'eau et lacs internationaux, ainsi que de l'anguille dans les eaux encore indemnes de cette espèce, serait interdite sans l'autorisation préalable des États intéressés.

Après l'échange de diverses observations, M. le Président met aux voix le vœu proposé par M. Puenzieux; ce vœu est adopté.

M. le Président donne ensuite la parole à M. de Sailly pour la lecture de sa communication sur le sujet suivant :

Mesures proposées pour assurer en tout temps la libre circulation des poissons migrateurs et, en particulier, du saumon dans les fleuves et rivières, jusqu'aux parties supérieurs des bassins de ces cours d'eau,

Par J. DE SAILLY,
Inspecteur des eaux et forêts.

D'après une tradition répandue en Limousin, principalement à Saint-Léonard, Bujaleuf, Eymoutiers et Nedde, le saumon était, il y a un peu plus de cent ans, si commun dans la Vienne, la Maulde et le Taurion que les domestiques s'engageant à servir dans les familles du pays mettaient comme condition qu'on ne les nourrirait pas exclusivement de saumon pendant la saison de pêche de ce poisson et qu'on ne pourrait leur en donner que trois ou quatre jours par semaine.

La même tradition se retrouve en Bretagne, en Béarn, en Alsace, en Ecosse, en Irlande, en Cornouaille, au pays de Galles.

Actuellement le saumon vaut de 6 à 8 fr. le kilog sur le marché de Limoges. Le prix atteint même parfois 9 fr.

La majeure partie des saumons qu'on y consomme vient de Hollande, ce n'est que le petit nombre qui provient de la Charente, de la Gartempe, ou de la Vienne en amont de Limoges.

Cette diminution de l'espèce est uniquement due au développement de l'industrie.

La pêche n'est ni plus active ni plus ingénieuse qu'elle l'était il y a cent ans, mais la transformation des moulins en usines, l'établissement de barrages étanches, la facilité laissée aux usiniers de construire des digues à profil vertical en aval au lieu de profil en glacis ou dos d'âne, la négligence de l'autorité administrative à exiger que les barrages nouvellement établis, ou restaurés, ou reconstruits, soient, en conformité des règlements en vigueur (loi du 31 mai 1865) munis de pertuis ou d'échelles pour le passage du poisson ont créé la situation actuelle.

Au point de vue qui nous occupe, la situation spéciale dans la Haute-Vienne est celle-ci :

Le cours de la Vienne présente une longueur développée de 140 kilom. ; sur ce parcours on ne compte pas moins de cent barrages affectés presque tous à l'industrie, un très petit nombre (5) à l'irrigation.

La Vienne entre dans le département de la Haute-Vienne par 540 mètres d'altitude ; elle en sort à la cote de 160 mètres. C'est donc une dénivellation totale de 380 mètres sur ce parcours de 140 kilomètres.

Si toute cette dénivellation était utilisée par les cent barrages, la hauteur moyenne de chute mise à profit par chacun d'eux serait de 3m80 pour une longueur de rivière de 1.400 mètres. Mais en raison soit de la disposition des lieux, soit de l'établissement de deux usines sur un même barrage, soit de diverses autres causes, il n'est en réalité utilisé au profit de l'industrie que les 2/5 de la dénivellation totale soit 156 mètres, ce qui donne une hauteur moyenne de 1m56 par barrage. En fait, c'est entre 0m80 et 3 m. comme chiffres extrêmes et 1m20 à 1m80 comme chiffres moyens que varie la hauteur des barrages.

Autrefois, les barrages qui n'avaient été établis que pour le seul usage des moulins n'avaient guère que 0m80 de hauteur, ils étaient construits rustiquement et la plupart du temps avec un intervalle variant de 3 mètres à 8 mètres pour le passage du poisson ; sur cet espace il y avait bien, le plus souvent, un appareil destiné à la capture du poisson remontant et descendant ; mais cet appareil n'obstruait pas complètement le passage : un autre pertuis libre était toujours ménagé sur un autre point de la digue, et, d'ailleurs, la hauteur du barrage n'était pas telle que le saumon ne pût le franchir non seulement à l'époque des crues d'automne et de printemps, mais même en tout temps.

Mais depuis soixante-quinze ans, la situation a totalement changé : les anciens moulins à farine ou à tan se sont transformés soit en établissements industriels similaires mais perfectionnés, tels que minoteries ou tanneries par nouveaux procédés chimiques, ou en fabriques diverses : papeteries, moulins à broyer le kaolin, fabriques d'extrait de bois de châtaignier ; fabriques de carton pour boîtes d'allumettes, pour semelles ou talons de chaussures économiques, usines d'électricité pour l'éclairage ou pour le transport de la force motrice, etc.

Ces industries ont accaparé toute la force disponible du cours d'eau au point où elles s'établissaient. Elles n'ont donc, la plupart du temps, ménagé aucun passage libre à la circulation du poisson ; en outre, par des motifs d'économie, les barrages qui, comme nous venons de le voir, ont une hauteur moyenne de 1^m30 à 1^m50, ont été construits à profil vertical du côté aval.

Il résulte de là qu'actuellement, la Vienne qui était autrefois sinon navigable du moins flottable sur les 3/4 environ de son cours dans le département (1) a cessé d'être utilisée pour le transport des bois et n'est plus ni flottée, ni flottable.

Au point de vue économique la situation est très fâcheuse, les transports par voie de terre étant infiniment plus coûteux que par voie d'eau.

Au point de vue de la pêche, le seul qui nous occupe, en ce moment, la situation est devenue intolérable.

La Vienne ne se présente plus que comme un vaste escalier fluvial dont chaque degré a en moyenne 1^m50 et est par conséquent inabordable au saumon qui ne saute que très exception-

_____

(1) Naguères encore la majeure partie des bois de chauffage brûlés à Limoges y affluait par flottage à bûches perdues, comme en témoignent les madriers de chêne saillants hors l'eau et arc-boutés dans le roc pour arrêter et faire échouer les bois, subsistant encore entre les ponts Saint-Martial et Saint-Etienne.

nellement et très difficilement une hauteur de 1m20 quand il a atteint tout son développement et ne peut absolument pas franchir un tel obstacle quand il remonte pour la première fois en rivière c'est-à-dire quand il atteint le poids de cinq à six livres, état dans lequel il prend en Bretagńe le nom de Castillon, en Béarn celui de Garbaillot.

Les industriels ont donc modifié radicalement l'état de choses ancien et la nature des cours d'eau : ils l'ont fait à leur avantage privé et au détriment spécial de la pêche sans parler des autres intérêts généraux par eux lésés.

Or, cette situation que je signale en Limousin est-elle unique ? Assurément non. Elle s'étend à tous les cours d'eau de France dans la partie qui n'a pas été protégée par une déclaration de navigabilité. Est-elle même spéciale à la France ? Pas davantage, elle est commune à presque toutes les contrées d'Europe. Témoins, les récriminations générales qui s'élèvent de tous côtés contre la pollution des cours d'eau par le déversement des eaux résiduaires industrielles. Ce genre de préjudice à la chose publique est une conséquence du développement à outrance de l'industrie et se lie intimement à la question qui nous occupe.

Cette situation est-elle tolérable ? Assurément non. Les usiniers avaient-ils le droit d'agir ainsi ; personne ne peut raisonnablement le soutenir. Ce n'est que par usurpation et abus non reprimé qu'ils ont créé un tel état de choses.

Actuellement ils le considèrent comme un droit acquis.

Je crois qu'il est nécessaire, à l'heure présente, et à l'occasion de ce Congrès de protester haut et ferme contre cette situation et que la protestation pour être efficace doit faire l'objet d'un vœu international indépendant bien entendu de la campagne que les parties lésées, c'est-à-dire le public, la masse des citoyens, pourra et devra mener dans chaque Etat pour faire changer complètement les conditions des barrages actuels.

A cet effet, et en réservant pour un prochain Congrès comme n'étant pas mûre actuellement la question proprement dite de l'échelle à poisson, je crois qu'il y aurait lieu de provoquer l'émission d'un vœu dans les termes suivants :

Les pouvoirs publics prendront dans chaque pays les mesures les plus propres à assurer la libre circulation des poissons migrateurs, et en particulier du saumon, dans les fleuves et rivières jusqu'à la

12

partie supérieure du bassin de ces cours d'eau, sauf, bien entendu, le cas d'obstacles naturels infranchissables. Les Gouvernements ayant adhéré au Congrès international seront priés de provoquer l'étude du meilleur système de passage pour les poissons et à en imposer l'emploi sur tous les barrages industriels ou agricoles dont la hauteur dépasse 80 centimètres. Ils sont, en outre, invités à ne pas tolérer à l'avenir des barrages étanches à profil vertical en aval, et à exiger que les ouvrages de retenue des eaux soient établis soit en dos d'âne, soit à une inclinaison de 30 degrés.

M. LE PRÉSIDENT, après discussion, met aux voix l'adoption de ce vœu. Celui-ci est adopté.

M. MERSEY dépose, au nom de M. CAMÉRÉ, inspecteur général des ponts et chaussées à Paris, un mémoire sur *les échelles à poissons*.

NOTICE SUR LES DIVERS TYPES D'ÉCHELLES A POISSONS

INSTALLÉES SUR LA SEINE ENTRE PARIS ET ROUEN

Par M. CAMÉRÉ
Inspecteur général des Ponts et Chaussées.

La remonte de la mer des poissons voyageurs, tels que saumons, aloses, etc. pour aller frayer dans les fleuves et cours d'eau qui y débouchent, est un fait acquis sur lequel il n'est pas besoin d'insister, et il est avéré que tout obstacle naturel ou artificiel de nature à empêcher cette remonte, tend à limiter la zone des cours d'eau qu'ils fréquentent, et même à amener leur disparition, en les empêchant d'atteindre les régions réunissant les conditions nécessaires pour leur permettre de frayer dans des conditions convenables.

C'est ainsi, en nous bornant à deux exemples typiques :

1° Qu'en Irlande, par suite de l'établissement sur le Ballisodare d'échelles permettant aux saumons de franchir les chutes notables y existant, des régions de lacs d'une surface considérable présentant d'excellentes frayères, ont pu être rendues accessibles à la remonte du saumon, d'où en est résulté un accroissement considérable dans la reproduction de ce poisson et dans les produits de la pêche dans la rivière;

2° Que dans la Seine et ses affluents, le saumon, autrefois très abondant, a, pour ainsi dire, disparu par suite de l'établissement des barrages éclusés installés pour la navigation.

Ayant eu, dans notre carrière d'ingénieur, à prendre part à la canalisation de la basse Seine entre Paris et Rouen, laquelle a entraîné la construction de nombreux barrages, dont quelques-uns à très forte chute, il nous a paru de notre devoir, au point de vue de l'intérêt public, de rechercher s'il ne serait pas possible de munir ces ouvrages d'échelles à poisson de manière à ce qu'ils ne constituent pas des obstacles insurmontables à la remonte des poissons voyageurs, et de ménager ainsi l'avenir.

Nous n'avons pas tardé, du reste, à reconnaître que ce problème n'était pas des plus simples.

Après avoir examiné sur place, tant aux États-Unis, qu'en France, en Angleterre, en Écosse, en Irlande, en Suisse, en Belgique, etc., les diverses échelles employées, nous avons été conduit à constater que peu d'entre elles donneraient réellement des résultats satisfaisants, et, que celles qui se trouvaient dans ce cas, le devaient à des circonstances toutes spéciales non réalisables partout, et, en particulier, à l'intelligence avec laquelle ces échelles avaient été modifiées, peu à peu, pour corriger les défauts qu'elles présentaient et, à la surveillance constante à laquelle elles étaient soumises pour leur maintien en bon état de fonctionnement. Il ne faut pas croire, en effet, qu'il suffise d'installer à un barrage une échelle même d'un type ayant fait ses preuves, pour que son succès soit assuré, il y a d'autres facteurs en jeu, qui malheureusement sont difficiles à codifier.

Quant à l'application aux barrages de la Basse-Seine des types donnant quelquefois de bons résultats : tels que échelles à couloir avec cloisons transversales continues, ou présentant des ouvertures disposées en chicane, nous fûmes obligé de reconnaître qu'il n'y fallait pas songer, attendu que leur installation aurait conduit à des dépenses considérables, sans que l'on puisse être assuré d'avance d'obtenir, par leur emploi, des résultats assurés.

Ce sont ces considérations qui nous ont amené à rechercher de nouveaux types d'échelles, de construction peu coûteuse, et pouvant au besoin être déplacées sans grands frais si, par exemple, le choix de leur premier emplacement était reconnu, par la suite, comme non satisfaisant.

Le but de la présente notice est de rendre compte des dispositions de ces échelles et des essais poursuivis par nous.

Les différents types de ces échelles sont tous basés sur le ralentissement du courant de l'échelle par des cloisons d'arrêt liquides, et non par des cloisons en maçonnerie, en bois, etc., comme cela est pratiqué dans les échelles à cascade ou à chicane.

Cette disposition, en offrant aux poissons un passage direct, de section constante et sans chutes ou remous accentués, est de nature à diminuer considérablement les frais d'installation des échelles en permettant de réduire leurs dimensions et d'augmenter notablement leur pente.

D'après les expériences faites, pendant ces dernières années, aux barrages de la retenue de Saint-Aubin-Martot, sur la Seine, près d'Elbeuf, on a pu constater que ces échelles étaient franchies, non seulement par les poissons indigènes, mais par les poissons voyageurs, tels que saumons, truites de mer, aloses communes, aloses fines, avec des chutes qui atteignaient, à marée basse, jusqu'à 2m83 (maximum de la chute possible).

D'après d'autres expériences faites au barrage de Poses, situé également sur la Seine, immédiatement en amont, et qui présente, en basse eau, une chute de 4 m. 18, il a été constaté que, malgré cette différence de niveau, la vitesse du courant, dans une échelle de ce genre, n'atteignait pas une vitesse incompatible avec la remonte du poisson.

Toutes ces échelles sont munies de dispositifs simples pour en assurer le réglage et le nettoyage.

Type n° 1. — *Echelle à courant ralenti par des cloisons d'arrêt liquides, produites au moyen d'ajutages latéraux alimentés par le courant même de l'échelle.*

Dans ce type, la bâche constituant l'échelle est divisée en une suite de petits bassins, qui communiquent librement entre eux au droit du couloir réservé, dans l'axe de la bâche, pour le passage du poisson. Ce couloir est limité, de chaque côté, par une série d'ajutages disposés symétriquement, lesquels mettent successivement en communication, deux à deux, les bassins en question, et ont pour objet de conduire les eaux qu'ils reçoivent dans chaque bassin, à des orifices pratiqués, dans le fond du couloir central, dans le bassin subséquent, en aval de ce dernier

TYPES D'ÉCHELLES A POISSONS

installées sur la Seine de Paris à Rouen.

1. Capture d'un saumon ayant remonté l'échelle type nº 2, au barrage de Martot.

2. Vue d'aval de l'échelle installée dans la culée rive droite du barrage de Martot (Seine).

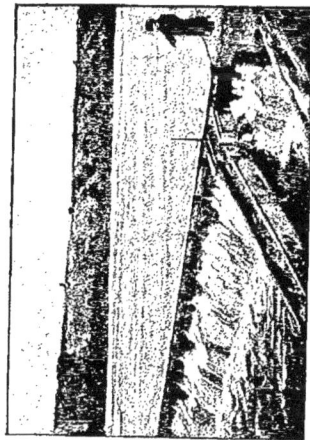

3. Vue latérale de l'échelle installée au barrage de la Blancheterre (Seine).

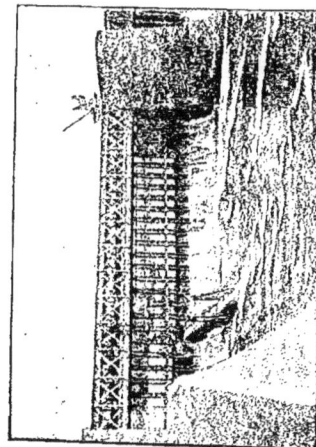

4. Vue de l'échelle installée au barrage de Poses (Seine).

5. Vue d'aval de l'échelle installée près de la culée rive gauche du barrage de Martot (Seine).

6. Vue d'aval de l'échelle installée sur le déversoir de Saint-Aubin (Seine).

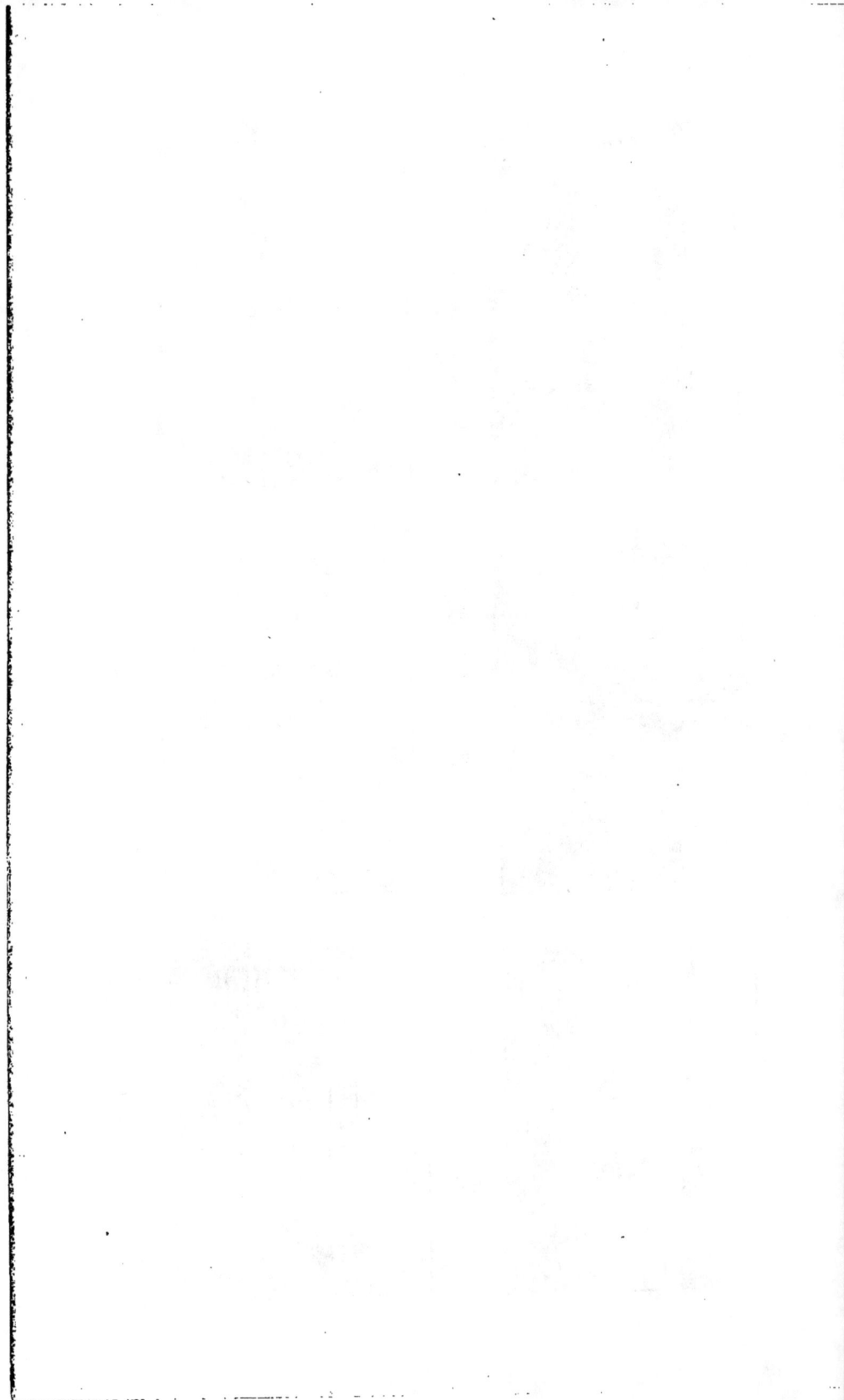

et transversalement au couloir central. Ce sont les eaux qui jaillissent avec pression par ces orifices, qui forment les cloisons d'arrêt liquides destinées à ralentir le courant descendant dans le couloir central.

Par suite de ce fait que la même eau sert, de proche en proche, pour constituer les cloisons d'arrêt liquides, ce type d'échelle n'exige qu'une très faible consommation d'eau.

Type n° 2. — *Echelle à courant ralenti par des cloisons d'arrêt liquides, produites au moyen d'ajutages alimentés par une conduite inférieure.*

Dans ce type, l'échelle est constituée par une bâche rectangulaire à double fond; le compartiment supérieur, non couvert, forme le couloir destiné au passage du poisson.

Le compartiment inférieur, dont l'ouverture supérieure plonge dans le bief d'amont, est fermé, au contraire, à son extrémité inférieure.

Il forme une véritable conduite qui amène sous pression, aux rainures horizontales pratiquées dans la paroi constituant le fond du couloir supérieur, les eaux du bief d'amont, lesquelles, en jaillissant à travers ces rainures, produisent les cloisons d'arrêt liquides, destinées à ralentir le courant descendant dans le couloir de l'échelle.

Ce type d'échelle trouve surtout son application lorsqu'il y a lieu de n'exécuter, dans les barrages à franchir, aucune coupure pour la loger.

Type n° 3. — *Echelle à courant ralenti par des cloisons d'arrêt liquides, produites directement par le bief supérieur.*

Dans ce type, l'échelle est constituée par une bâche qui plonge entièrement dans le bief d'amont, et dont le fond incliné est compris entre deux parois verticales s'élevant au-dessus des eaux du bief d'amont.

Le fond présente une série de rainures horizontales, permettant aux eaux du bief d'amont de jaillir sous pression, dans les couloirs de l'échelle, et d'y former les cloisons d'arrêt liquides, destinées à ralentir le courant descendant dans l'échelle.

— 138 —

Ce type d'échelle est surtout applicable dans les barrages avec vannage et dans les pertuis.

Type n° 4. — *Echelle à courant ralenti par des cloisons d'arrêt liquides produites au moyen d'ajutages alimentés par deux conduites latérales.*

Dans ce type, l'échelle est constituée au moyen d'une bâche, comprenant un couloir central découvert, compris entre deux conduites rectangulaires fermées à leur extrémité inférieure et dont les extrémités supérieures plongent dans le bief d'amont.

Les parois latérales de ces conduites sont percées symétriquement, du côté du couloir central, de rainures verticales, par lesquelles se font jour, sous pression, les eaux fournies par le bief d'amont, et qui déterminent les cloisons d'arrêt liquides, destinées à ralentir le courant descendant dans l'échelle.

Ce type d'échelle est surtout recommandable lorsque les circonstances locales ne permettent pas d'exécuter, pour loger l'échelle, de tranchées profondes dans les barrages à franchir.

Des modèles réduits de ces quatre types d'échelles figurent dans l'Exposition du Ministère de l'Agriculture au Palais des Forêts. Un modèle à plus grandes dimensions du type n° 3 figure également dans l'Exposition du Ministre des Travaux publics dans le Palais du Génie civil.

En ce qui concerne ce dernier type voici quelques détails sur sa construction.

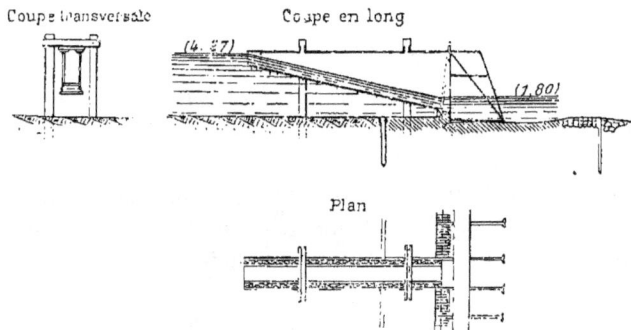

Fig. 7. — Échelle à poissons.

L'échelle a été construite en tôle et fers profilés, le bois n'a été employé que pour fermer les vides des parois latérales.

Le plafond de la bâche est incliné suivant une pente de 4 de base pour 1 de hauteur : les parois latérales s'élèvent horizontalement à 10 centimètres au-dessus du niveau normal de la retenue d'amont.

La bâche occupe l'intervalle des deux fermettes entre lesquelles elle débouche et se trouve, entièrement, plongée dans le bief supérieur. Elle est maintenue en place au moyen de quatre pieux latéraux reliés deux à deux par des traverses.

Le plafond de l'échelle est percé de rainures transversales qui peuvent être plus ou moins masquées par des plaques de tôle glissant sous des vis de serrage.

C'est par ces rainures, disposées en forme d'ajutage et qui communiquent directement avec le bief supérieur, que se produisent les veines jaillissantes destinées à provoquer le ralentissement du courant L'espacement des rainures va en croissant de l'amont vers l'aval, suivant la même loi que les profondeurs d'eau au-dessous du niveau de la retenue.

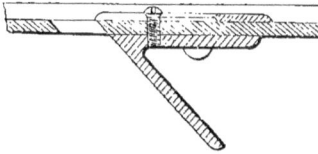

Fig. 8. — Détail d'un ajutage.

Les ouvertures des ajutages ayant été réglées au début, le courant reste très régulier et ne présente aucune agitation tumultueuse.

L'échelle a une longueur de 10 mètres et une largeur libre de 90 centimètres. La chute rachetée, au moment des plus basses mers, est de 2^{m}83.

Le courant d'eau a une épaisseur moyenne de 35 centimètres et une vitesse superficielle d'environ 2^{m}50 (1). Le débit par seconde, avec la retenue normale, peut être évalué à 600 litres.

(1) Cette vitesse qui n'a rien d'excessif pour la remonte du poisson même sédentaire, ainsi que l'expérience le prouve, peut être diminuée en réduisant la pente de l'échelle. Elle pourrait également être réduite, supprimée et voir même, changée de sens si les veines liquides jaillissantes au lieu d'être alimentées par la retenue d'amont, l'étaient par des conduites sous pression.

L'échelle a été mise en service au mois de novembre 1895, depuis cette époque, elle a fonctionné d'une façon complètement satisfaisante.

En dehors de ces échelles spécialement combinées pour assurer la remonte des poissons voyageurs (saumons, aloses, etc.) nous avons songé à en établir d'autres sur la Basse Seine, en vue de faciliter les migrations locales des poissons indigènes qui, vers l'époque du frai, se rassemblent au pied des barrages et cherchent à les franchir pour gagner les parties de rivière pouvant constituer de bonnes frayères.

Nous citerons, en particulier, les deux échelles de ce genre que nous avons installées près des barrages de Sandrancourt et de Villez pour desservir deux grands bassins à eau courante aménagés pour servir de frayère, et où les poissons indigènes remontent chaque année en grande quantité, et y frayent dans d'excellentes conditions à l'abri des causes de destruction trop nombreuses en rivière.

Bien que l'anguille remonte par les échelles ordinaires, comme c'est un poisson dont la pêche est importante sur la Basse-Seine et dont la remonte mérite par là même d'être favorisée, nous avons également disposé à la plupart des barrages des échelles spéciales pour faciliter leur passage.

Ces échelles, du reste, peu dispendieuses, se composent d'un simple couloir en bois dont le fond est garni de clayonnages et qu'alimente, par le haut, un petit filet d'eau.

Pour montrer les efforts que nous avons faits, sur la Basse-Seine, dans l'intérêt de la propagation et de la reproduction des poissons tant voyageurs que sédentaires, nous donnons dans le tableau suivant la nomenclature des échelles qui ont été établies sur cette rivière, avant l'année 1897, époque à laquelle nous avons quitté le service de la Navigation de la Seine, avec l'indication de leur système, de la date de leur installation et des résultats qu'elles ont fournis.

Échelles à poissons mises à l'essai ou en service sur la basse Seine.

SITUATION EN 1897

EMPLACEMENT où se trouvent les échelles	SYSTÈME de construction	OBSERVATIONS
Barrage de Marly.	Échelle fixe en maçonnerie avec cloisons en chicane, construite en 1868, dans la culée rive gauche.	Cette échelle qui n'a jamais bien fonctionné n'est plus en service, elle a été recouverte par l'échelle suivante.
id.	Échelle mobile en charpente avec cloisons en chicane, établie en 1890.	Cette échelle établie dans l'emplacement de l'échelle fixe en maçonnerie ci-dessus, a donné d'assez bons résultats pour la remonte du poisson indigène.
Déversoir d'Andrézy.	id.	Cette échelle donne d'excellents résultats pour la remonte des poissons indigènes pendant la période du frai, et pour la remonte de l'anguille.
Barrage d'Andrézy.	Échelle mobile en charpente avec clayonnages, établie en juillet 1890.	Cette échelle construite spécialement pour la remonte des anguilles, fonctionne très bien.
Bassin de pisciculture de Saudrancourt.	Échelle mobile en charpente avec cloisons en chicane, établie en 1886.	Cette échelle donne d'excellents résultats pour la remonte des poissons indigènes pendant la période du frai.
Barrage de Méricourt.	Échelle mobile à couloir avec clayonnages intérieurs, établie en 1889.	Cette échelle, construite spécialement pour la remonte des anguilles, fonctionne très bien.
Bassin de pisciculture de Villez.	Échelle mobile en charpente avec cloisons en chicane, établie en 1880.	Cette échelle donne d'excellents résultats pour la remonte du poisson indigène pendant l'époque du frai.
Barrage de Villez.	Échelle mobile à couloir avec clayonnages intérieurs, établie en 1885.	Cette échelle construite spécialement pour la remonte des anguilles fonctionne bien.
Barrage de Villez.	Échelle mobile en bois, à courant ralenti par des cloisons d'arrêt liquides produites au moyen d'ajutages latéraux alimentés par le courant même de l'échelle (type n° 1, établie en 1889).	Cette échelle a bien fonctionné pour les poissons indigènes, avec une pente pouvant atteindre 0.50 par mètre. Elle n'a pas été remplacée lors de sa mise hors d'usage, n'ayant été construite qu'à titre d'essai.
Barrage de Port-Mort.	Échelle mobile en charpente et fer avec cloisons en chicane, supportée par des flotteurs à la partie inférieure, construite en 1889.	Cette échelle, fonctionne bien pour le poisson indigène avec une pente pouvant atteindre 0,24 par mètre.

EMPLACEMENT où se trouvent les échelles	SYSTÈME de construction	OBSERVATIONS
Barrage de Poses. (R. D.).	Échelle mobile en bois à courant ralenti par des cloisons d'arrêt liquides produites au moyen d'ajutages alimentés par une conduite inférieure (type n° 4). Cette échelle a été installée en 1890.	Le fonctionnement de cette échelle est satisfaisant malgré la haute chute rachetée qui peut dépasser 4 mètres. Installée à titre d'essai pour se rendre compte du fonctionnement, a été enlevée en 1899. son état de vétusté pouvant compromettre les manœuvres du barrage. On y a constaté la présence de poissons de fortes dimensions, sans pouvoir en déterminer exactement l'espèce.
Barrage accolé aux écluses d'Ambreville-sous-les-Monts.	Échelle mobile à couloir en charpente avec clayonnages intérieurs, construite en 1892.	Cette échelle établie spécialement pour la remonte des anguilles donne de bons résultats.
Barrage de la Blancheterre. (R. D.).	Échelle en maçonnerie avec cloisons en chicane, construite en 1886 dans la culée rive gauche.	Cette échelle fonctionne bien pour le poisson indigène lorsque la chute est faible. On y a constaté des tentatives de passage de saumons.
Barrage de Martot (R. D.).	Échelle mobile en charpente, à courant ralenti par des cloisons d'arrêt liquides produites au moyen d'ajutages latéraux alimentés par le courant même de l'échelle (type n° 1). Elle est articulée par le pied à un pylône en charpente qui lui sert de support lorsque le barrage est couvert et qui comporte un treuil de manœuvre pour le relèvement de l'échelle et sa mise en place, lorsque le barrage est fermé. Cette échelle a été installée au barrage de Martot le 12 avril 1890.	Cette échelle fonctionne bien ; on y a constaté, non seulement le passage de poissons indigènes, mais celui de poissons voyageurs, aloses, feintes, caluyaux, saumons.
Barrage de la Blancheterre. (R. G.).	Échelle mobile en charpente à courant ralenti par des cloisons d'arrêt liquides produites au moyen d'ajutages alimentés par une conduite inférieure (type n° 2). Cette échelle a été installée en 1893 au barrage de Martot et définitivement en 1894 au barrage de la Blancheterre.	Cette échelle fonctionne bien, on y a constaté non seulement le passage de poissons indigènes mais celui de poissons voyageurs: aloses, feintes, caluyaux, saumons.
Barrage de Martot. (R. G.).	Échelle mobile en fer et bois à courant ralenti par des cloisons d'arrêt liquides, produites directement par le bief supérieur (type n° 3). Cette échelle a été mise en service le 3 novembre 1895.	Cette échelle fonctionne très bien. A peine mise en place on y a constaté le passage de saumons.

EMPLACEMENT où se trouvent les échelles	SYSTÈME de construction	OBSERVATIONS
Déversoir de Saint-Aubin.	Echelle mobile en bois à courant ralenti par des cloisons d'arrêt liquides produites au moyen d'ajutages alimentés par deux conduites latérales (type nº 4). Cette échelle a été mise en service le 25 août 1896.	Le fonctionnement de cette échelle est satisfaisant. Toutefois le passage des poissons n'y a pas été constaté au moyen de filets comme cela a été fait pour les échelles des types nºs 1, 2 et 3, cette expérience n'ayant pas été jugée indispensable.

L'assemblée passe ensuite à l'examen de nombreuses communications relatives à l'empoisonnement des eaux par les déversements dans les rivières des eaux industrielles.

M. le Président donne lecture d'une lettre de M. Bruand, inspecteur des eaux et forêts, s'excusant de ne pouvoir assister à la séance ; M. Bruand exprime le désir que le congrès émette un vœu tendant à ce que dans les différentes nations représentées des mesures législatives efficaces soient prises contre les propriétaires et directeurs d'usines à raison des déversements dans les cours d'eaux des résidus susceptibles de détruire le poisson.

A titre d'exemple, la législation française pourrait être complétée comme suit :

« *Les propriétaires ou directeurs d'usine devront être rendus responsables des délits d'empoisonnement lorsqu'ils auront été commis par leurs ouvriers ou employés par le déversement de substances provenant de leurs usines.* »

M. le Président met aux voix l'adoption de ce vœu qui ne concerne que la France. Ce vœu est adopté.

M. Mersey donne lecture d'une lettre fort intéressante indiquant comme moyen d'épuration des eaux résiduaires l'épandage. Il est probable également que l'ozone, lorsqu'il sera entré dans le domaine de la fabrication pratique, fournira aussi un moyen énergique et efficace de purification des eaux.

M. le Secrétaire donne lecture d'une lettre de *M. le Président de la Société des pêcheurs à la ligne du Calaisis* signalant les ravages causés par les déversements industriels des sucreries dans les rivières du nord de la France ; afin d'éviter des procès-verbaux, certains industriels prennent en location le droit de pêche dans la section où se trouvent leurs usines.

Une autre lettre du président de la Société « *Les Amis de la ligne flottante de Saint-Quentin* » signale également les ravages causés par les sucreries, et par l'abus de la pêche au filet.

Il demande :

1º L'interdiction absolue pour les usiniers de faire communiquer leurs eaux de vidange ou de lavage avec les cours d'eau.

2º L'interdiction complète de la pêche au filet.

3º L'obligation pour les fermiers de pêche de laisser descendre le poisson au moment de la mise à sec des canaux.

M. RAPHAEL DUBOIS a fréquemment constaté, en Auvergne et dans l'Ain, les ravages causés par l'hypochlorite de chaux et la chaux elle-même. Il présente à ce sujet le mémoire suivant :

SUR L'EMPOISONNEMENT DES ANIMAUX D'EAU DOUCE PAR L'HYPOCHLORITE DE CHAUX

Par Raphael DUBOIS
Professeur à la Faculté des Sciences de Lyon,
Directeur du Laboratoire de Zoologie marine de Tamaris-sur-Mer.

Le Conseil général du département de l'Ain m'ayant confié la mission de rechercher les causes de dépopulation des ruisseaux de cette région, j'ai pu constater que l'hypochlorite de chaux, plus connu sous le nom de chlorure de chaux, était fréquemment employé pour capturer les Truites que l'on empoisonne quelquefois par centaines, principalement la veille des réjouissances publiques, des comices, etc.

Je me suis proposé de rechercher expérimentalement si les poissons ainsi capturés présentaient, après la mort, des signes permettant de reconnaître à quel genre de mort ils avaient succombé et si les Truites étaient plus spécialement frappées par ce poison.

Dans un grand aquarium contenant 315 litres d'eau on a mis :

Une truite pesant 410 grammes ;

Trois Moules perlières ;

Deux Cyprins dorés (de 50 grammes chacun environ) ;

Trois autres petits poissons d'espèces différentes ;

Cinq écrevisses ;

Des Limnées, des Têtards, des Grenouilles, des Gammarus et autres petits crustacés d'eau douce, des Algues.

L'eau de l'aquarium était renouvelée par un filet d'eau et ventilée à l'aide d'une trompe.

A 3 heures. — On jette dans l'aquarium de l'hypochlorite de chaux en poudre (25 centigrammes par litre).

3 h. 1. — La Truite s'agite fortement, fait de fréquents et violents mouvements des mâchoires, les opercules battent rapidement, elle retombe presque aussitôt dans l'immobilité. Les autres animaux ne donnent aucun signe d'inquiétude.

3 h. 5. — On agite l'eau, une partie de l'hypochlorite étant resté à la surface : les battements operculaires de la Truite s'accentuent.

3 h. 7. — Elle s'agite fortement, pique vers la surface pour reprendre de l'air et replonge vers le fond.

3 h. 12. — Elle revient plus fréquemment à la surface.

3 h. 14. — L'animal tombe au fond de l'eau, il est couché sur le côté, puis fait une tentative pour remonter à la surface mais retombe au fond de l'eau, le ventre en l'air : nouvel essai infructueux pour monter à la surface.

3 h. 16. — La Truite reste au fond couchée sur le côté, elle a notablement pâli, les cornées sont opalescentes.

L'animal s'agite fortement, tourne en rond avec rapidité. L'extrémité de la nageoire caudale est *fortement teintée en noir*. Il retombe dans l'immobilité.

3 h. 17. — Mouvements des opercules moins amples et moins fréquents, l'animal reste couché sur le dos, puis s'agite un instant et retombe au fond de l'aquarium. Il tourne sur le dos en rond, mouvements convulsifs de la tête, des mâchoires et des opercules. Les convulsions gagnent tout le corps, il a des mouvements d'anguille.

3 h. 20. — Il tombe au fond, la bouche béante, mouvements convulsifs des mâchoires et des opercules de temps à autre.

3 h. 22. — Pendant les mouvements convulsifs, il introduit du *sable et des graviers* dans sa bouche et ne les rejette pas.

3 h. 23. — Bouche largement ouverte, tressaillement des nageoires, encore quelques mouvements des mâchoires.

3 h. 28. — On retire l'animal qui ne donne plus signe de vie. Les branchies ont une couleur vieux rose. L'animal a pâli, cornées légèrement opalescentes. On voit encore des taches rouges qui sont devenues plus apparentes par suite de la pâleur de la peau ; légère hémorragie du bord des branchies.

4 h. 35. — Commencement de rigidité.

5 heures. — Rigidité complète.

A 3 h. 32. — Deux Moules sur trois bâillaient fortement; à 4 heures les trois Moules sont retirées, elles présentent encore des mouvements des bords du manteau quand on les touche, mais une excitation, même violente, ne détermine pas de fermeture des valves; elles sont mortes.

5 h. 30. — Les autres poissons ont donné vers 4 heures quelques signes d'inquiétude, fréquemment ils venaient prendre de l'air à la surface, les deux plus petits s'y tiennent presque constamment; le reste des animaux va bien.

Le lendemain, à 10 heures du matin, les petits poissons étaient morts, ils surnageaient, les ouïes étaient blanches, les cornées légèrement opalescentes, une légère pression sur le ventre faisait sortir les intestins, les chairs ayant perdu de leur consistance.

Un Cyprin qui avait été retiré de l'eau pendant l'expérience et en bonne santé avait les ouïes très rouges.

A l'autopsie, la Truite présente des points hémorragiques dans le foie, outre les symptômes que l'on a vu se produire successivement pendant l'empoisonnement : décoloration des branchies, pâleur des téguments, sauf sur la queue et les nageoires qui ont une teinte plus foncée, opalescence des cornées; la rigidité cadavérique a persisté, il n'y a pas d'odeur de putréfaction.

Ces deux caractères ne sont pas conformes avec l'opinion généralement admise par les restaurateurs, les aubergistes, etc., qui ont l'habitude d'acheter des Truites des mêmes localités tantôt pêchées par les moyens autorisés et tantôt empoisonnées. Plusieurs m'ont déclaré qu'ils reconnaissent parfaitement, *sans jamais se tromper*, les Truites empoisonnées par l'hypochlorite de chaux (ils disent souvent simplement par la chaux, mais il s'agit bien, en réalité, du chlorure de chaux). La cornée de l'œil est opalescente, les ouïes et les téguments décolorés, les nageoires noircies se dessèchent rapidement et deviennent cassantes. Après la cuisson, la chair devient très molle, très friable; elle se décompose plus rapidement, quand on veut conserver les Truites sans les faire cuire.

Il résulte de l'expérience et de l'observation :

1° Que l'hypochlorite ou chlorure de chaux est fréquemment employé pour capturer les Truites ;

2° Que ce poison semble agir plus rapidement sur les Truites que sur d'autres poissons, ce qui n'a rien de surprenant, car il les détruit par asphyxie. Cette asphyxie est d'autant plus facile à produire que l'on s'adresse à des animaux faisant une grande consommation d'oxygène. La Truite est dans ce cas et c'est pour ce motif qu'elle recherche les eaux froides, peu profondes et agitées ;

3° Bien que les autres poissons résistent plus longtemps, ils n'en sont pas moins atteints par le poison ;

4° D'autres animaux pouvant servir d'aliments aux poissons : Ecrevisses, etc., succombent également et leur destruction peut indirectement favoriser la dépopulation des cours d'eau ;

5° Les Truites empoisonnées par le chlorure de chaux présentent des symptômes et des caractères après la mort, qui permettent de reconnaître la manière dont elles ont été capturées ;

6° Les Truites ainsi empoisonnées ne sont pas dangereuses pour la santé publique, mais elles sont de qualité inférieure et se conservent difficilement.

En raison des dégâts considérables produits par l'empoisonnement des cours d'eau par le chlorure de chaux, il y a lieu de déployer une très grande sévérité à l'égard de ceux qui en font usage pour la pêche. La surveillance devra être surtout active au moment des fêtes locales, ou nationales et au moment du carême. On devra faire saisir partout, par les agents de l'autorité et par les employés des octrois, les Truites présentant les caractères sus-indiqués.

Défense absolue devra être faite à ceux qui se servent de chlorure de chaux pour leur industrie (pâte à papier, blanchisseries, etc.), de déverser directement dans les cours d'eau leurs eaux vannes.

Il serait, en outre, utile de donner la plus large publication aux moyens propres à distinguer les Truites empoisonnées de celles qui ont été pêchées dans de bonnes conditions.

M. Perrier, préparateur à la Faculté des sciences de Grenoble, lit sur cette même question le mémoire suivant :

DE L'ACTION DES MATIÈRES ORGANIQUES SUR L'OXYGÈNE DISSOUS DANS L'EAU

ET DU

MODE PHYSIOLOGIQUE D'ASPHYXIE DES POISSONS PAR LES DÉVERSEMENTS INDUSTRIELS

Par M. LABATUT

Professeur de Chimie et de Toxicologie à l'Ecole de Médecine,

ET

Léon PERRIER

Chef des travaux de Zoologie à la Faculté des sciences. Université de Grenoble.

Nous nous sommes proposés, dans ce rapide travail, d'examiner l'action absorbante que pourraient exercer des matières organiques sur l'oxygène dissous dans l'eau, et par conséquent l'action de ces matières organiques sur la respiration des poissons.

Nous avons eu en vue dans ces quelques recherches l'intérêt pratique que cette question ainsi posée pouvait avoir si l'on envisage les déversements industriels, dans les eaux de produits par eux-mêmes non toxiques ni caustiques, mais agissant uniquement par suppression de l'oxygène dissous dans l'eau sur la fonction physiologique la plus délicate du poisson.

Il nous a semblé utile, avant d'étudier l'action d'un produit industriel quelconque remplissant les conditions énoncées plus haut (non toxicité, non causticité), d'examiner tout d'abord l'action de produits organiques nettement définis, ce qui n'est généralement pas le cas des produits organiques industriels.

Cette connaissance préalable de la composition chimique nous permettait d'envisager la décomposition théorique au contact de l'eau des produits expérimentés et par conséquent l'élimination pour nos expériences de ceux dont les composés eussent été susceptibles d'agir assez fortement sur les animaux autrement que par asphyxie et de contrarier par des actions toxiques les résultats qui pouvaient être dus à la suppression de l'oxygène.

Nous avons opéré simplement dans de grands cristallisoirs sur une quantité d'eau toujours la même et assez considérable (10 litres).

Les expériences ont porté uniquement sur de jeunes truites arc en ciel (*Salmo iridens*) ; le choix de salmonides étant indiqué par leur extrême sensibilité aux conditions du milieu.

Les expériences ont été fréquemment faites sous l'huile, c'est-à-dire en recouvrant l'eau sur laquelle s'exerçait l'action des matières organiques d'une légère couche d'huile afin d'éviter la réabsorption rapide de l'oxygène de l'air par la surface de l'eau en contact avec l'atmosphère.

Le nombre des individus en expérience était toujours assez minime (2 ou 3) afin de rendre fort peu sensible leur action personnelle sur l'oxygène du milieu aquatique.

Les dosages de l'oxygène dissous dans l'eau avant, pendant et après les expériences ont été faits par l'hydrosulfite de soude appliqué d'après le procédé de MM. Schutzenberger, Rissler et Girardin avec la modification introduite par M. Raulin (1).

Il n'est peut-être pas inutile, pour les personnes peu familiarisées avec les recherches chimiques, d'exposer ici en détail la façon dont nous avons opéré.

Ce procédé se décompose en deux parties : 1° préparation du réactif ; 2° dosage.

Le réactif se prépare avec une solution concentrée de bisulfite de soude dans l'eau distillée. Cette solution une fois préparée doit être conservée dans un flacon hermétiquement bouché et tenu toujours complètement plein par l'addition de perles de verre dans le flacon au fur et à mesure du prélèvement de la solution.

On prépare, d'autre part, de petits flacons de 100 à 125 grammes bouchés à l'émeri et dont le bouchage, par un rodage soigné, ne laisse rien à désirer.

On introduit dans ces flacons une certaine quantité soit de poudre, soit de fragments de zinc toxicologique. Nous entendons par là du zinc pur préparé spécialement pour les recherches de toxicologie.

Un flacon ainsi préparé est rempli aux 3/4 d'eau distillée. On introduit ensuite au moyen d'une pipette, graduée au dixième de centimètre cube, 10 centimètres cubes de bisulfite en ayant soin que l'extrémité de la pipette plonge dans l'eau du flacon. On finit ensuite le remplissage par de l'eau distillée introduite avec pré-

---

(1) *Dictionnaire de Chimie* de Würtz, 2e supplément, p. 344.

caution jusqu'au ras du goulot. On met en place le bouchon, on agite le flacon.

Le réactif, suivant les indications courantes, devrait être prêt au bout de 25 à 30 minutes. Notre expérience personnelle nous permet d'affirmer qu'il est loin d'en être ainsi. Nous avons toujours préparé la veille, dans des flacons de la fermeture desquels nous étions sûrs, le réactif que nous devions utiliser le lendemain.

Nos dosages ont été faits invariablement sur la même quantité d'eau (un litre), soit à l'air libre, soit pour contrôler en recouvrant la surface de l'eau en dosage par une couche d'éther ou mieux par une couche d'huile.

Le prélèvement de l'eau en expérience dans les cristallisoirs a toujours été fait avec précaution, par siphonnement, afin d'éviter l'agitation de l'eau qui entraînerait l'absorption de l'oxygène atmosphérique.

L'eau étant prélevée on la teinte légèrement par l'addition d'une quantité toujours la même (5 à 6 gouttes) d'une solution de bleu Coupier.

On prélève ensuite d'autre part et par aspiration dans un des flacons préparés, 10 centimètres cubes du réactif, au moyen de la pipette graduée au $1/10^e$ de centimètre cube, portant à son extrémité supérieure un tube en caoutchouc que serre une pince de Mohr.

On introduit ensuite l'extrémité de la pipette dans l'eau à doser et en desserrant légèrement la pince on laisse écouler goutte à goutte le réactif.

La réaction est terminée et tout l'oxygène dissous dans l'eau, absorbé par l'hydrosulfite, lorsque la teinte du liquide passe brutalement du bleu au jaune vert clair.

On lit sur la graduation la quantité du réactif nécessité par cette absorption. Pour avoir comparativement la quantité de l'oxygène dissous dans l'eau sur laquelle on vient d'opérer il suffit de recommencer immédiatement avec le même réactif, du même flacon, la même opération sur une eau saturée d'oxygène par agitation et dont on prend la température pendant qu'on opère.

La quantité d'oxygène dissous dans l'eau à une température donnée étant connue par les tables de dissolution des gaz, on connaît par cela même la valeur réductrice du réactif contenu dans le flacon utilisé. Une simple règle de trois fait connaître cómbién l'eau de la première expérience contient du gaz cherché.

D'ailleurs le dosage absolu de l'oxygène importe peu ; il suffit d'établir l'abaissement de la teneur en oxygène de l'eau, c'est-à-dire de comparer au point de vue de cette teneur l'eau dans laquelle on a introduit des substances organiques à la même eau non altérée.

Ce réactif est très sensible, mais il ne faut pas compter obtenir, par des préparations identiques, un réactif de même pouvoir réducteur. En effet, des flacons de même capacité, contenant la même quantité de zinc, etc., etc., en un mot, préparés dans les mêmes conditions et utilisés au bout du même laps de temps de préparation diffèrent de pouvoir réducteur.

On doit donc toujours faire, avec le même flacon, immédiatement et sans tarder, un dosage de l'eau dans laquelle le produit organique a été mis, un deuxième dosage de l'eau d'un cristallisoir témoin, pure de toute substance et un troisième dosage d'une eau saturée d'oxygène par agitation.

La différence de réactif utilisé pour les deux premières opérations, réactif dont on connaît le pouvoir réducteur par le troisième dosage, donne la quantité d'oxygène fixé par le composé organique.

On voit immédiatement que la méthode employée est une méthode comparative peu susceptible par conséquent d'erreur absolue considérable en raison de la sensibilité du bleu Coupier à l'action du réactif.

Nous avons négligé dès le début l'établissement de cristallisoirs témoins, car nous avons vérifié immédiatement que l'eau que nous utilisions à Grenoble était à peu de chose près à l'état de saturation.

Ce réactif représentant en somme pour nous par son activité le réducteur type, nous avons pensé en étudier les effets sur le poisson afin d'avoir pour étalon physiologique, pour ainsi dire, la façon de se comporter du poisson dans un milieu aquatique privé absolument d'oxygène et afin de pouvoir y comparer les expériences suivantes.

L'opération a été faite dans un cristallisoir contenant dix litres d'eau dans lequel on a placé les truites arc-en-ciel.

Quelques gouttes (5 par litre) d'une solution à 2 $^0/_{00}$ de bleu

Coupier ont été introduites afin de marquer l'instant précis où tout l'oxygène serait réduit. Le réactif fut ajouté et l'opération conduite de la façon indiquée plus haut. L'effet fut immédiat, en une à deux minutes les poissons étaient morts ; asphyxie foudroyante.

Il était nécessaire, quoique cette mort instantanée ne pût prêter à aucune objection sérieuse, de faire la part de l'action sur les animaux, du bleu Coupier et des produits de décomposition par l'oxygène de l'eau de l'hydrosulfite employé.

Un cristallisoir témoin contenant une quantité égale de bleu Coupier avait été installé en même temps. Le lendemain les poissons ne présentaient aucun trouble physiologique.

L'action du colorant était donc écartée.

Afin de vérifier la part prise par les produits de décomposition de l'hydrosulfite, l'eau contenant ces produits fut aérée par l'agitation et par le passage d'un courant d'air. Le dosage de cette eau aérée fait comparativement à l'eau non agitée montra que l'oxygénation s'était reproduite.

Des poissons introduits dans cette eau aérée vécurent assez longtemps pour affirmer que leur mort qui survint quelques heures après (6 à 7) et qui était alors sûrement le fait des sulfite et sulfate de soude contenus dans l'eau, ne présentait soit au point de vue du temps nécessaire à l'action de ces sels, soit au point de vue des phénomènes précurseurs de la mort des animaux en expérience, aucune comparaison avec la mort foudroyante de l'expérience première.

Nous avions donc là, car nous pouvions négliger l'action des sulfites et sulfates de soude dont les effets ne purent se faire sentir en une minute la conduite physiologique d'une truite placée brutalement dans un milieu privé d'oxygène et mourant par la seule action de cette suppression totale d'oxygène.

Cette expérience préliminaire établie, nous nous sommes adressés à des composés organiques.

Celui de ces composés qui semblait le mieux répondre à notre desiderata, à savoir, production par oxydation de composés non nuisibles au poisson fut l'aldéhyde formique (CH^2O).

L'action de l'oxygène de l'eau sur ce corps organique doit en effet donner, par une première fixation d'oxygène, de l'acide formique qui, corps réducteur lui-même, doit fixer à son tour un deuxième atome d'oxygène et donner de l'acide carbonique.

L'eau étant à l'air libre ce produit ultime de l'oxydation de l'aldéhyde ne pouvait avoir une action nuisible puisqu'il ne devait se trouver dans le liquide qu'à la tension atmosphérique.

L'aldéhyde formique nous sembla donc le composé organique idéal pour les recherches que nous avions entreprises.

Etant donné qu'on attribue d'une part à l'oxygène dissous une action oxydante très rapide et très énergique, et d'autre part l'aldéhyde étant l'un des réducteurs les plus énergiques que nous possédions, nous étions loin de prévoir le résultat singulier que nous avons constaté expérimentalement.

Les expériences furent donc réalisées en introduisant dans un volume d'eau déterminé (10 litres) la quantité théoriquement suffisante, sans excès, d'aldéhyde formique nécessaire à la réduction de tout l'oxygène dissous.

Les résultats sur les salmonides furent absolument négatifs.

Les dosages nous révélèrent que la quantité d'oxygène dissous restait la même après l'addition d'aldéhyde *et même augmentait*.

On pourra, il est vrai, nous objecter que nous ne tenions aucun compte dans nos opérations de l'erreur qui pouvait être amenée pendant le dosage par suite de l'action de l'aldéhyde sur l'hydrosulfite. Nous répondrons à ceci que la quantité de composé organique introduite ayant été calculée de façon qu'il ne fût pas en excès, tout ce composé eût dû, en dernier terme, être transformé en acide carbonique dont nous n'avions pas à nous soucier.

En tout cas, il était pour nous un critérium certain de la non absorption de l'oxygène dissous, à savoir, la parfaite concordance de la partie chimique et de la partie physiologique de l'expérience. Les *Salmo iridens* n'ont présenté aucun trouble de quelque nature que ce soit et ont très bien vécu, aussi longtemps que nous les avons laissés, dans une eau ainsi traitée.

Des expériences renouvelées avec des doses variables parfois décuplées d'aldéhyde formique nous ont conduit au même résultat soit chimique, soit physiologique.

Nous arrivons donc à cette conclusion fort étonnante que l'aldéhyde formique n'absorbe nullement l'oxygène dissous dans l'eau.

Quelques expériences faites sur des corps réducteurs de la série benzinique (hydroquinone, acide pyrogallique) nous donnèrent au point de vue chimique les mêmes résultats. Les dosages nous montrèrent que là également ne se produit aucune diminution de l'oxygène dissous.

Nous ne signalons ce fait que pour mémoire car ces corps à noyau benzinique sont toxiques pour les poissons aux doses nécessaires pour l'absorption totale de l'oxygène dissous.

Ces résultats constatés de l'action négative des composés organiques, qui auraient dû agir comme réducteur, sur l'oxygène de l'eau, il nous a paru intéressant d'expérimenter un composé inorganique autre que le réactif avec lequel nous dosions.

Nous nous sommes adressés au sulfate ferreux (SO^4 Fe). L'action réductrice de ce sel est bien connue et, du reste, utilisée en photographie comme celle des produits organiques cités immédiatement avant (hydroquinone, acide pyrogallique).

Par oxydation ce sulfate ferreux se transforme en sulfate ferrique qui, au contact des carbonates de l'eau, donne des sulfates terreux et un précipité abondant d'hydrocarbonate de fer.

Ces composés sulfate terreux et hydrocarbonate de fer ne présentant aucune toxicité ne pouvaient contrarier les effets attendus d'asphyxie et d'autre part nous avions dans la formation de l'hydrocarbonate, et sans avoir besoin de recourir à l'addition d'un autre corps, le critérium de la production de la réaction.

Nous voulons dire par là que, sans recourir à l'analyse, ce que nous aurions été obligé de faire avec l'aldéhyde formique si nous avions voulu constater que l'oxygène dissous avait décomposé ce dernier produit, nous pouvions voir immédiatement si la réaction attendue avait eu lieu avec le sulfate ferreux. Le précipité rougeâtre d'hydrocarbonate étant en effet fort abondant et fort net.

Une première expérience faite à l'air libre, avec la quantité d'une solution de sulfate ferreux théoriquement nécessaire et suffisante pour la réduction de tout l'oxygène dissous, nous donna un résultat négatif. Les poissons introduits dans l'eau sulfatée, précipité compris, ne présentèrent aucune trace de troubles respiratoires.

Le sulfate semblait donc ne pas agir sur l'oxygène dissous. Il existait cependant un fait patent qui indiquait que la réaction avait lieu. C'était la production de l'hydrocarbonate ferrique.

Le dosage effectué nous montra que la quantité d'oxygène avait été diminuée, mais d'une quantité très minime, presque illusoire par l'introduction du produit.

Cette diminution non persistante à l'air libre avait en tous les cas été insuffisante pour agir sur la respiration des animaux en expérience qui se sont maintenus dans l'eau sulfatée aussi long-temps qu'on a voulu.

Une deuxième opération faite alors sous l'huile afin d'éviter l'absorption de l'oxygène de l'air par la surface libre du liquide nous donna des résultats différents.

Dans cette deuxième expérience les poissons ne montrèrent au début aucune trace de troubles, néanmoins 36 heures après ils étaient morts, sans avoir présenté des caractères bien nets d'asphyxie.

La non toxicité des produits de décomposition soit dissous (sulfates terreux), soit précipités (hydrocarbonate ferrique), étant constatée par la première expérience, il était clair que l'huile, en empêchant la réabsorption continuelle de l'oxygène de l'atmo-sphère, avait indirectement amené la mort.

Il y a donc à tirer de ces deux opérations la conclusion que le sulfate ferreux réduit bien l'oxygène dissous dans l'eau, mais que cette réduction est moins rapide que l'absorption de ce même gaz par la surface libre du liquide.

Les dosages vérifièrent cette manière de voir. Ils montrèrent en outre qu'en tout cas l'action du sulfate ferreux sur l'oxygène dissous n'est pas, même avec isolement de l'eau en expérience, d'une grande intensité.

La mort des animaux de la deuxième opération semble, en quelque manière, être survenue par suite d'une sorte de misère physiologique respiratoire due aux efforts effectués par l'orga-nisme pour continuer à respirer dans un milieu d'oxygène raréfié.

Ces quelques données établies nous fournissant des indications sur la manière de se comporter de l'oxygène dissous dans l'eau vis-à-vis de composés organiques et inorganiques dont la compo-sition nous était connue, nous avons étudié l'action d'un produit organique industriel complexe.

Le choix de ce produit nous avait été indiqué par son action nettement nuisible sur les poissons, effet constaté lors d'un acci-dent de déversement industriel.

C'est un savon de résine et de soude utilisé dans l'industrie de la papeterie pour l'encollage des papiers.

Les expériences que nous avons faites ont été réalisées avec des quantités fort minimes de cette substance, quantités qui n'ont jamais dépassé *un centigramme* par litre d'eau utilisé.

Dans toutes nos expériences faites même à l'air libre, la mort des truites a été rapide et est généralement survenue une heure après la mise en expérience avec tous les symptômes de l'asphyxie.

Etant donné la faible quantité de matière utilisée, qui semblait devoir écarter l'hypothèse soit d'une intoxication, soit d'un effet caustique, il pouvait paraître évident, les symptômes de l'agonie aidant à cette idée, que la mort était due à une asphyxie produite par la réduction de l'oxygène dissous dans l'eau par les matières organiques du produit utilisé.

Les dosages nous montrèrent qu'il n'en était rien. La quantité d'oxygène restait la même.

Il nous fallait donc ne tenir aucun compte des idées à priori et des symptômes de l'agonie et voir si malgré la faible quantité de produit utilisé pour nos expériences il ne s'exerçait pas une action toxique ou caustique sur les animaux par les éléments mêmes du savon.

Il était donc nécessaire de rechercher :

1º Si une toxine provenant de la résine n'était pas contenue dans le produit ;

2º Si la soude contenue dans la quantité de savon utilisé était caustique à cette dose.

Voici le procédé que nous avons suivi pour réaliser ces conditions :

Une certaine quantité connue du savon fut dissoute dans l'alcool à 85º. Après filtration on a ajouté à la solution un mélange d'alcool à 85º et d'acide sulfurique (acide éthylsulfurique).

Il se produit une cristallisation de sulfate acide de sodium qu'on sépare par filtration et qui, après calcination, donne du sulfate neutre de soude permettant d'établir la teneur du savon en soude.

La solution alcoolique est alors évaporée à la température de 40º. La résine se précipite. On achève la précipitation en étendant d'eau et on sépare le liquide par décantation. Ce liquide fortement acide contient les alcaloïdes à l'état de sulfate (Dragendorf).

L'excès d'acide sulfurique est neutralisé par le carbonate de soude en ayant soin de conserver un léger degré d'acidité de la liqueur.

Cette liqueur permettra d'expérimenter l'action des toxines aux mêmes doses qu'elles peuvent être contenues dans le savon de résine.

En résumé, après cette séparation on peut expérimenter isolément :

1° Sur la soude ; 2° sur les toxines ; 3° sur la résine que contenait le produit utilisé.

Les expériences réalisées avec la soude et celles faites avec le liquide contenant les toxines probables ne donnèrent aucun résultat sur les animaux.

L'action caustique et l'intoxication devaient donc être écartées comme cause de la mortalité.

Une certaine quantité de résine provenant de la précipitation a été redissoute dans l'alcool absolu et expérimentée dans les mêmes conditions et aux mêmes doses que le savon complet.

Le résultat fut absolument concluant, les truites crevèrent dans le même temps et avec des symptômes d'agonie identiques à ceux trouvés dans les expériences faites avec le produit intégral.

Nous sommes donc amenés à l'hypothèse d'un colmatage des branchies.

La mort est bien, ainsi que semble l'indiquer l'allure des truites en expérience, le résultat d'une asphyxie. Mais la cause de cette dernière doit être recherchée non dans une action chimique du produit utilisé, mais dans une action mécanique d'obturation des filaments branchiaux ayant pour effet, par agglutination, soit d'empêcher la circulation de l'eau, soit d'interdire les échanges aux cellules branchiales en les enduisant d'une sorte de vernis.

Ce colmatage est dû au précipité gluant, très difficilement filtrable à cause de son extrême état de division, qui se produit lors de l'introduction du savon dans le milieu liquide.

Il n'est pas sans intérêt de remarquer ici combien les précipités qui peuvent se former au sein des eaux ont, au sujet de l'action qu'ils peuvent exercer sur la respiration des poissons, des résultats différents.

Dans le cours de nos expériences cette différence d'action est manifeste si l'on considère les résultats donnés par le sulfate ferreux à ceux obtenus avec la résine.

Dans le premier cas (sulfate ferreux) l'introduction dans l'eau produit un précipité extrêmement abondant d'hydrocarbonate ferrique qui n'exerce aucune action sur la respiration branchiale.

Dans le deuxième cas (savon de résine) le précipité formé à peine perceptible et indiqué par un très léger louche de l'eau, tue les animaux introduits avec une extrême rapidité.

Cette différence d'action tient à la nature physique des précipités et non à leur composition chimique.

Tandis que l'hydrocarbonate ferrique se présente sous forme granuleuse extrêmement mobile et non adhérente et finit par tomber totalement au fond du cristallisoir, le précipité donné par la résine est gluant, adhérent et filtrable avec une extrême difficulté.

Nous avons, pour résumer les quelques résultats auxquels nous sommes arrivés par ces expériences, deux ordres de conclusions à formuler.

Les unes théoriques se rapportant directement à nos expériences, les autres pratiques ayant en vue la réglementation des déversements industriels.

Tout d'abord les expériences que nous venons d'exposer nous montrent que les composés organiques déversés dans les eaux n'agissent pas, d'une façon générale, sur le poisson *par asphyxie chimique.*

Leur action sur l'oxygène dissous, nécessaire à la respiration de ces derniers, *est nulle.*

Nous pouvons donc conclure que l'action néfaste constatée des matières cellulosiques (sciure de bois, etc.) n'est pas le résultat d'une consommation de l'oxygène de l'eau par ces résidus.

Il est une remarque d'une portée pratique plus générale. Elle nous est suggérée par l'effet meurtrier considérable du produit industriel expérimenté par nous.

Si l'on considère la quantité minime avec laquelle nous avons opéré, on voit combien il est nécessaire d'agir avec prudence dans la question des déversements de résidus.

Une conclusion à ce sujet s'impose. Elle s'appuie sur ce fait que la réglementation et les conditions imposées aux usines pour la mise à l'eau de leurs déchets est basée le plus souvent sur la simple détermination à priori, suivant leur composition chimique, de leur pouvoir destructeur.

Il serait bon qu'il n'en fût plus ainsi. Si avec une pareille manière de procéder on réglemente sévèrement des produits nette-

ment toxiques ou caustiques, tels que les acides, chlorures, etc.,
on laisse sans réglementation des résidus en apparence inoffensifs
et pratiquement très redoutables.

Une mesure serait nécessaire. Ce serait celle d'imposer aux
industriels en quête d'une autorisation préfectorale pour l'établissement d'une usine, non seulement une déclaration de la nature
des résidus à déverser, mais encore le dépôt de résidus analogues
à ceux que produira leur industrie.

Il serait alors possible à l'administration, qui devrait être poussée
dans cette voie, de faire expérimenter pratiquement ces résidus,
au point de vue de leur action sur la population aquatique et de
prendre dans ce cas des arrêtés réglementant d'une façon rationnelle le déversement pour chaque cas particulier et chaque nature d'industrie, suivant le plus ou moins de nocivité constatée,
des déchets et produits déversés.

M. le Professeur Dubois fait remarquer que les substances organiques peuvent agir de diverses manières, en accolant les lamelles branchiales, en se décomposant et corrompant l'eau, et aussi en désoxygé-
nant celle-ci.

M. Kunstler dit que le phénomène signalé par M. Dubois peut même
se produire naturellement dans certains cours d'eau. Par exemple, la
Leyre, qui traverse la lande girondine, où elle coule sur l'alios, est
chargée des matières organiques de celui-ci. L'oxygénation de ces
matières a pour effet d'enlever à l'eau la majeure partie de son oxygène et de la rendre peu propice à l'élevage des poissons délicats.
C'est ainsi que les alevins de saumon y meurent très rapidement. En
d'autres points, la désoxygénation de l'eau a des causes industrielles.
La répression de ces pratiques est chose fort délicate et nécessite une
grande prudence. L'importance de l'industrie comparée à celle de la
pêche et envisagée à un point de vue général est telle que l'on ne saurait y porter une atteinte brusque. Il ne suffit pas de venir parler de
transport de forces pour que les poissons soient tranquilles ; il faut
d'abord résoudre ce grand problème. Il termine en recommandant une
extrême prudence.

M. Lebel de Perronne signale le dommage causé par les déversements industriels dans les étangs de la Somme. Il signale qu'à la suite
d'un procès intenté par les fermiers aux usiniers, ceux-ci furent condamnés, sur le rapport des experts qui concluaient à 177.000 francs
d'indemnité à en verser 36.000.

Il conclut en proposant à l'approbation du congrès les vœux suivants :

Le congrès émet le vœu que les fabriques de sucre et les distilleries soient obligées de garder toutes leurs eaux résiduaires de quelque nature qu'elles soient, estimant que c'est le seul moyen de mettre un terme aux empoisonnements qui depuis plus de dix ans ruinent étangs et canaux et dont on n'a pu obtenir la cessation.

Le congrès émet le vœu que les administrations donnent à leurs agents des instructions officielles nécessaires et précises afin que les procès-verbaux faits par ces agents soient valables et aient désormais une sanction.

Une discussion très vive s'engage au sujet de ces diverses communications.

M. MAES dit que le Congrès n'a pas à s'occuper du cas particulier de telle ou telle usine, mais que son rôle est d'envisager la question à un point de vue général. La pureté de l'eau est une condition essentielle pour l'industrie, et chaque usine doit rendre l'eau telle qu'elle l'a prise. Si les usines qui se trouvent en amont polluent l'eau, celles qui sont placées en aval sont mises dans des conditions d'infériorité considérable.

MM. RAPH. DUBOIS, LÉON PERRIER, interviennent également. La discussion se termine par la mise aux voix faite par M. LE PRÉSIDENT des vœux suivants présentés par MM. R. Dubois, Léon Perrier et Maes.

1° Le congrès émet le vœu que les gouvernements fassent mettre à l'étude les moyens de reconnaître les poissons empoisonnés, comme cela se fait en criminologie humaine ; qu'en outre tous les animaux empoisonnés soient saisis, et que les détenteurs soient poursuivis de façon à mettre un terme à cette coupable industrie.

2° Le congrès estime que dans l'intérêt de l'hygiène publique, de l'industrie, de l'aquiculture, il est urgent que les Gouvernements prennent des mesures énergiques pour empêcher la pollution des eaux de quelque façon que ce soit et qu'ils mettent en œuvre les moyens nécessaires propres à faire respecter ces mesures. Le Congrès exprime l'avis qu'en ce qui concerne l'empoisonnement des rivières par diverses usines ou fabriques, il appartient essentiellement aux industriels de rechercher les moyens propres à la purification des résidus de l'eau industrielle et que le rôle du gouvernement consiste surtout en pareille matière à veiller à ce que l'eau soit restituée à la rivière telle qu'elle a été prise.

3° Il y a lieu de n'accorder les autorisations nécessaires pour l'ouverture des établissements industriels qu'après le dépôt et l'étude de résidus analogues à ceux qui devront être déversés, par l'établissement pour lequel l'autorisation est demandée.

M. LE Dr HOEK, directeur du laboratoire du Helder, conseiller scientifique du gouvernement des Pays-Bas en matière de pêche, a apporté un beau travail, dont nous donnerons un résumé très rapide ici sur les mœurs du saumon.

Les alevins de saumon, disséminés au printemps et repêchés pendant tout l'été, ont montré que leur principale nourriture consistait en larves d'insectes, et plus spécialement de diptères, mais non en plankton.

Au printemps suivant, à la fonte des glaces, la plupart des saumoneaux (smolts) commencent à descendre, dès les mois de février ou de mars et arrivent en Hollande du 5 au 15 mai, période de huit jours pendant lesquels ils passent en masse. Ils se nourrissent dans l'embouchure de la rivière de crustacés (*Gammarus pulex*, *Mysis*, etc.). Les deux tiers des individus sont femelles, un tiers seulement est composé de mâles, quoique, au moment de l'ensemencement et dans les eaux où ils vivent d'abord, les proportions soient égales à toute probabilité, le sexe peut être déterminé aisément en septembre, même plus tôt.

Les saumoneaux qui se rendent ainsi à la mer ont de 14 à 18 centimètres. Pourtant tous les individus du même âge n'effectuent pas leur migration simultanément, et dans les pêches faites en amont en juillet, jusqu'en octobre, on en trouve avec ceux qui ont quelques mois seulement, d'autres qui ont une année de plus qui sont restés en arrière et qui sont presque tous des mâles ; leur régime est le même que ci-dessus. Chose curieuse, la laitance de ces petits mâles, qui ont de 16 à 18 centimètres et dont l'accroissement a donc été plutôt lent, est développée et ils semblent capables d'opérer la fécondation sans jamais avoir été à la mer. Il y a même une troisième catégorie analogue formée d'individus de 20 à 25 centimètres et aussi sexuellement mûrs. Jamais on n'a constaté une descente ultérieure de ces mâles, quoique la fréquence des coups de filet les eût certainement fait capturer au passage. Il est donc possible que ces mâles qui proviennent des saumoneaux les moins développés ne descendent jamais à la mer, car, dans les montées, la proportion des mâles est de nouveau de un contre deux femelles. Ces individus meurent-ils ou bien que deviennent-ils ? La question est indécise, car on n'en a jamais pris de dimensions intermédiaires. Les montées de madeleineaux sont presque exclusivement composées de mâles.

Personne ne demandant la parole et l'ordre du jour étant épuisé, M. le Président déclare clos les travaux des 2e et 4e sections, en remerciant les différents orateurs et les membres de cette section du concours dévoué qu'ils ont bien voulu prêter pour mener à bien la lourde tâche qui incombait à la section.

La séance est levée à midi.

3e SECTION

TECHNIQUE DES PÊCHES MARITIMES

Séance du 17 septembre 1900.

PRÉSIDENCE DE M. FABRE-DOMERGUE, *Président*.

La séance est ouverte à 10 heures.

M. LE PRÉSIDENT invite M. le capitaine de corvette don Adolfo DE NAVARRETE, délégué de l'Espagne, à prendre place au bureau.

M. le colonel VAN ZUYLEN, délégué des Pays-Bas, donne lecture de la note suivante *sur l'emploi du moteur à pétrole comme machine auxiliaire des bateaux de pêche à voiles.*

EMPLOI DES MOTEURS A PÉTROLE A BORD DES BATEAUX DE PÊCHE

PAR LE COLONEL VAN ZUYLEN

Si j'ai quitté pour quelques moments la 7e section dont je fais partie c'est parce que j'ai cru devoir soumettre à votre jugement une question technique à laquelle vous serez mieux à même de répondre que celui qui a l'honneur de la porter devant vous.

Je n'ai de la technique de la pêche que des idées générales mais parmi ces idées il en est une qui me parait essentielle, c'est que toute simplification du matériel, qui pourra ne pas nuire à l'action utile et qui conduit à l'économie est un grand avantage.

Il y a quelques mois, une personne employée dans la pêche maritime depuis des années vint me faire la proposition de former avec lui une société de pêche qui, au lieu de machines à vapeur, emploierait des moteurs à pétrole autant pour le mouvement du navire, que pour la pêche même. Sa proposition était accompagnée, je n'aurais pas besoin de vous le dire, d'un prospectus démontrant que, en acceptant cette innovation, nous serions certains d'un revenu annuel très important. Le projet me parut mériter de l'attention mais, puisque, comme je vous l'ai dit, je ne pouvais juger de la possibilité pratique de ce que l'on me proposa, je me suis adressé à la filiale d'Amsterdam (Nieuwendijk) de la fabrique des moteurs à gaz Deutz qui selon les données qu'on m'avait procurées, est l'inventeur d'un moteur à pétrole pour navire, très pratique, d'un emploi assez général pour les petits navires sur les canaux et rivières et dans les ports.

Ce sont ces messieurs qui m'ont procuré les données que je mets à votre disposition et qui en même temps m'ont déclaré qu'ils croyaient leur système parfaitement utile pour la pêche maritime, et comme spécimen ils m'ont laissé pour quelque temps les dessins de l'installation d'une machine à pétrole de 5 chevaux dans un navire à voile, la « Suzanna » de *Vlaardingen*. Puis ils m'ont donné quelques exemplaires d'un certificat de M. F. Janzen daté du 7 mars 1899 sur l'emploi avantageux fait du moteur à pétrole sur un autre navire à voile pour la pêche maritime « Janzen » de Rostock.

Je déposerai six exemplaires de ce certificat au bureau de la section pour ceux que la question intéresse plus particulièrement. Du reste on pourra s'en procurer d'autres en s'adressant à la filiale de Deutz à Accibidane.

M. Janzen dit que, tout à fait chargé, son navire mû par la machine à pétrole dans les lacs et les rivières fit 10 kilomètres à l'heure. Pendant son voyage de retour il quitta Haugesund en Norwège, le 20 février à 8 heures du matin avec une bonne brise du N.-N.-O. qui dura jusqu'à 5 heures de l'après-midi ; le vent tomba et on marcha à l'aide du moteur à pétrole atteignant à 8 heures du matin Christiansand-Sud ; le vent se fit toujours attendre ; après 48 heures de marche par moteur on atteignit Fredechshafen-Iütland et après une nouvelle période de la même durée Körsor ; le soir à 5 heures on arriva à Albuen (Sud-Danemark) où l'on jeta l'ancre à cause d'une brise très forte de l'Est. Le lendemain on essaya de marcher à la voile mais le vent fut trop fort ; on diminua les voiles et la machine fut mise en action avec un tel succès qu'on entra le soir à 11 heures à Warmenünde.

Comme le moteur à pétrole a marché pendant ce voyage 120 heures de suite avec toute sa force et donné entière satisfaction, M. Janzen croit pouvoir en recommander l'usage.

De mon côté je suis très incliné à croire que réellement l'usage du moteur à pétrole sera un grand avantage pour les bateaux de pêche à voile, mais d'après ce que j'ai entendu de différents côtés de la bouche des hommes techniques et pratiques, ces moteurs ne pourront pas remplacer les machines à vapeur des bateaux qui ne sont pas en même temps bons voiliers.

C'est sur cette question que je voudrais entendre l'opinion des hommes compétents de la section technique. Ce n'est pas uniquement pour formuler des vœux qu'on a créé les congrès. L'étude commune des questions non résolues en est une partie non moins utile.

Les deux dessins de la Suzanna seront à la disposition du bureau de la section jusqu'à la dernière séance; je prie M. le Président de vouloir me les rendre après la clôture.

M. de Farcy présente une note sur *l'adoption avantageuse du moteur à pétrole par les bateaux* pour se rendre sur les lieux de pêche et pour la manœuvre des treuils. Il indique le mode de placement de l'hélice, sans compromettre la solidité de l'étambot, l'arbre sortant de la coque à côté de la mèche du gouvernail et au-dessus du safran. Dans ces conditions, le moteur à pétrole n'est utilisable pour la marche que par temps calme.

M. de Béthencourt demande à quel prix revient le cheval-heure du moteur à pétrole et combien coûte ce moteur pour un chalutier de 25 tonneaux ou environ?

M. de Farcy répond que la consommation est de 400 grammes par cheval-heure et le prix de la machine d'environ 7,000 à 8,000 francs.

M. le capitaine de vaisseau J. Puech signale la difficulté de la mise en place de l'hélice pour les bâtiments à faible tirant d'eau.

M. le Président dit que la question du moteur à pétrole a été étudiée depuis quelques années par la Direction de la marine marchande française. On sent, en effet, que pour concurrencer la pêche par vapeur, il faut munir les voiliers d'une petite machine leur permettant d'aller et de venir lorsque le vent ne leur est pas favorable. Le moteur doit aussi rendre les plus grands services pour relever le chalut. Les enquêtes de la Direction de la marine ont fait constater que les essais tentés à Grimsby ont donné de mauvais résultats, mais que cela provenait des mauvaises dispositions adoptées par les constructeurs.

Néanmoins, la Direction cherche un moteur vraiment « rustique » ; elle le placera sur un voilier qui, allant de port en port, sera soumis à l'examen des pêcheurs.

M. G. H. HELGERUD, de Trondhjem, a armé le premier voilier norvégien sur lequel on ait placé un moteur à pétrole. Il ne l'emploie qu'à défaut du vent et il en est très satisfait. Il sait aussi qu'il y a beaucoup de bateaux mixtes du même genre dans les ports du Danemark. Il n'en a entendu dire que du bien.

Sur la proposition de MM. VAN ZUYLEN et DE FARCY, le vœu suivant est adopté :

Que les Gouvernements mettent à l'étude l'emploi des moteurs à pétrole à bord des bateaux de pêche.

M. DE BÉTHENCOURT demande d'ajouter à ce vœu celui qui a été émis par le Congrès international de la marine marchande, car les droits divers qui frappent l'importation des pétroles empêchent d'en essayer l'emploi.

La Section adopte, en conséquence, le vœu additionnel :

Que l'importation et l'emploi du pétrole soient facilités, au point de vue fiscal, pour les industries maritimes.

Le capitaine de corvette don ADOLFO NAVARRETE présente un mémoire sur *la pêche en Espagne*.

MONOGRAPHIE DE LA PÊCHE MARITIME EN ESPAGNE

Par D. A. DE NAVARRETE

Capitaine de Corvette, délégué officiel du Gouvernement espagnol.

Il m'a paru intéressant de présenter dans cette section du Congrès un petit aperçu sur la pêche maritime en Espagne.

Dans l'ouvrage *Manual de Ictiologia marina* que j'ai eu l'honneur d'offrir au Congrès, je fais l'énumération et la description des poissons qui habitent les côtes de l'Espagne ou qui s'y trouvent de passage. Je passe en revue, également, les procédés employés pour les capturer avec les plus importants engins et filets de pêche, et j'étudie la réglementation concernant l'emploi de ces différents engins. Je me propose, de vous indiquer ici

14

très rapidement en quelques mots quelle est la principale exploitation de la pêche côtière en Espagne, aussi bien dans l'Atlantique que dans la Méditerranée.

Pour en avoir une vue d'ensemble il est convenable de diviser les 1731 milles des côtes espagnoles en trois grandes régions. La première, de 658 milles, comprise entre les deux rivières de la Bidassoa et du Miño, c'est-à-dire, de la frontière de la France dans l'Atlantique à celle de Portugal. La seconde, de 175 milles, qui s'étend entre le fleuve Guadiana, frontière sud du Portugal et la pointe d'Europe à Gibraltar, limite imaginaire des eaux de l'Atlantique et de la Méditerranée. Et la troisième, de 828 milles, qui va de Gibraltar jusqu'au cap Cerbère, frontière de la France dans la Méditerranée.

Dans la première région, qui est très riche en toutes sortes de poissons littoraux, sédentaires, semi-sédentaires et voyageurs, surtout dans sa partie N.-O., où se trouvent les superbes *rios de Galicia,* les pêcheries les plus importantes ont pour objet la capture du Merlan, du Pajell ou Rousseau, du Congre et de la Sardine.

La pêche côtière ou littorale du Merlan du Pajell et du Congre se pratique d'ordinaire à la lencie ou à la palangrette et avec des lignes, cordes et palangres, traînantes, de surface et de fond ; et celle de la Sardine avec des filets flottants ou dormants comme le *veiradier,* le *Thys,* et le *sardinal,* auxquels fait concurrence le filet nommé *traîna.*

Ce filet, de même forme que celui qui porte le nom de *tarrapa* dont je parlerai tout à l'heure comme en usage dans la seconde région pour la pêche de la sardine, appartient par ses procédés à la classe de filets volants en forme de rectangle, avec lesquels on entoure rapidement les bancs de sardine, (en les attirant parfois à la surface avec des appâts) et dont on ferme après le fond pour emprisonner complètement le poisson qu'on amène ensuite à bord avec le filet.

Dans la seconde région, très riche aussi, surtout en poissons voyageurs, les plus grandes pêcheries ont pour objet la capture des Thons, Pelamides et Maquereaux, des Sardines et Sardinettes et aussi des Merlans, Rougets, etc. Les premières pêcheries se font avec des *Madragues,* la seconde avec des *Tarrapas, Issaugues* et *Sardinales* ; et la troisième avec le *Bœuf* ou *Grand Gangui,* et avec plusieurs sortes d'arts traînants, flottants, etc.

Finalement, dans la troisième région, qui est peut-être celle qui réunit les meilleures conditions pour l'aquiculture et le repeuplement des eaux, à cause des nombreux fleuves qui s'y jettent dans la mer, et de l'existence de mers fermées ou intérieures, tels que le *Mar Menor*, la *Albufera de Valencie* et le *Estangue de Peniserla*, les pêcheries plus productives ont pour but la capture du Thon, de la Sardine ou Sardinette, du Merlan, du Rouget, du Muge ou de la Sole, et d'autres espèces littorales.

Pour la pêche du Thon et d'autres scombridés, sont calées d'ordinaire douze *Madragues* et pour celle du Muge dans le Mar Menor, plusieurs engins fixes nommés *Emamiadas*, constituant des labyrinthes dans lesquels le poisson reste emprisonné, et où on le capture, ensuite, avec des petits filets, casiers, nasses, etc.

La pêche des Sardines et Sardinettes est faite avec les *Issaugues* et *Sardinales*, et celle du Merlan, du Rouget, de la Sole et des autres espèces littorales avec le *Bœuf*. Pendant l'époque où l'usage de ce filet est défendu et dans le voisinage de la côte où il l'est toujours, la pêche se pratique avec différents filets traînants, flottants ou fixes.

D'après les dernières statistiques onze mille bateaux environ sont employés à la pêche littorale maritime en ces trois régions; ces navires jaugent au total trente-deux mille tonneaux et sont montés par cinquante-sept mille hommes.

L'usage de tous ces engins et filets de pêche est réglementé jusqu'à la distance de six milles de la côte qui est la limite des eaux territoriales pour les effets de la pêche en Espagne, chaque système d'engins ou filets ayant d'ordinaire une réglementation spéciale.

Près de la terre les filets fixes, les lignes, les cordes et les palangres sont employés de préférence aux filets flottants, et dans tous les cas les deux procédés sont d'un usage plus fréquent que les rets volants ou les arts traînants remorqués sous voile ou à la vapeur comme le bœuf. Ces derniers sont employés plus au large au delà de trois milles.

Parmi les filets fixes, les madragues, par exemple, doivent être calées à distance de 5 milles au moins les unes des autres, et a des époques spéciales, la durée la plus grande du temps de pêche autorisé pour ces engins est du 1er janvier aux derniers jours de juin, pour les madragues nommées « *de passage* » qui capturent les Thons à leur entrée dans la Méditerranée, et du premier avril aux derniers jours d'octobre pour les autres dites de « *retour* » qui capturent ce même poisson à son retour dans l'Atlantique.

Parmi les arts traînants, le bœuf est le plus important ; l'usage de cet engin est toujours interdit à une distance de la côte inférieure à trois milles, et son emploi est tout à fait prohibé dans la Méditerranée depuis le 1er mai jusqu'au 30 septembre.

Quant aux autres arts traînants, que l'on tire à terre, ils ont chacun leur place marquée et leur époque de pêche déterminée. Enfin les divers filets fixes, flottants ou volants, ont, de même que les autres, leur réglementation spéciale, laquelle est d'ordinaire différente pour chaque région et parfois pour chaque province.

Pour diriger et faire observer cette réglementation il y a des Comités locaux de pêche dans chaque province maritime, et un Comité ou Bureau Central à Madrid, au Ministère de la Marine, pour la Direction Générale de tout ce qui intéresse l'aquiculture et la pêche maritime du pays dans toutes ses manifestations scientifiques ou industrielles.

M. DE BÉTHENCOURT dit qu'il a été très frappé par un passage du mémoire qui vient d'être lu : la mer territoriale espagnole s'étendrait, pour la police des pêches, à 6 milles de la côte. Or, en France, la limite territoriale a été ramenée de 6 milles à 3 milles par le décret du 22 février 1862. On se trouve dans cette situation vraiment étrange : un engin prohibé pourra, sans être soumis à la surveillance française, être employé par un bateau espagnol pêchant, par exemple, à 3 milles 1/2 de la côte française ; par contre, un français sera soumis à la police maritime espagnole s'il vient travailler à ladite distance de 3 milles 1/2 du littoral de l'Espagne.

M. le commandant PUECH fait observer que l'étendue de la mer territoriale reste encore à déterminer : c'est un principe de droit international que la limite de cette mer est celle de la portée du canon : *Terra dominium finitur ubi finitur armorum vis.*

M. DE BÉTHENCOURT dit qu'il n'ignore pas ce principe ; mais que, dans la pratique, on fixe à 3 milles la limite des eaux territoriales ; c'est ce qui a été fait, notamment, pour la pêche dans la Manche et dans la mer du Nord.

M. le commandant DE NAVARRETE rappelle que le Congrès interna-

tional des pêches maritimes, tenu à Bergen en 1898, a émis le vœu
qu'une entente intervienne entre les puissances pour étendre à 10 milles,
ou au moins à 6 milles la limite des eaux territoriales. Il donne lecture à ce sujet de la note suivante :

RÉGLEMENTATION INTERNATIONALE DES PÊCHES MARITIMES

Par D. A. de Navarrete,
Capitaine de corvette, délégué officiel du gouvernement espagnol.

Dans les derniers Congrès de pêche de Bergen et de Dieppe on
a déjà traité la question de la réglementation internationale des
pêches maritimes, comme une des plus importantes.

Je crois moi aussi que cette question est d'un intérêt général
pour toutes les nations, et j'estime qu'on ne doit pas retarder un
accord sur ce sujet.

La pêche maritime en dehors de la limite des eaux territoriales
de chaque pays ne doit pas se pratiquer sans aucune réglementation. La mer libre appartient à l'univers entier, c'est un immense dépôt de subsistances, et il est du devoir de tous les
pays, de conserver ce dépôt et d'augmenter ses productions, si
c'est possible.

De même que chaque nation possède une réglementation de la
pêche dans ses eaux territoriales, et que les nations voisines ont
une réglementation commune pour les eaux extra-territoriales
jusqu'à une certaine limite, il doit avoir une réglementation universelle de la pêche dans les océans, dans l'intérêt de toutes les
nations, et une autre plus particulière de la pêche dans les mers
fermées ou de courte extension, dans l'intérêt des pays qui les
entourent.

Ces réglementations doivent être pourtant internationales, et
puisqu'il a été décidé aux Congrès de Bergen et de Dieppe, qu'une
commission internationale permanente ait à sa charge d'étudier
toutes les questions intéressant les pêches maritimes, commission
qui doit d'ailleurs être nommée par le présent congrès, il serait à
souhaiter que le Congrès déclarât d'intérêt général, vu sa grande
importance, la question de la réglementation internationale des

pêches maritimes. afin qu'elle pût être étudiée sans retard par cette Commission.

Je vous propose donc d'adopter la proposition suivante qui résume en quelques mots les idées que je viens de vous exposer et qui reproduit dans son fond la proposition présentée par M. Pérard au Congrès de Bergen de 1898 :

« Il est d'un intérêt général et d'une grande importance pour l'industrie des pêches qu'une entente internationale ait lieu pour élaborer un règlement international concernant les pêches maritimes.

M. LE PRÉSIDENT met aux voix l'adoption de ce vœu. — Le vœu est adopté.

M. GROUSSET, président du Syndicat des marins pêcheurs des Sables-d'Olonne, demande la parole. Il lit un mémoire tendant à établir la nécessité d'interdire l'emploi de l'otter-trawl ou chalut à panneaux, engin qui dévaste les mers. Ce filet se trouve à bord des grands chalutiers à vapeur, qui font une concurrence ruineuse aux marins-pêcheurs, c'est pourtant à ces marins et non aux riches capitalistes que la loi française a réservé le monopole des pêches maritimes.

M. LE PRÉSIDENT dit que le vœu de M. NAVARRETE et celui de M. GROUSSET peuvent être utilement renvoyés à la séance générale où doit être traitée la création d'une commission internationale.

M. BEZANÇON, de Paris, présente au nom de M. MARTIN THOMAS, de Groix, un mémoire sur la pêche des crustacés.

M. Thomas, de l'île de Groix, qui s'est fait inscrire pour parler ici d'une question relative à la pêche des crustacés, n'ayant pas rédigé son mémoire, m'a prié de bien vouloir vous exposer la question.

La pêche des langoustes et homards est pratiquée sur toutes nos côtes de Bretagne. A Groix, une soixantaine de bateaux, montés généralement chacun par 4 hommes, se livrent à cette pêche qui était autrefois fructueuse et contribuait à apporter l'aisance dans les familles de pêcheurs de l'île.

Mais les crustacés deviennent rares et tel bateau qui capturait il y a moins de 15 ans, 400 à 500 crustacés par semaine, en rapporte actuellement à peine 60 à 80. La même diminution est constatée sur les autres lieux de pêche.

Les crustacés deviennent donc de plus en plus rares et il

paraît indispensable que des mesures soient prises afin d'arrêter le dépeuplement des fonds.

Actuellement, la pêche est permise pendant toute l'année ; les règlements enjoignent cependant aux pêcheurs de remettre à l'eau les femelles « grainées » c'est-à-dire portant des œufs.

Mais, malgré cela, l'interdiction de prendre les femelles grainées est à peu près lettre morte, car la surveillance par les gardes maritimes ne peut s'exercer efficacement sur un aussi grand nombre de bateaux et d'ailleurs, les pêcheurs, en quelques coups de brosse, font disparaître les œufs pour s'éviter tout procès-verbal.

M. Thomas croit que le meilleur moyen, pour remédier au dépeuplement de l'espèce, serait de suspendre chaque année, pendant la période du frai, la pêche de tous crustacés, grainés ou non.

A son avis, c'est principalement du 15 novembre au 15 mars qu'il y aurait lieu d'interdire la pêche des crustacés.

Cela serait facile, car elle se fait au moyen d'engins spéciaux qu'il serait interdit de mettre à la mer pendant le temps prohibé. D'autre part, le pêcheur pourrait facilement, pendant l'interdiction, se livrer à d'autres pêches, notamment à celle du filet dit « tramail » qui peut être pratiquée par de petits bateaux.

En Espagne, c'est vers le 1er septembre que l'interdiction commence pour finir vers fin février. Probablement à cause de cette protection les langoustes abondent sur les côtes de ce pays devenu notre fournisseur.

C'est en effet à l'Espagne que nous avons recours maintenant pour remédier à l'insuffisance de nos pêches de langoustes et plus de vingt bateaux-viviers français transportent en France les langoustes, achetées aux pêcheurs espagnols, et que l'on dépose ensuite dans des parcs baignés par la mer ou dans des viviers flottants.

M. Thomas propose donc au Congrès de bien vouloir émettre le vœu, qu'un règlement intervienne pour suspendre la pêche des crustacés pendant la période du frai, soit environ du 15 novembre au 15 mars.

Persuadé que ce serait là le véritable moyen de repeupler les fonds de ce précieux produit de pêche, je m'associe au vœu de M. Thomas et souhaite qu'il soit pris en considération dans l'intérêt bien compris de nos marins-pêcheurs.

M. le Président dit qu'il a fait une étude particulière de cette question et il estime qu'on ne peut interdire la pêche du homard en même temps que celle de la langouste car le homard est plutôt grainé vers les mois de juillet et août. Il serait peut-être préférable d'obliger à conserver en viviers les femelles grainées, car les petits crustacés provenant de l'éclosion des œufs seraient emportés par la mer et serviraient au repeuplement.

M. Deha demande s'il ne serait pas possible d'encourager par des primes l'apport des langoustes et des homards grainés aux propriétaires de viviers.

M. Thomas croit que les petits homards éclos en viviers et emportés par la mer peuvent être considérés comme perdus. En effet pour se développer ils doivent vivre dans les fonds tranquilles, où les crustacés sont capturés habituellement.

M. le Président propose d'émettre le vœu suivant, présenté par M. le Commissaire général Neveu, qui est adopté à l'unanimité :

Le Congrès émet le vœu qu'une enquête soit faite par l'Administration de la Marine dans le but de rechercher les meilleurs moyens de protéger efficacement les homards et les langoustes pendant l'époque de la ponte.

L'heure étant avancée, M. le Président renvoie la suite des travaux au mardi 18 septembre et lève la séance.

Séance du 18 septembre 1900.

PRÉSIDENCE DE FABRE-DOMERGUE, *Président.*

La séance est ouverte à 9 heures du matin, au Palais des Congrès.

M. LE PRÉSIDENT invite MM. le commandant NAVARRETE, délégué de l'Espagne, et Amédée ODIN, premier adjoint et délégué de la ville des Sables-d'Olonne, à prendre place au bureau.

M. le commissaire général NEVEU propose la création et la tenue régulière par les patrons de livrets de pêche, indiquant les lieux, circonstance et importance de leurs pêches. On aurait ainsi des documents précieux pour la statistique et pour la solution de tant de problèmes scientifiques : époques du frai, zones de stabulation, migration des espèces, etc.

M. DE BETHENCOURT, délégué du Portugal, dit qu'il ne faut pas émettre de vœu irréalisable, et celui qui est présenté lui paraît absolument contraire à tous les usages commerciaux et industriels. Quel négociant, en effet, ou quel fabricant auraient la naïveté d'indiquer à des concurrents le lieu où ils se procureront à meilleur compte la matière de leur commerce ou de leur industrie ? Si les renseignements sont exigés des pêcheurs, ils en donneront de faux, et la science sera ainsi frustrée.

MM. TÉTARD-GOURNAY, armateur, délégué de la chambre de commerce de Boulogne ; le pilote GROUSSET, délégué des Sables-d'Olonne ; COSTE, armateur, délégué de Tunis ; A. GELÉE et J. LEGAL, armateurs, délégués de la chambre de commerce de Dieppe, déclarent partager l'opinion de M. de Béthencourt.

M. LE PRÉSIDENT annonce que le vœu sur la création du livret de pêche est retiré par son auteur.

M. le commissaire général NEVEU demande la création d'un brevet de patron-pêcheur et l'augmentation de la demi-solde pour les patrons qui auront exercé un commandement pendant 14 années.

M. LE PRÉSIDENT propose de scinder le vœu et ouvre la discussion sur la première partie, concernant le brevet.

M. ODIN dit que le patron est surtout l'homme de confiance de l'armateur ; on ne confie un bateau qu'à celui qui a fait ses preuves au point de vue pratique ; les marins n'embarquent sous les ordres d'un homme que s'ils lui reconnaissent une supériorité réelle.

M. Odin ajoute qu'il parle ainsi en toute indépendance ; créateur de l'école des pêches des Sables-d'Olonne, il aime et désire l'instruction théorique des marins, mais il sait aussi qu'un véritable marin pêcheur ne se forme pas sur les bancs d'une école.

M. Gelée dit qu'il estime, lui aussi, le marin instruit, mais en sa qualité d'armateur, il aime surtout le marin qui rapporte de belles pêches.

M. Legal ne peut, comme armateur, que partager l'opinion de M. Gelée.

M. Grousset, délégué des Sables, dit que la création du brevet ne fera que des théoriciens, et que les vrais pêcheurs s'opposeront de toutes leurs forces à voir prendre obligatoirement le commandement de leurs bateaux par des gens auxquels ils ne reconnaîtront pas une supériorité pratique, une longue expérience.

M. le commissaire général Neveu proteste contre l'intention qu'on semble lui prêter : il a demandé la création d'un brevet de patron, mais il n'a pas dit que ce brevet sera obligatoire.

M. C. de Bethencourt estime que la création d'un brevet de patron serait dangereuse : au bout de quelques années on se demandera, en haut lieu, s'il ne faut pas donner une sanction plus forte qu'un bout de papier, et le brevet deviendra obligatoire.

M. le député Gautret déclare être du même avis : un jour ou l'autre, le brevet créerait un privilège que réclameraient les diplômés. Que les écoles de pêche délivrent, si elles le veulent, un certificat d'études professionnelles, mais que l'État n'intervienne pas à ce sujet !

M. le Président dit que par suite de la transformation subie par l'industrie des pêches et, notamment, par suite de l'éloignement chaque jour plus grand des lieux d'opération, l'instruction théorique du patron paraît indispensable ; cette instruction serait constatée par le brevet ou le diplôme.

M. le député Gautret signale que s'il a parlé d'un « diplôme » au lieu d'un « brevet », c'est parce que le diplôme est un simple certificat d'études spéciales, tandis que le brevet est un instrument public qui confère des droits ; l'État peut retirer le brevet d'un maître au cabotage privé de son commandement, il ne peut lui réclamer son certificat d'études.

M. le Président annonce que l'auteur retire la première partie de son vœu et n'en laisse subsister que la seconde ainsi conçue :

Le Congrès émet le vœu que la pension dite demi-solde soit augmentée pour les marins ayant exercé pendant quatorze ans le commandement d'un bateau de pêche.

Le vœu est adopté à l'unanimité.

Le Secrétaire donne lecture d'une lettre de M. Vincent Cousin, de

Comines, qui signale les heureux résultats obtenus avec le tannage préalable des fils servant à la confection des filets, des pilles et des lignes. D'après les expériences qu'il a fait faire en Bretagne avec le coton poli pour filets à maquereaux, ce textile serait plus pêchant que le chanvre et sécherait plus vite.

M. le commissaire général NEVEU propose un vœu tendant à la création de cantonnements où le poisson puisse se reproduire et se développer en « toute sécurité ».

M. ODIN dit qu'il est heureux de pouvoir fournir des renseignements précis sur la question : chargé du cantonnement de Saint-Gilles, il a pu en constater l'inefficacité. D'autres, plus heureux, auraient obtenu de bons résultats à l'Abervrach, à Endoume et ailleurs, peut-être. Sur le cantonnement de Saint-Gilles, il n'y a eu aucun fait tendant à prouver l'efficacité des réserves ; la surveillance était bonne cependant et les observations ont eu lieu tous les quinze à vingt jours. En Angleterre, on semble arriver à la même conclusion qu'à Saint-Gilles. Le décret du 10 mai 1862 qui a créé en France les cantonnements maritimes reflète les idées de Coste sur la reproduction des poissons. L'état actuel de nos connaissances à ce sujet n'autorise pas à exiger des marins un sacrifice tel que l'interdiction de toute pêche dans une partie étendue du littoral.

M. le commissaire POTTIER rappelle qu'il existe des réserves de ce genre dans le bassin d'Arcachon et que l'on ne formule pas de plainte à ce sujet.

M. le commissaire général NEVEU constate que le poisson fourmille littéralement dans les ports de guerre, où la pêche est interdite.

M. COSTE, armateur à Tunis, dit que le poisson se reproduit certainement sur la côte et dans les golfes de la Tunisie ; des cantonnements y seraient utiles.

M. LE PRÉSIDENT ne se prononce pas en ce qui concerne la Tunisie, mais pour le littoral océanique, tout au moins, il peut dire que le poisson plat ne se reproduit qu'au large ; il vient sur la côte à un certain âge ; cette migration se fait du large perpendiculairement au littoral. La côte, à ce point de vue, se trouve naturellement divisée en bandes parallèles ; interdire la pêche dans une de ces bandes est sans influence sur la bande voisine. On pourrait donc proposer de protéger la zone littorale où vient le jeune poisson. La meilleure protection serait la prohibition de la seine ou, d'une façon plus générale, des filets traînants halés à terre.

M. ODIN a pu constater que, à droite et à gauche du cantonnement de Saint-Gilles, le rendement de la pêche était égal sinon supérieur à celui de la réserve.

M. le député GAUTRET félicite M. le Président de vouloir bien parler non en fonctionnaire pour qui le décret du 10 mai 1862 est parole d'évangile, mais en savant consciencieux et désintéressé.

M. GAUTRET propose ensuite de remplacer le vœu de M. le commissaire général NEVEU par la motion suivante :

Le congrès, considérant que les études actuellement terminées au Ministère de la marine française ont démontré l'inutilité des cantonnements sur la côte océanique au point de vue spécial de la reproduction du poisson, émet le vœu que de nouvelles études soient ordonnées à l'effet de protéger le poisson plat et signale, notamment, l'emploi du filet trainant halé à terre comme pouvant nuire à la pêche.

M. le capitaine de vaisseau DRECHSEL, délégué du Danemark, demande si, au lieu d'interdire le filet susmentionné, on ne pourrait pas se borner à lui imposer un maillage plus large.

M. LE PRÉSIDENT et M. GROUSSET font observer que la dimension des mailles serait sans importance, parce que les pêcheurs ont des procédés de halage qui enlèveraient toute efficacité au nouveau maillage.

M. LE PRÉSIDENT ajoute que pour le littoral océanique de la France il n'y a pas plus de 200 seineurs, presque tous dans le deuxième arrondissement maritime, et que l'on pourrait leur donner une indemnité.

Le vœu de M. GAUTRET, mis aux voix, est adopté.

M. GARDOZO DE BÉTHENCOURT rappelle les vœux antérieurement émis par les Congrès de pêche au sujet des feux de route des bateaux de pêche. Il présente le vœu suivant :

Que les puissances arrivent le plus tôt possible à une entente internationale pour la réglementation des feux des bateaux de pêche.

M. TÉTARD-GOURNAY désire que les nouveaux feux indiquent non seulement la route mais l'action de pêche dans lesquels se trouve le bateau.

Le vœu de M. de Béthencourt, mis aux voix, est adopté.

M. TÉTARD-GOURNAY signale les actes coupables de certains pêcheurs étrangers et propose le vœu ci-après, qui est adopté :

Qu'un second bateau garde-pêche français soit affecté à la surveillance, dans la mer du Nord, des bateaux faisant la pêche aux arts trainants.

M. DE BÉTHENCOURT présente à la ratification de la section le vœu suivant émis par le Congrès international de la Marine marchande :

Que les puissances se mettent d'accord pour interdire à la naviga-tion, sous la sanction de lois répressives à édicter par chaque gouver-nement, certaines zones déterminées affectées à la pêche.

Ce vœu, mis au voix, est adopté.

M. Coste dit qu'il ne veut pas recommencer la discussion sur les cantonnements ; mais il connaît, pour y avoir travaillé, la nature des fonds et la configuration du littoral de la Tunisie ; il propose, en con-séquence, le vœu suivant :

Etant donnés les fonds et la conformation des côtes tunisiennes, le Congrès émet le vœu que les pouvoirs publics se préoccupent de créer des cantonnements en Tunisie.

Ce vœu, mis au voix, est adopté.

M. le Président remet au secrétaire de la section les mémoires ci-après, qui ne peuvent être utilement discutés en l'absence des auteurs :

Le lavoriero de pêche dans la lagune de Comacchio, par M. A. Bellini.

Dans ce mémoire, M. A. Bellini recherche d'abord les origines des dispositifs employés pour la pêche dans les lagunes de Com-macchio ; d'après lui, le dispositif du lavoriero ne serait pas l'œuvre d'un membre de la famille des Guidi, comme certains auteurs l'ont prétendu, l'idée première remonte aux temps les plus reculés, et le dispositif actuel est une série de perfectionne-ments de la disposition primitive. — Aux premiers siècles de notre ère les lagunes de Comacchio communiquaient directement avec la mer, et les marécages couvraient une étendue beaucoup plus vaste qu'aujourd'hui. Les pêcheurs, selon toute vraisem-blance, durent chercher à barrer la route aux poissons qui descen-daient les rivières en automne, en leur ménageant par endroits des points de sortie, où il était facile de s'emparer d'eux.

Ces conditions furent réalisées dans l'application de panneaux constitués par des treillis en osier (*grisioli*) ayant dans leur en-semble général la forme d'un V, avec une nasse à la pointe. Les perfectionnements successifs de cette disposition primitive furent la suppression de la nasse qui était d'une manœuvre difficile et ne pouvait suffire à la capture des poissons, et son remplace-ment par une clôture fixe en roseaux, de forme carrée ou semi-circulaire, mais l'on reconnut bientôt que celle-ci opposait une

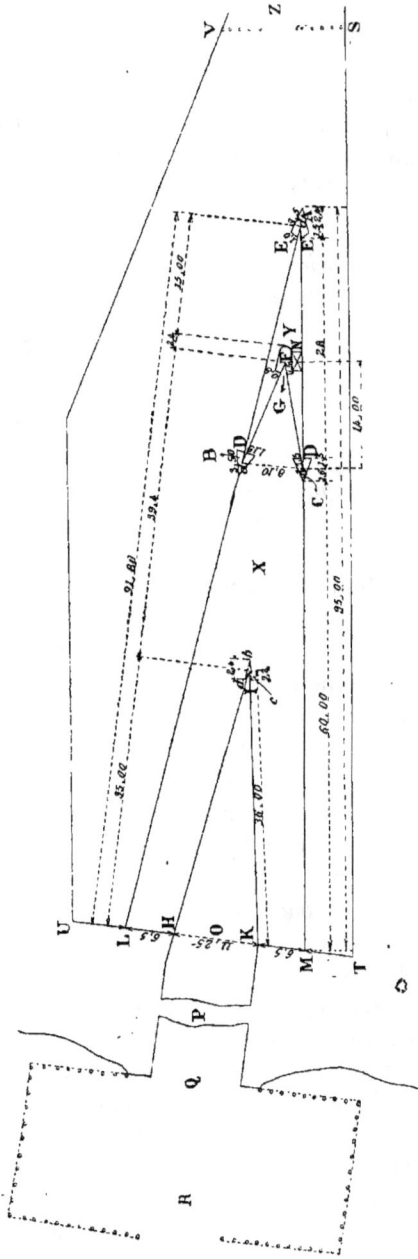

PLAN D'UN LAVORIERO.

ST, TU, UV. Caisse du lavoriero.
OPQ. Cuvola.
R. Quadro della Tressa.
HKI. Colauro matto.
abc. Botteghino.
X. Colauro vero.
MC, I.B. Parè.
B. C. Ocilo di cenlo ou di dosana.
A. Ocila di sotto ou di pizzo.

EE, DD. Quaglioni.
ddd. Interiali.
y. Cogolàra.
G. Entrée de la Bocca di cento.
N. Plancher (palco) de la Baldresca.
VS. Tranchée.
Z. Canal conducteur de l'eau marine.
F. Baldresca.

trop grande résistance au courant d'eau de mer lors de la remonte des poissons, et l'on adopta bientôt la forme en cœur
ou pointe de flèche, forme suggérée très probablement par celles
de leurs barques de pêche. Puis l'on reconnut la nécessité d'empêcher les poissons, voyageant en banc serré, de retourner en
arrière et pour cela on construisit à la pointe deux autres parois convergentes et ouvertes, on facilitait ainsi l'entrée du poisson en empêchant d'une manière très efficace son retour en
arrière. Un perfectionnement des plus importants fut, pour
faciliter le travail de la pêche, l'adjonction d'une seconde clôture semi-circulaire (*baldresca*), en treillis de roseaux à mailles
plus larges de manière à laisser passer les anguilles, mais à retenir les autres espèces. Enfin l'on ajouta sur les côtés deux nouveaux dispositifs en V (*otela di cento ou di dosana*) destinés à
capturer les anguilles qui par un motif quelconque refuseraient
d'entrer dans la pointe extrême tournée vers la mer (*otela di sotto
ou di pizzo*).

De sorte que la disposition actuelle de cet engin de capture est
la suivante. Dans une des langues de terre qui bordent les lagunes (*valli*) et les séparent du canal de communication avec la mer,
on peut creuser une profonde excavation, STUV (fig. 1). Cette
sorte de fossé est la caisse (*cassa*) du lavoriero, de forme généralement rectangulaire. La bouche O du lavoriero communique
avec le canal P qui prend le nom de *covola*. Celui-ci débouche en
S dans la *valle*, et en face de ce débouché, l'on vient disposer un
bassin rectangulaire (*quadro della tressa*) formé par une enceinte
de claies de roseaux ; des bords H et K du canal partent deux parois convergentes faites avec des nattes de roseaux (*arelle*) qui
vont se rejoindre au point I en formant ainsi le *colaùro matto*.
Une seconde enceinte *db*, *bc*, en forme de V, la *botteghino* en
constitue le sommet. Les côtés *ab* et *bc* de celle-ci sont simplement
joints en *b* mais non fermés, et peuvent par suite être plus ou
moins écartés, tandis que le sommet I du *colaùro matto* est toujours ouvert. Des points L et M partent également deux autres parois de claies convergentes appelées *paré* et qui viennent rejoindre
les ouvrages B et C. Ces 2 enceintes s'appellent l'*ôtele di cento ou
di dosana*, tandis que l'enceinte analogue, située en A, s'appelle
l'*ôtele di pizzo ou di Sotto*, les côtés ES, EN se nomment *quaglioni*
et les sommets entrant respectivement dans les oteli di Cento,

s'appellent *interiali* (*d, d*). La pointe *b* qui porte le nom de *bocca di Cento* entre dans l'enclos mixtiligne F appelé *baldresca* et qui diffère des *oteli* aussi bien par sa structure que par la forme demi-circulaire de son sommet. Ces parois CA, CG, BA, GB, ne sont pas réunies en A, C, G, B mais sont simplement juxtaposées en ces points, l'espace qui entoure le *colaùro matto* et le *botteghino* s'appelle *colaùro sero*, l'autre qui environne la *baldresca* et les parois de la *bocca di cento* prend le nom de *cogolara*.

Dans le canal L qui amène l'eau de la mer dans les valli, se trouvent généralement des ouvrages en roseaux à mailles très larges servant à arrêter les algues et à les empêcher d'atteindre le sommet A du lavoriero, ces ouvrages portent le nom de *barbula*.

Les parois de toutes les parties du lavoriero sont formées par des ouvrages spéciaux que l'on appelle *grisole* et *pezzoni*.

Ce sont des claies construites avec des roseaux (*Arundo phragmitis*), maintenus par des liens de *panera* (*Typha latifolia*).

Les dimensions de ces claies sont les suivantes :

<blockquote>
Grisole   hauteur 1,75, longueur 3,20
Pezzoni   —   1,60   —   3,20
</blockquote>

Une grisole est formée de 68 petits faisceaux de roseaux de 5cm. de diamètre chacun et réunis ensemble dans la longueur entière de 3,20 par 10 liens doubles de Typha, ces liens écartés de 17 cm. environ l'un de l'autre. Les pezzoni sont de construction analogue mais plus robuste.

La structure des parois varie suivant l'effort qu'elles doivent supporter et sont faites :

1° avec une grisole seulement (colaùro matto, botteghino, baldresca, flancs de la bocca di cento) ;

2° avec 2 grisole et un pezzone interposé (parois du colaùro) ;

3° avec 3 grisole et un pezone interposé du côté de l'intérieur (cogolara, périmètre des otele di Cento) ;

4° enfin avec 4 grisole et 2 pezzoni dont 3 grisole à l'extérieur puis les 2 pezzoni, et une grisole à l'intérieur (périmètre de l'otele dit Sotto).

Ces grisoles et ces pezzoni sont enfoncés de 0,50 dans la vase et sont défendus contre le courant par une charpente en bois formée par des pieux de chêne ou de châtaignier, sur lesquels sont fixés des madriers longitudinaux qui maintiennent les claies.

La force de cette charpente comme diamètre et espacement des pieux ou des madriers varie suivant l'effort à vaincre.

Le fonctionnement de cet appareil est facile à comprendre, il sert à retenir les poissons migrateurs, lors de leur descente de la lagune à la mer ; pendant les mois de montée au contraire on laisse les valli en libre communication et les poissons peuvent ainsi entrer sans difficulté dans la lagune.

La multiplicité et la graduation dans la solidité des barrières sert, comme nous l'avons dit, à opérer un classement entre les diverses espèces de poissons que l'on recueille dans les lavorieri.

Parmi ces espèces, l'anguille constitue la plus importante ; elles demeurent dans la lagune jusqu'à leur maturité, et cherchent dès ce moment à retourner à la mer. L'anguille par sa conformation peut traverser facilement soit la fente du *colaùro matto* soit celle du *botteghino*. Vers les mois de septembre à novembre, elles passent à travers les claies de la *bocca di Cento* et de la *baldresca* et pénètrent dans *l'otela di Sotto*, ou dans *l'otela di Cento*.

Les Muges au contraire restent dans le *colaùro vero* ou dans la *baldresca*, qu'ils ne peuvent dépasser.

Les *aquadelles* (*Atherina Bageri*), la sole (*Solea vulgaris*), le flet (*Platessa passer*) passent par les fentes du *colaùro matto*, du *botteghino* de la *bocca di cento* et de la *cogolara*. La lotte (*Gobius-lotta*) reste avec le Muge.

Les fentes de ces divers appareils, par leur construction même, s'ouvrent sous une poussée produite dans le sens de l'intérieur du V qu'ils forment, mais se referment aussitôt et résistent à tout effort en sens inverse que pourrait faire le poisson pour retourner en arrière.

La pêche de l'anguille se pratique ainsi qu'il a été dit pendant l'automne, de septembre à novembre ; la descente la plus forte coïncide avec les nuits obscures de la pleine ou de la nouvelle lune, moment des plus fortes marées. Si celles-ci sont accompagnées d'un vent violent soufflant du large le phénomène de descente est encore plus prononcé.

Le travail de la pêche consiste à retirer les anguilles des otèles où elles sont enfermées ; les Vallanti s'y emploient sous la direction du chef de famille (*caprione*). On se sert pour cette pêche de divers engins, la *bolaga*, sorte de panier pouvant contenir jusqu'à 1000 kg. d'anguille. Le *Saccone*, sac en toile de forme conique dont le fond est fermé par une coulisse, le *zorno*, cadre en bois sur lequel on fixe le saccone qui sert ainsi d'entonnoir. Les *Oveghe*, *voghetta*, *voghettino* sont des épuisettes de différentes dimensions, dont la plus grande, munie d'un manche de 2^m,00 de long environ, peut contenir 200 kg. de poisson. En manœuvrant ces dernières on enlève le poisson de l'otèle et on le transvase dans la *bolaga* à l'aide du *zorno* muni de son *saccone*.

Dans certaines nuits sur les valli les plus importantes, la capture des anguilles s'est élevée jusqu'à 107.000 kilos.

La pêche des autres espèces se pratique de même. Pour celle des muges dans la *baldresca*, on se sert aussi de la *tratta*, sorte de seine avec laquelle on retire le poisson lorsque la quantité demandée par les clients l'exige ; pour de faibles quantités on n'emploie que la petite épuisette manœuvrée par un seul homme.

La pêche des muges se pratique également à l'intérieur même des lagunes à l'aide de filets verticaux fixes, contre lesquels on chasse le poisson en battant l'eau avec les rames.

M. Arthur Bellini calcule ensuite d'une manière très détaillée le prix de revient d'un lavoriero. Il arrive au chiffre de 2.200 lires ; ceci pour une surface qui correspond à 2.226 mètres carrés soit 0,99 lires par mètre carré. L'entretien annuel pour la remise en fonction au moment de la pêche d'automne est d'environ 40 lires, soit 0,45 lires par mètre.

M. Arthur Bellini propose, pour diminuer les frais d'entretien, de remplacer la construction actuelle des lavoriero par des châssis de fer armés de treillis métalliques, tout en laissant certaines parties en treillis de roseaux, en particulier les parois du botteghino, la bocco di cento, les sommets (*interiali*) entrant dans les trois oteles et la baldresca tout entière.

Le prix d'un lavoriero nouveau modèle serait de 4.100 lires, mais l'entretien annuel se trouverait abaissé à 700 lires. Si on ne tient compte que des dépenses qui se renouvellent chaque année sans y faire rentrer celles provenant de l'amortissement de certains matériaux que l'on ne renouvelle pas mais qui se détériorent par l'usage, on arrive à 812 l. 59 pour l'ancien système et à 565,97 pour le nouveau.

Enfin M. Bellini termine son travail par un tableau donnant des renseignements sur les valli de Commachio. Celles-ci sont au nombre de 14, couvrant 29,158 hectares. Les stations de pêche s'élèvent à 24. Le nombre des lavoriero est de 49.

M. le Président donne ensuite la parole à M. Weil pour la lecture de son mémoire sur la *pêche des éponges*.

LA PÊCHE DES ÉPONGES

Par Georges WEIL.

La pêche des éponges a surtout pris depuis quinze ans un très grand développement. Voici les principaux centres de production de cet article, et les principaux lieux de vente :

MER DES ANTILLES :

LIEUX DE PÈCHE :	LIEUX DE VENTE :
Côtes nord et sud de Cuba	Batabano et Caïbarien
Iles Bahamas	Nassau
Côtes de la Floride	Key-West.

MER MÉDITERRANÉE :

LIEUX DE PÊCHE :	LIEUX DE VENTE :
La côte de Syrie, depuis Jaffa jusqu'à Alexandrie.	Tripoli de Syrie
L'archipel grec (Cyclades)	Hydra, Kramidhi, Egine
L'archipel turc (Sporades)	Kharki, Symi, Kalymnos.
La côte de Tripolitaine, du golfe de Bomba à Zarzis	Benghasi, Tripoli de Barbarie
Les côtes de Tunisie, depuis Sousse jusqu'au golfe d'Hammamet	Sfax, Djerba
Différents bancs d'éponges au large de l'île Lampédouse	Lampédouse.
Le détroit des Dardanelles.	

Il y a deux manières, dans la mer des Antilles, de pêcher l'éponge :
1° Celle la plus généralement employée se fait au moyen d'un

simple seau, soit en bois, soit en fer blanc, dont le fond est fermé par une vitre transparente ; le pêcheur, penché sur sa barque, aperçoit très facilement l'éponge, d'autant plus qu'on la trouve dans ces différents endroit à des profondeurs ne dépassant pas 7 mètres, et que les eaux y sont généralement très claires, les pêcheurs ne se livrant à cette pêche que par beau temps et mer calme.

Lorsqu'ils aperçoivent l'éponge, ils la détachent au moyen d'une longue perche au bout de laquelle se trouve un harpon ayant deux crocs en forme de crochets qui ramène à bord l'éponge.

2° Aux Iles Bahamas, sur la côte nord et sud de Cuba, la mer, autour des différentes petites îles et îlots qui par milliers se trouvent aux Iles Bahamas et le long de la côte nord et sud de Cuba, est quelquefois si peu profonde que les pêcheurs, pour certaines sortes d'éponges, se servent simplement du pied pour les toucher et les arrachent souvent avec la main. Ils prennent également l'éponge au moyen d'un grand rateau dont les mailles sont très serrées.

Ce sont principalement les noirs qui, montés sur des petits bateaux de pêche, pratiquent la pêche de l'éponge aux Iles Bahamas et sur les côtes de Floride, tandis que sur les côtes de Cuba, peu de Cubains s'adonnent à cette pêche : ce sont principalement des anciens marins, ayant servi sur les navires de guerre, et surtout des marins espagnols venant presque tous des Iles Baléares, qui se livrent à cette pêche.

Dans la Méditerranée, la pêche est beaucoup plus difficile, il faut alors des marins plus expérimentés, devant employer d'excellents bateaux de pêche pour l'y effectuer. Elle se fait au large très souvent, et à de très grandes profondeurs ; ce sont les Grecs, les Napolitains, les Syriens, les Siciliens, les Arabes, qui se livrent à cette pêche, et chacun de ces pêcheurs emploie un mode différent suivant surtout les endroits où ils vont, car, particularité intéressante, tous ces pêcheurs sillonnent la Méditerranée aux endroits de pêche que j'indique, mais chaque nationalité choisit ses endroits de pêche, quoique la pêche, moyennant certains endroits peu élevés, soit plus ou moins libre pour tous.

Exemple : Les pêcheurs napolitains ayant dans les dernières

années abandonné pour la plupart la pêche du corail, et possédant de très forts bateaux, s'adonnent de préférence à la pêche de l'éponge depuis Lampédouse (île italienne placée au plein cœur de la Méditerranée) jusqu'en face de Sousse, en passant de Madhia au large des Iles Kerkennah, dans le golfe de Gabès, au large de l'île de Djerba, et jusqu'à la frontière de Tripolitaine, c'est-à-dire tout le long de la côte tunisienne sud, mais ne la dépassant guère. Ils emploient presque tous le filet, qui est un genre de chalut appelé « *Gangava* », ramassant tout sur son passage, détruisant même les bancs d'éponges, car ils prennent grosses et petites éponges, par des fonds variant de dix mètres de long jusqu'à 70 mètres de profondeur.

C'est le genre de pêche le plus malfaisant pour la reproduction de l'éponge, et si l'on n'y remédie pas, on verra sous peu cette source de richesse se tarir sur nos côtes tunisiennes, comme cela est arrivé sur les côtes de l'archipel grec et de l'archipel ottoman, où l'on emploie également ce genre de filet et où la pêche est devenue depuis quelques années de moins en moins fructueuse ; l'éponge tend même à y disparaître complètement.

Les pêcheurs siciliens emploient un autre genre de pêche : ils se livrent presque exclusivement à la pêche de l'éponge tout autour des Iles Kerkennah, près de Sfax, et elles produisent les sortes les plus renommées comme qualité d'éponges de Tunisie ; ils n'emploient que des petits bateaux montés par quelques hommes seulement, pêchant à très peu de profondeur (10 à 12 mètres au plus), souvent avec le pied, comme aux Iles Bahamas et à Cuba, et se servent presque uniquement du seau formant miroir, ainsi que du *kamaki* ou trident, qui se compose d'une longue tige en bois munie à l'une de ses extrémités de trois pointes recourbées en fer, ayant absolument la forme d'une fourche.

Les Arabes procèdent également ainsi avec le *kamaki* ou trident autour des Iles Kerkennah, à Djerba, dans le golfe de Gabès.

Quant aux Grecs, ce sont les pêcheurs les plus hardis et les plus entreprenants, et tous les ans, de véritables flottilles de pêche quittent, dès le mois de mars, les côtes de Grèce, pour aller pêcher l'éponge soit sur les côtes de Tunisie, soit sur

les côtes de Tripolitaine et d'Egypte, soit en pleine Méditerranée.
Ils emploient, sur les lieux de pêche, le filet, le trident ou le
scaphandre. Cette dernière pêche est assez dangereuse, nécessitant un très grand courage, car tous les ans, on a à enregistrer
bon nombre de morts, et la cause la plus fréquente des accidents
est due au refroidissement qui saisit le pêcheur en sortant du
scaphandre ; souvent également il en revient asphyxié surtout
lorsqu'il reparaît à la surface de l'eau, mais c'est le genre de
pêche le plus lucratif. Souvent, un équipage composé de 40 à
50 Grecs peut rapporter, dans une campagne de trois mois,
jusqu'à 60.000 fr. d'éponges, et cette pêche peut se répéter deux
fois par an, mais c'est assez rare, car souvent l'équipage, au
bout de 3 mois, revient absolument exténué.

Les Syriens pêchent l'éponge sur les côtes de Syrie, qui produisent les sortes les plus fines, les plus chères et les plus
recherchées. Ils font cette pêche en plongeant plus ou moins
à de grandes profondeurs, selon les endroits ; ils restent quelquefois deux minutes sous l'eau, mais cette pêche, très dangereuse, est presque abandonnée aujourd'hui à cause de la
rareté de l'éponge, et des grandes difficultés qu'il y a pour la
pêcher. Quelques bateaux grecs pourvus de scaphandres, qui
sont cependant défendus sur les côtes de Syrie, viennent quelquefois, tolérés par les autorités turques, y pêcher également
l'éponge, mais le cas en est très rare.

A part la pêche au scaphandre et la pêche en plongeant, le
métier de pêcheur d'éponges n'offre que peu de danger ; il est
devenu fort lucratif pour les pêcheurs, surtout dans la Méditerranée, par suite des prix de plus en plus élevés payés par les négociants, et il est regrettable que nos pêcheurs français, principalement ceux des côtes de Provence, n'aient jamais songé à cette
pêche, qui, comme je le dis plus haut, offre peu de dangers,
tout en étant elle-même très intéressante et très rémunératrice.

Il y a d'autres sortes d'éponges pouvant être utilisées à l'île
Saint-Domingue, mais les bancs n'y sont pas encore exploités ; il
y en a également sur les côtes du Honduras et du Vénézuéla,
mais ces éponges, pour la plupart, ne peuvent non plus être utilisées, à cause des forts courants d'eau existant sur ces côtes, et
qui rendent leur tissu trop fort, trop résistant, et par conséquent
peu spongieux. Elles sont, pour la plupart, aussi dures que des

pierres ; on en a commencé la pêche il y a quelques années, mais elle a été presque entièrement abandonnée.

Il y a aussi dans la mer Rouge, sur les côtes de Corse, de Sardaigne, d'Italie, d'Espagne, du Maroc, de l'Abyssinie, sur les côtes nord de la Tunisie à Madagascar et Nouvelle-Calédonie, des sortes d'éponges qui, vu leur conformation, quoique quelques-unes soient excellentes de qualité, ne peuvent guère être employées ou très peu, et ne donnent pas lieu à une pêche suivie.

Jusqu'à présent, particularité très intéressante et très peu connue, il se trouve aux Açores et principalement autour des Iles du Cap Vert des bancs d'éponges d'une qualité excellente, mais étant à d'assez grandes profondeurs, tenant le milieu entre l'éponge américaine et l'éponge de la Méditerranée, chose fort curieuse même au point de vue scientifique, car cette éponge mixte réunit, tant pour la forme que pour le tissu, toutes les qualités voulues pour faire une éponge marchande, mais ces bancs sont trop éloignés des côtes d'Italie et de Grèce pour que les pêcheurs s'y rendent, leurs bateaux n'étant pas assez forts pour affronter les gros temps de l'Océan Atlantique ; aussi les pêcheurs de ces îles n'y portent-ils encore aucune attention. Si les bancs y étaient assez importants, et si la pêche pouvait se faire également au moyen du filet ou *Gangava*, ces sortes atteindraient un prix de vente très élevé, et auraient un écoulement suivi et certain, puisque la consommation de l'éponge, depuis quelques années, n'est plus en rapport avec sa production; les grands bateaux de pêche qui s'adonnent à la pêche de la morue pourraient, j'en suis certain, y trouver, après quelques essais, une source de revenus très lucrative et très sérieuse. C'est là certainement les bancs d'éponges qui seront exploités à l'avenir, quand ceux actuels seront presque épuisés, vu la pêche intensive qui s'y fait depuis quelques années.

En Amérique, le gouvernement des États-Unis, depuis deux ans, a pris des mesures très fondées, justifiées et excellentes pour la protection des bancs d'éponges. Dans la Méditerranée, jusqu'à présent, les mesures prises, surtout sur les côtes de Tunisie, si riches en éponges, que presque tous les pêcheurs, soit Grecs, soit Italiens, soit Siciliens, viennent y pêcher, comme je l'ai expliqué plus haut, ne trouvant plus ou presque plus d'éponges sur les côtes de Grèce et de l'Archipel Ottoman, les mesures, dis-je, pour la protection des bancs, ont été jusqu'à ce jour très anodines et peu efficaces, et si des mesures plus énergiques ne sont pas adoptées dans quelques années, ces nombreux bancs d'éponges auront également presque disparu.

M. LE PRÉSIDENT remercie M. Weil de son intéressante communication. L'ordre du jour étant épuisé et personne ne demandant la parole, il déclare clos les travaux de la 3ᵐᵉ section et lève la séance.

3ᵉ SOUS-SECTION

PÊCHE SPORTIVE

Séance du 18 septembre 1900

PRÉSIDENCE DE M. DEHA, PRÉSIDENT

La séance est ouverte à 4 heures. M. LE SECRÉTAIRE donne lecture de la note suivante de M. L. DESPREZ sur *la législation officielle relative aux yachts et embarcations de plaisance qui se livrent à la pêche.*

Le permis de navigation, délivré en exécution de la loi du 20 juillet 1897, art. 2, comporte pour le titulaire la faculté de pêche accidentellement, et à titre de passe-temps, au moyen de deux lignes, armées de deux hameçons.

Les porteurs de permis de navigation ont en outre la faculté de pratiquer, accidentellement et à titre de passe-temps, c'est-à-dire trois ou quatre jours par mois, pour les embarcations armées toute l'année, et un nombre double de jours pour celles qui ne sont armées que quelques mois, pendant la belle saison (circ. du 26 juillet 1898, § 89), la pêche avec filets et autres engins non prohibés, moyennant le paiement d'une redevance annuelle de 12 fr., pour les embarcations de 5 tonneaux et au-dessous, et de 12 fr., pour les cinq premiers tonneaux, plus un franc pour chaque tonneau en sus, en négligeant les fractions de tonneau (circulaire du 13 août 1898), pour les embarcations d'un tonnage supérieur.

Ils demeurent, dans tous les cas, soumis aux dispositions des lois et règlements relatifs à la pêche, notamment du décret du 4 juillet 1853, sur la pêche maritime côtière.

Il leur est interdit de vendre les produits de leur pêche (loi du 20 juillet 1897, art. 2).

Les administrateurs de la marine doivent retirer leur permis aux personnes qui abuseraient de la faculté de pêcher (circ. du 26 juillet 1898).

La délivrance du rôle annexé au permis ne modifie pas, en ce qui concerne l'embarcation titulaire, les dispositions relatives à la pêche et aux produits pêchés. (Loi du 20 juillet 1897, art. 4).

Sont poursuivis, dans les formes déterminées par le décret-loi du 19 mars 1852, et punis d'une amende de 50 à 200 fr., si le bateau n'a pas une jauge dépassant 20 tonneaux, et de 200 à 500 fr., dans le cas contraire, les individus qui, au moyen d'embarcation pourvue d'un permis de navigation de plaisance, se livrent à la pêche avec filets et autres engins, sans avoir acquitté la prestation stipulée ci-dessus, ou qui vendent les produits qu'ils ont pêchés, en se servant de ces embarcations. Les engins de pêche sont confisqués.

La section adresse ses remerciements à M. Desprez pour son intéressante communication au sujet de laquelle les observations suivantes sont présentées :

1° Les circulaires des 26 juillet et 13 août 1898 comportent une restriction au droit reconnu aux inscrits maritimes par les lois et règlements en vigueur de pratiquer la pêche en tout temps et sans limitation d'engins.

2° Cette restriction est d'autant plus regrettable que, à bord d'un grand nombre de yachts, les hommes de l'équipage reçoivent une allocation comprenant leur nourriture à laquelle ils ont à pourvoir, et, par suite ils se trouvent privés d'une ressource qui leur procurerait des aliments économiques, sains et auxquels ils sont habitués.

3° Les quelques jours que la circulaire du 13 août 1898 permet de consacrer à la pêche sont absolument insuffisants pour poursuivre des études dont les résultats peuvent être très utiles pour nos intéressantes populations maritimes.

En conséquence, la section, considérant que la prohibition absolue de la vente du poisson et les pénalités établies en cas de contravention, par le décret-loi du 19 mars 1852, sont suffisantes pour empêcher les yachts de se livrer à des pêches intensives et par suite destructives, propose au Congrès d'émettre les vœux suivants :

A. *Que des démarches soient poursuivies auprès du ministre de la marine pour obtenir l'exonération de la taxe établie par la circulaire du 13 août 1898 en faveur des yachts dont l'équipage est composé d'inscrits maritimes.*

B. Que le nombre des sorties des yachts se livrant à des études relatives à la pêche, ne soit pas limité.

M. Clerc Rampal a envoyé une note *sur la pêche en Méditerranée* et *une curieuse monographie du plaisancier.*
Le secrétaire en donne lecture.

LA PÊCHE EN MÉDITERRANÉE
Par M. CLERC-RAMPAL

La pêche, en Méditerranée, est faite, non par des armateurs ou des pêcheurs possédant de gros capitaux, mais par des individus isolés, propriétaires d'un petit bateau et d'engins peu importants. Une sorte d'exception peut être faite pour les pêcheurs du golfe de Lion (ports des Martigues, Cette, etc.) qui en comparaison de ceux de la côte Marseille-Nice emploient de gros bateaux et des filets de grande dimension. Mais ceci n'est que relatif et là encore il n'y a que peu d'armateurs.

Laissant de côté la pêche à la ligne qui est plutôt un sport, les pêcheurs provençaux emploient : 1° des filets traînants : ganguis (chalut) ou eyssaugue (sorte de seine) ; 2° des filets fixes ou tramails ; 3° des paniers (sortes de nasses) ; 4° des palangres (lignes de fond comportant 100 hameçons ou plus).

Filets traînants. — Ces filets opèrent *toute l'année* sauf dans quelques rares endroits. Les ganguis qui ne sont qu'un chalut sans espar se font au large, dans des fonds d'algue et sable, à la voile.

Les pêcheurs-ganguis sont des marins inscrits et sont environ 5 hommes par bateau naviguant « à la part ». Ce métier, qui est pénible, n'a guère d'inconvénient au point de vue de la conservation des poissons. On ne pourrait qu'indiquer la mesure que prennent quelques prud'hommies (Bandol, Sanary, etc...) qui l'interdisent quelques mois dans l'année et aussi veiller à ce que ces bateaux ne s'approchent jamais de la côte au delà d'une certaine distance et ne traînent que dans les grands fonds. On pourrait aussi veiller à ce que l'élément étranger (italien) ne soit pas aussi important dans les équipages. Certains bateaux n'ont qu'un patron français, le reste est italien. L'eyssaugue est un filet traî-

nant analogue à la seine, qui se fait de terre. Un bateau va
mouiller le filet et ramène à terre la maille sur laquelle dix à
douze hommes tirent avec une bricole.

Ce filet est un vrai dévastateur de la mer. La maille en est
fine, et serait-elle grosse que l'algue, les détritus la bouchant
promptement, les petits poissons n'échapperaient pas davantage.
Il se fait *toute l'année,* et on peut se figurer les dégâts produits
au moment du frai par un engin de cette sorte traîné près de
terre. C'est la destruction complète des « nids » de poisson. A
l'heure où j'écris j'ai sous les yeux un eyssaugue qui vient de tirer dans la baie de Tamaris. Résultat de la pêche : Une corbeille
de petits rougets *de moins de 3 centimètres de long* et deux cor-
beilles de sardines dans les mêmes dimensions.

*Ce genre de filet finira par dépeupler entièrement la Méditer-
ranée.* En l'interdisant on fera un acte de sauvegarde vis-à-vis
des pêcheurs de cette côte et on ne lèsera personne d'intéressant
car l'armement de ce genre de pêche comporte : 1 patron propriétaire du filet, 1 homme de confiance qui porte le poisson au
marché, ces deux hommes inscrits maritimes, et ensuite de 10 à
20 vagabonds, gens de tous pays, mais surtout de l'intérieur des
terres, non inscrits, et qui tirent sur le filet avec la nourriture
pour seul salaire ou peu s'en faut. On voit l'intérêt que présente
ce genre de pêcheurs.

Filets fixes ou tramails. — Ces filets sont sans inconvénient.
Ils sont généralement la propriété de petits pêcheurs qui en possèdent chacun 2 ou 3 au plus et qui les mouillent près de la côte
ou dans les baies.

Paniers et palangre. — Même observation que ci-dessus. Ces
instruments sont ceux des petits pêcheurs, étant d'un prix modique et ne nécessitant pas un fort bateau pour les utiliser. La
rareté croissante du poisson ne permet malheureusement plus à
un pêcheur de vivre exclusivement de son métier avec ces engins
et seuls quelques retraités de la marine les emploient.

En résumé l'état de la pêche en Méditerranée est loin d'être
florissant et cela par la faute des pêcheurs eux-mêmes. Ils ont tellement compté sur l'abondance de poisson, sur le renouvellement
indéfini des différentes espèces qu'ils ne se sont pas préoccupés
des moyens qu'ils employaient, moyens le plus souvent destructeurs. Ils ont d'ailleurs été encouragés par l'impunité absolue dont

ils jouissent *car il n'existe aucun navire garde-pêche dans ces pa-*
rages. Aussi est-ce le règne de la dynamite, de la chaux et autres
ingrédients destructeurs. J'ai vu un pêcheur en 1898 autour de
l'île de Porquerolles tendant des filets à une certaine distance des
rochers et allant avec une gaule et un sac de chaux vive poursuivre le poisson dans les trous de la roche. Comme résultat une
pêche extraordinaire, peut-être cent kilos de poisson, mais aussi
pendant toute l'année qui a suivi cet exploit, impossible de voir
un seul poisson dans les parages visités par ce forban.

Comme mesures de première nécessité à prendre :

Suppression de l'eyssaugue et de tout filet traînant tiré de terre.

Réglementation du gangui avec interdiction pendant le frai et
défense d'accoster la côte.

Création de gardes pêche pour faire respecter le règlement et
s'assurer de l'exactitude du rôle des bateaux de pêche.

LES PLAISANCIERS

La définition du plaisancier est impossible à donner. On peut
cependant chercher à en fixer le type. C'est tout d'abord un ouvrier ou du moins un homme gagnant sa vie par un métier manuel, ou encore un petit employé ou un petit commerçant. On
pourrait dire d'une façon générale que c'est un homme de revenus modestes et qui n'a que de loin en loin ses loisirs.

Cet homme possède un petit bateau et ici nous avons un point
distinctif : ce bateau n'est pas un yacht. Il est modeste comme
son propriétaire, sert à toutes fins, est commode et si par hasard,
coiffé d'une voilure exagérée, il prend part à une régate, c'est dans
la classe des « bateaux locaux » et hors séries.

Voilà les traits distinctifs du plaisancier. En quoi cet homme
peut-il nuire aux pêcheurs nous allons le dire. Le plaisancier est
pêcheur par goût et c'est tout naturel. Il aime à prendre lui-
même son poisson et jusqu'à présent il lui était loisible de le
faire avec une ligne armée de deux hameçons au plus. Exception
était faite pour les bateaux de plaisance armés avec un rôle, c'est
à-dire pour certains yachts. Le rôle pouvant être refusé par le
commissaire de l'Inscription maritime cette tolérance restait limitée. Aujourd'hui avec un règlement récent, le plaisancier paye
la somme de *dix-sept fr.* et peut se livrer à toutes sortes de pê-

ches. Il est évident que le filet traînant ne lui est guère possible et c'est fort heureux, mais tout le reste, paniers, palangres, tramail lui est accessible et il ne s'en fait pas faute.

Quant à l'interdiction de vendre le poisson, elle est facilement éludée. Le plaisancier n'ira pas vendre son poisson au marché, mais il ne lui sera pas interdit de le céder à ses voisins pour de l'argent ; si le plaisancier est cafetier-restaurateur, ce qui est fréquent, il aura dans ses clients des acheteurs tout désignés et un débouché difficile à interdire.

Il faudrait donc revenir à l'ancien règlement d'interdire absolument au plaisancier non inscrit maritime de pêcher avec autre chose qu'une ligne à 2 hameçons. Si du moins on ne veut pas revenir en arrière, ne serait-il pas logique d'affecter tout ou partie de ces 17 francs payés par le plaisancier à la prud'hommie dont il dépend pour indemniser en partie les pêcheurs du mal qu'il leur fait.

La section appuie les vœux contenus dans la note de M. Clerc Rampol et les transmet à la 3e section.

M. le Secrétaire donne également lecture d'un mémoire que M. A. Y. LE BRAS a présenté sur les *perfectionnements qu'il propose d'apporter aux lignes de pêche.*

MÉTHODE PERFECTIONNÉE
DE PÊCHE A LA LIGNE EN YACHT ET EN CANOT DE PLAISANCE. — CONSEILS PRATIQUES

Par Yves LE BRAS,
membre de la Société l'Enseignement professionnel
et technique des pêches maritimes.

Pour rendre la pêche-sport utile et agréable, nous préconisons les procédés suivants, ainsi que les divers engins que nous allons décrire, et auxquels nous avons apporté tous les perfectionnements que nous ont suggérés des expériences prolongées, et une pratique de huit années consécutives.

Ces expériences, qui combattent la routine, nous ont conduit, notamment :

A la vulgarisation de l'emploi d'hameçons fins, à l'exclusion de ceux dont se servent nos pêcheurs, par suite de leur bon marché ;

A la substitution complète du crin de Florence au crin de cheval, pour les avançons des lignes à main ; des lignes sans nœuds, en crin de cheval, aux lignes avec nœuds en crin de cheval, de jument et de bœuf.

Nous avons classé nos engins sous les numéros de 1 à 7 inclus, répartis en deux chapitres, traitant :

Le premier, de la pêche au mouillage (sur le fond, entre deux eaux ou presque à la surface) ; le second, de la pêche sous voiles (entre deux eaux, mais plus près du fond que de la surface).

Nous terminons, en formulant, dans un troisième chapitre, quelques conseils pratiques sur la conservation des attirails de pêche et du matériel des canots, et en indiquant les procédés dont l'application nous paraît propre à assurer, aux intéressés, d'abondantes captures.

I. — AU MOUILLAGE. — **Au fond. Se fait avec nos lignes 1,2,3.**

Ligne 1. Baot ou Palancre. — *Congre, raie, bar parfois et turbot.* — Est formée d'une maîtresse ligne, en quarantanier goudronné ou tanné de 6 mm. 1/2 de diamètre et de 50 brasses au moins de longueur, garnie de brasse en brasse d'avançons en fil de chanvre tanné, de 0m,60 de longueur et de 3 mm. 1/2 de diamètre, fourrés de fil à voile tanné, à partir de la naissance de la palette de l'hameçon jusqu'à 5 cm. en dedans.

Cet hameçon doit être du modèle renversé dit : « Irlandais », qui est bien supérieur à l'hameçon droit étamé.

La maîtresse ligne doit avoir un plomb de 2 kilogrammes à chaque extrémité, et un troisième au milieu.

L'une de ces extrémités reçoit un orin en filin goudronné ou tanné, de 5 mm. de diamètre, d'une longueur suffisante pour que le flotteur dont il est muni ne soit pas couvert par les eaux de pleine mer.

Le baot doit être tendu bien raide, afin que les avançons effleurent constamment le fond ; car, nous avons constaté que le poisson se prend généralement sur les avançons les plus rapprochés des plombs, par la raison évidente qu'ils se trouvent plus sur le fond que les autres.

Avec 2 cales seulement, comme mettent actuellement les marins, la maîtresse ligne fait cercle au milieu et les avançons sont plus ou moins soulevés du fond, conséquence très nuisible puisque le congre, la raie et le turbot ne remontent que légèrement du fond, qui est leur habitat.

Boëtte préférée. — Encornet, Pironeau, Mulet, Maquereau, Aiguillette, Tacaud, Courlazeau, têtes de Sardines.

Ligne 2 (à main). — *Congre, raie, turbot et bar parfois.* — Cette ligne de 25 à 30 brasses (0ᵐ003 mm.) doit être en fil de chanvre, et tannée autant que possible pour mieux supporter l'eau de mer. Elle porte à son extrémité un avançon de 0ᵐ50 cm. de longueur, formé par 5 fils à voile non cordés et asssemblés, au moyen d'un sixième fil, par des nœuds dits demi-clefs, espacés de 2 ou 3 centimètres.

L'entourage de l'hameçon est fourré, à partir du dedans de la palette jusqu'à 3 centimètres en arrière, afin d'éviter que l'avançon ne soit coupé ni par le dessus de la palette, ni par les dents du poisson. Immédiatement au-dessus de l'avançon, c'est-à-dire à son point d'attache avec la ligne, cette dernière est garnie d'un caillou rond, qui s'engage moins facilement qu'un plomb. Ce caillou est amarré par un simple fil à voile, et, s'il est accroché au fond, on opère sur la ligne une traction un peu forte, qui fait casser le fil et, conséquemment, dégage la ligne.

L'hameçon préféré est l'hameçon « Irlandais » renversé, à palette.

L'amorce doit être du poisson nouvellement pêché, s'il est possible, et la préférence doit être donnée au Mulet, au Pironeau ou à l'encornet. Les têtes de sardines sont aussi excellentes, mais elles ont l'inconvénient de ne pas tenir longtemps sur l'hameçon, soit qu'elles se désagrègent par le clapotis, soit qu'elles soient vite sucées par les crustacés.

Pour pratiquer cette pêche avec succès, il faut avoir constamment la main sur la ligne. Quand le Congre est en contact avec l'appât, on ressent un contre-coup sourd, comme si on avait un poids quelconque au bout de sa ligne; à ce moment précis, on doit filer légèrement de 10 à 20 centimètres de ligne, pour donner au poisson le temps d'avaler l'amorce. Une minute après, on tire la ligne brusquement en arrière, ce qui fait ferrer l'animal, que l'on doit hisser à bord rapidement sans lui filer le moindre bout de ligne.

On opère de même pour la raie, mais celle-ci mord brusquement sans hésiter, ainsi que le turbot et le bar, quand on pêche sur le fond de sable.

Ligne 3 (à main). — *Tacaud, Vieille, etc.* — Ligne de 15 à 20 brasses, doit être en crin de cheval (1) qui est beaucoup plus fort et plus élastique que celui de jument (ce dernier étant saturé d'urine) et de couleur blanche de préférence, cette couleur donnant de meilleurs résultats, par la raison que généralement les crins sont plus fins que ceux nuancés et qu'elle est moins apparente dans l'eau de mer. Elle est formée de 15 à 18 crins cordés en 3 torons sans nœuds, ou avec nœuds ; mais nous préconisons la ligne sans nœuds, qui est d'un meilleur rendement. La ligne avec nœuds est grossière et a le désagréable inconvénient de retenir au passage la mousse marine et les détritus de varech qui flottent au gré du courant.

Le crin présente sur le fil l'avantage de ne pas se brouiller, de nécessiter un plomb moins lourd, d'être élastique et, par suite, de mieux ferrer et de rompre moins vite ; par ailleurs, il se conserve plus longtemps.

A l'extrémité de la ligne, affaiblie de quelques crins pour rendre cette partie moins résistante, se trouve le plomb. A 4 centimètres en dedans, sur la totalité des crins, est placé un premier avançon en crin de Florence (2) cordé en deux, ou même simple, armé d'un hameçon « Irlandais » renversé, à palette, qui sert à pêcher le tacaud, la vieille, le courlazeau, le gros pironeau, etc.

(1) On reconnaît le crin de cheval de celui de jument, en pratiquant une traction lente sur un seul crin : s'il appartient au cheval, il s'étirera comme un fil élastique avant de rompre, tandis qu'il cassera brusquement, sans allonger, si c'est du crin de jument.

(2) Le crin de Florence a une supériorité incontestable sur le crin de cheval ou le fil, pour l'avançon. En effet, d'après des expériences réitérées de tout un été, nous avons constaté, à bord d'une baleinière de plaisance montée par trois amateurs d'égale compétence en matière de pêche à la ligne, que celui qui pêchait avec notre ligne n° 3 prenait, à lui seul, autant et même plus de poissons que ses deux camarades réunis ayant à leurs lignes des avançons en crin de cheval, bien plus apparents dans l'eau que ceux en crins de Florence.

16

Le second avançon, armé comme le premier, est attaché à 25 cm. en dedans du premier.

Cette disposition du plomb et des avançons permet, en ce qui concerne le plomb, de sentir immédiatement le poisson au moindre mouvement qu'il fera pour happer l'amorce, parce que les avançons sont placés sur la ligne en avant de celui-ci, et par suite, en communication directe avec cette dernière.

En outre, lorsque le plomb se trouve très accroché dans les roches ou les grosses algues, la partie diminuée, comme il est dit plus haut, casse et la ligne est entièrement sauve. Quant aux avançons, leur superposition a l'avantage de les empêcher de se brouiller, et permet de prendre, à la fois, deux espèces de poissons, par exemple : vieille ou courlazeau sur l'avançon du bas, et tacaud ou pironeau sur celui du haut, si le plomb effleure un fond de roches ou goëmons, et plie ou merlan si l'on pêche sur fond de sable.

D'ailleurs, les deux amorces se trouvent ainsi dans les habitats respectifs de ces poissons.

Appâts préférés : cancre franc (1), ver noir, gravette ; à défaut : boyaux de sardines ; chair : de pironeau, de maquereau, de lançon, d'aiguillette, de sprat, d'éperlan, ou moules au besoin.

B. **Entre deux eaux. Se fait avec nos lignes n⁰ˢ 4 et 5. —** *Ligne 4. — Gros lieu. Bar. —* La ligne, de 30 brasses de longueur, doit être en crin de cheval, sans nœuds, et est formée de 3 torons de 10 crins l'un, soit 30 crins de force. Elle est garnie d'un seul avançon en crin de Florence (3 crins diminués à 2 crins) de deux brasses de longueur, attaché à un émerillon en cuivre attenant à un plomb spécial (modèle pour lignes à brochet) dont l'émerillon du bout proue est amarré à la ligne ; cet avançon est armé d'un hameçon « irlandais » droit, à palette.

Le plomb, d'un poids de 80 grammes, tout en maintenant la ligne à la profondeur voulue, doit servir, par l'effet de son propre poids, à faire ferrer le poisson, quand il court avec l'amorce,

(1) Le cancre franc, c'est le crabe à la veille de dépouiller sa carapace, ce qui a lieu périodiquement. Quand l'enveloppe est enlevée, le cancre est complètement mou en dessous, ce qui le rend très apte à servir de boëtte. Aucun poisson ne résiste à cet appât.

lorsque la ligne n'est pas tenue en main, ou si elle se trouve dans des mains inhabiles.

Cette pêche, qui exige des engins parfaits et beaucoup de compétence, se fait de la manière suivante :

On dispose le bateau de façon que l'extrémité de la ligne aille à l'accore d'une roche, et on choisit, pour pêcher, les moments qui précèdent et suivent l'étale, c'est-à-dire une heure avant ou après la pleine et basse mer ; cela dépend des endroits. Avec un fort courant, il n'y a plus beaucoup de chance de captures.

En arrivant au lieu de pêche, il faut avoir soin de « strouiller » ou « strouquer » (expressions locales), opération qui consiste à troubler l'eau au moyen de têtes et de boyaux de sardines que l'on triture dans la main, pour en extraire une matière huileuse dont le poisson est très friand, et qui attire le lieu. (A défaut de boyaux de sardines, on se sert de rogue).

On doit bien se garder de jeter à la mer des résidus de cette trituration, que le courant entraînerait et qui éloignerait le poisson à sa suite.

Quand l'eau est ainsi appâtée, on amorce avec de la boëtte fraîche, choisie dans l'ordre de préférence ci-après :

Boyaux de sardines ; tranches de lançon vif coupées en sifflet ; tranches de pironeau coupées en sifflet ; tranches de maquereau coupées en sifflet; tranches d'éperlan coupées en sifflet; dos de cancres francs ; grosses gravettes vives ; tranches de sprat ; tranches d'aiguillette ; gros vers noirs vifs ; mèches de thons frais (se trouvent dans les têtes de thons).

On laisse couler la ligne jusqu'au fond, puis on la remonte de 3 brasses. On tient la ligne à la main, et on veille attentivement, en ayant soin d'avoir préalablement déroulé et lové plusieurs brasses, prêtes à être filées dès que le poisson aura mordu.

La ligne ainsi soulevée de 3 brasses et l'avançon ayant 2 brasses de longueur, il résulte que l'appât se trouve flottant entre 1 et 2 brasses du fond, selon le courant. C'est à cette profondeur que se tient habituellement le gros lieu ; c'est là qu'il donne la chasse aux petits poissons et aux crevettes, au moment ou aux environs de l'étale marée, et notamment de celle de la pleine mer.

Ce poisson, très méfiant, ne mort que lentement sur une boëtte immobile, après l'avoir reconnue et s'être assuré qu'elle n'a rien de suspect ; ainsi, il ne doit pas distinguer l'avançon.

Lorsqu'il s'est décidé à mordre, il prend la boëtte doucement en faisant un léger mouvement, soit de côté, soit en avant par opposition à la ligne ; comme on doit avoir cette dernière à la main, on le sent légèrement d'une manière lourde et lente. A ce moment précis, on le ferre, en tirant la ligne à soi par un coup sec, selon son habileté en la matière.

Cependant, à défaut de compétence du pêcheur, le poisson peut se ferrer lui-même par la force d'inertie brusque que lui oppose le plomb. Dès qu'il se sent piqué, il fait une évolution affolée en avant ou de côté. Pour ne pas casser l'avançon ou la ligne, on a, alors, bien soin de filer de la ligne en douceur, mais en la tenant légèrement raide. Quand le lieu a terminé son premier affolement, on tire à soi sans brusquerie, et on file à nouveau dès qu'il recommence à s'agiter. Il fait ainsi, presque toujours, 2 ou 3 évolutions au maximum ; il se laisse ensuite amener, sans bouger, jusqu'à fleur d'eau, et on le hisse à bord au moyen d'une épuisette que l'on a eu soin de tenir prête pour le recevoir.

La même ligne sert à pêcher le Bar, et les mêmes dispositions doivent être prises, mais la pêche se fait soit sur un fond de sable, soit dans les rochers, et souvent même dans des endroits dangereux réservés entre plusieurs écueils ; l'hameçon est alors amorcé de boyaux de sardines, ou mieux encore de lançon, s'il est possible de s'en procurer ; à défaut : de grosses crevettes, de cancre franc ou d'éperlan.

Ligne 5. — *Dorade.* — Se pratique avec la ligne n° 4, mais le plomb spécial doit être remplacé par un plomb replié, plus léger, que l'on change à volonté, selon la force du courant, afin de maintenir la ligne entre deux eaux.

Comme nous l'avons décrit au n° 4, l'eau doit être souillée de rogue, ou de débris de cancres pilés.

Quand le poisson est piqué, on doit le tirer promptement, sans lui filer de la ligne. Ce poisson mord sans hésitation.

Appâts préférés : gravette vive, cancre franc, lançon, boyaux de sardines, éperlan, maquereau, pironeau, aiguillette.

C. — **Flottant.** — *Ligne 6.* — *Maquereau (petit et moyen), aiguillette, lieu moyen parfois.* — Se pratique au moyen de notre ligne de 15 à 20 brasses, en crin, n° 3 déjà décrite ; mais elle n'est garnie que d'un seul hameçon « irlandais » droit, à palette, du calibre indiqué à la planche n° 3. Elle est terminée par un avançon en crin de Florence (2 crins diminués à 1 crin), de une brasse de longueur.

A l'attache de cet avançon, sur la ligne, est placé un léger plomb, s'il y a un peu de courant (n'est pas fixé si la marée est étale) ; ce poids peut être une simple chevrotine fendue qui peut se mettre et se retirer à volonté.

On amorce avec du sprat (vif autant que possible), du lançon, du maquereau, du pironeau, ou de l'aiguillette, et on tient constamment la ligne à la main. Dès que l'on sent une légère secousse, on tire vivement à soi, ce qui fait ferrer le poisson que l'on amène rapidement à bord.

Pour faire cette pêche avec beaucoup de succès, on doit avoir soin de placer sur l'avant du canot un petit panier en osier, dont le fond baigne dans la mer, et dans lequel on aura préalablement placé des têtes de sardines fraîches que l'on remuera de temps en temps à la main. Cette opération fait sortir les matières huileuses dont nous avons déjà parlé, et maintient le poisson dans les eaux du bateau (sillage) ainsi constamment souillées.

A défaut de têtes de sardines, on se sert de vieille rogue commune, mais saine.

II. — Sous voiles. — *Ligne 7, traînante.* — *Gros lieu.* — Cette pêche, dite « Stoken », se fait en marche, avec notre ligne n° 2, munie à son extrémité d'un avançon en ficelle de Rennes de 3 brasses de longueur.

L'un des bouts de cet avançon est armé d'un hameçon « irlandais », droit, et sur la palette duquel est adapté un émerillon (1) en cuivre ou en acier bruni ; l'autre bout reçoit, également, un second émerillon de même métal, qui est attaché sur la ligne, immédiatement au-dessus d'un chapelet de 8 olives de plomb du poids de 100 gram. l'une, qui sert à maintenir cette dernière dans l'habitat ordinaire du poisson, c'est-à-dire à une profondeur variant de 1 à 2 brasses du fond.

L'avançon, immergé en action de pêche, est toujours tenu dans la position quasi horizontale, au moyen d'un bout de baleine de

(1) Les émerillons tournant par l'effet du frottement de l'eau sur la boëtte et contre l'avançon empêchent ce dernier de se décorder ; ce qu'il ferait sans cela.

10 cm. de longueur et de 0ᵐ,008 mm. de largeur, percé à chaque extrémité, pour le passage de la ligne dans l'un, et de l'avançon dans l'autre (1). Cette disposition permet à ce bout de baleine de se maintenir dans une position verticale perpendiculaire à la ligne.

L'hameçon doit être appâté d'une lanière de chair et peau d'anguille vive, ou même d'une anguille entière de la grosseur du petit doigt, ou d'un lançon vif. Pour bien découper la lanière en question, il faut une lame très affilée. On la découpe de toute la longueur de l'anguille, à partir de l'anus jusqu'à l'extrémité de la queue, en lui conservant intactes ses barbes onduleuses. A défaut de lanière d'anguille, ou d'anguille entière, on peut se servir d'un simple morceau de peau d'anguille, et même d'une tranche longue d'un poisson blanc quelconque, tel que : lançon, maquereau, pironeau, etc.

Le bateau étant sous voiles, on contourne les pointes de rochers et on louvoie sous les hauts fonds de roches. La vitesse doit être modérée, mais cependant suffisante pour maintenir l'avançon à la distance voulue du fond, dans le double but de se tenir dans les eaux du poisson, et d'éviter d'accrocher dans les roches ou grosses algues le chapelet de plomb, qui pourrait s'y engager malgré sa forme allongée et son peu de volume.

On obtient la vitesse voulue, en louvoyant avec une voilure réduite, s'il y a lieu, que l'on tient même en ralingue selon la force du vent.

Comme le plomb est indépendant de la communication directe de l'avançon avec la ligne, le poisson est senti dès qu'il prend contact avec l'appât et presque toujours, il est ferré, par la raison qu'il se jette gloutonnement sur une boëtte en marche, qu'il prend pour une proie cherchant à s'échapper. Alors, on loffe immédiatement, et on met en panne jusqu'à ce que la capture soit à bord.

On doit avoir soin de faire plusieurs louvoyages de petites bordées dans les parages où on a pris le premier Gros-Lieu. Ce poisson se trouvant rarement isolé, on a ainsi de grandes chances d'en prendre plusieurs successivement, si l'on ne s'écarte pas trop vite

(1) Ces trous doivent être plus larges que les calibres de la ligne et de l'avançon, afin que ces derniers puissent tourner librement, sans frottement.

des environs de l'endroit de la première capture. Ajoutons que cette pêche offre, à celui qui s'y livre, le moyen d'acquérir la pratique et le coup d'œil nécessaires à un bon marin, en égard aux manœuvres continuelles que l'on exécute à toutes les allures.

CONSEILS PRATIQUES. — 1° *Conservation des grappins, crapauds, etc.* — Pour éviter la perte des grappins, quand ils sont fortement accrochés au fond, et conséquemment, celle des aussières qu'on est alors obligé de couper, il faut se servir, à la fois, d'une moyenne et d'une petite aussière. La plus grosse est amarrée sur l'organeau, et la plus mince sur le cul du grappin, c'est-à-dire faisant dormant sur la naissance de l'une des pattes.

Les deux aussières sont filées à la fois, en mouillant, mais la mince est laissée lâche, tandis que l'autre est maintenue tendue et amarrée à l'étrave.

Lorsqu'on appareille, on hale sur la plus grosse aussière et l'on rentre la plus mince au fur et à mesure que la première est lovée à bord; mais dès qu'il y a la moindre retenue, on abandonne la grosse pour ne tirer que sur la petite. Comme la traction opérée se fait alors dans un sens inverse le grappin se dégage immédiatement.

Nous avons le même grappin depuis huit ans pour les mouillages sur fond de roches et gros goëmons, et nous en aurions perdu quatre au moins, pendant cette période, sans l'application rigoureuse de cet excellent procédé.

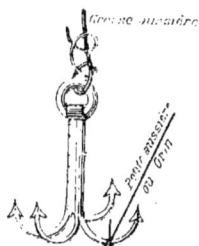

Fig. 1.   Fig. 2.

Pour le crapaud dont la plupart des canots sont munis, on peut ne se servir que d'une aussière; mais, pour éviter la perte de cet engin de mouillage, il faut avoir soin de frapper l'aussière sur le cul du crapaud, et la ramener au bout du bois faisant office d'organeau, où elle est fixée au moyen d'un fil à voile ou triplé, et qui doit casser lorsque la patte du crapaud est trop engagée dans le fond.

Toutefois, nous repoussons absolument le système de bosses cassantes, et nous conseillons l'usage exclusif des deux aussières, ou simplement aussière et crin sur grappin ou crapaud.

En effet, il arrive très fréquemment que, sous l'action du tangage occasionné par une mer debout un peu dure, ou sous l'effort du vent ou du courant, la bosse casse et le bateau chasse au moment précis où la pêche est la plus abondante.

Nous voulons parler du cas où, étant mouillé d'après des repères exacts, et la capture du gros tacaud par exemple se faisant très activement, une embardée du canot suffit à faire cesser la pêche ; à plus forte raison un changement de mouillage. Car, les professionnels n'ignorent pas que certaines espèces de poissons se tiennent dans les vallons sous-marins situés entre des plateaux de roches ; il faut donc, pour les capturer, être mouillé exactement au-dessus de leurs lieux de stabulation.

L'incident de rupture d'une bosse cassante, si insignifiant que cela paraisse, peut donc, comme nous l'avons démontré, faire manquer au pêcheur le gain d'une journée, parce qu'il entraîne, nous le répétons, le bateau en dehors de son point de repère, marque qu'il ne peut reprendre facilement, étant donné que nous n'avons pu tomber exactement dans nos marques d'un rayon limité qu'une fois sur cinq seulement.

Rien de cela n'est à craindre avec 2 aussières ou aussière et crin.

2° *Écartement des avançons des lignes armées de deux hameçons.* — Nous croyons devoir signaler le procédé que nous avons imaginé pour obtenir l'écartement des avançons des lignes, désideratum de tous les pêcheurs.

L'attache de l'avançon sur la ligne est opérée par la réunion de deux nœuds de pêcheur, formés l'un sur la ligne, l'autre sur l'un des bouts de l'avançon (crin de Florence), seulement les nœuds sont doubles au lieu d'être simples comme est le nœud de pêche proprement dit, et le bout de l'avançon muni de l'hameçon est tourné dans la direction du haut de la ligne, inversement au mode habituel et actuel d'attache ; de cette façon, l'avançon conserve, par l'effet de son propre poids et de celui de l'hameçon, un écartement suffisant pour l'empêcher de se rouler autour de la ligne quand elle est en action de pêche.

Le problème d'écartement des avançons de la ligne a toujours été la préoccupation des pêcheurs, parce que les lignes ainsi disposées sont d'un meilleur rendement que celles dont les avançons tombent parallèlement à la ligne, ce qui les fait enrouler autour de cette dernière et se brouiller entre eux. Aussi les pêcheurs de la rade de Brest l'avaient-ils résolu, il y a une trentaine d'années (nous ne savons si cela existe toujours), par l'adaptation, à leurs bas de lignes, de petites brindilles d'un bois liant quelconque, de petits bouts de baleine, ou même de fil de laiton, ce qui donnait à la ligne un aspect assez grossier, et la rendait peu pratique, par suite : de la rupture fréquente de ces petits tangons (si nous pouvons nous exprimer ainsi), du temps employé pour les remettre en état ou les changer, des algues qu'ils accrochent, etc.

Notre système remédie à ces inconvénients, et donne aux avançons un écartement suffisant pour éviter leur enroulement autour de la ligne, ce qui a lieu avec l'attache actuelle des pêcheurs.

Nous préconisons aussi le fourrage des hameçons (au moyen de fil blanc fin) au portage de la palette, endroit le plus vulnérable de l'avançon, par suite de son contact accidentel avec la partie supérieure de cette palette qui est toujours plus ou moins coupante.

M. le Président exprime le désir que les méthodes préconisées par M. Le Bras puissent, grâce à la publicité que leur donnera le Congrès, être soumises à de nombreuses expériences dont les résultats seraient utilement étudiés dans le prochain congrès.

M. Néron a déposé sur le bureau de la section les modèles de deux lignes pour la pêche du colin et de la dorade, et une note sur leur emploi dont M. le Secrétaire donne lecture.

OBSERVATIONS SUR L'EMPLOI DES BOETTES ARTIFICIELLES POUR LA PÊCHE AU LIEU EN BRETAGNE

Par M. E. NÉRON

Pêchant en Bretagne et en Normandie, depuis un certain nombre d'années, et connaissant une bonne partie de la côte de ces régions, j'ai essayé les différents types des lignes en usage dans ces contrées, et suis arrivé, après maints essais, à modifier les principaux types des lignes employées, de façon à ce que les amateurs de pêche puissent avoir des lignes établies à la fois dans les meilleures conditions de légèreté, de solidité, de finesse et de qualités pêchantes.

PÊCHE A LA CAILLE. — La ligne se compose d'un avançon de trois brasses environ de fil de chanvre *tressé* de un millimètre de diamètre ; cet avançon doit être souple et onduler dans l'eau. Sur cette ligne, en chanvre *tressé*, fixer à l'extrémité inférieure une racine blanche très forte montée sur un hameçon *irlandais droit à palette*, du numéro 1 au numéro 2/0.

Sur ce premier hameçon, mettre un bout de caoutchouc gris blanc à biberon, long de 6 à 7 centimètres et taillé en sifflet dans la moitié de sa longueur (fig. 1).

Une brasse au-dessus, fixer une mouche artificielle montée sur forte racine blanche ; hameçon du n° 1 au n° 2/0.

Une brasse au-dessus, fixer une autre mouche artificielle pareille à la première. Cette ligne est bouclée sur un émerillon qui tient lui-même par un fil de cuivre à un plomb forme bateau et de poids différent suivant la profondeur des fonds où l'on pêche (fig. 2 et 3).

Fig. 1.

A l'autre extrémité du plomb, est passé un fil de cuivre muni de son émerillon, sur lequel est bouclé le corps même de la ligne.

Le corps de la ligne est en chanvre *tressé*, de 1 millimètre 1/2 à 2 millimètres de diamètre et passé à l'huile de lin cuite très chaude.

Par cette préparation que l'on fait subir à la ligne, elle vrille moins et se conserve plus longtemps à l'eau de mer.

Le corps de ligne doit avoir au moins 50 mètres, et doit être monté sur un plioir en bois pour faciliter le ploiement et le déploiement.

Cette ligne donne d'excellents résultats pour pêcher à la caille (ou à courir à la voile). En mer, près des côtes, on frôle à quelques brasses les endroits où sont les rochers, presque toujours sont aussi les herbiers, et il n'est pas rare qu'on ramène un, deux ou même trois poissons.

MONTAGE DES PLUMES ARTIFICIELLES. — On vend dans le commerce, pour cette pêche, des mouches artificielles très jolies, mais qui ont le tort de coûter assez cher et surtout de ne pas être suffisamment garnies de plumes.

Comme dans cette façon de pêcher les hameçons restent souvent accrochés soit dans les herbiers, soit dans les rochers, je préfère les faire moi-même : j'en modifie la grosseur suivant la taille des poissons que l'on prend et ces mouches artificielles reviennent de beaucoup meilleur marché : de plus, le temps qu'elle vous prennent à les monter utilise les soirées si longues parfois au bord de la mer.

Prendre un hameçon irlandais droit à palette, du n° 1 au n° 2/0, et l'entourer de laine rouge (comme dans la fig. 4).

Fig. 2.   Fig. 3.

Tout en tournant la laine rouge, laisser dépasser quelques filoches de laine en deçà de l'hameçon : mettre aussi deux ou trois

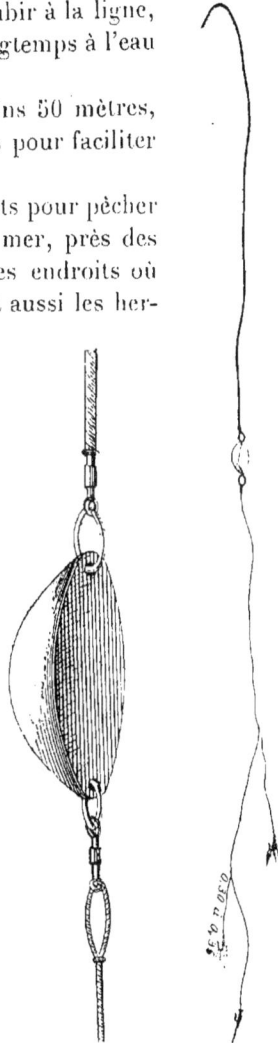

filoches de laine bleue, de façon à imiter un vague morceau de boête sanguinolente.

Pour donner plus de chic à votre plume, vous pouvez ligaturer le corps de laine rouge avec un fil métallique doré et mou, vous aurez alors une mouche artificielle des mieux conditionnée. Fixer ensuite sur l'hameçon près de la palette des plumes blanches souples de pigeon en les entourant de fil poissé.

J'insiste sur l'emploi de la plume de pigeon, parce qu'elle est plus légère que la plume de canard et de poulet (fig. 5).

Fig. 4.

PÊCHE A LA MOUILLE. — *Maquereau, dorade, lieu, morue.* — La pêche à la mouille, ainsi appelée, parce que l'on mouille l'ancre du bateau pour se maintenir dans une position déterminée et fixe sur les flots, n'est autre chose qu'une variété de la pêche à soutenir si connue des pêcheurs de rivière.

Les pêcheurs bretons et normands emploient différents systèmes de ligne pour cette pêche; les uns, un seul hameçon, les autres deux et trois; presque tous emploient la ligne en chanvre.

Du côté d'Audierne, de Roscoff, et dans quelques autres endroits encore, les bons pêcheurs se servent de la ligne en crin : c'est la meilleure, surtout lorsque cette ligne est toute en crin et qu'on ne se contente pas de mettre seulement les avançons en cette matière.

Fig. 5.

A. Ligature en fil poissé. — B, B. Plume blanche. — C. corps en laine rouge. — D. Filoche en laine.

La ligne en crin, par ses propriétés élastiques, constitue le meilleur corps de ligne; de plus, l'avantage considérable et pratique de son emploi est qu'elle ne se vrille pas et qu'elle ne se mêle pas. Cet avantage est tellement appréciable qu'il vaut mieux se servir toujours à la mer de la ligne en crin pour la pêche à la mouille; c'est cher, il est vrai, mais c'est parfait. La ligne se divise en quatre parties.

1° L'hameçon, 2° l'avançon, 3° le corps de ligne, 4° la plombée.

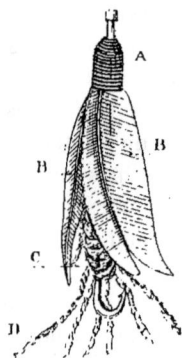

1° *Un hameçon irlandais droit*, à palette du n° 1 au n° 2/0, monté sur racine simple forte ou racine double et réuni à l'avançon par le système des deux boucles, système d'attache des plus faciles à faire et à enlever et aussi des plus solides en ce que la racine ne glisse pas sur les crins.

2° *L'avançon* se compose de trois brasses de ligne en crin. Ligne composée de 15 à 18 crins tordus en deux ou trois brins retordus entre eux, et réunis au corps de ligne par le double nœud du pêcheur.

En mettant un avançon plus léger que le corps principal de la ligne ; cette ligne est rendue plus flottante, plus pêchante et, si l'on vient à se prendre dans les herbes ou dans les rochers, si quelque pieuvre saisit votre boëte et ne veut rien lâcher, on ne perd qu'un peu de crin et son ou ses hameçons.

3° *Corps de ligne*. Le corps de ligne se compose de trente à quarante brasses de ligne en crin, de 27 à 33 brins tordus en 2 ou 3 brins retordus entre eux et attachés par le double nœud du pêcheur. Cette force est suffisante pour amener de très gros poissons, si l'on a le soin de ne jamais se servir de lignes en crin d'un seul bout, et d'hameçons sans palette.

La ligne devra être montée sur un plioir en liège sur lequel on pique les hameçons, de façon à ce que leur pointe ne s'émousse pas. On peut mettre un ou deux hameçons montés sur racine simple très forte ou sur racine double ; dans ce cas on les boucle au-dessus des nœuds de réunion des crins.

4° *La plombée*. La façon de plomber la ligne à la mouille est des plus simples, des moins coûteuses et des plus rapides.

Acheter du plomb en feuille : tailler dans cette feuille des morceaux de plomb de deux à dix centimètres de long, et de deux à cinq centimètres de large, les plier en deux, et suivant la force du courant où l'on pêche en mettre deux, trois, quatre de distance en distance.

C'est facile à mettre quand on commence la pêche, facile à retirer quand la pêche est finie ; enfermer, pour plus de commodité, les morceaux de plomb dans une petite trousse en flanelle.

La ligne plombée de cette façon permet, dès que le courant augmente, diminue, ou se renverse, etc. de changer rapidement le nombre de plombs et d'avoir toujours la bonne plombée ; ce qui n'arrive pas avec des lignes qui sont toujours de même poids.

A la pêche à la mouille la meilleure boëte est : la gravette en Bretagne, ou pelouse en Normandie. C'est un ver de mer blanc ou rouge, qui se tient dans le sable et le rocher.

L'on peut utiliser également avec succès pour cette pêche : le lançon, la crevette, la moule, et même pour le petit pironneau, le ver noir de mer donne de bons résultats.

Le pêcheur ambitieux devra affarder largement soit avec des moules écrasées, de la rogue, ou des têtes de sardines faciles à trouver dans certaines régions de la Bretagne.

Les pêcheurs normands des côtes de Cherbourg, aux îles Saint-Marcouf et, principalement les habitants de Réville, près Saint-Vaast-la-Hougue, qui sont réputés pour de fins pêcheurs à la mouille, emploient une ligne dont la plombée est différente des autres et qui donne dans ce pays, et pour la pêche qu'ils font — la grosse dorade principalement — d'excellents résultats.

Cette ligne est divisée en quatre parties :

1° L'hameçon ; 2° l'avançon ; 3° la plombée ; 4° le corps de ligne.

1° L'*avançon*. — Deux hameçons irlandais droits à palette du numéro un au numéro 2/0, montés sur simple racine blanche très forte, sont fixés à chaque bout de l'avançon par le système d'attache des deux boucles.

2° L'*avançon*. — L'avançon est formé d'une brasse de ligne en crin tordu (les Revillais emploient la ligne en fil de chanvre) ; cet avançon est plié en deux de façon à ce qu'un hameçon soit à trente-cinq centimètres environ de l'autre, fixer cet avançon au corps de ligne.

3° *La plombée*. — La plombée se compose d'un plomb cintré en forme de boudin et de poids différent, suivant le courant. Le plomb, par chaque extrémité, est fixé en demi-clef au corps principal de ligne, puis une avalette en bois, ayant environ 0,20 cent. est fixée au-dessus du plomb et reliée par le même moyen au corps de ligne. Cette disposition facilite la descente et fait que les hameçons ne se mêlent que rarement.

4° *Le corps de ligne*. — Le corps de ligne se compose de cinquante brasses environ de corde de lin ou de chanvre tressé passé à l'huile de lin cuite et de deux millimètres de diamètre comme grosseur.

Pêche. — Les Révillais mouillent sur les fonds rocheux, d'abord séparément, puis se placent bord à bord lorsque le poisson donne. Le mousse ne fait que d'amorcer en jetant des poignées de moules broyées, chair et coquille, à intervalles réguliers et dans le sens du courant.

Le pêcheur boëtte ses hameçons avec trois ou quatre belles moules écalées et file sa ligne à l'eau. Une fois que le plomb touche le fond il relève la ligne d'une brasse et attend la touche. La ligne ne doit jamais rester morte, mais être agitée légèrement, ce qui la rend plus pêchante et augmente la sensibilité de la touche.

L'important dans cette pêche est d'amorcer suffisamment, et de savoir prendre le fond. Ce qui est difficile, avec de petits plombs, dans les violents courants de cette région ; aussi cette pêche demande-t-elle une grande expérience. La dorade est le poisson qui sait le mieux nettoyer proprement l'hameçon et le novice pêcheur est tout étonné de se voir déboëter et de n'avoir rien senti.

Dans ces parages, il n'est pas rare de prendre dans sa marée de trente à cinquante belles dorades pesant de deux à quatre livres.

M. LE PRÉSIDENT remercie M. Néron de l'envoi de cette intéressante communication, qui, insérée dans le volume des travaux du Congrès, permettra la comparaison avec les méthodes de M. Le Bras.

L'ordre du jour étant épuisé la séance est levée à 6 heures.

5ᵉ SECTION

OSTRÉICULTURE ET MYTILICULTURE

Séance du samedi 15 septembre 1900

Présidence de M. ROUSSIN, *commissaire-général de la marine
en retraite*, Président

La séance est ouverte à 10 heures du matin.

La parole est donnée à M. le professeur Valle pour la communication suivante :

L'OSTRÉICULTURE SUR LES COTES ORIENTALES
DE L'ADRIATIQUE

Par M. le Professeur A. VALLE

Tout le long de la côte orientale de la mer Adriatique, l'huître, ce précieux mollusque, chanté par les poètes, se rencontre toujours en abondance. Parmi les débris de mollusques ayant servi de nourriture aux habitants de nos cavernes à l'âge de la pierre et aux âges des habitations préhistoriques (castellieri) allant de l'époque néolithique à la période romaine, même dans des endroits assez éloignés de la mer, nous trouvons l'huître en grande abondance.

Aurélius Cassiodore, dans la lettre XXII de son XIIᵉ livre sur l'Istrie (an 538 de notre ère) rappelle aussi l'existence et l'abondance de l'huître le long de la côte istrienne et compare nos anses à celles célèbres de Baja. Il dit qu'on y trouve fréquemment des viviers dans lesquels les huîtres se multiplient spontanément sans l'aide de l'homme.

De temps immémorial cependant, les habitants de nos côtes se sont livrés à la culture de ce précieux mollusque en adoptant le système le moins coûteux, c'est-à-dire en enfonçant des perches de rouvre dans la vase, système encore employé dans nombre d'endroits sur la côte du littoral autrichien.

La culture rationnelle de l'huître fut, à grands frais, tentée à Grado par le conseiller du gouvernement, M. Richard de Erco, en 1863, mais quelques années après, les résultats ne répondant pas à son attente, elle fut totalement abandonnée.

Un autre essai fut tenté dans cette même année 1863 à la Noghera, près de Capo d'Istria, avec 21 claires, mais sans plus de succès.

M. Antoine Gareis qui s'occupa, lui aussi, pendant longtemps et infatigablement de la culture de l'huître selon diverses méthodes, dans le port de Pola, puis dans la vallée de Bandon, près de Fasana, abandonna complètement ses établissements d'ostréiculture, à la suite des résultats négatifs que lui donnèrent l'élevage des huîtres et leur engraissement, tenté plusieurs fois inutilement.

En 1888, fut fondée à Trieste la Société autrichienne de pêche et de pisciculture marine; cette société, grâce aux efforts assidus de son directeur, M. Rodolphe Allodi, qui se rendit en France et en Italie, afin d'y étudier les divers systèmes adoptés pour la culture de l'huître, commença ses expériences à Grado.

L'exemple de la Société de pêche fut bientôt suivi et plusieurs établissements d'ostréiculture surgirent sur divers points des côtes istriennes et dalmates. Des expériences furent tentées, soit pour la récolte, soit pour l'élevage des huîtres, en adoptant les méthodes les plus appropriées aux conditions physiques et telluriques de la région.

La Société de pêche ne ménagea pas son appui matériel et moral à ces entreprises et je suis heureux de citer en particulier les établissements d'ostréiculture de MM. Etienne Bielovucic de Jaguina, dans la vallée Stinivac, près de Drace, en Dalmatie et André Davauzo, dans le canal de Leme, près Rovigno (Istrie) ainsi que ceux des sociétés Ponté (île Veglia) et de Cherso.

Les systèmes français ne convenaient pas, étant données les conditions spéciales de notre mer et ses petites marées. On dut donc adopter le système tarentin.

17

La fixation des larves se fait, comme tout le monde le sait,
sur des fascines du *Pistacia lentiscus*. Plus tard on taille de ces

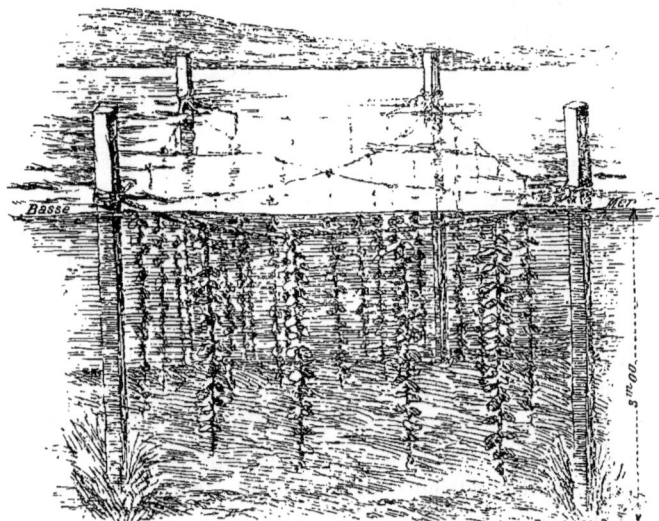

Fig. 1. — Sciaica.

fascines les zipoli (branches de fascines garnies de jeunes huîtres)
qu'on attache sur des cordes végétales (*libani*), formant ainsi les
pergolari et les *sciaje* (fig. 1).

La difficulté de se procurer des fascines, le grand travail que
nécessite leur préparation et celle des *pergolari*, le changement
des cordes végétales et la grande quantité de *teredo* qui endom-
magent les fascines, ont conduit M. Allodi (comme j'ai eu l'honneur de le communiquer au Congrès de Dieppe) à établir un
nouveau collecteur se composant de petites baguettes de terre

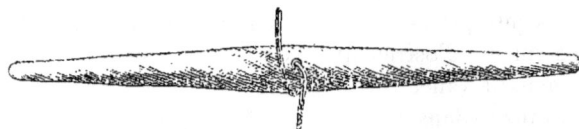

Fig. 2. — Zipolo en terre cuite.

cuite, longues de 25 centimètres environ (fig. 2) trouées par le
milieu et réunies par un petit fil de fer zingué.

Fig. 4. — Pergolaire avec des zipoli en terre cuite et des huîtres
de huit mois.

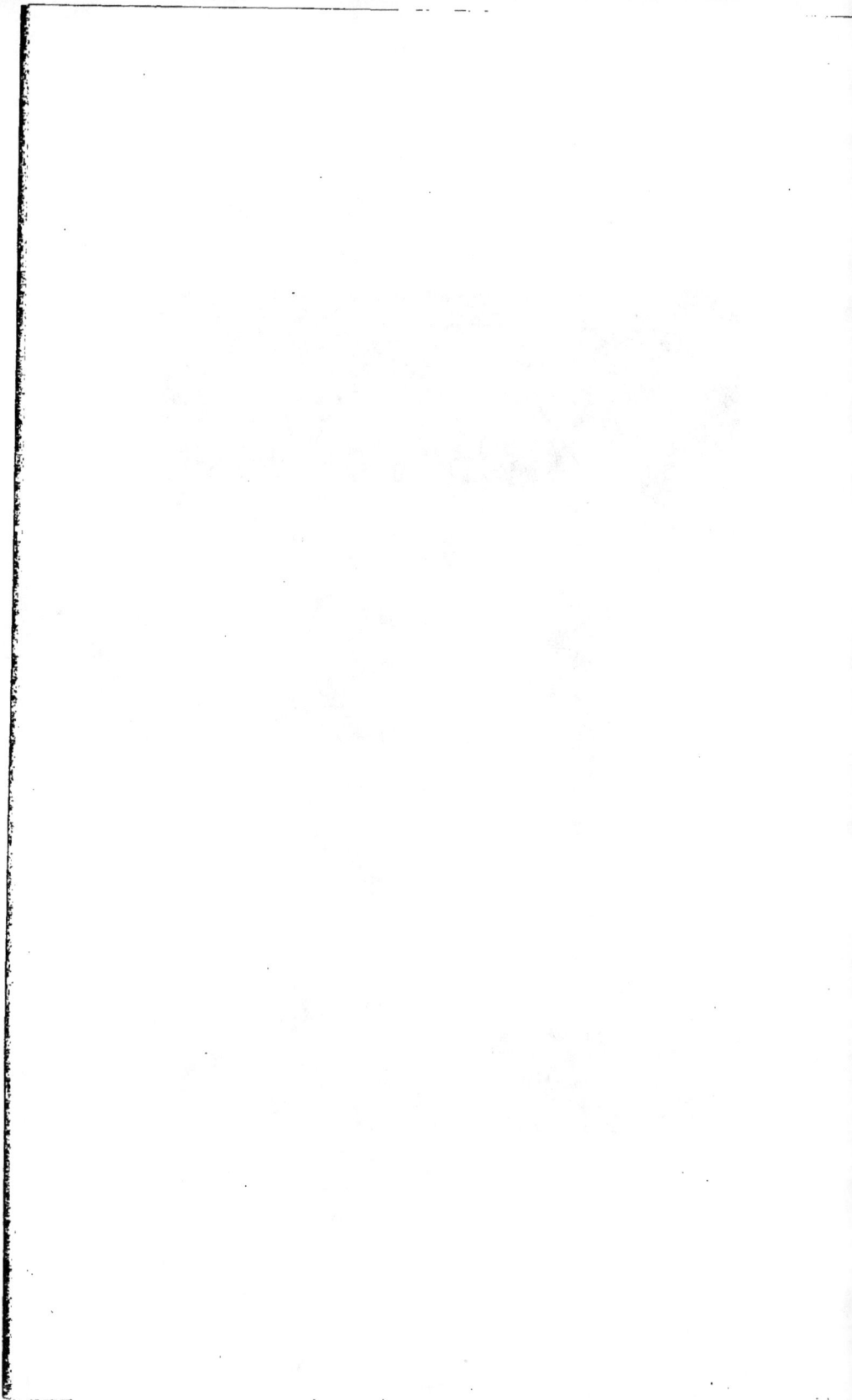

Avant de les immerger, on les plonge dans un lait de chaux et on les laisse sécher pour faciliter l'adhérence des larves.

De cette manière, on a un collecteur (fig. 3), facilement transportable comme *pergolaro* dans la *sciaia* pour le développement ultérieur des huîtres.

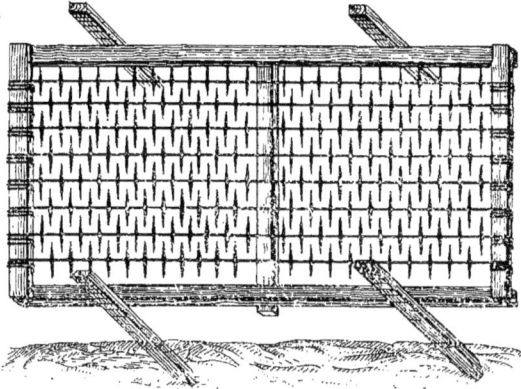

Fig. 3. — Collecteur avec des zipoli en terre cuite.

Ce collecteur pratique revient à un prix très modique et économise la main-d'œuvre.

Il a été essayé avec succès dans l'établissement d'ostréiculture de la Société de pêche de Grado. Les larves adhèrent parfaitement et les huîtres se développent mieux, prennent meilleure forme et peuvent déjà être livrées au commerce au bout de 18 à 19 mois. On a compté jusqu'à 25 huîtres en une seule de ces baguettes.

La production en masse du précieux mollusque ainsi obtenue, il s'agissait de pourvoir à son écoulement. Là, nous nous trouvons en face d'un fait peu encourageant, celui d'avoir à nous restreindre aux marchés de nos villes côtières.

Plusieurs tentatives furent faites pour introduire nos huîtres sur les marchés de l'intérieur de la monarchie, mais elles échouèrent, bien que l'huître fût offerte à un prix très bas. C'est pour cette raison que le grand établissement d'ostréiculture de M. André Davanzo, au canal de Leme, fut définitivement fermé.

Une des premières causes de l'aversion qui se manifeste pour l'huître est la crainte qu'elle ne soit le véhicule d'infections typhoïdes et cholériques, crainte qui n'est pas justifiée ; c'est pourquoi je me permets de soumettre à l'honorable assemblée le vœu suivant :

Pour calmer les préoccupations dues à la présence d'infections typhoïdes et dans l'intérêt du commerce huîtrier de tous les états intéressés, le Congrès international de pêche et d'aquiculture demande que tous les gouvernements prennent les dispositions nécessaires pour rassurer le consommateur, en les étendant non seulement aux huîtres, mais à tous les mollusques en général.

La question de la transmission de la fièvre typhoïde par les huîtres se trouvant ainsi posée, M. LE PRÉSIDENT fait donner lecture par le Secrétaire de la note ci-après de M. LE Dr MOSNY, médecin des hôpitaux, relative au même sujet.

DE LA SALUBRITÉ DES ÉTABLISSEMENTS OSTRÉICOLES

PAR LE DOCTEUR E. MOSNY.

Il est de notion vulgaire qu'il peut survenir chez l'homme, à la suite de l'ingestion de mollusques, des troubles variés que les médecins de tous les pays s'accordent à attribuer à l'usage de cet aliment.

Hormis les troubles légers et fugaces reconnaissant pour cause une prédisposition individuelle, permanente ou passagère, actuellement encore mal définie, il peut survenir, à la suite de l'ingestion de mollusques frais, non avariés, des accidents graves revêtant les allures des maladies infectieuses ou toxiques et se manifestant sous diverses formes cliniques bien déterminées : la fièvre typhoïde est parfois l'une de ces formes.

Ces accidents survenant d'habitude chez un certain nombre de personnes ayant fait usage, le même jour, d'huîtres de même provenance, doivent être attribués non pas aux mollusques eux-mêmes, mais à leur contamination et à celle de l'eau retenue entre les valves de leur coquille par les eaux souillées des parcs ou des dépôts dont ils proviennent. « L'eau, dit M. Joannès Chatin, dans laquelle vit l'huître, demande à être particulièrement surveillée au point de vue de sa contamination possible ; là est le danger.

Cette contamination de l'eau des parcs et des huîtres que l'on y dépose est la conséquence fatale du voisinage trop immédiat des ports, des villes, des hameaux, voire même des habitations isolées, des établissements insalubres et, par conséquent, des égouts qui en émanent.

On a souvent accusé d'insalubrité les parcs aménagés à l'embouchure des fleuves, sous prétexte que les égouts des villes riveraines pouvaient en contaminer les eaux. Cette insalubrité n'est réelle que lorsque les égouts se déversent dans le cours du fleuve au voisinage immédiat des parcs ; car chacun sait que les cours d'eau les plus profondément souillés s'épurent progressivement et spontanément au point de reprendre leur pureté primitive au bout d'un trajet de 20 à 30 kilomètres en moyenne.

Il importe donc, pour la salubrité des parcs situés à l'embouchure des fleuves, que l'eau de ces fleuves soit suffisamment épurée au point extrême de leur *trajet terrien*, c'est-à-dire au point où cessent de se faire sentir les influences marines qui bouleversent les conditions habituelles de la sédimentation et de l'épuration spontanée des cours d'eau et en modifient complètement les résultats. Cette limite entre les zones terrienne et marine des cours d'eau n'est autre que le point mort de marée, ou, dans les mers à marées négligeables, comme la Méditerranée, le point extrême à l'amont où se fait sentir l'influence des courants marins et des vents de mer.

Ce qui importe plus encore, c'est d'éviter la contamination des parcs par les eaux des fleuves que souillent les égouts des agglomérations riveraines de la zone marine de leurs cours.

Or, en ce qui concerne les parcs situés à l'embouchure des fleuves tributaires des mers à marée (et ce sont, pour nous, les plus intéressants parce que tous les parcs français se trouvent installés sur le littoral de l'Océan et de la Manche), il est désirable que les égouts ne laissent évacuer leur contenu dans le fleuve que pendant la première moitié du jusant et que les parcs soient aménagés le plus près possible de l'embouchure et en deçà de la laisse de basse-mer.

On voit, en somme, que le seul danger réel de contamination des parcs leur vient du voisinage des agglomérations humaines et des égouts qui en émanent. C'est ce voisinage qu'il s'agit d'éviter ou les conséquences qu'il faut atténuer.

Lorsqu'on voudra remédier à l'insalubrité d'un parc en cours d'exploitation, on devra, lorsque ce sera possible, modifier le milieu ambiant sans rien changer à la situation, voire même à l'aménagement intérieur du parc, ce qui serait toujours onéreux et par conséquent préjudiciable aux intérêts des parqueurs. — On devra donc, lorsqu'on pourra le faire, dériver les ruisseaux, supprimer les bouches d'égout, les conduites d'évacuation des fosses de vidange dont le voisinage menace la salubrité des parcs.

On devra, lorsque cette mesure ne sera pas réalisable, déplacer le parc insalubre : si pénible que soit cette mesure, on ne devra pas reculer devant son application, car il est inadmissible que l'insalubrité de quelques parcs, d'ailleurs fort rares, compromette le bon renom de l'ostréiculture française.

Lorsqu'il s'agira de demandes de nouvelles concessions ostréicoles, il sera toujours aisé de n'y faire droit qu'après enquête préalable établissant la parfaite salubrité de l'emplacement choisi pour y installer un parc et la pureté irréprochable des eaux qui l'alimentent.

Cette appréciation devra être basée sur une enquête topographique rigoureuse suivie d'une expertise bactériologique et du dosage des chlorures : l'enquête topographique sera toujours, sans contredit, l'élément le plus important de l'expertise, le plus décisif de tous les moyens d'investigation.

Si rigoureuses que paraissent les mesures que nous préconisons, elles ne sauraient néanmoins être taxées d'exagération, car nous les considérons comme nécessaires à la protection de la santé publique.

En résumé, les accidents provoqués par l'ingestion des mollusques et plus particulièrement les cas de fièvre typhoïde d'origine ostréaire, ont, dans ces dernières années, ému très vivement l'opinion publique : l'émotion était légitime, mais elle a certainement été disproportionnée avec la fréquence du danger.

De tels accidents sont assez rares ; mais leur rareté même ne saurait excuser la moindre négligence, et l'avenir de l'ostréiculture française dépend, actuellement, en grande partie, de la parfaite salubrité des parcs et de l'innocuité indiscutable de leurs produits.

M. LE PRÉSIDENT appelle l'attention de la 5ᵉ section sur ce fait que les rares cas de transmission de fièvre typhoïde par les huîtres qui ont

Culture artificielle de l'huître.
à Saint Mawes Creek. Havre de Falmouth (Cornouailles)
(Août 1900).

Culture artificielle de l'huître
à Talvern Reach-Rivière Fal (Cornouailles)
(Août 1900).

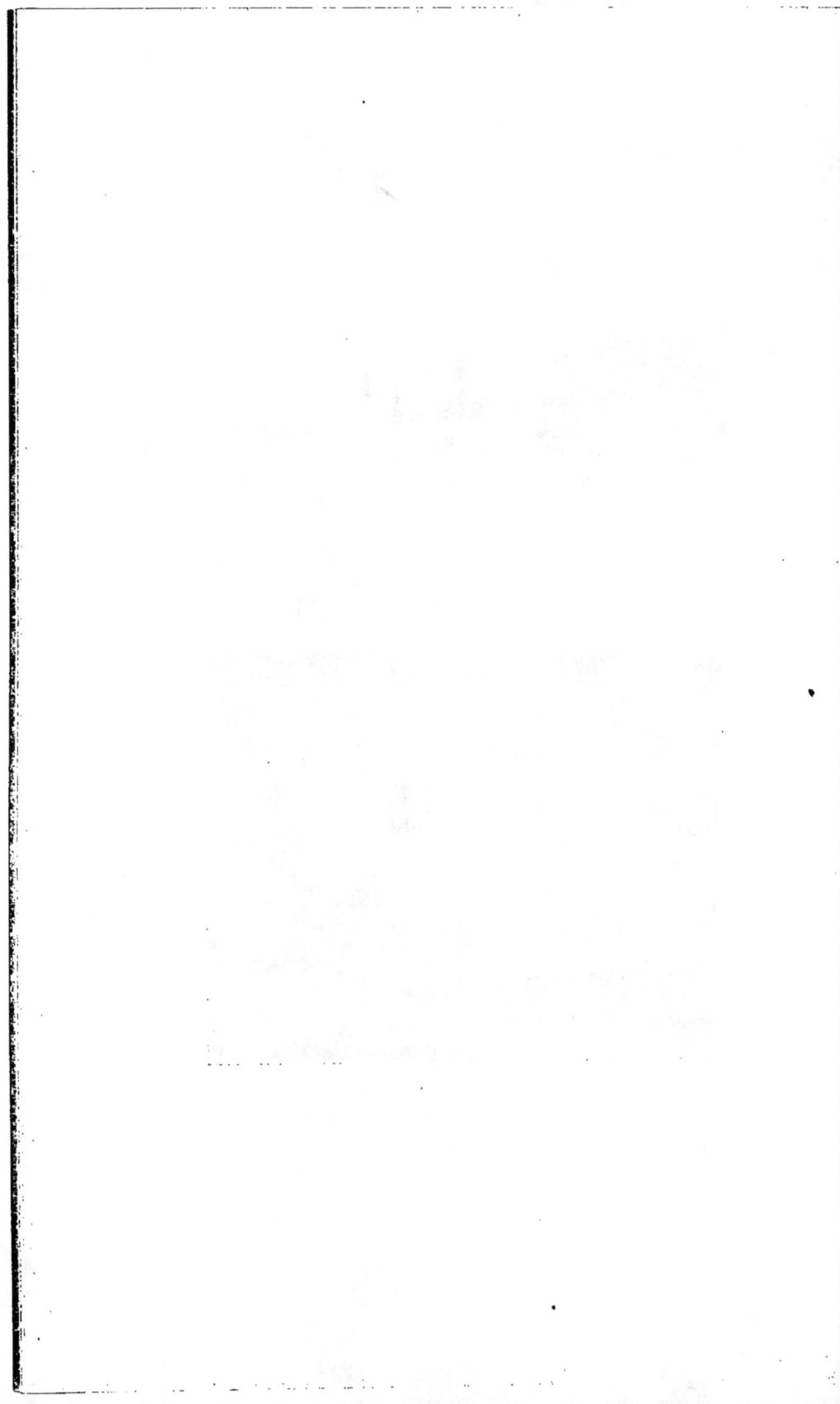

été constatés, ont été produits par des mollusques provenant de dépôts situés à proximité des égouts et non de parcs.

M. JOUSSET DE BELLESME cite comme dépôts suspects ceux d'une ville d'Italie où s'alimentent la plupart des hôtels fréquentés par les étrangers, dépôts installés devant la rive où débouchent les égouts de la ville.

Il ressort cependant de la discussion à laquelle prennent part MM. le Dr HOEK, DRECHSEL, SAUNION, MOULIETS et LESAINT que les cas de contagion sont excessivement rares et pourraient être complètement évités par la suppression des emplacements suspects.

En conséquence, M. le Professeur VALLE présente, sous la forme suivante, le vœu qui termine le travail dont il vient de donner lecture :

Considérant le tort énorme fait à l'ostréiculture par la crainte de contagion de la fièvre typhoïde et du choléra par les huîtres, crainte qui a été bien exagérée ;

Considérant que le danger ne peut provenir que des huîtres des dépôts, cependant faciles à surveiller et non des huîtres des parcs dont l'innocuité a été reconnue,

Le congrès émet le vœu que tous les gouvernements prennent telles mesures qu'ils jugeront convenables pour rassurer l'opinion publique en ce qui concerne la consommation des huîtres, et celle des mollusques en général.

Ce vœu mis aux voix est adopté à l'unanimité : il sera soumis à la ratification du congrès réuni en assemblée générale de clôture.

Lecture est ensuite donnée par le secrétaire d'une note de M. le Professeur D.-J. CUNNINGHAM, de Dublin, rapporteur des questions de pêcheries au Comité d'instruction technique pour la Cornouailles, sur des expériences faites sur l'ostréiculture.

EXPÉRIENCES SUR LA CULTURE ARTIFICIELLE DE L'HUITRE DANS LA RIVIÈRE FAL (CORNOUAILLES).

PAR M. LE PROFESSEUR D.-J. CUNNINGHAM
de Dublin

La culture de l'huître dans l'estuaire de la rivière Fal, Saint-Mawes Creek, près Falmouth, est divisée en deux portions, la partie supérieure de la rivière étant sous l'autorité de la Corporation de la ville de Truro et la rivière inférieure dans le havre de Falmouth, sous l'autorité de la Corporation de Falmouth.

La pêcherie au-dessous de la laisse de basse-mer est publique et toute personne a le droit d'y draguer les huîtres moyennant qu'elle se conforme aux règlements et paie les droits établis par les autorités compétentes. Ces autorités se chargent de certaines opérations pour le maintien et l'amélioration des pêcheries ; elles emploient des gardes pour veiller à l'obéissance des règlements ; elles distribuent les coquilles des huîtres sur le lit de la rivière en avril, achètent un certain nombre d'huîtres aux dragueurs et les replacent sur le terrain pour le repeuplement.

Les rivages au-dessus de la laisse de basse-mer appartiennent aux propriétaires riverains et, dans certaines parties de la pêcherie, sont occupés, en petits lots, par les hommes du district, qui y déposent des huîtres pour les faire grossir.

En dehors de cela, il n'est procédé à aucune culture et aucuns moyens ne sont employés pour recueillir du naissain sur les rives occupées par les particuliers. Cependant la pêcherie est très productive et une quantité considérable de naissain se produit naturellement chaque année.

Depuis quelques années, j'ai fait des expériences de récolte artificielle du naissain sur tuiles plongées dans une dissolution de chaux, suivant la méthode suivie en France et en Hollande. J'ai reconnu que le naissain pouvait être obtenu en abondance considérable dans la partie supérieure et la plus étroite de l'estuaire, ainsi que dans Saint-Mawes Creek, qui s'ouvre sur le havre de Falmouth. Actuellement l'exploitation se poursuit dans ces deux parties de la pêcherie. En 1890, environ 1000 tuiles ont été immergées dans chaque endroit ; en juin de cette année, une grande quantité de naissain en a été détachée et mise dans des boîtes à parois de treillage métallique pour se développer. Ensuite les tuiles ont été nettoyées, enduites et, de nouveau, mises en place. Une autre forme de collecteurs a été également essayée, à savoir des coquilles d'huîtres, remplissant des boîtes du modèle de celles d'élevage.

Il est une particularité intéressante de cette pêcherie résultant du climat et de la température, consistant en ce que le dépôt de naissain se produit très tard dans l'année : au commencement

Culture artificielle de l'huître,
à Saint Mawes Creek, Havre de Falmouth (Cornouailles)
(Août 1900).

Culture artificielle de l'huître
à Talvern Reach-Rivière Fal (Cornouailles)
(Août 1900).

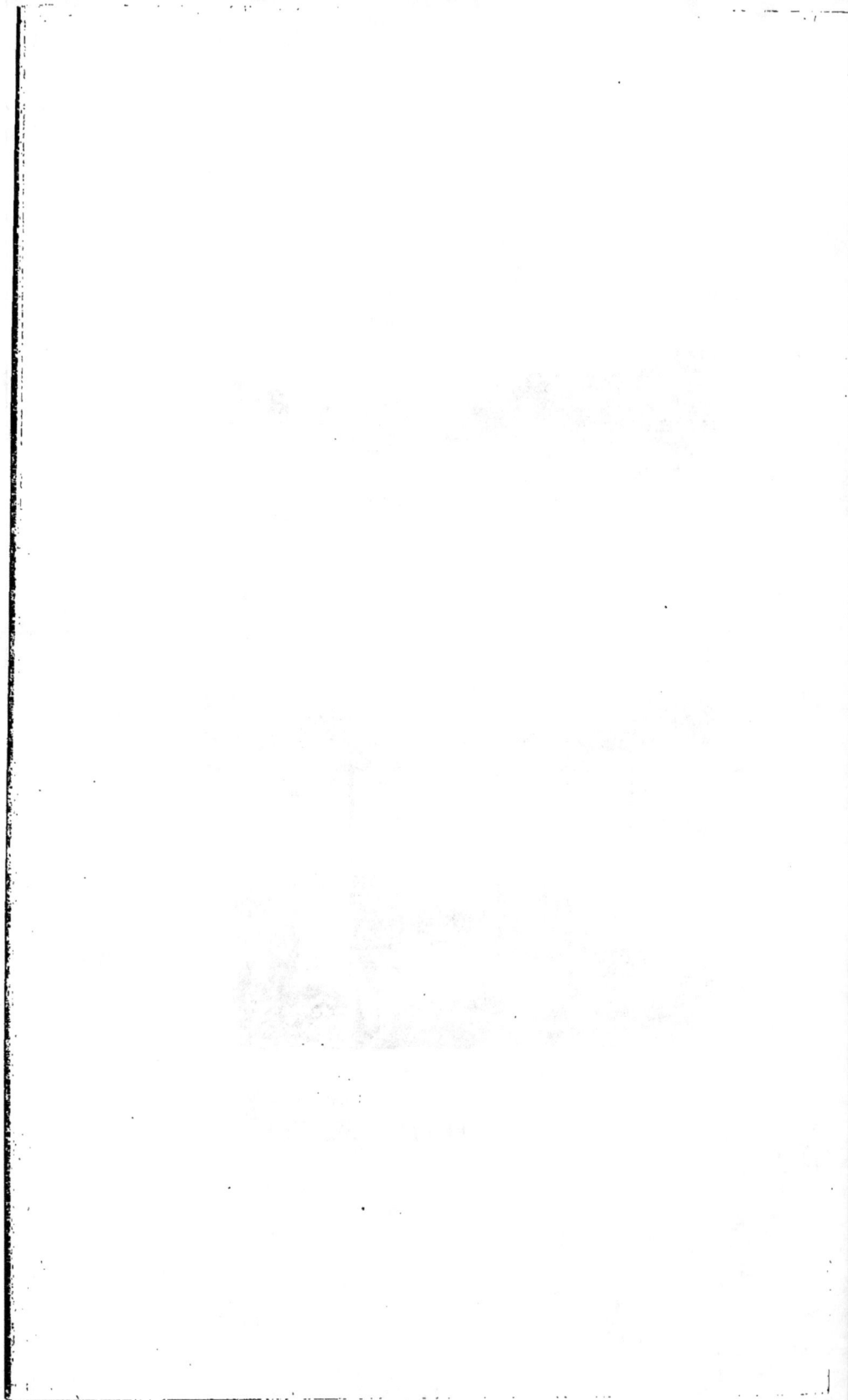

d'octobre, on peut à peine découvrir quelques naissains soit sur les tuiles, soit sur les collecteurs naturels en eau profonde. Vers la fin de novembre et en décembre, ils s'y montrent en abondance; il semble que le naissain est déposé spécialement en septembre, mais qu'il est trop petit, avant novembre, pour être aperçu à l'œil nu. Peut-être s'en dépose-t-il un peu en août, mais on ne saurait l'affirmer; il est certain que la semence noire se voit dans les huîtres ouvertes en juillet et en août.

Ce naissain n'est pas assez développé pour être séparé des tuiles avant mai et juin de l'année suivante; j'ai tenté de retirer ces tuiles en juin et juillet, mais cette année, elles le furent partie fin de juillet, partie au milieu d'août.

Les tuiles relevées l'année dernière ont donné le nombre de jeunes huîtres suivantes :

A Talvern Reach, dans la partie supérieure de l'estuaire, 1400 tuiles ont donné environ 40.000 huîtres.

A Saint-Maws Creek, 1000 tuiles ont donné environ 1500 huîtres.

Les photographies de l'exploitation à Saint-Mawes Creek ont été prises le 14 août dernier; trois d'entre elles montrent le travail d'arrangement des tuiles à basse-mer; 1 et 2 font voir les boîtes de treillage en position; les deux boîtes blanches contiennent des coquilles d'huîtres pour recueillir le naissain; la noire renferme le naissain récolté des tuiles en juin et juillet, le n° 4 montre cette boîte ouverte laissant voir le naissain à l'intérieur.

Les photographies des appareils de Talvern Reach ont été prises le 15 août 1900. On voit au n° 2 deux boîtes noires et deux blanches. Les premières renferment le naissain récolté cette année, les autres des coquilles d'huîtres collecteurs. Les n°s 3 et 4 montrent une des boîtes ouvertes avec les jeunes huîtres récoltées des tuiles.

Personne ne demandant la parole, la séance est levée à midi et la suite des communications renvoyée au lundi 17 septembre, à 9 heures du matin.

Séance du lundi 17 septembre 1900.

PRÉSIDENCE DE M. ANTOINE VALLE, *professeur au Muséum d'histoire naturelle de Trieste.*

La séance est ouverte à 9 heures 1 2. La parole est donnée à M. le Dr HOEK, conseiller scientifique du gouvernement des Pays-Bas en matière de pêche.

LA MÉTHODE STATISTIQUE ET LA CROISSANCE DES HUITRES

PAR M. LE Dr P. P. C. HOECK

Conseiller scientifique du gouvernement des Pays-Bas en matière de pêche.

L'ostréiculture zélandaise suit en général la même méthode que celle d'Arcachon en France. Elle est d'une date relativement récente, les premiers essais ayant été faits en 1870, seulement. L'Escaut de l'est est le théâtre principal de cette industrie. Comme on le voit sur une carte de la Zélande, l'embouchure de l'Escaut se divise en deux branches : l'Escaut de l'ouest, l'Escaut de l'est. Le viaduc du chemin de fer forme une digue solide, datant de 1867. Depuis cette époque, les eaux saumâtres-douces de l'Escaut belge ne sont plus admises dans l'Escaut de l'est. Ce qui était un bras de rivière est ainsi devenu une espèce de baie ; l'eau de mer la remplit ; à part l'eau de pluie, les eaux douces que l'on fait écouler des polders des îles environnantes sont les seules qui se mêlent à l'eau de mer qui entre dans la baie et qui est partiellement renouvelée à chaque flux. La partie est de la baie, c'est-à-dire celle située en amont de la ligne canal de Wemeldingen à l'île de Tholen, direction N.-N.-O., est la plus importante pour l'ostréiculture. Elle a été divisée presque entièrement en parcelles : ces parcelles sont louées à l'enchère par le gouvernement. Pour vous donner une idée de l'importance de l'industrie, je demande la permission de donner quelques chiffres pour cette partie de l'Escaut est :

Nombre de parcelles 413
Grandeur des parcelles . . . . . 5 à 25 hectares
Produit de la location . . . . . 700.000 francs
Prix moyen de la location par hectare (1). 160 —

Je donne ci-après quelques chiffres également pour vous décrire les conditions physiques dans lesquelles l'industrie s'exerce dans cette partie de l'Escaut.

Différence entre la haute et la basse-mer. 3^m,60
Quantité d'eau à marée haute . . . . 670.000.000 m³
— — à marée basse . . . . 220.000.000 m³
Densité moyenne de l'eau . . . . . 1.023 à 17 1/2° C.

Cette partie de l'Escaut comprend deux groupes de parcelles : l'un est appelé le « Yersche Bank » et comprend environ 3.200 hectares ; l'autre s'appelle le « Broek. » C'est sur cette dernière partie, qui est divisée en 150 parcelles, qu'on recueille le plus de naissain, soit sur les coquilles et les pierres qui couvrent le sol (naissain naturel), soit sur les collecteurs qu'on y dépose dans ce but (naissain artificiel). Au contraire, le mérite spécial de l' « Yersche Bank » a toujours été d'engraisser les huîtres, de leur donner en peu d'années une grande valeur marchande.

Comme je viens de le dire, l'industrie huîtrière zélandaise date d'il y a 30 ans seulement. Une première location de parcelles eut lieu en 1870. Avant ce temps, il y avait déjà une huître zélandaise, mais il n'y avait pas encore d'ostréiculture, les huîtres, venant en toute liberté, étaient pour celui qui se donnait la peine de les pêcher.

L'ostréiculture s'est développée rapidement en Zélande, déjà en 1876, trente-six millions d'huîtres pouvaient être expédiées, nombre qui, depuis, a été souvent dépassé, savoir, en 1889 avec 44 millions, en 1890 avec 52 millions, en 1897 avec 40 millions, etc.

Quoique le prix des huîtres ait beaucoup baissé depuis quelques années, celles de la Zélande sont toujours parmi les mieux

(1) Il y a des hectares qui sont loués pour plusieurs centaines de francs, d'autres pour quelques francs à peine,

cotées : un prix moyen de 80 francs pour mille huîtres est toujours considéré comme un prix plutôt bas. Il a été surpassé en bien des années.

Actuellement l'industrie huîtrière zélandaise subit une crise, en partie économique et en partie physiologique. Je ne vous parlerai pas de la première, elle ne me semble pas particulière aux huîtres de Zélande.

Quant au côté physiologique de la question, on pourrait le préciser en disant que les huîtres zélandaises ne s'engraissent plus, ou bien qu'elles ne le font plus si vite qu'autrefois. On a désiré une enquête sur les causes de ce mal, de cette paresse des huîtres zélandaises; le gouvernement m'a chargé des recherches à effectuer pour le renseigner à cet égard. Elles n'ont pas été faciles.

Je connaissais un peu l'ostréiculture ayant pris une part active dans les recherches néerlandaises sur l'huître et l'ostréiculture, dont un rapport a été publié en 1883-84. Mais des observations systématiques sur la vitesse de la croissance n'avaient jamais été faites ni par moi, ni par d'autres investigateurs. Les ostréiculteurs eux-mêmes ne s'étaient jamais servis de la balance pour contrôler cette croissance et n'avaient que des notions très vagues sur les périodes alternatives d'engraissement et de déclin des produits de leur culture. En outre, comme vous le savez, il y a toujours, entre les huîtres d'un même parc, une grande différence quant à la taille, l'état d'engraissement, etc. C'est déjà difficile de les bien juger à un moment donné; c'est encore plus difficile, pour ne pas dire impossible de comparer l'état où elles se trouvent à un certain moment avec la condition d'autres huîtres ouvertes à un autre moment.

Les conditions météorologiques, la température surtout peuvent causer un grand changement dans la condition des huîtres en peu de jours ou de semaines. En juin, une semaine, une dizaine de jours d'une température élevée fait développer la maturité des huîtres : en quelques jours alors, le plus grand nombre prend part à la propagation et, cette période une fois passée, les huîtres s'engraissent d'une manière normale.

Si pourtant la période de température élevée ne dure pas assez longtemps, une partie seulement se développe à maturité; d'autres y arrivent plus tard, quand une nouvelle période de chaleur a commencé et ainsi de suite; certaines années, la propagation se continue pendant une grande partie de l'été et en août et en septembre, une grande différence entre les huîtres d'un même parc et du même âge en peut être la suite.

Au commencement, je me suis efforcé en vain de trouver un moyen pour juger la marche du développement, de l'engraissement, de la croissance des huîtres, prises quelconques. Leur différence était telle qu'il était impossible de se servir de la moyenne des chiffres représentant leurs dimensions, leur poids, etc.

Je me suis alors décidé pour un essai de culture exécuté avec des huîtres de dimensions et de poids correspondants : je demande la permission de vous raconter très brièvement le résultat de cet essai.

Pendant la saison des huîtres, les ostréiculteurs pêchent les huîtres qui se trouvent sur certaines parcelles à l'aide de bateaux à vapeur manœuvrant quatre à six dragues à la fois. Ces huîtres sont transportées à l'établissement qui se trouve à terre où l'on en fait le triage : on les divise en huîtres bonnes à être vendues et en huîtres qui ne le sont pas encore. Ces dernières sont remises sur les parcs.

Dans un de ces grands établissements, on s'est chargé, sous mon contrôle personnel, de me faire, parmi celles qui étaient encore trop petites pour le marché, un assortiment de 10.000 huîtres de dimensions et de poids à peu près égaux. C'était en avril 1898. Le poids de ces huîtres était alors de 58 gr. 7, celui de leur écaille de 45 gr., celui de la partie mangeable, de 7 gr. 6.

A l'aide de ces 10.000 huîtres qui ont été transportées sur une partie spéciale (nettoyée d'avance et bien marquée à l'aide de bouées) le coin d'un bon parc du banc d'Yersche, j'ai fait des constatations pendant 2 ans. Tous les deux mois, je me suis rendu sur les lieux et j'ai fait draguer une centaine de ces huîtres, que j'ai examinées moi-même ; j'ai calculé chaque fois la moyenne de la croissance de l'écaille et l'engraissement du poisson.

La moitié de ces huîtres — 5.000 — ont été mises sur un emplacement double de celui sur lequel les 5000 autres avaient été déposées.

Chaque fois, 50 des unes et 50 des autres ont été mesurées, afin de contrôler l'influence du nombre d'huîtres semées sur une parcelle d'une certaine étendue ; les deux lots ont donné les mêmes résultats : dans les limites où l'essai a été fait, cette influence semble donc être nulle. Mais la comparaison des chiffres des huîtres de ces deux parties montre, il me semble, l'excellence de la méthode suivie.

Quant au résultat obtenu, quoique le but principal de ma communication soit de vous montrer la méthode employée, je vous la décrirai en quelques mots.

Le résultat de ces recherches poursuivies pendant 2 ans a été que, tandis que l'écaille augmentait de poids de 45 à 65 grammes, la partie mangeable, l'huître elle-même, était restée à peu près stationnaire : le poids moyen, qui était de 7 gr. 6 en avril 1898 était de 7 gr. 8 en mai 1900.

Je n'ai donc cultivé pendant ces deux années que de la chaux !

Je vous communique les résultats ci-dessus seulement à titre d'exemple d'application de ma méthode statistique et non pour vous faire voir trop en noir notre ostréiculture zélandaise et je me garderai bien de vous dire que de ces résultats il pourrait être tiré des conclusions sur la culture en général. Il va sans dire que le choix des huîtres employées pour cet essai de culture, le choix du parc, le nombre des huîtres déposées, les conditions météorologiques peu favorables des dernières années, l'ensemble de ces facteurs entre pour beaucoup dans le résultat obtenu.

Mais d'autre part, j'ai la conviction que les ostréiculteurs seraient plus vite et bien plus sûrement renseignés sur la marche du développement de leurs élèves, s'ils voulaient se servir de la méthode que j'ai pris la liberté de vous indiquer.

M. Jousset de Bellesme fait observer que la température joue un rôle important dans la croissance de l'huître : comme influant sur son alimentation : l'huître est herbivore et les changements de température déterminent une plus ou moins grande production de fugacées des zostères dont elle fait sa nourriture.

M. le Dr Hoek fait remarquer que, s'il est vrai que d'autres organismes sont rencontrés dans l'estomac d'une huître, la nourriture qu'on y trouve consiste surtout en diatomées, Mais parmi ces diatomées ne figurent qu'en très petite quantité celles que l'on observe dans le plankton des courants qui la baignent : le plus grand nombre des diatomées rencontrées semble plutôt provenir du sol, plus particulièrement des terrains qui ont une certaine ressemblance avec des tourbières. On y trouve aussi des animaux, de petits crustacés et du frai, tant d'huîtres que d'autres mollusques.

M. Hoek ajoute que les huîtres de l'Escaut sont la proie de nombreux parasites ; l'éponge perforante exerce de grands ravages surtout depuis 1883 ; elle s'attaque plutôt aux huîtres âgées qu'aux huîtres jeunes.

M. LE PRÉSIDENT remercie M. le Dr HOEK de sa très intéressante communication.

Il est ensuite donné connaissance à la 5e section d'une note de M. le Dr POMPE VAN MEERDEVOOT, de Nieuport (Belgique) *sur l'ostréiculture en Hollande et en Belgique.*

L'HISTOIRE DE L'OSTRÉICULTURE EN HOLLANDE ET EN BELGIQUE,

PAR LE Dr POMPE VAN MEERDEVOOT

Si j'emploie dans cette notice le mot ostréiculture, je veux dire la vraie culture des huîtres, c'est-à-dire la récolte du naissain, le détrocage et l'élevage. Dans ce sens, la Hollande a fait preuve d'une persévérance exceptionnelle ; sans le moindre appui, sans le moindre encouragement du gouvernement, les Hollandais ont créé sur l'Escaut une ostréiculture très remarquable.

Au commencement de cette culture, lorsque votre grand maître M. Coste avait parlé, le gouvernement français a assisté les ostréiculteurs de toutes les manières et leur a donné plus qu'une protection efficace ; il leur a donné les conseils et les études des hommes les plus compétents pour les guider dans leurs expériences ; le gouvernement français a fait tout son possible pour mener à de bons résultats une industrie nationale qui devait bientôt devenir une richesse pour la France.

Le gouvernement français a fait plus encore ; il a institué une organisation admirable pour la distribution des terrains huîtriers, soit à Arcachon, soit ailleurs. Cette organisation est trop connue pour que j'en donne les détails.

En Allemagne, le gouvernement a fait encore plus ; non seulement, il a donné son assistance morale, mais même pécuniaire, en accordant des subsides assez considérables aux pionniers de l'ostréiculture dans la Baltique.

Malheureusement en Allemagne, on n'a pas voulu tenir compte des deux grands facteurs nécessaires à la culture des huîtres, soit :

1° Que l'eau en été doit avoir au moins une température de 18° C.

2° Que la proportion de sel dans l'eau de mer doit être environ de 3 0/0.

Ces deux conditions sont primordiales; sans elles, pas de culture. Dans la Baltique, ces conditions n'existent pas, donc pas de culture, tous les essais ont échoué.

En Angleterre, l'ostréiculture est livrée à l'initiative privée comme en Hollande.

La culture des huîtres en Hollande date de l'an 1870 : dans cette année, on a loué publiquement les terrains huîtriers de l'Escaut oriental et cette location ne s'est pas faite sans difficultés : les Hollandais ne demandaient rien au gouvernement que la disposition des terrains aux conditions que le gouvernement voudrait stipuler.

Toutefois, depuis 1868, le baron Groeninx van Zoelen et moi avions séparément, sans savoir que nous poursuivions le même but, fait des études à Arcachon, afin d'étudier sur place cette industrie si importante. Tous les deux, nous nous sommes adressés au gouvernement afin d'obtenir des terrains pour faire des expériences; les terrains nous furent refusés; mais en 1870, le gouvernement se décidait à mettre en location publique une partie du bassin huîtrier de l'Escaut, connue sous le nom de Yersche Bank.

Ce bassin de l'Escaut avait produit depuis des siècles de belles et bonnes huîtres, mais la pêche dévastatrice, ne limitant pas la dimension des huîtres à pêcher, avait produit les mêmes suites désastreuses qu'en Ecosse, c'est-à-dire avait ruiné en grande partie la production naturelle. On pêchait tout alors, depuis les huîtres de 2 à 3 centimètres, jusqu'à celles de 7 à 8. La production de plusieurs millions d'huîtres naturelles au commencement du xixe siècle, avait diminué et il n'y en avait plus que quelques centaines de mille. Naturellement les pêcheurs eux-mêmes en souffraient et lorsqu'en 1870, les bancs huîtriers de Yersche furent mis en location publique, la population de ce village comptait environ 700 personnes dont une grande partie ne pouvait pas payer les contributions ordinaires et cette même population appauvrie était opposée à la location des terrains qu'elle considérait comme sa propriété.

Aujourd'hui ce village a plus de 3000 habitants, dont plusieurs sont propriétaires de leurs maisons et, bien que les dernières années n'aient pas été fructueuses pour l'ostréiculture en Hollande, tous ces gens paient régulièrement leurs contributions.

Ce bassin ostréicole de l'Escaut, entre Bergenopzoom et Yersche, a une superficie d'environ 8000 hectares ; parmi ces 8000 hectares, il y en a environ 5000 qui ne valent pas beaucoup ou rien du tout pour la culture de l'huître, étant des terrains sablonneux. Les autres 3000 hectares forment des terrains bien distincts que l'on pourrait dénommer :

1° Des terrains naturels où le naissain arrive naturellement sous l'influence de différents courants ; sur ces terrains, on n'a qu'à semer de petites écailles marines pour servir de collecteurs. Ces terrains ont une très grande valeur et sont loués de 500 à 1500 florins (1000 à 3000 francs) l'hectare ;

2° Des terrains pour placer des tuiles collecteurs ; ceux-ci aussi, sous l'influence de courants locaux, sont plus ou moins bons pour placer les tuiles. Ces tuiles ne recueillent pas, comme dans la baie d'Arcachon, de 200 à 300 petites huîtres ; nous sommes déjà très contents quand une tuile collecte de 30 à 40 naissains.

Les huîtres, après avoir été détroquées, sont cultivées sur des terrains qui émergent ou à peu près à basse mer et, dès qu'elles ont atteint un diamètre de 2 cent. 1/2 à 3 centimètres, elles sont mises dans les eaux profondes où elles viennent à maturité.

Il fallait autrefois 3 ans 1/2 pour avoir une belle huître blanche, grasse et marchande, de 7 cent. 1/2 à 8 cent. 1/2 ; depuis quelques années, il faut 4 ans 1/2 et cela pour des raisons que je vais exposer.

Les terrains ostréicoles se trouvent en pleine rivière (on pourrait dire en pleine mer), divisés en parcelles de 5, 10, même 20 hectares : le 1/3 du bassin huîtrier, loué par le gouvernement pour 15 ans consécutifs, rapportait en 1870 à l'État environ 47.000 francs (23.000 florins). Dans cette période, les ostréiculteurs faisaient de bonnes affaires et des bénéfices annuels de 40 à 50 p. 100 n'étaient pas extraordinaires. Dans un petit pays comme la Hollande, ces bénéfices furent vite connus et lorsqu'en 1883, le gouvernement décidait de mettre en location les deux autres tiers du bassin (ces 2/3 ne valant pas le 1/3 primitivement loué), une foule de personnes prirent part aux adjudications et le total des baux monta à 1.100.000 francs (530.000 florins). Tous les anciens ostréiculteurs, gens compétents, trouvaient ces prix

18

trop exagérés, mais afin de ne pas être expulsés, devaient suivre le courant.

Encore si les huîtres fussent restées de la même qualité que de 1870 à 1883, ces baux énormes eussent pu être payés, mais les huîtres devenaient moins belles et les prix baissaient de 150 fr. le mille à 70 francs, prix considéré comme élevé aujourd'hui.

Il s'en est suivi que les beaux bénéfices de cette industrie florissante sont tombés à rien.

Plusieurs des premiers ostréiculteurs sont en ce moment même en liquidation.

Il est bien difficile de donner les raisons de cette décadence : on a voulu en voir les causes dans l'exagération de la culture ; mais, dans la période de 1870 à 1885, la Zélande a produit jusqu'à 50 millions de belles huîtres et maintenant ce chiffre n'est plus que de 30 millions tout au plus. Les huîtres ne sont plus aussi belles, aussi grasses, aussi blanches qu'auparavant, le commerce ne les prise plus autant. Il est vrai que la France s'est appliquée à améliorer ses bonnes huîtres et que les Marennes, les Belon, les Cancale sont bien meilleures qu'il y a 10 ans, mais il doit y avoir encore une autre raison : je l'attribue au barrage de l'Escaut.

Pour construire le chemin de fer de Flessingue, on a dû barrer, c'est-à-dire fermer l'Escaut oriental. Auparavant, beaucoup de déjections d'Anvers arrivaient de l'Escaut belge dans l'Escaut oriental : en barrant ce bras, on a coupé les vivres aux huîtres.

Lors du barrage, les ostréiculteurs ont demandé au gouvernement de faire construire la digue avec des tunnels, offrant d'en supporter les frais, afin de conserver au moins en partie les avantages qui leur venaient d'Anvers. Ces ostréiculteurs étaient compétents, ils avaient l'expérience et la pratique pour eux ; mais les théoriciens, les savants jugeaient autrement et déclaraient notre proposition ridicule : le barrage fut fait. Depuis, les huîtres ont mangé le stock de nourriture qui se trouvait sur les barres, il n'en reste presque plus et ceux qui ont ri de nos propositions n'auront dans quelques années qu'à constater la ruine complète de l'ostréiculture en Zélande.

Mais il sera trop tard d'y remédier et l'on verra une des plus belles industries nationales totalement ruinée et les huîtres de Zélande, autrefois le nec plus ultra, tombées aux prix des arcachons, de 150 à 30 francs le mille.

Telle est l'histoire de l'ostréiculture en Hollande.

L'ostréiculture en belgique. — En Belgique, il n'existe pas d'ostréiculture ; je ne puis dire si l'on ne pourrait pas faire des essais sur quelque point du littoral belge ; mais on ne l'a pas encore tenté, que je sache.

En Belgique, surtout à Ostende, on s'occupe beaucoup de l'engraissement des huîtres, ainsi qu'à Nieuport.

Les huîtres d'Ostende ont depuis longtemps une réputation bien méritée : autrefois on engraissait de jeunes huîtres de provenance écossaise : ces huîtres ont à peu près complètement disparu, et on engraisse actuellement de jeunes huîtres de 5 à 6 centimètres, venant de France ou de Zélande. En 5 à 6 mois, elles deviennent très belles ; mais la culture proprement dite n'existe pas en Belgique.

M. le Secrétaire donne ensuite lecture d'une note sur la Société ostréicole du bassin d'Auray, dont l'auteur est M. Désiré Jardin, son président.

NOTICE SUR LA SOCIÉTÉ OSTRÉICOLE
DU BASSIN D'AURAY (MORBIHAN)
Par M. Désiré JARDIN

En 1878, les principaux ostréiculteurs des quartiers d'Auray, de Vannes et de Lorient se groupèrent non pas pour faire à Paris une exposition générale de leurs produits, mais pour provoquer les expositions particulières, les grouper, les aider et arriver ainsi à un ensemble susceptible d'attirer le public et de l'intéresser à une industrie naissante.

Ce fut un succès, et ce succès n'a certes pas été étranger à la pensée qui, deux ans plus tard, en 1880, amena les mêmes ostréiculteurs à se réunir pour fonder à Auray la *Société ostréicole du Bassin d'Auray.*

Les premières réunions, 7 novembre, 6 et 26 décembre 1880, présidées par M. du Bouëtiez de Kerorguen, furent consacrées à la rédaction des statuts et à l'installation d'un bureau définitif.

Ce premier bureau était composé de :

MM. de Corbigny, capitaine de frégate en retraite, président ;
de la Richerie, capitaine de vaisseau en retraite, vice-président ; Docteur Gressy de Carnac ; de Thévenard, notaire
à Auray ; Guérin, pharmacien à Auray ; Pasco, capitaine
au long-cours, à Locmariaquer ; Ragiot, chef de bataillon
en retraite à Auray, secrétaire.

De ce premier bureau, M. Pasco reste seul vivant aujourd'hui
et, si j'ai cité tous ces noms, c'est pour rendre un hommage mérité à ceux qui nous ont montré la route à suivre.

Dès cette époque, en effet, le but de la Société avait été bien
déterminé, Société n'ayant aucun but personnel, réunissant toutes
les bonnes volontés et se préoccupant avant tout des intérêts généraux de l'ostréiculture.

La présidence d'honneur, offerte à M. le Vice-Amiral, préfet
maritime à Lorient, fut très aimablement acceptée. M. Senné-Desjardins, commissaire de la marine à Auray, qui avait pris une
part active à la formation de la Société, en fut nommé vice-président d'honneur

Ces concours si bienveillants nous furent un encouragement
précieux en même temps qu'ils accentuaient notre ferme volonté
de chercher le progrès non pas seuls, mais d'accord avec l'autorité maritime. Et, de fait, cet accord si désirable n'a pas cessé
d'exister pour le plus grand bien de tous.

En remerciant l'autorité maritime de son bienveillant appui,
je remplis ici un devoir de reconnaissance. Mais l'Administration
des Ponts et Chaussées a droit également à toute notre gratitude
pour l'appui éclairé qu'elle n'a cessé de nous donner. Dès 1876,
M. Hauser, ingénieur, dans un rapport sur l'industrie ostréicole
dans le Morbihan rédigé au nom de la Commission du Concours
ostréicole organisé à Vannes, avait fait de cette industrie naissante une étude qui reste comme un modèle d'exposition et un
chef-d'œuvre de prévoyance. Ce manuel publié sous les auspices de
M. le Préfet du département par le Conseil général du Morbihan
prouve qu'aucun concours ne faisait défaut à notre industrie. Depuis l'enfant est devenu grand, mais si la vie lui a été souvent
pénible, les sympathies qui entouraient son berceau lui sont
demeurées, et je suis heureux d'en remercier ici l'administration
préfectorale et tous les conseillers généraux qui se sont succédés
dans notre assemblée départementale.

Comme on le voit, notre Société a été entourée depuis sa naissance de protecteurs puissants et dévoués. Mais s'ils lui sont
restés fidèles, j'ai l'orgueil, légitime je pense, de croire que nous
avons toujours mérité leur appui et justifié leur confiance.

Nous sommes nous aussi restés fidèles à notre programme de
défense des intérêts généraux de notre industrie. Je dirai même
qu'au bout d'un certain temps nous nous y sommes cantonnés
plus étroitement que jamais. Dès le début, en effet, la société
s'est préoccupée de faire connaître le bassin d'Auray et d'y attirer
les acheteurs. — Tous à peu d'exception près, nous pensions
alors qu'il était facile de nous grouper pour faire de la réclame,
arrêter les prix à fixer, déterminer les tailles, les modes de livraison, de paiement, etc., etc., en un mot nous transformer, un
moment donné, en un syndicat de vente. L'expérience n'a pas
donné de résultats satisfaisants et ne pouvait en donner. Nous
sommes nombreux qui regardons aujourd'hui comme une utopie
et comme une utopie dangereuse, la croyance à une entente possible entre les vendeurs. Non seulement la marchandise n'est pas
toujours la même bien que du même âge et du même type, mais
les facilités de livraison sont différentes, mais la manière de livrer
varie selon chaque acheteur, etc., etc.

Enfin il faut le dire, la moralité de chacun des vendeurs n'est
pas la même et l'entente de ce fait seul peut devenir une du-
perie.

C'est ce qui s'est inévitablement produit lorsque des associations de ce genre se sont créées dans les centres de production.
Les gens de bonne foi ont toujours été victimes de collègues
d'une probité élastique qui, trop souvent, ne provoquaient une
entente que pour en profiter en s'y dérobant.

La Société ostréicole a mieux réussi dans la réclame impersonnelle qu'elle a faite pour faire connaître le bassin ostréicole d'Auray.

Grâce aux expositions, à la diffusion de son bulletin, à de petites
notices envoyées de temps en temps à divers journaux, il n'est
pas non seulement en France, mais en Europe et aux États-Unis
un ostréiculteur qui ne connaisse le bassin d'Auray et n'ait à sa
disposition la liste des divers producteurs et éleveurs d'huîtres.

Nous avons la ferme intention de persévérer dans cette voie
qui nous semble la plus utile, la plus pratique et qui a valu à

notre société, dans certains moments difficiles, l'honneur de voir tous les centres ostréicoles se joindre à nous.

Tout d'abord l'activité de la Société se porta sur le maintien et la prospérité des bancs naturels du bassin d'Auray, prospérité qui est la seule garantie de l'ostréiculture de notre pays, puisque seuls ces bancs nous donnent du naissain.

Cette prospérité a toujours été l'objet des soins assidus de la Marine qui a bien voulu nous associer à ses travaux pour la culture de ces bancs précieux. Des commissions de visite fonctionnent fréquemment et après les essais inévitables en toutes choses nouvelles l'entretien, la garde et l'exploitation régulière des gisements huîtriers des rivières d'Auray et de La Trinité sont aujourd'hui assurés.

Une commission nommée par décision du 19 mai 1891 de M. le Ministre de la Marine et composée de MM. Paul Guieysse, député du département, Jardin, Désiré, président de la Société ostréicole, Bouchon-Brandely, inspecteur général des Pêches, Hervé, commissaire de la Marine à Auray, Sauvé, commissaire de la Marine à Vannes, Donnarieix, lieutenant de vaisseau, commandant du *Caudan*, Pasco, capitaine au long cours, ostréiculteur, le Douaran et Robino patrons pêcheurs, s'est réunie à Auray les 22, 23, 24 et 25 juillet 1891, a visité un à un tous les bancs des rivières d'Auray et de Vannes, et, après avoir entendu MM. Vincent, ostréiculteur à Vannes, Coste et Senné-Desjardins, anciens commissaires de la Marine à Auray, ainsi que de nombreux ostréiculteurs et pêcheurs, a proposé à M. le Ministre de la Marine:

1° Le principe de l'assolement fixé à une période de trois ans ;

2° Des visites fréquentes par une commission composée du Commissaire du quartier, d'un ostréiculteur et d'un pêcheur.

Ces mesures ont été adoptées et leur mise en pratique a donné jusqu'à ce jour les meilleurs résultats.

Dès la première heure, un bulletin fut fondé et les divers ennemis de l'huître, comme l'éponge, la moule, le murex, la clione celata, l'arénicole, les crabes, les poissons broyeurs furent étudiés tour à tour de façon à pouvoir prendre contre leurs ravages les mesures les plus efficaces.

De même une série d'études sur l'ostréiculture en Hollande, en Angleterre, en Belgique, en Italie, en Irlande, à Ceylan et même en Chine, a été entreprise et menée à bonne fin dans nos bulletins.

Il va sans dire que dans nos réunions, tous les procédés employés dans les différents centres ostréicoles français étaient fréquemment discutés et comparés pour le plus grand bien de tous.

Le métissage des huîtres françaises et portugaises a donné lieu les premières années à des polémiques ardentes. Cette question était également étudiée à Arcachon. Il est aujourd'hui reconnu qu'aucun métissage n'est possible entre l'*Ostrea edulis* et la *Gryphea angulata*; mais à cette époque cette donnée scientifique était loin d'être admise par tous.

La gryphée n'en était pas moins un danger pour nos bancs naturels et pour nos collecteurs. On sait, en effet, que lorsque deux espèces sont appelées à vivre côte à côte sur un espace restreint, la disparition de l'espèce la plus faible n'est qu'une question de temps. Or le mollusque portugais plus rustique, plus résistant, plus prolifique, devait avoir raison de l'ostrea edulis.

Mais en face d'un danger possible, l'entente fut vite faite entre l'immense majorité des ostréiculteurs pour demander qu'il fût défendu, par mesure de précaution, d'introduire des huîtres portugaises dans nos eaux. Notre demande, appuyée par tous les maires et conseillers municipaux de notre contrée, reçut de l'Administration un accueil favorable.

Si cette question de la portugaise agita un peu les ostréiculteurs en 1887, l'émotion fut bien plus forte en 1889, lorsque dans un rapport du Comité consultatif des Pêches inséré à l'officiel, on lut une proposition tendant à la mise en adjudication des concessions. On peut dire que ce jour-là le monde ostréicole fut remué jusque dans ses fondements aussi bien à Auray qu'à Cancale, à Marennes qu'à Arcachon. Cette fois il n'y eut pas un dissident et la Société fut bien le porte-parole réclamé et autorisé de toutes les populations ostréicoles de Dunkerque à la Loire. Arcachon et Marennes, qui marchaient pleinement d'accord avec nous, centralisèrent les autres pétitions.

Les députés, les conseils généraux, les chambres de commerce, les autorités départementales nous appuyèrent très chaleureusement et le Ministre de la Marine, que M. le Vice-Amiral, Préfet maritime à Lorient, avait bien voulu nous promettre d'aller trouver immédiatement, nous fit assurer par dépêche que le statu quo serait maintenu.

La partie était gagnée, mais l'alarme avait été chaude, plus chaude certainement que ne l'avait pensé le très sympathique auteur du malencontreux rapport et j'eus la sensation intime ce jour-là que notre modeste Société avait fait œuvre utile.

La Société a toujours considéré les expositions comme un excellent moyen de réclame impersonnelle. Elle a donc exposé à Paris en 1889 et 1900, et à diverses époques à Londres, en Russie, en Belgique, au Havre, à Vannes, à Brest, à Auray, etc., etc.

Son but n'a jamais été d'obtenir les hautes récompenses qu'on lui a toujours données, mais de faire connaître partout le bassin ostréicole d'Auray.

Des démarches multiples ont été faites à diverses reprises par la Société aussi bien en son nom qu'au nom des ostréiculteurs de Marennes et d'Arcachon pour obtenir des chemins de fer une diminution des tarifs de transport et si les concessions, qui nous ont été faites n'ont pas été celles que nous demandions, nous ne pouvons pas dire cependant que certaines de nos demandes n'aient pas reçu un commencement de satisfaction ; mais il reste encore beaucoup à faire.

En ce qui concerne les octrois, le droit dans bien des villes, comme à Paris, Lyon, etc., est égal au prix de gros dans les centres ostréicoles ; mais les démarches les plus actives, les plus répétées les mieux appuyées, n'ont pas abouti. Le jour de la suppression des octrois en France, sera jour de fête pour les ostréiculteurs, Ce jour-là la consommation sera doublée (1).

Et cet accroissement de vente sera un bienfait pour tous, pour le consommateur qui trouvera à meilleur marché un produit sain et agréable et pour nous qui aurons ainsi un débouché mieux assuré.

En attendant ces jours heureux attendus avec tant d'impatience par tous les ostréiculteurs aux prises aujourd'hui avec les difficultés d'une production abondante et d'une consommation mal assurée, la Société ostréicole reste debout, attentive, l'œil au guet, toujours prête à intervenir pour le bien commun.

M. Roussin appelle l'attention sur l'opinion exprimée par M. Jardin que les sociétés ostréicoles ne peuvent constituer un syndicat de vente.

(1) Les octrois, les tarifs de chemins de fer et les intermédiaires font seuls aujourd'hui de l'huître un aliment de luxe vendu, la *douzaine*, au consommateur le prix du *cent* chez le producteur.

Cependant une tentative intéressante dans ce sens a été faite par la
Société coopérative des ostréiculteurs de La Teste, dont les résultats
sont consignés dans la note qui suit, de M. le Dr Lalanne, son président.

LA SOCIÉTÉ COOPÉRATIVE DES OSTRÉICULTEURS
DE LA TESTE

Par M. le Dr LALANNE

En 1885, chacune des communes du littoral du bassin d'Arcachon (Arcachon, La Teste, Gujan-Mestras, Audenge et Arès) institua un syndicat particulier dont la réunion constitua l'Union syndicale ; seules, les communes de Gujan et de la Teste décidèrent de créer chacune une société coopérative destinée à procurer à ses membres à tarif très réduit tous les produits et matériaux employés à l'exploitation huîtrière. — Le syndicat de La Teste, dont j'étais le fondateur et le président, accepta en outre sur ma proposition, par son article 3, de créer une société coopérative pour la vente des huîtres. Il s'assigna aussi le but de créer une caisse de crédit ostréicole destinée à venir en aide aux parqueurs nécessiteux.

A la mort de M. Baudens, président du syndicat d'Arcachon et de l'Union syndicale, le syndicat de la commune d'Arcachon cessa d'exister : dans le courant de la même année disparurent successivement ceux de Gujan-Mestras, d'Audenge et d'Arès.

Le syndicat de la Teste dura jusqu'en 1890 et, à cette époque, la société de fourniture de produits, qui procurait à ses membres à 50 0/0 d'économie, avait acquis, grâce à une légère retenue, un capital de 3000 francs qui fut partagé entre tous les syndiqués au moment où cette association cessa définitivement de fonctionner. Seule la société coopérative de vente des ostréiculteurs de La Teste, fondée au sein du syndicat en 1886, a continué à fonctionner depuis, en assurant, à ses membres, les avantages de la caisse de crédit ostréicole prévue par le syndicat.

Dès son début, 15 novembre 1886, la société coopérative, dont je m'occuperai seule désormais, fut fondée au capital de 5000 fr., en dix actions de 500 francs, pour une durée de 3 années, renouvelable pour 6 ans. Je fus son créateur, j'en ai toujours été depuis le président.

Par délibération des 28 juillet et 10 avril 1891, la durée de la société a été portée à 25 ans : quatre membres étaient décédés ou se sont retirés à cette époque, leur action leur a été remboursée à 500 francs. Au même moment, 14 nouveaux membres ont adhéré à la société qui comptait alors 20 actionnaires, ce qui portait le capital à 20.000. En juillet 1893, la durée de la société a été fixée à nouveau, à 25 ans, renouvelable pour une période de 9 ans par un vote de l'assemblée générale.

Les résultats acquis ont été les suivants :

Le 26 octobre 1894, il a été payé à chaque actionnaire un amortissement de 200 francs sur chaque action de 500 francs. Le 30 avril 1896, la société coopérative a remboursé, à 4 sociétaires décédés ou voulant cesser de faire partie de la société, leur action à raison de 1416 francs l'une.

Il est en outre partagé entre tous les sociétaires, en fin d'année, les huîtres qui restent en magasin après la campagne et qui se sont élevées ces trois dernières années en 1898 à 996 francs, en 1899 à 322 fr. 30, en 1900 à 106 fr. 45,

Soit 29 fr. 68 par an et par action.

En fin de campagne, chaque année, l'assemblée générale détermine quelle est la plus-value de bénéfice à donner par chaque millier d'huîtres livré par chaque actionnaire, en sus du cours local qui a toujours été payé intégralement à chacun d'entre eux, plus-value qui varie entre 0,50 et 1,50 suivant la qualité d'huîtres.

En résumé, 200 francs ayant été remboursés sur l'action de 500 francs, celle-ci ne constitue qu'un déboursé de 300 francs qui, multiplié par 16 actions, équivaut à un capital de 4.800 fr.

Or le capital social véritable porté, après amortissement en 1900, à 29.844 fr. 36, vaut en réalité (immeubles, bassin, terrains, constructions, bateaux..., etc.) environ de 40 à 50.000 fr.

En 14 années, l'actif s'est donc pour ainsi dire augmenté de 10 fois sa valeur.

Et cependant chaque actionnaire n'en a pas moins touché chaque année, en sus de ce qu'il aurait vendu ses huîtres à un négociant :

1° Une moyenne de 29 fr. 68, partage des huîtres restant en magasin en fin de campagne ;

2° Une plus-value de 150 à 1000 francs suivant la quantité d'huîtres livrées ;

Tout cela pour un versement réel de 300 francs.

L'art. 7 de la loi sur les syndicats qui dit que, nonobstant toute clause contraire, tout syndiqué peut se retirer à condition d'avoir payé sa cotisation annuelle, rend impossible toute création du genre de celle que je viens de citer.

L'obligation de ne pouvoir en aucune circonstance vendre ses huîtres en dehors de la société coopérative dont on fait partie me paraît absolument indispensable à la réussite de ce genre d'association.

RÉSUMÉ DES OPÉRATIONS DE LA SOCIÉTÉ

	NOMBRE d'huîtres vendues	au	ACTIF de la société	OBSERVATIONS
1re année	2.400.800	30 juin 1887	6 209f 25	La 12e année se trouve faible comme chiffre d'huîtres expédiées pour la raison suivante : la plupart des négociants en huîtres ont voulu faire un coup de bourse qui ne leur a pas réussi, en donnant les huîtres à des prix tellement dérisoires, que la société les a laissé faire, ne voulant pas se prêter à des opérations de ce genre. Jusqu'en 1891, la société n'a jamais vendu ni expédié que ses propres huîtres ; à cette époque, ayant été imposée d'une patente, sur les instances des autres négociants de la région, elle en a profité pour acheter depuis les huîtres de qualité particulière qui pouvaient lui manquer à certaines périodes de l'année.
2e —	3.900.000	— 1888	9 456 90	
3e —	4.800.000	— 1889	10.749 30	
4e —	5.396.000	— 1890	16.777 23	
5e —	5.400.000	— 1891	17.062 97	
6e —	6.800.000	— 1892	24.118 11	
7e —	8.050.000	— 1893	29 434 20	
8e —	9.600.000	— 1894	35.235 »	
9e —	9.850.000	— 1895	32.041 64	
10e —	12.630.000	— 1896	31.546 31	
11e —	12.500.000	— 1897	24.345 94	
12e —	4.610.000	— 1898	30.826 09	
13e —	11.900.000	— 1899	25.168 96	
14e —	11.950.000	— 1900	29.841 36	

La lecture de ces deux notes provoque un échange d'idées sur les bienfaits de l'association et de la coopération auxquels prennent part MM. ROUSSIN, POTTIER, MOULIETS, SAUNION et LE SAINT.

MM. LE SAINT et POTTIER présentent le vœu suivant :

Estimant que c'est par l'entente et l'association des ostréiculteurs que l'ostréiculture française pourra remédier à la crise commerciale dont elle souffre actuellement,

Le Congrès émet le vœu

Qu'il se crée dans chaque centre une association d'ostréiculteurs ayant pour but la défense des intérêts locaux et la réunion des renseignements propres à éclairer le commerce des huîtres ; et que ces associations locales se tiennent en relations les unes avec les autres afin de pouvoir, à l'occasion, réunir leurs efforts dans l'intérêt de l'ostréiculture française toute entière.

Ce vœu, mis aux voix, est adopté à l'unanimité ; il sera, comme le précédent, soumis à l'approbation du Congrès dans sa séance générale de clôture.

L'ordre du jour étant épuisé, M. le Président déclare clos les travaux de la 5me section. La séance est levée à midi.

6ᵉ SECTION

UTILISATION DES PRODUITS DE PÊCHE

Séance du vendredi 14 septembre 1900.

PRÉSIDENCE DE M. V. HUGOT, *président*

La séance est ouverte à 2 heures.

M. LE PRÉSIDENT donne la parole à M. le chanoine BLANCHARD, aumônier de l'hôpital de la Rochelle, pour la lecture d'une note sur *la fabrication des fleurs artificielles avec les écailles de poissons.*

M. le chanoine BLANCHARD, après avoir fait connaître dans quel but humain et élevé il a entrepris des recherches en vue de l'utilisation des écailles de poisson pour la fabrication de fleurs artificielles d'une durée indéfinie, explique en quelques mots son procédé.

Tout d'abord les coquilles ou les écailles sont plongées dans un bain d'acide chlorhydrique étendu, afin de dissoudre en partie le carbonate de chaux, et obtenir ainsi la transparence désirable. La durée de cette immersion est d'ailleurs variable suivant le résultat à obtenir. Les écailles sont alors taillées et fixées sur le fil de fer qui doit servir de tige à la fleur à l'aide d'une colle spéciale à base de gomme arabique et de fécule. La fleur terminée, l'on passe au coloriage qui est toujours effectué avec des couleurs transparentes, et de préférence choisies parmi les couleurs d'aniline.

M. LE PRÉSIDENT fait remarquer que le cachet tout particulier des fleurs fabriquées ainsi par M. le chanoine Blanchard, dénote chez lui un vrai tempérament d'artiste. Son procédé est de nature à rendre service aux pêcheurs en utilisant des déchets jusqu'alors perdus.

M. GAUTHIER donne connaissance de son rapport sur *le transport du poisson frais.*

DU TRANSPORT DES POISSONS FRAIS PAR LES CHEMINS DE FER

Par M. Henri GAUTHIER
Ingénieur des Arts et Manufactures

Parmi les améliorations susceptibles de donner en France une extension plus grande à la pêche, il est évident que la question du transport du poisson est une des plus importantes à étudier. Les Compagnies Françaises ne transportent pas en une année plus de 60,000 tonnes de poisson alors que sur les chemins de fer de l'Angleterre on en transporte 500,000 tonnes. On voit par là combien les Compagnies elles-mêmes ont intérêt à chercher une augmentation de trafic, en accordant des facilités plus grandes et des tarifs plus réduits.

Pour les poissons très ordinaires surtout dont les prix sont modiques par rapport à leur poids, les frais de transport augmentent ce prix dans une grande proportion. En abaissant ces frais on pourrait notamment arriver à faire entrer les poissons communs dans l'ordinaire de la troupe et trouver de ce côté un large débouché. Il résulte en effet d'une lettre récente de M. le Ministre de la guerre, que le poisson a été reconnu par les commissions chargées de reviser le règlement des ordinaires de la troupe, comme constituant une nourriture saine, agréable et parfois aussi substantielle que la viande ; mais dans la plupart des garnisons il est difficile à se procurer et revient presque toujours à un prix trop élevé pour les ressources dont disposent les ordinaires.

Nous nous proposerons donc d'étudier les conditions de transport du poisson frais sur les lignes où ce trafic est le plus développé.

1° *Rapidité des transports.* — Sur les lignes de la Compagnie du Nord, grâce aux trajets peu étendus et aux dispositions prises, le poisson arrive rapidement de la côte à la gare de Paris-Nord.

Un train spécial de marée n° 3826 partant de Boulogne à 8 h. 10 soir prend le poisson des différents ports pour arriver à Paris à 2 h. 30 du matin. Il dessert : Etaples, 8h,50 ; Verten, 9h,03 ; Rue, 9h,40 ; Noyelles, 9h,51 ; Abbeville, 10h,22 ; Amiens, 11h,18.

Le poisson transporté peut donc arriver aux Halles vers 4 h. 1/2 du matin soit 7 h. 1/2 au maximum après son embarquement. Si on y ajoute le délai de 3 heures que la Compagnie est en droit d'exiger pour la remise des colis avant le départ du train qui doit les transporter, on voit que le poisson peut être rendu aux halles 10 h. 1/2 après sa remise en gare de Boulogne. Cette durée n'est pas exagérée, le transport ayant lieu pendant la nuit.

Enfin un certain nombre de rapides comportent des fourgons affectés au transport du poisson.

Le train rapide n° 106 part de la frontière à 4 h. 44. Il arrive à Paris à 8 h. 22 du matin et transporte les écrevisses venant de l'étranger. Le train rapide n° 16 partant de Boulogne à 2 h. 35 du soir arrive à Paris à 5 h. 50 du soir et peut prendre le poisson pêché dans la matinée.

La compagnie du Nord effectue le transport de ces poissons soit aux halles, soit de gare à gare par un service spécial de factage.

Il résulte de cet examen que, pour la partie de la côte desservie par cette compagnie, les transports sont effectués dans d'assez bonnes conditions, à cause du peu d'étendue des trajets toujours effectués sur les lignes principales du réseau.

Les ports de la Normandie et de la Bretagne sont beaucoup moins bien desservis.

Le train partant de Quimper à 11 h. 59 du matin prend le poisson des différents points de la côte bretonne. Il correspond avec les trains partant de Douarnenez à 10 h. 14, Concarneau à 11 h. 5. Il passe à Lorient à 1 h. 55. Il correspond à Redon avec un train de la compagnie de l'Ouest qui arrive à Paris le lendemain vers 3 heures du matin.

Si la compagnie exige, comme elle en a le droit, la remise des colis 3 heures avant le départ du train, il n'est pas possible, surtout pour les ports desservis par un chemin de fer d'intérêt local correspondant mal avec la grande ligne, d'expédier du poisson pêché dans la nuit. On ne peut expédier que du poisson de la veille qui subit de ce fait un retard de 12 heures en plus des 20 heures de transport.

Pour que les ports bretons puissent utiliser dans de bonnes conditions ce train de marée, il faudrait donc que le délai de trois heures dont nous avons parlé plus haut soit réduit au minimum et aussi que le départ de ce train soit un peu retardé.

Pour la compagnie de l'Ouest, voici les horaires des principaux trains de marée :

Ligne du Havre		Ligne de Cherbourg		Ligne de Bretagne	
Départ du Havre	8ʰ35 soir	Cherbourg	4ʰ25 soir	Roscoff	6ʰ30 soir
Fécamp	8 40	Honfleur	7 33	St-Malo	5 06
Dieppe	10 03	Trouville	8 30	Granville	6 30
Arrivée à Paris	4 25 matin	Paris	4 55 matin	Paris	4 25 m.

Les ports importants en relation avec les grandes lignes sont donc assez bien desservis et leur poisson peut parvenir en bon état aux halles de Paris, mais il n'en est pas de même pour celui qui est pêché dans les petits ports et pour celui qui va au delà de Paris. Dans ces deux derniers cas, les délais accordés aux compagnies et la non-concordance des trains aux embranchements créent des retards déplorables.

En effet, d'après l'arrêté ministériel du 7 août 1895, les denrées doivent être expédiées par le premier train de voyageurs comprenant des voitures de toute classe, pourvu qu'elles aient été présentées à l'enregistrement 3 heures avant l'heure réglementaire du départ du train. Un délai égal est accordé à chaque changement de réseau, et en outre une durée de 11 heures est allouée pour le transport de gare à gare à l'intérieur de Paris, y compris le débarquement et la réexpédition.

Il y a donc lieu, pour faciliter les transports de poissons allant au delà de Paris, de chercher à réduire le plus possible : 1° le délai de 3 heures imposé pour la remise des colis à la gare de départ et aux changements de réseau; 2° les délais accordés aux compagnies pour la manutention à l'arrivée et pour la traversée de Paris.

D'autre part, les compagnies autres que celles du Nord, de l'Orléans et de l'Ouest, transportent le poisson dans les trains de messageries et dans certains trains de voyageurs exceptionnellement dans les express pour les longs parcours. On pourrait donc les inviter à employer le plus souvent possible ce dernier mode de transport.

2° *Tarifs de transport.* — Nous avons établi, d'après les tarifs spéciaux des différentes compagnies, les prix de transport d'une tonne de poisson pour des distances de 200, 300, 500 km.

Le tableau suivant contient ces indications :

1° EXPÉDITIONS D'UN POIDS INFÉRIEUR A 50 KG.

	200 km.	300 km.	500 km.
Nord.	37ᶠ50	47ᶠ50	67ᶠ50
Ouest et Orléans	70 00	102 50	163 00
P. L. M.	70 00	102 50	163 00

2° EXPÉDITIONS D'UN POIDS DE 50 KG. MINIMUM

		200 km.	300 km.	500 km.
Nord		37ᶠ50	47ᶠ50	67ᶠ50
Ouest et Orléans	sur Paris .	37 75	50 75	76 75
	autres gares	48 00	70 50	78 50
P.-L.-M		48 00	70 50	112 50

Enfin la compagnie P.-L.-M. a un tarif spécial pour expéditions au-dessus de 1000 kg.

	200 km.	300 km.	500 km.
	35ᶠ00	52ᶠ00	84ᶠ00

Le tarif le plus réduit est donc celui de la compagnie du Nord. Il présente en outre l'avantage d'une grande simplicité puisqu'il ne comporte ni conditions de tonnage, ni conditions de distance.

C'est là une réforme qui pourrait être demandée aux compagnies afin de rendre moins onéreuses les petites expéditions. Enfin il y aurait lieu d'établir un tarif réduit pour les poissons communs afin que les frais de transport soient en rapport avec leur valeur. Voici, à titre de renseignement, les bases sur lesquelles sont établis les tarifs de la compagnie du Nord.

Jusqu'à 50 km.	0,24	par tonne et par km.
de 51 à 75	0,22	— — en sus
de 76 à 100	0,20	— — en sus
de 101 à 125	0,18	— — en sus
de 126 à 150	0,16	— — en sus
au delà de 150	0,10	— — en sus

Matériel spécial affecté au transport du poisson. — Un moyen d'améliorer les conditions de transport de poisson pour les longues distances et de parer dans une certaine mesure aux retards occasionnés par la marche des trains consiste à employer des wagons spéciaux dont l'aération et la basse température maintiennent le poisson en bon état pendant une certaine durée. Il y a donc là un progrès important à réaliser et nous allons étudier cette question.

En France il n'existe, pour ainsi dire, aucun matériel spécial à cet usage. On trouve seulement sur le réseau de l'Ouest des fourgons utilisés pour toutes les denrées alimentaires, ayant leur caisse munie de persiennes à la partie supérieure. Leur plancher est à claire-voie et il y a sur la voiture un aspirateur d'air pour augmenter la ventilation. On réalise donc ainsi un bon aérage, mais aucune disposition n'est prise pour abaisser la température.

Des wagons analogues existent aussi sur le réseau d'Orléans.

A l'étranger, en Angleterre, aux Etats-Unis et en Allemagne, nous trouvons plusieurs types de wagons glacières. Nous décrirons ceux qui ont été essayés en 1896 sur les chemins de fer de l'Etat Prussien et qui ont donné des résultats satisfaisants.

Ces wagons qui ont les dimensions ordinaires des wagons couverts de l'Etat Prussien soit une longueur de 7^m,78, une largeur de 2^m,58 et une hauteur de 1^m,93, sont basés sur le principe de l'isolement de leur intérieur par rapport à l'air ambiant.

Chaque paroi est formée de 4 cloisons parallèles séparées par un léger intervalle. Ces cloisons en bois de pin bien sec emprisonnent donc ainsi 3 couches d'air formant un très bon isolant. En outre les deux cloisons intérieures de cette paroi reçoivent une garniture d'amiante qui augmente encore leur pouvoir calorifuge.

Le toit et le plancher du wagon sont construits d'après le même principe. Les fermetures des portes sont très soignées et les jointures sont à l'extérieur recouvertes d'une bande de caoutchouc.

4 wagons semblables furent construits. L'un d'eux fut mis en service sans aucune disposition intérieure pour la production du froid. Dans les autres étaient installés des récipients à glace disposés soit aux extrémités avant et arrière, soit sur les longs côtés. Un tuyau est installé pour l'écoulement de l'eau et se termine extérieurement par un siphon afin d'empêcher toute rentrée d'air

extérieur. La surface extérieure des wagons était peinte en gris clair.

On arrive ainsi à maintenir dans les wagons une température de 10° pendant les mois de juillet et août, c'est-à-dire en plein été. On arrive à une température de 4 à 5° au maximum en remplaçant la glace par un mélange réfrigérant de glace et de sel marin qui n'est pas bien coûteux. On peut alors maintenir le poisson en bon état pendant une durée de 5 à 6 jours.

Les wagons américains reçoivent, en outre des récipients à glace, des dispositions spéciales de ventilation qui donnent d'excellents résultats.

Le prix du wagon allemand, tel que nous l'avons décrit sans récipient à glace, est de 7000 fr. environ. Il faut y ajouter 500 fr. environ si l'on met des récipients à glace.

Il serait désirable que ce progrès soit réalisé sur les lignes françaises ; mais jusqu'ici, malgré les avantages que ce système présenterait pour les Compagnies elles-mêmes en augmentant leur trafic, aucune d'elles n'a voulu construire un type de wagons calorifuges.

Il faudrait donc que les expéditeurs se groupent, comme en Angleterre et aux Etats-Unis, pour faire construire des wagons ainsi aménagés.

Déjà sur la Compagnie de l'Ouest certains expéditeurs de denrées possèdent des wagons qu'ils ont fait aménager à leur convenance et il leur est alloué une bonification pour la circulation de leur matériel, ce qui leur permet de récupérer rapidement les frais de construction de ces wagons.

C'est dans cette voie qu'il faudrait entrer pour améliorer les conditions de transport du poisson.

En résumé voici les principales mesures que nous proposerions pour faciliter le transport des poissons frais sur les chemins de fer.

1° Que le délai de remise du poisson fixé à 3 heures soit abaissé à 1 heure et dans l'état actuel que les Compagnies apportent la plus grande tolérance dans l'application de ce délai.

2° Que les colis de poissons prennent place aussi souvent que possible dans les trains express.

3° Que les tarifs de transport soient abaissés, en particulier pour les poissons communs.

4° Qu'il soit établi sur les principales lignes des wagons réfri-

gérants et que les Compagnies accordent des avantages importants aux expéditeurs ou aux Sociétés privées qui possèdent de
tels wagons.

M. le Président remercie M. Gauthier de son très intéressant travail ; les conclusions de son rapport seront plus utilement discutées
après que la section aura pris connaissance des autres mémoires concernant le même sujet.

M. le Président annonce que M. Marguery, délégué de la Chambre
de Commerce de Paris, a déposé sur le bureau un certain nombre d'e-
xemplaires imprimés de son rapport sur l'ensemble du commerce du
poisson frais, des mollusques et crustacés. Ces exemplaires seront distribués aux membres de la section qui en feront la demande.

M. le Secrétaire, en l'absence de M. Lerchenthal, donne lecture de
son intéressant travail sur *l'écaille*.

RAPPORT SUR L'ÉCAILLE

Par M. LERCHENTHAL

La belle matière, connue dans l'industrie sous le nom d'écaille,
provient de la carapace des tortues marines.

La sorte la plus estimée, qui sert à la fabrication des peignes
et d'articles de luxe d'une grande valeur, est fournie par la tortue
caret. C'est une substance plus transparente et plus dure que la
corne des ruminants et qui affecte les plus jolies couleurs. Très
cassante à l'état brut, elle devient malléable sous l'action de la
chaleur et possède alors la faculté de se souder à elle-même, ce qui
permet d'en tirer un très grand parti. Elle se polit, en outre, avec
facilité et le brillant, qu'elle obtient ainsi, ajoute encore à son
éclat.

Voici quelques renseignements sur cette précieuse dépouille de
la tortue.

Conformation de la tortue. — La double cuirasse qui enveloppe entièrement le corps de la tortue, ne laissant passer que la
tête, le cou, les quatre pattes et la queue, se compose d'os élar-
gis et intimement soudés entre eux. La partie supérieure ou *cara-*

pace résulte de la réunion des côtes et des vertèbres dorsales; la partie inférieure ou *plastron* n'est que le sternum très développé. Une peau sèche et mince recouvre tout le corps de l'animal et chez presque toutes les tortues de mer, cette peau est garnie d'une couche cornée qui constitue l'*écaille*.

TORTUES MARINES. — Les tortues de mer, qui donnent de l'écaille, se divisent en trois espèces : la franche, la caouane et le carét.

Elles sont d'une très grande taille, surtout la franche qui atteint jusqu'à 1ᵐ50 et même 2 mètres de longueur. La caouane et le caret ne dépassent guère 1ᵐ20.

Leur carapace mesure à peu près les trois quarts de la longueur totale. Excessivement aplatie, elle s'échancre en avant, s'allonge et se rétrécit en arrière, et est disposée de telle sorte que la tête et les pattes ne peuvent complètement s'y cacher. Les pattes sont également très aplaties et forment de véritables rames.

Ces tortues vivent dans la mer à des distances énormes des côtes et ne se rendent à terre que pour pondre. Elles se nourrissent, les unes de plantes marines et les autres d'animaux vivants tels que crustacés et mollusques.

On les rencontre dans toutes les mers des pays chauds. Dans l'Océan Atlantique : aux Antilles (Cuba, Bahama, Jamaïque, Haïti, etc.); dans l'océan Indien, à Madagascar, à Maurice et aux Seychelles; dans l'Océan Pacifique : aux Philippines, aux Célèbes, à la Nouvelle-Guinée, aux îles Fiji, etc.

On emploie différents procédés pour s'emparer des tortues. Certains pêcheurs les harponnent lorsqu'elles viennent respirer l'air à la surface de l'eau. D'autres les prennent avec de grands filets à larges mailles, dans lesquelles la bête engage sa tête et ses nageoires. Ainsi prisonnière, elle ne peut plus aller respirer et périt asphyxiée. Mais le moyen le plus usité consiste à les guetter au moment de la ponte et lorsqu'on les a surprises, on les renverse sur le dos. Comme en cet état elles ne peuvent plus se relever, on les laisse sur le sable, le ventre en l'air, jusqu'au moment de les tuer.

DÉPOUILLE DE LA TORTUE. — L'écaille ne peut se séparer du corps de la tortue que sous l'influence d'une chaleur assez vive.

Dans quelques pays, on se contente de suspendre les tortues au-dessus d'un feu ardent ; aussitôt les écailles se redressent et se détachent très facilement. Mais ce procédé présente le sérieux inconvénient de brûler une partie de la matière et il est préférable de ramollir la carapace par l'eau bouillante, comme cela se fait, du reste, assez généralement.

Nous n'examinerons que la dépouille de la tortue caret qui, seule, fournit l'écaille de valeur.

Chez cet animal, les plaques de la carapace ne sont pas simplement juxtaposées comme chez la franche et la caouane, elles sont imbriquées, c'est-à-dire qu'elles se prolongent en arrière les unes au-dessus des autres, se recouvrant comme les tuiles d'un toit. Les naturalistes l'appellent la *tuilée*.

La carapace est formée de treize morceaux : quatre grandes plaques rectangulaires ou feuilles, deux plaques étroites se terminant en pointe ou ailerons, deux plaques presque triangulaires dites carrés et cinq morceaux courbés dont quatre buses et un collet. Les huit plaques sont disposées, par moitié et transversalement, de chaque côté de la carapace, dans l'ordre suivant : deux feuilles au milieu, un aileron en avant et un carré en arrière. Quant aux buses, ils sont placés sur l'échine, le plus fort en bas et le plus faible en haut, avec le collet par devant.

Le plastron se compose de vingt-deux pièces, savoir : huit plaques transversales et presque rectangulaires au milieu, deux plaques longitudinales en queue, deux morceaux triangulaires formant le col, et dix carrés dont huit petits et deux très petits sur les côtés. Le tout est divisé en deux parties symétriques.

La soudure du plastron à la carapace est recouverte d'onglons qui vont, de la queue au cou, en diminuant de grosseur. Il y en a, de chaque côté, deux assez gros, deux moyens et trois petits, plus quatre fretins ordinaires, soit ensemble vingt-deux, et trois fretins inférieurs près du cou. Les nageoires du caret sont aussi pourvues de deux forts onglons.

Pendant longtemps, bien des pêcheurs ne recueillaient que l'écaille de la carapace et les onglons ; ils jetaient les plastrons qui n'avaient alors qu'une valeur insignifiante. Il n'en est plus de même aujourd'hui.

ECAILLE DE COULEUR. — C'est la dépouille de la carapace qui

produit l'écaille proprement dite ou de couleur, dont les nuances
varient à l'infini, depuis le foncé le plus noir jusqu'au rose le
plus pâle. La plupart des écailles sont jaspées, ou marbrées,
tigrées, mouchetées, tiquetées ; cependant, il y en a passablement aussi de couleur uniforme.

Les treize morceaux d'une dépouille ont le même fond de couleur et le même genre de jaspure, mais les pointes sont plus claires
et les buses plus foncées que les feuilles. La couleur la plus estimée est le rouge. Sa valeur augmente considérablement (doublant
et triplant même) au fur et à mesure que les nuances se rapprochent du rose pâle ou *demi-blond* qui atteint un prix énorme. Les
écailles brunes sont ordinaires et les écailles noires sont inférieures, excepté lorsqu'une bonne jaspure vient en relever le ton.

Les meilleures provenances produisent environ 40 0/0 de couleurs brunes ou noires et 60 0/0 de bonnes couleurs ; mais dans
ces dernières, on ne trouve guère qu'un tiers de belles nuances et
un dixième de nuances fines.

Les grandes et fortes dépouilles pèsent de 2 k. à 2 k. 700 ; le poids
des bonnes moyennes, qui sont les plus nombreuses, va de 1 k.
200 à 1 k. 800.

Les quatre grandes feuilles rectangulaires représentent presque
la moitié du poids et les deux tiers de la valeur d'une dépouille.
Dans celle de 2 k. 700, elles mesurent chacune 36 cm. de longueur
21 cm. de largeur et 5 mm. d'épaisseur ; dans l'autre de 2 k.
elles ont 34 sur 20 cm. et 4 mm. d'épaisseur. Puis viennent les
bonnes moyennes avec 3 à 4 mm. d'épaisseur, les moyennes avec
3 à 4 mm. d'épaisseur, les moyennes avec 1 à 2 mm., poids en
proportion.

Ecaille blonde. — La dépouille du plastron ou ventre, beaucoup plus petite et beaucoup plus mince que celle de la carapace,
fournit l'écaille blonde qui est, aujourd'hui, la plus chère de
toutes.

La couleur de cette écaille est uniformément blonde, jaunâtre
ou rougeâtre, sans aucune jaspure. On recherche surtout la
nuance blond-pâle qui, malheureusement, ne se rencontre guère
que chez les tortues moyennes ou petites des îles Bahama.

La meilleure partie réside dans les huit plaques du milieu et
les deux en queue ; les carrés des côtés ont également de la valeur

lorsqu'ils sont assez grands et assez épais, mais les morceaux du col sont très inférieurs. Dans une bonne dépouille, les morceaux sans valeur comptent pour à peu près 20 à 25 0/0 du poids.

Les plus grandes feuilles de ventre mesurent de 20 à 25 cm. de longueur, sur 11 à 13 cm. de largeur et 2 mm. d'épaisseur. Elles pèsent de 35 à 60 grammes ; mais la généralité a plutôt 1 mm. à 1/2 mm. d'épaisseur et un poids de 10 à 25 grammes.

ONGLONS. — Les onglons des pattes, en forme de gaines triangulaires, se composent de deux petites plaques épaisses, d'inégale grandeur, dont les bords sont soudés entre eux excepté à la base. Les deux onglons de la queue, situés à la partie inférieure de la carapace, ont presque la même forme ; mais les autres, dits de côté, s'allongent sur la bordure en s'abaissant en avant et se relevant en arrière, diminuent progressivement de largeur et sont plutôt rectangulaires.

Cette disposition des quatorze onglons offre l'aspect d'une découpure régulière des bords de la carapace. Les quatre fretins qui suivent de chaque côté ne sont que des petits morceaux courbés appliqués sur la soudure et les trois fretins du haut comprennent un collet et deux coins sans aucune valeur.

Dans les onglons de côté, les deux plaques diffèrent très peu de grandeur ; celle de dessus, un peu plus grande que l'autre, est de la même couleur que la carapace et celle de dessous est blonde comme le plastron. Dans les onglons des pattes, le côté blond est de moitié ou d'un tiers plus petit que le côté brun.

La valeur de l'onglon dépend principalement du côté blond, mais le côté brun peut aussi la faire varier un peu, suivant qu'il est plus ou moins clair. Il va sans dire que les petits onglons valent sensiblement moins que les grands. Les gros pèsent environ 35 à 55 grammes et les moyens 20 à 30.

MALADIES DE L'ÉCAILLE. — Les écailles sont assez souvent avariées, soit par la *gale* soit par la *lentille*.

La gale est la plus commune de ces deux défectuosités. Elle se trouve sur le côté extérieur de la carapace et sur les onglons, mais presque jamais sur le ventre, et doit provenir d'animaux rongeurs qui ont détruit, plus ou moins, l'endroit où ils sont restés attachés à la tortue.

Quant à la lentille, elle est moins répandue que la gale et paraît
résulter d'une maladie interne de la bête, car c'est sur le côté
adhérent à la peau qu'elle se manifeste principalement et cela,
sous la forme qui lui a donné son nom. Elle atteint le ventre aussi
bien que le dos et les onglons.

FRANCHE ET CAOUANE. — Les écailles de la franche très grandes, mais très minces, d'un fond généralement jaunâtre avec un
grand nombre de taches marron ou noires. Plaques très lisses,
parfois galeuses et souvent lentilleuses.

Celles de la caouane sont plus petites, mais plus épaisses et de
couleur uniformément brune ou rouge, sans aucune marbrure.
Plaques rugueuses, très souvent galeuses et s'effeuillant.

Ces deux espèces sont d'une valeur minime et l'on ne les utilise que dans la marquetterie et la tabletterie bon marché.

COMMERCE DE L'ÉCAILLE. — L'écaille donne lieu à un commerce
relativement peu important. Je ne crois pas que la France, qui
occupe cependant le premier rang dans l'article, en emploie annuellement pour plus d'un million de francs.

On travaille aussi cette matière en Italie, en Allemagne, en
Angleterre, en Autriche, aux Etats-Unis et au Japon. L'Espagne,
la Belgique et la Suisse fabriquent également, mais très peu.

Le principal marché est Londres où l'on vend, aux enchères
publiques, six fois par an c'est-à-dire tous les deux mois, les arrivages disponibles. Nous en recevons en outre directement, beaucoup des Antilles et un peu des Seychelles. De même, l'Allemagne
attire chez elle une grande partie des provenances de Zanzibar
(canal de Mozambique et Madagascar) et de Singapore (Philippines
et Célèbes). Il en arrive également un peu des Indes néerlandaises,
en Hollande.

Durant l'année 1899, on a vendu à Londres 23,000 kilogrammes
d'écailles qui se décomposent ainsi :

Provenances	Ecailles	Onglons	Ventres	Total
Océan Atlantique . .	10.370k	2.475k	1 475k	14.320k
— Indien . . .	4.390	215	105	4.710
— Pacifique . .	3.705	220	140	4.065
TOTAL. . .	18.465k	2.910k	1.720k	23.095k

L'océan Atlantique a fourni en plus 2.830k. de Caouane, mais l'océan Indien et le Pacifique n'ont pour ainsi dire pas donné de Franche.

Voici un aperçu du cours actuel de l'écaille. Les prix s'entendent par kilogramme.

Dépouille d'une carapace saine	Couleur extra	Bonne couleur	Couleur foncée
Grande et bonne moyenne. .	300ᶠ	80 à 90ᶠ	50 à 65ᶠ
Moyenne et bonne petite. . .	150ᶠ	60 à 70ᶠ	35 à 50ᶠ
Petite et mince.	80ᶠ	40 à 50ᶠ	20 à 30ᶠ

Dépouille du plastron	Blond	Rouge
Bonne marchandises contenant 20 à 25 0/0 de non valeurs	180 à 225ᶠ	90 à 120ᶠ

Dépouille des onglons	Blonds	Rouges
Bonne marchandises contenant environ 100/0 de défectueux.	65 à 75ᶠ	60 à 65ᶠ
Franche en bonne condition. . . .	4 à 5ᶠ	
Caouane.	8 à 10ᶠ	

M. LE PRÉSIDENT adresse au nom de la section des remerciements à M. Lerchenthal, pour son intéressant travail.

L'ordre du jour étant épuisé, la séance est levée à 5 heures.

Séance du samedi 15 septembre 1900, 10 heures matin.

PRÉSIDENCE DE M. V. HUGOT, *Président.*

M. LE SECRÉTAIRE donne lecture du très intéressant rapport de M. SA-RASSIN sur *les nacres et coquillages.*

RAPPORT SUR LES NACRES ET COQUILLAGES
PAR M. SARASSIN

La *nacre* employée dans l'industrie est le produit de la sécrétion d'un mollusque, et constitue la coquille même qui renferme cet animal ; presque toute la nacre du commerce est fournie par *l'avicule pintadine* ou *mère perle* (mother of pearl shell), *Meleagrina margaritifera.*

Tout le monde connaît cette belle coquille, dont les deux valves presque circulaires atteignent parfois jusqu'à 0,30 centimètres de diamètre. La présence de ces coquilles est constatée sur différents points du globe, particulièrement dans la partie commençant à la mer Rouge et au golfe Persique, et s'étendant, par l'océan Indien, le golfe du Bengale, la mer de Chine, la mer de Java, la mer de Célèbes, jusqu'à l'océan Pacifique, inclusivement.

Les *centres de pêche* les plus importants sont : l'île Célèbes, à Macassar ; les îles Moluques, Ternate, Céram, l'Archipel de Sooloo ; en Australie, la côte ouest (Western Australia), la côte nord, Port-Darwin, le golfe de Carpentarie, le détroit de Torrès et l'île de Thursday ; la côte est : toute la partie comprise entre la côte et la grande barrière de récifs (great barrier reef) ; Brisbarre, et Sidney.

Ces différentes contrées produisent généralement la belle nacre franche, blanche, ou parfois teintée sur les bords.

La nacre aux bords noirs, également très estimée du commerce se rencontre principalement en Océanie, dans les îles de la Polynésie orientale, les îles de la Société et des Tuamotu appartenant à la France, et les îles de Penrhyn et de Manihiky appartenant à l'Angleterre.

Les pintadines présentent de grandes variations dans leurs couleurs, structures et tailles; c'est ainsi que certaines sortes ont de 4 à 8 centimètres de diamètre, tandis que d'autres et c'est la généralité, ont de 15 à 25 centim., et atteignent parfois, comme nous le disions plus haut, jusqu'à 30 centim. de diamètre. Les teintes varient du beau blanc irisé et si joliment nuancé, jusqu'aux couleurs jaune ou noire, d'autant plus foncées qu'elles se rapprochent des bords de la coquille. Le bord jaune est considéré comme une tare qui diminue la valeur commerciale de la coquille, mais la bordure noire constitue une sorte, dont la mode si changeante s'est emparée, et dont la valeur atteint, par suite, des prix souvent aussi, et même plus élevés que les belles sortes blanches.

Chaque contrée produit généralement des coquilles d'une certaine nature, il est cependant assez fréquent de trouver plusieurs sortes différentes réunies dans un même endroit de pêche.

La *pêche* s'opère de différentes façons : dans les eaux profondes, au moyen de plongeurs ou de scaphandriers, et dans les eaux peu profondes, par dragages au moyen de filets spéciaux. Ce dernier mode ne peut guère être employé que dans les parages du golfe Persique, et, plus loin, de Shark'sbay. Partout ailleurs la pêche se fait surtout au moyen de plongeurs.

Cette industrie est actuellement régularisée partout et soumise à des contributions spéciales, soit qu'il soit délivré aux pêcheurs des patentes moyennant un droit fixe, soit que les lieux de pêche soient affermés à des entrepreneurs particuliers. Des édits sont également intervenus dans la plupart des centres de production, concernant les grandeurs des coquilles dont la pêche est autorisée, afin d'enrayer la destruction à laquelle seraient fatalement voués les bancs qu'une pêche irraisonnée dégarnirait de toutes les coquilles quel que soit leur âge. La pêche des coquilles trop jeunes et au-dessous d'un certain diamètre est donc généralement prohibée, et de plus, les bancs et lagons sont périodiquement et durant un certain temps, 2 à 3 années, alternativement ouverts puis fermés au commerce, de telle façon que les coquilles aient le temps de se reproduire. Ce n'est guère, en effet, que vers l'âge de 3 à 4 ans, que la nacre peut présenter une valeur marchande; dans la coquille d'un animal trop jeune, il est à remarquer que la nacre n'existe qu'à l'état de couche infime, la croûte extérieure de la coquille étant formée d'une substance calcaire déposée comme par couches. Cette croûte extérieure, au fur et à mesure que l'animal devient plus âgé, va s'amincissant, tandis qu'au contraire, la couche de nacre intérieure va s'augmentant et s'épaississant.

A différentes reprises on a tenté la *reproduction artificielle* et l'élevage des huîtres perlières, comme pour les huîtres comestibles. Il ne semble pas que, jusqu'ici, l'on soit parvenu à un résultat pratique, mais les essais ne sont abandonnés nulle part, et nous ne doutons pas que, peut-être bientôt, les efforts faits seront récompensés par une réussite qui paraît certaine.

La pêche au scaphandrier ou à la drague, étant relativement peu pratiquée en comparaison de celle à la plonge, nous allons voir de quelle façon celle-ci se pratique le plus généralement, et nous prendrons comme exemple l'une des contrées où cette industrie est des plus importantes : l'Australie.

La pêche s'y fait par des bateaux gréés en lougres, d'environ dix tonneaux, conjointement le plus souvent avec des côtres de plus grandes dimensions, qui servent de pourvoyeurs, et qui, apportant les provisions aux lougres, emportent au retour le produit de la pêche, aux stations établies sur la côte. Les équipages sont généralement composés d'indigènes, auxquels se mêlent des Chinois, des Japonais, des Malais, etc. Quelques Européens plongent aussi, ils sont généralement les propriétaires et les propres patrons de leurs bateaux. Ces lougres de pêche restent, le plus souvent, environ un mois, sur les lieux de pêche, parfois même davantage.

C'est à 8 ou 10 brasses que se trouvent le plus fréquemment les coquilles, quelquefois cependant, il faut plonger jusqu'à 20 ou 25 brasses pour les recueillir, mais à cette profondeur, vu la pression de l'eau, le plongeur fait un travail d'autant plus difficilement utile, qu'il doit se hâter de remonter à la surface. Ce plongeur attaché au bout d'une corde, dont l'autre bout reste entre les mains d'une partie de l'équipage, est muni d'un sac ou d'un panier contenant quelques pierres destinées à hâter la descente, pierres dont il se débarrasse aussitôt arrivé au fond, pour les remplacer par des coquilles ; lorsqu'il est à bout d'haleine, il fait un signal en agitant la corde, et on le retire vivement. Il reste ordinairement de une à une minute et demie, rarement deux minutes, sous l'eau ; ce métier est des plus pénibles et affecte la constitution de ceux qui s'y livrent : quand ils remontent à l'air, les yeux, comme on dit, leur sortent de la tête, et souvent ils rendent du sang par le nez, la bouche ou les oreilles.

La pêche d'un mois peut être estimée à environ 800 à 1000 paires de coquilles par bateau ; souvent, durant la belle saison, cette pêche atteint 1500 à 1800 paires ; il est de coutume dans certaines stations, pour encourager les pêcheurs et les équipages des bateaux, de leur allouer un bonus pour chaque résultat dépassant un millier de paires, en prenant comme base les paires pesant 2 à 3 livres, les plus petites devant être groupées de façon à former des unités de 2 à 3 livres, cette unité comptant dès lors comme une paire.

Les coquilles, aussitôt pêchées, sont soumises à un examen minutieux pour la recherche des perles ; une seconde opération se fait aussitôt l'arrivée au rivage, où les coquilles sont exposées à un soleil ardent qui fait promptement périr les animaux. Aussitôt qu'on a obtenu toute certitude qu'aucune perle ne se trouve dans les coquilles, celles-ci sont rejetées en tas, prêtes soit à l'expédition en vrac dans des bateaux dirigés sur des centres plus importants, soit, mais plus rarement, à l'emballage sur place en caisses ou barils.

Nous avons indiqué précédemment quels sont, sur la surface du globe, les principaux centres de pêche ; il nous reste à examiner quelle est leur importance : nous ne pouvons mieux l'indiquer, qu'en présentant, dans le tableau suivant, les *quantités* expédiées annuellement, ainsi que la *valeur* de ces expéditions ; nous avons pris comme base l'année 1899, réunissant nous-même, après des recherches laborieuses, les chiffres en question, aucune publication n'ayant donné, jusqu'à présent, ces statistiques.

Thursday Island . . . ⎫		
Queensland . . . . ⎬ 1.400.000 kil.	5.670.000 fr.	
Détroit de Torrès . . ⎭		
Western Australia . . ⎫		
King'ssound . . . ⎬ 800.000 —	3.140.000 —	
Port Darwin . . . ⎭		
Mergui . . . . . 100.000 —	311.000 —	
A reporter. . . 2.300.000 kil.	9.121.000 fr.	

Report . . .	2.300.000 kil.	9.121.000 fr.
Nouvelle Guinée . . .	80.000 —	262.000 —
Macassar (Aroë) . . .	150.000 —	600.000 —
Céram, Manille. . . }		
Bima, Salawati . . }	230.000 —	690.000 —
Larantocka . . . . }		
Tahiti, Gambier . . }		
Pomotou Tuamotu. . }	600.000 —	2.100.000 —
Penrhyn . . . . . }		
Banda, Florès	150.000 —	450.000 —
Fidji	150.000 —	337.000 —
Egypte, Bombay. . . }		
Golfe Persique . . . }	300.000 —	570.000 —
Mer Rouge . . . . }		
Panama	300.000 —	360.000 —
Mazatlan et La Paz . .	100.000 —	150.000 —
Moules du golfe Persique.	400.000 —	300.000 —
Lingah id. . .	2.000.000 —	460.000 —
Zanzibar	30.000 —	52.000 —
Shark'sbay	150.000 —	112.000 —
Totaux. .	6.940.000 kil.	15.564.000 fr.

En dehors des avicules pintadines, nous devons mentionner divers *coquillages univalves*, dont le commerce est suffisamment important, ce sont les *goldfish* du Japon ; les *Burgos* du détroit de Malacca, de l'Ile Célèbes ; les *haléotides* de la Basse Californie et de la Nouvelle-Zélande, les *Trocas* de l'Ile Célèbes et du Japon.

Les haléotides de la basse Californie présentent cette particularité que seules, peut-être, parmi toutes ces nacres et coquillages elles sont utilisées également au point de vue alimentaire : les Chinois sont friands de l'animal dont ils font des conserves.

Voici le tableau de la production et de la valeur de ces différents coquillages, toujours pour 1899 :

Goldfish	250.000 kil.	325.000 fr.
Haléotides.	250.000 —	87.000 —
Burgos	200.000 —	220.000 —
Trocas.	600.000 —	240.000 —
Totaux. .	1.300.000 kil.	872.000 fr.

Pour finir, nous mentionnerons aussi ces différents *coquillages de fantaisie, Murex, spondylus, cauris*, etc., dont la valeur annuelle peut s'élever à environ 30.000 fr., et les *palourdes*, seuls coquillages d'eau douce employés industriellement, que l'on rencontre en petites quantités dans les rivières du sud-ouest de la France et d'Espagne, mais que depuis quelque temps, on a trouvé en quantités importantes dans le Mississipi : on estime qu'en 1899 ce fleuve aurait donné environ 200.000 kilos pour une valeur d'environ 50.000 fr., le tout consommé en majeure partie aux Etats-Unis mêmes.

Il est à remarquer, en passant, que les coquilles des huîtres comestibles ne peuvent être utilisées dans l'industrie.

Les principaux *ports d'importation* des nacres et coquillages sont : Londres, Le Havre, Marseille, Hambourg, Rotterdam, Trieste, New-York. Le marché le plus important est Londres, où se tiennent périodiquement des ventes publiques qui attirent toujours un nombre considérable d'acheteurs de tous les pays. Les lots y sont classés suivant qualités, grandeurs, etc. Rotterdam est également un marché de ventes publiques, mais de beaucoup moindre importance, et réservé exclusivement aux provenances des Indes néerlandaises. Les autres ports ci-dessus désignés sont surtout des lieux de transit.

Les coquillages nacrés ont été employés comme ornements depuis les temps les plus reculés, mais ce ne fut guère que par cas isolés ; l'industrie proprement dite ne date guère que du siècle dernier, elle a été continuellement en progressant, et occupe actuellement une place importante. Nous citerons, parmi les principales applications de la nacre : la fabrication des boutons, manches de couteaux, éventails ; la bijouterie, la tabletterie (plaques de livres, coupe-papier, jetons, dominos, porte-plumes, boucles de ceinture, etc. etc.), le recouvrement des jumelles, les incrustations des meubles, les menus objets de fantaisie, tels que coquilles montées sur petits bronzes et les articles de bains de mer.

Les principaux *centres industriels* où l'on emploie la nacre sont pour la France, Paris et le département de l'Oise principalement, puis les Vosges, le Dauphiné ; pour l'Allemagne, Berlin, Frankenhausen, Solingen, Hannover, Gardelegen ; pour l'Autriche-Hongrie, Bohême-Moravie ; pour l'Angleterre, Birmingham, Sheffied ; pour l'Espagne, Barcelone ; pour la Russie, Varsovie ;

pour les Etats-Unis d'Amérique, New-York, Philadelphie, Chicago.

Primitivement, la nacre se travaillait d'une façon rudimentaire, avec des tours marchant au pied, mais aujourd'hui nombreuses sont les usines à vapeur disposant des machines les plus perfectionnées. Dans beaucoup d'endroits, cependant, dans les campagnes, en dehors des usines se trouvent des ouvriers travaillant à façon, chez eux, au pied, pour le compte d'entrepreneurs. Ce fait rend plus difficile l'appréciation du nombre de personnes occupées dans cette industrie; toutefois on peut l'estimer ainsi :

Pour la France environ 3.500 à 4.000 ouvriers et ouvrières.
— l'Allemagne   —   3.500   —
— l'Autriche-Hongrie 3.000 à 3.500   —
— l'Angleterre   —   2.000   —
— les Etats-Unis —   3.000   —

L'Allemagne et l'Autriche-Hongrie produisent surtout les articles courants et ordinaires; les beaux articles, ceux qui suivent la mode, sont surtout fabriqués en France, notre beau pays restant incontestablement en tête pour tout ce qui concerne l'application à l'industrie de l'art et de la fantaisie.

Or, les procédés de teinture sont arrivés à une telle perfection qu'ils permettent d'allier aux beaux reflets des coquillages nacrés les nuances qu'adopte la mode, d'où ces boutons de toutes couleurs qui s'harmonisent si bien à la toilette féminine.

Les quantités de nacre pêchées vont continuellement en augmentant, mais la consommation suit également cette progression; il est donc permis d'entrevoir, pour l'industrie de la nacre, la continuation d'un état florissant et prospère.

M. Ponpe van Meerdewoot fait ensuite une communication sur l'industrie de l'huile et de l'engrais de poisson. Il indique à ce sujet la difficulté de se procurer la matière première et propose l'établissement d'une statistique des passages de différents poissons, afin d'avoir une base pour les achats.

M. Pérard, secrétaire général du Congrès, expose le résultat de ses travaux sur le même sujet (Huile et engrais de poisson).

M. Coste propose que les Gouvernements encouragent par des

primes la pêche des poissons nuisibles tels que squales, requins, etc., qui pourront servir aussi aux industries de l'huile et de l'engrais.

Ce vœu sera également discuté dans une prochaine séance.

M. le Secrétaire lit un rapport de M. Gilles, dont la conclusion tend à la suppression des droits d'octroi sur les poissons et coquillages ordinaires, tels que moules, chiens de mer, maquereaux, etc.

Ce vœu est adopté et sera soumis au Congrès en séance générale.

M. le Président, prie M. le Secrétaire de résumer, en l'absence de M. Bellet, Président de la Chambre de commerce de Fécamp, le rapport très intéressant qu'il a fait parvenir sur *les procédés de conservation du poisson par le séchage, le fumage, le salage* (1).

M. le Secrétaire donne également lecture du mémoire suivant de M. Sépé.

DE L'EXAGÉRATION DES DROITS D'OCTROI ET DES TRANSPORTS PAR CHEMINS DE FER

Par M. G. SÉPÉ

Dans sa séance générale du 28 juin 1889, la Société Centrale d'Aquiculture et de Pêche, écoutait la lecture d'une lettre adressée à M. le docteur Brochi par l'un de nos plus éminents ostréiculteurs, M. le vicomte de Wolbock, de la Trinité-sur-Mer. Cette lettre avait trait à l'hybridation des huîtres portugaises, et venait à la suite d'observations présentées par l'assemblée.

M. Brochi pour sa part voyait le danger de l'introduction de la gryphée dans nos centres ostréicoles, non au point de vue du métis, mais à cause de la rusticité de la portugaise qui, fatalement, devait se développer au détriment de l'*Ostrea edulis*. En conséquence, il exhortait les ostréiculteurs français à tenter la production d'une variété d'huîtres plates pouvant être livrées à des prix abordables aux populations laborieuses, mais, reconnaissait que, pour arriver à ce but, il importait que d'ores et déjà, les droits d'octroi et les prix des transports soient abaissés.

Au mois d'octobre de la même année, M. You, dans une communication faite aussi à la Société d'Aquiculture et de Pêche, toujours sur l'huître portugaise, place au premier rang des enne-

(1) Voir au sujet de ce mémoire *comptes rendus des séances du Congrès international de Dieppe en 1898*. M. Bellet, les grandes pêches de la morue à Terre-Neuve; la pêche du hareng et du maquereau avec salaisons à bord.

mis de l'ostréiculture, l'octroi, qui dans certaines villes exagère les droits d'entrée, et signale l'élévation des prix de transport par chemin de fer.

En 1895, au congrès international d'Ostréiculture, de Pisciculture et de Pêche tenu à Bordeaux, M. Lacour, délégué des pêcheries de Saint-Pardon (Vayres), demandait la révision des droits d'octroi, afin d'établir une distinction pour l'entrée dans les villes des poissons communs, et de ceux réputés fins. MM. Girard, délégué du Portugal, et R. Pottier, commissaire de la Marine à Arcachon, demandaient de leur côté que les huîtres soient comprises dans la catégorie des poissons communs ; en conséquence le Congrès adoptait le vœu suivant :

« Considérant les entraves que les droits d'octroi apportent au développement de la pêche et au commerce, ainsi qu'à la consommation des espèces marines comestibles, poissons, crustacés, coquillages de peu de valeur, émet le vœu :

« Que les droits d'octroi soient établis, pour chaque' espèce, proportionnellement à sa valeur commerciale moyenne. »

Au mois de septembre 1896, un nouveau congrès avait lieu aux Sables-d'Olonne, résultant du désir formulé par les membres de celui de Bordeaux. Au cours des assemblées M. R. Pottier exposait la situation faite aux marins, dans 20 villes de France, où leurs produits étaient frappés d'un droit s'élevant pour certains poissons jusqu'à 40 fr. les 100 kilos et pour les huîtres à 25 fr. Aussi le congrès émettait le vœu qu'à l'avenir les poissons et les huîtres ne devraient pas être considérés comme aliments de luxe, et que par suite les droits d'octroi devraient être abaissés.

En septembre 1898, à Dieppe, nouveau congrès, où les mêmes questions s'agitent.

De son côté la « Revue Ostréicole et Maritime » a fait ressortir, à plusieurs reprises, le tort important causé aux populations maritimes par de tels abus.

Il est regrettable que les administrations municipales semblent ignorer jusqu'à quel point ces mesures sont préjudiciables au commerce des produits maritimes, tandis qu'un peu de bonne volonté de leur part suffirait pour donner satisfaction aux producteurs et expéditeurs, sans pour cela diminuer les ressources municipales, car la quantité de marchandises reçues arriverait bientôt à combler la différence.

Il nous a paru intéressant de voir quels sont les droits perçus dans les 70 principales villes de France où sont appréciés les produits maritimes.

A nos demandes nous avons reçu 63 réponses.

Dans ce nombre nous trouvons 21 villes dont les droits sont perçus à l'unité, et, 41 au poids. Une seule ville « Plombières », reçoit les produits ostréicoles sans percevoir aucune rétribution.

Parmi les villes percevant les droits à l'unité, nous remarquons « Dijon », qui, frappe de la somme excessive de 2 fr. 20 chaque cent d'huîtres.

Or, si nous prenons la circulaire, 1899-1900, d'un expéditeur du bassin d'Arcachon, nous trouvons qu'un colis pesant 10 k., contenant 400 huîtres est vendu 5 fr. Si, à cette somme, nous ajoutons les droits d'octroi, nous voyons ce colis atteindre le chiffre énorme de 13 fr. 80, ce qui on l'avouera est un non sens absolu. D'autre part, prenons une autre catégorie d'huîtres, par exemple l'extra vert, dans un 10 k. vendu 20 fr. il en rentre seulement 72 qui ne paieront d'octroi que 1 fr. 58, n'augmentant le colis que dans une faible proportion. Donc préjudice porté principalement au petit acheteur.

Malgré ces anomalies, Dijon fait une assez considérable consommation d'huîtres car le produit des droits d'entrée s'y est élevé en 1899 à la somme de 13.517 fr. 38. On comprend que ce chiffre pourrait être considérablement augmenté par la diminution des droits portés à un taux raisonnable.

Pour les autres villes dont les droits sont perçus à l'unité, et qui sont : Tulle, Rouen, Versailles, Bourges, Roubaix, Lunéville, Privas, Aurillac, Rodez, Tarbes, Vichy, Orléans, Alençon, Boulogne-sur-Mer, Arras, Mayenne, Amiens, Chartres, le Mans et Nevers, la moyenne est de 1 fr. 20 le cent, somme encore trop élevée par rapport à l'augmentation que, de ce fait, subissent les colis.

Il ne faudrait pas croire que le système de droit au poids soit exempt de critique, car il faut bien dire que ce droit s'applique plus particulièrement à la coquille et à l'emballage qu'au mollusque proprement dit.

Si nous prenons pour base le prix de 0 fr. 30 par kilo, comme cela se fait à Nice, un colis de 10 k. contenant 400 huîtres du prix de 5 fr. coûterait de droit d'entrée 3 fr. soit 0 fr. 75 par cent.

D'autre part le même colis de 72 huîtres vertes du prix de 20 fr.
serait augmenté de la somme de 3 fr. au poids ce qui le porterait
à 23 fr. et si nous comptons à l'unité le droit par cent serait de
4 fr. 10.

Dans les villes percevant le droit au poids il faut citer Bordeaux
qui ne frappe les huîtres blanches que de 0 fr. 03 le kilo. Malgré
ce prix peu élevé nous avons la satisfaction de voir que cette ville
a encaissé l'année dernière la somme de 33.776 fr. 61.

A Paris on distingue quatre catégories, qui sont 6 fr. pour les
lourdes, 18 fr. pour les légères, 36 fr. pour l'ostende, et 6 fr. pour
la portugaise. Les résultats en 1899 ont été les suivants :

Première catégorie	. . .	3.595 fr.
Seconde —	. . .	366.607 —
Troisième —	. . .	434.158 —
Quatrième —	. . .	5.461 —

Si nos investigations se sont bornées aux mollusques, c'est
qu'il est difficile d'établir pour les poissons des données sûres, à
cause de la fluctuation des cours. Toutefois nous constatons que
Paris a le taux le plus élevé, 0 fr. 40 pour les poissons de mer, et
0 fr. 21 le kilo pour les poissons d'eau douce.

Par contre la ville la moins exigeante est Valence qui fait
payer le prix unique de 0 fr. 04 centimes et demi. Le produit de
l'octroi a été en 1899 de 2.404 fr. 14.

Poussant plus loin nos recherches, nous avons voulu savoir si,
dans les nations étrangères, cet usage du droit d'octroi avait cours.
Nous nous sommes adressés aux consuls pour les villes dont les
noms suivent :

Anvers.	Dantzig.	La Haye.	Riga.
Bergen.	Dublin.	Leipzig.	Rotterdam.
Berlin.	Fiume.	Liège.	Stockholm.
Brême.	Francfort.	Londres.	Sudsvalle.
Bristol.	Frederiksholm.	Maestricht.	Trieste.
Budapest.	Frousch.	Moscou.	Varsovie.
Charleroi.	Gand.	Newcastle.	Vienne.
Christiania.	Hambourg.	Odessa.	
Copenhague.	Hull.	Ostende.	

Partout la réponse a été la même, les produits maritimes entrent en franchise, l'octroi n'existant pas.

De l'exposé de notre travail, il ressort donc que la mauvaise volonté de la majeure partie des villes de France est une des causes principales de la situation précaire de nos marins et ostréiculteurs.

On parle beaucoup de la trop grande production de l'industrie ostréicole ; c'est vrai, il y a trop de marchandises dans les parcs de certains centres, mais l'écoulement se ferait si les municipalités facilitaient le commerce d'aliments qui devraient figurer sur toutes les tables, et qui se trouvent réservés pour celles des riches, quand cependant leurs prix réels sont à la portée de toutes les bourses.

Aussi, nous venons solliciter de la bienveillance des membres du congrès, connaissant leur haute compétence en la matière, et l'intérêt dévoué qu'ils portent aux ostréiculteurs et aux pêcheurs, la faveur de l'émission d'un vœu ratifiant ceux portés aux précédents congrès.

M. LE PRÉSIDENT regrette l'absence de l'auteur qui empêche d'ouvrir utilement la discussion sur ce sujet. Aucun vœu n'étant proposé et personne ne demandant la parole, la séance est levée à 11 heures.

Séance du mardi 18 septembre 1900, matin.

PRÉSIDENCE DE M. V. HUGOT, *Président*

La séance est ouverte à 10 h. 3/4.

M. LE PRÉSIDENT donne lecture d'une addition faite au programme du Congrès.

Par suite de diverses circonstances, il a été reconnu nécessaire de tenir une séance générale demain mercredi, à 10 heures du matin, séance dans laquelle seront discutés en assemblée générale les vœux émis par les différentes sections.

M. LE PRÉSIDENT annonce ensuite que M. Gauthier, secrétaire, s'est excusé de ne pouvoir assister à la séance et que M. Maire, secrétaire général adjoint, a bien voulu le remplacer dans ses fonctions.

Deux mémoires ont été déposés sur le bureau : le premier, par M. BORODINE, délégué de la Société impériale russe de pêche et de pisciculture, à Saint-Pétersbourg ; le deuxième, par M. ALTAZIN, juge au Tribunal de commerce, secrétaire du Syndicat des armateurs de pêche de Boulogne-sur-Mer.

M. Borodine, retenu dans une autre section, a prié M. le Président de l'excuser. M. LE SECRÉTAIRE donne lecture, en son absence, de son rapport.

RAPPORT SUR LE COMMERCE DU POISSON CONGELÉ EN EUROPE OCCIDENTALE ET EN AMÉRIQUE DU NORD

PAR M. BORODINE
Délégué de la Société Impériale Russe de Pêche et de Pisciculture.

Essais d'introduction en France et en Allemagne du commerce du poisson congelé. — Organisation du commerce du poisson, basé sur la congélation artificielle, aux Etats-Unis de l'Amérique du Nord : entrepôts frigorifiques à New-York, Sandusky, Boston, Détroit, Glocester et ailleurs. — Divers systèmes de machines frigorifiques. — Congélation à l'aide des machines frigorifiques de divers systèmes et à l'aide d'un mélange de glace et de sel. — Voitures pour le transport du poisson congelé. — Essais de congélation artificielle en Russie : barge-glacière à Astrakhan, entrepôt frigorifique à Henitshesk. — Conclusions générales sur l'application de la congélation artificielle du poisson en Russie. — Société russe des entrepôts frigorifiques (en projet). .

Dans tous les pays de l'Europe occidentale, Norvège et Suède exceptés, les hivers sont si doux qu'on n'y trouve pas en vente des poissons gelés naturellement. Les Allemands et les Français ont un préjugé contre le poisson congelé et prétendent que ce poisson perd son goût et qu'il est inférieur au poisson frais. C'est à cause de ce préjugé que le poisson congelé ne trouvait pas jusqu'à ces derniers temps d'écoulement sur les marchés européens, malgré les essais qui furent faits.

Ainsi, vers 1890, on a fait, à Marseille, durant toute l'année, un essai d'importation de poisson congelé, mais cet essai était assez maladroit à vrai dire et conséquemment n'a pas réussi. Il s'est constitué à Marseille une société dite « Trident » qui possédait un navire à voiles avec des aménagements pour la congélation des poissons pêchés sur la côte occidentale de l'Afrique. Le choix du marché de Marseille ne fut pas heureux : 1° parce que les Méridionaux n'ayant jamais ni vu, ni mangé de poisson congelé refusèrent de l'acheter ; d'autre part la population n'était pas accoutumée aux espèces de poissons importés dont le goût, malgré la beauté extérieure, n'est pas des meilleurs. La société dut bientôt liquider ses affaires. Le bruit répandu avec intention que les poissons congelés n'étaient pas comestibles ne contribua pas peu à la faillite. Les poissons même expédiés dans la glace d'Algérie à Marseille furent d'abord mal accueillis : « Ce ne sont pas des poissons frais, ce sont des « conserves » (?!), disait-on, et à ce titre, on n'a pas le droit de les vendre au marché du poisson frais. »

En 1890 un essai analogue fut tenté par les Norvégiens au marché de Hambourg. La société en commandite par actions « *Nord-kap Actiengesellschaft* » construisit un vapeur spécial « Nord-kap » muni des chambres frigorifiques dans lesquelles une basse température peut être maintenue à l'aide d'une machine. Le vapeur avec une cargaison d'aiglefins (*Gadus aeglefinus*), arrive à Hambourg et y reste jusqu'à ce que tout soit vendu. La première année les poissons congelés ne trouvèrent presque pas d'acheteurs et le vapeur dut ramener une partie de son chargement. A l'heure actuelle cette société est très florissante. Déjà en 1892 (1) cette société a construit à Vardö (Norvège du Nord) des grands entrepôts frigorifiques évalués à 200.000 marks allemands. Elle achète les poissons sur place, les congèle, puis les place dans les chambres frigorifiques où la température est maintenue à — 5° R.

Le transport se fait ensuite, en automne principalement, par des vapeurs munis de chambres frigorifiques à température identique. Cette même société a construit des entrepôts frigorifiques à Hambourg où l'on peut placer 334.000 kilos de poissons congelés. Un chemin de fer conduit à l'entrepôt et c'est par voie ferrée qu'elle expédie le poisson congelé dans toute l'Allemagne. Comme l'a démontré l'expérience, le poisson arrive tout frais à Munich, Leipzig et Vienne, grâce à la vitesse du transport. Dans cette même note on cite le fait suivant : Sur 147.500 kilos amenés par le vapeur Nord-kap le 26 novembre 1892 à Hambourg, 85.000 kilos furent vendus pendant la première semaine et le reste du chargement la semaine suivante.

A en juger d'après les renseignements qu'on trouve dans le journal allemand hebdomadaire « *Deutsche Fischerei-Zeitung* » le préjugé contre le poisson congelé a faibli principalement parce qu'on le vend à un prix plus bas que celui du poisson frais transporté en glace et, dans ce cas, on peut prédire la répétition de ce qui s'est passé pour les viandes congelées de l'Amérique du sud et de l'Australie, dont la vente a pris d'énormes proportions dans les grands centres de commerce.

La congélation artificielle des poissons exploitée industriellement n'est que faiblement développée en Europe, surtout en comparaison avec les *Etats-Unis* de l'Amérique du Nord, où elle atteint un grand développement et forme le côté le plus intéressant de l'industrie de la pêche. La température d'hiver n'est pas assez basse le long de la côte de l'océan Atlantique de New-York à Terre-Neuve et vers le midi pour qu'on puisse faire geler le poisson naturellement et l'expédier ensuite comme on le fait en Russie pendant l'hiver. Même, s'il est possible parfois de faire geler le poisson on n'est jamais sûr qu'il ne dégèlera pas le lendemain et que les poissons ne seront pas gâtés. Dans le pays des grands lacs la température d'hiver est déjà sensiblement plus basse, mais

(1) Voyez la note de M. Heineman au *Westnik Rybopromyschlennosti* (Messager de la pêche), 1893, n° 12, page 395.

la pêche d'hiver est très insignifiante ; la pêche principale se fait au printemps, en été et en automne.

Les conditions ci-dessus énumérées ont provoqué dans ce pays une industrie originale, la congélation artificielle du poisson durant la grande pêche et sa vente au moment du haussement des prix au marché. Ce procédé appliqué à la pêche d'automne a eu la plus grande importance pour l'industrie de la pêche dans le pays des grands lacs, il a fait positivement révolution, les pêcheurs en ont retiré d'énormes profits. On conçoit aisément les avantages de cette manière de procéder : on congèle le poisson lorsque son prix est très bas et lorsqu'il est difficile de le vendre même à un prix minime ; mais, après 3 à 4 mois, le poisson étant dans un état excellent et tout frais, on le vend à un prix très élevé. La congélation coûte si peu qu'elle n'augmente presque pas le prix de la marchandise.

On emploie *deux procédés* pour la congélation artificielle du poisson : 1° l'usage des machines spéciales à ammoniaque ou à air comprimé ou à acide carbonique liquide et 2°, un mélange réfrigérant de sel ordinaire et de glace. Vu les prix élevés des machines et des moteurs à vapeur, le premier procédé ne s'applique que dans les établissements importants où, durant toute l'année, de grandes provisions de poissons et d'autres denrées sont congelées et conservées. Tels sont tous les entrepôts frigorifiques annexés aux grands marchés dans les villes américaines, les entrepôts pour la congélation et le transport des viandes de l'Amérique du Nord et du Sud sur les vapeurs spéciaux ; depuis peu d'années seulement, les maisons sérieuses construisent des entrepôts frigorifiques pour la congélation et la conservation du poisson. Ce procédé est plus avantageux à condition qu'une grande quantité de poisson passe par les entrepôts et y reste longtemps ; en considérant les prix sur place on a calculé que la congélation d'une tonne de poissons revient à 2.75 dollars ; mais l'installation coûte assez cher ; la construction des entrepôts frigorifiques où on peut congeler 25 tonnes de poissons par jour revient à 13.000 dollars environ. Les avantages de ce procédé consistent dans la vitesse de la congélation et dans la possibilité de régulariser à volonté la température.

J'ai visité de semblables entrepôts frigorifiques à New-York, Boston, Glocester, Sandusky et Washington.

Sous un des énormes arcs du fameux pont de *Brooklyn*, qui relie New-York à Brooklyn, se trouve un spacieux entrepôt pour les poissons congelés. Cet entrepôt est possédé et exploité par la compagnie dite « *Brooklyn bridge freezing and cold storage company* », Franklin square, N. Y. City.

Les trois étages sont occupés par une multitude de chambres frigorifiques dont les murs sont munis d'un système de tuyaux dans lesquels circule continuellement une solution froide de chlorure de calcium. On pompe le liquide dans tous les étages à l'aide d'une rangée de pompes, qui communiquent avec un appareil réfrigérateur à ammoniaque construit par la maison de New-York « *Polar Construction C⁰* » (1). D'après le catalogue de cette maison on voit que ce système présentant un perfectionnement du système très répandu Pontifex est basé sur le principe de l'absorption du gaz ammoniaque par le liquide et de son évaporation par le chauffage (absorption system). On voit la disposition de différentes parties de la machine sur le dessin de la figure 1.

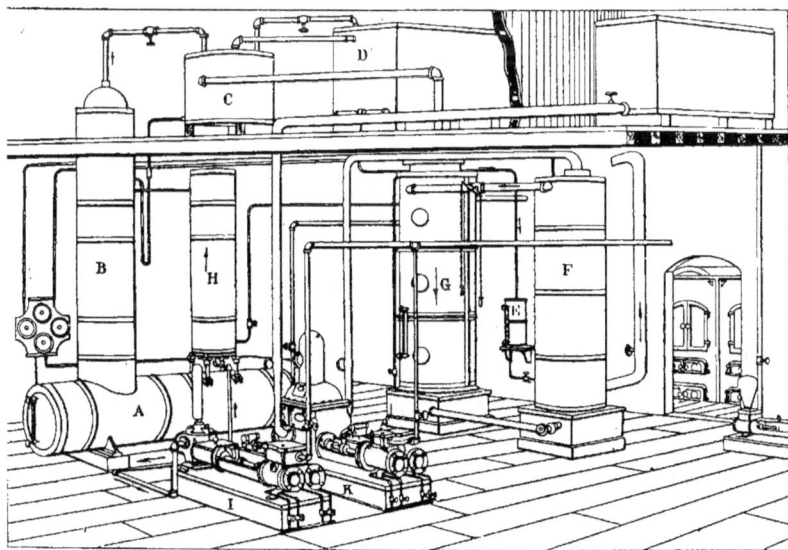

Fig. 1. — Machine à absorption, système Polar.

Dans le cylindre horizontal A (generator) se trouve une disso-

(1) Adresse: 45, Broadway, N. Y.

lution ammoniacale chauffée à l'aide de tuyaux à vapeur. Sous l'influence de la chaleur l'ammoniaque monte dans le cylindre vertical B (analyzer) qui contient une série de châssis, le gaz les traverse et se concentre dans le vase C (rectifier), lequel est muni d'un appareil pour le débarrasser de son eau ; par conséquent le gaz ammoniac est anhydre quand il entre dans le vase D (condenser). Sous l'influence du refroidissement causé par l'eau froide qui l'entoure et de la pression il se condense et passe à l'état d'ammoniaque liquide et s'écoule peu à peu dans un petit réservoir E (receiver), d'où on le fait couler à mesure que l'on en a besoin, dans un cylindre réfrigérateur (refrigerator) placé à côté. Dans ce cylindre se trouve un système de tubes servant à refroidir la dissolution ; on fait monter le liquide par les tubes dans les chambres frigorifiques à l'aide de la pompe K. La production du froid dans le cylindre dépend de la vitesse de l'évaporation de l'ammoniaque liquifié qui passe à l'état de gaz. Ensuite le gaz s'écoule dans le cylindre voisin G (absorber), rempli d'une faible dissolution d'ammoniaque, où il est absorbé par ce dernier et c'est dans cet état de dissolution qu'il gagne sous la pression de la pompe le cylindre H (heater) ; on l'y chauffe, il se volatilise et passe au cylindre B pour y remplacer le gaz perdu. Ainsi se fait une circulation continuelle.

Une grande économie de vapeur dans les machines à absorption (absorbtion system) les fait préférer aux machines à compression (compression system) ; on n'a guère besoin de puissantes machines et la déperdition du gaz qui se liquéfie en se chauffant est minime. Toutefois la quantité d'eau employée par ce système pour le refroidissement est bien plus grande. La maison Polar fournit des machines frigorifiques de dimensions et de forces différentes : dans l'entrepôt frigorifique de New-York fonctionne une machine portant la marque F qui peut dissoudre 30 tonnes de glace en 24 heures et peut maintenir une température de 7° à 10° C dans une salle de 200.000 m. c. La chaudière à vapeur est de 35 chevaux, et dépense 60 kg. de charbon et 10.800 litres d'eau par heure ; la machine exige un espace de 6^m,60×3^m,90. Son prix est de 9.250 dollars.

L'entrepôt qu'on vient de décrire reçoit, soit les poissons déjà congelés, qu'on empile dans les chambres comme du bois (on paye dans ce cas 1/2 cent par livre et par mois), soit les poissons

frais à condition de les congeler et de les conserver ensuite.
(Dans ce cas la redevance est de 1 cent par livre pour la congélation). On lave les poissons avant de les congeler. On produit la
congélation dans des chambres spéciales à la température de 9° C.
On suspend les poissons lavés qui sont ordinairement de grande
taille (blue fish, *Pomotomus saltatrix*, Gill. ; weakfish, *Cynos-
cion regale*) à l'aide de doubles crochets (a) (sur un crochet on
suspend le poisson, l'autre se rattache à un bâton rond (b) qui
soutient le poisson, fig. 2).

On congèle les petits poissons dans les mêmes chambres sur des plaques en fer à rebords. Au moment de
ma visite le 25 novembre, il y avait à l'entrepôt 750.000
livres de poissons divers et l'aspect de cette masse de
poissons congelés pendant qu'il pleuvait au dehors
produisait une forte impression. Le gérant de l'établissement prétend qu'on peut aisément y enfermer
une quantité de poisson trois fois plus grande.

C'est, en été, que la plupart des poissons sont
pêchés, mais ce n'est qu'en novembre, que les poissons congelés commencent à apparaître sur le marché.
On congèle diverses espèces : d'énormes turbots, des

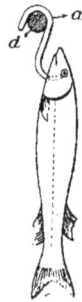

Fig. 2.

sandres, des corégones, des pleuronectes, et même des crabes
et des mollusques.

Toutes les chambres de l'entrepôt sont munies de lampes élec-
triques ; on monte les marchandises d'étage en étage à l'aide
d'élévateurs. Le travail principal dans les chambres frigorifiques
consiste à dégager les tubes réfrigérants de la neige qui s'y
amasse. L'air des chambres devient de cette manière très sec, ce
qui favorise la conservation de la marchandise.

On envoie à cet entrepôt le poisson qui n'a pas été vendu à
Fulton-market ; la compagnie délivre des warrants dès que le
poisson est déposé dans l'entrepôt.

A la station centrale du chemin de fer de New-York il y a un
entrepôt à peu près pareil, on y reçoit une quantité d'esturgeons
congelés, transportés des côtes de l'océan Pacifique (étatd'Oregon).

L'*entrepôt frigorifique de Boston*, le *Quincy market cold storage*
est encore d'aspect plus grandiose et d'une organisation modèle.
Un énorme édifice à cinq étages est entièrement consacré à cette
entreprise ; la communication entre les étages se fait à l'aide d'élé-

vateurs qui soulèvent plusieurs tonnes de marchandises. La façade
donne sur le marché qui se trouve à côté, les wagons contenant
les produits, destinés à être reçus dans l'entrepôt, s'arrêtent derrière le bâtiment ; tout près se trouve le débarcadère des vapeurs,
il serait difficile de trouver un meilleur emplacement. L'entrepôt
contient 78 chambres de différentes grandeurs, formant une capacité totale de 2.000.000 m. c. Dans une des moitiés de cet établissement, la réfrigération est produite directement par l'air froid
(direct extension) amené à l'aide d'un ventilateur, par des tubes
en bois de la chambre frigorifique centrale, disposée sous le toit
dans l'étage supérieur. Cette chambre, soigneusement isolée,
est occupée par un système de tubes à dissolution refroidie.
La température des chambres refroidies par l'air froid produisant un véritable vent atteint — 22° C. Un bœuf entier s'y congèle en une seule nuit.

Les autres chambres se refroidissent à l'aide d'un système de
tubes à dissolution de chlorure d'ammonium ou de chlorure de
calcium ; dans quelques-unes des chambres le nombre de ces tubes
n'est pas grand et la température est maintenue un peu au-dessus
de 0°, il y a même une adaptation spéciale pour remplir les
tuyaux de vapeur afin de faire monter la température en cas
d'abaissement imprévu peu désirable (nuisible, par exemple, pour
les fromages); dans d'autres chambres il y a un nombre plus
grand de tubes et la température y est plus basse.

La combinaison de ces deux systèmes présente l'avantage de
pouvoir, en utilisant le premier procédé, refroidissement direct,
congeler rapidement tout ce qu'on veut, ce qui ne se fait pas avec
tant de facilité dans les chambres refroidies par les tubes ; mais
les provisions se conservent mieux dans les chambres où la température n'est pas si basse et où il n'y a pas de vent qui gâte les
denrées. L'entrepôt décrit possède une machine frigorifique du
système *de la Vergne refrigeration machine C°, N, Y.*, qui peut
produire 250 tonnes de glace en 24 heures.

Les poissons sont suspendus sur des solives munies de clous
et soumis à la congélation dans ces chambres. Les solives sont
ainsi constituées. On prend une poutrelle (a) qu'on coupe de
deux côtés sous un angle de 45° par exemple, et on y visse des
poutrelles pareilles remplies de clous (c), dont les têtes sont
tournées du côté de la poutrelle, les pointes en dehors (voir

fig. 3. A). On suspend ordinairement les poissons par la tête sur ces clous et ils restent suspendus en rangs. On attache les petits poissons aux crochets (d) qui sont en ce cas plus rapprochés l'un de l'autre (a) (voir fig. 3. B).

Les poissons une fois congelés sont placés dans l'entrepôt ;

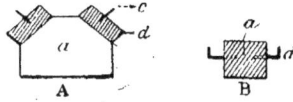

Fig. 3.

chaque propriétaire a sa place : s'il a beaucoup de marchandise, il peut même avoir une chambre à part, dans le cas contraire, on lui assigne une caisse à grille sous clef dans la chambre commune. Chaque compartiment est muni de l'étiquette du propriétaire, qui reçoit un double ou un chèque. L'absence de toutes formalités est à noter, on ne donne de quittance que si le propriétaire désire recevoir un prêt sur sa marchandise ; en ce cas la quittance de l'entrepôt est acceptée comme gage.

Les prix suivants sont fixés pour la congélation et la conservation du poisson : 3 ou 4 cents par livre le premier mois de conservation (congélation comprise), 1 ou 2 cents les mois suivants.

J'ai visité à *Glocester* un petit établissement pour la congélation et la conservation des petits poissons, les harengs, par exemple, que les pêcheurs d'alentour emploient en hiver en énormes quantités comme amorce pour la pêche des gros poissons de mer. On pêche les harengs en automne et on ne les emploie qu'en hiver. C'est, par suite de ces circonstances, que la société « *New England Ice and Bait C°* » a construit cet entrepôt. On y emploie une machine frigorifique système d'absorption (absorbtion system) avec toutes les améliorations introduites par M. Palson, simple machiniste, ingénieur de la société ci-dessus nommée (1). Ces améliorations concernent l'économie de chauffage et de service, ainsi 3 ou 4 hommes suffisent pour un petit établissement.

Cet établissement a coûté 19.000 dollars ; on peut y placer 5.000 barils de harengs (un baril contient 250 livres de poissons).

La chambre frigorifique est spécialement aménagée pour les petits poissons ; c'est une grande chambre ayant une hauteur de 1^m,60 avec une grille comme plancher. On dispose le poisson sur le plancher où on le congèle. La congélation se fait à l'aide

(1) Son invention a été brevetée le 13 septembre 1890, N° 482,694.

d'un système de tubes à dissolution froide. On empile les poissons congelés dans des entrepôts voisins. Le prix de congélation est évalué à 1 dollar par tonne. On a congelé durant une seule saison 1.600 barils de harengs ; d'après un contrat on achetait le baril de 250 livres pour 1,60 dollars, c'est-à-dire près de 3/5 cent la livre, et on vendait en hiver la livre pour 3 ou 4 cents. Pendant la morte saison, l'établissement produit de la glace et retire de cette fabrication un bénéfice qui n'est pas à dédaigner.

Durant la même année on a construit dans les environs de Glocester encore 2 ou 3 établissements (à Booth Harbour, North Fruro).

Je cite ci-dessous les dépenses journalières d'un établissement produisant 20 tonnes de glace en 24 heures.

3 tonnes de charbon et frais de graissage . .	13,50	dollars
3 ouvriers.	3 »	—
2 machinistes.	4 »	—
Eau.	1 »	—
Loyer	1 »	—
Dépenses imprévues	1 »	—
Chevaux pour transporter la glace produite . .	11,25	—
Total. .	34,75	dollars

En vendant 20 tonnes de glace par jour de 2,50 à 5 dollars par tonne, le revenu journalier sera de 90 dollars.

Lors de ma visite à *Sandusky*, centre de l'industrie de la pêche dans la région des grands lacs, on y construisait un petit établissement où l'on devait employer le procédé ammoniacal. Dans la plupart des anciens entrepôts au contraire la réfrigération est produite à l'aide d'un mélange de glace et de sel (voir ci-dessous).

L'emploi des machines frigorifiques donne plus de profit que l'ancien procédé, c'est pourquoi vu la quantité de poissons à congeler et à conserver durant un temps assez long on décida de construire cet établissement. D'après les calculs qui ont été aimablement mis à ma disposition par la maison A. I. Stoll, Sandusky, Oh., on peut s'assurer des avantages de ce procédé.

Ainsi les dépenses suivantes sont nécessaires pour une ma-

chine frigorifique de 25 tonnes pouvant congeler 20 tonnes de
poissons par jour :

	Dollars
2 ouvriers machinistes recevant 2,50 dol. par jour. .	5,00
1 ouvrier recevant 1.50 dol. par jour.	1,50
1 1/2 tonnes de charbon à 2.30 dollars la tonne. .	3,45
Graissage, eau et réparations.	2,00
Intérêts du capital employé pour acheter les machines 17 0/0.	2,50
20 ouvriers manœuvres à 2 dol. par jour	40,00
Total	54.45

Soit à peu près 2.75 dol. par tonne.
Pour faire congeler la même quantité à l'aide d'un mélange de
glace et de sel il faudrait :

30 tonnes de glace à 1 25 dol. par tonne.	37,50
700 livres de sel par tonne de poisson ou 7 tonnes de sel à 6 dol. la tonne.	42,00
25 ouvriers à 2 dol. par jour	50,00
Eau, réparations et dépenses imprévues	2,00
Total	131.50

Soit 6.50 dol. par tonne de poisson congelé. Les frais d'installation, le local compris, et les frais de conservation n'entrent pas
dans ce compte.

Si l'on considère la dépense journalière nécessaire pour la congélation, à l'aide d'un mélange de glace et de sel, on verra que
les dépenses augmentent proportionnellement à l'agrandissement
de l'entreprise et qu'elles dépassent de beaucoup les dépenses
exigées par les machines frigorifiques.

Cette considération a décidé la compagnie à transformer son
entrepôt en y introduisant l'emploi des machines frigorifiques.

On a installé 2 machines frigorifiques de 20 tonnes chacune,
système Henrick Pontifex, basé sur le procédé d'absorption.

Il faut noter dans cet entrepôt l'utilisation originale des caisses-
pliantes, employées ordinairement pour la congélation du poisson à l'aide de glace et de sel ; on place ces caisses dans les
courbes du serpentin d (voir fig. 4).

L'isolation complète des murs intérieurs et extérieurs du bâti-

21

ment est de la plus grande importance dans l'organisation des entrepôts frigorifiques. On construit ordinairement en briques les entrepôts à machines frigorifiques qui exigent l'emploi de la vapeur et par conséquent un chauffage continu. L'isolation est produite de la manière suivante : les briques sont recouvertes du côté intérieur d'une espèce de goudron qu'on obtient en distillant le naphte (on l'emploie pour fabriquer les couleurs à bas prix) ; la brique devient ainsi mauvaise con-

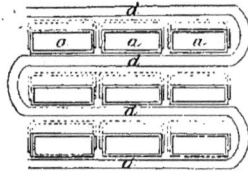

Fig. 4.

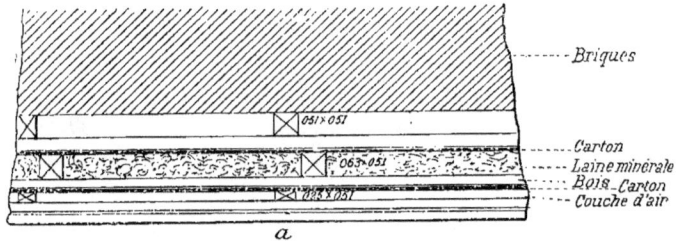

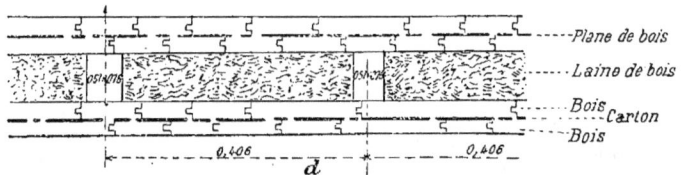

Fig. 5. — Coupe des parois isolantes des chambres frigorifiques, parois extérieures, parois intérieures.

ductrice ; on laisse un espace d'un pouce pour l'air et on construit entre deux parois en planches un mur dit minéral qui consiste en une couche de spath (mineral wool). — C'est un des corps les plus mauvais conducteurs (1) — ; enfin on recouvre le bois d'un papier spécial qui joue un rôle important dans cha-

(1) La conductibilité des corps pour la chaleur d'après les données de M. Coleman, Glasgow est pour le spath (mineral wool) 110, le feutre 117, l'ouate 122, laine de brebis 136, terre d'infusoires 136, charbon réduit en poudre 140, sciure 163, bois à couches d'air 280.

que isolation. (P and B. building paper, fabrique Standard paint
Cᵒ 2, Liberty street New-York, N. Y.)

Je place ici les dessins des coupes des parois isolantes extérieures (fig. 5. a) et intérieures qui servent à séparer les chambres
frigorifiques des corridors, etc. (fig. 5. d). Les chambres sont
construites entièrement en bois, les planches sont jointes solidement, le bois employé est sec.

Afin de donner une idée de l'installation intérieure des chambres
particulières d'un entrepôt frigorifique, refroidi par un système
de tubes à l'aide d'un mélange réfrigérant de sel, je donne ci-
après la chambre pareille du Marché Central de Washington, où
se trouve un entrepôt destiné à recevoir les produits qui se
gâtent facilement. L'entrepôt est placé au second étage de cet
énorme marché, dont l'organisation est remarquable Les machines sont du système « *Eclipse* » et « *De la Vergne* » à compression du gaz (compression system). On n'emploie pas ici la dissolution d'ammoniaque ; la réfrigération se produit par gaz ammoniac qui sous pression se liquéfie et se gazéifie de nouveau ; la
rapide évaporation du liquide volatil occasionne l'abaissement de
température.

A l'exposition de Chicago, dans l'entrepôt frigorifique, fonctionnait une machine du même système, construite par la maison
« *Hercules iron works* ». Les avantages de cette machine consistent en ce qu'elle est bien compacte, qu'elle économise l'eau
et le combustible, ce qui la fait considérer comme étant plus économique et productive (1).

Si dans le Nord le choix des procédés est possible, dans le
Midi où il n'y a pas de glace naturelle on est forcé de recourir
aux machines. Dans le Midi la glace même doit être produite
artificiellement. Chaque année les applications du froid deviennent
plus nombreuses et plusieurs usines pour la fabrication des machines frigorifiques ont été construites en Europe et dans les
États-Unis de l'Amérique du Nord ; l'énumération des machines
employées dans les divers entrepôts confirme ce fait. Dans les
états du Sud et aux îles des régions tropicales où l'été est insupportable à cause de la chaleur, la réfrigération artificielle est appliquée non seulement pour conserver les provisions, mais aussi

(1) Vankow, Glacières et réfrigération artificielle, page 87.

pour rafraîchir les appartements. En Amérique du Nord, à Saint-Louis, les tuyaux de conduite distribuent déjà aux consommateurs le mélange réfrigérant (1), comme on distribue ailleurs le gaz et à des conditions identiques. Les abattoirs consomment, principalement, ce mélange, les maisons privées en usent aussi.

Pour terminer cette description des entrepôts frigorifiques américains fonctionnant à l'aide des machines spéciales je décrirai en quelques mots le nouvel entrepôt frigorifique colossal construit à *Philadelphie*, dernière station de la voie ferrée de Reading et qui se trouve rattaché au marché à provisions (2)

Il occupe une surface de 78.500 pieds carrés. La réfrigération se produit par deux machines système Boyle (compression system) produisant 75 tonnes de glace chacune. Les réservoirs aux liquides réfrigérants contiennent 67.700 gallons. L'entrepôt frigorifique se trouve dans le sous-sol du marché, un élévateur dessert les étages. On fait passer le liquide froid de la section des machines qui se trouve de l'autre côté de la rue, par un tunnel en bois, la dissolution qui s'est réchauffée regagne le compartiment des machines.

Je cite ici les adresses de quelques usines américaines qui construisent des machines frigorifiques :

De la Vergne refrigerating machine C°, New-York, Foot of Cast, 138 th. str.

Consolidated Ice machine C°, Chicago III, W. 18 th. str. Viaduct.

Eclipse refrigeration machines, Frick C°, Waynesbord, Pens.

Hercules iron works, Chicago.

Indiquons aussi, les maisons suivantes qui construisent, en Europe, des machines frigorifiques, procédé ammoniacal : La Maschinenfabrik, d'Augsbourg (Allemagne), construit des machines système Linde, principe de compression à gaz ammoniac. Les machines de cette maison sont très répandues en Europe. Ces machines produisent 14 kilog. de glace par kilog. de charbon ; les machines système d'absorption (Carré et autres) donnent 6 à 10 kilog. de glace par kilog. de charbon et les machines

(1) Refrigerating pipe line. Voir le journal « Ice and Refrigeration », 1894, n° 6.

(2) Voyez à ce sujet le journal « Ice and Refrigeration », août 1894.

fonctionnant à l'air comprimé (Windhausen, Bell et Colemain) donnent d'après Meidinger 5 à 6 kilog. de glace par kilog. de charbon.

En France citons les machines frigorifiques fournies par les maisons J. Carré et Cie (système d'absorption), Rouart (système de compression), Douane, etc.

Les machines frigorifiques fonctionnant à l'aide de l'*acide carbonique* liquide ont eu dans ces derniers temps un grand succès. L'usine de la société J. et E. Hall, à Londres (1) construit ces machines. Depuis 1898 (époque de la fondation de l'usine) elle a déjà livré pour les navires 600 machines ; le total des machines construites par cette usine durant ces deux années s'élève à 1150. Il y a quelques années les navires avaient des machines système ammoniacal, mais à présent tous les nouveaux navires, par exemple les navires de la société White-Star line, ont des machines système Hall, ce qui prouve que ces machines sont plus commodes. Le plus grand navire de cette société récemment construit « Océanic » (long de 705 1/2 pieds, jaugeant 17000 tonneaux et portant 1499 passagers) est muni d'une machine de ce système. Parmi les avantages de cette machine, il faut noter : l'innocuité du liquide à l'aide duquel la machine fonctionne (acide carbonique liquide), l'économie de charbon (1/5 de la quantité nécessaire pour les machines d'autres types), la sécurité absolue du travail, le peu de place qu'elle occupe et la simplicité de sa construction.

Il faut mentionner encore les machines frigorifiques fonctionnant à l'aide de l'acide *sulfureux*, construites par l'usine A. Borsig, Fegel de Berlin. Ces machines parurent pour la première fois en 1891 et étaient construites par la maison « Internationale Eis-und Kältemachinen Industrie » Julius Schlessinger et C°, London und Berlin. M. Borsig acheta l'affaire en 1897 et fit quelques améliorations dans ce système. Outre l'efficacité de cette machine, il faut mentionner encore le bas prix du liquide qui sert à produire le froid. Mais il faut remarquer que ce système présente des inconvénients, pour être employé dans les pays chauds, parce que les évaporations du gaz qui se volatilise par suite de la haute température d'été, sont nuisibles et parce que

(1) Adresse : 5 St Swithin lane, London, E. C

ce système en été exige plus de charbon pour faire passer par compression l'unité du volume de gaz à l'état liquide.

Je renvoie les personnes qui s'intéressent aux détails de la réfrigération artificielle et aux machines frigorifiques aux travaux spéciaux suivants :

G. Behrendt. Eis-und Kälteerzeugungs-Maschinen, 3 Aufl. Halle, 1894.

Al. Schwarz. Die Eis-und Kühlmaschinen, und deren anwendung in der Industrie. München, 1888.

Schœter. Vergleichende Versuche an Kæltsmaschinen, München, 1887 et 1890. 2 Berichte.

Lezé. Les machines à glace et les applications industrielles du froid. Paris.

Vankow. Les glacières et la réfrigération artificielle. Pétersbourg, 1896.

Heineman : « La réfrigération artificielle appliquée à la conservation du poisson et de la viande. Messager de l'industrie de la pêche, 1887, nᵒˢ 10, 11, 12.

Journal *Zeitschrift für die gesammte Kälte Industrie.* Edition mensuelle à Munich depuis 1894.

Journal *Ice and Refrigeration.* Edition mensuelle à Chicago.

L'emploi *d'un mélange de glace et de sel* est un autre moyen de congeler le poisson. On ne peut appliquer ce procédé que dans les endroits où la glace est un produit naturel et où il est impossible d'en faire des approvisionnements. On l'a appliqué pour la première fois dans un but industriel, dans la région des grands lacs, aux Etats-Unis de l'Amérique du Nord, pour congeler et conserver le poisson. Un nommé W. Davis, de la ville de Détroit, fut le premier à congeler en masse le poisson de cette manière en employant des caisses pliantes (1) en fer zingué. Tout d'abord la maison fit de brillantes affaires, grâce à l'absence complète des concurrents. Bientôt le procédé devint d'un emploi commun dans la région des grands lacs et produisit une révolution complète dans le commerce du poisson. On a construit, sur la place même de la pêche, des entrepôts frigorifiques qui se remplissent de pois-

(1) Son premier brevet pris pour ces boîtes pliantes date du 19 janvier 1869, brevet nᵒ 85943.

son capturé en été et en automne; au fur et à mesure que la
température s'abaisse et que les demandes des marchés cen-
traux grandissent, on expédie la marchandise de l'entrepôt. On
a, ainsi, la possibilité d'utiliser les espèces de poissons à bas
prix et qui, auparavant, n'ayant aucun écoulement, restaient
sans emploi; cela permet ensuite de maintenir le prix des poissons, et de régulariser cette branche du commerce. Durant la
saison de 1892-93, d'après les données de la société de l'industrie de la pêche à Sandusky, on a conservé et congelé dans les
entrepôts frigorifiques au bord du lac Erié, 6,989,216 livres de
sandres et de corégones; 21 maisons y participèrent, celles de
Détroit, Huron, Buffalo, Toledo, Port Clinton, Cleveland,
Lorain, Sandusky.

La propagation de la congélation artificielle du poisson à l'aide
d'un mélange réfrigérant en Amérique, même parmi les marchands en détail est due entièrement à la simplicité, à l'accessi-
bilité et à la facilité de ce procédé. La description de ce procédé
nous en convaincra.

Dans n'importe quelle construction légère, on sépare du mur
par des parois en bois, un espace de 44 mètres carrés, les parois ont 1m,50 de hauteur, deux de ces parois sont fixes et la
troisième est mobile. Les poissons destinés à être congelés sont
rincés dans de l'eau, on les place ensuite dans des caisses en
fer galvanisé (pour 12 livres de poisson, les caisses ont
0m50 de long, 0m,20 de largeur et 0m06 de profondeur); les
caisses se ferment avec des couvercles en fer galvanisé, qu'on
pose sur les rebords, et on les place ensuite sur une couche de
glace et de sel de 1/2 pouce d'épaisseur préparée d'avance; sur
ces caisses que nous appellerons des « pliants » (1), on met une
couche de glace (0m,012 d'épaisseur), qu'on recouvre de sel; ensuite on place une autre rangée de pliants et ainsi de suite; il y
a quelquefois jusqu'à 10 rangées et même plus. Une fois l'espace formé par la cloison rempli, on remet à leur place les
planches de la paroi mobile et le tout ensemble forme un grand
coffre rempli de pliants à poissons entremêlés de couches d'un
mélange frigorifique. On laisse ici le poisson de 6 à 12 heures
selon ses dimensions, il en ressort fortement congelé; pour le re-

(1) Ces pliants ont été inventés par Davis, voir ci-dessus.

tirer des pliants auxquels il s'attache en gelant, on arrose les pliants d'eau et on en détache ensuite le poisson en le frappant à grands coups contre une table.

Tout récemment l'inspecteur des pêches en Norvège, M. Wallem, vient d'inventer un appareil frigorifique très simple à l'usage des petits établissements et particulièrement à l'usage des pêcheurs qui ont souvent besoin de congeler les petits poissons (pour l'amorce). Ces appareils sont déjà en usage à Terre-Neuve, grâce aux soins de M. Nielsen, inspecteur des pêches. L'appareil consiste en un tonneau bien solide, aux rebords duquel sont attachés intérieurement 4 triangles de bois. Ils sont placés diagonalement et forment 2 triangles irréguliers. Cette disposition est adoptée afin que le poisson puisse bien se mêler avec le mélange frigorifique, lorsque le tonneau est en mouvement. On remplit à demi le tonneau d'un mélange de glace et de sel (1 pelle de sel sur 3 pelles de glace), et on remplit l'espace libre de poissons qu'on va congeler. On remet le fond à sa place, et on roule le tonneau couché sur le plancher à peu près pendant 15 minutes (pour faciliter le placement et le déplacement du fond, sa construction diffère un peu du fond ordinaire et n'exige pas l'enlèvement des cercles du tonneau). Durant ce temps le hareng se congèle parfaitement. On peut employer plusieurs fois le même mélange frigorifique. En mettant le poisson congelé dans de la mousse et de la sciure, on le conserve exposé à l'air pendant une semaine et même pendant un temps plus long. Là où il n'y a pas de glace, on la remplace avec succès par la neige (1).

En attendant l'élévation des prix sur le marché, on place aussi le poisson congelé dans un entrepôt frigorifique d'une organisation spéciale, qui consiste à isoler le mieux possible les chambres particulières de l'action de l'air chaud extérieur et à installer dedans un appareil pour le mélange frigorifique.

On obtient, en général, l'isolement à l'aide de parois doubles en bois, dont les intervalles de 12 à 18 pouces sont remplis de sciure; le plancher et les portes de l'établissement sont aussi en bois.

On place le long des murs, du plafond jusqu'au plancher, des

(1) *Ice and Refrigeration*, 1884, septembre, p. 178. Il y a aussi une note en allemand sur ce tonneau-congélateur dans la *Deut. Fischerei-Zeitung*, p. 29.

caisses étroites en fer galvanisé, ayant en haut une ouverture par laquelle on les remplit du mélange frigorifique, et une autre ouverture, plus étroite, en bas, pour laisser s'écouler l'eau de la glace fondue. Le dessin (fig. 6) ci-joint, donne la coupe d'une de ces chambres : on y voit les parois isolantes (g) et les caisses poches (c) qui descendent du plafond jusqu'au plancher. L'ouverture, par laquelle on remplit les caisses du mélange frigorifique, se trouve au dehors de la chambre et on produit ce remplissage

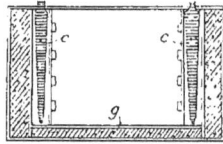

Fig. 6.

d'en haut à l'aide d'entonnoirs qui servent de continuation aux caisses. Pour l'écoulement de la saumure qui s'y forme par suite de la fonte de la glace, on place des auges sous les caisses. Dans une chambre de la hauteur de $2^m,10$ la largeur des poches à la partie inférieure sera de $0^m,13$ et à la partie supérieure de $0^m,20$. 3 parois sont ordinairement occupées par ces caisses et, seule la paroi où se trouve la porte d'entrée reste libre. On fait toujours une double porte ; une de ces portes est munie de parois isolantes. Ces caisses sont retenues par des barreaux en bois qui les préservent aussi de la pression du poisson congelé, qu'on empile dans la chambre du plancher jusqu'au plafond.

Pour maintenir dans cette chambre une température un peu au-dessous de zéro (-5°, à -8° C), il n'y a qu'à remplir la caisse du mélange avant l'opération et à en ajouter peu à peu à mesure que fond la glace. On peut aussi congeler les poissons en les suspendant dans cette même chambre, sur des crocs, mais cela prend beaucoup de temps et on préfère la congélation prompte (sharp freezer) dans les caisses pliantes déjà décrites.

Dans les entrepôts frigorifiques de ce type, les chambres ne sont pas grandes, on préfère en augmenter le nombre. Ainsi les chambres des entrepôts que j'ai visités avaient les dimensions suivantes : à Boston (un petit entrepôt annexé à une boutique de poisson), avait $3^m,50$ de largeur et de longueur et $2^m,80$ de hauteur ; il y avait 4 chambres pareilles.

A Glocester l'entrepôt de $6^m,00$ de long et de $6^m,00$ de large sur $3^m,00$ de hauteur est divisé en 4 chambres. Un entrepôt pareil peut aisément contenir 4.000 tonneaux, 200 tonnes de poissons (hareng).

A Sandusky l'entrepôt des frères Lay a 5^m,40 de haut, sur 5^m,60 de large et 9^m,00 de long, la capacité de l'entrepôt est de 85 à 90 tonnes de poissons, il est divisé en longueur en 3 sections, de manière que la dimension de chaque chambre est : 5^m,40×3^m,60×3^m,00. La température soutenue est de — 7° C (en-

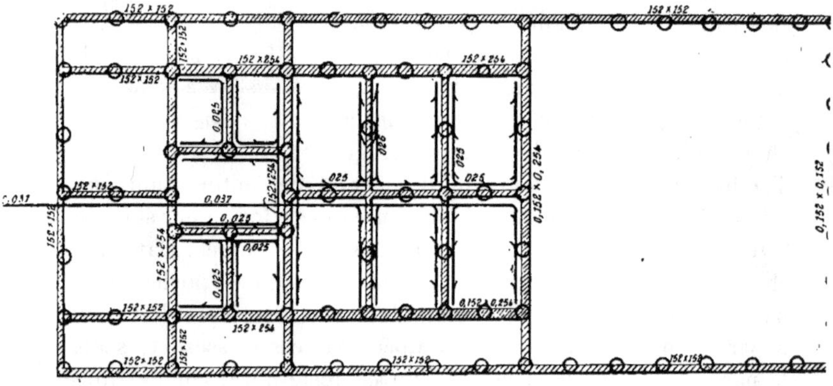

Etablissement pour la congélation artificielle du poisson à l'aide de glace et de sel.

Fig. 7. — Place des fondations. Les flèches indiquent la direction des tuyaux qui déversent la saumure.

trepôts Booth au bord du lac Michigan, entrepôts de New-York) et — 9° (Glocester).

On garde les poissons 4-5 mois dans les entrepôts frigorifiques,

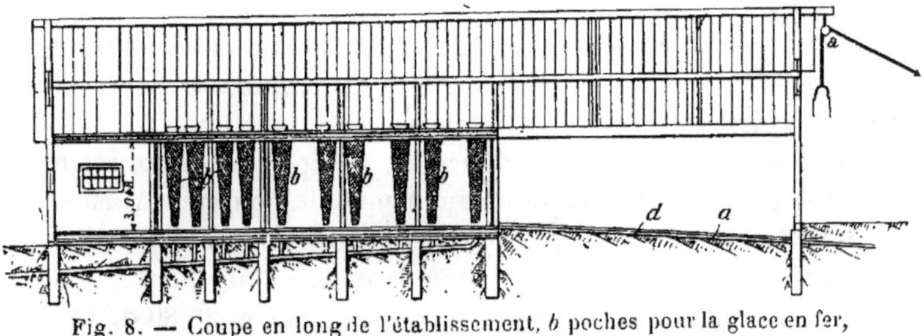

Fig. 8. — Coupe en long de l'établissement, b poches pour la glace en fer, d déversoirs de la glacière.

car on a remarqué qu'après un plus long espace de temps le poisson devient cassant et fade, l'esturgeon seul fait exception, on peut le conserver d'un bout de l'année à l'autre.

Arrêtons-nous encore à quelques détails de ce procédé de congélation. L'usage des caisses-pliantes en fer zingué est le plus

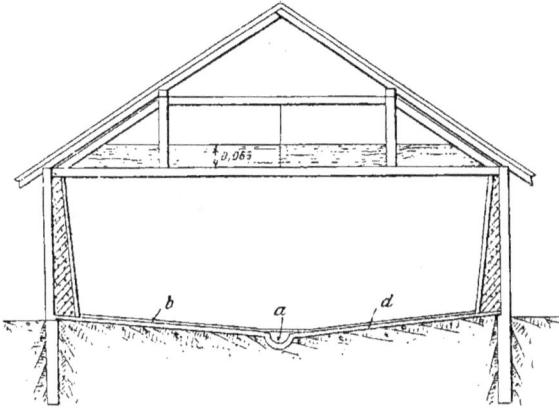

Fig. 9. — Coupe latérale à déversoir pour évacuer l'eau de fusion de la glace,
b ciment, *d* couche de sciure.

répandu. Leur dimension est de $0^m,57 \times 0^m,22 \times 0^m,13$ (Frères
Lay, Sandusky). Une telle caisse peut contenir 20 livres de
sandres. La capacité des caisses fabriquées par Davis à Détroit
est de 25 livres. Booth à Chicago emploie des caisses de $0^m,30$
$\times 0^m,35$ et d'une profondeur de 40,076, leur capacité est de
35-50 livres. Le nombre des caisses dont on a besoin varie
selon la quantité de poisson congelée à la fois : il y en a, par
exemple, 2.000 à l'entrepôt des harengs à Glocester. Chaque
caisse contient 12 harengs. Le fer zingué qu'on emploie dans ce
but a une surface de $0^m,78 \times 2^m,34$.

Il a été déjà dit que le poisson en se congelant forme une masse
ayant la forme de la caisse. Dans quelques entrepôts on le laisse
ainsi, dans d'autres on détache chaque poisson et on le place
séparément ; pour mieux conserver le poisson on le trempe quelquefois dans de l'eau, il se couvre alors d'une mince couche de
glace qui le préserve du dessèchement (Booth, Chicago).

Quand on congèle le poisson découpé il garde la forme de la
caisse ; c'est ainsi qu'on fait pour l'esturgeon congelé, dont on
ôte la peau au lieu même où on le pêche (état Oregon), qu'on
découpe, que l'on congèle dans des caisses quadrangulaires et
qu'on vend ainsi.

Il existe encore un autre moule dans lequel on congèle le poisson et qui est approprié aux tonneaux (c'est en tonneaux qu'on
expédie toutes sortes de poissons dans les Etats-Unis de l'Amérique du Nord). M. Davis a un brevet d'invention pour ce moule
(6 avril 1875, n° 161.596); le dessin ci-joint (fig. 10, 11, 12) donne
une idée complète de ce moule et a été emprunté à la descrip-

Fig. 10   Fig. 11.   Fig. 12.

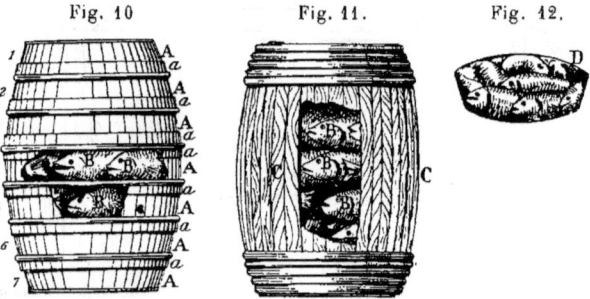

Moules pour la congélation du poisson expédié en tonneaux.

Fig. 10. — Moule en fer blanc A avec des couvercles *a*, qui juxtaposés
forment un baril.
Fig. 11 — Baril en bois avec indication de la manière dont on dispose le
poisson en rond.
Fig. 12. — Un rond de poisson congelé dans le moule A.

tion du brevet. Mais en général ce moule est peu répandu.
M. Davis a pris aussi un brevet (28 février 1871, n° 112.129)
pour son procédé de congélation du poisson dans des sacs
en caoutchouc fin ou en autre étoffe imperméable, mais l'inventeur lui-même a trouvé ensuite que ce procédé était peu pratique.

On emploie la glace en morceaux d'un pouce de diamètre. On
casse la glace à l'aide de machines spéciales, mais plus souvent à
l'aide des moulins à glace. Lorsqu'en remplissant les pliants de
glace on prend soin de répandre le sel régulièrement, le poisson
gèle dans les pliants en 12 à 18 heures; on couvre aussi de sel
les caisses aux entrepôts frigorifiques; pour mieux les remplir du
mélange réfrigérant on pousse la glace par-dessus avec un bâton.
L'eau salée qui s'écoule régulièrement dans les auges démontre
de la meilleure manière possible que la réfrigération de la chambre est en bon état, lorsque l'écoulement se ralentit c'est un
signe que la réfrigération intérieure diminue, alors il faut pous-

ser la masse gelée et ajouter de la glace et du sel jusqu'à ce que l'écoulement redevienne régulier.

La température des entrepôts frigorifiques lorsqu'on emploie le mélange réfrigérant est de —6° à —8° C. et ne doit pas dépasser — 12° C. La température du mélange de glace et de sel tombe immédiatement dans la proportion indiquée jusqu'à —12°,—15° C. et provoque la congélation rapide du poisson enseveli sous un mélange frigorifique dans des pliants en fer.

Cependant la construction des entrepôts frigorifiques qui donnent la possibilité d'acheter le poisson à bon marché et de le garder pendant un temps plus ou moins long en attendant la hausse des prix n'assure pas l'écoulement de la marchandise. Il est important de pouvoir expédier les poissons congelés à chaque moment donné soit par voie ferrée, soit par navires et par conséquent il faut avoir des wagons aménagés spécialement pour cette industrie. C'est pourquoi je vais décrire le procédé du transport des poissons et des viandes congelés en Amérique.

Pendant les mois de septembre, octobre et novembre on transporte l'esturgeon gelé de San Francisco à New-York (à travers le continent entier) dans des wagons-glacières avec 4 caisses à glace (2 à chaque bout du wagon). La capacité des caisses est de 1/2 tonne de glace. Les poissons sont en route de 12 à 15 jours. On change la glace tous les quatre jours. On encaisse sur place les morceaux de poisson congelé dans des caisses en bois, ayant la dimension de $1^m,20 \times 0^m,60 \times 0^m,45$, et pesant une fois remplies de 250 à 275 livres. Un wagon contient 100 caisses et les espaces entre les caisses sont remplis de sciure. J'ai pu m'assurer personnellement que le poisson arrive à New-York dans un état tout à fait ferme ; là on le place dans l'entrepôt où on le conserve pendant 6 mois, en l'expédiant au fumoir selon les besoins.

La possibilité d'envoyer l'esturgeon dans son état frais aux Etats Orientaux très peuplés, a eu pour résultat le développement de la pêche dans les endroits dont les habitants considérant l'esturgeon comme immangeable le rejetaient tout dernièrement dans l'eau. La pêche des esturgeons y a pris durant ces dix dernières années de grandes proportions et en 1892 on a expédié à New-York 288.000 livres d'esturgeons congelés.

On transporte les poissons congelés, des grands lacs, en tonneaux; pour ouvrir plus facilement le tonneau on remplace le fond d'en haut par une toile tendue sur le cercle supérieur. On place les tonneaux dans les wagons-glacières refroidis par un mélange de glace et de sel, où la température est au-dessous de 0°. C'est ainsi qu'on procède en été ; en automne, lorsque la température baisse, on transporte le poisson, dans les trains de grande vitesse, (le voyage dure 24 heures) dans des voitures ordinaires ; dès que le poisson arrive à New-York il est placé dans les entrepôts frigorifiques où il est à nouveau congelé. Il y a plusieurs types de voitures spéciales pour transporter les produits congelés par les voies ferrées américaines. Les voitures système Chase, Wicke et Hanrahan sont les plus usitées. Elles ont toutes des parois isolantes et à chaque bout de la voiture elles sont munies d'une paire de caisses en bois à barreaux (système Hanrahan) ; de plus, une caisse en zinc ou en fer galvanisé est placée sous chaque caisse en

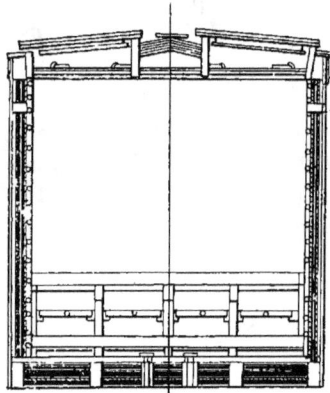

Fig. 13. — Coupe du wagon réfrigérant, système Wicke.

bois pour recevoir l'eau de la fonte. La différence de ces brevets consiste dans l'aménagement de la circulation de l'air dans les voitures. Le système Chase y pourvoit par des conduits placés en haut et derrière les caisses pour l'air qui monte dans le wagon, passe ensuite par les parois des caisses, se refroidit et se répand dans le wagon.

La caisse système Wicke est pourvue de trous (en haut) et l'air qui se tient sous le toit du wagon y pénètre, se refroidit et descend par la caisse. On utilise aussi le froid produit par l'évaporation de l'eau de la glace fondue, l'eau est dirigée sur des faisceaux de fils de fer galvanisés ou sur une corbeille à caisses en rubans de fer galvanisé, d'où il pénètre dans l'intérieur du wagon.

Enfin dans le système Hanrahan la circulation s'obtient par une combinaison rationnelle des parties constitutives, le dessin (fig. 14) du réfrigérateur construit sur le même principe explique ce système (1).

(1) Outre les wagons-réfrigérants ci-dessus énumérés il y a encore les

On remplit les poches du mélange réfrigérant par le toit du wagon où au-dessus de chaque caisse se trouve une ouverture bien bouchée. La figure 13 représente la coupe du wagon réfrigérant système Wicke pour montrer la disposition et l'organisation de ces ouvertures et le système d'isolation.

Le wagon-réfrigérant peut servir non seulement pour le transport des marchandises congelées (poissons et viandes), dans ce cas on remplit les poches d'un mélange de glace et de sel, mais aussi pour les machandises fraîches refroidies (principalement la vian-de). Dans ce dernier cas on se borne à mettre de la glace.

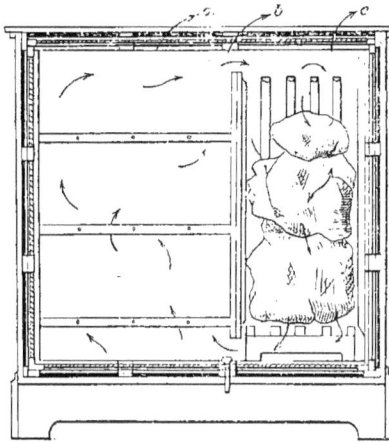

Fig. 14. — Réfrigérateur système Hanrehan.

Quand les pêcheries sont éloignées de la voie ferrée (aux bords des grands lacs) le transport des poissons se fait par des navires dans des caisses isolées spéciales contenant 1 tonne de poisson. La caisse représente une chambre frigorifique en miniature avec des parois isolantes, et grâce aux roues on peut la faire rouler jusqu'au camion.

Pour conclure disons quelques mots sur la réfrigération artificielle en Russie et sur l'importance de ce procédé appliqué en grand (comme c'est le cas aux Etats-Unis de l'Amérique du Nord) dans le midi de la Russie. En Russie la réfrigération artificielle a été appliquée pour la première fois par M. Soupouk, à Astrakhan, qui construisit d'abord une barge-glacière (1), réfrigérée à l'aide d'une machine pneumatique système Leitfoute. Cette entreprise

wagons de Davis (brevet du 15 septembre 1868) décrit dans le journal *Ice and refrigeration*, 1894, page 166 et les wagons de Milcard, brevet du 12 janvier 1892, n° 466 794.

(1) Sorte de chaland.

remonte à 1888. L'insuccès poursuivit d'abord M. Soupouk, il ne trouvait pas de poissons pour son chaland. Les représentants de l'industrie de la pêche ne s'intéressèrent pas à l'entreprise et M. Soupouk voyant qu'il devait lui-même acheter le poisson, s'adressa en 1891 à la Société impériale russe de pêche; cette dernière ne fut pas en état de lui fournir des fonds nécessaires, mais parvint à consolider cette industrie en faisant faire une active propagande dans la presse. Dans ces derniers temps l'entreprise de M. Soupouk s'est développée sensiblement et constitue aujourd'hui une affaire sérieuse.

Voici quelques données sur la barge de M. Soupouk que j'ai empruntées à M. Heineman (1). La barge-glacière est destinée à congeler et à transporter les poissons dits Rouge (esturgeons) et le poisson blanc, ou poisson pêché au moyen de filets à mailles fines (*Fchastikovaya ryba*). Sa capacité est de 10.000 pouds (2); elle peut naviguer en mer et remonter la Volga jusqu'à Nijni. L'entrepôt frigorifique, muni de doubles parois, occupe presque toute la longueur de la barge, les espaces intermédiaires sont remplis de sciure, les parois sont à quelque distance du bord, pour éviter l'échauffement le plafond de la glacière n'atteint pas le pont de la barge. Une partie des machines est placée à l'avant, l'autre à l'arrière. La barge est divisée en 5 sections : deux sections (aux extrémités) servent à congeler le poisson, celles du milieu à le conserver. La température atteint — 15° C dans les premières, — 3° C à — 4° C dans les secondes. La capacité des deux glacières est de 450 à 500 pouds, les poissons gèlent en 24 à 36 heures. En sortant de la machine, l'air froid passe par une chambre à neige avant de pénétrer dans la glacière, l'humidité se précipite en neige, de là l'air froid se dirige par des tubes en bois dans la glacière et les chambres frigorifiques ; l'afflux de l'air est réglé par des clapets.

M. Soupouk s'étant procuré un capital qui garantissait l'achat et la vente du poisson à son propre compte, a construit, au bord de la Volga, à Astrakhan, un édifice en briques pour y congeler et conserver le poisson ; la barge sert maintenant exclusivement au

(1) Barge-glacière. *Westnik Rybopromyschlennosti* (Messager de la pêche), 1888, n° 12.

(2) Un poud représente un poids de 16 kilogs environ (16 kil. 38).

transport du poisson d'Astrakhan à Zaritzin. L'entreprise fut
très lucrative et M. Soupouk l'a encore agrandie en introduisant des améliorations et en construisant une seconde barge
qui est destinée à desservir le midi de la mer Caspienne. La nouvelle barge contient 25 cuves d'une capacité de 25.000 pouds
La machine frigorifique est placée au milieu de la barge. L'éclairage
est électrique (1).

La grande maison de pêche Vorobiew à Pétrovsk applique la
réfrigération artificielle sur une plus grande échelle et vient de
construire un assez grand entrepôt frigorifique évalué à 200.000
roubles. Il est muni d'une machine à vapeur de 120 chevaux à deux
chaudières, deux compresseurs frigorifiques de 80-40 chevaux et
avec tous les appareils nécessaires pour la production de l'air
froid et sec. Le grand compresseur envoie l'air froid dans les 10
chambres (100 mètres carrés chacune) où sont placées 20 cuves
pour la salaison des poissons. Dans ces caisses on peut placer de
500-600 pouds. On garde le poisson (principalement le hareng) de
mai jusqu'à septembre, ensuite on le vend à Pétrovsk, ou on le
transporte à Ekaterinoslav, Poltava, Rostov-sur-le-Don. Le hareng moyen (pousanok) et le petit hareng sont pêchés en mer (2).

Le second compresseur refroidit une chambre de 100 mètres
carrés où on congèle de 200-300 pouds de poisson « rouge » ou
de poisson « blanc ». La température est de — 15° à — 19° C. On
envoie le poisson aux grands centres par chemin de fer. Malheureusement, par suite de l'absence de wagons spéciaux et la lenteur
de nos trains « de grande vitesse » (2300 kilomètres de Pétrovsk
à Moscou, 10-12 jours) on ne peut, en été, expédier le poisson
congelé que dans les villes les plus proches, mais en hiver on l'exporte au loin. C'est une preuve de plus de la difficulté que rencontrent les entreprises privées, même solides, pour introduire la
réfrigération artificielle. Il importe non seulement de congeler le
poisson, mais aussi de pouvoir l'expédier au marché et le garder
jusqu'à sa vente. Les frais de l'administration, du chauffage, etc.,
se montent à 40,000 roubles.

(1) Journal des Cosaques de l'Oural (Ouralskiji Voyskovii Vjedomosti,
n° 31, 1898.

(2) On place dans les cuves les poissons salés, de même que les poissons
congelés. La température y est toujours maintenue à — 2°, — 3°.

On pratique à Marioupol et à Henitshesk, l'application du mélange frigorifique pour la congélation du poisson.

A Marioupol, on congèle le poisson dans des bains spéciaux ($2^m,80 \times 1^m,80 \times 1^m,40$) où on peut placer 100 pouds ; le poisson reste dans ces bains 24 heures recouvert d'un mélange de glace et de sel (10 0/0 de sel). On congèle principalement le poisson rouge. Le poisson congelé est expédié en paniers par trains de grande vitesse à Charkow, Moscou et dans les autres grands centres (1).

On congèle la bélouga (*Acipenser huso*, **L.**) et les esturgeons à Henitshesk dans un « vikhode » (établissement pour salaison) au bord de la mer. En été et en automne le « vikhode » sert à saler le poisson, en été lorsqu'on pêche principalement la bélouga en mer, les compartiments libérés du poisson sont employés pour la congélation. On procède de la manière suivante : on couvre le fond du coffre d'une couche de glace d'environ $0^m,77$, ensuite on met du sel, puis vient le poisson qu'on recouvre d'une couche de glace et de sel et ainsi de suite jusqu'à ce que le coffre ne soit pas plein (10 rangées) ; le poisson reste en tout 3 semaines, pas plus, recouvert d'une masse de glace et de sel ; le poisson est parfaitement congelé, comme en hiver, en 24 heures. S'il faut conserver le poisson plus de 3 semaines, on le retire de la glace et on le place dans des caisses spéciales à barreaux, pour qu'il reste exposé au froid et pour que la saumure ne le rende pas salé et mou. S'il faut retirer le poisson après une semaine, la première couche de glace n'a que $0^m,30$ et les couches suivantes ne sont que de $0^m,20$. On peut y placer 7,000 pouds de poisson congelé. On expédie chaque été de Henitshesk jusqu'à 20,000 pouds. On expédie le poisson principalement à Charkow, où il arrive en 24 heures sans dégeler, on peut même l'expédier à Moscou. On l'envoie par grande vitesse dans des paniers de 10 pouds. Le panier pèse 30 livres ; on couvre les paniers avec des *nattes*.

On transporte la bélouga toute fraîche, des pêcheries directement à la glacière où on la congèle. Sur les îles éloignées de Henitshesk où il y a toujours des provisions de glace, on congèle le poisson

(1) Messager de la pêche (Westnik Rybopromyschlennosti), 1886, n° 1, note de M. Kousnezow. Voir dans le journal cité la description de la glacière, à Taganrog de M. Semenzow.

dans la glace et on le transporte pendant la nuit dans des bateaux à voiles si le vent est favorable.

On pratique depuis peu ce même procédé à Ouralsk pour la congélation des esturgeons ; et c'est de là qu'on expédie à Bousoulouk et Orenbourg, les esturgeons de la pêche printanière. D'après mes indications la communauté des cosaques a construit à Ouralsk un entrepôt frigorifique du type américain, qui doit servir de modèle pour les marchands de poisson. On a fait bien des fois dans ce petit entrepôt des démonstrations de toutes les opérations de la congélation et de la construction de la chambre frigorifique. L'entrepôt est toujours ouvert pour les visiteurs.

Il va sans dire qu'il est bien plus simple de congeler le poisson dans des glacières ordinaires, que de construire des caves-glacières à cette intention. D'après mes propres expériences le poisson rouge se congèle bien dans ces glacières et ne perd rien de son extérieur. Mais on ne peut pas conserver le poisson longtemps : après 1 semaine à 1 semaine 1/2 il faut retirer le poisson, autrement il devient mou et noirâtre sous l'influence de la saumure. Le procédé exige l'emploi d'une grande quantité de glace et n'est possible que dans les « vikhodes » qui ont un grand approvisionnement de glace et qui servent aussi à d'autres buts.

Conséquemment il faut choisir pour la Russie une combinaison de vikhode avec l'entrepôt frigorifique du type américain. On peut 1° l'utiliser pour le salage de printemps et d'automne ; 2° on peut y congeler les gros poissons rouges simplement en les plaçant dans de la glace, ce qui diminue le nombre d'ouvriers (pour casser et transporter la glace, remplir les réservoirs, etc.) ; 3° on peut retirer le poisson de la glace et le conserver dans les chambres du type américain.

Il est préférable au contraire de construire dans les grands centres de commerce comme Saint-Pétersbourg, Moscou, etc. des entrepôts frigorifiques du type américain, où la production du froid se fait par des machines. Mais pour soutenir des relations entre ces entrepôts et les pêcheries des wagons spéciaux doivent être construits.

Les conditions suivantes sont nécessaires, selon mon avis, pour organiser la congélation artificielle du poisson en grand : il faut pouvoir congeler le poisson sur les places de la pêche même, pouvoir le conserver aux stations finales du chemin de fer, pouvoir

l'expédier durant toute l'année et pouvoir le garder enfin dans les
entrepôts des grands centres de commerce. La réorganisation du
commerce des poissons exige de grands capitaux et la commune
des cosaques de l'Oural me donna la commission de faire des
démarches auprès de la compagnie du chemin de fer Riasansko-
Ouralsk. En 1894 j'ai présenté à la compagnie une note sur les
mesures à prendre pour le développement de la vente et du transport des poissons du fleuve Oural. Dans cette note, j'ai donné des
indications sur le côté technique de l'affaire.

L'administration des cosaques désirait augmenter les revenus
des pêches en haussant en même temps le prix du poisson et la
compagnie du chemin de fer Riasansko-Ouralsk désirait attirer
sur sa voie de nouvelles marchandises.

L'organisation de cette affaire exigeait des dépenses considérables et la société ne se jugea pas en état de prendre entièrement
sur elle une entreprise aussi compliquée : on projeta une société en
commandite par action, « *La Société des Entrepôts Frigorifiques* »,
qui devait organiser en Russie l'industrie de la réfrigération artificielle pour congeler et conserver le poisson, et s'occuper aussi du
transport, du commerce et même faire des prêts sur marchandises. D'après le § 1 de ses statuts la société poursuit le but : *a*)
de fournir régulièrement les marchés de l'intérieur et de l'extérieur de viandes, de poissons, d'œufs, de beurre, de fruits et d'autres vivres ; *b*) de construire des entrepôts pour la conservation des
produits ci-dessus nommés, aux lieux d'approvisionnement, aux
stations d'arrêt et aux marchés ; *c*) d'améliorer le transport par voie
ferrée, par bateaux à vapeur, sur les chaussées et les routes ordinaires et d'organiser la fabrication de la glace pour la consommation
des villes ; *d*) de soutenir, à l'aide de prêts, les producteurs, les
personnes intéressées à l'industrie de la pêche, les marchands ; et
de satisfaire les commandes des personnes privées et des institutions concernant l'achat et la vente des produits ci-dessus nommés.

Le capital fondamental de la société est estimé à 2 millions de
roubles en or, et est divisé en 20.000 actions à 100 roubles chacune.

Les statuts ont été ratifiés par le gouvernement, mais l'affaire
chôme faute du capital nécessaire pour les constructions projetées ;
voici la liste de ces constructions : magasins sur le fleuve Oural
sur l'emplacement même de la pêche, entrepôt frigorifique à
Ouralsk (avec machines réfrigérantes), entrepôts à Moscou,

Saint-Pétersbourg, Varsovie; vikhodes-glacières à Guriew et Saraitschik; deux barges à réfrigération pour transporter le poisson congelé à Astrakhan.

Quand les établissements projetés et d'autres semblables seront construits dans les pêcheries du Caucase et de la Volga, le commerce russe se réorganisera entièrement : les brusques et fabuleux changements de prix qui dépendent maintenant du temps qu'il fait au mois d'avril, disparaîtront pour toujours, de même que la différence des prix en hiver et en été ; l'offre, de même que les prix seront plus stables ; la perte de masses énormes de poissons par suite de l'absence d'acheteurs au printemps deviendra un fait du passé ; la qualité de la marchandise s'améliorera, car on n'aura plus besoin de saler à outrance le poisson et ainsi de suite. La réorganisation du commerce des poissons en Russie et des moyens d'approvisionnement doit avoir une bonne influence sur le développement de l'industrie de la pêche et doit contribuer à une exploitation plus raisonnable des poissons dont la Russie est si riche.

En conclusion de ce mémoire rédigé sur la demande du comité d'organisation, nous nous permettons d'exprimer le souhait que les capitaux étrangers cherchant un placement solide viennent en aide à la Russie, afin de permettre la formation de la société des entrepôts frigorifiques, entreprise indispensable et utile, dont la réalisation a été impossible jusqu'à présent faute d'argent.

M. le Président expose que le travail de M. Borodine est très intéressant, mais que le Congrès actuel ne peut voter ses conclusions tendant à l'utilisation de capitaux en Russie, puisqu'il est entendu que les vœux doivent être internationaux.

Il prie le Secrétaire de dégager un vœu d'une portée générale qui sera soumis au vote de l'assemblée.

M. Le Secrétaire en l'absence des auteurs donne lecture des mémoires suivants :

LA PÊCHE ET L'INDUSTRIE DES ÉPONGES
Par Paul GOURRET,
Directeur de l'Ecole professionnelle des pêches maritimes de Marseille.

Les éponges se rencontrent en abondance dans la Méditerranée et ses annexes, ainsi que dans l'Océan Atlantique.

PREMIÈRE PARTIE : MÉDITERRANÉE.

Habitat. — Leur habitat en Méditerranée est très étendu, puisqu'on en trouve sur les côtes du Maroc et de l'Algérie, le long de la Tunisie, de la Tripolitaine, de l'Egypte et de la Syrie, aux abords de Chypre et de Candie, sur le littoral de l'Asie Mineure, les Dardanelles et la mer de Marmara, sans compter les îles de Malte et de Lampedouse et la mer Adriatique.

On peut négliger celles du Maroc qui sont de qualité très inférieure et celles d'Algérie qui, quoique moins dures, sont trop peu abondantes pour donner lieu à une exploitation. Car, ce n'est qu'à partir du cap Africa que leur densité assure une récolte suffisamment rémunératrice. A mesure que l'on s'avance vers l'Est, ces cœlentérés semblent augmenter aussi bien en nombre qu'en qualité. L'éponge tunisienne, quoique spongieuse, élastique et résistante, est un peu rude et grossière. Aussi est-elle bonne pour le lavage des façades et des dallages, pour le service des écuries et autres emplois peu délicats ; mais elle est impropre généralement à la toilette. A partir de Zarzis, il en existe une qualité à trame plus fine et veloutée, malheureusement bien souvent encroûtée de calcaire. Les éponges de la Tripolitaine sont supérieures aux djerbis tunisiennes, mais elles le cèdent à celles des îles orientales de l'archipel. Quant aux Syriennes, elles sont d'une finesse incomparable. Sur le littoral tunisien, qui nous occupera presque exclusivement dans cette première partie, le champ spongifère comprend la côte qui s'étend du cap Africa (en face de Mehedia) au ras Ungha (sud de Maharès), les îles Kerkennah, la totalité du golfe de Gâbès, l'île Djerbah et les abords de Zarzis et de Biban.

Très variables sont les fonds favorables au développement des éponges : fonds rocheux sur lesquels croissent les plantes marines, dites ziddagra en arabe ; fonds de tragana (mélange de cailloux très fins et de coquillages) ; sable plus ou moins coquillier ou plus ou moins vaseux ; madrépores constituant des fonds coralligènes côtiers ; enfin roches vives, à arêtes accentuées, à anfractuosités nombreuses. Leur distribution bathymétrique s'étend depuis le rivage par 1^m50 à peine jusqu'au delà de 180 mètres. Pourtant, au point de vue de l'exploitation industrielle, les stations ordinaires d'éponges s'arrêtent vers 45-50 mètres.

Engins de pêche. — Les procédés de capture en usage aussi bien en Tunisie qu'en Syrie ou dans l'archipel sont au nombre de cinq : pêche à pied, pêche au harpon, pêche au plongeon, pêche au scaphandre, pêche à la gangava.

Pêche à pied — Les Kerkenniens et Djerbiens pratiquent seuls en Tunisie ce mode de pêche, lequel consiste à explorer du pied les fonds côtiers jusqu'à 1^m60 environ de profondeur. Le pêcheur, ayant souvent de l'eau jusqu'au cou, se promène lentement pendant la belle saison. Quand il rencontre sur sa route une éponge, il l'arrache de ses orteils par un mouvement brusque de bas en haut, de manière à la faire parvenir à portée de la main. S'il trouve un trou ou une dépression du sol, il plonge pour l'examiner et faire sa cueillette.

Cette pêche est peu rémunératrice aussi bien par le petit nombre de spécimens récoltés que par la forme très irrégulière des éponges gênées dans leur croissance par les algues et autres plantes sous-marines.

Pêche au harpon. — Elle consiste à harponner les éponges par une profondeur qui ne peut excéder 14-15 mètres. Comme il s'agit avant tout d'apercevoir le précieux cœlentéré, diverses circonstances favorables doivent se présenter. Il faut d'abord que les éponges ne soient pas masquées à la vue par la végétation sous-marine ; cette condition est remplie d'octobre à fin janvier, période pendant laquelle les diverses algues et zostères sont tombées. Il faut aussi que le soleil soit assez haut pour éclairer le fond. Il faut enfin non seulement que les courants ne soient pas forts, ni que la houle agite trop la surface, mais encore que les eaux soient limpides. Pourtant, lorsque la surface est ridée, le pêcheur peut apercevoir le fond en se servant d'un miroir sorte de lunette de calfat, nommé *specchio* ou *bouquière* (fig. 1) par les Siciliens. Importé à Sfax en 1876 par les Grecs, cet instrument est un cylindre creux en fer battu, de $0^m,30$ de diamètre sur $0^m,40$ de hauteur, fermé sur l'une des bases par une vitre transparente mastiquée, ouvert sur la base opposée. Il suffit d'immerger de quelques centimètres

Fig. 1. — Bouquière sicilien (miroir pour la capture des éponges, Tunisie).

l'instrument par la base fermée pour apercevoir le fond avec beaucoup de netteté. L'emploi de ce miroir est préféré à celui plus ancien de l'huile qu'on versait à la surface de l'eau.

Le harpon en usage est tantôt la *friscina* ou *fuscia* sicilienne, tantôt le *kamaki* grec, tantôt encore la *fouchga* indigène. La friscina est une foëne à trois dents emmanchée sur une hampe en sapin de 6 à 8 m. de long et dont le poids est tel qu'en lâchant

Fig. 2. —Kamaki grec (pêche des éponges, Tunisie).

Fig. 3. — Fouchga tunisienne (pêche des éponges tunisiennes).

l'engin il demeure vertical dans l'eau, une partie en dehors. Le kamaki n'en diffère que par le nombre des dents qui est de quatre. Quant à la fouchga, c'est un harpon en fer composé de deux longues branches dardées. Quelle que soit celle employée, on la leste avec du plomb dès que les fonds où on opère dépassent 8 mètres.

Pour cette pêche, les Européens et les Maltais se servent du *canotto* maltais, embarcation légère, effilée, à arrière carré, à avant presque droit, munie d'un mât vertical court et emplanté sur le tiers antérieur, avec une seule voile en coton qui est plus souvent triangulaire que quadrangulaire et enverguée sur une grande antenne, pouvant armer 4 avirons, montée par 2 ou 3 hommes, longue de 5m10 sur 1m80 de large en moyenne, d'un demi-tonneau.

Les Siciliens préfèrent les *barcheta*, baleinières assez hautes de bord, sans gouvernail ni voilure, à deux bancs, armant seulement une paire d'avirons, très larges et un peu pointues aux extrémités, de 4^m20 de long sur une largeur de 1^m55. Ces barquettes représentent les doris des pêcheurs terre-neuviens ; elles sont arrimées, au nombre de 8 à 12, sur les *Schifazzos*, *lasutellos* et autres bateaux de fort tonnage sur lesquels les Siciliens viennent chaque année en Tunisie et qui servent de magasin de dépôt de vivres, d'habitation la nuit et de poste de surveillance.

Les Arabes tunisiens montent ordinairement sur des loudes, munis d'un mât dont l'emplanture est sur l'avant et dont l'inclinaison vers l'arrière est telle qu'il doit être soutenu par un étai. Presque rases sur l'eau, effilées aux bouts, naviguant avec une seule voile, sauf quand elles ne sont pas en pêche, pourvues de deux petites quilles aux extrémités, d'un faible tirant d'eau, ces embarcations mesurent environ 11^m50 sur 2^m65 de large. Elles sont pontées en avant jusqu'au pied du mât, de sorte que le harponneur se tient sur cette sorte de plateforme pour scruter le fond de l'eau.

Les indigènes se servent aussi et anciennement de sandales arabes à voiles carrées, marchant à la perche, trop lourdes pour la pêche des éponges.

Depuis quelques années les arabes de Djerbah, de Zarzis, de Bibène, d'Edjiin, tendent à délaisser loudes et sandales pour des embarcations plus maniables ; comme les Siciliens, ils se servent de canotti qu'ils nomment chekifs ou skifs.

Enfin, les Grecs, depuis 1875, envahissent chaque année le littoral tunisien pour récolter l'éponge aux Kerkennah, à Djerbah, à Zarzis, à Surkenis, à Tafalmah, etc. A l'exemple des Siciliens, ils arrivent sur des bateaux d'assez fort tonnage, servant de pontons au mouillage et portant chacun sur le pont ou dans la cale environ 14 barques. Ces bateaux sont les saccolèves à faible tirant d'eau, larges, pontées, très tonturées, à étrave courbe et s'élevant beaucoup plus au-dessus du bord que l'étambot qui est rectiligne et s'incline un peu sur l'arrière. Les unes sont mâtées en bricks, en bricks-goëlettes ou en goëlettes à hunier ; les autres portent deux voiles à bourcet ; d'autres, plus réduites, n'ont qu'un seul mât avec grand'voile à livarde et foc unique. Les plus grandes saccolèves, de 43 tonneaux, mesurent jusqu'à 17 m. de long sur 5^m45 de large et ont un équipage de 7 hommes ; les moyennes ont de 10 à 12 m., 6 hommes et jaugent 30 tonneaux environ.

En somme, Maltais et Siciliens, Grecs et indigènes emploient de préférence, pour la pêche au trident et au miroir, des embarcations légères montées par un rameur et un harponneur. Tandis que celui-là rame avec lenteur, celui-ci, penché sur l'avant, immergeant de la main gauche son bouquière si la surface est ridée, tenant de la droite son trident, explore le fond pour apercevoir les éponges qui se détachent en noir. Dès qu'il en voit une, il lance sa foëne dans la direction du cœlentéré qu'il arrache par un double mouvement de rotation et de bascule. Parfois il se sert de deux tridents qu'il lance tour à tour, le premier pour arrêter l'embarcation ou la diriger, le second pour harponner l'éponge.

Les éponges capturées par ce moyen sont dites « harponnées », tandis que celles prises autrement sont les « plongées ». Celles-là sont moins estimées à cause des déchirures de leur tissu ; pour qu'elles soient moins dépréciées, les harponneurs habiles s'efforcent de toucher l'éponge vers la base ou sur les côtés, évitant d'endommager la face antérieure.

Pêche au plongeon. — Partout où les fonds rocheux sont disposés de manière à abriter et à défendre les éponges contre ele trident et la gangava (environs de Zarzis, canal d'Adjini, certains parages des Kerkennah, les indigènes, montés sur leurs loudes, ont recours au plongeon.

Quand on suppose être sur une station spongifère, le loude est mouillé avec un grappin et chaque homme de l'équipage plonge à tour de rôle. Nu et armé d'un poignard pour se défendre contre les requins, le plongeur, pour activer la descente, saisit une grosse pierre amarrée à une corde dont l'autre bout est fixé à bord ; arrivé au fond, il lâche la pierre, saisit la corde d'une main, tandis que de l'autre il s'empare des éponges à sa portée, qu'il dépose à mesure dans un filet entourant sa ceinture. Pour remonter, il agite trois fois la corde.

Le séjour des plongeurs sous l'eau serait de près de deux minutes d'après Pic, de trois minutes d'après d'autres, et la profondeur qu'ils peuvent atteindre serait de 25 m. (Berthoule et Bouchon-Brandely) ou même de 50 m. (Hennique et Pic).

Cette pêche dure quatre mois et demi, comme celle faite avec le harpon, pendant la saison de la chute des plantes marines ou de leur faible hauteur.

Pêche au scaphandre. — Depuis de longues années, les Grecs pêchent les éponges au scaphandre sur les côtes d'Asie Mineure, de Syrie et de l'Archipel. Ils ont importé, il y a trente ans, en Tripolitaine et en Tunisie, ce procédé qu'ils emploient principalement à bord de leurs scaphes, bateaux très évasés, plus élevés de l'avant, pointus aux extrémités, pontés sauf au milieu, munis d'une grand'voile à balestron qui est enverguée sur un mât très court et emplanté près de l'avant. Ces scaphes, de 3 tonneaux, longs de 10 m. sur 3 m. de largeur, montés par 5 hommes, ont chacun un scaphandre.

Cet appareil, qui peut fonctionner toute l'année, ne donne pas les résultats qu'on aurait pu en attendre, à cause des accidents qu'il occasionne, de l'impossibilité de réparation sur place, des difficultés de la manœuvre, de son prix élevé, enfin du coût exagéré de la main-d'œuvre. Du reste, on ne peut s'en servir que pour des fonds inférieurs à 30 mètres. Aussi, son usage est-il fort restreint.

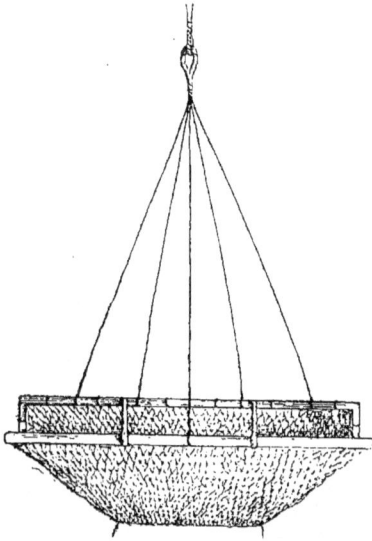

Fig. 4. — Gangava tunisienne (drague pour la pêche des éponges).

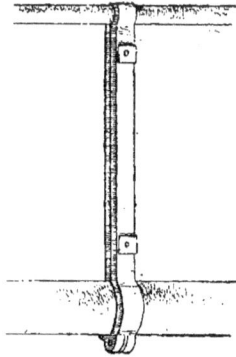

Fig. 5. — Détail du cadre de la gangava.

Pêche à la gangava. — La gangava ou gannegava est une sorte de chalut que remorquent jusqu'à 100 mètres de profondeur les saccolèves grecques en se laissant dériver sans voile. Elle comprend un cadre rectangulaire, long de 5 à 12m., haut de 0m,50 à 0m80, composé d'un fer dragueur cylindrique et d'une pièce de bois qui sont disposés parallèlement. Celle-ci est reliée par deux traverses aux deux bouts du fer relevés à angle droit. Enfin, entre les deux et à l'aide de douilles clavetées, deux montants en fer assurent la rigidité de l'engin. Un filet récolteur à larges mailles et mesurant de 2 à 3 m. de profondeur, est transfilé d'une part sur le bois et genopé d'autre part sur des pitons en fer soudés autour de la drague. Quatre chaînes ou cordes amarrées sur le fer et un filin fixé sur le milieu de la pièce en bois se réunissent en patte d'oie pour donner attache au câble de remorque. Ce dernier, long de 60 à 100 brasses, s'enroule sur un treuil à main placé à l'avant du bateau.

La valeur d'une gangava, remorque comprise, est d'environ 800 francs.

Les lieux spongifères exploités au moyen de la gangava sont le golfe de Gabès, les hauts fonds des îles Kerkennah, Surkenis, Djerbah et Zarzis.

Cette pêche, à laquelle se livrent beaucoup depuis plusieurs années Maltais et Siciliens, était faite exclusivement par les Grecs. Elle a lieu nuit et jour en toute saison, les mois d'interdiction exceptés, sur les fonds d'herbes, sur les fonds de tragana (sable coquillier avec menus cailloux), sur la vase résistante. Elle ne peut travailler sur les rochers où elle s'engage parfois et d'où il est bien difficile de la retirer.

Mode de préparation. — A leur sortie de l'eau et à l'état brut, les éponges sont dites, *éponges noires*. Cette coloration provient des tissus gélatineux qui font partie intégrante de leur constitution anatomique.

Fig. 6. — Cabane pour le lavage des éponges (Tunisie).

Pour être utilisées, il importe de les débarrasser de ces parties et de préparer le squelette spongieux qui a reçu tant d'applications.

Éponge Zarzis

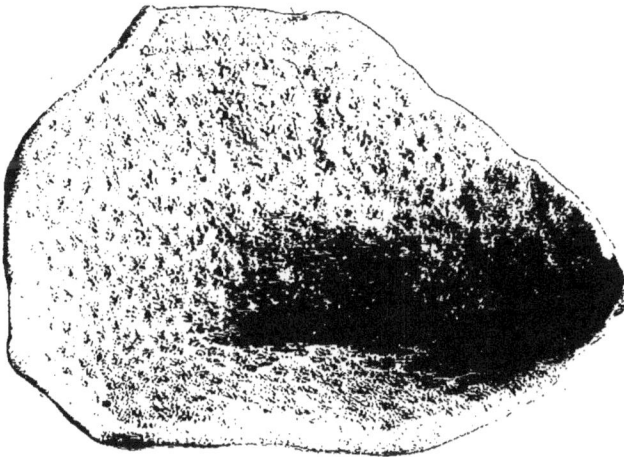

Oreille d'éléphant
(prise entre l'île Pantelaria et la Sicile).

Dans ce but, on les lave plusieurs fois à l'eau de mer, et on les piétine sur un plancher à claire voie. Cette manipulation a lieu soit en mer, sur les bateaux-pontons, soit dans des petites cabanes construites sur pilotis le long de la rade. Elles prennent alors le nom d'*éponges blanches* ou *éponges lavées*. On les suspend aux vergues des bateaux, en forme de chapelets, ou à des cordes tendues au soleil sur la côte. Après qu'elles ont été séchées au soleil, elles sont prêtes pour l'exportation. Mais, avant de les mettre en vente, il convient de les soumettre à l'action du permanganate de potasse et de l'acide sulfureux ou à celle du bisulfite de soude et de l'acide chlorhydrique, de manière à les débarrasser des impuretés qui peuvent souiller leur tissu corné et des cristaux qui font partie de leur structure propre. Les éponges ainsi préparées sont dites « blanchies ».

Espèces et qualités d'éponges méditerranéennes. — Une grande confusion règne encore à présent sur l'établissement des diverses espèces et variétés d'éponges. Parmi celles qui se rencontrent en Méditerranée, il y aurait, d'après O. Schmidt, l'*Euspongia officinalis* avec ses variétés *quarnerensis*, *zimocca*, *equina*, *adriatica*, *exigua* et *mollissima*, l'*Euspongia nitens* et l'*Euspongia virgultosa* d'Algérie.

Elle règne encore davantage à propos des variétés marchandes basées sur la finesse du tissu corné ou du « grain », la forme et la couleur.

En Tunisie, d'après de Fages et Ponzevera, il existe quatre qualités :

1° *Eponge djerbi*. — Tissu léger et peu résistant, racine rougeâtre. — Habite le fond du golfe de Gabès.

2° *Eponge kerkenni*. — Tissu très résistant et brun, racine noire, — habite les bancs et le canal de Kerkennah.

3° *Eponge de Zarzis*. — Tissu souple — racine blanche. Presque identique à l'éponge de Syrie, c'est-à-dire à la variété scientifique *mollissima*. Habite entre Zarzis et la frontière tripolitaine.

4° *Eponge hadjemi*. — Tissu dur et compact. Habite un peu partout. Peu de valeur commerciale.

Il y en a pourtant deux autres qui sont très communes : celle dite *zamocca*, ou *zimocca* variété fine — dure ; celle dite *oreille d'éléphant*, en forme de grande coupe.

Suivant G. Pennetier, on peut distinguer 8 sortes d'éponges commerciales en Méditerranée. Ce sont :

1º *L'éponge fine douce de Syrie* ou éponge du levant. — En forme de coupe dont les bords sont amincis et arrondis. Légère, poreuse, fine, très douce au toucher, de couleur jaune, à face concave percée d'un grand nombre d'oscules qui sont souvent disposés en série rayonnante, elle se rapporte à *E. mollissima*.

2º *L'éponge fine douce de l'archipel.* — Un peu plus lourde et plus étroite à la base que la précédente dont elle n'est qu'une simple modification ; à trous plus grands, mais moins nombreux. Habite l'archipel, Chypre, Candie et le littoral de l'Asie Mineure.

3º *L'éponge fine douce ou éponge grecque.*

4º *L'éponge blonde de Syrie ou éponge de Venise.* — Jaune ocreux à la base et blond pâle dans la masse ; forme arrondie ; très poreuse, parsemée de nombreux oscules, qui sont garnis d'une couronne de poils rudes, légère, à tissu grossier.

5º *L'éponge blonde de l'archipel*, appelée aussi éponge de Venise. — Variété de la précédente ; moins épaisse, plus colorée, bombée en dessus, aplatie sur les côtés.

6º *L'éponge de Salonique* aplatie, épaisse de $0^m,02$, unie, à tissu fin et serré, non élastique, formée de fibres rouges près de sa base ; de qualité très médiocre.

7º *L'éponge de Djerbi.* — Volumineuse, légère, à tissu peu solide.

8º *L'éponge de Marseille* ou *éponge brune de Barbarie.* — Aplatie, arrondie ou piriforme, dure, d'un brun rougeâtre, à tissu serré et pesant, correspond à la variété Kerkenni.

Les pêcheurs et les négociants d'éponges admettent encore d'autres subdivisions. C'est ainsi qu'ils distinguent les éponges de Tripoli de celles de Bengasi, celles-ci se différenciant en communes, en fines, en écarts, etc.

Nombre de bateaux. — D'après Mattei, on comptait en 1854 pour toute la Tunisie 102 sandales employées à la récolte des éponges :

40 sandales aux	Kerkennah
15	—	à Sfax
27	—	— Djerba et à Adjim
12	—	— Biban
8	—	— Zarzis

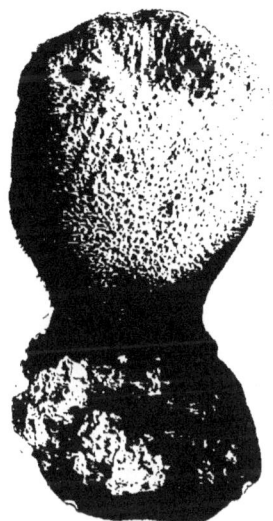

Éponge de Syrie (Levantine).

Fine dure dite Zimmoca
(entre les Kerkennah et Lampedus).

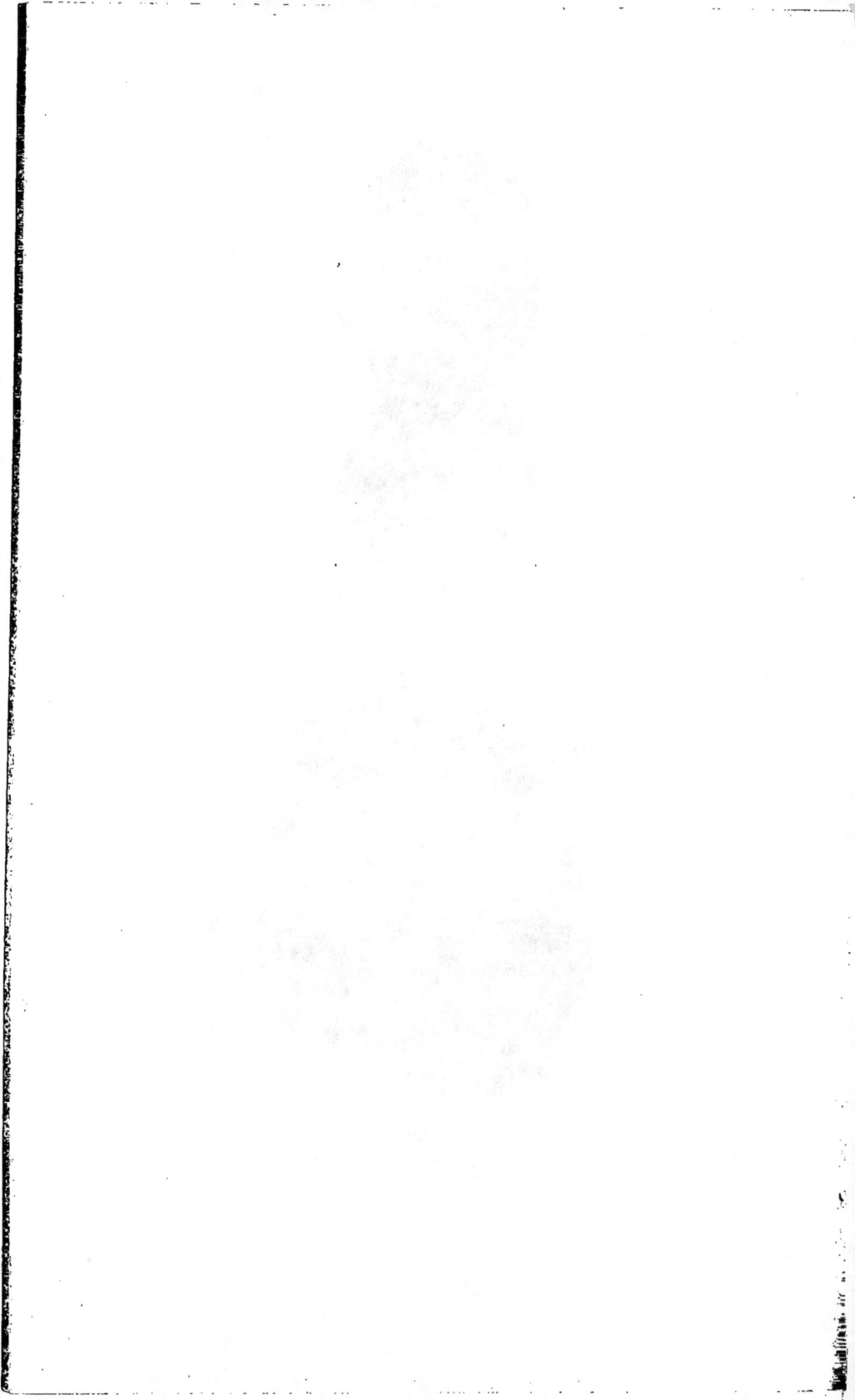

Hennique donne les chiffres suivants pour l'année 1882 :

Canotti.	257
Barchetas siciliennes	200
Saccolèves grecques	15 à 18
Scaphes grecs	15
Bricks ou goëlettes.	5 à 6
Barques pêchant au kamaki. .	80
	828

Enfin d'après de Fages et Ponzevera, la moyenne annuelle des bateaux employés à la pêche des éponges de 1891 à 1898 s'est élevée à 1578, savoir :

Gangavas (italiens)	84
— (grecs)	84
Kamakis (indigènes)	280
— (grecs)	26
Scaphandres (grecs)	4
Barques (indigènes)	1100

Il faut noter qu'en 1896, année moyenne, il y a eu 1089 navires, jaugeant 2,371 tonneaux, montés par 3,201 hommes, sans compter 169 pêcheurs à pied.

Rendement de la pêche. — Le rendement des éponges en kilogrammes et en valeur a offert depuis 1854 une augmentation progressive qui ressort du tableau suivant :

Années	Kilogrammes	Francs
1854 . .	12.000 (à 5 fr.) .	60.000
1884-1885. .	93.850	. . . .
1885-1886. .	89.900	. . . .
1891		750.000
1892 . .	91.223 . . .	1.188.500
1896 . .	100.900 . . .	1.120.000

Valeur des éponges tunisiennes. — Le prix actuel des éponges lavées et séchées, prises sur les lieux de production, est le suivant d'après les données de Berthoule, Bouchon et de Fages-Ponzevera :

			Prix du kil.
Eponges prises par les gangavas italiennes . .			12 à 13
—	—	grecques . .	14 à 14.50
—	—	scaphandres .	17 à 18
—	— kamakis grecs . . .		16.50
—	—	— italiens . .	21.23
Ecarts pêchés par		—	2 à 3

Ces prix sont à rapprocher de ceux obtenus par les éponges de Tripoli, de Bengasi et de Syrie :

Eponges de Tripoli 1re qualité		15 à 18 fr.
— Bengasi communes		22 à 30 —
— — fines.		40 à 80 —
— Syrie communes 1re qualité(1)		22 à 30 —
— — fines. . . , ...		120
Eponges de Syrie, écarts de fines . . .		18 à 20 —

Règlements et décrets concernant les éponges tunisiennes. — Servonnet indique que vers 1840 le marché des éponges était monopolisé presque complètement à Djerbah par un Français et un Italien. A cette même époque, un négociant grec obtint la concession de la pêche des éponges, concession qui fut conférée en 1846 par le Bey à son ministre Ben Ayed et qui prit fin en 1869, lorsque la commission financière, instituée pour la garantie des dettes de la Régence, fit affermer la pêche des éponges au profit du trésor beylical.

Moyennant une rétribution (2) qu'il versait à la Régence, le fermier général, nommé à la suite d'une adjudication, aux enchères publiques, pour une période de quatre années, était chargé de percevoir à son profit les droits fiscaux relatifs à la pêche. La part perçue fut fixée par décret beylical à 25 0/0 en nature sur les éponges blanches ou lavées, et à 33 0/0 en nature sur les éponges noires ou brutes. Elle était reçue par les agents du fermier. Les pêcheurs devaient donc être munis d'un permis de pê-

(1) Certaines éponges de Syrie, d'une finesse incomparable, valent jusqu'à 550 fr. le kilogramme.
(2) Cette annuité, de 60,000 fr. au début (1869-1870), fut portée ensuite à 121,800 fr., puis à 130,000 fr.

che et *payer à terre* les droits de pêche ; ils s'engageaient à recevoir à bord de leurs embarcations les gardiens chargés d'exercer
la surveillance et pour la garantie de leurs obligations, les pêcheurs déposaient un cautionnement ou offraient la caution d'un
tiers.

Le protectorat a remplacé avec juste raison le fermage par un
permis de pêche individuel (décret du 16 juin 1892).

Ce décret, modifié en partie par celui du 15 janvier 1895, fixa
le prix des patentes annuelles comme il suit :

A. Pêche blanche.

    Barquette pêchant au trident. . . . . 125 fr.
    Barquette à voile pêchant avec la gangava 450 —
    Barque pêchant au scaphandre, par engin 1500 —

B. Pêche noire.

    Barquette. . . . . 75 fr.

Les mêmes décrets interdisent la gangava et le scaphandre (!)
pendant mars, avril et mai, autorisent le débarquement dans tous
les ports de commerce et exonèrent de l'obligation de la vente
des éponges aux enchères.

Le 23 mai 1897, le droit de patente pour les scaphandres fut
doublé afin d'empêcher la récolte des petites éponges que faisaient
les scaphandres. Enfin, le 28 août 1897, à la suite des protestations des négociants de Sfax sur le tarif exagéré des patentes et
l'époque d'interdiction de la pêche (1), un nouveau décret fixa
l'interdiction en novembre-décembre et porta le prix des patentes
de pêche aux chiffres suivants :

    A. Pêche blanche.

        Barquettes. . . . . . 100 fr.
        Gangavas 350
        Scaphandres 1000
    B. Pêche noire 40

Il faut ajouter que le droit de sortie des éponges tunisiennes,

(1) Ils se basaient sur l'opinion du naturaliste Lo Bianco, de Naples,
qui soutient que l'émission des larves d'éponges a lieu en automne et non
en mars-mai.

est, sans distinction de qualité, de 37 fr. 20 les 100 kil. Comme la plupart sont expédiées à Marseille, elles paient à leur arrivée 35 fr. par quintal, alors qu'en Italie, en Allemagne, en Angleterre, elles sont reçues en franchise. Aussi, le principal marché des éponges qui, de Trieste, avait été transféré à Paris, se tient-il maintenant à Londres.

Dépeuplement des bancs. — Les pêcheurs et les négociants tunisiens se plaignent du dépeuplement des bancs spongifères qu'ils attribuent en premier lieu à l'action des gangavas qui, en draguant aveuglément les fonds, déracinent en pure perte et enterrent les sujets de petite taille, en second lieu à la récolte des jeunes éponges par les scaphandres.

Il ne semble pas très exact que les individus arrachés par la drague soient définitivement perdus, puisque les éponges sont susceptibles, quand elles ont été détachées, de se cramponner de nouveau et de continuer à vivre. C'est ce qui résulte des observations anciennes de F. Cavolini (1785), confirmées par O. Schmidt, qui a même prouvé que les sujets sectionnés en petits fragments sont capables de se fixer et de croître (1862).

La nocuité des gangavas réside bien plutôt dans la récolte d'éponges de tout âge, aussi bien de spécimens marchands que de spécimens trop petits pour avoir une utilité commerciale. La pêche des sujets de belle taille se pratiquant toute l'année, y compris l'époque de l'émission des larves, détermine une perte pour la reconstitution naturelle des fonds; celle des jeunes exemplaires épuise les bancs sans aucun profit. Il serait donc logique d'interdire l'usage de la gangava au moment de la reproduction et de l'émission des larves, au moment de la fixation de celles-ci, au moment de la croissance des jeunes. C'est dire que la drague devrait être totalement supprimée. Il n'y a pas lieu de recourir à un moyen aussi radical si l'on remarque que le champ exploité par la drague est le plus souvent situé en dehors de la zone favorable à l'emploi des autres engins, en un point où harpon, scaphandre et plongeur ne peuvent atteindre.

Ce serait réduire dans de trop grandes proportions le rendement annuel et mettre en état d'infériorité l'industrie tunisienne qui a déjà beaucoup à lutter pour contrebalancer le commerce des éponges américaines.

Le reproche adressé au scaphandre est des plus futiles. Il

consiste à dire avec P. Pic *que le plongeur voit avec ses verres grossissants toutes les éponges énormes, même les plus petites, et qu'il détruit ainsi des sujets qui auraient pu fournir de la semence pour la procréation d'autres colonies.* Le scaphandre inexpérimenté peut se tromper dans ses premiers sondages, mais il ne tarde pas à tenir compte des conditions particulières dans lesquelles il travaille et à acquérir assez de pratique pour s'encombrer de spécimens de trop petite taille, sans valeur marchande.

Du reste, on ignore encore l'époque de la reproduction et de l'émission des larves, ainsi que la taille qu'ont les éponges au moment où elles deviennent adultes. Ces points doivent être élucidés avant de prononcer des interdictions plus ou moins rigoureuses et, en tout cas, très fâcheuses quand elles ne revêtent pas un caractère international.

Une grande prudence s'impose donc, d'autant plus que le dépeuplement, qui se manifeste par une diminution notable de la grosseur moyenne des éponges et par une pêche individuelle moins fructueuse, n'est pas uniquement imputable à la drague et au scaphandre, mais provient en grande partie de l'intensité de la pêche.

Époque de la reproduction ; émission des larves. — L'époque de la reproduction des éponges et de l'émission des larves, la durée de la vie pélagique de ces larves et le moment de leur fixation, enfin les détails de leur croissance jusqu'au moment où elles sont adultes et où elles deviennent marchandes, constituent autant de problèmes non résolus encore et qu'il serait très utile d'éclaircir non seulement pour réglementer d'une façon sage la pêche dans les stations spongifères, mais encore pour procéder à la multiplication de ces êtres si utiles.

Jusque dans ces dernières années, il était admis que les éponges de la Tunisie se reproduisaient et lâchaient leurs larves en mars, avril et mai. Aussi, les décrets concernant la régence avaient-ils interdit l'emploi de la gangava et du scaphandre pendant cette période pour protéger dans une certaine mesure les générateurs et les jeunes, capables de reconstituer les bancs spongifères plus ou moins exploités. Ces décrets étaient conformes à l'opinion d'O. Schmidt qui, d'après ses observations recueillies à Naples, dit que la reproduction par œufs d'où sortent des larves a lieu en mars et en avril et peut-être aussi plus tard. Pourtant, ils ont été abrogés et l'interdiction porte actuellement sur les mois de novembre et de décembre, période qui, d'après Lo Bianco de Naples, serait celle du frai pour les éponges.

La version du premier de ces naturalistes paraît la plus probable. Suivant Barrois, les Halisarca (fibrosponges) de la Manche sont remplies d'œufs en juillet à tous les stades de développement. Ce retard sur les éponges tunisiennes serait très naturel et dépendrait d'une différence de latitude; puisque le même fait se produit pour d'autres animaux, pour les thons par exemple, dont les œufs sont mûrs en mai-juin sur les côtes de Tunisie, en fin juillet et août sur les côtes de Provence.

Quoi qu'il en soit, ce point mérite avant tout d'être précisé. C'est ce qu'a compris l'administration des Travaux publics de la Tunisie qui, en mars et novembre 1897 et 1898, fit des expériences pour observer l'émission directe des larves. Et elle décida que ces expériences porteraient sur des éponges que les capitaines gardes-pêche demanderaient tous les quinze jours aux pêcheurs au scaphandre, qui, seuls, peuvent prendre les éponges avec des précautions suffisantes. Ces expériences ont échoué et elles ne pouvaient réussir par le procédé employé, c'est-à-dire l'observation directe par des gens peu habitués à l'étude d'êtres aussi petits que les larves d'éponges.

En l'état, il serait facile de promener un filet fin à la surface des bancs tous les quinze jours pendant les prétendues époques de la reproduction, de manière à capturer et à faire reconnaître par un zoologiste sous le microscope les larves pélagiques. On pourrait également, par des recherches histologiques d'éponges prises à jours fixes, se livrer à la dilacération des tissus et à des coupes pour observer le moment de la maturité des ovules et celui de la formation des larves. Enfin il y aurait lieu, dans les champs spongifères, d'immerger entre deux eaux des collecteurs inoccupés qu'on retirerait successivement, de manière à établir le moment de la fixation.

Durée de la croissance. — Le désaccord le plus complet règne sur cette question. Les pêcheurs de Nassau, au dire de Lée, croient que les éponges sont utilisables dès l'âge de trois mois. Oscar Schmidt estime qu'une éponge, pour être vendue, doit avoir au moins six ans. D'après Berthoule et Bouchon-Brandely, la croissance de l'éponge exigerait plusieurs années et ils appuient leur assertion sur le fait suivant : Le fermier général à Sfax avait plongé en juin dans la mer à Bengasi, muni d'un scaphandre, et compté sur une même roche 57 jeunes éponges ne mesurant que quelques centimètres. Un an plus tard, sur le même point, il en retrouva à peu près le même nombre et elles avaient acquis $0^m,10$ de diamètre.

Pour vider cette question, l'administration des travaux publics de Tunisie a recherché, dans le voisinage des kerkennah, des petites éponges placées sur un fond sableux et aussi dégagé que possible des herbes marines. Des voyants ont été implantés près de ces éponges pour les repérer et les observations ont été faites à l'aide d'un miroir de pêcheur, fixé sur une perche et sur le verre duquel il a été tracé un quadrillage assez serré. L'observateur ayant soin de mettre son œil toujours à la même distance du verre du miroir et ce verre étant, grâce à la longueur invariable de la perche, toujours à la même distance de l'éponge, il suffisait de compter combien l'éponge mesurait, suivant des sens déterminés, de divisions du quadrillage, pour se rendre compte de sa grosseur. Sur 8 éponges ainsi étudiées à l'état naturel, sans avoir été l'objet d'aucune manipulation, 6 ont augmenté de volume pendant octobre, novembre et décembre 1898 ; depuis cette époque jusqu'en août 1899, aucun accroissement n'a été constaté.

Cette tentative devrait être poursuivie et complétée au moyen d'un grand nombre de collecteurs sur lesquels, à la même époque, des fragments d'éponges de même grosseur auraient été fixés. Chaque quinzaine, un collecteur serait émergé et examiné ; les fragments, désormais perdus, seraient exactement mesurés.

Culture par gemmation. — O. Schmidt est le premier qui, en 1862, constata la propriété qu'ont les fragments d'éponges de se fixer et de s'accroître. Cette observation pouvant être le point de départ du repeuplement des bancs spongifères, le savant viennois, avec le concours de Buccich, installa à Soccoliza, au nord-est de l'île de Lésina, près de la Dalmatie, un parc d'expérimentation.

Les éponges pêchées dans l'Adriatique étaient amenées dans de petits viviers à la station d'élevage. Elles étaient débitées en fragments de $0^m,10$ environ, sur une surface mouillée, au moyen d'un couteau dentelé qui déchirait, au lieu de sectionner nettement les tissus, de manière que chaque fragment présentât une portion d'ectoderme intacte. Les fragments étaient ensuite soit fixés à un châssis par des chevilles en bois, soit groupés sur des baguettes et même sur des fils de cuivre recouverts de caoutchouc, soit simplement sur des pierres. La principale précaution était de ne pas exposer les gemmes à une lumière directe et d'opérer de préférence en hiver.

Ces gemmes se développèrent avec une assez grande rapidité et en un an acquirent le double et le triple de leur volume primitif; en 7 ans, ils parurent avoir atteint leur pleine croissance.

Cette tentative qui semblait couronnée par le succès, puisque les pertes furent à peine de 10 0/0 sur 2000 spécimens, échoua néanmoins : Les tarets rongèrent tous les bois employés ; les pêcheurs d'éponges détruisirent à plusieurs reprises les installations. Les expérimentateurs découragés abandonnèrent leur projet.

Il fut repris, mais sans grand succès, en 1889-1891 par deux négociants de New-York, MM. Kesson et Robbins à Rey-West, en Floride.

Ces essais ont suggéré à G. Bidder, de Plymouth, cette remarque judicieuse qu'on ignore si les éponges ayant servi aux expériences n'auraient pas pu se développer autant et aussi rapidement que les fragments qui en provenaient, de sorte que la culture par gemmation deviendrait inutile. Aussi, doit-on avant tout déterminer les conditions de la croissance des individus à divers âges et concurremment des fragments qui proviendraient d'individus similaires.

Acclimatation. — La société d'acclimatation de France avait eu le projet en 1861 de cultiver, sur le littoral algérien et provençal, les éponges adultes importées du Levant dans des viviers, ainsi que les larves au moment de leur fixation, de manière à constituer des fonds spongifères qui auraient été exploités tous les trois ans par le moyen de bateaux plongeurs et de scaphandres. Ce projet, conçu par E. Lamiral, fut exécuté par son auteur. Les éponges recueillies en Syrie et en Tripolitaine furent tranportées dans des viviers et immergées dans des caisses spéciales à Toulon, à Bandol, à Port-Cros et à Pomègues.

Les résultats furent absolument négatifs, la plupart des éponges étaient mortes, soit qu'elles aient souffert du voyage, soit que leur immersion n'ait pas été faite avec les précautions désirables, sans compter que les caisses n'avaient pas été surveillées et que plusieurs d'entre elles avaient été dérobées.

Il y aurait à refaire des tentatives d'acclimatation dans des régions propices et où la surveillance serait facile, par exemple dans le lac de Bizerte, dans la baie de Djidjelli, à Stora et aussi en Provence, dans la rade de Toulon, dans le petit port du Frioul à Marseille, etc.

Eponges de la Tripolitaine. — Les pêcheries (1) s'étendent depuis Tarwah, près de la frontière tunisienne, jusqu'à Misurata, sur une largeur moyenne de 5 à 6 milles. Toutefois, sur la côte ouest, les bancs spongifères sont plus importants et couvrent une largeur mesurant en certains points 37 kilomètres, soit 20 milles marins.

Les fonds qui abritent les précieux cœlentérés ne diffèrent pas de ceux de la Tunisie. Ils consistent en sable coquillier, algues, rochers et vase résistante. Quant à leur distribution bathymétrique, elle atteint jusqu'à 100 mètres au moins.

On se sert de harpons pour la récolte en eaux peu profondes, avec emploi de canots jaugeant 1 à 2 tonneaux et montés par 3 ou 5 hommes. Le rendement est de si peu d'importance que le harponnage tend de plus en plus à être délaissé, bien que l'exploitation des stations d'éponges ne remonte guère qu'à l'année 1889.

Il n'en serait pas de même de la pêche par plongeurs qui donnerait de bons résultats, si les squales très nombreux dans la région n'étaient un sérieux empêchement à ce mode de capture. Aussi pratique-t-on principalement la pêche au scaphandre et à la drague.

La pêche au scaphandre occupait, en 1898, 53 bateaux montés par 533 marins et 430 scaphandriers. Ces bateaux de 5 à 6 tonnes, montés par 15 à 22 hommes d'équipage, sont des saccolèves grecques, dont le port d'attache est dans les îles Hydra et Egine, ou des bateaux turcs venant chaque année des îles de Kalymnos, Symi et Kharki. Les éponges prises par les scaphandriers jusqu'à une profondeur de 50 mètres sont entreposées dans des bateaux-

(1) Voir à ce propos le *Bulletin des pêches maritimes*, tome VI, 12e livraison, 1898, p. 417.

pontons qui servent, en outre, au ravitaillement des équipages. Elles se rapportent en général à la meilleure qualité qui se rencontre contre les rochers.

Moins usitée que la précédente, la pêche à la drague est actuellement pratiquée par environ 25 scaphes grecs et bateaux turcs, montés par 150 pêcheurs ou marins et de moindre tonnage. On ramène les éponges par des fonds variant entre 20 et 100 mètres.

La récolte bat son plein d'avril en octobre ; après cette période, elle n'est faite que par quelques scaphandriers et harponneurs. Les éponges subissent sur les bateaux-pontons une préparation préliminaire semblable à celle employée en Tunisie pour nettoyer les exemplaires bruts, une faible partie est expédiée directement dans les pays de consommation, Italie, France et Angleterre, après avoir reçu une préparation complète qui consiste dans les opérations successives suivantes : lavage à l'eau de mer, bain de peu de durée dans une solution légère d'acide oxalique qui communique une belle couleur jaune, exposition au soleil, recouvrement par du sable sec dont ensuite on débarrasse partiellement les éponges, enfin empaquetage.

Mais la presque totalité est transportée en Grèce et en Turquie où elles sont remises à des spécialistes qui les préparent définitivement moyennant une modique rétribution.

Les éponges de la Tripolitaine, de couleur brun rouge, sont de plusieurs qualités, celles recueillies à l'ouest étant plus recherchées que celles prises à l'est.

La 1re qualité vaut de 20 à 25 fr. l'ocque.
La 2e   —   —   16 à 20   —
La 3e   —   —   12 à 15   —

Le rendement est inférieur à celui de la Tunisie, si l'on s'en rapporte aux chiffres suivants :

1890 . . . . 300,000 fr.
1893 1,855,000
1896 700,000

Cette industrie donne lieu à un impôt perçu par le gouvernement turc qui a établi, ainsi qu'il suit, un tarif pour la saison et par chaque bâtiment :

	livres turques	francs
Bateaux à harpons	4	92
— plongeurs	10	230
— scaphandres	32	735
— dragues	3 à 6	70 à 140

Eponges de l'Adriatique. — Les pêcheries d'éponges dans l'Adriatique (1) ont moins d'importance encore que celles de la Tripolitaine, puisque leur rendement annuel est d'environ 20.000 florins.

Les éponges commerciales se rapportent aux variétés suivantes de l'*Euspongia officinalis adriatica* :

E. Mollissima dite Spugne da bagno ou levantine
E. Equina — Spugne da cavallo ou équine
E. Zimocca — Spugne zimocca

Leur principal gisement est compris entre Budua et Trieste sur la côte de la Dalmatie et de l'Istrie, par 3-10 brasses de profondeur, et ce sont les pêcheurs de l'île de Crapano presque exclusivement qui se livrent à la récolte des éponges, pendant les belles journées de mars à octobre. 80 à 100 barques montées chacune par deux hommes sont employées à ce genre de pêche.

L'équine, qui vaut 5 florins le kilogramme, est répandu sur presque tout le long de la côte ; la levantine, d'une valeur double, provient surtout des îles d'Incoronata et des environs de Zara vechia ; quant à la zimocca, elle vaut à peine trois florins et se pêche en Istrie.

Les spécimens sont arrachés indistinctement par le harpon ou

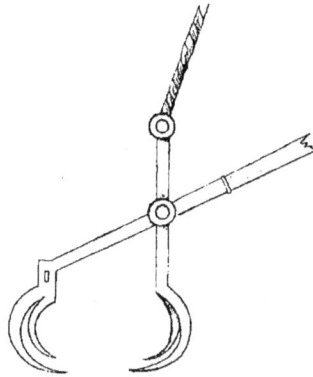

Fig. 7. — Tenailles (pêche des éponges, Adriatique).

les tenailles, quelle que soit leur taille, et plus ou moins déchi-

<hr>

(1) *The Fisheries of the Adriatic*, by G. Faber, 1883.

rés par ces engins. Lavés et pressés, parfois blanchis, ils sont
pour la plupart expédiés à Trieste ; une faible partie est écoulée
sur la côte dalmate.

Faber fait remarquer l'imprévoyance des pêcheurs qui, au lieu
d'exploiter les stations par roulement de 4 ou 5 ans, parcourent
sans cesse les mêmes points qu'il est surprenant de voir ayant
encore quelque importance.

DEUXIÈME PARTIE : OCÉAN ATLANTIQUE.

Les éponges d'Amérique furent découvertes, il y a une cin-
quantaine d'années, aux îles Bahamas, par Hayman ; plus tard,
les Américains en trouvèrent d'autres gisements sur les côtes de
Floride et sur celles de Cuba. Il en existe également sur le littoral du Mexique et de l'Honduras, aux Bermudes, etc.

Aux Bahamas, à Cuba et en Floride, les éponges croissent
depuis 1m50 ou 2 mètres, sur fonds d'herbes et fonds de roches,
très peu sur fonds de sable.

Elles sont prises exclusivement à l'aide du harpon, la pêche au
scaphandre et celle faite par les plongeurs n'existant pas en cette
région.

Quand la profondeur ne dépasse pas 6 mètres, on emploie l'ancien instrument des Cubains appelé « Pincharra » et servant à
pêcher l'éponge à l'œil nu ; c'est un harpon en bois ou plus
exactement une fourche à deux longues dents. Pour une profondeur supérieure, mais n'excédant jamais 15 mètres, on se sert du
harpon et du seau à pêcher que les Espagnols dénomment « vi-
drio ». Ce dernier, importé par un Anglais, ne diffère du bouquière sicilien que parce qu'il est en bois, au lieu d'être en fer
blanc.

Les principales variétés commerciales qui abondent aux Bahamas, à Cuba et en Floride, sont les suivantes :

Appellation française.	Appellation anglaise.
1) Eponge indienne	Wool
2) — Havane	Velvet
3) — Afrique	Grass
4) — Boulet	Yellow
5) — Fine-dure	Hard head
6) — Fine-Antille	Reef.

L'éponge indienne ou wool (abréviation pour sheep's wool, laine de mouton) a un tissu fin ; son tissu mesure un diamètre de 5 à 6 pouces ; elle vaut 1 dollar 35, la livre anglaise (433 gr. 5). C'est l'espèce la plus estimée.

La Havane ou Velvet (éponge velours) a sensiblement la même taille. Elle vaut de 60 à 90 cents la livre.

L'Afrique o u Grass (éponge herbe) se rapporte à *Euspongia equina* de la Méditerranée.

Le boulet ou Yellow (éponge jaune) et la fine-dure ou hard-head (éponge tête dure) sont deux variétés de l'*Euspongia aquaricina* ; celle-ci vaut environ 50 cents, soit 2 fr. 50 la livre.

Chacune de ces variétés énumérées par ordre décroissant de valeur comporte des sous-variétés et des qualités ou plutôt des choix différents évalués de 2 fr. jusqu'à 20 fr. le kilogr. C'est ainsi qu'on distingue les *grass ordinaires* des *grass silkis*, les *wool ordinaires* des *wool cay*, les *fines Antilles* des *glove*, etc.

Les côtes de Floride fournissent les qualités les plus fines et les plus recherchées, n'ayant en Europe aucun écoulement à cause de leur très haut prix. Elles ne sont guère employées qu'aux Etats-Unis.

Les éponges recueillies au nord et au sud de Cuba sont également d'excellente qualité, mais de tissu moins fin que celles de la Floride. Elles trouvent leur écoulement aussi bien en Europe qu'en Amérique.

Celles provenant des Bahamas sont les plus ordinaires des éponges américaines, mais, par contre, elles fournissent la plus grande variété d'éponges communes, qu'on emploie en Europe et aux États-Unis.

Les éponges de ces trois pays servent aux usages domestiques et dans l'industrie ; les plus fines sont employées même pour la toilette, surtout celles de Floride qui sont plus prisées aux États-Unis que la levantine, bien que le tissu de cette dernière ait plus de finesse.

Depuis quelques années, ces diverses éponges ont subi une hausse considérable qui, depuis deux ans environ, se chiffre par une augmentation d'environ 30 0/0. Il y a tout lieu de croire que les prix atteints ne baisseront pas, parce que la production n'est plus en rapport avec la consommation. En effet, il y a dix ans à peine, les États-Unis, l'Angleterre, la Hollande, la Belgique, la

France, l'Allemagne, la Suisse, l'Autriche et l'Italie étaient les seules nations qui usaient d'éponges ; les progrès de l'industrie et de la civilisation aidant, d'autres pays tels que la Russie, la Turquie, l'Espagne, les colonies anglaises, les Républiques de l'Amérique du Sud, etc., se sont mis à consommer à leur tour une grande quantité d'éponges. De là une hausse ininterrompue.

Longtemps le commerce des éponges américaines a été monopolisé à Londres et à New-York. Depuis une dizaine d'années, la maison Weill, de Paris, a fondé des comptoirs d'achat à Nassau (Nouvelle Providence), à Batabano (Cuba), etc. et contribué dans une large mesure à déplacer le marché des éponges. Paris est aujourd'hui un des principaux centres d'approvisionnement, approvisionnant même l'Angleterre qui, autrefois, lui fournissait la presque totalité des éponges américaines.

Il est entré en France l'an dernier, provenant des Bahamas, de Cuba et de Floride, 339,300 kilogr. d'éponges brutes représentant une valeur d'achat de 6.446,700 francs.

LA PÊCHE ET L'INDUSTRIE DU CORAIL

Par MM. Paul GOURRET,
Directeur de l'école des pêches maritimes de Marseille,

et Eugène COSTE,
Membre de la Chambre de Commerce de Tunis.

La présente étude a pour but d'attirer l'attention et la discussion sur la pêche et l'industrie du corail qui sont de plus en plus délaissées par nos nationaux sur le littoral algérien et tunisien, de provoquer des recherches nouvelles sur les causes naturelles qui président à la formation des bancs, de démontrer l'utilité qu'il y aurait à préciser la durée d'accroissement du précieux Cœlentéré, d'assurer la surveillance de la pêche, enfin d'*amener* la création de manufactures qui, aux mains d'industriels sérieux, ne tarderaient pas à égaler, sinon à distancer les manufactures italiennes.

La nature, la position zoologique et la constitution intime du corail sont trop nettement établies et même trop connues depuis les beaux travaux de Peyssonnel, de Milne-Edwards, de Lacaze Duthiers, pour qu'il nous faille insister sur ce sujet. Pourtant, un résumé des connaissances actuelles sur le corail ne sera pas inutile pour montrer l'importance des points qui méritent de nouvelles recherches et qui serviraient, s'ils étaient exactement connus, de base sérieuse à la réglementation de la pêche.

Structure morphologique. — Le corail, de la division des Gorgonides, est un Alcyonaire pourvu d'un axe dur, cassant, utilisé en bijouterie, sorte de polypier calcaire, ininterrompu, arborescent, à branches touffues et atténuées graduellement vers le bout sur lesquelles est disposée une partie molle, charnue, contractile, rouge, dite sarcosome ; celle-ci est formée par des polypes ou zooïdes délicats qui ont l'apparence de fleurs étoilées.

C'est une véritable colonie animale fixée sur des corps résistants par une base ou racine qui pénètre les rochers ou s'étale à leur surface. Le bout libre des rameaux, que les pêcheurs italiens dénomment *puntarella*, est sensiblement épaté et est le siège du travail de bifurcation des branches.

A leur sortie de l'eau, les branches sont couvertes de mamelons saillants qui représentent autant de polypes contractés. Placé dans un récipient d'eau de mer, chaque polype se dilate peu à peu et prend l'aspect d'un tube membraneux (corps) surmonté d'un disque (péristome), lequel est entouré de huit bras ou tentacules. Le corps, blanc et transparent, offre en son milieu une cavité digestive ou œsophage qui, partant de la bouche placée sur un petit mamelon au centre du péristome, aboutit à une cavité mésentérique plus profonde. Il pend, au milieu de cette dernière, retenu par huit replis ou lames mésentéroïdes, qui se soudent en haut au péristome et d'autre part à la paroi générale du corps. Ces replis transforment l'espace périœsophagien en huit loges au-dessus de chacune desquelles s'attache et s'ouvre un tentacule. Là où cesse l'œsophage, ils sont libres et forment autant de compartiments disposés comme les rayons d'une roue autour d'un centre occupé par le polypier.

Chaque tentacule, plus ou moins grêle, suivant le degré de dilatation, est bipinné, c'est-à-dire qu'il porte de nombreuses et délicates barbules latérales; il est creusé d'une cavité qui se prolonge dans les barbules dont le bout libre est fermé et qui se continue d'autre part dans une loge mésentérique :

Le sarcosome ou écorce constitue le tissu commun qui recouvre l'axe et ses rameaux ; il forme presque à lui seul les extrémités des branches que les Italiens appellent *puntas vaccas* (points vides), parce qu'elles ne contiennent presque pas de partie solide. C'est la partie vivante par excellence, produisant le polypier. Là où il arrive de manquer, les parties correspondantes de l'axe cessent de s'accroître.

Dans son épaisseur sont éparses des petites masses cristallines (spicules ou sclérites) rouges, plus ou moins allongées, couvertes de nodosités épineuses au nombre généralement de 8, assez souvent de 10 à 12. Elles donnent à l'écorce sa teinte rouge.

On y trouve aussi deux sortes de vaisseaux : Les uns réguliers, cylindriques, assez gros, appliqués contre l'axe sur lequel ils laissent une cannelure, parallèles, s'envoyant de loin en loin des anastomoses ; les autres très irréguliers et bien plus petits, formant dans toute l'épaisseur du sarcosome un réseau à mailles inégales, faisant communiquer les cavités mésentériques des polypes avec les gros vaisseaux, de sorte que les liquides nourriciers des polypes peuvent arriver aux gros vaisseaux, et, par eux, se distribuer dans toute la colonie. Leur progression est facilitée par le battement de cils vibratiles qui tapissent l'intérieur des vaisseaux. Ces liquides nourriciers, chargés des débris de l'organisme tels que cellules épithéliales détachées des parois des vaisseaux, sclérites plus ou moins petits, œufs mal formés ou spermatozoïdes, s'écoulent de n'importe quel rameau quand on le coupe, sous forme d'un liquide blanc, ayant l'aspect du lait et qu'on appelle le *lait du corail*.

La base ou racine du polypier a une forme qui dépend de celle des corps sur lesquels elle se moule. Variables sont et son étendue et son épaisseur. Sa surface extérieure, unie et lisse au début, porte plus tard de fines cannelures qui se continuent avec celles de l'axe.

Ce dernier cylindro-conique dans son ensemble, est cylindrique sur une faible étendue, creusé par exception de petites dépressions ou couvert de mamelons, lesquels résultent d'un accident ou d'un bourgeonnement passager ; toujours il présente superficiellement des cannelures plus ou moins profondes, parallèles entre elles et à l'axe, mais, comme elles s'étendent de la base aux extrémités, paraissant s'enrouler en spirale autour de l'axe. Elles se divisent à la bifurcation des rameaux.

Le polypier renferme un noyau central irrégulier entouré de couches concentriques déposées régulièrement et formées de bandes rayonnantes dont la teinte est tantôt plus claire et tantôt plus foncée.

Le polypier du corail est un carbonate de calcium mêlé à une faible proportion de produits organiques. D'après Vogel, la matière colorante est l'oxyde rouge de fer, mais Pelouze et Fremy ont émis des doutes sur cette base qu'il serait utile de déterminer exactement.

Reproduction sexuée. — Le même rameau ou zoanthodème peut offrir seulement des polypes mâles ou femelles, des polypes mâles et des polypes femelles, et plus rarement des polypes hermaphrodites.

C'est dans l'épaisseur des replis mésentéroïdes que se développent au printemps et en été les organes reproducteurs ; les testicules diffèrent peu des ovaires. Suspendus dans la cavité mésentérique par des filaments grêles qui sont attachés eux-mêmes aux replis, ils se montrent comme des corps ovoïdes ou reniformes, offrant vers le milieu une translucidité qui atténue un peu leur blancheur et qui résulte d'une cavité centrale. Les spermatozoïdes ont une tête globuleuse assez grosse et une queue très déliée.

L'œuf contenu dans une capsule (il y a un œuf par capsule) est parfaitement sphérique et d'un blanc mat ; il pend au bout d'un pédicule plus ou moins allongé.

Les éléments mâles sont rejetés au dehors par la bouche dans un liquide blanc qui tombe peu à peu au fond de l'eau en formant un nuage qui s'affaiblit de plus en plus. Pour que la fécondation s'opère, il faut que ce nuage arrive sur un zoanthodème femelle et que la maturité des deux éléments coïncide. Quand il y a diœcie, tout est livré au hasard. En tout cas, les œufs ne sortent pas et se transforment dans la cavité où ils ont pris naissance en autant d'embryons, de larves ou de jeunes.

Le corail est donc vivipare.

Emission et aspect des larves. — Après un assez long séjour dans la cavité mésentérique d'où elles remontent à volonté soit dans les loges périœsophagiennes, soit même dans les tentacules,

les larves s'échappent enfin par la bouche tantôt d'elles-mêmes entraînées par leurs propres mouvements, tantôt rejetées par les contractions du polype femelle. D'une manière générale, la période de sortie s'étend de la fin août jusqu'en novembre et décembre ; mais elle est surtout active pendant la première quinzaine de septembre.

La larve se présente comme un petit ver blanc, plus ou moins allongé suivant son état de développement, d'abord une fois et demie ou deux fois plus long que large, enfin de dix à quinze fois plus long. Elle est pourvue de cils vibratiles à l'aide desquels elle nage à reculons. Son extrémité grêle et pointue est percée d'une bouche qui conduit dans une cavité interne ; son extrémité postérieure est grosse et large. Au repos, elle prend la forme d'un ballon posé verticalement sur la petite extrémité ; morte, elle se couche horizontalement. Elle se meut en ligne droite et verticalement ou décrit des tours de spire, tandis qu'à la surface de l'eau elle progresse dans le sens horizontal.

Fixation et transformation des larves en oozoïtes. — Il est probable qu'à l'état de nature les larves se fixent presque aussitôt après leur mise en liberté. Dans les vases où on les garde, elles n'adhèrent pas avant 10 ou 15 jours.

« La position qu'occupe le corail dans la mer, écrit Lacaze Duthiers, est évidemment la conséquence des mouvements particuliers de sa larve, dont la grosse extrémité ou base avance toujours la première et se butte contre les obstacles, tandis que la bouche reste en arrière. Il semble que le corps des jeunes animaux, poussé aveuglément et invinciblement contre tout ce qu'il rencontre, ait, par cela même, une tendance à s'épater, à s'étaler à leur surface, et par suite à se fixer ; or, comme ses mouvements le dirigent verticalement de bas en haut, lorsqu'après sa naissance il est descendu au fond de l'eau, il remonte ensuite jusqu'à ce qu'il rencontre les voûtes des rochers où il n'est point étonnant de le voir adhérer. » Cette observation explique l'opinion des pêcheurs d'après laquelle le corail se développe au-dessous et non au-dessus des rochers.

Au moment où la fixation va s'opérer, la base se gonfle, s'élargit et se couvre d'une matière visqueuse qui assure l'adhérence, tandis que l'extrémité buccale s'effile. La larve ressemble alors à une toupie.

Dès la fixation, le ver devient discoïde. Très rapide est cette transformation en un petit disque ou oozoïte à face inférieure plane, et à face supérieure creusée d'une dépression entourée d'un gros bourrelet et au fond de laquelle est la bouche : c'est le péristome. Les replis mésentéroïdes commencent à se dessiner dans l'intérieur de la cavité.

Bientôt après, on aperçoit dans l'oozoïte des corpuscules calcaires, rouges, hérissés de nodosités, cependant que les tissus se modifient et que, par refoulement de dedans en dehors, les bras se développent autour du péristome.

Blastogénèse. — Dès qu'il est complet, le jeune oozoïte qui n'est en somme qu'un individu provenant d'un œuf fécondé, produit par bourgeonnement ou blastogénèse des polypes semblables à lui-même, des blastozoïtes dont l'ensemble forme une colonie. En même temps le polypier prend naissance dans l'intérieur des tissus sous forme de spicules qui s'agglomèrent peu à peu et se cimentent intimement.

Le bourgeonnement dure toute la vie du corail. Il est surtout actif aux extrémités des rameaux ; à la base et sur le corps des branches, il cesse à peu près, il y est latent, jusqu'à ce qu'une blessure ou l'action directe d'un corps entame le sarcome. Cette force reparaît alors avec toute son énergie pour réparer la *brèche* faite à la colonie.

Tous ces faits ont été suivis et mis en lumière par Lacaze Duthiers.

Espèces. — Il existe en Méditerranée plusieurs variétés de corail : La rouge, la blanche, la rose et la noire. Toutes ne sont que des modifications de la même espèce, le corail rouge (*corallium rubrum*).

La couleur blanche serait due, d'après les pêcheurs, à une maladie ; et cette opinion est très vraisemblable, puisque, sauf la couleur, il n'y a aucune différence entre le type et la variété blanche. A l'appui de cette thèse, Lacaze Duthiers cite un échantillon du Muséum de Paris en partie blanc et en partie rouge. Ce naturaliste a vu, à la Calle, un petit bijou de corail qui du rouge le plus vif passe au blanc le plus pur par toutes les nuances les mieux dégradées et les mieux fondues. Cette décoloration ne proviendrait-elle pas de la profondeur, les échantillons blancs se rencontrant de préférence dans les grands fonds ; au-dessous du gisement habituel du corail rouge ?

24

La variété rose, que les Italiens appellent *peau d'ange* et qui a une grande valeur, offre une belle carnation rose et fraîche.

Quant à la variété noire, elle est due à une altération du corail rouge. Le corail noir, mort ou pourri, est, en effet, un corail plus ou moins décomposé, détaché de la roche, tombé sur la vase et altéré de la circonférence vers le centre par des dégagements sulfhydriques.

Dans l'océan on connaît une autre espèce de corail, le *corallium secundum Dana*, qui se rencontre aux îles Sandwich. Il ne porte des polypes que sur l'un des côtés de son zoanthodème ; son sarcosome est rouge écarlate, tandis que le polypier est rose pâle ou blanchâtre.

Gray a décrit une troisième espèce, *corallium Johnsonii*, des îles Madère. Il offre des polypes sur un seul côté et son polypier est toujours blanc.

Distribution géographique et bathymétrique. — Le corail rouge et ses variétés se rencontrent en abondance dans la Méditerranée ; ils habitent aussi l'Adriatique, la mer Rouge, l'Atlantique entre Madère et le cap Vert, enfin le Japon.

C'est dans le bassin occidental de la Méditerranée, que le corail trouve les meilleures conditions de développement. En Afrique, il se répand depuis Tlemcen à l'ouest jusqu'à Bizerte à l'est ; il abonde principalement dans l'Algérie orientale et la Tunisie occidentale : les environs de la Calle, de l'île de la Galite, des Sorelles et de Bizerte étant les meilleurs gisements de cet alcyonaire. En Sicile, les bancs de Sciacca au sud, de Favignana et de Trapani à l'est, des îles de Lipari au nord, sont exploités par de nombreux pêcheurs. Le littoral italien en entier abrite également le précieux cœlentéré qu'on trouve notamment dans les eaux de Palmi en Calabre, sur divers points *de la Gollura*, à Torre del Greco près de Naples, à Santa Margherita de Ligurie. En Sardaigne, on le pêche sur la côte septentrionale depuis le cap Testa jusqu'à Isola rossa, ainsi que dans les eaux occidentales, dans le golfe d'Alghero, à Carloforte. Il y en a en Corse, principalement dans le détroit de Bonifacio. La côte des Alpes maritimes et de la Provence, depuis Villefranche jusqu'au cap Couronne près de Marseille, qui était assez riche pendant le moyen âge, est actuellement épuisée et inexploitée (bancs de Villefranche, Antibes, Cannes, Saint-Tropez, la Ciotat, Cassis, Riou, cap Couronne).

Plus loin, on en trouve, dans' les eaux orientales de l'Espagne, notamment aux Baléares et à Barcelone.

Le corail était naguère encore recueilli dans l'Adriatique, sur la côte dalmate, depuis Budua jusqu'à l'île de Grossa, à l'ouest de Zara, et de ce point aux îles d'Unie et Cherso dans le golfe de Quarnero.

Le corail peut se rencontrer à proximité de la côte, en des points inférieurs à 10 mètres. C'est là une exception et ses principaux gisements commencent surtout à partir de 15 à 20 brasses, pour descendre à 100 et à 150 brasses. Il y en a même à 350 mètres; mais on ne le recueille guère au delà de 100 mètres, à cause des difficultés de la pêche et de la taille exiguë des exemplaires vivant dans les profondeurs. Les bancs corallifères de Djidjelli sont par 15-18 mètres, ceux de la Calle par 15-40 mètres, ceux de la Tunisie par 25-80 mèt., ceux de l'Adriatique par 16-243 mèt.

Les bancs sont plus ou moins éloignés du rivage; ils peuvent toucher la côte (golfe du Lion), comme en être assez distants ou très éloignés. A la Calle, ils se trouvent depuis 2 jusqu'à 7 milles de la côte, entre le cap Rose et le cap Roux; en Sardaigne, ils sont à environ 10 milles de terre; dans le S.-O. de la Sicile (Sciaccia), ils s'étendent à 15, 20 et même 30 milles.

Le corail se fixe sur les corps résistants, qu'il tend à englober, et adhère au-dessous des aspérités des rochers, en évitant les roches tournées vers le nord, se plaçant du côté de la lumière, tout en se mettant à l'abri des rayons trop directs.

Qualité du corail. — Elle tient à la provenance, à la nature du tissu, à la vivacité, à la pureté ou à la douceur du coloris, à la forme, à la grosseur des rameaux et à leurs altérations.

Le plus beau corail est celui de la partie orientale de l'Algérie, Tunisie comprise. Son tissu dense et compacte prend un poli remarquable et conserve une demi-transparence qui lui donne une grande douceur de ton. Il est délié, peu ramifié et ses tiges sont relativement bien droites. Aussi donne-t-il peu de déchets au manufacturier. Ces diverses qualités le font préférer à celui de l'ouest, d'Oran en particulier, qui, moins dur, est souvent *piqué*, c'est-à-dire percé de petits trous provenant de l'érosion des éponges ou pénétré de tubes calcaires sécrétés par des vers. Il est, en outre, de qualité supérieure à celui d'Espagne et du golfe du Lion qui, ordinairement court et trapu, empâte les rochers de sa large base d'où s'élèvent de loin en loin de petits rameaux peu allongés. Le corail d'Espagne, en général de ton très foncé et rouge sang, manque parfois de transparence par suite de la présence d'une infinité de filaments déliés, entrecroisés en tous sens et appartenant à une plante parasite (*achlya ferax*). Quant à celui du golfe du Lion, il a une couleur très vive et très éclatante qui le fait estimer. Il se rapproche à ce point de vue du corail de Bonifacio, de la Sardaigne et de la Dalmatie, d'une belle couleur vive.

Le corail de Sicile, celui de Sciacca notamment, a moins de valeur parce qu'il ne porte pas de grosses branches et que plus terne est sa teinte.

Enfin le Japon produit un corail remarquable par la grosseur de ses rameaux qui, souvent, ont une teinte rose clair très prisée. Il offre aussi dans son tissu une foule de taches claires allant jusqu'au blanc.

Pêche, engins. — En 1787, Darluc décrivait ainsi la manière de pêcher le corail sur les côtes de Provence : « Les pêcheurs attachent deux chevrons en croix, ou en sautoir, qu'ils appesantissent avec un boulet qu'ils mettent au milieu pour les entraîner au fond de l'eau. Ils entortillent négligemment du chanvre de la grosseur du pouce, et ils en entourent les chevrons, qui ont aussi à chaque bout un filet en manière de bourse. Ils attachent deux cordes à ces bois, dont l'une tient à la proue de la barque et l'autre à la poupe; ensuite ils les laissent aller au courant de l'eau, pour que la machine s'accroche sous des rochers, ce qui fait que le chanvre s'entortille aux branches du corail. On emploie 5 à 6 personnes à cette manœuvre; elles tirent les chevrons et détachent le corail du chanvre, ainsi que celui qui est tombé dans les bourses qui se trouvent au bout des chevrons. S'il en tombe dans la mer, les plongeurs vont le chercher. »

Cet engin était-il originaire de la Provence ou bien avait-il été emprunté aux pêcheurs espagnols? Quoi qu'il en soit, il est la réunion des deux engins actuellement employés pour la pêche du corail : La croix de Saint-André et la gratte.

La croix de Saint-André, usitée dans le bassin méditerranéen (Algérie, Tunisie, Italie), consiste en deux pièces de bois croisées dont les bouts tiennent suspendus des fauberts (paquets de chanvre détordu) ou de vieux filets (sardinaux, etc.) qui, mieux

que le chanvre, accrochent les branches de corail. Pour faciliter
la descente, est amarré au point de jonction un lest en plomb ou
une grosse pierre. Les dimensions de cet engin varient avec
l'équipage et la grandeur du bateau. Pour une coralline de 12 à
16 tonneaux, les bras de la croix mesurent environ chacun 2 mèt.
de longueur et le nombre des fauberts est, suivant l'habitude ou
le caprice des patrons, de 32 à 34 : il y en a 1 à chaque
extrémité des bras ; de plus, sur une corde amarrée un peu en
dedans et longue de 6 à 8 mètres pendent 6 fauberts régulièrement espacés, de longueur et de volume variables ; enfin, du
centre pend une autre corde plus longue, appelée la *queue du pur-
gatoire*, et retenant 6 ou 8 autres fauberts. Les grandes corallines emploient parfois des croix plus volumineuses, lestées par
une gueuse de fer très lourde et portant seulement 4 fauberts à
l'extrémité des bras. En Italie, on fait aussi usage de croix en
bois appliquées sur des croix en fer creux et tenant lieu de lest.
Quant aux petits bateaux, ils se servent de croix plus maniables
dont les bras mesurent moins d'un mètre, avec 4 paquets de vieux
filets aux extrémités et un seul paquet au centre. Quelle que soit
sa dimension, l'engin est amarré à un filin de remorque qui s'enroule sur un cabestan placé à l'arrière des corallines.

En Espagne et aussi en Algérie, où les Espagnols l'ont importée,
on se sert de la gratte en fer. C'est une croix de Saint-André
aux 4 bouts de laquelle est disposé un cercle en fer horizontal à
bord supérieur uni ou denté, mais tranchant, auquel est suspendu un filet en forme de poche. Elle a pour effet non seulement de briser les branches, mais encore de déraciner le corail
tout entier.

Dans l'Adriatique, les corailleurs font usage de l'*ordegno* qui
ne diffère guère de la croix de Saint-André. Longs de 3 à 4 pieds,
les bras sont lestés à l'aide d'une corde (*gassa*) par une pierre
de 60 kilog. ; ils soutiennent chacun aux extrémités deux espars
(*coscioni*) longs de 2 à 3 mètres et retenant des filets en chanvre
libres (*radazze*) d'un mètre et demi de longueur. Au point d'in-
tersection des bras et des espars sont 4 autres filets disposés sur
des cordes et longs de 2 mètres environ. A la gassa est amarrée
une double corde (*fregana*) de 20 mètres et nouée à la corde
remorque (*alzane*) qui a de 120 à 200 mètres de longueur.

Manœuvre. — En Algérie comme en Italie, après avoir mis

l'engin à la mer dans des fonds qui n'excèdent pas 100 brasses, on cargue les voiles de manière à le remorquer à une faible allure, qu'on diminue encore dès que la croix est engagée afin de ne pas la briser. Sitôt la roche accrochée, on manœuvre le cabestan pour mollir la corde remorque ou bien la raidir plus ou moins suivant les inégalités du sol sous-marin et la résistance que rencontre l'engin dans sa marche, de manière aussi que les fauberts flottent ou accrochent et pénètrent en tombant en éventail au-dessous des roches corallifères. La manœuvre consiste, en somme, à accrocher et à décrocher tour à tour fauberts ou filets jusqu'à ce que, la récolte étant jugée suffisante, on hale le tout à bord avec le cabestan. Le nombre des cales varie avec le temps et les difficultés du fond. La mer le permettant, la pêche ne s'interrompt pas, même la nuit ; la moitié de l'équipage travaille six heures, prend un repos d'égale durée et ainsi de suite. Si on ajoute que la relève des croix est très pénible et que, bien souvent, le vent cessant tout à fait, la remorque s'opère à la rame, on peut s'imaginer combien dure est la besogne des corailleurs pour un maigre salaire. A bord des petits bateaux, la pêche cesse la nuit et on rallie généralement la terre.

Lorsque l'engin est de petites dimensions comme en Espagne, 3 ou 4 hommes s'efforcent de le soulever à bras, puis le laissent tomber, de manière que les filets, s'écartant en tous sens, frottent contre les rochers et arrachent les précieuses branches. Cette manœuvre a lieu dans des fonds qui ne dépassent pas 40 ou 60 brasses, sans l'aide du cabestan.

Par contre, pour les plus gros engins, on traîne simplement à la voile.

Quant à l'ordegno des côtes dalmates, il est traîné par un bateau rameur à toute vitesse sur les gisements ; il est constamment soulevé et abaissé pour adapter la remorque à la profondeur de l'eau et n'effleurer que les lits. Par ce moyen, le corail, partout où il est rencontré et notamment sur les points saillants appelés *secche*, a ses branches brisées et embarrassées dans les filets. Beaucoup de corail est perdu par ce système.

Instruments à décrocher. — Il arrive assez souvent que l'engin s'engage de telle sorte qu'il est impossible de le dégager. En ce cas, les corailleurs italiens font usage d'instruments à décrocher qu'ils appellent le *tortolo* et le *sbiro*.

Semblable au deragadou provençal, le tortolo est un grand anneau de fonte, mesurant un diamètre extérieur de 0,60 et intérieur de 0,25, pesant environ 100 kilogrammes. Une corde en tours serrés le recouvre pour qu'il n'use pas l'amarre du filet dans laquelle on le passe. Le bateau étant amené à pic, on lâche le tortolo qui, tombant sur les rochers, les brise et dégage la croix.

Si le tortolo est insuffisant, on recourt au sbiro pour l'efficacité duquel un bateau supplémentaire est indispensable. Le sbiro est une pièce de bois tronconique, hérissée de quatre rangées de 6 gros clous à large tête et inclinés à 45°. Le bois est percé aux deux bouts : L'un est pourvu d'une anse dans laquelle on passe l'amarre du filet; l'autre correspond à l'amarre du sbiro.. La coralline étant mise à pic, le bateau supplémentaire qui tient l'amarre du sbiro la file jusqu'à ce que l'instrument arrive au fond ; on hale sur elle pour accrocher les fauberts et, en tirant dans tous les sens, on finit par rencontrer le point où la croix s'est engagée et par lui faire reprendre la route qu'elle avait suivie une première fois.

Epoque de la pêche. — En Espagne comme en Provence, la pêche part du mois d'avril jusqu'à la fin de juillet. Elle durait seulement pendant les trois mois d'été, quand les Italiens venaient récolter le corail sur le littoral français méditerranéen. Dans l'Adriatique, la durée s'étendait de mai à septembre, par temps calme. En Italie, la pêche qui se pratique toute l'année, se divise en pêche d'été et en pêche d'hiver : Celle-là part des premiers jours de janvier pour cesser le 14 octobre, jour de la fête de la madone; celle-ci va du 14 octobre au 14 octobre suivant. En Algérie et en Tunisie, la pêche d'été commence le 1er avril et finit vers le 29 septembre; celle d'hiver commence le 1er octobre. A cause du mauvais temps, cette dernière est plus difficile, mais la récolte est plus fructueuse, à cause de la prédominance des courants sous-marins de terre qui poussent naturellement les filets sous les grottes riches en corail. Elle est aussi préférable, car le corail recueilli en hiver est le plus souvent vivant, tandis que les 2/3 de celui récueilli en été sont du corail mort.

Bateaux. — En Espagne, on se sert de bateaux catalans semblables à ceux employés pour les autres pêches, jaugeant en moyenne deux tonneaux et demi, montés par 5 hommes. Tels étaient, du reste, les catalans qui venaient naguère encore rechercher le corail dans les eaux de Cassis et de la Ciotat. Ceux qui se rendaient au cap Vert avaient de plus grandes dimensions.

Les corailleurs italiens font usage de barques ou gozzi et de corallines divisées en trois catégories. Les grandes corallines mesurent ordinairement :

Longueur.	13ᵐ,20
Largeur	3, 25
Profondeur	1, 40

Leur jauge est de 14 à 16 tonneaux ; leur équipage comprend 8,10 et rarement 12 matelots, un mousse, un patron et un second ou poupier qui se remplacent tous deux alternativement. Elles ont une grande voile latine et un ou plusieurs focs.

Les petites corallines sont demi-pontées, jaugent au plus 6 tonneaux et sont montées par 5 ou 6 hommes. Elles sont généralement pourvues d'un petit cabestan.

Les mêmes corallines sont employées en Algérie et en Tunisie.

D'après les armateurs de Livourne (Rapport sur la pêche en Italie, Brocchi, 1883), les corallines coûtent, suivant la grandeur, de 2000 à 4000 fr. La paye annuelle de l'équipage est de 5,575 fr. pour les grandes barques, de 3,200 fr. pour les petites. Il faut ajouter 3,200 fr. de frais imprévus pour les premières, 2,200 fr. pour les secondes. Quant au prix des croix de Saint-André, il varie depuis 200 à 300 fr. pour celles ayant une trentaine de fauberts jusqu'à 20 fr. pour celles très petites de la Tunisie.

Quant aux barques dalmates, elles étaient montées par 5 hommes seulement.

Nombre de bateaux. — En 1883 on comptait :

100 barques ou gozzi sous pavillon français en Algérie.	
80 grandes corallines italiennes	Algérie.
90 moyennes et petites »	Sicile.
180 grandes et petites »	Sardaigne.
90 barques ou gozzi »	Corse.
12 » »	Toscane.
40 barques espagnoles	Espagne.
20 » »	Cap-Vert.

612 barques ou corallines.

Sur ce total 506 étaient armées en Italie, savoir :

54 . . . . Gênes.
12 . . . . Livourne.
20 . . . . Santa-Margherita (Ligurie).
10 . . . . San Stefano et île de Giglio.
350 . . . . Torre del Greco.
20 . . . . Alghero.
30 . . . . Carloforte.
10 . . . . Trapani.

L'armement italien, bien que de beaucoup supérieur à celui des autres pays réunis, était déjà en 1883 en décroissance par rapport à celui de l'année 1855, pendant laquelle furent armés 900 à 1000 bateaux montés par 7000 à 8000 hommes.

L'armement autrichien qui était de 8 bateaux antérieurement à 1881, se réduisit cette année-là à 3 bateaux. Actuellement la pêche a cessé par suite de la dévastation des bancs. Le nombre des barques espagnoles est également en décroissance : Les pêcheries du cap Vert sont abandonnées ; il en est de même de celles de la Ciotat qui étaient exploitées en 1865 par 10 catalans, en 1870 par 17 et en 1874 par 4 seulement. Ces dernières pêcheries sont épuisées. Le même cas est vrai pour les gisements de l'Algérie occidentale qui étaient entre les mains des Espagnols.

Le nombre de bateaux pêchant dans les eaux algériennes a également subi un mouvement décroissant par suite de l'appauvrissement des lits corallifères, de la loi de 1886 qui a interdit aux Italiens le droit de pêche dans les eaux territoriales françaises, défense qui n'a pas, en ce qui concerne le corail, profité à nos nationaux, et aussi par suite d'une grande baisse de prix résultant de la fabrication de faux corail en Allemagne.

Dans les quartiers de la Calle et de Bone, il y avait :

En 1852 . . . . 156 bateaux.
1885 . . . . 54 —
1887 . . . . 25 —
1890 . . . . 21 —
1891 . . . . 21 —
1897 . . . . 13 —

Dans toute l'Algérie, on comptait 180 bateaux corailleurs en 1852, 200 en 1853, 226 en 1854, 225 en 1876. Le quart à peine pêche dans cette colonie. Quant aux corallines tunisiennes qui se sont élevées au nombre de 800 et même de 900, elles n'étaient que de 50 à 60 en 1898.

Pêche au scaphandre. — En 1861, au cap Creux, une compagnie catalane avait tenté d'employer des scaphandriers pour la récolte du corail. Malgré les magnifiques résultats obtenus, ce procédé fut abandonné à cause des accidents de personnes inévitables à la mer avec un pareil système. Dix ans après, semblable expérience fut faite au cap Couronne près de Marseille et continuée en 1883. En un an et demi, 6 scaphandriers ramenèrent pour 100.000 fr. de corail, à raison de 50, 57 et 65 fr. le kilogramme. Les premiers jours, chaque bateau, monté par un patron, 2 plongeurs et 4 hommes, récoltait jusqu'à 7, 8 et 10 kil. par jour. Non seulement les bancs furent vite dégarnis, mais la moitié des scaphandriers mourut par suite de la pression à laquelle ils avaient été soumis.

Le scaphandre ne semble pas devoir être employé. La pression de l'eau au-dessous de 30 mètres est un obstacle très sérieux auquel s'ajoutent la difficulté de marcher sur un sol très inégal et la fréquence de l'enroulement du tube à air au milieu des roches.

Quantité de corail pêchée, importée et exportée. — Dans les quartiers de Bouc et de la Calle il a été pêché :

En 1853.	35.800	kilogrammes.
1882.	19.702	—
1883.	13.194	—
1885.	11.386	—
1887.	5.293	—
1892.	9.924	—
1897.	1.049	—

Il y a là une diminution énorme ; mais ces chiffres ne sont pas d'une exactitude rigoureuse. Car il est impossible de connaître la quantité véritable récoltée par les corallines italiennes en dehors des eaux territoriales. Généralement on admet que les barques italiennes pêchent en moyenne, les petites corallines 150 kil. et les grandes 300 kil. en Algérie, 190 kil. en Sardaigne et 210 en

Corse. En 1883, année moyenne, il a été recueilli 55.700 kil. de corail par les Italiens et 22.000 kil. environ par les barques françaises et espagnoles, soit un total de 77.700 kil.

Bone et la Calle sont les deux marchés pour la vente du corail brut d'Algérie et de Tunisie. On y apporte non seulement le corail pêché dans ces colonies, mais encore le corail d'Espagne et une partie de celui italien, lequel, souvent de qualité inférieure, est mêlé à la masse générale.

En 1889, on a importé en France les quantités de corail brut suivantes :

Espagne	329 kil.
Italie	1.496 —
Algérie	2.953 —
Autres pays . . .	540 —
TOTAL. .	5.318 k. valant 452.030 fr.

Et on a exporté :

Angleterre . . .	218 kil.
Italie	5.640 —
Tunisie	293 —
Maroc	503 —
Mexique. . . .	222 —
Autres pays . .	459 —
TOTAL . .	7.335 k. valant 447.915 fr.

La moyenne du corail brut acheté par les manufactures italiennes est de 72.000 kilogrammes par an.

Variétés commerciales brutes. — On distingue dans le commerce les variétés suivantes :

Corail mort ou pourri.
Corail noir.

Corail rouge
{ Écume de sang.
  Fleur de sang.
  Premier sang.
  Deuxième sang.

Corail rose
{ Troisième sang.
  Peau d'ange.

Le corail pêché est ordinairement séparé en plusieurs catégories qui sont les suivantes :

1° Corail mort ou pourri (*male guaste*). — On désigne ainsi les racines séparées des roches par le tenaillement, couvertes de dépôts pierreux, d'encroûtements végétaux ou animaux, ou bien rongées par les vers.

2° Corail noir. — Si la teinte noire a suffisamment pénétré les rameaux, il forme cette catégorie qu'on utilise pour la fabrication des bijoux de deuil.

3° Corail en caisse. — Il offre toutes les grosseurs depuis les menus débris (*terrailo*) formés seulement d'écorce jusqu'aux rameaux les plus beaux (*roba viva*). C'est le corail rouge tel qu'il est rapporté de la pêche. Il se montre sous deux états, avec ou sans écorce. Décortiqué, il a la couleur *rouge* ordinaire du corail de la bijouterie ou une couleur terreuse, parfois comme brunâtre ; c'est du corail pêché mort. Recouvert du sarcosome desséché, il a une teinte rouge brique ; c'est du corail détaché vivant.

En Afrique et en Italie, le corail se vend en caisses dites *bauli* avec bonification d'un kil. par *baule* pour les grands morceaux, la baule comprise. On les porte au marché en ayant soin de placer en dessous les morceaux les plus petits, au milieu les morceaux un peu plus gros et tout à fait en dessus les échantillons les plus gros et les plus beaux ou durs. La beauté qui résulte de la grosseur, de la couleur et de la dureté combinées, représente le pourcentage de l'étalage en comparaison des petits morceaux et détermine le prix qui sera payé pour le lot.

4° Corail de choix. — Ce sont les gros rameaux mis à part et que l'on vend soit à la pièce, soit au poids. Moins les tiges sont tortueuses, plus grande est leur grosseur et plus élevée est leur valeur ; car, dans ce cas, le déchet sera presque nul.

5° Corail rose. — Cette catégorie forme un choix particulier. Le corail rose est très recherché quand il est nuancé de cette couleur carminée si agréable à la vue qu'on désigne sous le nom de peau d'ange.

Prix du corail brut. — La valeur du corail rouge à l'état brut (*greggio*) varie de 2 à 200 lires le kilogramme. Aussi, est-il impossible pour un corail d'origine connue de préciser son prix. Une juste évaluation ne peut être faite que par de bons connaisseurs qui tiennent compte, en dehors de la qualité des échantillons, de l'abondance relative sur le marché, de la facilité plus ou moins grande d'écoulement, etc.

En 1376, d'après A. Fabre, le prix du corail rouge porté à Marseille était fixé à raison de 65 à 70 florins d'or par quintal, plus douze livres pour la tare et par quintal aussi.

En 1874, le corail français valait :

La Ciotat.	50 fr. le kil.
Antibes	85 —
Villefranche { 1re qualité	85 —
{ 2° qualité	42 —

Par suite de la fabrication de faux corail en Allemagne qui a pu être écoulé pendant quelque temps et par suite de la découverte des riches bancs de Sciacca en Sicile (1875-1882), le prix tomba à quelques francs seulement. Ce n'est qu'en 1883 que le corail subit une hausse sensible. Son prix moyen était cette année-là :

Corail corse.	45 fr. le kil.
— sarde.	50 —
— algérien	65 —
— dalmate . . .	40-70 —
— de Livourne . .	75 —

En 1897, le prix moyen oscillait entre 75 et 80 francs.

Actuellement, le corail mort vaut de 5 à 20 fr. le kil., le corail noir de 12 à 15 fr., le corail en caisse de 45 à 70 fr., le corail de choix de 100 à 400 fr. et au delà. C'est ainsi qu'une seule branche de corail importée une année du Japon à Gênes, pesant 12 kil., fut vendue 12.000 francs ; une autre, de moins belle qualité et pesant 26 kil., fut vendue 10.000 fr.

Travail du corail, manufactures. — Des artistes en corail existaient dès la plus haute antiquité, puisque Gaulois et Romains recherchaient les bijoux faits avec cette matière. Les véritables manufactures n'ont été créées que plus tard. Vers 1376, d'après A. Fabre, Julien de Casaulx, qui avait toujours dans les eaux de Sardaigne des navires pêchant du corail pour son compte ou passait avec des patrons de barque divers contrats pour s'en procurer, employait à Marseille des artistes qui travaillaient le corail suivant les exigences de la mode et du luxe. Au xviiᵉ siècle, on travaillait le corail à Marseille d'une façon admirable. Le fabricant Germon y excellait en 1619. Quelques années après, on citait avec éloge, dans ce genre d'industrie, André Sallade, Pierre Couchy et J.-B. Lebar qui fournirent plusieurs ouvrages à la ville pour des présents qu'elle eut à faire. Peu de temps avant 1789, les fabricants de corail marseillais formaient un corps sous le patronage de saint Vincent.

En 1775, le sieur Rémusat fonda à Marseille, dans le domaine de Porte de fer, entre les rues Grignan et de la Paix, une manufacture française de corail dont la description se trouve dans la relation du voyage que fit en cette ville Georges Fisch en 1787 : « La première salle contient la matière à l'état brut ; on y classe à part, comme pièces de cabinet, les branches les plus belles et les plus pures, ou celles qui sont soudées à quelque objet étranger, et on les nettoie avec soin. Le reste est mis en œuvre et passe successivement par les mains d'une foule d'ouvriers avant d'arriver à la forme définitive.

« Les travailleurs sont répartis entre divers ateliers. Les uns fragmentent le corail à l'aide de scies à ressort d'acier ; d'autres sur des meules de grès, ébauchent les grains, qu'on fore ensuite. On en voit d'occupés à user sur des plaques de fer couvertes de sable de longs chapelets de ces grains, qui sont d'abord lisses et ovoïdes, puis arrondis aux deux bouts par des meules rotatives. Après avoir reçu plus loin le dernier poli, les grains passent au crible pour être classés d'abord par grosseur, puis par nuance entre ceux du même numéro. Dans la salle principale, on les enfile, on les pèse et une fois leur valeur déterminée, on les empaquète. Hommes et femmes se partagent la besogne, mais M. Rémusat s'est réservé la tâche la plus délicate, le classement du corail en branches, le pesage et l'estimation des marchandises ouvrées.

« Il n'y a pas plus de 60 travailleurs actuellement, il y en a eu souvent plus de 200. Ce recul provient de la diminution des produits de la pêche. »

La Révolution fit tomber cette fabrication dans le domaine public. Plusieurs manufactures s'élevèrent. Pendant les guerres de l'Empire, cette industrie fut peu florissante ; elle reprit quelque éclat sous les premières années de la Restauration. Le tableau suivant, emprunté à Jules Julliany, indique les quantités de corail brut importées, exportées et employées par les fabriques de Marseille, de 1826 à 1830 :

	importées		exportées		restées pour la fabrication
1826	6789 kil.	.	4244 kil.	.	2545 kil.
1827	9312 —	.	5136 —	.	4176 —
1828	6871 —	.	2118 —	.	4753 —
1829	4478 —	.	151 —	.	4327 —
1830	3694 —	.	374 —	.	3320 —

« Le corail travaillé dans les manufactures de Marseille, écrit Juliany en 1834, est d'abord envoyé à Cassis pour y être percé. A Marseille on ne fait que le tailler. Cette industrie occupe à Cassis 200 ouvriers. Le nombre de manufactures va toujours décroissant. C'est que la mode abandonne les parures de corail. »

Barbaroux de Mégy Joseph fit (1839-1849) de louables efforts « pour soutenir et conserver à Marseille la manufacture de corail, genre d'industrie d'une importance moyenne auquel a été joint un autre genre d'industrie non moins important : la taille et la gravure de coquilles dites camées. Tous les produits de cet honorable manufacturier (il obtint du roi Louis-Philippe deux médailles en argent en 1839 et 1844, et une médaille en argent de la Société de Statistique de Marseille en 1849) sont marqués au coin du bon goût et fort bien exécutés. Outre son principal établissement à Marseille, il a fondé à Cassis une succursale qui s'empare des produits de la pêche sur nos côtes pour les dégrossir. Ils viennent ensuite recevoir à Marseille le fini qu'exige ce genre de travail. Au commencement de l'année 1848, les fabriques réunies de Cassis et de Marseille occupaient de 200 à 250 ouvriers des deux sexes ; le nombre en est encore aujourd'hui (1849) de 65 à 88 suivant les besoins du commerce. Le prix de journée de chaque ouvrier est de 3 à 4 francs et on donne 1 fr.50 par jour à chaque femme. Les principaux débouchés des produits sont le Sénégal, les côtes occidentales d'Afrique, les colonies américaines, le Mexique ».

Les dernières fabriques marseillaises disparurent en 1875, juste cent ans après la fondation de la fabrique de Rémusat.

Les manufactures italiennes de corail sont également très an-

ciennes et c'est à Trapani qu'elles semblent avoir pris naissance.
Déjà en 1500, fonctionnaient dans cette localité 32 fabriques. Au
xviiie siècle, Livourne commença à travailler le corail, plus tard
Gênes, enfin Torre del Greco. En 1853, 10.000 à 12.000 ouvriers
des deux sexes étaient occupés à cette industrie ; en 1883, on
comptait 20 ateliers à Gênes, 15 à Livourne et 24 à Torre del
Greco, ces ateliers employant 6.000 ouvriers et ouvrières, exigeant
pour leur fonctionnement 5 millions de francs de frais par an et
achetant 72.000 kil. de corail brut. D'après M. Georges Hütterott, la préparation du corail donne lieu aux manipulations suivantes :

Triage. — Le corail brut est d'abord trié suivant sa couleur,
les branches jaunes et noires qui ne peuvent être recolorées dans
un bain oxygéné étant mises au rebut. On fait ensuite un choix
des branches suivant leur grosseur.

Fabrication des perles. — Avec une lime on polit les branches,
puis avec une autre lime on les divise en parties égales à la longueur des perles. Au moyen d'une pince on les sépare. On les
perfore alors à l'aide d'un perforateur qui consiste en une aiguille
fixée à un manche de bois et à pointe plutôt plate que ronde.
Après l'avoir appuyée sur le corail à perforer, lequel est immobi-
lisé dans la fente d'un morceau de bois, on la fait tourner au
moyen d'un arc en corde de fil enroulée autour d'un petit manche en bois.

Sitôt le trou achevé, on réunit les morceaux par des fils d'acier
et on les étend sur une table pour les polir à l'aide d'une pierre
à rémouleur de la longueur du fil. Par cette opération on donne
aux morceaux de corail à peu près la même grosseur.

Il s'agit alors de leur donner la forme voulue (ronde, oblongue,
etc.). On les presse chacune à son tour, au moyen d'une aiguille
emmanchée, sur une pierre ronde de rémouleur tournant sous
l'eau.

Pour polir les perles, on les met dans un baril à raison d'un
demi-quintal de perles, d'un volume double de pierres ponces et
d'une certaine quantité d'eau. Le baril est soumis, par un moteur
à gaz, à un mouvement de rotation (30 à 60 tours à la minute)
pendant 10 à 12 heures. On se débarrasse de la pierre ponce qui
s'est pulvérisée durant la rotation et qui surnage en faisant couler
de l'eau propre. Puis on introduit dans le baril de la poudre de

corne de cerf pour continuer la rotation pendant quelques heures. Devenues belles et polies, les perles sont triées au moyen de cribles suivant leurs dimensions ; ensuite on les assortit selon leur couleur et on en fait des lots en les passant dans un fil.

Les hommes sont surtout employés à la taille des branches et au polissage ; leur salaire varie de 2 à 3 lires par jour. Les autres travaux incombent aux femmes et aux jeunes filles qui reçoivent de 1 lire à 1 lire et demie.

Fabrication des petites branches. — Les petites branches dont on conserve la forme naturelle sont aussi en partie polies dans un baril. Le polissage final s'opère à la main avec de la poudre de corne de cerf étendue sur une brosse.

Quant à la perforation des morceaux, elle est exécutée principalement au domicile même des ouvriers. Chaque famille reçoit un stock déterminé qu'elle rend, son travail fait.

En 1862, l'administration de l'Algérie essaya de créer des ateliers à Alger. Pour encourager le travail du corail sur place, elle assura le privilège de certaines primes pendant 10 ans, à un industriel qui s'engageait à fonder des manufactures dans la colonie et à recruter autant que possible le personnel de ses ateliers parmi les Français ou les habitants du pays. Cette tentative n'eut aucun succès. Actuellement des ouvriers en chambre préparent à Alger et à Tunis le corail dit *corail arabe.* Il consiste en portions de tiges, en petits cylindres de 1 c. 1/2 à 2 c. de longueur, polis et percés suivant l'axe.

Commerce du corail manufacturé. — En 1883, l'Italie exportait environ 8.710.000 francs de corail travaillé. En 1889, le commerce de la France avec ses colonies et l'étranger a été :

Pays de provenance :

Italie.	10.693 kil.
Algérie	89 —
Autres pays . .	96 —

10.878 kil. valant 3.535.350 francs.

Pays de destination : Angleterre, Maroc, Indes anglaises, Japon, Mexique, Nouvelle Grenade, Algérie, autres pays : 10.654 kil. valant 3.471.595 fr.

Les marchés les plus importants pour la vente sont Calcutta, Madras et Bombay. Il y a, en outre, de nombreux marchands en gros en Allemagne, Hongrie, Pologne et Russie.

Emploi du corail. — De temps immémorial on a recherché le corail pour en fabriquer des bijoux et des ornements de toutes sortes. Les Gaulois en paraient casques et boucliers et, dans quelques tumuli renfermant des restes de femmes, on a trouvé des bracelets, des torques, des agrafes, des épingles longues à tête artistement ciselée et ornée de corail. Les Romains portaient des grains de corail comme amulettes, en faisaient des colliers pour préserver les nouveaux-nés des maladies contagieuses, de même que de nos jours encore Toscanes et Napolitaines portent une branche de corail en forme de corne pour conjurer le mauvais œil. Au moyen âge on en faisait des chapelets. En 1787, Georges Fisch vit à Marseille un lot de chapelets estimés en bloc plus de 200.000 francs et le tout eût tenu dans une poche. Il remarqua aussi un morceau de la taille d'un œuf de pigeon, et non d'une pureté parfaite, qui dépassait 24.000 francs. A la même époque, le corail rose était le plus haut côté ; le prix s'élevait avec la couleur à peu près dans l'ordre suivant :

Ecume de sang	mûre pâle	très fin	pierre de touche
Fleur de sang	mûre foncé	superfin	extrafin
1re, 2e et 3e sang	rouge sombre	grenat	extra surfin.

et ce, dans la proportion de 6 francs l'once (24 gr. 25) pour les premières, jusqu'à 10.000 francs pour les dernières.

Le corail ouvré, à Marseille, sous la Révolution « s'expédiait en Russie et en Turquie, où le commun peuple l'estime fort ; il s'en expédiait beaucoup dans l'intérieur de l'Afrique, grâce à la traite des noirs ; enfin la Chine venait au premier rang des pays importateurs et comme quantité et comme qualité. Là-bas, une garniture de gros grains sur les épaules et la poitrine était l'ornement indispensable des plus riches mandarins ; il s'en voyait souvent d'une valeur de cent mille livres de France. »

Sous le premier Empire et la Restauration, le corail rouge fut le plus recherché ; on le taillait à facette, on en fabriquait des cannes, etc.

Actuellement le corail rose est préféré au corail rouge. On en fabrique toutes sortes d'objets qui varient à l'infini suivant les caprices de la mode et le goût des divers pays. Les perles pâles et rondes se vendent dans l'Europe occidentale ; les plus sombres sont préférées dans les pays moins civilisés de l'Afrique et de l'Inde. On exporte dans l'Inde, les perles oblongues avec bords ronds, en Afrique, les perles oblongues avec bords plats, en Russie, des perles de même façon, mais plus courtes, dans les Etats barbaresques, des perles irrégulières perforées de travers, en Espagne, des perles oblongues taillées à facettes, en Chine et au Japon, des perles très grandes et de belle couleur claire qui servent à orner les cheveux des femmes riches.

En outre, on exporte dans l'Inde des morceaux de rebut très gros, irréguliers, qui proviennent des racines ; en Afrique, de très gros morceaux qui servent de parure aux indigènes ; en Russie, des morceaux d'une dimension spéciale pour servir à confectionner des objets de fantaisie ; dans les Etats barbaresques, des morceaux de corail longs ; en Bosnie, des morceaux courts et irréguliers.

Les Arabes ensevelissent leurs morts après leur avoir mis un collier de perles de corail ; les Mauresques s'en font de longues ceintures dites bayadères qui se fabriquent surtout à Naples ; les Turcs pendent du corail aux murs de leurs appartements en signe de richesse et en ornent leurs armes, leurs pipes, leurs vases d'argent, etc.

Enfin le corail rose ou rouge sert à monter des colliers, des boucles d'oreilles, des broches, des épingles de cravate, des bagues, des objets de fantaisie tels que fleurs, fruits, têtes d'hommes et d'animaux, etc.

D'autre part, le corail noir est employé à Naples pour en faire des bijoux de deuil.

Quant aux vertus thérapeutiques du corail qui passait autrefois comme tonique, absorbant, astringent, elles sont nulles. Les débris porphyrisés et aromatisés avec une essence quelconque servent encore actuellement à fabriquer une poudre dentifrice assez recherchée et un opiat dont le mode de préparation est indiqué par le codex.

Réglementation de la pêche et encouragements. — La protection d'un produit qui est la source d'un mouvement aussi important, a attiré l'attention maintes fois et donné lieu à bien des discussions. En 1864, le professeur Lacaze Duthiers proposait plusieurs mesures propres à sauvegarder les bancs de corail tout en encourageant leur exploitation méthodique. Ces mesures, que nous croyons utile de discuter, étaient de trois sortes : encouragements directs ; encouragements indirects ; mesures urgentes.

1° Encouragements directs : Ils consistaient à favoriser la petite pêche en laissant les petits bateaux libres de pêcher dans tous les parages, à créer des villages de corailleurs en donnant un logement à tout pêcheur qui viendrait avec sa famille habiter l'Algérie, à exonérer de la prestation les corallines attachées à la colonie et à en favoriser la francisation, à faciliter la naturalisation des pêcheurs étrangers qui viendraient avec leurs familles en exemptant de la conscription et de l'inscription maritime leurs enfants jusqu'à la seconde génération et en les exonérant eux-mêmes de la prestation, à dégrever de 50 francs tout armateur pour chacun de ses matelots habitant l'Algérie, enfin à établir des infirmeries dans les centres de corailleurs.

Quelques-unes de ces mesures suggèrent plusieurs remarques qu'il suffira d'indiquer sommairement.

Les pêcheurs français sont, en général, réfractaires à l'idée de colonisation. Ils ne s'expatrient pas volontiers et le projet de leur fournir un logement ne semble pas devoir être pris en considération. La tentative faite, il y a quelques années à peine, avec des pêcheurs bretons qui vinrent en Algérie se livrer à leur industrie, ne fut pas couronnée de succès ; car les conditions de la pêche sont en Méditerranée bien différentes de celles de l'Océan et les nouveaux colons furent autant déroutés que dépaysés. Conviendrait-il d'amener des Corses, des Provençaux ou des Languedociens pour la même expérience ? Nous ne le pensons pas. L'un de nous s'employa en 1899 pour déterminer quelques pêcheurs de thons établis à Carro à se rendre en Tunisie et y pratiquer la pêche à la madrague de Monastir, pendant la durée de la campagne, c'est-à-dire pendant trois mois, précisément au moment où ces pêcheurs sont chez eux en plein chômage. Le voyage était à la charge du fermier de la madrague et le salaire mensuel de 100 francs ; en outre, le fermier abandonnait les 24 0/0 de la petite pêche et donnait une prime de 20 francs par mille thons. Malgré ces conditions avantageuses, 5 seulement sur les 35 demandés finirent par se décider ; mais en 1900, ils n'y sont pas retournés. Et pourtant, la capture du thon dans les madragues est bien plus aisée et moins pénible que la récolte du corail. Du reste, dans le Languedoc comme en Provence, les anciens corailleurs ont disparu et leurs descendants se sont spécialisés dans d'autres arts.

Il faudrait donc s'adresser à des corailleurs italiens ou espagnols et leur donner des facilités, en exigeant l'application de la loi du 1er mars 1888 qui accorde le droit de pêche dans les eaux territoriales aux seuls nationaux. Quelles seraient ces facilités?

En ce qui concerne la naturalisation, les formalités à remplir sont les suivantes : Demande adressée au ministre de la justice sur timbre, dans laquelle l'impétrant s'engage à payer les droits de sceau qui s'élèvent à 175 fr., mais peuvent être réduits selon les cas ; actes de naissance de l'impétrant, de la femme, du père, des enfants mineurs et acte de mariage traduits par un traducteur juré ; certificat constatant s'il a fait ou non son service militaire ; justification d'un séjour ininterrompu de 10 ans en France ; production du casier judiciaire. La présentation des actes et du casier étant une nécessité absolue, reste à savoir si une réduction des droits et une réduction de séjour peuvent être accordées. La première a été prévue et il serait possible sur ce point d'obtenir une faveur pour les corailleurs. Quant à la seconde, elle n'est qu'une voie détournée pour annuler la loi. Celle-ci veut que les naturalisés, après avoir profité des richesses de notre pays, n'aient pas plus tard le désir de regagner leur pays d'origine et elle n'accorde la naturalisation qu'après un séjour prolongé qui comporte quelque garantie. Celle-ci est même bien aléatoire, une infinité d'exemples pouvant être cités de naturalisés abandonnant leur pays d'adoption.

L'exemption du service militaire est un droit pour le naturalisé âgé de 40 ans ; au-dessous de cet âge, il a les mêmes obligations que les inscrits nationaux et ces obligations doivent à notre avis être maintenues. Peut-on faire une exception pour les corailleurs? Sont-ils plus intéressants que les autres pêcheurs ou que les ouvriers d'autres corporations? Du reste, l'exemption militaire pour les pêcheurs de corail qui a été demandée autrefois par la municipalité de Torre del Greco au gouvernement italien, serait probablement accordée, de sorte que la faveur invoquée n'en serait plus une pour les corailleurs italiens naturalisés. Au demeurant, l'inscription maritime n'est pas un impedimentum aussi grave qu'on pourrait le croire et nous pourrions citer bien des naturalisés italiens qui, âgés de moins de 40 ans, ont fait un an de service dans l'armée de terre, se dérobant ainsi aux trois années de la conscription maritime, et s'adonnant ensuite à la pêche. Pour mémoire citons la proposition faite il y a deux années par les armateurs de Livourne, de manière à combattre les lois françaises qui ont enlevé aux Italiens l'exercice de la pêche dans les eaux de l'Algérie ; elle consistait à libérer du service militaire tout individu qui peut à 20 ans justifier d'avoir fait pendant deux ans partie d'un équipage de coralline, pourvu qu'il continue la pêche du corail, et, d'autre part, à considérer l'enrôlement à bord d'une coralline comme un véritable engagement militaire et, par suite, à punir la désertion du bord.

Quant à la francisation des barques de pêche au-dessous de 10 tonneaux, elle est à la portée de tous, les droits s'élevant à la somme de 25 fr. 75, le congé de douane compris.

L'exonération de la prestation en faveur des corallines attachées à l'un des ports de la Tunisie, serait faciliter dans les eaux de la Régence la concurrence étrangère contre laquelle protestent nos nationaux. C'est, du reste, l'avis du gouvernement français. On sait en effet qu'en 1832 le droit exclusif et perpétuel de la pêche du corail sur les côtes tunisiennes fut acquis à la France, moyennant une redevance annuelle de 13,500 piastres (la piastre vaut 0,60). En vertu de ce droit qui existe encore, les Français, moyennant ce revenu versé au trésor beylical et malgré le protectorat de 1881, ont le monopole de la pêche du corail et peuvent empêcher cette industrie aux étrangers sans une patente délivrée par les autorités françaises. Le prix de cette patente est de 800 francs. Or, cette entrave à la concurrence étrangère n'était pas bien sérieuse en réalité, car la plupart des corallines italiennes pêchaient sous pavillons français avec un personnel italien. Pour y mettre un terme, le décret du 1er mai 1897 enjoint que le personnel comprend un quart d'étrangers au plus.

2° Encouragements indirects. — Provoquer la culture du chanvre par la remise de concessions de terrain, encourager les manufactures d'objets relatifs à l'approvisionnement des corallines, favoriser l'établissement d'ateliers de corail, enfin créer une caisse de coralleurs qui faciliterait l'armement dans la colonie, tels sont les encouragements énumérés par Lacaze Duthiers en 1864.

Il est inutile d'insister sur les deux premiers, étant donné le développement de l'Algérie et des diverses industries qui se rapportent aux choses de la mer.

Bien qu'il ait échoué à Alger, l'essai d'une manufacture de corail serait à reprendre si l'industriel qui le tenterait recevait des encouragements sérieux : Concession d'un terrain ; dégrèvement de tout impôt pendant dix ans, soit sur terre soit sur mer ; primes pendant la même période.

Quant à la création d'une caisse de prévoyance, on sait que cette mesure, établie pour la corporation entière des pêcheurs, a soulevé bien des protestations et que les intéressés en réclament la suppression.

3° Mesures urgentes. — Elles sont au nombre de six :

A. Etablissement de zones où la pêche serait interdite pendant 4 années aux grandes embarcations ; mise en coupe réglée des bancs de corail dans les eaux algériennes et tunisiennes.

Dans son bel ouvrage, Lacaze Duthiers a étudié cette importante question et a préconisé cette mesure comme pouvant rendre à la pêche du corail une partie de sa vitalité. Il s'appuie sur les données suivantes : La suppression de la pêche pendant la gestation du corail équivaudrait à la suppression de la pêche dite d'été, puisque cette gestation très longue s'étend du commencement d'avril au commencement de septembre. Comme la naissance des larves paraît plus active à la fin d'août et au début du mois suivant, y aurait-il avantage à suspendre toute opération pendant cette courte période ? Cette interdiction serait bien peu de chose. Doit-on ne pas entraver la pêche telle qu'elle se pratique actuellement, c'est-à-dire durant toute l'année ?

Il est de toute évidence que les bancs doivent se reposer, si l'on veut que leurs produits se multiplient, s'accroissent et prennent de la valeur. Les pratiques actuelles ont pour effet la dévastation plus ou moins complète des gisements corallifères suivant les régions et, si les bancs en Algérie ne sont pas encore totalement détruits, par suite d'une pêche intensive et de l'emploi d'un engin aussi nuisible que la gratte, la cause provient des courants contraires à la récolte qui règnent une partie de l'année dans les eaux algériennes et qui protègent les bancs contre la dévastation, sans les protéger toutefois suffisamment, de sorte que les coraux sont de petite taille et n'atteignent pas un beau développement, ce qui diminue leur valeur.

Dans son ouvrage sur l'Algérie, M. Baude cite ce fait : « La découverte de très beaux bancs de corail sur la Pianosa rendit, en 1807, aux pêcheurs de Livourne, une grande activité. Ils s'y portèrent en foule, et les bancs étaient épuisés en 1814 ; ils ne paraissent pas s'être dégarnis depuis. » Bien d'autres faits confirment celui-là. Le produit de la récolte du corail en Adriatique, qui atteignait autrefois 70.000 francs environ, n'atteignait plus en 1881 que 27,000 francs ; il est nul à présent, toute pêche ayant cessé. De même, les bancs de Marseille, de Cassis et de la Ciotat, ont été complètement épuisés ; ceux du cap Vert sont entièrement abandonnés. L'intensité de la pêche entraîne donc l'épuisement total ou partiel et, dans ce dernier cas, la petitesse du corail. Par contre, les bancs non exploités renferment de très beaux coraux. Entre autres faits, M. Baude rapporte le suivant : « En 1831, 7 bateaux qui se sont avancés sur les gisements vierges du golfe de Collo, en ont tiré, en 15 jours, 3500 kilog. de coraux de dimensions énormes. Cette pêche a fait la fortune des patrons qui étaient propriétaires de barques. » Un autre exemple que nous empruntons à M. Georges Hütterott, directeur de la Société autrichienne de pêche de Trieste, est plus concluant encore : « En 1880, on explora à environ 30 milles au large de Sciacca (Sicile) un banc dont on retira un produit surprenant. La quantité qu'une barque avait pêchée jusqu'ici durant toute une saison était moindre que le produit d'une seule journée de pêche, tant le corail était abondant. De tous les points accoururent en cet endroit des barques dont les propriétaires abandonnaient la pêche du poisson pour profiter d'une telle richesse. Le résultat de cette année fut extraordinaire, tel qu'on n'en avait jamais vu de semblable jusque-là. La statistique publiée par le directeur général de la marine marchande en Italie ne fixe pas la valeur de la pêche à moins de 3 millions de lires »

En définitive, que l'on considère la petitesse des coraux recueillis sur les bancs longtemps exploités ou la beauté des produits des bancs soit nouveaux, soit longtemps reposés, on arrive à cette conclusion que le repos des bancs est indispensable à l'accroissement, de même que l'intensité de la récolte en un point déterminé et non défendu par des causes naturelles entraîne l'épuisement complet.

L'établissement de zones soumises alternativement à un repos de longue durée est donc une mesure très utile et elle vient d'être prise par le ministère de la marine en ce qui concerne l'Algérie. Par décret du 15 mars 1899, le littoral algérien a été divisé en trois zones :

1° De la Calle au cap de Fer ;

2° Du cap de Fer à la limite ouest du département d'Alger ;

3° De cette limite au Maroc.

La pêche est alternativement ouverte pendant 5 années consécutives dans une de ces zones et complètement interdite dans les deux autres. Actuellement, elle s'exerce dans la première.

B. Réserve du droit d'exploitation pendant 15 jours de pêche effective à tout pêcheur qui aurait découvert un banc nouveau. — Excellente mesure qui provoquerait des recherches de bancs nouveaux.

C. Modification du mode de surveillance de la pêche en vue d'assurer l'exécution des règlements. — Cette mesure est réclamée par tous les pêcheurs soucieux de l'avenir et qui demandent (Congrès de la pêche, Cette) qu'en Méditerranée la surveillance soit rigoureuse et assurée par des gardes-côtes à vapeur.

D. Prohibition des engins de fer et des dragues qui, en râclant les rochers, détruisent les jeunes pieds de corail : Les ravages de ces engins sont trop connus pour qu'il soit utile d'insister ; du reste, la gratte est interdite. Elle est pourtant assez employée. Comme les corailleurs qui s'en servent la coulent en mer en des points connus d'eux seuls, se gardant bien de les conserver à bord, il est bien difficile de les surprendre flagrante delicto, surtout avec les moyens actuels dont dispose l'administration de la marine.

E. Etude des bancs sous le rapport de leur constitution, de leur production et de leur situation, en vue de leur aménagement, de leur conservation et surtout des essais de coralliculture. — La création de bancs artificiels est très difficile et serait très coûteuse. En hiver, la côte algérienne est fort inhospitalière ; les brisants bouleverseraient les pierres couvertes de corail, si on les déposait par une faible profondeur, et à de grands fonds les difficultés seraient autrement sérieuses. D'autre part, en été, la mortalité qui frappe le corail n'indique pas cette saison pour des essais. De telle sorte que le printemps et le mois de septembre seraient les époques où les expériences auraient le plus de chance de succès ; mais il importe auparavant de déterminer la nature des bancs, afin de porter des pieds de corail en des points et sur des fonds semblables à ceux que le corail habite naturellement.

F. Expériences pour connaître la durée de l'accroissement du corail et pour fixer la durée de repos qu'il est nécessaire d'accorder aux bancs. — Bien que le décret du 15 mars 1899 ait fixé les zones qui seront tour à tour mises en coupe réglée après un repos de dix ans pour chacune d'elles, il reste à connaître bien des points utiles sur la biologie du corail qui permettraient de réglementer à coup sûr. De ce nombre est la durée de l'accroissement qu'un naturaliste pourrait être chargé de déterminer dans les deux zones actuellement soustraites à la pêche, à l'aide de collecteurs en nombre suffisant et placés avec toutes les précautions désirables.

CONCLUSION. — Comme conclusion de ce qui précède, nous demandons : le maintien du décret du 15 mars 1899 jusqu'à ce que la biologie du corail soit entièrement connue et puisse servir de base à un nouveau décret ; la mission pour un naturaliste de préciser la durée d'accroissement et de tenter des essais de coralliculture ; la surveillance de la pêche du corail et des autres produits de la mer à l'aide de gardes-côtes à vapeur ; l'édiction d'une peine sérieuse contre les corailleurs qui se servent de la gratte ; la suppression des droits de sceau pour les naturalisés qui s'engageraient à pêcher le corail en Algérie pendant une période de dix ans ; la réserve du droit d'exploitation pendant 15 jours de pêche effective en faveur de celui qui découvrirait un nouveau banc ; des encouragements de toute nature pour les industriels qui créeraient en Algérie et en Tunisie une manufacture de corail.

INDEX BIBLIOGRAPHIQUE

BAUDE (baron de) : *L'Algérie*.
BOUCHON-BRANDELY ET BERTHOULE : *Les pêches maritimes en Algérie et en Tunisie*, Librairie Baudouin, Paris, 1891.

Brocchi : *Rapport sur la pêche en Italie*, Paris, imprimerie nationale, 1883.

Darluc : *Hist. nat. de la Provence*, Marseille, 1787.

Faber : *The fisheries of the Adriatic*, London, B. Quarith, 1883.

A. Fabre : *Les rues de Marseille*.

De Fages et Ponzevera : *Les pêches maritimes de la Tunisie*, Tunis, imprimerie générale, 1899.

Hutterott : *La pêche et le commerce du corail en Italie*, trad. de l'Italien in Bull. *Pêches maritimes*, 1894.

Lacaze Duthiers : *Hist. nat. du corail*, Paris J.-B. Baillière, 1864.

Milne-Edwards : Suites à Buffon. — *Hist. nat. des coralliaires*, 1857.

Peyssonel : Traité du corail (manuscrit conservé à la bibliothèque du Museum d'histoire naturelle).

Répertoire des travaux de la Société de Statistique de Marseille, Marseille, 1849.

Ruffi : *Histoire de Marseille*, 1696.

LES CONSERVES HERMÉTIQUES DE POISSON EN FRANCE ET A L'ÉTRANGER

Par Pierre LEMY

INTRODUCTION

La stérilisation en vase clos, qui assure aux matières alimentaires qui y sont soumises une inaltérabilité indéfinie sans en détruire le goût ni les qualités nutritives et permet de les emballer facilement, est un des procédés de conservation qui ont le plus facilité l'échange, entre les différents pays du monde, des produits propres à chacun d'eux.

Parmi tous les objets d'alimentation, le poisson est un de ceux pour lesquels cette méthode de conservation rend le plus de services. L'industrie des conserves hermétiques, en effet, assure un écoulement chaque année plus considérable du poisson, en lui rendant accessibles les marchés les plus lointains. Elle permet par suite de mettre à profit les grandes quantités de poissons pêchées à certains moments sur des points où la consommation en frais n'en pourrait absorber qu'une minime partie.

Le procédé de conservation qui nous occupe est maintenant d'un usage presque universel, tant pour le poisson que pour un grand nombre d'autres produits alimentaires, et par conséquent trop connu pour que nous en fassions autre chose qu'une description sommaire.

Après une cuisson appropriée, on met le produit à conserver dans une boîte métallique que l'on ferme ensuite hermétiquement à la soudure. On plonge ensuite la boîte fermée dans une chaudière ouverte contenant de l'eau que l'on porte à la température de l'ébullition et que l'on y maintient pendant un temps plus ou moins long, selon la grosseur de la boîte et la nature du contenu.

La chaudière ouverte, encore employée communément en France pour la stérilisation des conserves de sardines et de thon, est maintenant généralement remplacée par une chaudière fermée, dite autoclave, dans laquelle, grâce à la pression produite par la vapeur comprimée, on peut obtenir une température supérieure à 100°. Ceci permet, toutes choses égales d'ailleurs, de diminuer le temps d'ébullition. L'usage de l'autoclave est du reste indispensable pour assurer la conservation des produits contenant des ferments qui ne seraient pas détruits à une température de 100°.

La méthode que nous venons d'indiquer est, dans certains cas, légèrement modifiée selon les indications fournies par la pratique dans les différents centres de fabrication, ainsi qu'on le verra au cours de cette étude.

Ce procédé, découvert par Nicolas Appert, fut appliqué industriellement par celui-ci dans une petite usine qu'il fonda à Massy (Seine-et-Oise), en 1804. La méthode d'opérer était sensiblement celle que nous avons décrite en premier lieu (ébullition à air libre). Appert qui l'a décrite dans un ouvrage : *L'art de conserver pendant plusieurs années toutes les substances animales et végétales*, ouvrage édité en 1810, l'appliqua surtout à la conservation des légumes. Au début cependant, Appert ne se servait comme récipients que de bouteilles en verre dont l'emploi présentait de grands inconvénients ; ce ne fut que plus tard qu'il commença à employer les boîtes de fer-blanc dont il décrivit la confection dans une quatrième édition de son ouvrage, publiée en 1831.

L'usage de la chaudière autoclave, qui rend maintenant de si grands services, ne date que de 1851, alors qu'Appert était mort depuis une dizaine d'années.

Nous allons passer en revue la fabrication des conserves hermétiques de poisson dans les divers pays où cette industrie a pris un développement important et indiquer, chemin faisant, les méthodes de préparation qui nous paraîtront présenter un intérêt particulier.

FRANCE

La fabrication des sardines à l'huile, qui est du reste, croyons-nous, la plus ancienne application du procédé d'Appert à la conservation du poisson, constitue, en France, la branche de beaucoup la plus importante du genre d'industrie qui nous intéresse ; c'est par elle que nous commencerons cette étude.

Sardines. — La sardine (*clupea sardina*) se présentant sur nos côtes pendant cinq à six mois de l'année en quantités qui dépassent de beaucoup les possibilités de consommation immédiate, l'idée de la conserver, au moins pendant quelque temps, remonte à une époque assez reculée. Pendant longtemps cependant, on ne connut d'autre métho de que la presse, et la consommation de la sardine fut fort restreinte. La découverte d'Appert, en permettant de conserver la sardine indéfiniment dans des boîtes d'un petit format, et de la préparer d'une façon plus délicate que par le passé, ouvrit rapidement, dans le monde entier, des débouchés considérables pour ce poisson.

La première tentative industrielle de conservation de la sardine en boîtes hermétiques semble avoir été faite vers 1834, où une usine fut fondée près de Lorient. Depuis lors le nombre des usines s'accrut rapidement sur les côtes de Bretagne et de Vendée, jusque vers 1875. A cette époque la production de la sardine à l'huile atteignit, et depuis dépassa même quelquefois, les besoins de la consommation et l'augmentation du nombre des usines cessa d'être aussi considérable.

De 1880 à 1886 le poisson disparut presque des côtes de Bretagne, alors que la pêche était très abondante sur les côtes du Portugal. Le prix de la sardine, excessivement élevé sur les côtes de Bretagne par suite de la rareté, et les frais généraux portant sur une fabrication restreinte élevèrent alors le prix de revient de telle façon que, malgré la différence de qualité, les sardines françaises luttaient difficilement contre les portugaises. Un certain nombre d'usines durent alors être fermées.

Depuis 1887 les conditions de la pêche ont été plus avantageuses, et on peut dire maintenant que, depuis Camaret jusqu'aux Sables-d'Olonne, presque chaque point du littoral où se trouve un petit port compte une ou plusieurs fabriques de sardines à l'huile.

Douarnenez, Audierne, Saint-Guénolé, Concarneau, l'entrée de la rade de Lorient, Belle-Ile, Quiberon, La Turballe, Saint-Gilles, l'Ile d'Yeu et les Sables-d'Olonne sont les centres de production les plus importants.

Statistique. — Cent cinquante usines occupées à la fabrication des sardines à l'huile sont réparties dans la région que nous venons d'indiquer ; elles emploient un personnel d'environ 13 à 14000 ouvrières, 1500 à 2000 soudeurs et 500 ouvriers divers. D'après les statistiques les plus récentes du ministère de la marine (1897) 3807 bateaux montés par 21,033 hommes sont occupés dans la même région à la pêche de la sardine.

Voici d'après les mêmes statistiques le rendement de cette pêche de 1893 à 1897 de Brest aux Sables-d'Olonne.

Années		Kilogs	Francs
1891-1892-1893	(moyenne)	9,207,337	8,115,719
1894		10,727,307	7,505,113
1895		13,405,683	7,408,104
1896		34,372,252	10,443,908
1897		44,681,138	10,682,368

soit une valeur moyenne de 8 à 9 millions de francs par an dont la majeure partie est achetée par les usines.

Si à ces chiffres nous ajoutons une moyenne de 3,000,000 francs environ de journées de femmes, de 2,500,000 francs de salaires aux soudeurs et de 300,000 francs aux ouvriers divers, nous voyons quelles sommes considérables la fabrication des conserves de sardines peut répandre dans certaines années dans la population laborieuse de Bretagne et de Vendée, sans compter les gains des ouvriers des diverses industries qui vivent de celle qui nous occupe : filets de pêche, rogues, caisses d'emballage, etc.

Ces salaires sont malheureusement loin d'être fixes. Un coup d'œil sur les statistiques du rendement de la pêche que nous venons de donner suffit pour faire apprécier dans quelles proportions peut varier le gain d'une année pour les ouvriers et ouvrières de la côte selon qu'ils auront eu à traiter 9 ou 40 millions de kilos de sardines.

Le gain des pêcheurs, tout en étant pour les mêmes raisons fort instable, varie ce pendant dans de moins fortes proportions, ainsi que le montrent les mêmes statistiques.

Les pêcheurs en effet, sont de véritables commerçants qui vendent une marchandise dont les cours sont réglés par la loi de l'offre et de la demande.

Une année de forte production cependant, bien que ne leur procurant pas de gains croissants en raison directe des quantités pêchées, leur est plus profitable que les chiffres seuls le laissent voir. Il faut en effet tenir compte que lorsque la sardine est abondante, la dépense de rogue est beaucoup plus faible, le poisson se prenant plus facilement, et que les femmes et les enfants des pêcheurs occupés dans les usines voient leurs salaires s'augmenter en proportion directe du rendement de la pêche. Caillo avait donc raison de dire dans son opuscule (1) : *Notre manne à nous, c'est la sardine.*

La sardine à l'huile trouve dans l'exportation ses débouchés les plus importants ; la consommation française n'absorbe en effet qu'une partie relativement faible de la production. Les données manquent pour évaluer exactement les quantités consommées en France. M. Julien Potin, dans son remarquable rapport sur les viandes, poissons, légumes et fruits à l'exposition de 1889, estime à 15 0/0 de l'exportation l'importance de la consommation en France, et ce chiffre nous paraît devoir être assez près de la réalité.

Voici, d'après le tableau général du commerce de la France avec ses colonies et les puissances étrangères, les chiffres de l'exportation des sardines à l'huile françaises, pendant les douze dernières années dont les résultats sont publiés :

(1) Recherches sur la pêche de la sardine en Bretagne et sur les industries qui s'y rattachent (Nantes, Vincent Forest, 1855).

Années	Kilogs	Valeurs
1887	6,234,438	12,468,876 francs.
1888	8,802,224	15,403,892 —
1889	10,744,276	18,265,269 —
1890	8,975,028	15,706,299 —
1891	7,302,415	12,779,221 —
1892	8,288,734	13,261,974 —
1893	10,292,808	16,468,493 —
1894	8,807,032	14,091,251 —
1895	8,701,696	13,922,714 —
1896	9,813,191	15,701,106 —
1897	11,456,427	18,330,283 —
1898	11.773,757	15,894,572 —

Fabrication. — Aussitôt déchargées des bateaux, les sardines sont répandues sur des tables et saupoudrées de sel. Des femmes les prennent alors une à une et d'un coup de couteau leur enlèvent la tête et les boyaux. Une fois étêté, le poisson est jeté dans des bailles de saumure où il séjourne pendant un temps plus ou moins long, puis on le lave à grande eau.

On le range ensuite sur des sortes de paniers en fil de fer disposés de telle manière que les sardines y sont alignées en rangs parallèles, la queue en haut, sur une inclinaison de 40° environ. On place ces paniers chargés de sardines dans la cour de l'usine pour que le poisson s'égoutte et sèche à l'air et au soleil. Toutes ces opérations doivent être faites aussitôt que les bateaux arrivent, quelle que soit l'heure de la journée, car la sardine est un poisson très délicat, qui s'altère vite.

Lorsque le poisson est convenablement séché, on transporte les paniers dans l'usine et on les plonge successivement, avec leur contenu, dans de l'huile bouillante. On y laisse séjourner le poisson pendant une à deux minutes selon la grosseur, puis on le fait égoutter soigneusement.

Diverses sortes de chaudières sont employées pour frire la sardine. La chaudière du système La Gillardaie est celle qui semble donner les meilleurs résultats.

Elle est construite de telle façon que les déchets : écailles, parcelles de chair, sang coagulé, etc., qui se détachent pendant la cuisson, tombent dans deux sortes de poches contenant de l'eau; ces poches se trouvent de chaque côté et en dessous du tuyau dans lequel circule la flamme. Ce dispositif empêche la carbonisation des déchets qui donnerait à l'huile un goût désagréable.

Dans certaines usines, on ne fait pas frire la sardine comme nous venons de l'indiquer ; on la cuit à la vapeur.

Cette cuisson s'opère dans une chaudière ou sous une cloche dans laquelle on lance un jet de vapeur après y avoir introduit le poisson. Trois à cinq minutes suffisent, selon la grosseur de la sardine.

Ce dernier mode de cuisson, plus économique, naturellement, que le premier, a l'inconvénient de ne pas donner à la sardine une saveur aussi délicate que la friture à l'huile, et n'est, pour cette raison, pas employé pour les produits de choix.

Après la cuisson, le poisson est versé sur des plateaux de métal que l'on distribue aux femmes chargées de l'emboîtage. Lorsque le poisson est rangé dans les boîtes, on le couvre d'huile fraîche. Les boîtes sont ensuite munies de leur couvercle et fermées hermétiquement à la soudure, puis enfin passées à l'ébullition selon le procédé Appert.

En France on se sert surtout de l'huile d'olive pour la fabrication des conserves de sardines, dont la qualité dépend en majeure partie de celle de l'huile employée.

En dehors de la sardine à l'huile proprement dite, on fabrique également dans la plupart des usines des préparations de fantaisie : sardines aux achards, à la tomate, à la Bordelaise, à la Provençale, etc. Le mode de préparation ne diffère de celui que nous venons de décrire qu'en ce que l'huile que l'on met dans la boîte est, ou bien additionnée d'épices, ou remplacée par de la tomate ou une sauce quelconque.

On fabrique aussi en Bretagne des sardines au beurre, en remplaçant, dans les boîtes, l'huile par du beurre fondu. Pour manger ces sardines on trempe, après l'avoir ouverte, la boîte dans de l'eau chaude, jusqu'aux trois quarts de sa hauteur et on l'y maintient jusqu'à ce que le beurre soit fondu, puis on retire délicatement les sardines une à une et on les met avec le beurre dans une poêle où on les fait frire légèrement. Bien préparées, ces sardines donnent l'illusion des sardines fraîches frites au beurre.

Nous ajouterons enfin que depuis quelques années on se sert

26

assez souvent comme récipients pour les sardines, au lieu de boîtes en métal, de vases en verre fermés par une capsule en étain ou en fer-blanc. Ce nouveau mode d'emballage est assez demandé dans quelques pays.

Thon. — Après la sardine le thon est, en France, le poisson qui est l'objet de la fabrication la plus importante dans le genre d'industrie dont nous nous occupons ici. La majeure partie du thon pêché dans le golfe de Gascogne est capturée par des pêcheurs bretons ou vendéens qui ramènent leur poisson dans les ports où existent des usines de sardines, sûrs qu'ils sont d'y trouver l'écoulement de leur butin. La plupart des usines de sardines fabriquent, en effet, du thon conservé.

Statistique. — Voici, d'après les statistiques du ministère de la Marine, un tableau des quantités prises pendant cinq ans par les pêcheurs français, dans l'Océan. Nous avons, dans ce tableau, séparé les quantités reçues par les ports au nord des Sables-d'Olonne (ce port compris) région où existent les usines de conserves, et celles reçues par les ports au sud des Sables jusqu'à la frontière espagnole :

Années	Région Nord		Région Sud		Totaux	
	Kilog	Valeur	Kilog	Valeur	Kilog	Valeur
1894	5,248,169	1.936,408	401.185	243,122	5.649,354	2,179,530
1895	4,531,122	1,898,210	111,836	97.124	4.642,958	1,995.334
1896	4,430,677	2,777,918	174,825	143,805	4,605,502	2,921,723
1897	4.464,738	2,238,315	323,904	203.879	4,788,642	2,442,194

Il est permis de supposer que l'achat pour la vente en frais des ports du Nord est à peu près égal à l'achat total des ports du Sud.

Les quantités reçues en sus par les ports du Nord représenteraient alors la part des usines. Dans ces conditions on peut considérer que les usines achètent chaque année pour une valeur moyenne de 2.000.000 fr. de thon aux pêcheurs.

A l'inverse de la sardine la majeure partie du thon conservé est consommée en France. Ce poisson ne donne par suite pas lieu à un commerce d'exportation suffisant pour faire l'objet d'un article spécial dans le tableau général du commerce. Il y est classé parmi les poissons divers autres que la sardine ; nous donnons plus loin les chiffres d'exportation de ces derniers.

Fabrication. — Le thon, aussitôt apporté dans une usine, est débarrassé de la tête, de la queue et du ventre et coupé en gros morceaux que l'on fait bouillir dans de l'eau salée.

Après la cuisson, ces morceaux sont mis à sécher dans des chambres munies, pour qu'il y existe un fort courant d'air, de nombreuses ouvertures à jalousie.

Une fois secs les morceaux, grattés et recoupés aux dimensions nécessaires, sont mis dans les boîtes, puis recouverts d'huile d'olive comme la sardine. Les boîtes sont ensuite fermées à la soudure puis passées à l'ébullition. Ces boîtes sont de différents formats, les plus grandes pesant jusqu'à 10 kilog et les plus petites seulement 0 kg. 125.

HARENGS ET MAQUEREAUX. — La partie la plus importante du hareng pris par les pêcheurs français est encore conservée par les procédés anciens : fumage et saurissage.

Depuis un certain nombre d'années cependant, plusieurs maisons de Boulogne-sur-Mer et de Dieppe fabriquent des conserves hermétiques de hareng, notamment de harengs marinés au vin blanc. Le maquereau est également conservé au vin blanc à Boulogne et à Dieppe ; sur la côte de Bretagne on le conserve à l'huile comme la sardine. Comme le thon, ces diverses conserves sont consommées surtout en France.

Voici, tirées du tableau du commerce de la France, les quantités et valeurs des conserves hermétiques de poisson autres que la sardine exportées pendant les dix dernières années dont les résultats sont publiés :

Années	Kilos	Valeur
1889	1,087,484	2,174,968
1890	662,380	1,324,760
1891	621,218	1,242,436
1892	542,720	1,085,440
1893	566,851	1,133,702
1894	492.839	985,678
1895	732,398	1,464,796
1896	582,456	1,164,912
1897	710,972	1,421,944
1898	772,937	1,545,874

Les colonies françaises seules ont reçu, en 1898, 200,721 kilos de ces poissons divers, soit plus du quart de l'exportation totale.

ALGÉRIE

La sardine est assez abondante sur les côtes de l'Algérie, mais on ne pensa à faire, dans cette région, d'essai sérieux de fabrication de conserves, que lorsque le poisson devint très rare sur les côtes de Bretagne. A cette époque quelques fabricants français fondèrent des usines sur différents points du littoral algérien, et, bien que la sardine y soit de qualité inférieure à celle de l'Océan, cette dernière étant devenue très chère, les produits de ces nouvelles usines trouvèrent assez facilement des débouchés.

Le nombre des usines s'accrut jusque vers 1888, époque où l'on en comptait une vingtaine réparties entre la Calle, Philippeville (Stora), Collo, Suffren et Jean Bart, Cherchell, Tenez, Mers el Kebir.

Depuis une dizaine d'années, plusieurs campagnes de faible pêche en Algérie et d'abondance en Bretagne, rendirent la situation difficile aux usiniers algériens.

L'interdiction faite aux Italiens de pêcher sur les côtes de notre colonie, en réduisant encore les apports de poisson, a décidé un certain nombre de fabricants à fermer leurs usines et quatre ou cinq seulement travaillent maintenant.

Voici, d'après les statistiques du Ministère de la marine, les quantités et valeurs des sardines pêchées en Algérie de 1894 à 1897 :

Années	Kilos	Valeur
1894	1,562,904	356,657
1895	1,085,869	239,048
1896	948,253	203,414
1897	3,051,203	1,510,887

TUNISIE

La baie de Bizerte est très riche en poissons de différentes sortes, principalement en dorades. Une maison française qui avait déjà des établissements de conserves de légumes et de viande, tant en

France qu'aux colonies, a fondé, il y a quelques années, près de Bizerte, une usine pour la conservation du poisson.

Les productions de cette maison sont d'une grande variété tant comme espèces de poissons conservées que comme préparation : Dorades, Bars, Rougets, Mulets, Thon, Soles, etc., sont conservés soit à l'huile, soit marinés, soit au beurre. Ils se vendent principalement en France.

PORTUGAL

On fabrique depuis assez longtemps déjà des conserves de poisson en Portugal ; mais c'est vers 1883 que cette industrie prit dans ce pays son véritable essor.

Tandis que, ainsi que nous venons de le dire, quelques fabricants français allaient en Algérie chercher la sardine qui manquait sur nos côtes, d'autres transportaient leur matériel en Portugal où le poisson était très abondant, et y fondaient des usines dont la production fut pendant plusieurs années assez active. Depuis 1891, cependant le poisson se raréfia en Portugal et l'importance de la fabrication portugaise décrût à mesure que la fabrication française reprenait son importance. La fabrication portugaise est en effet de qualité inférieure à la française et ne lutte avantageusement avec cette dernière que lorsque l'écart de prix est assez grand. Cette infériorité tient non seulement à la nature des huiles employées et à la grosseur du poisson, mais aussi à la façon dont on pêche celui-ci. On se sert en effet en Portugal de grandes seines qui prennent d'énormes quantités de poisson d'un seul coup, et la sardine est un poisson trop délicat pour pouvoir supporter sans dommage d'être entassée brutalement dans ces grands filets.

Une trentaine d'usines font en Portugal la conserve de sardines et emploient un personnel de 2,500 personnes environ. Le principal centre de fabrication est Sétubal, qui compte actuellement quinze usines.

ESPAGNE

L'industrie des conserves de sardines a subi en Espagne à peu près les mêmes phases qu'en Portugal, mais elle n'y a pas pris un aussi grand développement. Les fabricants français se sont, à l'époque dont nous avons parlé, portés en moins grand nombre sur l'Espagne que sur le Portugal.

La baie de Vigo est, en Espagne, le point où cette fabrication est le plus importante ; on y compte actuellement trois usines.

ANGLETERRE

Sprats.— Le sprat (*Clupea sprattus*) abonde sur la côte anglaise de la Manche et du Pas-de-Calais pendant les mois d'hiver et y est par suite à très bas prix. Jusque vers 1880, cependant, aucune tentative n'avait été faite pour mettre industriellement cette abondance à profit. Entre 1880 et 1885 se fondèrent les premières usines anglaises pour la conservation du sprat. Cinq sont actuellement en activité, trois à Deal et deux à Folkestone. On estime à 50,000 caisses environ la production des usines de Deal et à 25,000 caisses celle des usines de Folkestone.

Depuis quelques années existe également dans le Cornwall, à Migavissey, une usine pour la conservation des pilchards.

Les procédés de fabrication en Portugal, Espagne et Angleterre sont à peu près les mêmes que ceux usités en France et nous n'avons aucune particularité intéressante à signaler. En Angleterre, on a surtout en vue une fabrication rapide et à très bon marché. La pêche du sprat n'est en effet suffisamment abondante pour fabriquer des conserves dans des conditions économiques que pendant deux à trois mois : décembre, janvier et février; il faut donc, pour qu'une usine couvre ses frais généraux, qu'elle fabrique beaucoup pendant ce court espace de temps. De plus, le sprat, qui est loin d'avoir le goût délicat de la sardine, a une chair qui se laisse difficilement pénétrer par l'huile et ne peut jamais prendre la saveur appréciée de la sardine qui a mariné longtemps dans de bonne huile d'olive. Le sprat à l'huile doit donc être un article bon marché pour trouver un écoulement. Ceux que l'on conserve en Angleterre sont presque exclusivement destinés à l'exportation dans les colonies, où ils sont consommés par les indigènes.

NORVÈGE

Les côtes de la Norvège sont, comme on sait, extrêmement riches en poisson, aussi y a-t-on depuis fort longtemps cherché, en les conservant, à tirer parti des produits de la pêche que la consommation en frais ne pouvait absorber. L'industrie des conserves hermétiques n'est cependant que de fondation récente dans ce pays où il y a vingt-cinq ans à peine, on ne connaissait d'autre moyen de conservation que le salage ou le séchage à l'air.

A l'exposition de Bergen de 1865 on ne vit point figurer de conserves hermétiques parmi les produits norvégiens exposés. En 1878, le gouvernement norvégien, dont l'attention avait été appelée sur cette méthode de conservation, délégua M. Wallun, pour étudier la question. M. Wallun visita dans ce but l'exposition universelle de Paris et fit en Bretagne un voyage au cours duquel il se livra à des études approfondies dans un certain nombre des usines de sardines de la côte.

A son retour en Norvège il publia un rapport fortement documenté sur la question, appelant spécialement l'attention de ses compatriotes sur les avantages de la stérilisation à l'autoclave pour la conservation du poisson et décrivant les différents produits qu'il avait été amené à examiner. Il fit remarquer de plus que les pâtes de poisson, sous forme de boulettes ou de pudding (fisk boler, fisk pudding, etc.), qui sont une des formes sous lesquelles on accommode le poisson en Norvège, pourraient, conservées par ce procédé, devenir l'objet d'un commerce intéressant, principalement en Angleterre où les pâtes de poisson conservées en Amérique trouvaient alors un débouché important.

A la suite de la publication de ce rapport fut formée la société pour l'avancement des pêcheries de Norvège « Selskabet for de Norske Fiskeriers Fremme » qui fonda la station d'essai de Bergen. Cette station, dirigée par M. Bull, enseigne gratuitement non seulement la chimie, l'histoire naturelle des poissons, etc., mais aussi les différentes méthodes de conservation du poisson et d'utilisation des sous-produits.

L'enseignement de cette école donna un rapide essor à l'industrie des conserves en Norvège et quelques usines ne tardèrent pas à se fonder à Stavanger puis, plus tard à Moss, Christiania, Haugesund, Bodö, etc.

Stavanger est cependant resté le centre de beaucoup le plus important de cette industrie. Trente fabriques de conserves norvégiennes exposaient à Bergen en 1898.

Le tableau suivant des quantités et valeurs des conserves exportées par la Norvège dans ces dernières années donne du reste une idée de l'importance croissante que prend cette fabrication.

Années	Kilos	Valeur en couronnes
1891	392,624	392,600
1892	505,141	530,400
1893	531,914	534,900
1894	573,847	545,200
1895	846,448	761,800
1896	1,070,519	963,500
1897	1,213,039	1,094,700

Principaux produits fabriqués.

PATES DE POISSONS — L'évènement a prouvé que M. Bull avait parfaitement raison lorsqu'en 1878 il signalait à ses compatriotes les pâtes de poisson comme devant devenir pour eux un article d'exportation intéressant. Les fiskboller norvégiens ne tardèrent pas en effet, lorsqu'ils furent connus, à être considérés comme plus délicats que les codfish balls américains et à se faire, à côté de ceux-ci, une place importante.

Nous allons indiquer en quoi diffèrent les fabrications des deux pays :

Voici d'après M. Charles H. Stevenson la méthode américaine :

« Les codfish balls américains, dit-il, sont un mélange de 100 « livres de morue salée, 125 livres de pommes de terre, 10 livres « d'oignons crus et 13 livres de graisse de bœuf pure. Le poisson « est plongé dans de l'eau chaude pour s'y dessaler, puis est « réduit en pâte. Les pommes de terre sont bouillies, pelées et « écrasées, puis ces ingrédients sont chauffés et bien mélangés « avec les oignons crus et hachés et la graisse de bœuf auxquels « on ajoute 6 onces de poivre ou quelque autre condiment. Tous « ces ingrédients sont, pendant qu'on les mélange, hachés aussi « fin que possible par une machine. Le mélange est mis tout « chaud dans des boîtes de 1, 2 ou 3 livres que l'on ferme ensuite, « puis que l'on fait bouillir à une très haute température pendant « deux à trois heures. »

En Norvège, on remplace la morue salée par du poisson frais (l'églefin presque exclusivement) que l'on gratte et hache soigneu-

sement et que l'on mélange ensuite avec du lait. On n'emploie
ni pommes de terre, ni graisse de bœuf.

Certaines usines de conserves s'occupent exclusivement de la
préparation de ce produit qui entre pour plus de moitié dans les
chiffres de l'exportation norvégienne donnée plus haut.

Sprat. — Le sprat fumé à l'huile est, après les fiskboller, un
des produits norvégiens les plus répandus.

Le sprat (*Clupea sprattus*) fut d'abord préparé d'après la
méthode usitée en France pour les sardines, mais on s'aperçut
vite que ce poisson n'avait pas la délicatesse de goût nécessaire
pour lutter avantageusement contre le produit français. On eut
l'idée de le fumer légèrement et on obtint ainsi un article de
consommation différent de la sardine à l'huile et qui put trouver
des débouchés importants à côté de celle-ci.

Voici une description sommaire de la préparation de ce produit :

Les sprats aussitôt débarqués sont jetés dans une saumure où
on les laisse séjourner quatre à cinq heures ; puis on les suspend,
en laissant entre eux un petit espace, à une fine tige de fer que
l'on fait passer par les yeux et on les fait ainsi égoutter et sécher
en plein air.

On les expose ensuite à la fumée, d'abord à une température
de 30° environ, puis on augmente la chaleur jusqu'à ce que le
poisson soit cuit sans que la peau se brise. Les sprats sont ensuite
légèrement pressés, puis on leur enlève la tête et la queue et on les
met en boîte.

Nous citerons enfin parmi les autres conserves norvégiennes,
les filets de harengs et de flétan, les filets de harengs à l'huile, etc.
Les anchois de Norvège, connus maintenant dans le monde entier
sont quelquefois mis en boîtes hermétiques, mais plus généralement conservés en petits barils et ne rentrent par suite pas dans
le cadre de cette étude.

Nous sommes particulièrement reconnaissants à M. A. W.
Grève, le dévoué vice-consul de France à Bergen, de l'obligeance
avec laquelle il a bien voulu nous fournir les indications nécessaires pour écrire la partie de ce travail qui concerne son pays et
lui adressons ici tous nos remercîments.

SUÈDE

La pêche maritime est beaucoup moins importante en Suède qu'en Norvège, et l'industrie des conserves de poissons a, pour cette raison, pris, dans le premier de ces pays, un développement moins considérable que dans le second. Il y a cependant en Suède, notamment à Gothembourg, quelques fabriques importantes. Les produits fabriqués et les méthodes de conservation sont sensiblement les mêmes qu'en Norvège : le hareng et le maquereau à l'huile semblent être, parmi les conserves hermétiques, les articles qui sont l'objet du commerce le plus important. Comme préparation spéciale à la Suède, nous croyons devoir signaler cependant la conserve de morue. Ce produit consiste simplement en la chair du poisson que l'on met crue dans les boîtes et que l'on fait, dans cet état, passer à l'ébullition qui la cuit et la stérilise en même temps. Cet article extrêmement bon marché, paraît-il, et qui n'est fabriqué que depuis quelques années, semble devoir fournir un aliment fort utile aux classes peu fortunées.

ÉTATS-UNIS D'AMÉRIQUE

SAUMON. — L'industrie de la conserve du saumon prit naissance aux États-Unis en 1864, année où une usine fut fondée à Washington sur le Sacramento ; depuis cette époque elle a pris un développement considérable.

Elle occupe actuellement, en territoire appartenant à l'Union, soixante-seize usines : quarante-sept réparties sur la côte ouest des États-Unis et vingt-neuf sur celle de l'Alaska.

Sur la côte des États-Unis, six espèces de saumons sont utilisées pour la conserve :

Le « Chinook » (*Oncorhynchus tchawystscha*) ;
Le « Blue back » ou « Red fish » (*O. nerka*) ;
Le « Silver Salmon » (*O. kisutch*) ;
Le « Steelhead » (*Salmo gavidneri*) ;
Le « Dog Salmon » (*O. keta*) ;
Et le « Humpback » (*O. Gorbuscha*).

M. Charles H. Stevenson, auquel nous empruntons ces détails, a dressé pour les années 1892 à 1895 le tableau suivant indiquant la proportion dans laquelle chacune de ces espèces entre dans la fabrication totale pour les trois états de l'Union intéressés : Les chiffres donnés indiquent le nombre de caisses fabriquées :

Années	États	Chinook	Blue back	Silver	Steelhead	Dog	Humpback	Total
1892	Washington	134,253	19,441	28,708	26,945	29,411		238,758
	Oregon	237,684	51,106	60,293	45,403	—	—	394,486
	Californie	14,334	—	1,550	—	—	—	15,884
		386,271	70,547	90,551	72,348	29,411	—	649,128
1893	Washington	129,078	55,237	31.707	25,663	23,480	17,530	282,695
	Orégon	176,024	23,074	62,913	39,563	9.230	—	310,804
	Californie	26,436	—	500	—	—	...	26.936
		331,538	78,311	95,120	65,226	32,710	17,530	620,435
1894	Washington	136,549	53,717	32,118	23,209	33,952	9,049	308,594
	Oregon	216,507	25,523	100,087	38,829	3,162	—	384,108
	Californie	31,663	—	500	—	—	—	32,163
		404,719	79,240	132,705	62,038	37,114	9,049	724,865
1895	Washington	157,187	70,304	18,957	18,985	48,686	23,633	400,752
	Oregon	316,284	12,854	138,981	30,693	27.027	—	525,839
	Californie	28,635	—	400	—	—	—	29,035
		502,106	83,158	221,338	49,678	75,713	23,633	955,626

Le même auteur donne de plus, pour la fabrication de 1895, les chiffres suivants qui permettent de se faire une idée exacte de l'importance de cette industrie :

	Nombre de personnes employées	Nombre d'usines	Valeur en dollars	Capital espèces
Californie	198	4	62,000	$ 64,000
Oregon	1,960	26	719,225	942,500
Washington	1,146	17	374,650	601,000
	3,304	47	1,055,875	1,607,500

	Capital total engagé	Saumon utilisé		Saumon conservé	
		Livres	Valeur	Nombre de caisses	Valeur
Californie	136,000	1,906,525	152,591	29,035	128,632
Oregon	1,664,725	35,299,241	1,484,529	525,839	2,456,698
Washington	975,650	27,441,724	731,522	400,752	1,638,938
	1,763,375	64,647,490	1,968,642	955,626	4,224,268

Les usines de l'Alaska, dont nous allons dire quelques mots maintenant, arrivent à une production presque égale à celle des trois états du Pacifique.

Nous avons tiré tous les détails qui vont suivre d'un travail du commandant Jefferson F. Moser de la marine des Etats-Unis. Le commandant J.-F. Moser avait, en 1898, été chargé par son gouvernement de se rendre sur les lieux de pêche de l'Alaska avec le navire *Albatross* et d'y étudier sur place la pêche et la conservation du saumon dans cette région. Le rapport qu'il a adressé à son retour à son gouvernement forme l'étude la plus complète qui existe, croyons-nous, de la question, et nous avons cru ne pouvoir mieux faire que de résumer ici les parties de ce rapport qui rentrent dans le cadre de ce modeste mémoire.

L'industrie de la conserve du saumon dans l'Alaska, où ce poisson est très abondant, date d'un peu plus de vingt ans. Les deux premières usines furent bâties en 1878, l'une à Klawak et l'autre à Old Sitta. L'usine de Klawak a continué de fonctionner chaque année depuis cette époque; celle d'Old Sitta fut fermée après deux campagnes et son matériel a été transporté, en 1882, dans une usine bâtie cette année-là à Kussilof.

Une troisième usine fut, la même année, bâtie sur la rivière Karluk. Chaque année ensuite vit s'élever de nouveaux établissements si bien qu'en 1888 dix-sept usines fonctionnaient dans l'Alaska, sept ayant été bâties l'année même; 1889 vit s'en élever vingt nouvelles, mais depuis cette époque ce mouvement ascensionnel s'est arrêté. Un certain nombre de ces usines ayant même été brûlées depuis n'ont pas été rebâties, d'autres ont été abandonnées ou démolies, si bien qu'en 1897 il restait seulement vingt-neuf usines en activité.

Voici du reste un tableau, dressé par le commandant Jefferson F. Moser, du nombre des usines en activité pour chaque année depuis 1878 et de leur production :

Années	Nombre d'usines en activité chaque année	Nombre de caisses de 48 boîtes de 1 k.
1878.	2	8,159
1879.	2	12,530
1880.	1	6,539
1881.	1	8,977
1882.	3	21,745
1883.	6	46,337
1884.	7	60,886
1885.	6	77,515

Années	Nombre d'usines en activité chaque année	Nombre de caisses de 48 boîtes de 1 li.
1886.	9	141,565
1887.	10	206,677
1888.	16	412,115
1889.	37	714,196
1890.	35	682,591
1891.	30	801,400
1892.	15	474,717
1893.	22	643,654
1894.	21	686,440
1895.	23	626,530
1896.	29	966,707
1897.	29	909.078

On remarquera que le nombre des usines qui de seize en 1888 était passé à trente-sept en 1889 s'est trouvé réduit à quinze en 1892, puis a repris ensuite une marche plus sagement ascensionnelle. Ce fait tient à ce qu'à la suite de la production énorme de 1889 le marché fut encombré de marchandise et que les fabricants formèrent alors un syndicat qui, d'un commun accord, réduisit la production pendant les années suivantes, la réglant sur le pouvoir d'absorption du marché. En 1898 les fabricants de l'Alaska étaient groupés en plusieurs grandes associations dont la plus importante contrôlait dix-sept des vingt-neuf usines alors en activité.

Ces usines sont réparties près de l'embouchure des petits cours d'eau qui se jettent dans la baie de Bristol et l'Océan Pacifique depuis le cap de Newhaven au Nord jusqu'au canal de Portland au Sud.

Le commandant J.-F. Moser estime à 5.232 le nombre total des personnes employées en 1897 dans les fabriques de l'Alaska et à $ 3.623.200 soit 18.116.000 fr. le capital engagé en usines, bateaux, matériel, etc.

En dehors du Redfish (connu aussi sous le nom de Saumon de la Fraser River) des Humpback, du King Salmon et du Dog Salmon que l'on pêche dans l'Alaska comme aux Etats-Unis, on pêche encore le Coho, mais le Redfish est celui qui entre pour la plus grande part dans la fabrication des conserves tenant ainsi la place que le Chinook occupe aux Etats-Unis.

Le commandant Moser dit qu'en 1897 les différentes espèces pêchées sont entrées dans la fabrication de l'Alaska dans les proportions suivantes :

	Nombre de caisses de 48 boîtes de 1 livre chaque	0/0
Redfish	688,581	75,74
Humpback . . .	157,711	17,35
Coho	43,557	4,79
King	18,133	2
Dog	1.096	0,12
	909,078	100,00

La pêche commence dans l'Alaska aussitôt que les rivières sont suffisamment libres de glaces : vers le 6 mai sur la rivière Copper, vers le 25 sur le Cook Inlet et la rivière Taku. La majeure partie de la fabrication a lieu en juillet et au commencement d'août, et tout est terminé vers la fin du mois d'août. Quelques usines cependant peuvent travailler jusqu'en septembre.

Fabrication. — Les usines sont toutes placées sur les lieux ou du moins aussi près que possible des lieux de pêche, et toujours sur le bord même de la rivière pour que le poisson y arrive très frais et soit facilement déchargé. Le saumon, sur la côte des États-Unis proprement dits, est acheté à des pêcheurs indépendants et payé, soit à la pièce, soit au poids, à un prix convenu avant la campagne. Dans quelques cas, les pêcheurs sont payés au mois et dans ce cas se servent de bateaux et de filets appartenant à l'usine.

Dans l'Alaska la pêche est faite presque exclusivement par des pêcheurs amenés chaque année sur les lieux par les bateaux des établissements. Dans le sud-est de l'Alaska cependant une notable partie du poisson est achetée à des pêcheurs indépendants, indigènes ou blancs.

Sauf à Métlakahtla et à Klawak, le travail proprement dit de l'usine est fait par des Chinois, aussi bien aux États-Unis que dans l'Alaska. Ces ouvriers sont sous la surveillance d'un contre-maître de leur nationalité, qui est responsable de leur travail pour lequel il passe un marché avec l'usine. Les conditions habituelles sont 40 à 45 cents par caisse, avec un minimum de caisses garanti par la direction. Les Chinois fabriquent les boîtes et font toutes les opérations de manutention et de fabrication depuis l'arrivée du poisson frais jusqu'à l'expédition des caisses de saumon conservé.

A l'arrivée des bateaux le saumon est enlevé par les hommes au moyen de perches garnies d'une longue pointe de métal, et jeté dans les coffres à poisson. On le débarrasse de la vase et des saletés qui s'y sont attachées en faisant couler dessus un filet d'eau claire. Après ce premier nettoyage, le poisson est mis sur des tables où le « boucher » lui enlève la tête et les nageoires, puis, lui ouvrant le ventre d'un coup de couteau, retire les entrailles. Le poisson est alors transféré dans un bassin plein d'eau où il est lavé et gratté, après quoi on lui coupe la queue.

Dans certaines fabriques, on le lave ensuite dans un second bassin, on le gratte de nouveau et on le brosse avec une sorte de balai. Le saumon bien nettoyé est mis sur la machine à couper où une série de couteaux convenablement espacés le découpent transversalement en tranches de la longueur d'une boîte.

Le poisson est prêt alors à être emboîté. Cette opération se fait soit à l'aide d'une machine spéciale, soit à la main. La machine à remplir qui est employée par la plupart des usines importantes, consiste en une plate-forme sur laquelle on place les boîtes vides, tandis qu'un homme met les morceaux de poisson sur une trémie en mouvement, placée plus haut, d'où ils sont conduits un à un dans les boîtes qui viennent se placer successivement au-dessous de la chute. Un piston presse alors légèrement le morceau pour le faire entrer dans la boîte. Dès qu'une boîte est pleine, un mouvement de la plate-forme la conduit à une table et amène une autre boîte vide à sa place. Tout ceci se fait très rapidement, une machine pouvant ainsi remplir 38,000 boîtes par jour.

Après vérification de son poids, la boîte est fermée. Ce travail est également fait, soit à la main, soit à la machine. Pour le soudage à la machine, les boîtes revêtues de leur couvercle sont amenées par une courroie le long d'une sorte d'auge remplie de soudure en fusion; une chaîne sans fin en marche, qui vient appuyer légèrement sur le haut de la boîte, fait rouler celle-ci le long de l'auge, le bord trempant dans le bain de soudure, qui vient ainsi sceller le couvercle au corps de la boîte.

On a soin de pratiquer à l'avance dans le couvercle un petit trou pour laisser échapper l'air intérieur dilaté par la chaleur de la soudure. Ce trou est fermé à la main.

Les boîtes complètement fermées sont mises sur un rang dans des sortes de grands paniers en fer et plongées dans des réservoirs remplis d'eau chaude. Cette opération a pour but de découvrir les fuites qui pourraient exister dans la soudure. Ces fuites, qui sont signalées par des bulles d'air que l'on voit s'échapper des boîtes défectueuses, sont bouchées par des ouvriers soudeurs.

A la sortie de ces bassins les paniers remplis de boîtes sont placés les uns sur les autres et poussés dans les chambres autoclaves.

Là on fait subir aux boîtes une première ébullition, puis on les retire toujours dans les paniers que l'on place sur des tables. Alors a lieu l'opération du repiquage (*blowing* ou *venting*). Des hommes armés de petits maillets garnis sur la surface plane d'une sorte de poinçon donnent un coup dans le couvercle de chaque boîte pour le percer. La boîte, bombée au sortir de l'ébullition, se dégonfle en laissant échapper par le trou un jet de vapeur.

On rebouche immédiatement les trous et on fait alors subir aux boîtes une seconde ébullition.

Les temps d'ébullition sont de 50 minutes pour la première, et de 70 minutes pour la seconde dans certaines usines et de 60 minutes pour chacune dans les autres. Ces deux opérations sont faites à la vapeur et généralement à une température de 240° Fahr. ou 115°,5 centigrade.

L'opération se fait en deux fois, avec repiquage dans l'intervalle, parce qu'on ne pourrait autrement maintenir les boîtes dans l'autoclave suffisamment longtemps pour que le poisson, emboîté cru, fût cuit à point, sans que le développement de vapeur à l'intérieur ne les fît éclater.

Pour être convenable, la cuisson doit être telle que les arêtes tombent en miettes si on les presse entre les doigts.

Après la seconde ébullition, les boîtes sont vérifiées en les frappant légèrement avec une tige de fer. C'est par le son que rendent les boîtes que le Chinois chargé de ce soin reconnaît les bonnes des mauvaises.

Ces boîtes sont ensuite lavées dans un bain de potasse, puis à l'eau froide, après quoi on les met à refroidir. Une fois froides, elles sont vernies, puis enfin étiquetées et mises en caisses.

Presque toutes les fabriques indiquent par un mot sur l'étiquette l'espèce de saumon que contient la boîte,

Le mot « Red » par exemple pour désigner le Red fish, qui forme la majorité de la fabrication de l'Alaska, « King » pour le King fish, « Spring salmon » pour le Coho, « Pink salmon » pour le Humpback.

HOMARD. — La fabrication des conserves de homards a précédé d'une vingtaine d'années, en Amérique, celle des conserves de saumon, la première usine ayant été fondée en 1842 à Easport (Maine). Cette industrie prospéra d'abord aux États-Unis et en 1880 elle y comptait vingt-trois usines avec une production de 2,049,806 boîtes. Depuis cette époque cette production a décru jusqu'à n'être plus en 1898 que de 20,000 boîtes d'après M. Charles H. Stevenson.

D'après cet auteur la décadence de cette industrie aux Etats-Unis est due non seulement à ce que le homard est devenu plus rare sur les côtes du Maine, mais aussi à ce que, depuis que la fabrication des conserves de homards a été entreprise au Canada, les fabricants américains ont à lutter contre des concurrents qui se trouvent économiquement beaucoup plus favorisés qu'eux. La main-d'œuvre est en effet moitié plus chère aux Etats-Unis qu'au Canada, et le fer blanc y paie des droits de douane assez élevés alors qu'il entre en franchise au Canada.

Le produit canadien se trouve ainsi pouvoir lutter comme prix avec avantage contre le produit américain, même aux Etats-Unis.

Fabrication. — Les homards sont bouillis pendant une vingtaine de minutes dans de grandes chaudières, puis étendus sur des tables pour refroidir. Lorsqu'ils sont froids, des ouvriers détachent les pinces et la queue et brisent les pinces au moyen d'une petite hachette pour en retirer la chair. Pour enlever celle de la queue, on se sert d'une sorte de pointe en bois. La chair des pinces et de la queue est ensuite lavée à l'eau froide, puis mise dans les boîtes qui sont fermées et passées ensuite à deux ébullitions selon la méthode décrite pour le saumon.

On fait aussi depuis un certain nombre d'années, dans quelques usines, des conserves de homards entiers dans leur carapace. On fait, dans ce cas, bouillir les homards un peu plus longtemps que pour la fabrication ordinaire, puis on les met dans de longues boîtes cylindriques que l'on fait passer à l'ébullition.

27

Huîtres. — Les huîtres conservées sont aujourd'hui aux États-Unis l'objet d'une industrie très importante. Cette industrie, vieille déjà de plus de cinquante ans, prit naissance à Baltimore, et c'est encore dans cette ville ou dans les autres ports de la baie du Chesapeake que se fabrique la presque totalité des conserves d'huîtres.

D'après M. Chas. Stevenson, il y avait en 1891, à Baltimore, vingt usines occupées à cette industrie, qui dans l'année ont acheté pour $ 1,201,600 d'huîtres et fabriqué un nombre de boîtes formant un poids de 116,016,470 onces, soit 3,289,066 kilos et ayant une valeur de $ 1,856,510.

Fabrication. — Les huîtres, à leur arrivée dans l'usine, sont mises dans des sortes de cages en fer montées sur roues. Lorsqu'une cage est pleine, on la pousse dans une sorte de grande caisse que l'on ferme hermétiquement et dans laquelle on lance un jet de vapeur. Après une quinzaine de minutes de séjour dans cette caisse, la cage en est retirée et remplacée par une autre. Les huîtres sous l'influence de la vapeur se sont ouvertes et des ouvriers spéciaux, appelés *shuckers*, retirent alors facilement la chair des coquilles. La chair est soigneusement lavée, puis mise dans les boîtes qui, après vérification du poids, sont passées aux soudeurs. Aussitôt fermées, les boîtes sont soumises à l'ébullition à l'autoclave, puis trempées brusquement dans de l'eau froide pour arrêter la cuisson du contenu. Après quoi, elles sont prêtes à être étiquetées et emballées.

Les shuckers sont généralement des femmes ou des enfants, et M. Stevenson estime à plus de 4000 le nombre des personnes employées en cette qualité à Baltimore. Les autres travaux des fabriques d'huîtres conservées occupent environ 8000 personnes dont près de 500 hommes.

Harengs (*Sardines du Maine*). — On pêche en grande abondance, sur la côte de l'État du Maine, dans les mois de mai à décembre, de petits harengs (*Clupea harengus*) de quinze à vingt centimètres de longueur qui se prêtent assez bien à la préparation à l'huile comme celle des sardines. Ce fut vers 1870 que fut fondée la première usine de conserves de harengs; on en compte maintenant une soixantaine dans l'État du Maine et deux dans celui du New-Brunswick. Eastport, sur la baie de Passamaquoddy, est le centre le plus important de cette industrie.

Dans un rapport de notre consul général, la fabrication en 1894 s'élevait déjà à 625,000 caisses. Nous n'avons pu trouver de statistiques plus récentes sur ce sujet. Dans son rapport, notre consul général estimait à 7000 le nombre des ouvriers et ouvrières employés directement par cette industrie et à 30,000, celui des personnes qui trouvent, grâce à elle, un moyen de subsistance.

Fabrication. — La méthode employée rappelle, dans ses grandes lignes, celle employée en France pour la sardine, nous nous bornerons à indiquer les points où elle en diffère. Le climat humide du Maine a obligé les fabricants à trouver un moyen de sécher leur poisson artificiellement. Jusqu'à ces dernières années, on le faisait en plaçant les harengs dans une chambre où on lançait un courant d'air chaud, moyen qui, avec quelques différences dans le dispositif, est du reste employé en France depuis quelque temps par un certain nombre de fabricants, lorsque le temps est trop humide pour permettre le séchage en plein air. Une fois séché, le hareng était frit à l'huile comme la sardine en France.

Depuis quelques années, on a à peu près complètement abandonné cette manière de faire. On se sert maintenant du four de Henry Sellman, dans lequel on fait sécher et cuire le hareng d'un seul coup. Les harengs y sont soumis à une température de 250° Fahr (121° centig.) pendant un quart d'heure environ (plus ou moins, suivant la grosseur du poisson) après quoi, on les met dans les boîtes et on les couvre d'huile.

On ne se sert plus d'huile d'olive dans la préparation des harengs américains, mais d'huile de coton. Outre que celle-ci est beaucoup moins chère on a trouvé, d'après M. Stevenson, que l'huile de coton prenait moins que l'huile d'olive le goût de hareng et qu'elle atténuerait plutôt celui-ci.

Le produit dont nous venons de parler est très inférieur comme prix, mais aussi comme qualité à la sardine à l'huile française. Il est permis de regretter qu'il soit cependant désigné, en Amérique, sous le nom de sardines à l'huile et non sous son véritable nom.

Parmi les autres produits américains nous citerons les maquereaux conservés sous différentes formes, les clams (*Mya arenaria*) les crevettes, les crabes, etc.

CANADA

Saumon. — Les côtes de la Colombie Britannique, qui relient sur le Pacifique celles des Etats-Unis à celles de l'Alaska, sont aussi riches qu'elles en saumon surtout vers l'embouchure de la rivière Fraser. C'est dans la Colombie Britannique que se trouvent toutes les usines canadiennes alimentées exclusivement par la fabrication du saumon conservé. Sur la côte de l'Océan Atlantique, les eaux sont beaucoup moins riches en saumon et celui-ci ne forme qu'une partie accessoire de la fabrication de quelques usines, la conservation du homard y occupant presque exclusivement les fabriques de conserves.

Le tableau suivant, dressé par le ministère de la marine et des pêcheries du Canada, qui donne pour l'année 1894 les quantités pêchées divisées par province et selon l'emploi fait du poisson, permet de se rendre un compte exact de la situation que nous venons d'indiquer :

	CONSERVÉ HERMÉTIQUEMENT		FRAIS		FUMÉ		SALÉ	
	Quantités en livre angl.	Valeur en dollars	Quantités en livre angl.	Valeur en dollars	Quantités en livre angl.	Valeur ou dollars	Quantités en barils	Valeur en dollars
Nouvelle Ecosse.	1522	228	467496	93198	5940	1188	348	5568
Nouveau Brunswick	18200	2730	2464222	449284	13840	2860	10	100
Ile du Prince Edouard. . .	300	45	9900	1980	—	—	—	—
Province de Québec.	—	—	790835	158467	—	—	446	7436
Colombie britannique. . . .	23627140	2362714	1970000	98500	60500	4840	4835	38600
	23647162	2365717	5484653	804429	80280	8888	5639	51404

On voit que sur une valeur totale de $ 3.227.439,10 de saumon pêché, il en a été mis en boîte pour $ 2.365.717,30, soit plus des deux tiers dont la presque totalité dans la province de la Colombie Britannique.

L'industrie des conserves de saumon date au Canada d'un peu plus de vingt-cinq ans. En 1876 nous trouvons que trois fabriques étaient en pleine activité ; l'année suivante ce nombre était doublé puis porté à dix en 1878, et après quelques oscillations atteignait 19 en 1883.

L'année dernière (1899) soixante-dix usines étaient occupées à la conservation hermétique de saumon sur les côtes du Canada ; elles sont réparties comme suit :

Fraser River . 47 River Inlet . . . 7 Nootka Sound. 1
Skeena River . 9   Nimkish River . . 1 Lowe Inlet . . 1
Naas River. . 2   Clayoquot Sound . 1 Namu Inlet. . 1

Une usine en plein développement emploie pendant la saison : 1 vapeur et 150 bateaux montés par 400 pêcheurs Indiens et Japonais et dans l'intérieur de l'usine 20 ouvriers blancs et 140 chinois, soit environ 560 personnes.

La saison de pêche et de fabrication proprement dite ne dure guère qu'un mois, mais un certain nombre d'hommes sont occupés avant la pêche à la fabrication des boîtes, après à leur emballage et à des travaux divers, de sorte que les usines ouvrent en général en juin et ferment en septembre.

Les détails que nous avons donnés sur la fabrication américaine pouvant s'appliquer à peu près à la canadienne, nous croyons inutile de donner une description de cette dernière ; nous nous bornerons donc à donner les résultats généraux de la pêche du saumon au Canada pendant les deux dernières années dont nous avons pu nous procurer les résultats officiels :

	1896		1897	
	QUANTITÉS	VALEUR	QUANTITÉS	VALEUR
Conservé hermétiquement (liv.) .	29 872 740	§ 2 988 258	49 288 061	§ 4 929 501
Frais . . .	5 439 942	965 029	4 165 519	651 654
Fumé . . .	49 133	11 894	107 411	12 885
Salé (barils) .	3 186	36 498	8 546	76 135
		4 001 679		5 670 175

Voici enfin, d'après un renseignement particulier, le nombre de caisses de 48 boîtes de 1 liv. ou de 96 boîtes de 1/2 liv. fabriquées de 1893 à 1899 :

1893	590,300 caisses	1896	601,600 c.	1898	484,200 c.
1894	494,400 —	1897	1,015,500 --	1899	768,400 —
1895	566,400 —				

Le saumon tient le second rang comme valeur, dans la liste des poissons pêchés dans les eaux canadiennes. C'est la morue qui occupe le premier.

HOMARDS. — Au contraire du saumon, le homard se pêche sur la côte est du Canada, tandis que la côte ouest en est dépourvue. Les quatre provinces maritimes de la côte canadienne de l'Atlantique se livrent à l'industrie de la conserve du homard, la Nouvelle-Ecosse étant celle où elle est le plus importante, ainsi que le montre le tableau que nous tirons des statistiques officielles du Canada.

	CONSERVÉ HERMÉTIQUEMENT		FRAIS OU VIVANTS	
	QUANTITÉS EN LIVRES	VALEUR EN DOLLARS	QUANTITÉS EN QUINTAUX	VALEUR EN DOLLARS
Nouvelle Ecosse	5 214 266	1 842 853	229 682	1 148 410
Nouveau Brunswick . . .	2 413 404	482 681	22 055	110 275
Ile du Prince Edouard . .	2 466 682	493 336	—	—
Québec . . .	1 036 202	207 240	94	470
	11 130 554	2 226 110	251 831	1 259 155

L'année précédente, sur une valeur totale de 2,205,762 dollars, il en avait été conservé une valeur de 1,526,928. On peut donc dire que les deux tiers environ des homards pêchés au Canada sont mis en boîtes.

On peut estimer à deux cents environ le nombre des homarderies canadiennes, et leur production tient maintenant, comme nous
l'avons indiqué en parlant des fabriques américaines, le premier
rang comme quantité sur le marché universel.

Voici, d'après les statistiques officielles du Ministère de la marine
et des pêcheries du Canada, un tableau du nombre de personnes
employées à cette industrie en 1897 :

Nouvelle Écosse	4,559
Nouveau Brunswick	6,105
Ile du Prince Édouard	2,631
Québec	1,870
	15,165

Fabrication. — Nous ne donnons pas de description spéciale
des procédés de fabrication usités au Canada, ces procédés étant
les mêmes qu'aux États-Unis.

TERRE-NEUVE

HOMARDS. — Terre-Neuve est après le Canada le plus grand
centre de production des homards conservés, le nombre des usines
y dépassant même un peu celui que nous avons indiqué pour
ce dernier pays.

Toutes ces usines sont maintenant dans des mains anglaises.
Nous ne pourrions que répéter ce que nous avons dit des fabriques
américaines et canadiennes ; nous nous bornerons, au sujet des
conserves de Terre-Neuve, à rappeler une tentative faite il y a
quelques années par une société française.

Le gouvernement français, ému de voir les Anglais accaparer
la pêche des homards à Terre-Neuve et établir des usines même
sur le French Shore fit en 1887 un appel pressant aux fabricants
de conserves français, les engageant à établir des homarderies
à Terre-Neuve, et leur faisant ressortir les avantages qui pourraient en résulter pour eux.

La même année, quelques négociants nantais, répondant à cet
appel, fondaient une société qui commença ses opérations l'année
suivante.

Après avoir eu au début quelques difficultés avec les habitants
de l'île, la société put fabriquer régulièrement jusque vers le

milieu de la campagne de 1889. Les difficultés surgirent alors de
nouveau ; des usiniers anglais vinrent immerger des casiers sur
les lieux réservés aux Français par le traité d'Utrecht, et que le
gouvernement français avait concédés à la société. Celle-ci fit
appel au stationnaire français qui fit enlever les casiers, mais
dès le lendemain un croiseur anglais arrivé sur les lieux faisait
remettre les casiers anglais et enlever les français.

La Société demanda alors en vain la protection du gouvernement français, et, sur le refus de celui-ci d'intervenir se vit forcée
d'abandonner la partie. La demande d'indemnité qu'elle adressa
au ministère de la marine ayant été rejetée la société se pourvut
devant le conseil d'Etat qui, dans la décision rendue le 10 février
1893, déclara que, la question soulevée se rattachant à l'exercice
du pouvoir souverain dans les matières de gouvernement et dans
les relations internationales, n'était pas de nature à être portée
devant le conseil d'état par voie contentieuse, et rejeta la requête.

Nous n'avons pas à discuter ici l'article du traité d'Utrecht qui
concède à la France le droit de pêche sur certaines parties du
littoral de Terre-Neuve et devons nous borner à regretter qu'une
entreprise française éminemment intéressante ait dû être abandonnée par suite du désaccord entre les deux pays intéressés sur
l'interprétation du traité de 1713.

Le mode de fabrication employé par la société différait quelque
peu de celui des fabriques canadiennes et américaines. Au lieu
d'être simplement ébouillantés, les homards étaient complètement
cuits dans leur carapace, puis, une fois débarrassés de celle-ci,
mis dans les boîtes avec un peu de saumure faite avec de l'eau
de source très pure. Les boîtes étaient ensuite fermées puis passées à l'ébullition sans repiquage d'aucune sorte.

Grâce à cette manière de faire, qui est en somme exactement
celle que nous avons décrite au début de ce travail, les produits
de cette société étaient d'une qualité supérieure à ceux des fabriques américaines. Cette supériorité n'avait pas tardé à être
reconnue par les consommateurs et l'affaire était en pleine marche
ascendante lorsqu'elle fut brusquement arrêtée.

AFRIQUE. COLONIE DU CAP

Nous sommes heureux de signaler à Capetown une autre entreprise française qui, plus heureuse que celle de Terre-Neuve, a pu surmonter les difficultés du début et donne maintenant des résultats satisfaisants.

Fondée il y a une dizaine d'années, cette maison s'occupe de la fabrication des conserves de langoustes, poisson très abondant dans ces parages.

Elle occupe de 1000 à 1200 personnes et fait faire la pêche par ses propres bateaux.

Comme les homards en Amérique, les langoustes sont simplement ébouillantées, mais, grâce à un petit appareil breveté, fixé sur chaque boîte, on évite le repiquage et tous ses inconvénients.

On ne met dans les boîtes que la chair de la queue des langoustes, tout le reste étant rejeté.

Toutes les boîtes de cette maison sont serties à la machine au lieu d'être fermées à la soudure.

Nous signalerons enfin, pour terminer, les conserves de saumon faites au Japon d'après les procédés américains et les conserves de poissons divers fabriquées en Russie. Dans ce dernier pays on fait surtout les conserves de sterlets, de caviar et de maquereaux.

Nous n'avons pas la prétention dans ce modeste travail d'avoir fait une description complète de l'industrie des conserves hermétiques de poisson, une pareille étude nous eût entraînés trop loin et exigerait de son auteur des connaissances plus étendues que celles que nous possédons. Nous avons cherché seulement à donner une idée de l'importance, et à fournir quelques indications sur les principales branches d'une industrie qui assure chaque année aux pêcheurs des débouchés plus considérables pour leur poisson.

M. LE PRÉSIDENT remercie M. Lemy de son très intéressant travail. Personne ne demandant la parole sur ce même sujet, il ouvre, ensuite, la discussion sur la question du transport du poisson frais et donne la parole, à cet effet, à M. THIROUARD, mandataire aux halles centrales de Paris.

M. THIROUARD désire seulement présenter quelques observations générales qui, pense-t-il, pourront présenter quelque intérêt pour les pêcheurs et les armateurs. D'abord il recommande l'usage des caisses à bord, pour les expéditions et non de paniers.

Le poisson en caisse n'a pas à subir l'écrasement qui se produit dans les paniers, lors du voyage et du transbordement, la glace lorsqu'il est nécessaire d'en joindre se maintient mieux, le poisson se trouve en conséquence livré à la consommation dans de meilleures conditions.

Il y aurait aussi à faire ressortir l'intérêt que les pêcheurs trouveraient à généraliser l'usage, déjà très répandu dans le nord et le sud-ouest, de vider, aussitôt pêchés, les turbots, barbues et soles. Par les températures chaudes et orageuses le turbot et la barbue se marquent très rapidement et la dépréciation en est aussitôt très sensible, la sole formant dans son emballage un bloc compact se décompose aussi plus facilement.

C'est principalement dans les départements de la Manche, Ille-et-Vilaine et Côtes-du-Nord, que l'on éprouve le plus de difficultés à faire comprendre aux pêcheurs l'intérêt qu'ils auraient à apporter cette amélioration ; des ports comme Grand-Camp, Port-en-Bessin, Granville, Cancale, Saint-Brieuc, n'étant pas déjà privilégiés par la facilité d'avoir de la glace, éprouvent par les mauvais temps des différences sensibles dans les résultats qu'ils pourraient obtenir s'ils arrivaient à modifier leurs anciens usages, le Congrès rendrait un grand service aux pêcheurs de ces contrées en les engageant à suivre l'exemple de leurs collègues du nord qui ont apprécié tout l'intérêt que l'on pouvait tirer en agissant ainsi.

La question des transports est aujourd'hui la plus sérieuse et celle qui cause les plus graves préjudices à nos pêcheurs, cette question a fait l'objet déjà de très chaudes discussions au sein de la section du congrès de Dieppe, et si beaucoup des vœux émis au sein de ce congrès ont abouti ; en ce qui concerne les transports, il n'en est pas de même, la compagnie des chemins de fer de l'ouest, entre autres, se montre réfractaire à toute amélioration, lorsqu'on voit l'augmentation toujours croissante des flottilles de pêches des ports du nord et en regard, le peu de développement qu'elles prennent dans les ports de la Manche, on trouve de suite une des raisons certainement très appréciables qui doit avoir une grande influence sur le peu d'enthousiasme que les armateurs paraissent éprouver à faire de nouveaux bateaux dans ces contrées si peu privilégiées.

M. Thirouard se plaint des retards dans les livraisons qui, en retardant de 24 heures la vente du poisson, causent un préjudice considérable.

Tout en reconnaissant qu'il a été fait auprès des pouvoirs publics toutes les démarches possibles pour changer cet état de choses, il émet le vœu que de nouvelles démarches soient tentées en vue de favoriser l'écoulement d'un produit si intéressant à tant de points de vue différents.

M. Muzet, député de Paris, désire présenter quelques observations sur le même sujet.

M. Muzet donne lecture d'une partie du discours qu'il a prononcé
à la Chambre des députés, le 3 juillet 1899, sur la question.

Il signale les entraves apportées au transport régulier du poisson et
à son écoulement sur le marché de Paris notamment, par suite des
retards que subit l'arrivée des trains dans la capitale.

Bien qu'on ait semblé prendre en considération les critiques qu'il
avait formulées, M. Muzet constate qu'il n'y a eu, pour ainsi dire,
aucune amélioration apportée dans la situation.

Il se propose de poser de nouveau la question devant le Parlement
français à l'occasion de la discussion du budget, mais il demande à la
section, en attendant, de renouveler les vœux précédemment émis.

M. le Président remercie M. Muzet de sa très intéressante communication et donne la parole à M. Altazin pour la lecture d'un mémoire
sur cette même question du transport du poisson.

SUR LE TRANSPORT DU POISSON

Par Emile ALTAZIN
Juge au tribunal de commerce,
Secrétaire du syndicat des armateurs de pêche de Boulogne-sur-Mer.

Depuis quelques années la pêche à vapeur a pris un développement considérable dans les pays étrangers, et il est à remarquer que, notamment en Allemagne, pays qui ne possède que
quelques ports s'occupant de la pêche, cette industrie s'est développée d'une façon très rapide.

En France, on est entré aussi dans cette voie, mais très timi-
dement : la progression de ces armements chez nous n'a nullement
été en rapport avec celle des autres pays. Cependant nos marins
égalent en valeur les marins étrangers ; nos armateurs ne manquant pas d'initiative, et les capitaux sont abondants.

A quelle cause faut-il donc attribuer notre état d'infériorité ?

Le commandant Shilling, dans son dernier rapport sur la pêche
dans la Manche et la mer du Nord, arrive aux conclusions suivantes :

« Que le développement de la pêche à vapeur ne peut se pro-

« duire que si de nouveaux débouchés sont trouvés pour les pro-
« duits de la pêche ;

« Qu'un des grands obstacles à la pénétration du poisson dans
« l'intérieur ou dans les pays étrangers, et probablement l'unique
« obstacle, provient des tarifs élevés que les compagnies de che-
« min de fer imposent pour le transport du poisson ;

« Que tant qu'un dégrèvement de ces tarifs ne sera pas con-
« senti par les compagnies françaises, il sera impossible de trans-
« porter le poisson en dehors d'une certaine zone, et la France
« se trouve là en présence d'une véritable infériorité par rapport
« aux pays voisins ;

« Que le matériel qui sert au transport du poisson ne se trouve
« pas répondre, en France, aux exigences d'un pareil service,
« tandis que le matériel des chemins de fer, à l'étranger, a fait de
« constants progrès dans ce sens : wagons réfrigérants, viviers
« transportables par voie ferrée ; qu'il y a en France à faire d'utiles
« réformes en prenant exemple sur les pays voisins. »

D'un autre côté, le congrès des pêches de Bayonne a exprimé
des vœux très pressants demandant une modification très sensible
dans les prix, délais, et moyens de transport concernant le poisson.

Enfin notre Syndicat des armateurs de pêche, appuyé par notre
Chambre de commerce, a également, depuis nombre d'années et
à plusieurs reprises réclamé des diverses modifications.

Il faut cependant reconnaître que la compagnie du Nord a
toujours étudié avec soin toutes nos demandes, et si elle n'a pas
donné complète satisfaction à tous nos desiderata, elle a cependant apporté de grandes modifications dans ses tarifs et dans
l'organisation de son service.

En effet le transport du poisson de Boulogne à Paris qui
coûtait :

en 1887   93 fr. 50 par tonne
était abaissé en 1888 à 79, 50   —
pour être réduit en 1890 à 52, 70   —
et compté actuellement à 42, 90   —

Les résultats obtenus ont dû convaincre, du reste, la Compagnie
du Nord du bien fondé de nos demandes, puisque l'abaissement
de tarif a produit un accroissement de trafic et une augmentation
de recette.

Les expéditions de poissons frais qui étaient :

en 1883 de 8.925.700 kgs
arrivaient en 1893 à 15.361.400 —
en 1898 à 19.592.000 —
et en 1899 à 21.901.000 —

En une seule journée, la gare de Boulogne a eu à expédier jusqu'à cent huit wagons pour le transport de la marée.

Les expéditions de marée de la gare de Boulogne à destination des divers réseaux depuis 1889 se divisent comme suit :

ANNÉES	NORD — Poids	EST — Poids	OUEST — Poids	P.-L.-M. — Poids	ORLÉANS — Poids	ÉTAT — Poids
	tonnes	tonnes	tonnes	tonnes	tonnes	
1889	9.821,5	1.248,3	254,9	75,9	55,4	»
1890	10.234,1	1.213,3	367,1	90,3	68,9	»
1891	10.570,4	1.327,7	349,2	119,6	72,4	»
1892	10.956	1.350,1	308	132,7	79,2	»
1893	12.730	1.666,8	679,5	114,4	91,8	»
1894	15.426,1	1.781,5	828,1	129,2	75,7	»
1895	14.017,6	1 599,8	853,6	130,9	68,9	»
1896	17.237	1.559	1.104	199	117	»
1897	15.292,7	1 602,3	998,7	185,2	165,9	»
1898	15.959,6	1.959,4	1.081,7	235,5	218,8	»
1899	17.778	2.175	1.382	281	285	»

Ce tableau indique très exactement que les 9/10 des expéditions de poisson de Boulogne sont destinées à la ligne du Nord et que conséquemment les autres compagnies ne transportent presque rien.

Si l'on établissait le même tableau pour les différents ports du littoral français, on arriverait à la même conclusion : à savoir qu'au delà d'un certain périmètre la consommation du poisson est nulle dans toute une région au centre, à l'est et au sud de la France.

On ne peut soutenir sérieusement que si ces pays ne consomment pas de poisson, c'est que cette denrée n'y est pas goûtée. Non ! Il est évident que c'est parce qu'il y a pour le consommateur impossibilité matérielle de recevoir le poisson dans des conditions avantageuses de prix et de fraîcheur.

Nul doute donc, puisque la compagnie du Nord a réussi en moins de 20 ans à doubler sur son réseau la consommation du poisson, que l'on arrive dans toute la France, en prenant des mesures sérieuses et pratiques, à décupler cette consommation et par là à donner à la pêche un développement considérable ; et, comme l'indiquent les conclusions du rapport du commandant Shilling, les vœux exprimés par le congrès de Bayonne et les désidérata formulés à plusieurs reprises par notre syndicat, ce résultat ne peut être obtenu que :

1° Par une réduction sensible dans les tarifs ;

2° Par une diminution notable dans les délais de transport ;

3° Par une modification du matériel des chemins de fer.

RÉDUCTION DANS LES TARIFS

Tarifs Français.

Tarif général. — Le transport du poisson est régi par le tarif général commun entre les réseaux de l'Est, de l'Etat, du Nord, d'Orléans, de l'Ouest, de Paris-Lyon-Méditerranée et les chemins de fer de grande et petite ceinture.

Ce tarif applique différents prix :

1° aux expéditions au-dessous de 40 kilog., auxquelles on applique le tarif général des messageries ;

2° aux expéditions au-dessus de 40 kilog. qui sont taxées :

Jusqu'à 100 kilom. 0 24

Pour chaque kilom. en excédent au delà de :

100 jusqu'à 300 kilom.		0,225	Par tonne et
300 — 500 —		0,21	par kilom.
500 — 600 —		0,195	plus 1,50 par
600 — 700 —		0,18	tonne pour
700 — 800 —		0,165	faux frais de
800 — 900 —		0,15	chargement
900 — 1000 —		0,135	et de déchar-
1000 — 1100 —		0,12	gement.
1100		0,105	

Ce qui donne comme prix de transport pour :

100 kilom.	24f,00	soit par tonne kilométrique	0f,24
300 —	69, 00	— —	0, 23
500 —	111, 00	— —	0, 222
600 —	130, 50	— —	0, 217
700 —	148, 50	— —	0, 211
800 —	165, 00	— —	0, 206
900 —	180, 00	— —	0, 20
1000 —	193, 50	— —	0, 19
1100 —	205, 50	— —	0, 18
1200 —	216, 00	— —	0, 18

Ces prix sont établis d'une gare quelconque à une gare quelconque, et les distances sont cumulées pour profiter de la décroissance du tarif, même avec changement de réseau ; de plus les prix sont établis par l'itinéraire le plus court. Il y a lieu de remarquer cependant que les compagnies appliquent étroitement cette dernière condition. Il arrive souvent que les expéditeurs, pour profiter de trains plus rapides et faire arriver leurs envois plus promptement, choisissent un itinéraire plus long que l'itinéraire légal ; les compagnies, se basant sur ce que les tarifs doivent être appliqués à la lettre, émettent alors la prétention que l'itinéraire le plus court n'étant pas choisi, les distances ne doivent pas être cumulées, et à chaque changement de réseau, au lieu de continuer à appliquer le tarif décroissant avec la distance, on applique à nouveau le taux de 0,24 centimes comme si le point de départ était le point de soudure. Il est tout à fait illogique qu'un tarif applicable pour l'itinéraire le plus court ne le soit plus, lorsque, pour la convenance de l'expéditeur, un itinéraire plus long est revendiqué.

Tarifs spéciaux. — La plupart des compagnies ont reconnu elles-mêmes que, pour le transport du poisson, le tarif général était trop élevé, puisqu'elles ont presque toutes établi des tarifs spéciaux. Mais la caractéristique de ces tarifs spéciaux c'est qu'ils ne sont valables au départ que de certaines stations dénommées, et à l'arrivée soit à toutes les gares du même réseau soit à certaines gares dénommées. De plus ces tarifs étant spéciaux à chaque compagnie, il se présente cette anomalie *qu'une marchandise qui paie sur la base de 0,10 par tonne kilométrique sur le réseau d'où elle sort, se voit appliquer une taxe de 0,24 quelques kilomètres plus loin.*

Les compagnies de l'Est et du Midi n'ont pas de tarifs spéciaux pour le poisson ; on est donc forcé d'y appliquer le tarif général. Il y a lieu de s'étonner que sur ces lignes le poisson ne profite pas du tarif spécial 14 qui s'applique aux denrées, et qui est sensiblement inférieur au tarif général : leur tarif spécial 14 profite aux fromages, légumes, lait et boissons. On se demande pourquoi le poisson en est exclu.

Le tableau comparatif ci-contre donnera une idée très exacte des tarifs appliqués actuellement sur les différentes lignes pour le transport du poisson.

OBSERVATIONS. — *Nord.* — Le T. S. G. V. n° 14 n'est applicable au départ que de certaines stations dénommées qui sont, en général, les gares des lieux de production ou certaines gares de transit comme Paris et Argenteuil, mais les autres points de soudure avec les différentes compagnies n'y sont pas compris ; de sorte que la marée venant soit de l'ouest par Clères, Rouen, Gisors, Gournay, etc., soit des autres lignes par les autres points de soudure ne peuvent profiter de ce tarif, et qu'il y a lieu alors d'appliquer le tarif général.

Ouest. — Le prix réduit compris dans le T. S. G. V. n° 14 n'est applicable que de toutes les gares du réseau à destination de Paris et Argenteuil, si bien que la marée venant des autres lignes ne peut profiter de ce tarif et doit être taxée au tarif général.

Orléans. — Le T. S. G. V. n° 14 n'est applicable que de certaines stations dénommées pour le départ à d'autres stations dénommées pour l'arrivée. La même observation qu'au paragraphe précédent est donc applicable à ce tarif.

P.-L.-M. — Le tarif S. G. V. n° 14 n'est applicable que par expédition de 1000 kilogrammes ou payant pour ce poids, mais par suite du tarif commun n° 114, il devient applicable par expédition de 50 kilogrammes pour celles venant de certains ports de la ligne du Nord.

Tarifs des chemins de fer étrangers

Angleterre. — Les différentes compagnies étant concurrentes, les prix ne s'établissent pas d'après une base kilométrique fixe, mais seulement d'après les besoins du trafic.

TRANSPORT DU POISSON FRAIS

PRIX PAR TONNE KILOMÉTRIQUE SUR LES DIFFÉRENTES LIGNES FRANÇAISES

PRIX par tonne kilométrique pour une distance de	TARIF GÉNÉRAL COMMUN	MIDI — Pas de tarif spécial Application du T.G.C.	EST — Pas de tarif spécial Application du T.G.C.	ORLÉANS — De toutes les stations à toutes les stations T.G.C.	ORLÉANS — De Bordeaux, Lorient et Saint-Nazaire à certaines stations dénommées T.S.G.V. n° 14	ÉTAT — T.S.G.V. n° 14	OUEST — De .... à toutes les stations du réseau T.S.G.V. n° 14	OUEST — De toutes les gares du réseau à Paris ou Argenteuil T.S.G.V. n° 14 (Jusqu'à 175 kil., 33 fr. les 1000 kilogr.)	NORD — D'Argenteuil Paris, etc. à toutes les gares du réseau T.S.G.V. n° 14	P.-L.-M. — De .... à toutes les gares du réseau T.S.G.V. n° 14
50 kil.	0,24	0,24	0,24	0,24	»	0,24	0,24		0,24	0,18
75	0,24	0,24	0,24	0,24	»	0,232	0,24		0,233	0,18
100	0,24	0,24	0,24	0,24	»	0,227	0,24		0,225	0,18
125	0,237	0,237	0,237	0,237	»	0,222	0,237		0,216	0,178
150	0,235	0,235	0,235	0,235	»	0,218	0,235		0,207	0,176
175	0,233	0,233	0,233	0,233	»	0,212	0,233	0,188	0,19	0,175
200	0,232	0,232	0,232	0,232	0,20	0,208	0,232	0,181	0,18	0,175
250	0,231	0,231	0,231	0,231	"	0,202	0,231	0,174	0,164	0,174
300	0,23	0,23	0,23	0,23	0,20	0,197	0,23	0,164	0,153	0,173
400	0,225	0,225	0,225	0,225	0,18 à 0,20	0,191	0,225	0,155	»	0,170
500	0,222	0,222	0,222	0,222	»	0,187	0,222	0,15	»	0,168
600	0,217	0,217	0,217	0,217	»	0,184	0,217	0,147	»	0,165
700	0,212	0,212	0,212	0,212	»	»	0,212	0,144	»	0,164
800	0,206	0,206	0,206	0,206	»	»	»	0,142	»	0,157
900	0,20	0,20	0,20	0,20	»	»	»	»	»	0,153
1000	0,193	0,193	0,193	0,193	»	»	»	»	»	0,149
1100	0,186	0,186	0,186	0,186	»	»	»	»	»	0,144

Le tableau ci-contre donnera un aperçu des prix de transport pratiqués en Angleterre :

LONDON AND NORTH WESTERN RAILWAY

PRIX DU TRANSPORT POUR LE POISSON FRAIS

ENTRE LONDRES et les stations suivantes	DISTANCE EN MILLES	DISTANCE EN KILO-MÈTRES	PRIX AVEC RESPONSABILITÉ DE LA COMPAGNIE						PRIX SANS RESPONSABILITÉ DE LA COMPAGNIE					
			PREMIÈRE CATÉGORIE (2)			DEUXIÈME CATÉGORIE (3)			PREMIÈRE CATÉGORIE (2)			DEUXIÈME CATÉGORIE (3)		
			Par cwt (s d)	Par 1000 kgr.	Par tonne kilomètr.	Par cwt (s d)	Par 1000 kgr.	Par tonne kilomètr.	Par cwt (s d)	Par 1000 kgr.	Par tonne kilomètr.	Par cwt (s d)	Par 1000 kgr.	Par tonne kilomètr.
Aberdeen .	516	830,244	9 4	114,56	0,138	7 7	93,01	0,111	5 10	74,35	0,0852	3 9	45,76	0,0505
Dundée .	451	725,659	8 9	92,32	0,1273	6 10	83,66	0,104	5 10	74,35	0,0908	3 9	45,76	0,0608
Wesport .	497	799,673	10 1	120,17	0,150	7 9	93 »	0,140	5 6	67,42	0,0843	3 9	45,76	0,0570
Sligo .	474	757,839	9 10	120 »	0,1575	7 6	93,01	0,122	5 6	67,42	0,0887	3 9	45,76	0,0580
Hull Group (1).	168	270,342	3 10	46,75	0,474	2 8½	33,09	0,122	2 4	28,64	0,0850	1 6	18,20	0,0664
Manchester .	186	307,374	4 »	49,21	0,160	3 »	36,91	0,120	» »	»	»	» »	»	»
Birmingham.	113	184,847	3 5½	37,07	0,204	3 3½	28,25	0,455	2 8	32,49	0,1108	» »	»	»
Leicester .	97	156,073	3 4	40,83	0,262	2 11½	23,41	8,160	2 8	32,49	0,208	» »	»	»

(1) Le Hull Group comprend Clectorpes, Grimsby, Docks, Hull, New-Blé New-Holland.

(2) Les poissons de première catégorie comprennent : saumon, homard, mulets, huitres, crevettes, soles, truites, whitebait.

(3) Les poissons de deuxième catégorie comprennent tous les autres poissons non dénommés à la première catégorie.

Allemagne. — Le poisson frais paie le taux de la petite vitesse 1re classe, mais voyage toujours par train express ou au moins par grande vitesse. Pour les wagons complets de 5 et 10.000 kgs la taxe subit encore une réduction très sensible.

Hollande. — Les tarifs sont encore plus réduits qu'en Allemagne, et ils subissent aussi une réduction pour les envois par wagons complets.

Dans le tableau comparatif suivant nous avons groupé les taxes appliquées au transport du poisson en Allemagne, en Hollande et en Angleterre.

PRIX DE TRANSPORT PAR TONNE KILOMÉTRIQUE

Pour une distance de	Chemins de fer allemands	Chemins de fer néerlandais	CHEMINS DE FER ANGLAIS sans responsabilité	
			1re catégorie	2ª catégorie
kilomètres				
50	0,1724	0,224	»	»
75	0,161	0,187	»	»
100	0,155	0,174	0,20	»
125	0,15	0,166	0,11	»
150	0,145	0,158	0,1050	0,0664
175	0,142	0,147	»	»
200	0,14	0,139	»	»
250	0,135	0,129	»	»
300	0,131	0,112	»	»
400	0,123	0,095	0,0908	0,0608
500	0,116	0,085	0,0843	0,0570
600	0,109	»	0,084	0,050
700	0,104	»	»	»
800	0,10	»	»	»
900	0,097	»	»	»
1000	0,095	»	»	»
1100	0,093	»	»	»

De la comparaison de ces divers éléments, il ressort qu'en France les tarifs les plus avantageux sont ceux établis par les réseaux du Nord et du P.-L.-M. Mais qu'aussi ces tarifs sont sensiblement plus élevés que ceux pratiqués sur les réseaux anglais, néerlandais et allemands. Aussi à la faveur de ces tarifs réduits la consommation du poisson a-t-elle pris une extension considérable à l'étranger.

En Allemagne notamment, le port de Geestemunde expédiait :

en 1887. . . . . . 2,381,710 kgs de poisson,
en 1896. . . . . . 15,368,465 —
Soit en 5 ans une augmen-
tation de . . . . . . 13 millions de kilogrammes.

Ce développement dans la consommation du poisson à l'étranger a produit comme résultat l'augmentation du nombre des
bateaux de pêche à vapeur, si bien que l'Allemagne qui en 1886
ne possédait qu'*un seul* pêcheur à vapeur,

en armait en 1890 . . . 18
— en 1893 . . . 59
— en 1896 . . . 88
— en 1898 . . . 117

dont deux seulement jaugeant moins de 200 tonnes.

L'Angleterre armait, en 1899, 1095 bateaux de pêche à vapeur
de première classe.

Ces résultats indiquent clairement que pour aider au développement de la pêche à vapeur chez nous, il faut faciliter l'écoulement de ses produits, comme cela a été fait à l'étranger, et pour
y parvenir il est urgent de réduire sensiblement les tarifs des
chemins de fer français.

Pour établir les bases de cette réduction, il ne suffit que de
comparer les tarifs français à ceux de l'étranger. Au surplus il
n'y a aucune raison pour que nous soyons traités moins favorablement qu'en Allemagne. Le tarif allemand semble tout indiqué
pour servir de base à l'établissement du nouveau tarif.

De plus, il est de la plus grande importance qu'au lieu d'avoir
cette multitude de tarifs spéciaux qui diffèrent avec chaque compagnie, formant une barrière infranchissable aux expéditions de
poissons venant des autres réseaux, et qui empêchent la consommation de cette denrée dans un bon tiers de la France, on crée
un tarif spécial commun unique applicable sur tous les réseaux
et sans limitation de poids. Il serait, en outre, bien spécifié que
dans l'application de ce tarif, les distances seraient cumulées et
que les prix kilométriques décroîtraient avec la distance, sans
tenir compte du changement de réseau. Enfin il serait laissé à

l'expéditeur la faculté de demander un itinéraire autre que l'itinéraire légal, ce dernier devant être appliqué d'office à défaut d'instructions de l'expéditeur.

DÉLAIS DE TRANSPORT

D'après la jurisprudence établie par la Cour de Cassation, les délais accordés aux compagnies par les arrêtés ministériels des 12 juin 1866 et 7 août 1895, doivent être comptés sur l'ensemble du transport, et ne peuvent pas être divisés et appliqués séparément sur chaque opération distincte, comme le laisserait supposer le texte de ces arrêtés. On ne tient donc pas compte, si prenant séparément les délais ils ont été utilisés ou non pour les opérations auxquelles ils se rapportent, mais au contraire on cumule ces délais qui sont valables rien que dans leur ensemble.

Cette jurisprudence aussi invraisemblable que néfaste produit ce résultat extraordinaire : qu'une compagnie de chemin de fer acceptant une marchandise et la faisant partir au plus tôt sans profiter du délai de 3 heures pour l'expédition, ni de ceux qui lui sont accordés pour les correspondances, peut revendiquer par la suite les délais réglementaires, c'est-à-dire opérer comme si elle avait expédié la marchandise par le train suivant le délai de 4 heures accordé pour l'expédition, et employé en leur entier les délais de transmission et de mise à disposition.

Il nous semble que ce n'est pas là l'esprit de l'arrêté ministériel, car si l'on a accordé aux compagnies 3 heures pour le chargement, 3 ou 6 heures suivant le cas pour le changement de réseau et deux heures pour la livraison, c'est qu'on a jugé ces délais nécessaires à chacune de ces opérations spéciales.

Conséquemment, lorsque les compagnies n'en profitent. pas, elles affirment par là que des délais plus courts sont suffisants et ne doivent plus être autorisées à revendiquer le bénéfice des délais réglementaires en cas de retard dans l'arrivée de la marchandise.

Par la façon dont les délais de transport sont calculés actuellement il peut arriver contrairement à l'art. 4 de l'arrêté ministériel du 12 juin 1866 disant : « Les expéditions seront mises à « la disposition des destinataires à la gare deux heures après « l'arrivée du train » que ces expéditions restent en souffrance à la gare d'arrivée pendant 24 heures sans que la compagnie n'encoure aucune responsabilité.

Cet abus est tellement flagrant qu'il a même été reconnu par M. Metzger, directeur des chemins de fer de l'État. En effet, dans une réponse au Président du syndicat des expéditeurs et approvisionneurs des halles de France, à la suite d'une demande adressée par ce syndicat, pour que les compagnies ne bénéficient plus du délai de 3 heures pour la remise des colis lorsqu'elles les auraient acceptés et mis en route, M. Metzger s'exprime ainsi :

« En ce qui concerne ce dernier chef de votre demande, il ne « nous est pas permis, vous le savez, de renoncer aux délais qui « nous sont impartis par les arrêtés ministériels en vigueur mais « je suis tout disposé, au nom du réseau de l'État, à me joindre « aux compagnies pour proposer à M. le ministre des Travaux « Publics de modifier, dans le sens que vous indiquez, l'art. 53 « des conditions d'application des tarifs généraux de grande « vitesse communs aux sept grands réseaux. »

Il est vrai de dire qu'heureusement les compagnies n'usent pas toujours des délais qui leur sont accordés, mais comme elles n'oublient pas de les invoquer toutes les fois qu'il y a encombrement ou retard, c'est comme si elles en usaient d'une manière régulière.

Aussi ne se sont-elles pas privé de faire juger par le tribunal de commerce de Dieppe le 21 janvier 1898 et conformément à la jurisprudence de la Cour de Cassation, qu'elles avaient un délai de 63 heures pour transporter de la marée de la Rochelle à Dieppe sur un parcours de 575 kilomètres, soit 9 *kilomètres à l'heure.*

Elles pourraient de même faire juger que pour transporter de la marée :

De Boulogne à Alençon, 392 kilomètres, elles peuvent employer 44 heures 45' soit 8 kilomètres 750 à l'heure ;

De Boulogne à Cholet 595 kilomètres, 67 heures 32', soit 8 kil. 810 à l'heure ;

De Boulogne à Domfront (Orne), 445 kilomètres, 49 heures, soit 9 kilomètres à l'heure.

Ces vitesses, qui ne sont même pas celles d'un cheval, s'appellent « de la grande vitesse » pour les compagnies de chemin de fer.

Ces abus ont frappé tout le monde et le syndicat des expéditeurs et approvisionneurs de France a protesté avec raison en disant que :

« Par leur étendue disproportionnée et la façon dont ils sont

« appliqués, ces délais ont deux sortes de conséquences égale-
« ment funestes. Ils sont la cause des retards dont les expédi-
« teurs de denrées ont tant à souffrir, et ils suppriment toute
« responsabilité et toute garantie de la part des compagnies.

« Ils sont la cause des retards, car s'ils étaient ramenés à de
« justes limites, le premier soin des compagnies serait d'organiser
« et d'activer leur service en conséquence de leurs obligations
« nouvelles. Il n'est pas rare aujourd'hui de voir des denrées
« abandonnées des journées entières dans les gares de départ
« par suite de la négligence souvent calculée d'agents qui savent
« qu'ils n'ont pas à se gêner parce que les marchandises arrive-
« ront *toujours dans les délais.*

« A l'arrivée les marchandises souffrent des mêmes négligences
« aggravées des mêmes agissements. »

« Si ces délais étaient réduits, ce qui aujourd'hui est un retard
« *seulement pour l'expéditeur*, le deviendrait pour les compagnies.
« Responsables du préjudice causé celles-ci surveilleraient leurs
« agents de plus près, réprimeraient les négligences, briseraient
« les mauvaises volontés, augmenteraient leur personnel, en un
« mot réformeraient une organisation actuellement si déplorable.
« L'expéditeur n'aura plus alors à compter avec les risques qui
« absorbent le plus clair de ses bénéfices, et pourra se livrer à
« son commerce avec une sécurité qu'il n'a jamais connue. »

Ces diverses protestations indiquent bien que tout le monde est
d'accord pour modifier sensiblement les délais de transport et
que la première réforme à opérer serait de décider que les délais
indiqués dans les arrêtés ministériels pour : 1° la remise des colis ; 2° le transport ; 3° les changements de ligne et réseau ; 4° la
livraison à l'arrivée, ne seront plus cumulés à l'avenir dans le
décompte du délai de transport, et ne seront applicables strictement que pour chaque opération pour laquelle ils sont désignés,
les compagnies ne pouvant les invoquer si elles n'en ont pas profité.

Il faut aussi se rendre compte que depuis l'arrêté de juin 1866,
il s'est produit de grands progrès dans les relations commerciales,
dans la fréquence et la rapidité des trains.

Certaines compagnies comme le Nord ont suivi ces progrès,
mais il y aurait lieu de rendre la mesure générale par un nouvel
arrêté ministériel établi sur de nouvelles bases et réglementant,

suivant les progrès modernes, les conditions de transport, pour la rapidité des trains, les délais de remise, de transbordement et de livraison.

Itinéraire. — Le tarif général stipule que, « les prix sont établis par l'itinéraire le plus court et calculés par cet itinéraire. »

La Cour de cassation, par un jugement du 14 décembre 1898, en se basant sur ce texte a déclaré que, 22 paniers de marée remis au Tréport le 6 octobre 1895, à 4 heures du soir, à destination de Paris, devaient attendre le départ de 3 h. 20, le lendemain matin vià Abaucourt et Beauvais, quoiqu'un autre train à destination de Paris partît le même jour du Tréport à 9 heures du soir vià Abbeville et Amiens, parce que cette dernière voie, quoique plus rapide, était plus longue et plus coûteuse.

Il arrive donc qu'avec cette théorie, la marée qui pourrait arriver sur les marchés dans de bonnes conditions de rapidité et de fraîcheur, en suivant la voie la plus rapide, n'arrive plus à destination que dans des conditions tout à fait défavorables et pour l'expéditeur et pour le réceptionnaire.

De Paris à Lyon, par exemple, la voie la plus rapide est celle que suivent les voyageurs en passant par Dijon, mais la plus courte étant par Auxerre et Cravant, les compagnies en cas de retard sont en droit de calculer leurs délais comme si la marchandise était passée par cette dernière voie, ce qui leur donne un délai considérable.

Le bon sens indique que cette façon d'appliquer le cahier des charges est contraire à l'équité et qu'il y a lieu de rendre aux expéditeurs tous leurs droits, par un texte bien précis, en décidant qu'à l'avenir les délais de transport seront calculés par la voie la plus rapide à moins d'une demande contraire des expéditeurs.

Trains chargeant le poisson. — Ces trains, d'après l'arrêté ministériel du 12 juin 1866, doivent être des trains de voyageurs comportant des voitures de toutes classes et correspondant avec la destination de la marchandise.

Il résulte de ce texte que la marée est complètement exclue des trains directs et rapides. Cette mesure cause le plus grand préjudice à l'industrie de la pêche, parce qu'elle ferme complètement un bon tiers de la France à la consommation de la marée, qui ne peut y arriver dans des conditions acceptables.

On comprend que pour des envois à des distances réduites où ils peuvent arriver à temps en se servant des trains ordinaires, les compagnies s'opposent à l'utilisation de leurs express, mais pour des envois ayant à parcourir 2 à 300 kilomètres, il serait désirable que ces trains soient obligés de prendre la marée.

Remise en gare. — Aux termes de l'arrêté ministériel du 12 juin 1866, le poisson expédié en grande vitesse doit être présenté à l'enregistrement 3 heures au moins avant le départ du train qui pourra l'emporter.

Depuis 1866, il y a eu grand progrès dans le matériel, la manutention et les moyens de transport, et une extension considérable s'est produite dans le trafic. Cet arrêté est donc suranné et personne n'osera soutenir aujourd'hui que trois heures sont nécessaires pour remplir les formalités, faire des écritures et les manutentions que nécessite une expédition de grande vitesse. Du reste une circulaire ministérielle du 24 septembre 1892 invitait les compagnies à réduire ce délai de 2 heures pour les denrées, mais les compagnies s'y sont obstinément refusées.

En outre les compagnies reconnaissent si bien que ces délais ne sont pas nécessaires qu'à Boulogne, le Nord accepte :

à 11 h. 1/4 de la marée qui doit partir par le train de 11 h. 55
à 1 h.   —   —   de 2   35
à 4 h.   —   —   de 4   40
à 6 h.   —   —   de 6   36

Cependant en acceptant la marée à une heure aussi tardive, la compagnie du Nord ne se prive pas de se réclamer des délais de 3 heures, si elle a des difficultés pour la livraison.

Le délai d'une heure serait amplement suffisant pour permettre aux compagnies de faire le chargement dans des conditions normales ; c'est pourquoi l'arrêté ministériel pourrait être modifié en décidant que :

1° Le dépôt de la marée devra être effectué une heure au plus tard avant le départ du train transporteur.

2° Les compagnies perdront le bénéfice de leurs délais en cas de retard, lorsqu'elles auront accepté et fait partir par un train donné, la marée qui leur aura été remise même moins d'une heure avant ce départ.

Délais de transmission. — Le délai de transmission d'un réseau sur un autre est de 3 heures quand la gare est commune aux deux réseaux, et de 6 heures dans les villes où les réseaux aboutissent à deux gares distinctes.

Comme pour les autres manutentions il est reconnu aujourd'hui que ces délais sont exagérés et peuvent être réduits à une heure pour la gare commune à deux réseaux et 3 heures pour les réseaux aboutissant à deux gares distinctes.

Livraison de la marchandise. — D'après les arrêtés ministériels des 12 juin 1866 et 3 novembre 1879, la marée n'est mise à la disposition du destinataire à la gare que deux heures après l'arrivée du train, et seulement pendant les heures d'ouverture de gare, sauf pour quelques stations.

Il est évident qu'il ne faut pas deux heures après l'arrivée d'un train pour livrer une marchandise : cette livraison ne demandant presque aucune manutention pourrait avoir lieu sans aucun inconvénient aussitôt l'arrivée du train. En outre, la marée étant une marchandise essentiellement périssable, ayant besoin de soins constants pour sa conservation, il serait utile de permettre aux réceptionnaires de prendre livraison de leur marchandise même pendant les heures de fermeture de la gare. L'arrêté ministériel devrait donc être modifié dans ce sens en obligeant les compagnies à livrer les marchandises aux destinataires ou à leurs représentants dans le délai d'une heure au maximum après l'arrivée des trains, même pendant les heures de fermeture de la gare.

Considérant que la pêche à vapeur n'a pas pris en France le développement que l'on était en droit d'attendre de ses ressources et de sa population maritime ;

Considérant que ce développement ne peut se produire que si de nouveaux débouchés sont trouvés pour les produits de la pêche ;

Que l'un des grands obstacles à la pénétration du poisson dans l'intérieur ou dans les pays étrangers provient des tarifs élevés que les compagnies de chemin de fer imposent pour le transport du poisson, et des délais considérables qu'elles demandent pour ce transport ; que de ce chef les états étrangers sont beaucoup plus favorisés que nous ;

Considérant que tant qu'un dégrèvement de ces tarifs ne sera pas consenti par les compagnies françaises, et que des modifications sérieuses ne seront pas introduites dans les arrêtés minis-

‌

tériels fixant les délais de transport, il sera impossible de transporter le poisson en dehors d'une certaine zone ;

Considérant que le matériel qui sert au transport du poisson ne se trouve pas répondre aux exigences d'un pareil service, tandis que le matériel des chemins de fer étrangers a fait de constants progrès dans ce sens,

Le congrès émet le vœu :

1° *Que tous les tarifs spéciaux et communs des diverses compagnies françaises concernant le transport de la marée soient transformés en un tarif spécial commun à toutes les compagnies, applicable à toutes les gares des réseaux, établi d'après les prix du tarif allemand ou au moins d'après le barême de la compagnie du Nord, sans limitation de poids, avec un prix kilométrique décroissant avec la distance, sans tenir compte du changement de réseau ;*

2° *Que les délais de transport indiqués dans les arrêtés ministériels pour : 1° la remise des colis ; 2° le transport ; 3° les changements de ligne et de réseau ; 4° la livraison à l'arrivée, ne soient plus cumulés dans le décompte du délai de transport, et ne soient applicables strictement que pour chaque opération pour laquelle ils sont désignés, les compagnies ne pouvant les invoquer si elles n'en ont pas profité ;*

3° *Que les délais de transport seront calculés par la voie la plus rapide à moins d'une demande contraire de la part des expéditeurs ;*

4° *Que tous les trains directs et express soient dans l'obligation de prendre la marée pour les envois destinés à parcourir plus de 200 kilomètres ;*

5° *Que le dépôt de la marée devra être effectué une heure au plus tard avant le départ du train transporteur et que les compagnies perdront le bénéfice de leurs délais en cas de retard, lorsqu'elles auront accepté et fait partir par un train donné la marée qui leur aura été remise, même moins d'une heure avant ce départ;*

6° *Que le délai de transmission d'un réseau sur un autre soit de une heure pour la gare commune à deux réseaux et de trois heures pour les réseaux aboutissant à deux gares distinctes ;*

7° *Que le délai de livraison soit ramené à une heure au maximum après l'arrivée du train, même pendant les heures de fermeture de la gare;*

8° *Que le matériel des chemins de fer soit modifié pour permettre de transporter la marée à de grandes distances dans de bonnes conditions.*

M. LE PRÉSIDENT se voit obligé de rappeler à M. Altazin, comme aux orateurs précédents que leurs communications sont sans doute du plus haut intérêt, mais qu'il ne lui est pas possible, en tant que président de section d'un congrès éminemment international, de soumettre au vote les vœux qui n'auront pas revêtu ce caractère général.

M. ROUSSIN, commissaire général de la Marine, en retraite, entretient l'assemblée des conditions défectueuses dans lesquelles sont forcées de fonctionner les sociétés coopératives de marins pêcheurs, en ce qui concerne la vente du poisson.

Il serait indispensable de commissionner des agents spéciaux qui seraient chargés de surveiller l'arrivage du poisson aux Halles, afin de signaler d'une façon officielle les défectuosités du service de livraison des compagnies de chemin de fer.

Il y a aussi la question des tarifs à reviser d'une façon équitable pour les différents points du territoire.

Paris est privilégié, mais les autres grands centres de la province, qui fourniraient cependant un appoint considérable dans la consommation du poisson, sont complètement déshérités.

Aussi le poisson est-il plus cher au Mans qu'à Paris, malgré sa proximité relative de la mer.

Il y a certainement là une réforme à faire aboutir.

Le Dr PINEAU, de la Rochelle fait observer que :

Tous ceux qui se sont occupés même superficiellement des questions de pêche ont été frappés de la disproportion qui existe entre le prix payé au pêcheur et la somme demandée aux consommateurs, bien des mesures ont été proposées pour remédier à cet état de choses, mais peu d'entre elles ont été essayées, aucune n'a réussi.

Le commerce du poisson est en effet très spécial, il comporte des frais très élevés de manutention et d'envoi, il constitue même pour les marchands en gros un véritable commerce de détail comportant des aléas considérables car le poisson est une marchandise éminemment corruptible et dans les campagnes sa vente appartient presque exclusivement à des personnes ne présentant aucune surface et n'offrant aucune garantie. Le poisson est encore un aliment de luxe, de vente occasionnelle, n'ayant pas de débouchés normaux ni importants.

La création d'une coopérative de consommation est presque impossible, justement parce qu'il n'existe que des acheteurs de hasard, que dans nombre de ménages le poisson n'est à la table de famille qu'un appoint peu considérable.

La coopérative de production serait alors semble-t-il la seule organisation susceptible de donner des résultats, et de fait on est en droit de se demander pourquoi dans les ports importants il n'en existe pas.

C'est peut-être parce qu'elles ne sont pas viables. Celui qui voudrait en fonder se heurterait d'abord à la mauvaise volonté des marins qui, soumis par l'état à une rigoureuse discipline, en sont d'autant plus indépendants pour toutes les questions qui ne dépendent pas du commissaire. Les armateurs n'y mettraient pas plus de bonne volonté, mais en admettant que ces premières difficultés soient résolues, une fois la coopérative créée qu'adviendrait-il.

Si le gérant voulait faire le commerce normal, il se heurterait aux mêmes difficultés que les autres commerçants, crédits indispensables éparpillement des envois, mauvais payeurs ; les frais généraux seraient d'ailleurs plus élevés que ceux d'un marchand.

Si la coopérative cherchait un autre mode de fonctionnement, elle ne pourrait trouver d'autre procédé que l'envoi sur les criées importantes avec tous les aléas que comporte cette façon de faire et la crainte de l'abaissement des prix que produiraient des arrivages importants (1).

En l'état actuel j'estime que l'on ne peut songer à supprimer le marchand de poissons. Le relèvement des prix, s'il est possible, ne peut être atteint que par d'autres moyens, parmi lesquels je rangerai : 1° La création de magasins réfrigérants dans tous les ports de pêche avec cases louées aussi bien aux pêcheurs qu'aux marchands, et permettant d'attendre pour la vente un moment propice ; 2° la création de criées dans les villes un peu importantes ; 3° l'introduction du poisson dans l'alimentation de l'armée, ce qui est très facile pour les sardines et les conserves ; 4° la mise en circulation sur les réseaux de chemin de fer de wagons réfrigérés et de trains de marée.

Le comte Crivelli Serbelloni rappelle que le transport du poisson intéresse non seulement les Etats en particulier à l'intérieur de leurs frontières, mais tous les pays en général en raison de leurs échanges internationaux.

Il conviendrait donc, puisqu'il s'agit d'améliorer la condition des marins-pêcheurs, à quelque nationalité qu'ils appartiennent, de ne pas se borner à remanier les tarifs de chemins de fer, mais aussi ceux de douane.

(1) Voyez à ce sujet le mémoire présenté par M. Le Bozec dans la VIIe section du Congrès.

Après quelques considérations échangées sur les diverses questions examinées pendant l'ensemble de la séance, M. LE PRÉSIDENT met aux voix les vœux ci-après, lesquels sont adoptés à l'unanimité par la Section.

Le Congrès émet le vœu *que les différents Gouvernements favorisent les tentatives de congélation du poisson, en vue :*

1° *De l'amélioration du sort des marins-pêcheurs, par la sécurité de placement d'une marchandise éminemment corruptible ;*

2° *De la régularisation des prix de vente du poisson ;*

3° *De l'alimentation à bon marché de la population ouvrière.*

Le Congrès émet le vœu *que les différents Gouvernements encouragent la construction de bateaux à vapeur destinés à recueillir au large le produit de la pêche (chasseurs à vapeur) en vue d'une meilleure utilisation de ces produits.*

En vue de favoriser la pénétration des produits de la pêche dans les régions où, jusqu'à présent, ils n'ont pu être utilisés qu'en faible proportion, le Congrès émet le vœu *que les différentes compagnies de chemins de fer adoptent des tarifs uniformes et abrègent le plus possible les délais en vigueur pour le transport de ces produits.*

Le Congrès émet le vœu *que des subventions soient accordées par les différents Gouvernements pour permettre de rechercher quels sont les meilleurs modes :*

1° *De préparation des poissons sur les lieux de pêche ;*

2° *D'emballage des poissons frais, afin d'assurer leur transport dans les meilleures conditions.*

Personne ne demandant plus la parole et l'ensemble des ordres du jour étant épuisé, M. LE PRÉSIDENT déclare clos les travaux de la VIe section.

La séance est levée à midi.

7ᵉ SECTION

ÉCONOMIE SOCIALE

Séance du 14 septembre 1900.

Présidence de M. Émile CACHEUX, *Président.*

La séance est ouverte à 2 heures.

M. le Dᵗ Aumont donne lecture d'une très intéressante relation sur les *bateaux-hôpitaux.*

M. le Dᵗ Aumont expose tout d'abord l'intérêt que présente la question et signale les résultats remarquables produits par la Société des œuvres de mer qui arme chaque année des bateaux-hôpitaux. Dans les trois dernières saisons de pêche, ces bateaux ont hospitalisé 2803 malades, fourni 372 consultations et remis 13,347 lettres.

Pour rendre encore plus profitable la présence des bateaux-hôpitaux, il serait désirable que ceux-ci fussent des navires à vapeur, aptes ainsi à se porter rapidement d'un endroit à l'autre.

Il semble aussi qu'en dehors de la rapidité des moyens d'action fournis par la vapeur, on pourrait faire de ce bateau une véritable école, pépinière de secouristes, qui propageraient bien vite les notions si essentielles des soins de la première heure.

En effet, après la campagne de pêche, ce même hôpital flottant irait dans chacun de nos ports, enseigner aux marins la manière de venir en aide à ceux d'entre eux victimes d'accidents, en même temps que des conférences particulières les initieraient au maniement des premiers instruments de secours. Peu à peu on verrait, alors, dans chaque bateau, un ou plusieurs véritables infirmiers ; la boîte de secours obligatoire ne serait plus laissée de côté par l'ignorance, et on n'aurait plus ces exemples si nombreux d'accidents graves et même mortels, survenant à la suite de blessures souvent insignifiantes au début.

Après une discussion sur cette question à laquelle ont pris part MM. Cacheux, le docteur Baret, le colonel van Zuylen et de Béthencourt, le vœu suivant a été émis :

Il serait désirable d'armer des bateaux à vapeur qui donneraient les premiers soins aux malades et aux blessés sur les lieux de pêche et pourraient servir d'écoles ambulantes d'infirmiers maritimes pendant les mois qui suivent la campagne des grandes pêches.

M. LE SECRÉTAIRE, en l'absence de l'auteur, résume une note de M. MORTENOL, lieutenant de vaisseau, *sur les institutions coloniales de prévoyance pour les marins pêcheurs.*

Nos colonies nous fournissent un grand nombre de marins, qui à maintes reprises ont rendu à la métropole les plus grands services en pilotant les navires de guerre et en combattant pour le pays. Or tandis qu'en France, grâce aux encouragements de l'administration et au concours de personnes dévouées, les œuvres d'assistance et de prévoyance se sont multipliées, il n'est pas de même aux colonies où la bonne parole n'a encore que faiblement pénétré. Il en résulte que les colonies n'ont pas part aux libéralités annuelles de l'État en faveur des associations de marins, bien qu'elles comptent un nombre considérable d'inscrits maritimes.

La retenue de 4 0/0 prévue par l'article 12 de la loi du 30 juin 1893 sur les primes allouées à la marine marchande a produit en 1898 près de 300,000 francs qui ont été distribués aux institutions de prévoyance, aux sociétés de secours mutuels ou d'assistance, maisons de refuge, asiles, orphelinats, dispensaires, écoles d'enseignement professionnel, et sur lesquels les pêcheurs des colonies n'ont rien obtenu.

Les associations métropolitaines sont d'ailleurs des plus florissantes, lors même qu'elles constituent de simples sociétés de secours mutuels. Pour venir en aide aux statuts de la communauté des patrons pêcheurs on a adopté le régime de l'abonnement conventionnel, chaque patron pêcheur paie une taxe fixe suivant la nature de la pêche à laquelle il se livre; la taxe maxima est de 30 francs pour ceux qui exercent la pêche sans équipage.

Nous ne saurions trop engager nos compatriotes des colonies à porter leur attention sur ce sujet, et à réfléchir aux avantages de la voie qui leur est indiquée.

Déjà la colonie de la Martinique comme prime d'encouragement à la pêche côtière et pour alléger les charges des pêcheurs, consent à verser pour eux le montant de la retenue de 3 0/0 constituée au profit de les caisse des invalides.

A la Guadeloupe, sur la proposition d'un honorable conseiller général, il a été voté une certaine somme pour la constitution d'une caisse de prévoyance en faveur des marins.

Ces exemples de libéralité seront certainement imités par les Chambres de commerce et les municipalités.

La Section approuve le rapport de M. Mortenol et émet le vœu : *qu'il serait à souhaiter de propager les institutions de prévoyance dans les colonies françaises où la pêche tend à se développer.*

M. CACHEUX, donne ensuite lecture de la communication suivante :

INSTITUTIONS DE PRÉVOYANCE
CRÉÉES EN FAVEUR DES MARINS-PÊCHEURS
EN ITALIE, EN AUTRICHE ET EN ESPAGNE

Par M. E. CACHEUX

M. Jammy, agent consulaire de France à Castellamare, a bien voulu nous communiquer les renseignements suivants sur les institutions charitables créées en faveur des marins italiens. Aucune institution spéciale n'a été créée jusqu'à présent, dans la région de Naples, pour venir en aide aux marins, mais il existe dans le pays de nombreuses confréries, qui remontent au xvi° siècle et dont la plupart sont dues à Saint Philippe de Néri (1515-1595), qui ont pour objet le secours mutuel. Ces confréries sont laïques : le prieur et les adjoints sont élus au suffrage des confrères. Il est défendu au chapelain d'entrer dans la salle de réunion, d'assister aux discussions, d'y intervenir ; mais la confrérie est catholique, possède une chapelle et même un terrain au cimetière.

La confrérie assure à ses membres, en cas d'infirmités et de maladies, les soins gratuits du médecin, les médicaments sans frais, une indemnité journalière pour le temps que dure l'incapacité de travail et des obsèques gratuites. Le prieur et les assesseurs veillent aux bonnes mœurs des associés et leur donnent des avertissements après lesquels l'expulsion est prononcée s'il y a lieu. Quelques confréries adoptent les orphelins, leur font apprendre un métier ; donnent même des instruments de travail à ceux des associés qui sortent de prison, à condition qu'ils n'aient pas été condamnés pour vol ou pour mauvaises mœurs, faits qui entraînent l'expulsion et la perte de tous les droits éventuels. Chaque associé paye une somme minime, soit par semaine, soit par mois.

Ces confréries ont non seulement résisté à toutes les vicissitudes mais il s'en créc de nouvelles chaque jour, elles fonctionnent sans aucune aide de l'administration. Les pêcheurs et marins sont généralement affiliés à une confrérie dont le siège est dans un quartier de la ville voisine de la mer et dont les associés sont presque tous matelots. Les sociétés de secours mutuels, qu'on a cherché à fonder n'ont pas réussi tant que les confréries ont subsisté.

29

La raison peut en être attribuée à ce que l'on n'y admet que des honnêtes gens d'un même quartier. Le comité élit lui-même son bureau. L'association possède elle-même des embarcations confiées aux patrons moyennant une redevance journalière et divers appareils dont l'emploi est rémunéré suivant un tarif. Les sommes payées de ce chef représentent le prix de services rendus. En outre de ces recettes, la caisse du syndicat est alimentée par les droits d'entrée, les amendes, etc. Les dépenses du syndicat ont un caractère purement philanthropique ; ce sont des secours et des subventions allouées aux membres participants, en cas d'accidents, tels que naufrages, échouements, avaries, etc. Il est absolument interdit au syndicat de répartir des bénéfices entre les associés ; en cas d'excédent, on doit se borner à baisser le prix des locations d'embarcations et d'emploi de machines et d'appareils et dans le cas où il existerait un reliquat, on serait tenu de le déposer dans un établissement de crédit.

Ces sortes d'associations ont une existence légale au point de vue de la législation italienne, conformément à la loi de 1889, sur les associations, les statuts sont déposés au « Gobierne-civil » et le syndicat possède la personnalité civile.

Autriche. — D'après M. Valle, délégué du gouvernenent, il n'existe pas actuellement de caisses spéciales de prévoyance en faveur des marins-pêcheurs. La société autrichienne de pêche et de pisciculture marine de Trieste, dans la séance générale du 8 mai 1898, sur la proposition de M. le comte Mathieu Campitelli, a voté la création d'une fondation dont les intérêts serviront à aider les veuves et les orphelins des marins-pêcheurs pauvres, morts pendant l'exercice de leur métier. Dans la séance du 2 août 1900 de la Diète Istrienne, M. le député Depangher a fait une proposition dans laquelle on invite le gouvernement, en raison de l'état déplorable de la situation des marins-pêcheurs, à présenter un projet de loi pour créer une institution en leur faveur et que l'on en exlut les mauvais sujets.

Lors de son dernier voyage à Naples, le roi Humbert a invité le ministre des Travaux Publics, M. Lacava, à préparer le plus tôt possible un projet concernant cette question. La mort du roi, qui périt si lâchement assassiné, arrêta la mise à exécution du projet d'un abri pour marins avoisinant ce port. M. le comte Serbelloni, délégué du royaume d'Italie au congrès de pêche, voulut bien nous transmettre une dépêche du ministre de l'agriculture, de l'industrie et du commerce, nous annonçant que la construction de l'abri était à l'étude et qu'un projet de loi concernant l'assurance des marins était en préparation.

En Espagne. — Chaque port de pêche a sa société d'assurances et de secours mutuels, sous le nom de cofradia. Une excellente étude de ces sociétés a été faite par M. l'abbé Silhouette au congrès de Biarritz. Nous en dirons simplement qu'elle assure à ses membres les secours médicaux et pharmaceutiques en cas de maladie, non seulement du pêcheur, mais encore des membres de sa famille, elle fait une rente de 0,50 par jour à un pêcheur qui atteint l'âge de 60 ans, elle paie une indemnité à la famille en cas de la mort de son chef ; elle fait des avances de fonds à ses sociétaires, et elle assure leur matériel de pêche, de façon à ce qu'ils n'éprouvent aucune perte en cas de sinistre.

A Barcelone et à Badalona, les pêcheurs forment respectivement des syndicats professionnels qui ont des points de ressemblance avec les sociétés de secours mutuels. Ces associations ont pour but de venir au secours des associés en cas de naufrage ou d'échouement d'embarcation et de veiller en général aux intérêts commerciaux des pêcheurs.

Pour être membre du syndicat, il est indispensable d'exercer la profession de patron-pêcheur. La demande du candidat est soumise à l'appréciation du syndicat et il faut bénéficier d'un vote favorable pour être admis dans la corporation. L'administration est confiée à un comité directeur nommé par l'assemblée générale qui se réunit annuellement.

M. CARDOZO DE BÉTHENCOURT signale le fonctionnement de diverses autres sociétés de secours mutuels et notamment d'une société dite *Cofradia*, qui secourt les marins-pêcheurs en cas de sinistres.

Outre ces diverses institutions, les sociétés dites *Cofradia* garantissent leurs adhérents contre les accidents professionnels et leur remboursent la totalité des dommages en cas de perte du matériel de pêche.

Au sujet de cette dernière note, la Section considère que le principe adopté par les Compagnies d'assurances, de ne garantir qu'une partie du risque, doit être étendu aux sociétés diverses d'assurances mutuelles du matériel de pêche fonctionnant tant en France qu'à l'étranger.

La séance est levée à 4 heures.

Séance du 15 septembre 1900.

PRÉSIDENCE DE M. ÉMILE CACHEUX

La séance est ouverte à 9 heures.

M. le commissaire général NEVEU fait une communication sur *la protection internationale des pêcheurs côtiers en temps de guerre.*

NOTE SUR LA PROTECTION DES PÊCHEURS COTIERS EN TEMPS DE GUERRE,

PAR M. LE COMMISSAIRE GÉNÉRAL NEVEU.

Si le jour n'est pas encore arrivé où toutes les nations, touchées du souffle divin de la paix, s'entendront pour éviter la guerre, il n'en est pas moins vrai que ce procédé barbare du recours à la force brutale pour faire prévaloir son droit ou son intérêt perd du terrain et s'humanise en quelque sorte. On ne tue plus l'adversaire abattu, on ne réduit plus en esclavage le prisonnier vaincu, on soigne l'ennemi blessé, on respecte, au moins dans une limite assez étendue, la propriété privée sur terre, et même sur mer quand elle est à l'abri d'un pavillon neutre.

Il semble qu'il ne soit pas difficile de faire un pas de plus dans la voie de l'atténuation des maux de la guerre, en couvrant d'une protection internationale les petits pêcheurs du littoral, ceux qui arrachent chaque jour à la mer leurs moyens d'existence sans prendre part aux opérations des belligérants.

L'idée n'est pas neuve, et les trèves pêcheresses ou trèves de pêche, dont on trouve des exemples dans le xive siècle, sont une preuve que les nations en guerre considéraient comme un mal absolument inutile et sans aucune influence sur le succès de la lutte, le trouble qui pouvait être apporté à la pêche par la capture des bateaux qui s'y livraient et des marins qui les montaient.

Il serait digne de la civilisation, à l'aurore du xxe siècle, de traduire cette idée en une convention internationale, faisant un droit respecté de tous de ce qui n'a été jusqu'ici qu'une faveur révocable à la volonté des belligérants.

La population maritime qui se livre à la pêche sur le littoral est pauvre et chargée d'enfants, c'est un devoir d'humanité de ne pas la priver de son maigre gagne-pain, à la condition essentielle, bien entendu, qu'elle ne fera aucun acte de belligérant.

Je soumets en conséquence à l'examen du Congrès international le vœu *qu'une entente entre les nations amène, par la voie diplomatique, la conclusion d'un acte garantissant, en temps de guerre, les petits pêcheurs du littoral contre toute capture de leurs personnes et de leurs engins et bateaux, leur donnant l'assurance qu'ils ne seront pas troublés dans l'exercice de leur profession à proximité des côtes, dans un rayon à déterminer.*

Après discussion, la Section adopte le vœu que *les marins pêcheurs et l'industrie de la pêche fonctionnant dans les zones diverses de pêche soient protégés et soient placés en état de neutralité en temps de guerre.*

M. Spotswood Green, inspecteur des pêches en Irlande, présente un rapport sur le *développement de l'industrie des pêches en Irlande et l'instruction des marins-pêcheurs.*

DÉVELOPPEMENT DES PÊCHES MARITIMES EN IRLANDE

Par WILLIAM SPOTSWOOD GREEN M. A. F. R. G. S.

Inspecteur des pêcheries au ministère de l'agriculture et de l'instruction technique d'Irlande, Commissaire du « congested district Board »

Les circonstances qui affectent le commerce de poisson ont subi de graves changements pendant les 50 années qui viennent de s'écouler, et il faut se rendre compte de ces changements avant de pouvoir suggérer des développements dans ce commerce important.

Quoique mes observations ont surtout rapport à l'Irlande, vu qu'en ma qualité de commissaire du *Congested District Board* et d'inspecteur des pêcheries irlandaises, mon expérience a été principalement recueillie dans ce pays, cependant ce que j'écris peut s'appliquer plus ou moins à tous les pays bordés par la mer.

Le développement du commerce de poisson dépend nécessairement des besoins et des goûts de la clientèle. Il y a peu d'années, le poisson salé, tel que la morue, se vendait beaucoup plus cher qu'aujourd'hui. Le poisson frais se procurait alors difficilement dans les villes de l'intérieur. Les chemins de fer, en facilitant son transport, ont augmenté le goût pour le poisson frais, et la demande en étant plus grande, le pêcheur à son tour trouve un prix plus rémunérateur pour son travail. Il s'ensuit que le développement des marchés de l'intérieur est le premier pas dans le progrès du commerce du poisson. Opérer en sens inverse, c'est-à-dire fournir au pêcheur les moyens de prendre le poisson sans lui avoir assuré un débouché pour le produit de sa pêche, est évidemment une fausse manière de traiter la question.

Cependant cette méthode a été souvent adoptée. Dans certaines localités, on a donné aux pêcheurs de beaux navires, on leur a procuré des filets, mais sans obtenir de résultat au point de vue pécuniaire. Alors on a accusé les pêcheurs de paresse et de mauvais vouloir. La véritable cause de cet insuccès se trouvait dans l'impossibilité de disposer de la marée dans le voisinage et le manque de transport pour l'écouler sur les marchés de l'intérieur. Les pêcheurs découragés renonçaient à un travail inutile.

A mesure que l'extension des chemins de fer facilitait le transport du poisson frais, la demande de cet aliment augmentait et, par suite, le pêcheur cherchait à en obtenir davantage.

Grâce à la situation insulaire de l'Irlande, le bateau à vapeur est souvent la ligne de communication entre le pêcheur et sa clientèle, parce que l'Angleterre, avec sa nombreuse population, offre un marché assuré pour le poisson pris sur le littoral de l'Irlande. Nous avons constaté la nécessité du chemin de fer : considérons maintenant le port. Il est de la dernière importance que le chemin de fer, qui, d'un côté, établit des communications avec les marchés de l'intérieur, soit à son point de départ en contact avec un port de mer où les bateaux puissent entrer sans redouter les retards causés par la marée descendante, il faut au moins qu'un bateau à vapeur, en communication avec le chemin de fer et les bateaux de pêche, puisse déposer le poisson dans les vagons. Tous les obstacles et les retards dans le transport sont dispendieux, et diminuent les profits du pêcheur : le poisson

endommagé perd en valeur. Ces pertes, dont l'observateur super-
ficiel se rend à peine compte, sont suffisantes pour ruiner une
industrie naissante. Outre les facilités pour expédier le poisson,
il faut encore que le port offre aux bateaux un accès sûr du côté
de la mer. La plupart des pêches exigent que les pêcheurs soient
sur mer pendant la nuit : une tempête imprévue peut les forcer
à chercher un abri pendant l'obscurité ; la pluie ou le brouillard
peut cacher la vue de la côte. Le manque de vent peut retarder
le retour des pêcheurs et rendre inutile le travail d'une longue
nuit. Un port, pour être idéal, doit donc être éloigné des rochers
et des bancs de sable. Il doit être bien éclairé, central et aussi
près que possible des terrains de pêche.

Les chances d'accidents et de perte de vie augmentent naturellement, quand les approches du littoral sont parsemées de
dangers, mais outre cette grave considération, on peut aussi
constater que le nombre de nuits que les hommes oseront affronter la mer se trouve directement affecté par le plus ou moins
de facilité qu'offre un port pour les entrées et les sorties des
bateaux. Si les hommes ne peuvent vaquer à la pêche que pendant comparativement peu de nuits pendant la saison, il s'ensuit
que leurs gains n'offrent qu'un mince profit et l'industrie devient,
au point de vue commercial, impossible, quoique la mer abonde
en poisson.

Sur les côtes orientales des Iles Britanniques les bateaux peuvent
passer plus de nuits à la pêche que sur les côtes de l'ouest où le
vent agit avec plus de violence, et de là suit le développement
plus tardif des pêcheries de l'ouest.

Les bateaux propres à employer doivent se régler sur les diverses
circonstances des pêcheries dont la variété est infinie. Des bateaux
très avantageux pour certaines localités sont absolument inutiles
dans d'autres.

Dans les grands ports de mer, on trouve les chalutiers à vapeur,
les bateaux de dérive à vapeur, ainsi que les magnifiques navires
qui, chaque année, quittent les côtes de la France pour les pêcheries de l'Islande. Sur les côtes des États-Unis, où la pêche nécessite de longs voyages, il y a de grandes goélettes capables de
passer plusieurs mois en pleine mer et de résister aux tempêtes.

D'autre part, sur les côtes et dans les baies abritées, on se sert
de bateaux dont le prix varie de £ 500 (12,500 francs) à £ 10

(250 francs) et même moins. Il y a aussi sur les côtes de l'Irlande des localités où le canoe, bateau léger recouvert en toile goudronnée, est en vogue pour la pêche, de même que le « Dory » est le bateau favori des pêcheurs sur les côtes de la nouvelle Angleterre.

Les philanthropes se sont souvent imaginé que la seule chose nécessaire pour le développement des pêcheries était de procurer aux pêcheurs de grands bateaux, et ayant décidé, sur les principes généraux, quel genre de bateaux devait leur convenir, ils ont blâmé l'équipage quand leurs efforts philanthropiques, mais mal dirigés, ont échoué.

Le *Congested District Board* irlandais s'étant imposé la tâche de développer les ressources d'un littoral où la pêche ne s'était jamais pratiquée comme industrie commerciale, il était de toute importance de se rendre compte en premier lieu quelle sorte de pêche devait être la plus rémunératrice aux pêcheurs, et quels bateaux leur seraient les plus utiles.

The Right Honble. A. J. Balfour, pendant qu'il occupait le poste de *Chief Secretary* pour l'Irlande, avait non seulement créé le « *Congested District Board* », mais encore il avait organisé l'extension des chemins de fer jusqu'aux côtes de l'ouest de l'Irlande. Ces chemins de fer ont rendu possible un commerce en poisson frais. Le maquereau se trouve en abondance sur les côtes de l'ouest de l'Irlande, offrant au pêcheur deux récoltes par année, une au printemps, une à l'automne : la pêche du hareng en automne, et les diverses pêches à la ligne en hiver méritent aussi son attention.

Une flotte considérable prend part à la grande pêche du maquereau au printemps : plusieurs bateaux français visitent à cette époque l'Irlande, mais quelque importante que soit cette pêche, elle seule ne saurait suffire pour défrayer les dépenses des grands bateaux qui y prennent part. Il faut que ces bateaux s'adaptent à d'autres pêches pendant l'année. Il y en a qui vont à la recherche des harengs sur les côtes de l'est de l'Ecosse, d'autres s'occupent de la pêche au chalut. Les bateaux qui au contraire restent oisifs dans le port après la pêche du maquereau représentent de l'argent perdu.

Dans une pêcherie nouvellement fondée, où les hommes ont besoin d'être façonnés à une vie maritime, il est inutile de s'attendre qu'ils quittent leur entourage pour aller exercer au loin leur nouveau métier avant d'avoir acquis l'expérience et la science qui, même dans les circonstances les plus favorables, ne s'apprennent que lentement. Une des difficultés qui se présentent dans l'ouest de l'Irlande est que le même bateau ne peut pas toujours servir pour la pêche du maquereau au printemps et à l'automne.

Le littoral étant exposé à la fureur de l'Atlantique, il s'ensuit que les bateaux prenant part à la pêche pendant le printemps doivent être assez grands et solidement construits pour affronter une mer houleuse, à dix ou trente milles des côtes, à la recherche du maquereau qui à cette saison habite ces eaux. Mais en automne, au contraire, le maquereau reste près des côtes, et c'est souvent dangereux pour les grands navires de jeter leurs filets si près des rochers. Les canots et les bateaux à rames ont alors meilleure chance de succès et souvent c'est avec ces petits bateaux seulement que la pêche peut se faire en automne.

Comme il n'y a pas sur les côtes de l'ouest de l'Irlande de grands espaces d'eaux de profondeur moyenne, la pêche du « chalut » ne peut se pratiquer que rarement. Les bateaux peuvent vaquer à la pêche à la ligne. Le choix d'un bateau qui, sans être trop coûteux, remplira autant que possible toutes les conditions nécessaires à la pêche, est matière à graves considérations.

Pendant près de 50 ans des bateaux de toutes les dimensions ont été mis à la disposition des pêcheurs irlandais par le moyen des avances d'argent accordées par les inspecteurs de pêche. Ces emprunts, avec leur intérêt de 2 1/2 pour 100, ont été en général remboursés sans difficulté, et des avances de ce genre se font maintenant encore par le *departement of agriculture and technical instruction* qui ont pris en main les pouvoirs autrefois exercés par les inspecteurs des pêches.

Pour obtenir ces emprunts il fallait néanmoins fournir une garantie, ce qui, dans les localités très pauvres, devenait une impossibilité. Le *Congested District Board*, tout en continuant à faire les avances dont nous avons parlé, a aussi essayé une autre méthode : celle de fournir aux pêcheurs des bateaux qu'ils doivent payer peu à peu avec le fruit de leur travail. Dans ces cas les gains du pêcheur passent directement du marcyeur à l'agent du *Congested District Board*, l'équipage de chaque bateau recevant sa part. Cette méthode est compliquée et ne doit être employée qu'en dernière ressource.

En suivant le développement des pêcheries nous arrivons enfin à la dernière et à la plus importante considération, savoir : ses rapports avec l'homme. Le développement de la pêche demande l'instruction pour les hommes qui doivent suivre le métier de pêcheur : sur ce sujet on a broché bien des théories, on a essayé bien des expériences. Quand le gouvernement a formé le *Congested District Board*, ce dernier avait ce problème à résoudre. Le Board avait pleine liberté d'action, il était muni de fonds d'une valeur suffisante, il avait le temps d'agir.

Depuis huit ans nous travaillons, et en somme les résultats sont encourageants, mais il faut qu'une génération passe avant que les nouvelles habitudes prennent racine et que les nouveaux entourages au milieu desquels la jeunesse s'élève aient donné leurs impressions au caractère du peuple.

Bien des personnes ont jugé qu'il était utile d'unir l'instruction en matière de pêche avec le système ordinaire d'éducation gouvernementale. Ces systèmes se composent : 1º des écoles primaires pour les externes dirigées par le *National Board of Education*; 2º des écoles industrielles gouvernementales pour internes. Les premières sont pour le bénéfice des populations au milieu desquelles les écoles se trouvent placées. On a créé des écoles industrielles pour y recevoir des enfants abandonnés que les magistrats envoient de toutes les parties du pays pour les sauver d'une vie criminelle en les élevant dans un établissement respectable.

Dans les villages aux bords de la mer il serait facile dans les écoles primaires de donner aux enfants du voisinage l'instruction spéciale qui pourrait leur être utile. Mais le système du *National Board of Education*, quelque admirable qu'il soit sous bien des rapports, est si peu adapté aux circonstances, que son cours d'instruction est le même pour les enfants des communes agricoles et ceux des populations maritimes. Il est vrai que le *Science and Art Departement* a offert des prix pour la Navigation. Cette étude théorique peut facilement être enseignée dans les écoles, mais quelque excellente qu'elle soit pour des garçons désirant entrer dans la marine, il est peu utile pour ceux qui doivent passer leur vie à la pêche. Quelquefois même ces prix ont été gagnés par des jeunes filles.

Le feu Père Davis de Baltimore (qui a été mon collègue dans le *Congested District Board*) vivra toujours dans le souvenir de ses compatriotes pour ses efforts héroïques en essayant d'unir l'instruction en matière de pêche avec le plan d'éducation d'une école industrielle. A force de zèle il obtint les fonds nécessaires, soit du Gouvernement, soit des personnes philanthropiques. Pour créer l'école de Baltimore il rencontra au début deux obstacles. Premièrement les garçons que le mandat du magistrat envoyait aux écoles industrielles étaient peu portés à la vie des gens de mer ; et les fils de pêcheurs, sauf quelques cas, n'étaient pas admissibles ; secondement, le mandat ne durait pas après que le garçon eut atteint l'âge de seize ans : c'est-à-dire qu'il quittait l'école à l'âge même où il aurait pu se former à la vie de la pêche. Tout le système d'éducation était plus propre à former des artisans que des pêcheurs. Ayant connaissance de toutes ces difficultés on ne sera pas étonné lorsqu'on apprendra qu'un très petit nombre des garçons qui sont entrés au collège de Baltimore se sont faits pêcheurs.

Citons un autre type d'école établie en Irlande : le *Pembroke Technical School at Ringsend*, Dublin. Il doit son existence à la munificence du feu Comte de Pembroke qui l'a fondée pour le bénéfice des familles des pêcheurs des environs, espérant que beaucoup d'instruction en matière de pêche y serait donné. Il paraît que les femmes du voisinage apprécient mieux que les hommes les avantages que l'école leur offre également. Tous les travaux manuels y sont enseignés avec succès, mais sans raison d'être, l'instruction en matière de pêche a presque cessé de trouver place dans les cours d'étude.

Quand le *Congested District Board* a été créé on a suggéré l'établissement d'écoles de pêche ; je m'y suis opposé dès le commencement étant d'opinion que la *seule place où la pêche peut s'apprendre est sur la mer*.

En France l'Etat s'occupe de l'éducation des orphelins des pêcheurs ; ces jeunes garçons sont placés à bord des bateaux de pêche, pour apprendre le métier de leurs pères et chaque navire qui visite le midi de l'Irlande devient sous ce rapport une école de pêche. Dans nos villages maritimes les garçons entrent volontiers dans les bateaux et apprennent rapidement le métier de leurs parents, mais souvent au détriment de l'éducation littéraire qu'ils

auraient pu gagner dans les écoles de villages. Ils deviennent
pêcheurs sans avoir été écoliers, et plus tard dans la vie ce
manque d'éducation est souvent un obstacle quand l'occasionse
présente d'avancer les intérêts commerciaux de leur carrière. Le
Congested Board for Ireland tout en refusant d'ériger des écoles
spéciales de pêche a néanmoins entrepris l'instruction en matière
de pêche sur un plan très étendu. Les dépenses annuelles sous
ce titre ont rapidement augmenté. Aujourd'hui le chiffre est
de £ 5,000 (125,000 fr.) par an. Les anciens systèmes de pêche
avaient cessé d'exister grâce aux révolutions qui s'étaient opérées
dans le commerce. Il fallait enseigner de nouvelles méthodes aux
populations maritimes. Les pêcheurs de l'ouest de l'Irlande igno-
raient que le maquereau fréquentait leurs côtes pendant le printemps, et quand par hasard ils prenaient le congre et la raie, ils
rejetaient ces poissons comme n'étant d'aucune valeur. Ils ont
maintenant appris que le maquereau qui se prend au printemps,
le congre et la raie sont les poissons dont la vente leur rapporte
le plus d'argent.

Au lieu d'instruire les garçons qui n'avaient pas encore 16 ans,
on a trouvé que les jeunes hommes étaient.plus capables de recevoir et de profiter de cette instruction. On a placé à bord de chaque
bateau de pêche nouvellement lancé, comme instructeur un pêcheur habile qu'on a fait venir des côtes où les pêcheries étaient
les plus florissantes. Dans quelques cas où les équipages étaient
inexpérimentés dans le maniement des bateaux à voiles, on en a
placé deux. L'instructeur de pêche au filet était tenu d'indiquer
à son équipage les endroits où l'on doit chercher le poisson, la
manière de jeter et de relever les grands filets : la manière de les
tanner et de les ramander. Il devait aussi, et surtout, insister sur
la nécessité de maintenir en bon état les bateaux et engins de
pêche. On a trouvé que la chose la plus difficile à inculquer aux
pêcheurs novices était le soin à prendre des filets. En conséquence
de l'ignorance qui existait sur la manière de les raccommoder on
a établi, avec la coopération du *National Board of Education*,
des classes spéciales dans les écoles pour enseigner cet art. Un
instructeur qualifié peut dans quelques mois instruire tous les
enfants dans une localité et il peut ensuite être transféré dans
une autre école. L'instructeur de pêche avec lignes leur démontrait des méthodes meilleures que celles qu'ils avaient employées

jusqu'alors. Dans les endroits où le *Congested District Board* avait établi des ateliers de salaison, l'instruction avait pour but la manière de saler le poisson et la fabrication des barils. Ces ateliers ont eu beaucoup de succès, et ont été, pour la plupart, transférés aux négociants.

Dans les localités où il existait déjà des constructeurs de bateaux, on a envoyé des charpentiers de marine très expérimentés pour enseigner la manière de construire de grands navires de pêche sur de nouveaux modèles. Il en résulte que les charpentiers locaux peuvent maintenant, sans assistance, exécuter des contrats pour la construction des meilleurs types de bateaux.

Un système d'instruction si largement répandu doit nécessairement rencontrer bien des difficultés.

Le *Congested District Board* donne à chaque équipage nouvellement formé l'instruction gratuite pendant deux campagnes : ensuite l'équipage doit payer une portion de cette dépense. Le montant de ces contributions augmente à chaque campagne jusqu'à ce que les pêcheurs aient cessé de recevoir l'instruction. Quand il est question de payer eux-mêmes l'instructeur, ils se montrent bien plus avides de profiter de ses renseignements et de se rendre capables de se dispenser de ses services.

Mais maintenant qu'on pourvoit ainsi à l'instruction en matière de pêche des marins capables d'en apprécier la valeur, il est évident que beaucoup de connaissances, à cet égard, pourraient être inculquées aux élèves dans les écoles locales, qui seraient très utiles aux enfants destinés au métier de pêcheur. Cette instruction pouvant se communiquer jusqu'à un certain point, par les livres, n'exige de la part du maître aucune qualification technique spéciale.

Un pêcheur doit savoir lire, écrire et faire les comptes. Il lui sera avantageux d'apprendre l'histoire des matériaux qui entrent dans la fabrication de ses engins de pêche, afin de se mettre en état de juger de la qualité des filets, et des voiles.

Il doit connaître les effets du goudron, de la peinture, du cachou comme préservatifs, soit pour les bateaux, soit pour les filets et les voiles ; la valeur respective des différents bois de construction pour les bateaux et les espars, la durée respective de tous les matériaux dont il se sert pour la pêche. Toutes ces informations, et beaucoup d'autres du même genre, peuvent s'acquérir par la lecture. Il peut de la même manière se mettre au courant des points principaux dans l'histoire naturelle des poissons, de leurs migrations et des différentes espèces d'appâts. Dans les écoles, il peut se familiariser avec les cartes marines et le compas, ainsi qu'avec les lois qui règlent les feux à bord des bateaux. Outre l'instruction qui peut s'acquérir par la lecture et qui peut intéresser tous les enfants d'intelligence ordinaire et devenir pour eux d'une utilité pratique, le pêcheur doit apprendre à faire usage des outils du charpentier et du forgeron : il doit connaître un peu le métier de voilier afin d'être capable d'entreprendre lui-même les petites réparations que demandent son bateau et ses engins de pêche, sans employer un ouvrier spécial. Si le pêcheur travaille avec le « chalut », il doit savoir faire son filet, il doit aussi se mettre au courant du ramandage de tous les filets.

Fournir des instructeurs pour ces différents sujets dans les villages maritimes et assurer la présence des élèves est une chose bien autrement difficile que de donner l'instruction par les livres dans les écoles primaires. La France a beaucoup fait dans cette direction. En Irlande, l'éducation de la jeunesse n'a pas été négligée non plus. Mais quoiqu'il en soit ainsi, il est néanmoins vrai de dire que l'adaptation de l'instruction à des industries spéciales, telle que la pêche maritime, présente des difficultés énormes. Les efforts constants qui ont été faits par la philanthropie privée et par les représentants du gouvernement pour lutter avec ces obstacles, ont certainement abouti à la découverte des moyens de les vaincre. Il ne fallut alors qu'une autorité centrale qui put résumer l'expérience déjà acquise et s'en servir pour formuler des projets pratiques pour l'avenir. Cette autorité centrale existe aujourd'hui dans le ministère irlandais de l'Agriculture et de l'Instruction technique, *Department of Agriculture and Technical Education for Ireland*. Muni de fonds considérables, il commence cette année ses travaux. Il a pour président le Right Honble. G. W. Balfour, *Chief Secretary for Ireland* et pour vice-président le Right Honble. Horace Plunkett, et un conseil représentatif, dont un tiers est nommé par le gouvernement et les autres membres sont choisis par élection populaire. Les dépenses sont autorisées par deux bureaux (*representative Boards*). D'après cela on peut juger que l'on a suivi les modèles fournis des nations du continent dans la constitution de ce département. L'exemple de la France surtout a été considéré par le *Recess Committee*, qui, par ses délibérations, a donné naissance au *Department of Agriculture and Technical instruction*.

Il est impossible, au moment de son début, de prédire quel sera son succès. Mais il paraît certain qu'avec une connaissance

	ANNÉES				
	1895	1896	1897	1898	1899
PÊCHERIES D'ARAN					
Nombre de 1/2 caisses de poisson frais.	5,623	6,350	4,171	10,776	12,249
Nombre de barils	Néant	Néant	Néant	49	1,379
— bateaux de pêche .	32	38	32	46	58
— de marins et de mousses .	196	217	173	254	312
Sommes totales payées aux pêcheurs	£3,087	£1,627	£1,119	£2,890	£3,229
PÊCHERIES DE CLEGGAN					
Nombre de 1/2 caisses de poisson frais.	Néant	3,698	3,393	10,131	7,115
Nombre de barils	»	Néant	Néant	Néant	1,302
— bateaux de pêche .	»	26	35	68	66
— de marins et de mousses. .	»	127	139	353	336
Sommes totales payées aux pêcheurs	»	£753	£780	£2,516	£3,361
PÊCHERIES DE DOONLOUGHAN ET CLIFDEN					
Nombre de 1/2 caisses de poisson frais.	Néant	Néant	255	843	1,242
Nombre de barils	»	»	Néant	Néant	200
— bateaux de pêche .	»	»	8	12	14
— de marins et de mousses .	»	»	33	60	56
Sommes totales payées aux pêcheurs	»	»	£58	£194	£450
PÊCHERIES DE BLACKSOD					
Nombre de 1/2 caisses de poisson frais.	Néant	Néant	Néant	Néant	3,533
Nombre de barils	»	»	»	»	252
— bateaux de pêche .	»	»	»	»	14
— de marins et de mousses .	»	»	»	»	82
Sommes totales payées aux pêcheurs	»	»	»	»	£1,261

NOM DU BATEAU	DATE à laquelle les équipages ont reçu le bateau.	PRIX du bateau			PRIX des réparations peinture, etc.			PRIX de l'armement			TOT de débo
		£	s.	d.	£	s.	d.	£	s.	d.	£ s.
St. Columba	22 juillet, 1897	122	17	11	6	8	6	116	3	0	245
St. Francis .	»	122	6	11	5	6	2	123	6	11	251
St. Ambrose .	13 août 1898	138	2	8	5	7	4	75	17	10	219
St. Andrew .	29 sept. 1896	113	1	0	27	15	3	159	11	2	300
St. Anna . .	13 août 1898	140	18	2	3	13	3	122	2	3	266
St. Baithen . .	22 juillet 1897	122	18	6	7	17	2	128	18	2	259
St. Bernard .	13 août 1898	139	12	9	3	16	8	72	9	9	215
St. Brendan .	29 sept. 1896	106	7	7	27	7	7	150	0	2	281
St. Carthach .	10 décemb. 1897	83	5	3	8	13	11	80	1	11	172
St. Columba (1)	1er déc. 1895	81	11	6	23	16	11	108	5	11	213
St. Columba (2)	10 déc. 1897	51	3	7	6	14	5	99	0	4	156
St. Columba (3)	7 août 1889	51	3	7	3	11	6	86	1	6	140
St. Connell . .	13 août 1898	137	8	11	1	1	10	65	5	4	203
St. Davoc . .	»	137	8	11	0	13	5	65	6	5	203
St. Ernan . .	22 juillet 1897	120	1	6	5	9	7	151	15	11	277
St. Eunan . .	29 sept. 1896	113	13	1	104	10	8	167	19	1	387
St. Finan . .	13 août 1898	136	10	5	1	0	5	64	13	0	202
St. Findon . .	29 sept. 1896	109	14	6	23	9	6	144	1	10	277
St. James (1)	13 août 1898	132	9	2	—			58	7	6	190
St. James (2) .	31 janvier 1899	133	16	2	4	5	9	111	16	10	249
St. Malachy .	13 août 1898	137	8	11	2	13	9	78	14	8	218
St. Mark . .	»	132	9	1	2	15	1	67	5	3	202
St. M'Brecan .	10 déc. 1897	80	18	5	5	3	5	97	4	10	183
St. Michael .	13 août 1898	141	6	4	3	14	10	69	13	2	214
St. Molaise .	29 sept. 1896	108	7	6	19	16	9	179	8	0	307
St. Mura . .	13 août 1898	137	8	11	1	15	7	66	13	0	205
St. Nial . . .	»	139	12	9	3	6	4	113	19	8	256
St. Patrick (1) .	1er déc. 1895	81	11	6	15	1	3	109	12	2	206
St. Patrick (2) .	10 déc. 1897	51	3	7	10	5	4	96	11	10	158
St. Patrick (3) .	1er août 1899	51	3	7	3	10	9	85	12	3	140
St. Paul (1) . .	13 août 1898	139	12	8	—			85	3	10	224
St. Paul (2) . .	31 janvier 1899	139	12	8	3	19	5	107	5	8	250
St. Peter . .	29 sept 1896	107	14	6	19	15	8	156	19	4	284
Baptist . . .	13 août 1898	137	9	0	2	0	3	66	3	7	205
Lord Finross .	11 octobre 1899	140	12	5	9	14	8	57	2	10	198
TOTAL. . .		4,021	3	11	363	12	11	2,588	13	10	7,973

(1) 1er Equipage. (2) 2e Equipage. (3) 3e Equipage.

RT	MONTANT RETENU PAR LE BUREAU			TOTAL NET	NOM DU BATEAU
ns versés nipage	pour amortissement	pour l'instruction	TOTAL.	des gains	
s. d.	£ s. d.	£ s. d.	£ s. d.	£ s. d.	
0 11	114 17 1	18 3 8	133 0 9	399 1 8	St. Columba.
17 2	184 8 0	27 2 8	211 10 8	634 7 10	St. Francis.
8 7	93 9 5	46 14 9	140 4 2	420 12 11	St. Ambrose.
13 6	262 7 0	25 7 10	287 14 10	862 8 4	St. Andrew.
11 0	54 13 3	25 16 7	77 9 10	242 5 10	St. Anna.
17 2	181 5 1	20 1 8	201 6 9	588 13 11	St. Baithen.
17 7	54 12 2	27 6 1	81 18 3	235 15 10	St. Bernard.
10 8	206 18 1	17 11 2	224 9 3	653 9 11	St. Brendan.
0 4	125 5 0	24 3 0	149 8 0	414 18 4	St. Carthach
1 5	213 14 4	—	213 14 4	641 5 9	St. Columba (1)
6 0	—	25 14 3	25 14 3	93 0 3	St. Columba (2)
4 6	21 8 1	10 14 1	32 2 2	96 6 8	St. Columba (3)
10 3	29 17 4	14 18 8	44 16 0	134 6 3	St. Connell.
14 5	47 18 6	23 19 2	71 17 8	205 12 1	St. Davoc.
11 6	226 10 4	24 8 9	250 19 1	752 10 7	St. Ernan.
11 1	264 13 6	21 9 8	286 3 2	857 14 13	St. Eunan.
14 9	34 11 5	17 5 9	51 17 2	155 11 11	St. Finan.
9 1	238 0 8	25 5 1	263 5 9	779 14 0	St. Findon.
1 8	—	23 15 4	23 15 4	56 17 0	St. James (1).
16 6	39 6 5	19 13 2	58 19 7	176 16 1	St. James (2).
1 0	27 7 1	13 13 7	41 0 8	123 1 8	St. Malachy.
2 3	57 13 11	28 17 0	86 10 11	259 13 2	St. Mark.
13 4	150 1 0	42 13 9	192 14 9	591 8 1	St. M'Brecan.
17 0	35 6 3	17 13 1	52 19 4	158 16 4	St. Michael.
5 1	225 8 2	18 7 7	243 15 9	685 0 0	St. Molaise.
19 3	42 13 8	21 6 11	64 0 7	191 19 10	St. Mura.
8 8	51 11 10	25 16 0	77 7 10	231 16 16	St. Nial.
2 9	206 4 11	—	206 4 11	605 7 8	St. Patrick. (1).
10 0	—	30 5 6	30 5 6	90 15 6	St. Patrick (2).
8 3	12 16 7	6 8 4	19 4 11	57 13 2	St. Patrick (3).
0 6	—	11 7 0	11 7 0	42 17 6	St. Paul. . (1).
12 6	53 5 7	26 12 9	79 18 4	239 10 10	St. Paul. . (2).
17 6	239 19 7	20 4 8	260 4 3	780 1 9	St. Peter.
9 9	36 9 9	18 4 0	54 14 7	164 4 4	Baptist.
14 0	23 5 4	11 12 1	34 18 0	104 12 0	Lord Finross.
10 1	3,552 19 4	732 5 1	4,285 14 4	12,698 3 5	

30

intime des problèmes à résoudre, et éclairé par l'expérience des autres nations où les mêmes questions ont été traitées avec succès, il a l'espoir de réaliser de grandes améliorations dans cette classe d'instruction, qui conduit au développement pratique de l'industrie et en même temps produit une appréciation plus complète du bien-être et des douceurs de la vie, qui tendent à la civilisation.

Comme complément de notre travail nous donnons ci-dessus (page 419)les statistiques extraites du dernier rapport du *Congested District Board*, montrant le développement de la pêche sur les côtes de l'ouest de l'Irlande.

Ces statistiques ne traitent que de quelques pêcheries où l'on a commencé la pêche du maquereau. Dans les chiffres de la première année, sont renfermés les gains des bateaux avec équipages expérimentés, que le *Congested District Board* avait fait venir des autres parties de l'Irlande pour initier les pêcheurs novices au « grand métier » dans la pêche du maquereau. Les autres années l'argent a été gagné en entier par les bateaux de pêche de la localité.

Les avances faites aux pêcheurs irlandais pendant ces huit dernières années atteignent le chiffre de £ 59,000 (1,475,000 fr.). De plus le *Congested District Board*, suivant le système qu'on appelle « *repayment by share* », ou « *share system* » a également donné des bateaux aux pêcheurs qui ne pouvaient pas trouver des garanties personnelles.

Les statistiques ci-dessus (pages 420 et 421) démontrent les résultats de ce système par rapport à quelques bateaux des du nord-ouest côtes de l'Irlande.

Ce rapport est suivi d'une discussion à laquelle prennent part quelques membres présents avant d'en adopter les conclusions.

M. Cacheux donne, ensuite, connaissance d'un travail qu'il a fait *sur les écoles de pêche en France et à l'étranger.*

LES ÉCOLES DE PÊCHE EN FRANCE

Par E. CACHEUX

Président honoraire fondateur de la Société l'Enseignement professionnel
et technique des pêches maritimes.

En France les écoles de pêche ont eu du mal à se développer ;
le premier projet d'école bien étudié est dû à M. P. Gourret, qui
l'exposa en 1893 au congrès national de pêche qu'il organisa à
Marseille. Le projet fut approuvé par le congrès, mais comme il
nécessitait pour être mis à exécution l'emploi annuel d'une somme
de 60,000 francs, son auteur le modifia, mais ce ne fut qu'en
1896 que l'école de pêche de Marseille put être créée.

D'un autre côté l'administration de la marine reconnaissait
l'utilité d'un enseignement nautique et elle fit distribuer des cartes
marines dans les écoles primaires du littoral pour apprendre aux
jeunes marins la manière de s'en servir.

En 1894, le congrès de sauvetage réuni à Saint-Malo sous la
présidence de M. l'amiral Ch. Duperré émit le vœu qu'il serait
désirable de créer des écoles de pêche et il nomma une commission
chargée de mettre ses vœux à exécution. Cette commission, sur
la proposition de M. G. Roché, inspecteur général des pêches,
créa la société l'*Enseignement professionnel et technique des
pêches maritimes* dont j'eus l'honneur d'être nommé président.
La société fut approuvée le 16 mai 1895 et le même jour elle
ouvrit à Groix une série de dix conférences par M. Guillard pour
se rendre compte de l'utilité des cours de navigation. Les conférences furent suivies par cinquante-deux élèves dont la plus
grande partie étaient des adultes. Des examens auxquels furent
soumis les auditeurs des cours de M. Guillard démontrèrent que
dix-huit d'entre eux avaient assez bien profité de ses leçons pour
pouvoir faire le point, suivre en mer une route tracée sur une
carte marine et réciproquement tracer sur une carte le chemin
qu'ils avaient fait en mer. Le succès des conférences ayant dépassé
toutes les prévisions, la société n'hésita plus à ouvrir l'école de
Groix dans un local que la municipalité mit à sa disposition.
M. Guillard voulut bien quitter Lorient pour diriger l'école de
Groix et grâce à son dévouement l'école donna bientôt d'impor

tants résultats. Notre société paya les premiers frais de son fonctionnement, mais aussitôt qu'elle eut obtenu le patronage de la Chambre de commerce du Morbihan, le ministère de la marine lui donna une subvention annuelle de 3000 francs qui lui permit de vivre sans notre concours pécuniaire.

Notre société n'intervient plus à l'heure actuelle, que pour donner des prix aux élèves et pour les guider dans la voie du progrès. C'est ainsi qu'elle a organisé un concours pour tâcher de mettre à la disposition des marins-pêcheurs des instruments à bon marché pouvant remplacer les chronomètres de précision. A la suite d'expériences faites par l'observatoire de Lorient il a été reconnu que l'on pouvait employer des montres valant cent francs en fabrique, pour faire le point exactement. La société s'est également chargée d'exposer à ses frais les documents fournis par l'école de Groix, qui ont valu à cette dernière une médaille d'or à l'exposition internationale de pêche de Bergen. Le programme des connaissances enseignées à Groix a été rédigé suivant les instructions du ministère de la marine, contenues dans une dépêche ministérielle.

D'après les idées ministérielles, l'enseignement professionnel pourrait être donné sous forme de conférences, faites de préférence pendant les périodes de repos qu'assure aux pêcheurs la nécessité de transformer l'armement de leurs chaloupes en raison des divers genres de pêche auxquels ils doivent successivement se livrer. Ces conférences devraient principalement porter sur des notions élémentaires de navigation et sur les moyens de faire le point à un moment donné, sur les atterrissages de la région dans laquelle les pêcheurs de la localité pratiquent plus spécialement la pêche, sur l'installation et la réparation du gréement des chaloupes de pêche et de leurs engins, sur les différents modes de conservation du poisson, sur la réglementation en matière de pêche et d'abordage et enfin sur des notions pratiques d'hygiène. Nous avons ajouté à ce programme la marche à suivre pour donner les premiers soins à un malade ou à un blessé.

Un professeur unique ne peut certainement pas traiter d'une façon suffisamment complète ces différentes parties du programme, par suite il faudra faire appel dans chaque centre de pêche au dévouement de quelques hommes compétents qui feraient un certain nombre de conférences et dont la rémunération au cachet n'exigerait qu'une assez minime dépense.

Le personnel de l'école de Groix se compose de M. Guillard qui fait le cours de navigation, d'un médecin de la marine, chargé du cours d'hygiène, du commissaire de l'inscription maritime qui expose les règlements maritimes, d'un pêcheur qui apprend aux élèves à ramander les filets, et enfin de deux instituteurs adjoints qui se chargent d'un cours de français et d'arithmétique.

Le directeur de l'école a seul un traitement fixe, qui représente à peu près la somme qu'il gagnait quand il professait l'hydrographie à Lorient ; le pêcheur reçoit une petite indemnité ; quant aux autres professeurs ils exercent gratuitement leurs fonctions.

L'école de Groix est fréquentée par plus de cent élèves.

L'école des Sables-d'Olonne fut créée par M. Odin, directeur de la station aquicole de cette ville, à la suite d'un voyage que fit M. Marcel Beaudoin, administrateur de notre société, auquel nous avions confié la mission de chercher à fonder une école en Vendée. Le programme de l'école des Sables est analogue à celui de Groix.

Notre société fournit à M. Odin les premiers fonds nécessaires à la création de son école et elle fit les démarches nécessaires pour lui faire obtenir une subvention du Ministère de la Marine.

L'école est patronnée par la Chambre de Commerce de la Roche-sur-Yon et elle est administrée par la ville des Sables d'Olonne.

L'école de Marseille, créée par M. Gourret, dépend également de la municipalité de cette ville. Le Ministère de la Marine met à la disposition de M. Gourret un bateau qui lui sert de local pour faire les classes.

L'école de pêche de Dieppe dépend de la Chambre de Commerce de la ville. Elle a été fondée par M. Lavieuville.

L'école de pêche de Boulogne dépend de la station aquicole qui se trouve dans cette ville. Les cours sont faits à bord d'un bateau fourni par l'Etat. Son programme est plus étendu que celui de l'école de Groix. Le fondateur de l'école de Boulogne, M. Canu, compte créer une école ambulante de pêche.

L'école de Philippeville, créée par M. Layrle à la suite d'un concours organisé par notre société, a eu pour effet de permettre à plusieurs fabricants français d'engins de pêche d'écouler leurs produits en Algérie. L'école est administrée par une société locale.

Ce sont également des sociétés locales qui administrent les écoles d'Arcachon, du Croisic et de la Rochelle, créées les deux premières par MM. les commissaires Pottier et Daugibeaud et la troisième par M. le Dr Pineau.

Tout récemment, il vient d'être créé une école de pêche à Fécamp par la Chambre de commerce.

Notre société a tenu à laisser chaque directeur d'école libre de s'administrer à sa guise, elle se met à sa disposition, pour lui être utile dans la limite de ses moyens.

La société s'est également occupée de la propagation de l'enseignement élémentaire de la navigation dans les écoles primaires. A cet effet, elle a pris sous son patronage l'école de Trouville, et elle a prêté son concours au ministère de l'Instruction publique pour établir le programme des connaissances relatives à la navigation, nécessaires aux enfants des marins, enfin elle a contribué à former des professeurs dans la limite de ses moyens. A cet effet, elle a publié le *Manuel du patron-pêcheur*, rédigé par MM. G. Roché, Canu et Mangon de la Lande, et elle a organisé des cours pour les élèves des écoles normales primaires et pour les instituteurs des communes du littoral. M. Guillard, fondateur de l'école de Groix, a formé près de trois cents professeurs dans les départements du Finistère et du Morbihan ; M. Lavieuville, directeur de l'école de Dieppe, a publié les conférences qu'il a faites aux instituteurs de sa région, et il a créé deux cours d'adultes, l'un au Tréport, l'autre à Saint-Valery-en-Caux ; M. Pottier, fondateur de l'école d'Arcachon, a introduit l'enseignement de la navigation dans douze écoles primaires ; enfin M. Gourret a créé un cours spécial pour les instituteurs dans l'école de pêche de Marseille. L'enseignement de la navigation a été introduit aujourd'hui dans 427 écoles du littoral, par les soins du ministère de l'Instruction Publique, mais il faut avouer que notre société a contribué dans une large mesure à l'obtention de ce magnifique résultat. MM. Coutant, G. Roché et E. Cacheux, membres de la commission chargée, par le ministère de l'Instruction Publique, d'organiser l'enseignement de la navigation dans les écoles primaires, ont pu, en qualité d'administrateurs de la Société d'Enseignement professionnel, diriger ses efforts de façon à seconder le ministère.

Notre société compte également trouver un puissant appui parmi les instituteurs; ainsi l'un deux, M. Fabre, directeur de l'école libre de Gruisan, vient de fonder une société scolaire dont le but est de préparer les jeunes gens à la profession de pêcheurs et à celle de marin, de combattre l'alcoolisme, d'inspirer le goût du travail, de l'épargne, de la prévoyance, de la mutualité, de développer les sentiments de solidarité tout en apprenant à compter sur soi. La société s'emploiera en outre au placement des sociétaires dans la marine et ailleurs. A cet effet, elle organisera un musée maritime, des cours et des conférences sur les choses de la mer, des tirs en mer, des régates, des excursions sur mer, des jeux, des exercices de gymnastique, de natation et de sauvetage.

Notre société n'a négligé aucun moyen pour faire de la propagande en faveur de l'instruction des marins-pêcheurs, elle a organisé des concours, des congrès, des musées, des conférences et des expositions. L'exposition de la section française à l'exposition internationale de pêche de Bergen, a été faite par les soins de notre société, et elle a valu à nos nationaux le plus grand nombre de récompenses décernées aux étrangers. Une grande partie de ce succès revient à M. Pérard, qui en fut le commissaire général. Grâce au concours désintéressé d'un grand nombre de personnes dévouées aux marins-pêcheurs, les résultats obtenus par l'enseignement professionnel n'ont pas donné lieu à de fortes dépenses, pendant les cinq années que j'ai eu l'honneur de la présider, elles ont été les suivantes :

Subventions aux 11 écoles de pêche créées depuis l'année 1895. 6,450 fr. »

Fournitures aux écoles, appareils à projections, journaux de bord, garin, manuel du patron-pêcheur . . . 2,633 fr. 65

Manuel du patron-pêcheur remis à l'Instruction Publique . . . . 500 fr. »

Frais d'impression du Bulletin trimestriel . . . . 1,856 fr. 40

Frais des congrès des Sables-d'Olonne et de Dieppe . 3,860 fr. 20

Frais d'exposition des écoles de pêche et de la société à Bergen . . . . 5,320 fr. 60

Frais de bureau, affranchissements, circulaires, conférences, réunion du conseil, assemblées générales . 1,586 fr. 45

Total des dépenses . . . . . . 22,187 fr. 30

Sur ces 22.187 fr. 30, la société a reçu à titre de subvention du ministère de la Marine une somme de 21,000 francs. La société possède actuellement une somme disponible de 2,906 francs, un fonds de réserve de 4,350 francs et le produit de cotisations dont la valeur s'élève en moyenne à 800 francs.

Il est évident qu'avec des ressources aussi limitées, il sera impossible de songer à créer des écoles industrielles de pêche tant que les élèves des écoles ne paieront pas de cotisations permettant de rémunérer des professeurs comme cela a lieu pour l'école de Bergen (Norwège); néanmoins nous comptons arriver au même but, en organisant des cours d'utilisation des produits de la mer, avec le concours du ministère de l'Instruction Publique, dans les écoles primaires supérieures.

M. Jean STEWENS, directeur de l'enseignement industriel et professionnel au ministère du travail de Belgique, parle de l'école de pêche d'Ostende et notamment de l'école libre de cette ville, qui possède un laboratoire pour la préparation du poisson.

M. le colonel VAN ZUYLEN soulève la question des diplômes à accorder aux lauréats et signale qu'en Belgique et en Hollande les sociétés privées mais reconnues font passer les examens aux candidats et donnent des diplômes aux plus méritants. M. van Zuylen espère que le gouvernement accordera son patronage à cette œuvre.

A la suite de cette discussion, à laquelle prennent part encore un certain nombre de membres de la section, les vœux suivants sont exprimés :

Le Congrès émet le vœu qu'il serait utile de développer l'enseignement maritime par la création de nouvelles écoles de pêche, et compléter l'instruction des élèves de ces écoles par des exercices en mer. En outre, il y aurait lieu de créer des cours spéciaux pour enseigner aux hommes et aux femmes la préparation et l'utilisation des produits de la mer.

Le Congrès émet l'avis que le moyen le plus efficace d'inviter les marins-pêcheurs à suivre les cours des écoles de pêche, consiste à créer des diplômes qui seraient décernés aux élèves ayant suivi les cours, et justifiant de connaissances suffisantes devant une commission composée de personnes compétentes.

M. LE SECRÉTAIRE donne ensuite lecture du rapport présenté par M. P. GOURRET, directeur de l'école de pêche de Marseille, *sur les prud'homies de pêche.*

LES PRUD'HOMIES DE PÊCHE

par M. Paul GOURRET

Directeur de l'école professionnelle des pêches maritimes de Marseille.

Origine. — L'institution des prud'homies de pêche qui sont spéciales au littoral français méditerranéen et à la Corse, semble remonter à l'ancienne Grèce, car les prud'hommes pêcheurs représentent assez bien ces *juges nautonniers* qui, sur le port, entendaient les différends entre pêcheurs et les jugeaient sur le champ sans aucune procédure. Il est probable, d'une part, que les Phéniciens pêcheurs et navigateurs, issus de la Grèce, importèrent en Provence l'idée des communautés et des tribunaux de pêche; et, d'autre part, que les Grecs du Bas-Empire, établis au début du viiᵉ siècle sur les côtes méridionales de l'Espagne, avaient également introduit dans la péninsule leurs institutions qui, par eux, furent transmises aux Goths (621) et, par ceux-ci, aux Arabes en l'an 711.

A l'époque de la prise de Valence (1238), Don Jaime Iᵉʳ d'Aragon confirma les privilèges des pêcheurs des lagunes de l'Albuféra qu'ils tenaient plus vraisemblablement de leurs ancêtres grecs ou carthaginois que des Maures qui ne furent pas un peuple de pêcheurs.

En ce qui concerne les communautés et les prud'homies françaises de la Méditerranée, on s'accorde à reconnaître que celle de Marseille est la plus ancienne. L'historien marseillais Ruffi qui écrivait vers 1646, avance « qu'il y a plus de quatre cens ans que les comtes de Provence et les rois de France ont confirmé leurs anciens privilèges et en ont accordé de nouveaux » aux prud'hommes marseillais qui sont appelés dans les vieux titres *probi homines pescatorum, consuls des pêcheurs* (procuration de l'an 1349), *bons homes* (parchemin du xvᵉ siècle, 13 novembre 1431). Ces privilèges furent confirmés et dans quelques cas étendus par de nombreuses lettres-patentes, depuis celles de Louis II d'Anjou, roi de Naples et de Sicile (4 août 1402) jusqu'à celles de Louis XVI (4 octobre 1778) (1).

(1) Voir à ce propos : Etudes sur les pêches maritimes dans la Méditerranée, S. Berthelot; Prud'homies de patrons-pêcheurs de la Méditerranée, Doynel, *Rev. marit. et colon.*, t. XC, juillet 1886.

Tandis que l'Assemblée nationale supprimait toutes les corporations de métier, elle faisait une exception pour les prud'homies de pêche, non seulement à cause de la nécessité de leur maintien, mais encore par suite de l'esprit de tolérance des communautés de pêcheurs. Alors, en effet, que la plupart des pêcheurs du nord et de l'ouest arment de tout temps pour la grande pêche et poursuivent loin des côtes le maquereau, le hareng, la morue, ceux de la Méditerranée, en raison de la topographie sous-marine, des grands fonds qui avoisinent le rivage, de la réduction du champ de pêche à une simple bordure littorale, n'ont jamais eu à leur disposition qu'un espace de mer exploitable très limité. De là l'absolue nécessité de réglementer aussi bien la calaison des filets fixes, que la traîne des filets dragueurs, de manière à éviter le plus possible des conflits presque inévitables. L'utilité des prud'homies offrait cet autre avantage aux pêcheurs de pouvoir défendre plus efficacement leurs intérêts contre les droits des riverains propriétaires et des fermiers de pêcheries établies sous le nom de maniguières, de bordigues ou de madragues, tant dans les étangs salés que le long du rivage, et qui poussaient souvent leurs prétentions jusqu'à vouloir s'attribuer des surfaces d'eau considérables, où la pêche ne pouvait avoir lieu sans prélèvement d'une ou plusieurs parts. Enfin, si tout patron-pêcheur devait obligatoirement faire partie de la prud'homie du lieu où il exerce son industrie, son admission du moins était exempte de toute mesure fiscale ou vexatoire contrairement à ce qui existait pour les autres corporations ; elle lui assurait même, et lui assure encore, de la part de la communauté, assistance en cas de besoin. Aussi, bien loin de supprimer les prud'homies de pêche, l'Assemblée nationale, après avoir approuvé par décret du 8 octobre 1790 les bases de cette institution, autorisa-t-elle par la loi du 12 décembre 1790 la création de prud'homies dans les ports qui en feraient la demande par les soins de la municipalité du lieu, prud'homies qui auraient à se régler sur celle de Marseille.

Ces dispositions furent maintenues, confirmées ou réglementées par le conseil des Cinq-cents le 20 frimaire an V, puis par les Consuls le 23 messidor an IX (12 juillet 1801), plus tard par divers arrêts de la cour de cassation, enfin par le décret du 19 novembre 1859.

Quoique son origine ne puisse être déterminée exactement, la prud'homie de Marseille existait déjà en 1349 et probablement bien avant en raison du caractère de la création de cette ville. Elle est mentionnée depuis cette date dans de nombreuses lettres patentes.

La même incertitude règne au sujet de la prud'homie des Martigues dont il est fait mention dans plusieurs lettres patentes, notamment dans celles de la reine régente Yolande d'Aragon en date du 18 janvier 1420. A cette époque et jusqu'en 1801 toutefois, les communautés de pêche existantes dans le golfe de Fos et sur l'étang de Berre portaient le nom de « confréries de Saint Pierre » et leurs prud'hommes celui de « Syndics ». A Martigues même, il y avait la confrérie du petit art qui habitait l'île Saint-Giniès et la confrérie du grand art qui habitait Jonquières. Ces deux confréries fusionnèrent en une seule prud'homie (décret de 1791 et arrêté du 12 juillet 1801).

La prud'homie de Cassis, rétablie en 1790, fonctionnait plus anciennement ainsi que le rappelle l'article 9 du décret du 8 décembre 1790, sans qu'on puisse en préciser l'origine.

Celle de la Ciotat existait antérieurement au décret de l'assemblée nationale, ainsi que le prouve un acte du 16 mai 1738, conservé dans ses archives.

Le tableau suivant indique la création des autres prud'homies :

Désignation du port.	Date de la création.	Désignation du port.	Date de la création.
Toulon	10 avril 1618	Saint-Laurent de la Salanque	» »
Cannes	7 mai 1723	Collioure	25 décem. 1801
Gruissan	9 mars 1791	Nice	» »
Agde	9 mars 1791	Villefranche	» »
Sérignan	9 mars 1791	Menton	» »
Saint-Tropez	9 avril 1791	La Seyne	15 juin 1803
Cette	» »	Saint-Raphaël	13 août 1811
Antibes	3 avril 1792	Banyuls	30 avril 1820
St-Nazaire (Sanary)	3 avril 1792	Bastia	15 août 1821
Bandol	» »	Aigues-Mortes	6 décem. 1863
Bages	12 juillet 1801	Ajaccio	19 juillet 1869
Leucate	» »	Le Brusq	20 octobre 1871
		La Nouvelle	12 juillet 1877

Élection des prud'hommes. — Le plus ancien document relatif

à l'élection et à la juridiction des prud'hommes pêcheurs date du
14 octobre 1431 (1). En voici un fragment en vieille langue
provençale :

« Que los diehs pescados pensean eligire cascun an en la festa
de calenas quatre bons homes los quals ayan la conneissença de
todas las causas sobre ellos capitoleiadas, los quals juran cascun
an quan si elegiron de ben et fialment fare luz offici al taulier
de lou Viguier enfin commo fan lous autres officiers de la villa. »

Traduction. — « Que les dits pêcheurs soient tenus d'élire
chaque an aux fêtes des calendes quatre prud'hommes qui entendent des affaires de la communauté, lesquels prêteront serment
chaque année après leur élection, de bien et fidèlement remplir
leurs fonctions en présence du Viguier, comme font les autres
officiers de la ville.

La durée d'un an, la date de l'élection, la prestation de serment et l'obligation du vote sont encore en vigueur actuellement;
mais, à maintes reprises, certains changements, du reste éphé-
mères, furent apportés. C'est ainsi qu'en 1636 les prud'hommes
de Marseille obtinrent le privilège de choisir huit patrons pour
désigner leurs successeurs.

Cette élection au second degré fut supprimée en 1666 et l'ancien
errement fut repris. Une seconde modification, consacrée par
lettres patentes du 4 octobre 1778, eut le même sort. Elle consistait
à former, avec les prud'hommes sortants, leurs prédécesseurs et
24 conseillers, un conseil qui élisait, au scrutin secret, les futurs
juges parmi les douze candidats présentés à raison de trois par
prud'homme en exercice. Cette réforme, qui enlevait à la communauté le contrôle des comptes et excluait de l'entrée à la pru-
d'homie la plupart des patrons, fut supprimée le 2 août 1789 par
le vote de la corporation qui décida qu'à l'avenir « l'élection des
prud'hommes sortant de charge serait faite à haute voix et sans
aucune proposition préalable, chaque membre pouvant nommer
qui lui plairait » (2). On procéda de cette manière dès 1790 à la
désignation des quatre prud'hommes qui furent élus séparément,
à la pluralité des voix d'appel.

Ce mode d'élection dura jusqu'à la promulgation du décret du

(1) Archives de la prud'homie de Marseille.
(2) Archives de la prud'homie de Marseille.

20 octobre 1871 (1) qui établit le scrutin secret dans toutes les prud'homies pour assurer à la fois l'indépendance de l'électeur et l'impartialité des élus.

Date des élections. — Fixée par le règlement de 1431 aux fêtes des calendes, le lendemain de la Noël, elle ne fut pas changée jusqu'au 4 nivôse an VI (25 décembre 1797). La prud'homie dut, en effet, cette année-là, renvoyer les élections au mois de germinal, en exécution de la loi générale qui fixait à cette époque toutes les élections sur le territoire de la République et « pour ne pas perpétuer le souvenir de certaines fêtes que la loi ne reconnaît pas et que le fanatisme s'efforce de conserver ». L'ancienne date fut néanmoins rétablie par arrêté du préfet des Bouches-du-Rhône le 29 floréal an XII (20 mai 1804) et elle a été adoptée par le décret du 19 novembre 1859.

Elle a l'avantage de correspondre avec la clôture de l'exercice, tout en conservant une tradition à laquelle les pêcheurs paraissent tenir, puisque, consultées en 1882 sur le renvoi des élections aux fêtes de Pâques, 22 communautés sur 26 se prononcèrent pour le maintien.

Une exception est faite pour les corporations autrefois italiennes de Nice, Villefranche et Menton qui élisent leurs prud'hommes à Nice, la veille de la saint Pierre, à Menton le lendemain et à Villefranche le 1er dimanche qui suit la fête du patron des pêcheurs.

Qualités des éligibles. — Depuis le règlement de 1431, bien des conditions ont été exigées des candidats à la prud'homie. Mais la condition essentielle a toujours été d'être patron-pêcheur dans la communauté. Les autres sont indiquées dans l'arrêt du conseil d'état du roi (9 novembre 1776) et dans les lettres patentes de 1778 qui prescrivaient que les prud'hommes seraient choisis parmi les patrons « qui ont fait la pêche pendant 10 ans dans les mers de Marseille (2) avec bateaux et filets à eux appartenant ». Toutefois, les fils des membres de la communauté, entrant en jouissance des droits de patrons au moment qu'ils possèdent des barques de pêche équipées, étaient également éligibles. Ne pouvaient être élus les redevables de la communauté, les fils non

(1) Par exception, les prud'hommes de Menton choisissent eux-mêmes leurs successeurs (dépêche ministérielle du 10 juin 1882).
(2) Les mers de Marseille s'étendaient du cap Sicié au cap Couronne.

émancipés de patrons, les parents jusqu'au troisième degré inclusivement. Quant au premier prud'homme, il devait être pris parmi ceux qui ont exercé déjà la charge de prud'homme.

Ces règles ont été pour la plupart modifiées. L'obligation d'être possesseur d'un bateau et d'engins de pêche et celle d'avoir fait le service militaire ont été supprimées, cette dernière par décret du 20 octobre 1871. Actuellement est éligible tout inscrit âgé d'au moins 40 ans, français ou naturalisé, pratiquant la pêche depuis un an dans la circonscription d'une prud'homie, faisant de la pêche sa véritable, sinon son exclusive profession, ayant été titulaire d'un rôle d'équipage pendant au moins trois trimestres de l'année dans laquelle il fait acte de candidat, ayant acquitté l'abonnement ou la demi-part afférant à cette période d'armement (1), n'ayant subi aucune peine afflictive ou infamante, ni subi trois condamnations par application de la loi du 9 janvier 1852. Les parents ou alliés jusqu'au troisième degré inclusivement ne peuvent faire partie du même tribunal. Enfin l'obligation de savoir lire ou écrire n'est pas exigée, de sorte qu'assez souvent les prud'hommes ne peuvent lire ni signer leurs sentences.

A l'exception des prud'hommes sortants de Nice, qui ne sont rééligibles qu'après un an de cessation de fonctions, les prud'hommes sortants sont immédiatement rééligibles dans les autres communautés.

Quant au premier prud'homme, il ne peut être choisi que parmi les anciens juges. Il est immédiatement rééligible.

Le premier congrès national de la pêche côtière tenu à Marseille, en avril 1893, a exprimé au sujet des conditions requises des candidats à la prud'homie deux vœux qui devraient être renouvelés par le congrès de 1900, pour que l'administration de la marine les prît en considération. Ces vœux consistent dans *l'obligation du service militaire des Français et naturalisés, à moins d'infirmités et la fixation de l'âge minimum à trente ans.*

Opérations électorales. — Chaque année, en novembre, les syndics des gens de mer et les gardes maritimes dressent la liste générale des patrons ayant justifié du temps d'armement exigé et du paiement de l'abonnement correspondant. Cette liste reste

(1) Le droit à l'électorat, suspendu pour celui qui n'a pas satisfait à l'une quelconque de ces obligations, se recouvre dès qu'elle a été remplie.

affichée pendant 10 jours dans la salle de la prud'homie pour que puissent se produire les demandes en inscription ou en radiation. Celles-ci sont instruites par le commissaire de l'inscription maritime qui décide de leur valeur et arrête la liste définitive des votants.

Le bureau de vote se compose des prud'hommes en exercice, avec l'assistance de patrons, sous la présidence du commissaire de l'inscription maritime.

Dans les prud'homies importantes de Marseille, Toulon, Martigues et Cette, le sectionnement est autorisé pour épargner aux électeurs de trop longs déplacements, sous la présidence du chef du quartier ou d'un délégué ayant rang d'officier. Les prud'hommes élus résident dans les sections auxquelles ils appartiennent, tandis que le premier prud'homme doit être choisi parmi les patrons du chef-lieu de la prud'homie. Là s'arrête l'uniformité. « Tous les patrons de Marseille et de Toulon nomment tous leurs prud'hommes au scrutin de liste ; cette liste est obligatoirement composée de représentants des diverses localités maritimes comprises dans l'étendue de la juridiction. A Martigues, les électeurs de chaque syndicat désignent seuls leurs prud'hommes particuliers et votent en même temps pour le premier prud'homme. Ce mode de scrutin est également en usage à Cette, avec cette différence, que les patrons de la ville concourent seuls à l'élection du prud'homme major, lequel ne devrait pourtant pas être le représentant exclusif d'un groupe (1). »

Le recensement des votes des sections a lieu au siège de la prud'homie et un procès-verbal constate les résultats du scrutin.

Les candidats ayant obtenu la majorité absolue des votants, quel que soit le nombre des électeurs inscrits, sont seuls élus au premier tour de scrutin ; au second, la majorité relative suffit. En cas d'égalité dans les suffrages, la préférence est donnée au plus âgé.

Lorsqu'ils se représentent, les anciens prud'hommes doivent réunir la majorité absolue des voix.

A l'issue de la proclamation du vote, les nouveaux élus prêtent serment entre les mains du commissaire de l'insciption maritime « d'accomplir leur mandat avec conscience et loyauté ».

(1) Doynel, loc. cit.

Le premier congrès national de la pêche côtière a demandé
que *les élections n'aient lieu que tous les trois ans*. L'adoption de
ce vœu aurait pour effet d'augmenter l'impartialité, l'autorité et
la compétence des juges qui seraient soustraits à la préoccupation trop constante de leur renouvellement et pourraient, en s'élevant au-dessus des partis, acquérir par un mandat de trois ans,
plus d'expérience des affaires qui leur sont soumises.

Composition des prud'homies. — Le nombre des prud'homies est
fixé à 3 ou 5, par le Préfet maritime, suivant l'importance des
juridictions. Il leur est adjoint, selon que la prud'homie a 3 ou 5
titulaires, un ou deux suppléants élus dans la même forme.

La présidence est dévolue au 1er prud'homme qu'on appelle
aussi prud'homme major.

Les titulaires peuvent être remplacés par les suppléants en cas
d'empêchement, pour cause de maladie constatée ou autres motifs dont l'appréciation appartient au commissaire de l'inscription
maritime.

A ce propos, les congressistes marseillais ont exprimé le vœu
que le nombre des prud'hommes pût être porté à 7 et qu'il fût
déterminé à raison d'un prud'homme par cent patrons pêcheurs.
Ils ont demandé, en outre, que l'appréciation du remplacement
des titulaires par les suppléants appartînt au président de la
prud'homie.

Installation. — Titulaires et suppléants entrent en fonction le
1er janvier. Avant d'exercer leur charge, ils ont à se présenter
devant le tribunal de 1re instance dans le ressort duquel ils sont
domiciliés et d'y prononcer le serment suivant : « Je jure de remplir avec fidélité les fonctions de prud'homme pêcheur, de faire
exécuter ponctuellement les règlements relatifs à la pêche côtière,
de me conformer aux ordres qui me seront donnés par mes supérieurs, et de signaler les contraventions aux règlements sans
haine ni ménagements pour les contrevenants ». Cette formule
devrait être modifiée ainsi qu'il suit, conformément au vœu du
1er congrès national de la pêche côtière : « Je jure de remplir avec
conscience et loyauté les fonctions de prud'homme pêcheur. »

L'installation des prud'hommes, qui passe aujourd'hui inaper-
çue, comportait autrefois une certaine solennité. Voici, d'après
les archives de la prud'homie de Cette, quel était le cérémonial
habituel : « Ce jourd'hui, 27 décembre 1796, 7 nivôse an V de la

République une et indivisible, à onze heures du matin, les citoyens prud'hommes élus le jour d'hier, accompagnés des prud'hommes anciens et de nombre de patrons pêcheurs, se sont rendus en cortège à la maison commune, où étant, ils ont prêté serment entre les mains du président d'être fidèles à la nation, haine à la royauté, et de remplir avec zèle et fidélité les fonctions qui leur sont confiées ; après lequel serment, l'administration municipale les a accompagnés dans leur salle et les a installés. Cette cérémonie faite, le même cortège a accompagné l'administration municipale jusque sur le seuil de la grande porte d'entrée de la maison commune et se sont retirés. »

Le même cérémonial se retrouvait dans les autres ports, notamment à Marseille.

Costume. — « Dans les cérémonies publiques, les prud'hommes s'entouraient autrefois d'un important cortège. Les fêtes données par la corporation à Louis XIII en novembre 1622, le 16 février 1687 pour le rétablissement de la santé de Louis XIV, le 7 mai 1720 en l'honneur de la duchesse de Modènes, en 1744 pour la convalescence de Louis XV, et le 1er juillet 1777 à l'occasion de l'entrée à Marseille du comte de Provence, eurent un retentissement dont on retrouve l'écho dans les chroniques de l'époque. D'après l'*Almanach historique de Marseille*, de Grosson, ils avaient le droit, lorsqu'ils sortaient en grand apparat, de mettre sous les armes une compagnie de pêcheurs (1). »

Les prud'hommes portaient un costume spécial qui se composait d'un habit à la française, avec gilet, culotte courte, bas de soie noire, souliers à boucles d'argent, manteau court en satin, fraise et chapeau à la Henri IV orné de trois plumes d'autruche noires, que le prud'homme major remplaçait par des plumes blanches. A Marseille, ils avaient l'épée au côté ; à Martigues, ils suspendaient au cou par un ruban une médaille en argent sur laquelle était gravée une tartane de pêche. Après l'adoption des trois couleurs, ils ajoutèrent au chapeau une cocarde tricolore.

C'est ce costume sous lequel on les voyait dans toutes les cérémonies officielles à l'époque des processions et la veille de la fête de saint-Pierre. Ce jour là, à la Ciotat, par exemple, les prud'hommes costumés, précédés d'un tambour, la bannière de

(1) Doynel, loc. cit.

Saint Pierre déployée, allaient allumer eux-mêmes avec un cierge le feu de joie traditionnel dressé sur le quai de la Rive. Cette cérémonie s'est perpétuée jusqu'en 1899.

Naguère encore, à Marseille, le jour de la Saint-Pierre, une musique venait donner l'aubade devant la prud'homie et chercher les prud'hommes. Ceux-ci, costumés, se mettaient en marche, précédés de la musique et du drapeau de la communauté. Ce drapeau de dimensions très grandes, en soie rouge avec, au milieu de l'une des faces, l'effigie de saint Pierre et les attributs de ce saint, tandis que l'autre face représente le Christ, deux apôtres, et un pêcheur, était porté par trois patrons pêcheurs. Le cortège se dirigeait vers l'hôtel de ville ; puis, accompagné de la municipalité, se rendait à l'église de Saint-Laurent, en plein quartier pêcheur, pour entendre la messe. Les prud'hommes prenaient place à la droite de l'autel, les autorités locales à gauche. La même cérémonie avait lieu le jour de la fête du Sacré Cœur ; ce jour-là les prud'hommes suivaient par les rues de la ville la procession votive, placés immédiatement après le dais.

Aujourd'hui, bien que les pêcheurs fêtent encore la Saint-Pierre, cette fête a changé de caractère et pris un aspect plus moderne, mais moins pittoresque. Ils ne revêtent plus l'ancien costume, le plus souvent même ils sont en vêtement civil.

Après 1869, l'ancien costume fut remplacé, dans la plupart des prud'homies, par un costume semblable à celui des juges : robe gros bleu, rabat blanc, toque bleue, ceinte d'un galon d'argent pour les simples prud'hommes et deux galons pour le major, avec une ancre en argent. A Martigues, la médaille a été maintenue.

Du reste, le décret de 1859 laisse toute liberté à ce sujet et l'article 28 est ainsi conçu : « Les prud'hommes porteront le costume qu'ils ont adopté jusqu'à ce jour dans les localités où ils sont établis. »

Attributions. — Le décret de 1859 a déterminé d'une manière précise les diverses attributions des prud'hommes ; mais il donne lieu à bien des critiques et des protestations de la part des pêcheurs. Sa revision a été demandée au premier congrès national de la pêche côtière en 1893. Tous les membres se sont intéressés aux modifications qu'il conviendrait d'apporter à ce décret qui a consacré des usages surannés, contraires au progrès et encore aujourd'hui en vigueur.

A. Attributions judiciaires. — Les attributions judiciaires les plus étendues furent de tout temps conférées aux prud'hommes. Déjà le règlement de 1431 leur donnait le droit de statuer sur tous les différends entre pêcheurs. Henri II, par lettres patentes du 25 juillet 1557, les confirma dans ce privilège. Louis XIII leur donnait « pouvoir, puissance et faculté d'ordonner sur le fait, forme, ordre et manière de la pesche, connaître, juger et décider souverainement, sans forme ni figure de procès et sans écriture, ni appeler avocats, ni procureurs, de tous procès et différens qui peuvent naître entre lesdits pescheurs, pour et à cause de ladite pesche ». Les mêmes prérogatives furent accordées par Louis XIV (mai 1660) et Louis XVI (4 octobre 1778). Enfin, par l'article 17 du décret de 1859, les prud'hommes « connaissent seuls sans appel, révision ou cassation, de tous les différends et contestations entre pêcheurs survenus à l'occasion des faits de pêche, manœuvres et dispositions qui s'y rattachent, dans l'étendue de leur juridiction. »

Le premier congrès a demandé avec juste raison que les prud'hommes tinssent avant la séance du tribunal une séance de conciliation. En outre, comme l'exécution immédiate des sentences prud'homales et le caractère absolu de leur verdict constituent un abus et un danger qu'il est bon de faire disparaître, le congrès tout entier n'a pas hésité à proclamer la nécessité d'une sorte de cour d'appel qui serait composée de 3, 5 ou 7 anciens prud'hommes (1), suivant l'importance de la juridiction, et devant laquelle, en cas de réclamation des intéressés, seraient portées, discutées, modifiées ou annulées, le cas échéant, les sentences prud'homales.

D'autre part, le droit de récusation n'est pas inscrit dans le décret de 1859. Il serait souhaitable de combler cette lacune et que ce droit devînt même une obligation lorsqu'une des parties serait unie par des liens de parenté ou d'alliance jusqu'au troisième degré inclusivement avec l'un des juges siégeant ce jour-là. En ce cas, le commissaire de l'inscription maritime ou le prud'homme major déléguerait un titulaire ou un suppléant aux lieu et place du prud'homme visé.

(1) Ils seraient nommés dans la même forme que les prud'hommes actuels et pour une période de 3 ans.

Afin de prévenir autant que possible les rixes, dommages ou accidents, les prud'hommes sont, en outre, chargés, sous l'autorité du commissaire de l'inscription maritime : de régler entre les pêcheurs la jouissance de la mer et des dépendances du domaine public maritime ; de déterminer les postes, tours de rôle, sorts ou baux, stations et lieux de départ affectés à chaque genre de pêche ; d'établir l'ordre suivant lequel les pêcheurs devront caler leurs filets de jour et de nuit, et de fixer les heures auxquelles certaines pêches devront faire place à d'autres ; de prendre toutes les mesures d'ordre et de précaution qui, à raison de leur variété et de leur multiplicité, ne sont pas prévues par le décret de 1859 ; enfin de concourir, conformément à l'article 16 de la loi du 9 janvier 1852, à la recherche et à la constatation des infractions en matière de pêche côtière.

Ces dispositions deviennent obligatoires après l'approbation du commissaire de l'inscription maritime, à moins que l'importance des intérêts en jeu ne nécessite la sanction du préfet maritime qui peut les régler sous forme d'arrêtés dans les conditions fixées par l'article 12 du décret du 10 mai 1862. L'autorité judiciaire est seule compétente pour connaître des infractions à ces arrêtés, les prud'hommes ne pouvant, dans ce cas, que les constater et dresser procès-verbal pour les faire parvenir, par la voie hiérarchique, au procureur de la République (décret du 18 octobre 1830).

Les prud'hommes ne peuvent pas davantage connaître des contraventions aux lois et règlements généraux sur la pêche. Ce droit qui leur était dévolu par les anciennes ordonnances et qui leur fut maintenu, à titre provisoire, en 1790 (décret du 8 octobre), a été restreint de plus en plus et depuis le décret-loi du 9 janvier 1852, est supprimé totalement. La répression des contraventions en matière de pêche générale appartient aux tribunaux correctionnels ; les prud'hommes sont tenus seulement de rechercher, de constater et de signaler les infractions. A ce titre, ils doivent obéir aux ordres des commissaires de l'inscription maritime et aux réquisitions des inspecteurs de pêche et des syndics des gens de mer.

Enfin, lorsque deux tribunaux de prud'hommes prétendent à la connaissance de la même affaire, le conflit de juridiction est porté ; par la voie hiérarchique, devant le préfet maritime ou le chef de service de la marine, si les deux prud'homies sont situées

dans le même sous-arrondissement et devant le préfet maritime
si elles sont situées dans deux sous-arrondissements différents.
Leur décision est définitive. Parfois, le préfet maritime, au lieu
de statuer lui-même, saisit l'autorité supérieure qui renvoie le
conflit devant une tierce prud'homie.

Ces divers articles des décrets de 1852 et de 1859 n'ont provoqué aucune discussion importante dans le congrès de Marseille.
Pourtant, les pêcheurs congressistes ont formulé le vœu que :
« dans le cas où la détermination des postes, tours de rôle, etc.,
soulèverait des réclamations de la part des patrons-pêcheurs, une
pétition, pourvu qu'elle soit signée du tiers des membres de la
communauté, puisse être adressée au premier prud'homme afin
de réunir la corporation en assemblée générale, sans que le commissaire de l'inscription maritime ait le droit de s'y opposer (1). »

B. Attributions administratives. — Les prud'hommes sont
chargés d'administrer les affaires de la communauté : préparation
du budget, recouvrement de la demi-part et du produit des amendes,
encaissement des rentes sur l'état et du revenu des biens meubles
et immeubles de la communauté, paiement des frais et fournitures de toute nature, pensions de secours accordés aux pêcheurs,
à leurs veuves et orphelins, etc.

Pour ces fonctions, les prud'hommes ne reçoivent aucune
indemnité. Ils sont exempts des levées et de tout service public ;
mais cet avantage ne s'applique pas aux suppléants. Ils peuvent
recevoir, à titre d'indemnité de frais de costume et autres, résultant de leur charge, une allocation proportionnée aux ressources
de la communauté. Cette allocation devrait être déterminée, suivant le vœu du premier congrès, chaque année, par trois membres
désignés à cet effet en assemblée générale et faire l'objet d'un
rapport pour être soumis à l'approbation d'une nouvelle assemblée. générale.

Lorsqu'ils sont détournés de l'exercice de leur industrie dans
l'intérêt des pêcheurs, et sur leur demande approuvée par le commissaire de l'inscription maritime, les prud'hommes reçoivent,

(1) Cette assemblée générale serait réunie par lettres de convocation à
l'adresse des patrons-pêcheurs qui seraient à ce moment en règle avec la
caisse. La convocation spécifierait l'ordre du jour de l'Assemblée qui serait
présidée conformément à l'art. 11 ; le vote aurait lieu selon le même article,
paragraphe 2 du décret de 1859.

ainsi que le garde qui les accompagne, une indemnité que ce fonctionnaire détermine suivant les circonstances et l'utilité du déplacement.

Les prud'hommes, déplacés sur l'ordre du commissaire de l'inscription maritime, dans l'intérêt général du service, sont assimilés aux syndics des gens de mer pour les frais de voyage qui leur sont dus.

Dans ces deux cas, les frais devraient être à la charge de l'administration de la marine (vœu du premier congrès de la pêche côtière).

Les prud'hommes sont secondés, dans l'administration des affaires de la communauté, par un secrétaire archiviste et un trésorier choisis, soit parmi les membres de la corporation, soit en dehors. Ces agents sont élus de la même manière que les prud'hommes, mais à la majorité absolue des suffrages, pour une durée indéterminée. Leur remplacement a lieu par suite d'une délibération de la communauté réunie en assemblée générale ou par ordre du préfet maritime, dans la forme prescrite par le paragraphe premier de l'art. 22 du décret de 1859. Le secrétaire archiviste est chargé de toutes les écritures et de la conservation des archives ; il est responsable des fonds et valeurs qui lui sont confiés, ainsi que des erreurs qu'il peut commettre dans sa gestion. Les registres de ces agents sont à la disposition de l'autorité maritime locale et des membres de la communauté. D'après le premier congrès de la pêche côtière, une commission de trois membres désignée en assemblée devrait avoir le droit de surveillance sur le secrétaire et le trésorier.

Audiences, jugements et voies d'exécution. — Les articles 23, 24 et 25 du décret de 1859 ont réglé ces divers points d'après un usage immémorial et qui, d'une manière générale, ne prêtent à aucune critique.

Chaque dimanche et lorsque le besoin l'exige, le tribunal des pêcheurs siège dans la salle de la prud'homie, sous la présidence du prud'homme major, qui exerce la police de l'Assemblée. En cas d'empêchement, le premier prud'homme est remplacé par le deuxième, celui-ci par le troisième, et ainsi de suite. Le nombre minimum des juges doit être de trois, les deux autres ayant été dûment convoqués, si la prud'homie comporte cinq membres.

C'est devant ce tribunal que sont jugés les différends de pêche.

Lorsqu'un pêcheur a quelque plainte ou réclamation à former contre un autre pêcheur, il charge le secrétaire archiviste de citer la partie adverse pour le dimanche suivant. Sous peine de destitution, cet agent est tenu de faire cette notification dans les vingt-quatre heures par tous les moyens en son pouvoir, et d'en informer le premier prud'homme, lequel en avise le commissaire de l'inscription maritime.

A la plus prochaine séance, sans autre forme de procès, ni écritures, ni ministère d'avoué, d'avocat ou d'autre personne, le président appelle à la barre le demandeur et le défendeur.

Après avoir entendu publiquement le premier dans sa plainte ou réclamation, le second dans ses moyens de défense ou explications, et, s'il y a lieu, les témoignages pouvant éclairer le débat, le tribunal, à la suite d'une délibération secrète, prononce la sentence qui est rédigée et signée sur papier libre et sans frais par le secrétaire archiviste.

Le défendeur qui fait défaut est condamné aux fins de la plainte, à moins qu'il ne justifie de l'impossibilité où il s'est trouvé de se présenter. Dans ce cas, l'affaire est remise au dimanche suivant.

Bien que la régularité des opérations du tribunal prud'homal puisse être contrôlée par le commissaire de l'inscription maritime, l'administrateur de la marine ou le syndic des gens de mer, suivant les localités, tous fonctionnaires ou agents ayant le droit d'assister aux séances, il n'en reste pas moins établi que les sentences sont immédiatement exécutoires et sans appel, que la barque et les engins du condamné, s'il refuse de se conformer à la sentence, sont saisis par le garde de la communauté, que main-levée ne peut être accordée que par le premier prud'homme qu'après parfait paiement, que, le paiement ne pouvant avoir lieu, les objets saisis sont vendus à la criée, à la barre du tribunal (1).

Admirable par sa simplicité, cette procédure comporte pourtant un abus ou plus exactement un excès de pouvoir qu'il faudrait atténuer par la création d'une cour d'appel devant laquelle la partie condamnée pourrait se pourvoir après les huit jours qui

(1) L'excédent du prix de vente sur la somme due au pêcheur en faveur duquel le jugement a été prononcé, est encaissé par le trésorier pour être tenu à la disposition de l'ayant-droit.

suivent la sentence. Cette cour, composée comme je l'ai indiqué plus haut, confirmerait, modifierait ou annulerait le premier verdict. Le vœu émis dans ce sens par le premier congrès de la pêche côtière mériterait d'être accepté par l'autorité maritime, ne serait-ce que pour éviter les représailles auxquelles les condamnés ne manquent pas de recourir à chaque élection prud'homale. Du reste, il n'est peut-être pas très juste de subir, dans tous les cas, sans appel, la sentence de juges qui, le plus souvent, en guise de considérants, se contentent de dire en provençal : *la lei vou coundano,* la loi vous condamne.

Les prud'hommes peuvent prononcer des amendes d'un franc à quarante francs dans les cas ci-après, désignés par l'art. 47 du décret de 1859 : contre les patrons qui, régulièrement convoqués, n'assistent pas, sans motif valable, aux assemblées générales ou autres ; contre ceux qui ne se conforment pas au tour de rôle établi pour la teinture ou l'étendage des filets ; contre ceux qui sont convaincus de manœuvres tendant à les soustraire, en tout ou en partie, au paiement de la demi-part; contre ceux qui se présentent dans la salle avec armes ou bâtons ; contre ceux qui troublent l'ordre dans les audiences ou assemblées, qui refusent les témoignages, explications ou arbitrages réclamés par le tribunal, qui ne font pas teindre leurs filets dans les chaudrons de la communauté, qui commettent enfin des infractions aux règles et usages adoptés pour le partage de la mer entre les pêcheurs. Si les infractions précédentes offrent un caractère inusité de gravité, une exclusion temporaire ou définitive de la communauté peut être ajoutée à l'amende par le commissaire de l'inscription maritime.

Budget des prud'hommes ; assemblées générales. — Pour subvenir aux frais d'administration de la communauté, les prud'hommes peuvent effectuer plusieurs sortes de recettes. En premier lieu ils perçoivent sur le droit de pêche soit un abonnement conventionnel dont le montant, versé chaque trimestre, est déterminé par la communauté, soit une contribution dite *demi-part* (1). Celui-là a été autorisé par le décret de 1859 ; celle-ci, également

(1) Celle-ci se compose d'un quart d'une part de matelot prélevé sur la portion revenant à l'équipage et d'un quart de la même part prélevé sur la portion revenant au propriétaire de l'embarcation.

inscrite dans l'art. 38 du même décret, est perçue depuis un siècle et demi, en vertu des décrets royaux des 6 mars 1728 et 28 décembre 1829. Afin de s'assurer de la sincérité des déclarations des pêcheurs, les prud'hommes ont le droit de se faire délivrer des extraits des carnets des peseurs publics et de se livrer à toutes autres investigations légales pour faire entrer à la caisse de la prud'homie les prestations qui lui sont dues. Ils ont recours contre les patrons qui sont seuls responsables du paiement de l'abonnement ou de la demi-part et peuvent, pour le recouvrement de ces taxes, user des voies de contrainte dont ils disposent pour l'exécution des jugements et le paiement des amendes.

En second lieu, les recettes effectuées par les prud'hommes consistent dans les amendes auxquelles les patrons ont pu être condamnés pour délits de pêche et autres infractions aux règlements.

Le budget des recettes comprend, en outre, les rentes sur l'État et autres revenus des biens meubles et immeubles appartenant à la communauté.

Celui des dépenses consiste dans le paiement des impôts de toute nature tels que frais d'administration, de location d'appartements, d'achats de costume, d'entretien et d'achat de mobilier, d'entretien et réparation des immeubles de la communauté, dépenses des cérémonies publiques et du culte, pensions de secours accordées aux pêcheurs de la juridiction, ainsi qu'à leurs veuves et orphelins. Recettes et dépenses ne sont effectuées que sur des mandats délivrés par le 1er prud'homme et visés, suivant les localités, par le commissaire de l'inscription maritime, l'administrateur du sous-quartier ou le syndic des gens de mer.

Le budget est réglé pour chaque exercice par la communauté réunie en assemblée générale. Il en est de même de la reddition et de l'apurement du compte de l'année écoulée. Ces assemblées générales sont présidées par le commissaire de l'inscription maritime qui a le soin de soumettre l'approbation du budget et du compte administratif d'abord à l'assemblée, puis au Préfet maritime ou au chef de service de la marine, conformément à l'art. 37 du décret de 1859. Autrefois, la discussion du budget et du compte était présidée par le viguier, plus tard par un officier de l'amirauté, enfin par un officier municipal et le procureur de la commune. En 1818, les prud'homies ayant été placées entièrement dans les attributions du ministre de la marine, et elles en dépendent depuis cette époque, les assemblées générales ne relèvent d'aucune manière des municipalités et autres autorités.

Révocation et dissolution. — Les prud'hommes peuvent être révoqués de leurs fonctions par le préfet maritime après une enquête préalable à laquelle procède le commissaire de l'inscription maritime. Cette révocation devrait également pouvoir être prononcée par la majorité absolue des patrons-pêcheurs réunis en assemblée générale (vœu du 1er congrès de la pêche côtière).

D'autre part, la dissolution de la prud'homie peut être prononcée par le ministre de la marine, sur la proposition du préfet maritime ou du chef de service de la marine. Aussitôt après la dissolution, il est procédé à de nouvelles élections ; les nouveaux élus ont un mandat qui expire avec l'année pendant laquelle ils ont été désignés. A ce propos, le Congrès de Marseille a exprimé le vœu qu'en cas de dissolution, les élections prud'homales aient lieu dans le délai maximum de trente jours.

Pêcheurs étrangers. — L'accès des prud'homies de pêche a été ouvert aux pêcheurs étrangers en vertu du pacte de famille, à la condition expresse qu'ils seraient sur le même pied que les nationaux, supporteraient les mêmes charges et reconnaîtraient l'autorité des prud'hommes. Un arrêt du 9 mars 1776 renvoya cependant à l'intendant de la province la connaissance des contraventions commises par les pêcheurs étrangers.

Cette procédure dura jusqu'en mars 1786 où, par arrêté, les étrangers furent justiciables des prud'hommes.

A partir de la promulgation du traité de commerce et de navigation conclu le 6 février 1882 entre la France et l'Espagne, les Espagnols perdirent le droit de pêcher dans les eaux françaises. Il en fut de même des Italiens qui, pendant quelques années, ne purent exercer leur industrie qu'en vertu d'une simple tolérance.

Depuis la loi de 1886, la pratique de la pêche dans les eaux françaises n'est permise qu'aux Français ou aux naturalisés. Il est bien évident que ceux-ci n'hésitent pas à remplir les formalités de naturalisation pour avoir le droit de pratiquer leur art ; mais, dès qu'ils ont ramassé un petit pécule, ils abandonnent leur patrie d'adoption et retournent vers le sol natal. On s'est préoccupé de ces changements de nationalité guidés par un intérêt trop immédiat. Quoi qu'il en soit, il serait urgent, au lieu de faciliter les admissions d'étrangers, de les rendre d'un accès difficile et d'exiger le service militaire.

Conclusions. — Comme conclusions, le congrès international des pêches maritimes réuni à Paris en 1900 devrait, à mon avis, retenir, discuter et faire aboutir, s'il y a lieu, les principaux points suivants :

1° Durée triennale du mandat des prud'hommes ;

2° Fixation à 30 ans de l'âge minimum des prud'hommes ;

3° Fixation du nombre des prud'hommes à 3, 5 ou 7, à raison d'un prud'homme par cent patrons pêcheurs ;

4° Désignation du remplacement des titulaires par les suppléants laissée à l'appréciation du major ;

5° Obligation d'une séance de conciliation avant l'audience régulière du tribunal ;

6° Autorisation du droit de récusation au moins quand l'un des prud'hommes siégeants est parent ou allié de l'une des parties ;

7° Frais de déplacement des prud'hommes à la charge de l'autorité maritime ;

8° Remplacement des prud'homies dissoutes dans le délai maximum d'un mois ;

9° Création d'une Cour d'Appel composée d'autant de membres qu'il y a de prud'hommes dans la juridiction, choisis parmi les anciens prud'hommes, nommés pour une durée de trois ans, avec le mandat de maintenir, modifier ou annuler les sentences prud'homales, sur l'appel de l'intéressé dans le délai de sept jours pleins à partir du prononcé du jugement ;

10° Obligation du service militaire pour les naturalisés pêcheurs.

L'ordre du jour étant épuisé et personne ne demandant la parole, la séance est levée à 11 h. 1/2.

Séance du 17 septembre 1900.

PRÉSIDENCE DE M. ÉMILE CACHEUX, *Président.*

La séance est ouverte à 9 heures.

M. CACHEUX présente une communication sur *les habitations à bon marché en faveur des marins.* Après discussion de cette très intéressante communication, la Section émet le vœu que *les différents Gouvernements procèdent à une enquête sur les conditions des logements des marins-pêcheurs et sur les mesures à prendre pour les améliorer.*

MM. les docteurs O'FOLLOWEL et H. GOUDAL présentent une trousse de pansement; plusieurs membres de la Section prennent la parole à ce sujet et signalent combien il serait nécessaire pour les marinspêcheurs de posséder à bord une pochette de secours.

La Section, comme conclusion de cette discussion, émet le vœu *qu'on mette à l'étude les moyens d'assurer aux marins-pêcheurs la fourniture d'une pochette de secours à bon marché.*

M. le docteur BARET fait une communication sur *l'hygiène des marinspêcheurs à bord.* La question de l'alcoolisme donne lieu à une très intéressante discussion.

MM. ALTAZIN et TÉTARD-GOURNAY, tous deux armateurs à Boulogne, disent que les pêcheurs aux harengs. qui ont un travail extrêmement pénible, ne peuvent pas se passer d'alcool; il faut à un labeur excessif un stimulant énergique.

Cette opinion est combattue par M. le docteur PINEAU et par M. le docteur BARET.

M. SPOTTSWOOD GREEN signale pour combattre la fatigue, l'emploi que l'on fait en Irlande, des infusions de thé et de café; le sucre luimême peut être efficacement employé comme stimulant. Les marinspêcheurs américains qui se passent d'alcool produisent autant de travail que nos Terre-Neuviens.

A la suite de la discussion, la Section adopte le vœu suivant:

Le Congrès, reprenant les vœux adoptés par les précédents congrès, émet le vœu que les plus grands efforts soient faits dans les ports de pêche pour améliorer l'hygiène des marins-pêcheurs, tant à bord qu'à terre, et pour donner à ces marins les notions qui leur sont nécessaires à cet effet.

M. le docteur PINEAU donne lecture d'une note *monographique sur le pêcheur rochelais.*

Une phrase de cette monographie ramène la question sur les écoles de pêche, et M. ALTAZIN trouve que l'école de Boulogne aura de grandes difficultés à prospérer, parce que les jeunes marins y sont admis à l'âge de 13 ans et que cet âge est celui où ils commencent à rapporter un peu d'argent à la famille.

M. ALTAZIN préfère voir les cours de navigation dans les écoles primaires.

M. HAMON réplique qu'à Groix l'école a donné d'excellents résultats et à ce propos il rappelle l'œuvre de la Société *l'Enseignement technique et professionnel des pêches maritimes*, qui a fait introduire, grâce à M. le Ministre de l'instruction publique, l'instruction nautique dans 427 écoles primaires du littoral.

M. Jules BEAUD, directeur de la Compagnie *l'Éternelle*, donne lecture d'une communication sur *l'assurance des marins dans les Pays-Bas.*

L'ASSURANCE DES MARINS EN HOLLANDE

PAR M. JULES BEAUD

———

Si, en France, commence à se dessiner à un point de vue enfin pratique la grave question des mesures à prendre pour assurer aux populations du littoral un bien-être en raison de leurs efforts et de leur production, l'étranger, lui aussi, se préoccupe d'élever moralement et matériellement la situation du marin pêcheur (1).

Le récent congrès d'Utrecht et divers documents qu'il nous a été possible de nous procurer nous permettent d'exposer l'état de la question dans les Pays-Bas.

Si nous en jugeons par le rapport de M. G. Dirkzwager, vice-président de l'association pour l'encouragement des pêcheries néerlandaises, les marins de ce pays ne possèdent pas d'institution vraiment pourvue d'éléments suffisants pour leur venir en aide en cas de détresse. L'État lui-même n'a pas encore envisagé sérieusement cette question, cependant bien intéressante, de l'assurance des marins et celle de leur matériel de pêche.

(1) En Allemagne fonctionne la loi du 13 juillet 1889, en France celle du 21 avril 1898 et en Danemarck celle de février 1898.

Le système français, qui tend à protéger le marin, sans être parfait, avec ses sociétés de secours, ses œuvres d'assistance, ses sociétés locales de reconstitution du matériel de pêche, ses sociétés d'assurances, et sa loi du 21 avril 1898 qui constitue une caisse de prévoyance, est cependant supérieure à l'organisation néerlandaise qui repose principalement sur la charité.

M. Dirkzwager trace un tableau bien instructif sur les procédés en usage lorsque, en un port hollandais, la nouvelle se répand du naufrage d'un bateau de pêche. D'après M. Dirkzwager, l'armateur assumerait une certaine responsabilité morale des désastres qu'ont à déplorer les familles du littoral de la Néerlande ; en effet, les ordres qu'il donne au capitaine de bateau sont des plus rigoureux, notamment celui de ne pas rentrer au port sans une pleine cargaison de poissons quel que soit l'état de la mer.

Donc, si la nouvelle de la perte d'un bateau de pêche est reconnue exacte, il y a des veuves et des orphelins à secourir. On s'adresse aussitôt au « fonds de bienfaisance » que possède chaque commune du littoral. Ce fonds est alimenté par les pêcheurs, d'une part, puis par les armateurs qui doivent y verser une somme en raison du nombre de bateaux qu'ils ont à la mer, par les dons, et enfin par la charité publique à laquelle on a recours dans des proportions très larges.

Or, il y a lieu de remarquer que les marins paient à regret et s'efforcent de ne rien donner en objectant qu'ils n'ont pas, en cas de décès, à laisser d'argent aux héritiers de leurs camarades morts avec eux, ni même aux leurs. L'armateur, de son côté, ne suffit pas à entretenir le « fonds de bienfaisance », sa participation étant généralement faible. Reste donc la charité, en dehors des dons très rares, qui doit pourvoir à l'entretien des fonds de bienfaisance.

Quelques-uns de ces fonds cependant peuvent être considérés comme de véritables sociétés de secours mutuels ; celui de Vlaardingen possède un capital de réserves de 80,000 florins. Il accorde des secours aux veuves des pêcheurs, aux veuves des habitants de la commune décédés, aux orphelins une somme qui varie de 3 florins à fl. 0,75 par semaine, pour la première année ; de fl. 2,25 à fl. 0,80 par semaine également pour la deuxième année et enfin de fl. 1,50 à fl. 0,25 pour la troisième année.

Les marins âgés reçoivent fl. 1 par semaine pendant toute leur vie.

Enfin, les veuves et les orphelins habitant hors de la commune reçoivent : 200 et 25 florins. Quant aux marins résidant hors de la Hollande, il leur est alloué 100 florins, au maximum.

Dans ces dernières années le fonds de Vlaardingen n'ayant pas eu à déplorer un très grand nombre d'accidents, les secours ont été plus élevés et accordés pendant 8 années dans les proportions suivantes :

	1re Année	2e Année	3e Année	An. suiv.
Chaque semaine :				
Veuves de marins.	Fl. 3	Fl. 2,25	Fl. 1,50	Fl. 1
Veuves de terriens	— 2	— 1,50	— 1	— 0,50
Orphelins	— 1	— 0,75	— 0,50	— 0,25

Veuves et orphelins n'habitant pas Vlaardingen, les premières : fl. 300, les seconds : fl. 50.

Veuves et orphelins résidant en dehors de la Néerlande : fl. 200 au maximum.

A Maasluis, on accorde par semaine fl. 1,50 aux veuves et fl. 0,25 aux enfants.

A Scheveningen, on alloue chaque semaine, et ce pendant toute sa vie, à la veuve 1 fl. 25; durant les 13 semaines de l'hiver elle a droit à 1 fl. 50; les enfants reçoivent dans les mêmes conditions, mais jusqu'à leur 10e année 0 fl. 25 et 0 fl. 50.

Les pêcheurs de ce dernier port paient au fonds 3 fl. de contribution par année.

Katwigk donne à chaque veuve fl. 2,50 et 0 fl. 50 à chaque enfant.

Ainsi que nous venons de le signaler plus haut, le fonds de bienfaisance de Vlaardingen est une exception, aussi le conseil municipal de chaque commune autorise-t-il les administrateurs des fonds à faire appel à la charité pour soulager les infortunes.

A ce propos, M. Dirkzwager, dans son rapport, s'élève avec violence contre les procédés de certains armateurs qui, soit par des annonces dans les journaux locaux, soit par des *quêteurs professionnels*, attirent quelques milliers de florins qui restent dans leurs caisses et qu'ils ne distribuent qu'à leur gré et avec une grande parcimonie.

M. Dirkzwager insiste notamment sur ce point que souvent l'armateur se substitue au fonds de bienfaisance et, autorisé par le conseil municipal, quête, distribue à sa guise et le plus souvent se trouve libéré à bon compte de ses obligations envers les ayants-droit des victimes.

On sait que la Hollande est le pays de la *collecte ;* il n'est pas, en effet, de petite commune qui ne possède *un fonds :* Fonds d'enterrement, de veuves, de première communion, de maladie, de bienfaisance. Les uns sont florissants et prospères, les autres sont dans un état de tel appauvrissement et de fonctionnement si précaire que le gouvernement semble avoir l'intention d'élaborer une loi de contrôle englobant dans une même réglementation les caisses, boîtes, collèges, fonds qui existent dans les Pays-Bas (1).

Cet état de choses peu conforme ni à l'humanité, ni à l'intérêt de chacun, et la charité publique n'étant pas inépuisable, certains armateurs de *Maasluis* songèrent à l'assurance et acceptèrent les conditions de la *première Compagnie d'assurances Néerlandaise* à La Haye qui demandait 30 florins par navire pour garantir une indemnité de 2.500 fl. Le risque était couru de juin à décembre pendant le temps de la pêche aux harengs.

Sur cette indemnité de 2,500 fl. l'armateur accordait : 400 fl. au capitaine et 200 fl. à chaque matelot. Incontestablement cette combinaison ne remplissait pas toutes les conditions désirées par les marins mais, en s'écartant de la charité, — ce qui était déjà un progrès sensible — ce système devenait rationnel tout en restant perfectible.

Si, d'autre part, on veut remonter le cours des statistiques qui ont dû servir de bases à la prime d'assurance on peut se rendre compte que le risque de naufrage dans la pêche aux harengs n'est pas absolument dangereux pour les Pays-Bas.

Ainsi, on compte 8 navires de perdus à Maasluis de 1897 à 1898.

Dans les divers ports Hollandais de pêche aux harengs, on

(1) M. Georges Hamon, secrétaire général de l'enseignement professionnel et technique des pêches maritimes, mon collègue, a traité cette question au congrès des sociétés savantes de 1899 à Toulouse. Son étude est intitulée « *les institutions de secours mutuels et d'assurances sur la vie en Hollande depuis le XVIe siècle.* »

relève pendant une période de 11 années, de 1886 à 1896, les sinistres suivants :

Années	Sinistres	Années	Sinistres
1886. . . .	néant	1892. . . .	néant
1887. . . .	1	1893. , . .	2
1888. . . .	1	1894. . . .	néant
1889. . . .	2	1895. . . .	7
1890. . . .	1	1896. . . .	1
1891. . . .	2		

Il est admis que 25 navires de perdus en 20 années ne constituent pas, au point de vue de l'assurance, un risque considéré comme *très dangereux*. Aussi l'indemnité correspondant à la prime n'est-elle pas en proportion avec le malheur qui frappe des familles entières et, de l'avis de M. Dirkzwager, il y aurait à revenir sur *la question de l'assurance du marin* pour les Pays-Bas.

M. Dirkzwager serait désireux de voir établir et fonctionner l'assurance intégrale : incapacités et cas mortels, en proportion des sommes reçues, absolument comme les industriels la supportent en raison des salaires qu'ils paient.

Dans l'esprit de l'auteur que nous citons, les *Fonds de bienfaisance* modifiés seraient désignés pour être les *organes d'assurances* ; il leur serait adjoint une commission d'enquête et de contrôle qui serait composée de divers éléments : conseillers municipaux, armateurs, marins, etc..., etc..., le nombre des membres de la commission étant proportionné à celui des navires à la mer.

En tenant compte des diverses considérations qui précèdent, il constate que les « fonds de bienfaisance » sont dans un état des plus précaires, qu'ils sont mal administrés et ne répondent pas à leur objet, qu'un nouvel organe est nécessaire afin de poursuivre le but social et humanitaire, dont actuellement les nations ont la charge. M. Dirkzwager fait appel aux compagnies d'assurances hollandaises et leur demande de dresser une tarification en faveur des marins pêcheurs comme elles en ont établi pour les ouvriers terrestres.

M. Dirkzwager s'est livré à un travail de statistique intéressant car il lui a permis d'établir approximativement des données mathématiques qui peuvent être un guide pour l'établissement de la

32

prime d'assurances. Il a relevé tout d'abord le salaire de plusieurs bateaux pratiquant la pêche aux harengs et au sel. En voici le décompte tel qu'il est exposé par M. Dirkzwager :

1er *bateau*. — *Pêche au hareng*, campagne de 6 mois avec 4 voyages effectués en 1897.

La compagnie a versé fl. 14567, sur lesquels il a été payé à l'équipage 3.275,00 à raison de :

Capitaine.	2 parts,	soit :	Fl.	553,50
Matelot . .	1 —	—	—	276,75
Marin âgé.	3/4 —	—	—	207,50
Jeune marin.	1 2 —	—	—	138,25
Novice. . .	1 3 —	—	—	92,25
Comptable .	1 4 —	—	—	69,22

2e *Bateau*. — *Pêche au sel*, campagne de 5 mois : fl : 7551 sur lesquels il a été payé à l'équipage 2.204,74 à raison de :

Capitaine .	24 lignes	soit :	Fl :	379,97
Matelot . .	12 —	—	—	198,86
Marin âgé .	10 —	—	—	162,45
Novice . .	7 —	—	—	119,04
Boulanger .	4 —	—	—	75,63
Mousse . .	4 —	—	—	75,63

3e *Bateau*. — *Pêche du poisson*, campagne de 4 mois 1 2 effectués en 8 voyages.

Soit florins.	3.745,69
desquels il y a lieu de déduire	1.644,94
pour frais divers : provisions,	
remorquage, frais de conduite,	
etc., etc.	
Soit net florins	2 100,75

partagés en 125 lignes, ce qui donnait la répartition suivante :

Capitaine .	16 lignes	soit :	fl :	170,75
Matelot . .	12 —	—	—	128,08
Marin âgé .	10 —	—	—	106,79
Novice . .	6 —	—	—	64,02
Boulanger .	4 —	—	—	42,80
Mousse . .	3 —	—	—	32,10

4e bateau. — *Pêche au hareng,* campagne du 15 juin au
1er décembre, rapport fl. 4 500
Partage : au capitaine 5 0/0 ou fl 300
Par matelot : fl. 168 ou 2,80 0 0, soit pour 7 matelots 1 176
2 garçons à fl. 84 ou 1,40 0/0 168

5e bateau, campagne du 1er février au 30 mai, rapport,
florins 1,000.

Partage : au capitaine fl. 85,00
aux 4 matelots fl. 70 chacun, soit . . 280,00
au garçon 35,00

Total : Fl 400,00

Si nous admettons maintenant que 283 loggers et 322
bommen prennent part à la pêche aux harengs, le salaire
total sera de fl. : $3,285 \times 283 =$ fl. 926,825
— $1,644 \times 322 =$ — 529,368

Ensemble : fl. 1 456,193

Pour 605 bateliers, 4,235 matelots, 2,342 mousses.

D'autre part, la pêche moyenne de 1893 à 1897 effectuée par tous
les navires réunis était de 509,621 tonnes par an, ce qui, à raison
de fl. 10 par tonne représentait une valeur de fl. : 5,096,210.

Si de cette somme nous retranchons fl. 28,50 0/0 pour salaires,
nous retrouverons la somme portée ci-dessus à fl. 4,000 près.

Et maintenant, si l'assurance est établie comme il est d'usage
à 600 fois le salaire, le bateau classé n° 1 ci-dessus produisant
fl. 14,500 (chiffres ronds) en 180 jours et dont on aura payé
fl. 3,275 à l'équipage, la dite assurance devra, en cas de sinistre,
aux héritiers : fl. 10,916, d'après le calcul ci-dessous :

$$\frac{5,237 \times 600}{180} = \text{fl. } 10,916$$

Cette somme partagée entre l'équipage proportionnellement
aux salaires, donne le décompte suivant :

Au capitaine, 2 parts ou fl. 1,884,94
A chaque matelot, 1 part ou fl. 922,47, soit pour
  les 7 matelots. 6,457,29
Au vieux marin 3/4 de part, soit fl. 691,85
Au jeune — 1/2 — 461,23 fl. soit pour 3 . 1,383,69
Au novice — 1/3 — — 307,49
Au comptable 1/4 — — 230,74
                Total égal fl. . . . 10 916,00

Le navire n° 2 de notre tableau ayant pêché le sel pendant 5 mois ou 150 jours participera ainsi dans l'assurance :

$$\frac{2,200 \times 600}{150} = \text{fl. } 8,800$$

ainsi à répartir :
Capitaine, 24 lignes fl. 1,587,60
  Chaque matelot, 12 lignes, fl. 793,80, soit pour les
7 matelots 5,556,60
Vieux marin, 10 lignes. 661,50
Novice, 7 — 463,05
Boulanger, 4 — 265,63
Mousse, 4 — 265,63
                Total égal : fl. . . . 8 800,00

Le navire n° 2, pêchant le poisson pendant 4 mois 1/2, soit 135 jours, donne la répartition suivante, d'après ce calcul :

$$\frac{1,310 \times 600}{135} = \text{fl } 5,822,22$$

Capitaine, 16 lignes ou fl 757,28
  Chaque matelot, 12 lignes ou florins 567,96, soit
pour 7 matelots fl. 3,975,72
Vieux marin, 10 lignes 473,30
Novice, 6 lignes fl 283,98
Boulanger, 4 — 189,32
Garçon, 3 — 142,62
                Total égal : fl. . . . 5 822,22

Le bateau n° 4 pêche au hareng pendant 165 jours donne la répartition ci après indiquée :

$$\frac{1,644 \times 600}{165} = \text{fl. } 5,979$$

à partager comme suit :

Capitaine, 5 parts ou fl . . . . . . : . . . 1 091,00
Par matelot 2/8, soit fl. 610,98 et pour 7 matelots, fl. 4 276,86
2 garçons à 1/4 = 305,57 ou fl. 611,14

Total égal : fl. . . . 5 979,00

Enfin le 5e navire, campagne de 120 jours, reçoit :

$$\frac{400 \times 500}{120} = \text{p. } 2,000$$

dont voici la répartition :

Capitaine, 8 1/2 parts, fl . . . , ... 425,00
Par matelot, fl. 350 ou par 4 matelots 1,400,00
Garçon, 3 1/2 parts, fl. 175,00

Total égal : fl. . . . 2,000,00

Nous avons dit plus haut que le montant des salaires à assurer pour la pêche aux harengs était par an de fl. 1.450.000 ; or, en cas de perte annuelle de 2 boms-chepen et 2 loggers-chepen (mais la statistique donne beaucoup moins) il faudrait payer :

$$2 \times 10.916 \text{ fl.} = 21\,832$$
$$2 \times 5.979 \text{ fl.} = 11\,958$$

Fl. 33 790

ou 2.33 0/0 du salaire total de tous les « loggers » et « bommen » prenant part à la pêche aux harengs.

La prime à payer pour un « logger » serait donc :
2 1/3 0/0 de f. 3 275 ou fl. 76,30
et pour un « bommen »
2 1/3 0/0 de f. 1 644 ou fl. 38,30

Une compagnie d'assurance pourrait prendre ce risque à 3 1/2 ou 4 0/0 des salaires payés par l'armateur, le marin et la municipalité communale.

Telle est la situation de l'assurance des marins pêcheurs dans les Pays-Bas ; elle n'existe qu'à l'état de projets, mais ces projets élaborés, poursuivis par des hommes compétents et dévoués à leurs semblables seront quelques jours prochains des monuments de civilisation devant lesquels s'inclineront les générations futures.

M. le colonel van Zuylen, délégué de la Société hollandaise d'encouragement des pêches maritimes, confirme les termes du rapport de M. Jules Beaud et déclare que l'exposé de la situation des œuvres d'assistance créées en faveur des marins-pêcheurs hollandais est conforme à ce qui existe dans le pays.

M. van Zuylen annonce qu'un projet de loi relatif à l'assurance des marins est à l'étude et qu'il réglera convenablement la situation des marins au point de vue des risques qu'ils ont à subir.

MM. Hamon et Deléarde présentent un travail d'ensemble sur *les sociétés de secours mutuels et sociétés françaises d'assurances pour la reconstitution du matériel de pêche.*

LES SOCIÉTÉS DE SECOURS MUTUELS D'ASSURANCE

Par MM. DELÉARDE et G. HAMON

Les sociétés créées en faveur des marins-pêcheurs sont nombreuses en France. Nous les diviserons en sociétés de grande assistance, en sociétés d'assurance contre la maladie, la vieillesse, les accidents et le matériel de pêche.

Sociétés et institutions de grande assistance : Celles-ci comprennent des orphelinats, des asiles et enfin les sociétés philanthropiques : telle, la société centrale de sauvetage des naufragés, dont le but est d'aider les sociétés locales de sauvetage, d'organiser sur les côtes des postes de secours, d'accorder des secours aux familles des marins sauveteurs de la société, victimes de leur dévouement.

Telle, encore, la société de secours aux familles des marins français naufragés, œuvre admirable fondée par M. Alfred de

Courcy dont la mission est de secourir les victimes des naufrages et leurs familles par l'intermédiaire des commissaires de l'inscription maritime.

Résumé des opérations de la société depuis la fondation 4 juillet 1879 :

Souscriptions, dons et legs	3 039 640,25
Fondation Ey. Robin	53 333,30
Donation de M. et Mme Guilloteaux (orphelinat de Notre-Dame des Pins et agrandissements). . . .	265 706,10
Nues propriétés diverses évaluées	55 830,50
Evaluation des créances restant à recouvrer sur legs de Mme veuve de la Garde.	245 798,40
Intérêts des fonds placés	817 302,69
Produit du travail des enfants de l'orphelinat de Notre-Dame des Pins	1 234,00
	4 478 845,24

A ces sociétés nous pouvons en ajouter d'autres qui donnent des secours aux marins victimes de leur dévouement, des indemnités de chômage, qui s'occupent du placement des marins-pêcheurs, etc.

Assurance contre la maladie des marins-pêcheurs. — L'assurance contre la maladie est pratiquée par les sociétés de secours mutuels. Ces sociétés sont assez répandues le long de notre littoral maritime, elles sont subventionnées par le ministère de la marine; malheureusement il en est beaucoup dont les ressources diminuent par suite de la disparition des membres honoraires. On compte 74 sociétés de secours mutuels, créées en France en faveur des marins.

Assurance contre la vieillesse. — Les marins-pêcheurs sont inscrits maritimes, par suite ils sont astreints à certains devoirs en échange desquels ils ont droit à des avantages dont le principal est une retraite pour les mettre à l'abri du besoin lorsqu'ils deviennent incapables de travail.

Tout marin-pêcheur français âgé de 50 ans ou moins et qui a navigué pendant 300 mois, reçoit une pension dite demi-solde. Il a droit à la pension lorsque des infirmités évidentes le rendent incapable de naviguer. La caisse des invalides, qui dispose de 7 millions de revenus, obtient en outre de l'État une somme de dix millions, par suite elle dessert des pensions dont la valeur est de 17 millions. Cette somme est loin de suffire aux besoins des marins-pêcheurs, c'est pourquoi l'administration de la marine a favorisé la création de société de secours mutuels qui soulagent les misères résultant de la maladie, du chômage, des infirmités ou du la mort.

Dans nos colonies, on commence à s'inquiéter du sort des marins-pêcheurs. Ainsi dès 1889, le conseil général de la Martinique décidait d'accorder, à titre d'encouragement, une prime destinée à compenser le droit des invalides que les pêcheurs sont forcés de payer.

Le 22 décembre 1899, le règlement suivant était promulgué. Tout marin figurant comme patron et pendant toute sa durée sur le rôle d'équipage d'une embarcation armée à la petite pêche, jouira d'une prime équivalente à la somme qu'il devra verser personnellement à la caisse des Invalides. Un certificat constatant le temps de présence sur un rôle sera délivré par l'inscription maritime et la somme représentative de celle réclamée par la caisse des Invalides leur sera décomptée en déduction de sa dette.

Par une délibération du 29 décembre 1893, le conseil général étendait le bénéfice de la prime à la pêche côtière, aux patrons des embarcations armées pour la petite pêche, que celles-ci fussent ou non leur propriété.

Assurance contre les accidents. — Les marins-pêcheurs français sont assurés contre les accidents par des compagnies d'assurances et par une caisse spéciale de prévoyance créée par l'État.

Les compagnies d'assurances. — Ces institutions ont tenté d'assurer les marins contre les accidents de la profession depuis 1865. Actuellement en France, ces compagnies sont au nombre de trois, *La Foncière Transport*, *l'Abeille*, *l'Éternelle*, qui assurent les marins.

Ces compagnies assurent tout d'abord les marins longs courriers contre les accidents corporels leur occasionnant des blessures entraînant soit la mort, soit l'infirmité, soit l'incapacité temporaire du travail (c'est-à-dire l'assurance art. 262 à 267, 264 du code de commerce).

A cette police est jointe une police des responsabilités civiles incombant à l'armateur en vertu des art. 1382 et suivants du code civil. La même combinaison s'applique également pour les pêcheurs à vapeur et aussi à quelques pêcheurs naviguant à la voile sur des navires d'assez fort tonnages.

Les polices contractées par les compagnies d'assurances sont peu nombreuses, malgré les efforts faits pour en augmenter le nombre, soit par l'administration de la marine, soit par les amis des marins. C'est pourquoi dès 1888, M. Félix Faure cherchait les moyens de rendre obligatoire l'assurance des marins-pêcheurs. Après discussion et un grand nombre de projets de loi, il a été créé, par la loi du 21 avril 1898, une caisse de prévoyance entre les marins français, contre les risques et accidents de leur profession. Cette loi serait parfaite, si les marins-pêcheurs français, gagnaient un salaire régulier et suffisant, malheureusement il n'en est pas ainsi et elle a été tellement attaquée de divers côtés, qu'elle sera remaniée d'ici à bref délai.

Il est un fait certain, c'est que cette loi n'a pas été accueillie favorablement de la part de ceux dans l'intérêt desquels elle avait été faite. Elle a donné lieu sur plusieurs points du littoral, principalement dans la Méditerranée, à de vives réclamations.

Les inscrits maritimes se sont plaints de ce que cette loi ait été élaborée de façon hâtive, sans qu'ils eussent été consultés. Ils lui reprochent de leur avoir imposé une charge hors de proportion avec les modiques gains qu'ils retirent de leur rude métier, en ajoutant au prélèvement de 3 0/0 déjà opéré sur leurs salaires, en vue de la demi-solde, un second prélèvement de 1 1/2 0/0.

Les sociétés de secours et d'assurances ne peuvent fonctionner à côté de la loi à cause des cotisations multiples auxquelles sont astreints les marins.

Dans la séance du 9 mars de la Chambre des Députés, à l'occasion de la discussion du budget de la caisse des Invalides de 1900, certains orateurs, se faisant les interprètes des doléances des marins, ont dirigé contre la loi du 21 avril 1898 des critiques sur certains points que l'on peut considérer comme justifiées.

Tout en reconnaissant que l'assurance des accidents, c'est avec raison que les inscrits maritimes astreints, en vertu de la loi du 21 avril 1898, au prélèvement de 1 1/2 0/0 sur leurs salaires au profit de la caisse de prévoyance, pour ne toucher qu'une

pension de 200 à 300 francs au maximum, peuvent se plaindre
de ce que, à côté d'eux, sur le même navire, les non-inscrits
maritimes soumis à des risques identiques, ne subissent aucune
charge et bénéficient, en cas d'accident les mettant dans l'incapacité absolue et définitive de travailler, d'une pension équivalente aux 2, 3 de leur salaire annuel (soit en moyenne 600 à
1500 francs).

Le fait, pour le non inscrit maritime embarqué, d'être placé
sous le régime de la loi du 9 avril 1898 qui a posé, en principe,
la responsabilité du patron ou chef d'entreprise en matière de
risque professionnel, lui confère des avantages, qu'on ne peut s'é-
tonner de voir les inscrits maritimes revendiquer avec énergie en
leur faveur ; l'anomalie résultant du régime actuellement en vigueur est tellement évidente qu'on ne peut échapper à l'obligation de modifier la loi sur ce point.

Il semble établi également qu'en imposant à titre d'employeurs
et indépendamment de leur cotisation individuelle comme inscrit,
une cotisation de 3 et 4 francs aux patrons montant eux-mêmes
leurs embarcations, la loi du 21 avril 1898 a excédé la faculté
contributive de cette intéressante catégorie de marins qui n'ont
de patron que le nom et sont, en fait, des travailleurs peinant
avec leur équipage dont ils sont les collaborateurs et les associés,
vivant la même vie et partageant les mêmes risques.

Les nombreuses réclamations qu'ont provoquées ces taxes paraissent démontrer qu'elles constituent une charge trop lourde
pour la petite navigation côtière. Sur ce point encore la loi doit
être modifiée.

Nous n'avons pas passé en revue toutes les autres objections
de détail qu'on a formulées ou qu'on peut formuler contre la loi
du 21 avril 1898. On peut s'en tenir aux deux critiques fonda-
mentales exposées ci-dessus et qui, à elles seules, suffisent pour
nécessiter sa révision.

Passons donc et attendons cette révision et résumons-nous,
en disant que de semblables institutions d'Etat, malgré toute la
connaissance du législateur, ont besoin des leçons de l'expérience
pour aboutir définitivement au but cherché, aussi de profondes
modifications sont-elles nécessaires lorsque leur fonctionnement
révèle les lacunes qu'elles constituent, la loi de 1898 est dans ce cas.

Quoi qu'il en soit, toutes les pensées du ministère de la marine, qui ne compte que des personnalités désireuses d'améliorer la situation de la population maritime de nos côtés, sont portées vers les moyens qui doivent donner enfin aux marins un bien-être en rapport avec les énormes services qu'ils rendent à la France toute entière.

M. Le Bozec, commissaire principal de la marine, en congé, hors cadres, administrateur délégué de la Société anonyme à capital variable *la Pêche coopérative*, présente un travail sur *la coopération entre marins-pêcheurs*.

NOTE SUR LA COOPÉRATION ENTRE MARINS PÊCHEURS EN FRANCE

Par M. le BOZEC
Commissaire principal de la marine

L'idée de coopération entre marins pêcheurs en France n'est pas nouvelle. On en rencontre le principe dans l'organisation des communautés de pêcheurs, dans certaines associations par eux formées, généralement sous le nom de syndicats, dans le but de s'affranchir de l'intervention d'intermédiaires pour l'écoulement des produits de pêche.

Ces syndicats ont presque toujours eu une existence de courte durée et leur insuccès provient de plusieurs causes : le défaut d'entente entre les syndiqués, les défectuosités de la direction, la connaissance insuffisante des besoins de la consommation.

Je n'ai pas trouvé trace, avant 1897, de tentative d'organisation d'un groupement coopératif non plus particulier à un port, mais ouvert à la généralité des pêcheurs côtiers.

A cette époque un premier essai fut fait par la société dite « *des pêcheurs français* ». Le mouvement coopératif avait déjà acquis en France une telle extension, surtout en matière de consommation, que la tentative paraissait avoir chances de réussite. Elle a abouti à un échec amené par les mêmes causes que l'insuccès des syndicats locaux et aussi par une organisation trop hâtive, un développement des opérations sociales disproportionné avec les ressources financières et peut-être par la non application du principe des statuts primitivement conçus dans le sens purement coopératif.

Il est, en effet, impossible de concilier la coopération avec le régime d'une société vendant autrement que pour le compte des coopérateurs producteurs et spéculant sur des achats de marée en dehors de leur production. En 1898, la société des pêcheurs français avait cessé son fonctionnement lorsque fut fondée, par un groupe de personnes s'intéressant aux marins : la société anonyme à capital variable « *la Pêche coopérative* ». Le but des fondateurs était d'apporter aux pêcheurs côtiers le petit capital de roulement indispensable au moins au début de l'association, capital qu'on ne pouvait songer à demander aux coopérateurs effectifs en raison de leur situation généralement précaire qu'il s'agissait précisément d'améliorer progressivement.

Mon intention n'est pas de relater dans cette note sommaire les difficultés rencontrées pour la mise en œuvre. Le but et l'organisation de la société ont été exposés dans des communications antérieures, notamment au Congrès des pêches de Dieppe. Je me borne à résumer ici quelques considérations personnelles sur les conditions de succès de l'œuvre philanthropique entreprise.

L'avantage d'une organisation générale, embrassant l'ensemble des ports du littoral français, consiste dans la centralisation indispensable de 2 éléments : les ressources quotidiennes de la production et les besoins de la consommation.

Pour se procurer ces renseignements les petits groupes locaux, tels que les syndicats, se grèveraient de frais trop lourds relativement au chiffre de leur production.

De plus le producteur est trop absorbé par son métier lui-même pour pouvoir s'occuper de l'écoulement de sa pêche, suivre le mouvement des marchés de consommation, préparer et s'assurer des débouchés nouveaux lorsque sa production augmente ou lorsqu'il compte la développer en accroissant son outillage de pêche.

Coopérateur il peut se décharger de ces soins d'écoulement de ses produits et de préparation des débouchés sur la société dont il est membre. Celle-ci n'est pas un intermédiaire comme le mareyeur ; elle est mandataire et gérante des intérêts du producteur qui jusqu'à la vente au consommateur reste propriétaire de sa marchandise, dont il suit la bonne ou la mauvaise fortune. Quant au bénéfice qu'il peut retirer de ce mode, il suffit de faire remarquer que le mareyeur en faisant son achat s'expose toujours à un gros risque avec une marchandise aussi sujette à détérioration et à de brusques dépréciations que la marée, et ce seul motif explique l'écart considérable qu'il doit se ménager entre son *prix ferme* d'achat et son *prix probable* de vente. Il est rarement couvert par une commande à prix convenu et pour la plus forte partie de ses opérations il demeure soumis à l'*alea* des marchés sur lesquels il expédie.

En ce qui touche le service de la branche « consommation », qui vise principalement la fourniture aux coopérateurs des objets nécessaires à l'exercice de leur industrie, il est à peine besoin de faire remarquer le bénéfice qu'ils peuvent retirer de la centralisation par la société des commandes individuelles souvent trop peu importantes pour obtenir les prix courants du gros.

Mais une condition indispensable, l'une des plus difficiles à réaliser avec les petits pêcheurs, c'est l'assiduité coopérative, sans laquelle, surtout en matière de production, on ne peut compter sur des résultats fructueux, entièrement subordonnés à un *ensemble* d'opérations. Il est certainement préférable de ne pas tenter de coopération si l'on n'en fait avec continuité.

Il suffit de relever, comme je l'ai fait, les variations de prix suivant les saisons et toutes les circonstances accessoires, on arrive à constater que pour chaque espèce de poisson il y a un prix *normal*, qui se modifie fort peu d'une période de 12 mois à une autre de même durée, et sur lequel il faut tabler pour le *rendement d'ensemble*, *le prix moyen* dont le producteur sait surtout se préoccuper.

Principalement pour la grosse marée qui constitue la plus forte partie de la production des vapeurs de pêche, le prix moyen net (1) de nos marchés français n'est pas inférieur à celui des marchés étrangers des ports où débarque le poisson en Angleterre, Belgique et Allemagne.

Ce n'est donc pas à la mévente de la marée qu'il y a lieu d'attribuer la lenteur du développement en France de la pêche à vapeur. Je serais plutôt porté à en chercher la cause dans le nombre trop faible de vapeurs de bien des sociétés, l'excès

---

(1) C'est-à-dire déduction faite de tous frais grevant le poisson depuis sa mise à terre jusqu'à la vente.

de frais généraux et l'utilisation incomplète de l'outillage de production.

M. le Président remercie M. Le Bozec de son intéressante communication, et en son nom personnel exprime le désir de voir réussir bientôt les associations coopératives de marins-pêcheurs. Personne ne demandant la parole, il lève la séance.

Séance du mardi 18 septembre 1900

PRÉSIDENCE DE M. ÉMILE CACHEUX

La séance est ouverte à 9 heures.

M. HAMON donne connaissance d'un travail de M. ÉNAULT sur les maisons et abris du marin ainsi que sur les asiles des vieux marins. Mme CARDOZO DE BÉTHENCOURT donne ensuite lecture de la communication suivante sur *la maison des marins de Geestemunde.*

LES MAISONS DES MARINS

Par Mme CARDOZO DE BÉTHENCOURT

J'ai présenté un mémoire au Congrès international de la Marine marchande sur les maisons de marins en Allemagne et en Angleterre, mais j'ai réservé la partie concernant les pêcheurs pour le congrès actuel. Le métier si rude et souvent si ingrat du pêcheur doit le rendre d'autant plus intéressant, qu'il a généralement une famille nombreuse à nourrir et qu'il s'agit surtout de soutenir et d'encourager ces âmes si généreuses, mais aussi si naïves de marins.

C'est l'Angleterre qui, tout comme pour les maisons de marins, a donné le premier exemple de sollicitude pour les pêcheurs. La mission pour la pêche hauturière dans les mers du nord, si terribles et inclémentes aux pêcheurs, a été fondée en 1881 et Sa Majesté la reine Victoria a bien voulu en accepter le protectorat et permettre que le navire hôpital portât son nom.

La pêche en Allemagne, malgré son développement très rapide, n'a pas la même importance qu'en France et en Angleterre. Aussi n'est-ce que tout récemment qu'on a pensé à s'occuper du sort du pêcheur pendant son séjour à terre.

C'était surtout à Geestemünde, ce port de pêche unique dans son genre, qu'une intervention devenait urgente. Le port pour les bateaux de pêche se trouve dans l'ancien lit de la Weser ; on y a construit une halle à marée d'une longueur d'un kilomètre et une gare qui permet le chargement de 24 wagons à la fois.

En 1895, circulait une pétition parmi les pêcheurs, demandant à la municipalité la création d'une salle pour les pêcheurs et d'un bureau d'embarquement. La pétition se couvrait de milliers de signatures, mais on n'osait la faire parvenir à sa destination par crainte de représailles de la part des logeurs, qui étaient en même temps marchands d'hommes. Ce n'est que l'année suivante que la « *Deutsche Evangelische Seemannsmission* » prenait en main la cause du pêcheur et s'abouchait avec les armateurs ; elle obtenait une annexe de leurs bâtiments, et la convertit de suite en une maison du pêcheur. On organisa dès le mois d'octobre 1896 le bureau d'embarquement pour soustraire le pêcheur à l'exploitation éhontée des marchands d'hommes. Le gérant est un ancien marin, qui connaît également pêcheurs et patrons et qui peut ainsi placer chaque homme à la place qui lui convient le mieux. Le succès du bureau était assuré de suite : au commencement de l'année 1898, on desservait 34 chalutiers à vapeur et à la fin de cette même année, le nombre fut porté à 55. On embarquait, pour 1898, 1154 hommes et, pour 1899, 1051 hommes. J'insisterai tout particulièrement sur ces chiffres qui démontrent que, malgré l'accroissement des bateaux desservis, le nombre d'hommes à placer a diminué, ce qui est un résultat heureux pour les armateurs et pour les hommes. Les armateurs paient 60 marks par bateau et par an au bureau d'embarquement ; les hommes ne paient que 3 marks par embarquement.

La salle de lecture se trouvait organisée presque aussitôt après la prise de possession des locaux. Les visites y affluèrent et, en 1898, la salle devint trop petite. Les pêcheurs vinrent écrire leurs lettres ou chercher leur correspondance. Les marins étrangers au port et sans place y logent. La statistique de 1898 nous donne 12,716 visites à la bibliothèque ; on y a écrit 2000 lettres et on en a reçu 4000 ; 43,518 étaient remis aux gérants soit pour être mis à la caisse d'épargne, soit pour l'envoi aux familles, 1000 paquets de livres étaient pris par des bateaux se rendant à des lieux de pêche lointains, 804 pêcheurs ont logé 3104 nuits, et ont été embarqués par les soins du bureau d'embarquement ;

cela ne donne qu'une moyenne de 3 ou 4 nuits avant de retrouver un autre embarquement.

On réunit souvent les pêcheurs à terre pour des conférences intéressantes et instructives et les questions sont provoquées et les discussions pacifiques sont encouragées. Les armateurs ne craignent pas de venir avec leurs familles, ainsi que les membres de diverses œuvres de mer, assister aux concerts et aux conférences. Les concerts ont un caractère laïque, mais les conférences, faites par des pasteurs, sont très nettement confessionnelles.

Les résultats très appréciables du Fischerheim de Geestemunde ont encouragé la fondation d'une autre maison du pêcheur, celle-ci à Altona. Quoique bien moins important au point de vue de la pêche que Geestemunde, ce port est en développement continuel et en 1898 on y a noté le passage de 648 chalutiers à vapeur et de 2459 bateaux voiliers.

A Altona, ce sont aussi les armateurs qui ont apporté les premiers éléments nécessaires à la création du « Fischerheim » avec l'argent pour le loyer et des livres pour la bibliothèque. Le travail, commencé au mois de mai 1898, portait ses fruits presque de suite car on notait 2832 visites à la bibliothèque à la fin de l'année 1898. Les pêcheurs se font souvent accompagner par leurs femmes aux conférences et aux concerts, où l'élément des armateurs et des membres du comité est toujours représenté car l'armateur a tout intérêt à entrer en contact avec ses bons et loyaux auxiliaires.

Ce qui caractérise, en effet, les maisons du pêcheur en Allemagne c'est l'union cordiale, familiale, du marin et de l'armateur, ainsi que me le disait récemment M. le pasteur Jungclausen à qui je dois les renseignements les plus complets sur l'œuvre qu'il dirige avec un dévoûment admirable.

Je me permets, Messieurs, de vous présenter le vœu suivant qui a été adopté par le congrès de la marine marchande :

Que les États, les municipalités, les syndicats et les particuliers encouragent, dans la mesure du possible, les œuvres d'assistance morale aux marins : salle de lecture et de divertissement, cercles et bibliothèques dans les ports, prêts de livres à bord, envoi gratuit d'argent aux familles, etc.

Ce vœu est accepté.

33

M. LE SECRÉTAIRE fait part de l'envoi d'un mémoire sur *les institutions allemandes d'économie sociale* par le Dr HENKING, secrétaire général de la *Deutscher Seefischerei Vereins*.

LES INSTITUTIONS ALLEMANDES D'ECONOMIE SOCIALE
Par le Dr HENKING

En Allemagne, comme dans presque tous les pays du nord, c'est l'État qui a le plus fait pour venir en aide aux marins-pêcheurs. M. Henking ne cherche pas à évaluer l'importance des sommes dépensées par l'État pour construire des églises, des écoles en un mot celles des entreprises qui ne concernent pas spécialement l'amélioration du sort des marins et il se borne à l'étude des lois relatives à l'économie sociale.

La loi la plus importante concernant les travailleurs fut la loi d'assurances contre les accidents, promulguée en 1884. Les marins-pêcheurs étaient exclus du bénéfice de cette loi, mais en 1895, ceux qui faisaient partie des équipages des bateaux de pêche à vapeur furent compris parmi les travailleurs qu'il y avait lieu d'assurer contre les dangers de leur métier. En 1896, les équipages des bateaux-harenguiers (voiliers ayant au moins une capacité de 100 mètres cubes) furent également soumis à la loi d'assurance. D'après cette loi, l'assurance est organisée mutuellement par les entrepreneurs des exploitations. Ils forment la corporation des gens de mer.

Les membres de la corporation fournissent les sommes nécessaires pour payer les frais de son fonctionnement et les indemnités à ses membres. L'assemblée générale arrête les statuts qui doivent être approuvés par le bureau d'assurances de l'Empire qui concentre toutes les informations relatives aux lois d'économie sociale et constitue la plus grande autorité les concernant.

L'administration des caisses est exercée gratuitement par des membres de la corporation nommés à cet effet par leurs collègues. La fonction ne peut être refusée. En cas de contestations, on joint également au comité des assesseurs qui représentent les assurés.

Lorsqu'un accident se produit pendant le travail, les secours sont donnés comme suit : pendant les 13 premières semaines, le patron. D'après la loi, et l'ordonnance sur les marins, doit se charger des secours. *D'après l'article 48 de l'ordonnance sur les marins, si pendant le service, le marin tombe malade ou est blessé, l'armateur supporte les frais relatifs à la guérison.* Si néanmoins d'après les conditions de la loi d'assurance sur la maladie, il a une assurance sur la maladie, il sera donné un secours de maladie s'élevant aux deux tiers du salaire, depuis le commencement de la cinquième, jusqu'à la fin de la treizième semaine. A partir du commencement de la quatorzième semaine après l'accident la corporation se charge exclusivement 1° des frais de la cure ; 2° du paiement d'une indemnité journalière pendant la durée de l'incapacité de travail. La valeur de l'indemnité s'élève à 66 2 3 du salaire, mais l'évaluation peut être modifiée et diminuée pour une courte incapacité de travail ; 3° si l'accident cause la mort, la corporation débourse, *a*) une certaine somme destinée à payer les frais d'enterrement, *b*) une rente pour les survivants, pour la veuve 20 0/0, pour chaque enfant de 15 à 20 0/0, en tout 60 0/0 au plus du salaire, *c*) les ascendants reçoivent 20 0/0, lorsque le décédé était leur unique soutien.

Lorsqu'un accident se produit, le patron du bateau doit avertir le bureau de marine le plus proche, en remettant le journal du bord, ou une copie certifiée du procès-verbal de l'accident. On fait alors une enquête et le montant de l'indemnité est fixé par le bureau de la corporation. Un arbitrage peut être réclamé au sujet de l'indemnité .La décision arbitrale peut être soumise à l'office des assurances.

Le paiement des indemnités se fait par la poste. A la fin de chaque année, le montant de ces indemnités, ainsi que celui des frais d'administration et des versements à un fonds de réserve, sont répartis entre les patrons qui, de leur côté, ont à envoyer un avis, de payer aux intéressés. Le compte de chaque patron est établi ensuite.

Il est naturel de comprendre que lorsqu'un accident se produit volontairement ou par suite de négligence le membre de la corporation répond de tous les frais qu'il occasionne par sa faute.

D'ailleurs il est bon de faire remarquer, qu'en ce qui concerne les frais de l'assurance contre les accidents les marins n'ont rien à fournir. Le paragraphe 113 de la loi dit que les contrats, de n'importe quelle espèce, sont irréguliers, lorsqu'ils limitent ou annulent, au préjudice des assurés, les avantages que la loi leur concède. Et pour enlever tout doute sur les intentions du législateur, il est utile de faire remarquer que la passation d'un tel contrat tombe sous le coup de la loi, que la peine atteint le patron ou son représentant, quand ils prélèvent les primes des assurés, totalement ou partiellement sur leurs gages ou quand ils les leur portent en compte avec connaissance de cause.

Les équipages des bateaux de pêche, qui n'ont pas plus de 50 mètres cubes de capacité utilisable, et ceux de plus grands bâtiments qui ne sont pas mus par la vapeur ou par une autre force mécanique, ne sont pas soumis à l'assurance obligatoire. Dans ces bâtiments les dangers de la navigation sont au moins égaux à ceux des vapeurs. Le besoin d'étendre les bienfaits de la loi sur l'assurance était grand, ainsi que le prouve la statistique des accidents relevée par la Société allemande des pêches. A Finkenwærder, village de pêcheurs, il y avait au début de 1900, sur une population de 3100 âmes, 122 veuves de pêcheurs dont la moitié avaient perdu leurs maris par suite d'accidents en mer. Les cas de mort s'étaient élevés de 1882 à 1899 à près de 2 0/0, les oscillations étant de 1,7 à 3,2 0/0 (1).

L'Etat reconnut la nécessité de faire profiter les équipages des petits bateux des bienfaits de l'assurance et il étudia les moyens susceptibles d'atteindre ce but. L'extension parut possible, parce que la corporation des marins est organisée de façon que les petites entreprises maritimes peuvent y être annexées.

Il est important de faire remarquer que les propriétaires de petites embarcations, quand ils font partie de l'équipage, sont soumis à la loi d'assurance.

Du fait d'être assuré, il s'ensuit que le marin reçoit, de sa commune, quand il ne l'est pas d'un autre côté, pendant les 13 premières semaines après l'accident, des soins médicaux gratuits; il a droit également à être enterré aux frais de l'institution,

---

(1) Les accidents de Finkenwærder sont exceptionnellement nombreux. En France de 1880 à 1890, sur 271.212 pêcheurs, il n'y eut que 1093 cas de mort, laissant 450 veuves et 968 orphelins. Le nombre des blessés de la pêche hauturière de 1896 à 1897 a été de 0,547 0/0 des équipages et pour la navigation côtière 0,613 0/0.

et à toucher des indemnités dont l'importance été mentionnée plus haut.

L'avis concernant l'accident doit être donné au bureau de police le plus proche de l'intérieur. — L'enquête est faite alors par ses soins.

Les conditions concernant la petite industrie de la navigation n'ont pas encore eu besoin de la loi pour être mises en vigueur ; le 26 mai 1900, le Reichstag a décidé d'étendre la loi sur les accidents aux bateaux de pêche en mer, jusqu'à ce jour en dehors de l'assurance, de même que ceux qui opèrent dans les baies et ports, et les embouchures des grands cours d'eau. Lorsque la chambre supérieure aura approuvé la décision du Reichstag les desidérata de la population du littoral seront obtenus.

Instructions relatives à la prévention des accidents. — Il a été dit que les primes d'assurance contre les accidents doivent être payées par les corporations mais non par les assurés, par suite il est logique qu'il ait été promulgué des ordonnances en vue de la prévention des accidents. Les instructions relatives à la prévention des accidents publiées par les corporations, sont divisées en deux classes dont la première concerne les bateaux à voiles et la seconde les bateaux à vapeur. Ces instructions sont en vigueur à bord des bateaux depuis le 1er avril 1899. Elles sont valables également pour les bateaux de pêche à vapeur et les bateaux harenguiers.

Les instructions s'étendent sur l'état du bateau et de son chargement, sur celui de l'ancre, des chaînes, sur les épreuves auxquelles il y a lieu de les soumettre ; elles s'occupent aussi de l'importance des bateaux ; de leur tonnage, de leur armement, de même que du nombre des appareils de sauvetage nécessaires à bord d'un navire (bouées de sauvetage, huile pour calmer les vagues, etc., ainsi que de l'inventaire du navire et de son arrimage. Les instructions parlent également de la disposition des lumières et des signaux des appareils d'extinction des incendies, de la manutention des marchandises dangereuses, etc.

Les représentants des autorités maritimes et des corporations de marins peuvent visiter les navires à tout moment. Toute négligence du patron du bateau peut être punie par une amende. D'un autre côté *le bureau, pour le sauvetage dans les mers allemandes*, peut, aussi bien pour éviter que pour prévenir un accident sur les bateaux allemands, donner des primes de 10 à 100 marcs.

Il faut dire que la pêche hauturière, à l'exception de celle faite avec des bateaux à vapeur et des bateaux harenguierss n'est pas encore soumise aux instructions concernant la prévention des accidents.

Autres mesures prises en cas d'accidents. — En considérant qu'aucune profession ne produit autant de veuves ni d'orphelins que la pêche hauturière, la société allemande des pêches (section des pêches maritimes), avait depuis longtemps étudié un projet de statuts pour caisses de secours pour les victimes d'accidents. On n'y donna pas suite, vu l'intervention de l'Etat sur la question.

Il y eut néanmoins quelques mesures prises pour protéger les victimes. En 1883, un comité fut créé à Hambourg pour créer un fonds de secours destiné à soutenir les veuves des pêcheurs et les orphelins. En 1869, on vint en aide avec les intérêts de cette somme à des veuves et à des orphelins de Finkenwarder.

Une 2e caisse de secours pour les veuves paya en 1899 à 32 veuves de Finkenwærder une somme de 900 marcs 30 marcs à chacune d'entre elles.

En général, on fait appel avec succès à l'assistance publique en cas de sinistre inattendu, comme il en arrive presque chaque année.

En 1894, 3 cutters et 7 bateaux de pêche à vapeur périrent corps et biens dans la mer du Nord. La société allemande des pêches fut secondée par des comités créés à Hambourg, Altona, Geestemünde et Bremerhaven (1).

On réunit 400,000 marcs, qui furent employés pour secourir es victimes.

Assurance contre la maladie. — Une loi du 15 juin 1883, amendée par la loi du 10 avril 1892, règle l'assurance des travailleurs contre la maladie. En vertu de la loi, toutes les personnes, qui ne sont pas indépendantes et qui ont un salaire inférieur à 2000 marcs sont obligées de s'assurer contre la maladie, les personnes qui ouissent du revenu prescrit et pour lesquelles l'obligation n'existe

(1) La société de pêche d'Altenwerder offre un secours pour les

pas, sont autorisées à entrer dans une caisse d'assurance. De même il suffit pour les autres de faire partie d'une institution d'assurance.

Une de ces dernières existe, depuis le 6 février 1885, à Schlalup, près Lubeck, sous le nom de caisse des *pêcheurs-malades*. Le nombre des membres est de 72.

L'organisation des caisses de malades fondées d'après les instructions officielles est réglée de telle sorte, qu'en cas de chute d'une assurance, elle puisse être rattachée à des corporations reposant sur la mutualité et autant que possible sur l'administration personnelle. A ce groupe appartiennent les caisses locales de malades, les fondations charitables, les caisses de fabriques, les caisses de construction et les caisses locales communales ; pour le reste des travailleurs susceptibles d'être assurés l'assurance communale est une institution obligatoire.

Les cotisations seront payées par les patrons qui doivent dans un délai de 6 jours avertir chaque contribuable. Le patron doit payer le 1/3 des contributions, les deux autres tiers et le montant des droits d'entrée sont à la charge des assurés. Le patron peut prélever la part des assurés sur le salaire.

Le montant des cotisations est fixé par la loi de façon à ne pas dépasser 2 p. 0/0 du salaire, à 4 1/2 p. 0/0 au plus du salaire moyen de la classe des travailleurs, dans les industries du luxe.

Les avantages minima que la caisse offre à ses membres sont les suivants :

1° Soins médicaux gratuits ainsi que la fourniture des médicaments ;

2° Lorsqu'il y a incapacité de travail du 3me jour de la maladie jusqu'à la fin au plus tard de la 13me semaine une allocation journalière en argent s'élevant, suivant la valeur des cotisations, de 50 à 75 p. 0/0 du salaire ;

3° Le paiement des frais d'enterrement à raison de 20 fois le salaire ; on peut payer une certaine somme pour une femme ou un enfant de l'assuré ;

4° Un secours aux accouchées pendant 4 semaines au moins ou plus.

enterrements ; elle vient en aide également aux veuves des membres de la société. Les statuts des sociétés de pêche de Meulond, Bellenhrausen, etc., sont établis de la même manière.

En vue d'empêcher les patrons de priver par des arrangements les assurés des bienfaits de la loi, il est dit qu'ils seront punis dans le cas où ils le tenteraient. En ce qui concerne la validité de la loi d'assurance contre les maladies, il faut remarquer que les équipages des navires n'y sont pas soumis. — Les armateurs sont chargés de faire le nécessaire pour le rétablissement des marins qui tombent malades. La loi est valable pour les équipages des bateaux de pêche à vapeur et pour les voiliers qui font la grande pêche aux harengs.

Les marins-pêcheurs, les pêcheurs côtiers, ceux de l'Elbe et de Finkenwærder près Hambourg, tant qu'il s'agit de l'équipage, sont assurés ; les propriétaires de bateaux ont en partie contracté l'assurance pour eux-mêmes. Les pêcheurs du Weser, d'Oldenbourg, de Brême et de Prusse ont assuré leurs équipages contre la maladie, les marins des équipages ne sont pas assurés.

Dans la région de la Baltique, l'assurance ne doit pas être organisée parce que les pêcheurs ne sont pas des salariés, mais en même temps des patrons.

Invalidité, assurance contre la vieillesse. — La loi du 22 juin 1889 et la nouvelle loi est entrée en vigueur le 1er janvier 1900. Cette loi repose sur l'assurance mutuelle. Par suite d'une autorisation du Parlement, les corporations de marins peuvent s'occuper de l'assurance contre l'invalidité, mais seulement lorsqu'elles auront pris des dispositions en faveur des veuves et des orphelins.

C'est une indication pour les prochaines lois sociales, car ce n'est qu'en cas d'accidents que les veuves et les orphelins reçoivent des secours en vertu de la loi.

L'assurance contre l'invalidité entre dans sa 15e année. Les équipages des bateaux, dont les salaires ne dépassent pas 2000 marcs, les bateaux de pêche (à l'exception des bateaux à vapeur et des harenguiers) ne sont pas soumis à l'assurance obligatoire, de même que les bateaux qui ont moins de 50 m. cubes de capacité.

En réalité on accorde des timbres représentant des marcs d'invalidité pour les marins-pêcheurs, les pêcheurs côtiers, les pêcheurs de l'Elbe, de Finkenwærder, les pêcheurs du Weser et Oldenbourg, de Brême et de la Prusse.

Les personnes au-dessous de 40 ans, qui sont incapables de

gagner d'une façon permanente ne sont pas autorisées à s'assurer.

Les assurés reçoivent une pension d'invalidité ou de vieillesse et une rente d'invalidité sans tenir compte de l'âge, par suite d'incapacité permanente de travail ; la pension de vieillesse est payée après la soixante-dixième année ou après constatation d'une incapacité de travail. Pour obtenir une pension il faut avoir payé des cotisations variant suivant le salaire du travailleur, pendant un certain temps.

Le paiement de la pension a lieu par l'intermédiaire de la poste, qui, de son côté, décompte avec l'Office des assurances. Le versement des cotisations se fait à l'aide de timbres que le patron de l'ouvrier est tenu de coller sur un carnet.

Le capitaine d'un navire qui emploie des ouvriers allemands doit, lorsqu'il se trouve dans un port de l'empire, coller des timbres sur leurs livrets, de même sur les navires allemands, lorsque les hommes qu'il emploie ne sont pas des marins de profession, le *capitaine* doit employer des timbres. Pour faire le *compte des marins* on n'emploie pas de timbres, on se sert des livres de bord.

Comme pour l'assurance maladie, l'assuré peut être tenu par le patron de payer une contribution. Le patron peut retenir la moitié de la prime sur le salaire. La direction de la caisse est assurée par les 31 établissements d'assurances. Pour chacun il y a des statuts. En dehors du bureau chaque établissement possède un comité auquel on joint un nombre égal de représentants de patrons et d'assurés.

En cas de mort d'un ou d'une assurée, la moitié des cotisations est remboursée à la veuve ou aux enfants au-dessous de 15 ans, quand l'assuré n'a pas joui de sa pension et quand il a payé des cotisations au moins pendant 200 semaines.

Sur les communications de places aux marins. — Maisons de marins et maisons de pêcheurs. — Le placement des marins qui, en Allemagne comme aussi à l'étranger, repose sur les *agents de location*, a donné lieu à des plaintes très vives. Les plaintes sont fondées parce que le placier demande une commission trop forte parce qu'il favorise le changement de place et parce qu'il se procure par les paiements d'avance des avantages non tolérés, parce qu'il entraîne les marins à changer de métier et qu'il prend indirectement part au bénéfice que l'on réalise sur eux. Pour remédier à ces inconvénients il a été déposé un projet de loi, qui est actuellement soumis à l'examen du parlement, et son adoption est désirée en Allemagne comme à l'étranger.

Il existe en Allemagne un certain nombre d'institutions qui ont pour objet de favoriser le placement gratuit des marins. Ces institutions, connues sous le nom de maisons de marins, ont été spécialement créées pour les marins pêcheurs dans les grands centres de pêche. Celle de Geestemünde a été décrite par Madame Cardozo de Bethencourt dans une des séances du congrès, nous n'y reviendrons pas.

On trouve dans bien des endroits des maisons de marins, à Altona, notamment il en fonctionne une qui est très bien installée. Dans la Baltique, à Gœhren et à Rügen, il existe des asiles de marins dus à la comtesse Schimmel.

Société allemande des pêches maritimes. — En 1885 il fut créé, dans la société allemande des pêches, une section des pêches maritimes qui, tout en conservant le même programme, devint en 1894 une société indépendante, sous le protectorat de Sa Majesté l'empereur d'Allemagne. La société cherche à diminuer les risques que courent les marins-pêcheurs, par la création de ports de pêche, par l'augmentation de l'étanchéité des navires, par la prise de mesures destinées à supprimer ou à diminuer les dangers des pêches maritimes ; elle s'occupe également du développement de l'industrie des produits de la mer, en instruisant le pêcheur à l'aide d'écoles de pêche, de mémoires, d'expositions, de communications relatives à la pratique des pêches tant nationale qu'étrangère, par l'amélioration et la création de nouvelles branches, par la recherche de nouveaux champs de pêche, par l'allègement des crises, pendant lesquelles le pêcheur reste inactif, par la lutte contre des méthodes nuisibles à la pêche, par la propagation de la piscifacture et la protection du jeune poisson, par la création de sociétés d'assurances pour assurer les navires et les engins de pêche, par le relèvement social du métier de pêcheur, par la création de caisses de secours pour les victimes de la mer et enfin par la généralisation de la consommation du poisson.

Société allemande pour le sauvetage des naufragés. — Fondée en 1866, elle réunit les sociétés de sauvetage qui fonctionnaient isolément et elle augmente le nombre des postes de sauvetage, que l'on a commencé à établir en 1860 le long du littoral. Le nombre des stations de sauvetage était de 116 au commencement de 1900 ; il y en avait 72 le long de la Baltique et 44 dans la mer du Nord. Les stations ont servi 33 fois en 1899 et ont permis de sauver 207 personnes. Les recettes de l'année ont été de 316,000 marcs. L'institution des stations de sauvetage profite aux pêcheurs.

Écoles de pêche. — A mesure que l'industrie des pêches se développe, les pêcheurs vont de plus en plus loin des côtes exercer leur industrie. L'Etat demande un certificat d'aptitude pour conduire un vapeur, mais pour un voilier il suffit d'une durée de navigation en mer, de 60 mois. Les pêcheurs qui ne sont pas forcés par l'État d'acquérir des connaissances nautiques devaient pouvoir les acquérir. On y arrive par les cours de navigation qui ont été organisés le long du littoral par la société allemande des pêches. Grâce à ces cours les pêcheurs devaient apprendre l'usage des cartes marines et la connaissance des notions élémentaires de la navigation, de façon à permettre aux pêcheurs de naviguer hors de vue de la côte. Comme la fréquentation des cours était facultative, on choisit, pour faire les cours, le temps où le froid forçait les pêcheurs à rester à terre et on les interrompait lorsque l'état de la mer permettait aux marins-pêcheurs de reprendre leur métier.

L'instruction est toujours donnée gratuitement, la société allemande des pêches supporte les frais.

La première école de ce genre fut ouverte dans l'hiver de 1889-1890 à Finkenwærder, près Hambourg. Les années suivantes, on en ouvrit à Blankenese, à Altensverder et à Cranz ; puis à Nordeney et à Norddeich. Le long de la Baltique, il y eut des cours à Stralsund, à Stolpmiende, à Kolbergermunde, à Rügelnaldermünde, à Lebo, à Pillace, à Neufchrwasser, à Memel, à Dievenon et à Schwinemünde. A Memel, un cours d'histoire naturelle sur les poissons utiles, est fait avec le concours de la société des pêches de la Baltique.

M. le Dr Henking a fait, dans plusieurs écoles, des cours relatifs à la *tenue des livres pour l'industrie des pêches*. Le cours est recommencé lorsque le besoin s'en fait sentir. Les cours sont faits en vue de la formation des marins-pêcheurs pour voiliers, mais dernièrement, la société des pêches a organisé un cours à Geestemünde pour pêcheurs avec vapeurs. Le cours a pour objet l'histoire naturelle, les principaux animaux utilisables des mers, l'hydrographie et la législation sociale.

L'Etat a encore un moyen de contrainte entre les mains, c'est de ne donner des subventions qu'aux pêcheurs qui suivent les cours.

En vue d'augmenter la consommation du poisson, la société des pêches a organisé les expositions de Berlin en 1896 et à Brême en 1890.

Cours de Samaritains. — La Société des pêches a organisé dans beaucoup d'endroits des cours où les marins-pêcheurs apprennent la marche à suivre en cas d'accident ou de maladie soudaine ; c'est d'autant plus important pour les pêcheurs qu'ils sont éloignés de leurs concitoyens.

Les cours ont eu beaucoup de succès surtout le long du littoral de la Baltique où il en est fait 53 dans 38 localités. Le nombre des participants est monté jusqu'à 100 dans plusieurs communes et la moyenne des élèves est de 31 par cours ; donc plus de 1500 pêcheurs ont été instruits par des médecins expérimentés dans la marche à suivre en cas de blessure, de fracture, d'entorses, de foulure, d'empoisonnements, d'asphyxies ; etc.

Les frais, pour les cours et les primes, ont été supportés par la Société allemande des pêches qui obtint le matériel d'enseignement de la société Samaritaine de Kiel.

Caisses d'assurances pour matériel de pêche. — La société des pêches s'est occupée du bien-être matériel des marins-pêcheurs.

Des caisses d'assurances. — Depuis longtemps il existe en Allemagne des sociétés d'assurances mutuelles ; ainsi à Helgoland il y a une ancienne caisse, Helgolænder Kompakt, qui assure les navires, les palangres contre les accidents de mer. La vieille caisse des marins-pêcheurs de Finkenwærder, fondée en 1835, assure les navires. Il en est de même des caisses de Blankenese, de Norderney, d'Altenwœrder a/E.

Un certain nombre de caisses ont été fondées avec le concours de la société allemande des pêches. Dans la Baltique on assure les navires et les filets lorsqu'ils sont perdus en totalité.

Les caisses n'ont pas adopté les statuts modèles fournis par la Société mère. Elles sont basées sur la mutualité ; les caisses de district sont organisées de façon à assurer les mêmes risques, de sorte que la surveillance puisse s'exercer plus facilement. Le danger des actes frauduleux est évité. Les cotisations sont payées par les membres : les caisses reçoivent des subventions de l'Etat basées sur l'importance des assurances.

Pour empêcher la perte trop considérable qu'une caisse pourrait subir, il se fait des contre-assurances par les sociétés qui se trouvent le long du littoral de la Baltique. Ainsi à la caisse de Gestemmünde sont rattachées les caisses d'Altona, de Cranz et de Willmund. Le long du littoral de la mer Baltique il existe deux unions, une autre société a réuni les unions de la baie de Dantzick ; il en a été créé une quatrième pour la région de Kœslin.

Toutes ces caisses sont formées conformément à des *statuts modèles* spéciaux ; elles ont reçu une subvention une *fois donnée* pour le fonds de prévoyance.

Pour la formation de ces unions on choisit les sociétés qui assurent les mêmes risques. Dans les cas où ces conditions ne sont pas réunies l'Union n'est pas formée. On peut en attribuer la cause à l'Etat qui va au secours des caisses approuvées par lui en cas de sinistre extraordinaire.

Pour la caisse de Wuztrow dans le Meklembourg, la société allemande des pêches a pris le rôle de l'Union. L'action des caisses peut être considérée comme bonne. Elles donnent au pêcheur une grande sécurité dans son existence et dans l'exercice de son métier et élèvent son crédit.

Le don de subvention de l'Etat pour se procurer des navires est soumis à l'entrée dans une caisse d'assurance.

En vue d'augmenter la consommation du poisson la société des pêches a organisé les expositions de Brême 1890 et de Berlin 1896.

Pour obtenir une marchandise irréprochable, la Société a établi des glacières. L'hiver de 1898 n'ayant pas donné de glace, la société en a donné, de concert avec le gouvernement, une grande quantité aux pêcheurs de la Mer du Nord. Il faut encore mentionner l'amélioration du matériel (navires et filets). Les voyages d'instruction payés aux pêcheurs pour augmenter leurs connaissances nautiques, les expéditions faites pour chercher de nouveaux lieux de pêche et dire en un mot qu'à aucune époque il n'a été fait autant qu'aujourd'hui pour améliorer l'état *matériel du marin pêcheur* allemand.

Ports. La société des pêches a contribué à l'augmentation des ports et à leur amélioration; aux signaux de l'annonce du temps par télégrammes, à l'annonce des tempêtes, dans les progrès de l'utilisation des produits de la pêche. L'organisation de *Fischan-ktionen* dans les principaux marchés, les avantages concédés par le transport du poisson par chemin de fer, par la création de *trains de marées* et wagons spéciaux, l'abaissement des tarifs pour l'expédition du poisson frais et fumé, servent pour l'agrandissement du marché et pour l'obtention de meilleur pain.

M. le Secrétaire résume, en l'absence de l'auteur, un travail fort remarquable que le Dr David Levi Morenos, secrétaire général de la « Société régionale Veneta » de pêche et d'aquiculture, a envoyé à la VIIe section du congrès *sur les rapports entre l'évolution du travail et le droit de propriété dans les eaux poissonneuses.*

Dans son mémoire le Dr Levi Morenos commence tout d'abord par poser certains principes sur la classification du travail.

Il distingue entre les différentes branches de l'activité humaine :

1° *Les industries extractives*, celles qui, comme l'industrie minière, la chasse, la pêche, extraient les produits qui nous sont naturellement offerts par la nature ;

2° *Les industries créatrices*, qui transforment les produits naturels et sont elles-mêmes classées en deux groupes :

a) *Les industries agricoles* ayant pour but de transformer, par l'élevage; les produits animaux et végétaux en leur créant une nouvelle valeur ;

b) *Industries manufacturières*, celles qui, par le travail manuel, transforment ultérieurement les produits obtenus par les industries précédentes.

La pêche à bras pratiquée par les plus humbles peuplades sauvages est classée dans le premier groupe ; la pêche à vapeur, tout en mettant en jeu les derniers perfectionnements de l'industrie humaine, est également une industrie extractive. Au contraire l'action de féconder artificiellement les œufs, de les faire éclore, et d'élever les alevins, est une industrie essentiellement créatrice.

M. Lévi Morenos montre ensuite l'évolution du travail agricole, qui, partant de la chasse, arriva à l'élevage des animaux, et ensuite à la culture du sol. Au point de vue des industries aquicoles, l'évolution est moins avancée. La chasse est à l'art du pasteur ce que la pêche est à la pisciculture naturelle ; l'agriculture et la culture intensive correspondent à la pisciculture artificielle, à l'aquiculture.

Si nous examinons parallèlement l'évolution de droit de propriété, nous trouvons, sur la terre émergée, une appropriation collective tout d'abord et ensuite une appropriation individuelle du sol avec transmission héréditaire de ce capital fixé dans la propriété foncière. Sur le sol aqueux il n'existe encore rien de pareil ; on y trouve la propriété temporaire du premier occupant et seulement pour le temps où il exerce le travail. C'est là le régime de la non propriété c'est-à-dire le régime de la communauté. Mais il est certain que l'évolution de ce régime se trouve soumise aux deux lois suivantes :

I. L'évolution progressive du travail des eaux est limitée dans le régime communiste jusqu'à ce que l'on passe de la non propriété des eaux au régime de propriété des eaux elles-mêmes.

II. L'appropriation des eaux peut arriver, arrive et arrivera comme appropriation collective et individuelle. Il est facile de vérifier ces lois aussi bien dans les eaux de la mer que dans les eaux douces.

Si *la zone maritime* est, par sa nature même, réfractaire en partie à l'appropriation individuelle, nous voyons cependant chaque nation s'emparer d'une bande littorale plus ou moins étendue, la mer territoriale, pour y réserver la pêche à ses nationaux ; et même dans certaines régions le droit de pêche se trouve limité aux habitants d'un district moins étendu, d'une province ou d'une commune (pêche du goémon en France). L'État se réserve alors le droit de réglementer et de limiter l'exercice de la pêche, fixant les époques où ce travail peut être pratiqué, la nature des engins, etc. ; au delà de cette zone, la mer est libre, tout le monde peut y pêcher sans entraves. Ce qui montre, cela *soit dit* en passant, *que tout progrès dans l'évolution du travail entraîne à sa suite une limitation au régime communiste.*

L'apparition de la pêche à vapeur, son développement rapide dans certains pays, font que l'on songe à étendre l'étendue de cette zone de protection et de réglementation. Les différents congrès internationaux de pêche, des Sables-d'Olonne, Bergen, Dieppe, sont unanimes sur ce point. Il y a donc là une première tentative. Le commencement *d'une aquiculture naturelle* ou protectrice. De l'état primitif à cet état, il y a un progrès analogue à celui qui a fait passer l'humanité de la chasse effrénée à l'art du pasteur et la législation de la pêche marque justement le second pas dans l'appropriation des eaux.

Dans certaines régions mieux placées pour cela, on trouve des exemples d'un état plus avancé de cette évolution vers la propriété collective ou individuelle, ainsi les lagunes de Commachio sont restées propriétés communales. Les valli de la Vénétie, sont, de fait sinon de droit, des propriétés particulières. Il est encore facile de vérifier ici même la loi de l'évolution, car à Commachio il n'est fait aucune tentative de culture du poisson, il n'y a là qu'un ensemble d'engins de pêche, fort ingénieux, sans doute, mais aucune application d'industrie créatrice. Dans les valli de la Vénétie, au contraire, propriétés particulières, nous trouvons toute une organisation pour pourvoir à la stabulation et à la culture du poisson.

Comme autres appropriations collectives ou individuelles nous devons citer aussi les différentes exploitations d'ostréiculture et de mytiliculture.

Dans les eaux douces, nous trouvons une évolution analogue, mais peut-être plus marquée. D'abord propriété de tout le monde, elles appartiennent au moyen âge au souverain qui en accorde tout ou partie à des particuliers, à des communautés religieuses, à des corporations, soit à titre de fief, soit en propriété absolue. La révolution française, dans les pays où elle étend son action, déclare les eaux nationales ouvertes à tous, et l'on retourne à la pêche libre comme dans l'antiquité, avec cette différence que cette fois les eaux sont déclarées propriété de la nation.

Mais une évolution remarquable s'est opérée dans le travail; à la pêche, industrie extractive se joint la pisciculture qui naît et se développe là où il existe des eaux appropriées. Et les états reconnaissent la nécessité de borner, en les délimitant, le nombre des personnes qui peuvent jouir en usufruit des eaux libres, et l'on accorde de nouveau à des individus privés, à des corporations, le droit exclusif de pêche dans les eaux domaniales.

Donc dans les eaux douces comme dans les eaux marines même évolution; examinons maintenant de plus près les conséquences de cette appropriation au point de vue des intérêts des travailleurs et des consommateurs.

L'application de l'industrie fait naître, au point de vue du sol aquatique, le même conflit qui existe sur la terre émergée entre le capital et le travail, entre la machine et l'ouvrier ; l'emploi de moyens plus perfectionnés aurait pour effet immédiat, semble-t-il, de priver de leur travail un grand nombre de pêcheurs.

Ce phénomène, quelque douloureux qu'il soit, n'est cependant que temporaire et il est contrebalancé par un intérêt bien plus grand et prépondérant sur tous les autres, celui des consommateurs.

L'intérêt des consommateurs, c'est-à-dire de tout le monde, est que l'on obtienne le plus grand produit avec la plus minime dépense. Si la pêche à vapeur donne un produit meilleur, et plus considérable à dépense égale, la pêche à vapeur remplacera, malgré la ruine éventuelle des travailleurs, la pêche à voile, partout où cela sera possible. Mais ce développement devra être réglé, dans l'intérêt du consommateur lui-même, afin que l'on n'épuise pas par la pêche intensive la source même du produit.

D'ailleurs on peut démontrer que cet état est tout passager et que l'appropriation du sol aqueux est en fin de compte avantageux au travailleur lui-même. Il passe, il est vrai, à la condition de salarié, mais son salaire et les conditions matérielles de vie se sont améliorés. Et si, peut-être, un certain nombre des anciens exploitants libres sont privés de leur travail, l'appropriation crée des champs nouveaux à l'activité humaine ; un exemple remarquable à citer à ce sujet, est l'évolution de la pêche dans les lagunes de la Vénétie et de Commachio où des villages entiers se sont formés, pour donner asile aux différents ouvriers nécessaires pour la fabrication de nouveaux engins, des paniers pour le poisson, etc.

On peut citer aussi les ouvriers des thonneries de la Sicile, de la Sardaigne ou de la Tunisie. Partout cette loi se vérifie que les gages les plus pauvres se trouvent dans les industries les moins avancées vis-à-vis de la mécanique, tandis que les plus riches se trouvent dans les pays où l'ensemble des machines industrielles est le plus parfait.

Cette appropriation est donc en tout cas avantageuse. Dans certains cas elle devra être individuelle, dans d'autres cas collective, souvent même elle le sera fatalement. Et alors se trouve toute indiquée une expérience remarquable de Sociologie : fournir à des

34

pêcheurs réunis en société coopérative, les capitaux et surtout les connaissances nécessaires pour leur permettre d'exploiter industriellement et exclusivement la partie du sol aqueux où ils pratiquent à l'heure actuelle la pêche par des procédés primitifs.

Quoi qu'il en soit, de cette manière ou d'autre, on doit poursuivre sans retard l'appropriation du sol aqueux, de telle sorte que dans l'avenir toute cette partie de notre globe encore incomplètement exploitée devienne une source de richesse aussi considérable peut-être que celle que l'on tire de la terre elle-même.

M. LE PRÉSIDENT ouvre la discussion sur les conclusions de ce très intéressant rapport dont il remercie vivement son auteur. Après l'échange de diverses observations, le vœu suivant est adopté :

Il serait désirable que, dans les pays où la législation le permet, la pêche des eaux dépeuplées soit concédée pendant une durée suffisante à des sociétés ou à des particuliers qui s'engageraient à payer un loyer dont l'importance irait en croissant à mesure que le nombre des poissons augmenterait.

La Section s'occupe ensuite des vœux proposés par M. le commissaire général NEVEU en séance générale, et elle adopte les suivants, après lecture de la monographie de M. G. LE BRAZ et de divers documents parvenus au Congrès. Il serait désirable :

1° Que des enquêtes dirigées par l'initiative privée et au besoin par les différents gouvernements soient faites dans chaque port, de façon à réunir les éléments suffisants sur l'état des marins-pêcheurs en vue de l'amélioration de leur sort ;

2° Que dans chaque pays maritime il soit créé une société d'encouragement à la pêche ayant des sections dans tous les centres importants. Ces sociétés se communiqueraient toutes les mesures qui seraient de nature à venir en aide à la population maritime ;

3° Qu'il soit créé des caisses ayant pour objet de fournir des fonds à un taux modéré aux pêcheurs, afin de développer leur industrie ;

4° Que l'usage des livrets de pêche soit encouragé d'une façon active.

M. MARAUD, délégué de la ville des Sables-d'Olonne, fait la lecture d'une note qui donne lieu à l'adoption des vœux suivants :

Que tout inscrit maritime, réunissant trois cents mois de navigation à l'âge de quarante-cinq ans, ait droit à la pension d'invalide dite « demi-solde » ;

Que les inscrits maritimes armateurs, ainsi que les veuves et orphelins de pêcheurs inscrits, soient exempts de payer pour eux et leurs équipages la cotisation à la Caisse de prévoyance du 21 avril 1898.

M. Gautret fait l'exposé de la question relative à la réforme de la loi française du 21 avril 1898.

Il rappelle les vœux suivants émis dans les précédents Congrès, en particulier au Congrès de Dieppe, septembre 1898 ;

Le Congrès émet le vœu que la loi du 23 avril 1898 soit modifiée de telle manière que :

1° Les marins soient traités sur le pied d'égalité avec les ouvriers de terre au point de vue des accidents et des maladies ;

2° La cotisation exigée des armateurs ne reste pas un simple impôt nouveau et les garantisse tout au moins contre les frais de rapatriement, d'hospitalisation, etc., qui seront mis à la charge de la Caisse nationale de prévoyance.

Et au Congrès de Biarritz, juillet 1899 : Le Congrès émet le vœu que la loi du 18 avril 1898, constituant l'assurance obligatoire des marins, soit réformée au plus tôt pour donner la faculté de s'assurer aux sociétés de secours mutuels entre marins pêcheurs et pour mettre sur un pied d'égalité les ouvriers de mer avec ceux de terre.

Il rappelle tous les efforts qu'il a faits comme membre du Parlement, pour arriver à décider le Gouvernement à modifier la loi du 21 avril 1898.

A la suite de cette communication s'engage une discussion à laquelle prennent part MM. Cacheux, Odin, Deléarde, Hamon, Cardozo de Bethencourt.

M. le Président résume en quelques mots la question et propose comme conclusion le vœu suivant :

Le Congrès, après avoir entendu les explications de M. Gautret, député, concernant la loi du 21 avril 1898 sur les institutions de prévoyance, émet le vœu *que le projet de loi annoncé par M. le Ministre de la marine vienne au plus tôt en discussion et que l'on tienne compte des vœux émis par les différents Congrès.*

Ce vœu est adopté.

M. Gautret ayant fait part de ses démarches auprès du Ministre de la marine pour obtenir une subvention à l'effet de faire envoyer des marins-pêcheurs délégués au présent Congrès, une discussion s'engage sur cette question, et, à la suite, le vœu suivant est proposé :

Le Congrès émet le vœu que les autorités compétentes des divers pays maritimes accordent des subventions aux municipalités pour leur permettre de déléguer des marins aux Congrès de pêche internationaux. Cette proposition, soutenue par M. le commissaire général NEVEU et le colonel VAN ZUYLEN, est écartée après une discussion à laquelle prennent part MM. ODIN, GAUTRET, CARDOZO DE BÉTHENCOURT, HAMON et DELÉARDE.

Après le rejet de plusieurs amendements, la rédaction suivante, proposée par M. ODIN, est adoptée : Le Congrès émet le vœu *qu'une allocation du département de la marine soit faite à tous les Congrès de pêche maritime nationaux ou internationaux pour être versée soit dans la Caisse de l'enseignement professionnel et technique des pêches maritimes, société reconnue d'utilité publique, soit dans la Caisse des Congrès, pour être affectée exclusivement à l'envoi à ces Congrès de délégués marins-pêcheurs français en les défrayant de leurs différents frais.*

M. LE PRÉSIDENT remercie les membres de la Section du concours qu'ils lui ont donné, il déclare clos les travaux de la section, et lève la séance à midi 1/2.

SÉANCES GÉNÉRALES

SÉANCE GÉNÉRALE DU DIMANCHE 16 SEPTEMBRE 1900
(2 HEURES DE L'APRÈS-MIDI)

PRÉSIDENCE DE M. EDMOND PERRIER

M. LE PRÉSIDENT donne la parole à S. Exc. M. WESCHNIAKOFF pour la lecture de son rapport sur la *Statistique internationale des pêches maritimes.*

LA STATISTIQUE INTERNATIONALE DES PÊCHES
PAR S. E. WESCHNIAKOFF
Secrétaire d'Etat de S. M. l'Empereur de Russie.

Le Comité d'organisation du Congrès international d'aquiculture et de pêche m'a proposé de traiter la question de la statistique des pêches. Je suis d'autant plus flatté de cette honorable mission, que c'est grâce à cet appel, que j'ai cru de mon devoir de venir prendre part au Congrès et que je me vois investi d'un titre honorifique dont vous avez bien voulu me décorer et que j'ai accepté avec reconnaissance, comme un hommage rendu à la Société que j'ai l'honneur de présider et de représenter à ce Congrès. C'est pour la seconde fois qu'il m'arrive de figurer comme rapporteur sur la même question à un Congrès international; pour la première fois c'était au Congrès international de statistique à la Haye en 1869.

Les Congrès de statistique créés en 1851 sur l'initiative du célèbre statisticien belge Adolphe Quêtet avaient pour but de formuler des désidérata pour les différentes branches de statistique, afin qu'on puisse dresser des tableaux pratiques et comparables. La statistique de la pêche a été mise au programme à la septième session du Congrès, à la Haye, sur la proposition du chef de la statistique en Hollande, M. Baumhauer.

Le Congrès s'est vivement intéressé à cette question ; le rapporteur de la commission d'organisation du Congrès M. T. F. Buys, professeur à l'université de Liège, proposa de se borner à l'étude de la statistique des pêches maritimes, dont l'exploitation se fait en grandes proportions et qui jouent un rôle considérable dans l'économie sociale de plusieurs pays de l'Europe.

Quant à la pêche fluviale M. Buys lui assignait une place toute secondaire et ne croyait pas possible de demander ni aux pêcheurs, ni aux autorités locales des données statistiques sur cette pêche.

La IVe section du Congrès discuta longuement durant deux séances le projet du programme de M. Buys. Après avoir pris connaissance des renseignements, que j'ai eu l'honneur de présenter sur l'importance des pêches fluviales en Russie, surtout dans les embouchures de la Volga, de l'Oural, de la Coura et du Féret, ainsi que dans les grands lacs, comme le Ladoga, l'Onéga, la IVe section, s'est décidée de ne pas reculer devant les difficultés que présente la statistique des pêches fluviales, et a donné son adhésion au projet du questionnaire élaboré par une sous-commission, nommée par le Congrès.

Le Congrès ne s'est pas dissimulé le danger ou le risque de demander des renseignements statistiques aux pêcheurs mêmes, qui très probablement ne comprendraient pas l'intérêt que peut avoir la publication des résultats de leurs pêches, et chercheraient à cacher la vérité, de crainte de se voir imposés. Mais tout le monde a été d'avis que là où l'état met en location le droit de pêche dans les fleuves et les rivières, dès qu'il a un cahier de charges, il peut parfaitement bien exiger de ses fermiers des données statistiques sur les résultats de leur pêche.

On a trouvé aussi que les moyens de transport pourraient également servir d'instrument de statistique. De grandes quantités de poissons étant transportées du bord de la mer ou de tout autre endroit dans les villes, les chemins de fer peuvent facilement donner les quantités de poissons transportées.

En adoptant le programme de la statistique de la pêche fluviale et lacustre, le Congrès a établi très nettement que cette statistique devait avoir en vue spécialement les espèces de poissons faisant l'objet d'un commerce étendu et servant à l'alimentation des masses sans tenir compte des quantités prises soit à la ligne, soit aux filets, pour la consommation des habitants riverains.

Quant à la statistique des pêches maritimes, le programme de M. Buys a été adopté en entier par le Congrès, avec de très légères modifications, faites par la section.

J'ai eu l'honneur alors d'en faire le rapport à l'assemblée générale du Congrès, qui a donné sa complète adhésion aux conclusions suivantes de la section :

Le Congrès émet le vœu que les gouvernements prennent des mesures pour recueillir, au moins une fois par an, par des voies qu'ils jugeront convenables, des données statistiques aussi simples que possible, sur les pêches dans les eaux fluviales et lacustres conformément au questionnaire suivant :

1° Quels sont les sortes de pêche dont on s'occupe ?

2° Quels sont les engins et ustensiles servant à ces pêches ?

3° Quels sont les prix moyens de ces engins et de ces instruments ?

4° A quelle époque de l'année ces pêches ont-elles lieu ?

5° Quel est le nombre d'individus engagés dans ces pêches ?

6° Quel a été le produit réel de l'année 18... pour chacune de ces sortes de pêche :

a) Espèces principales (en traçant dans le formulaire plusieurs colonnes en blanc) et quantité de poissons pris ?

b) Le prix moyen de ces poissons, soit frais, soit saurés ou salés ?

« Les réponses aux quatre premières questions ne sont obligatoires que pour le premier relevé ; on pourrait tout au plus les répéter de temps à autre pour voir s'il n'est pas survenu quelque changement dans l'exercice des pêches intérieures. Il est à désirer qu'on réponde annuellement aux deux dernières questions. »

Quant aux *pêches maritimes*, le Congrès a exprimé le désir :

« Que tous les gouvernements publient dorénavant des comptes-rendus annuels sur les pêches maritimes et que ces comptes-rendus contiennent autant que possible des données :

1° Sur le capital engagé dans les pêches maritimes ;

2° Sur l'exploitation de ces pêches ;

3° Sur le commerce des produits de ces pêches ;

4° Sur la législation des pêches. »

« Pour atteindre l'uniformité dans les renseignements à recueillir par différents gouvernements sur chacun des quatre points susnommés, le Congrès, sur la proposition de sa quatrième section, a cru devoir joindre à ses désidérata les observations suivantes :

1° *Le capital engagé dans les pêches maritimes* comprend les navires et les embarcations équipés pour la pêche, les engins dont on se sert pour l'exercice de la pêche, les établissements construits spécialement pour cet exercice et qui ne peuvent servir à aucune autre industrie, en y comprenant les établissements qui servent à la préparation du poisson pêché, tels que les fumoirs et les séchoirs. On indiquera le montant de ce capital sans subdiviser les différentes branches de la pêche, pour éviter les doubles emplois, tout en séparant, s'il est possible, les capitaux employés dans la pêche côtière de ceux qui sont engagés dans la grande pêche.

2° Sous la rubrique *exploitation* on devrait classer les données sur la nature des différentes branches des pêches maritimes, sur l'étendue plus ou moins grande des sociétés de prêteurs, sur le nombre et le tonnage des navires et des embarcations, sur le montant des équipages, sur la manière dont les matelots sont payés, en solde fixe ou en tantième du gain, sur le montant même du salaire des matelots, sur le nombre et la grandeur des lignes et des filets, sur la pâture dont on se sert pour la pêche, et la manière dont on se la procure, sur le produit tant en quantité qu'en valeur, ainsi que sur la quantité du sel qui a servi pour préparer le poisson ; enfin sur la quantité du poisson transporté par les chemins de fer ; ces deux dernières données doivent être considérées comme moyen de contrôle de la quantité des produits obtenus par la pêche.

3° Quant aux données du commerce des produits de la pêche elles doivent se rapporter à l'importation et à l'exportation de ces produits ainsi qu'aux quantités apportées sur les marchés intérieurs et aux prix des produits nommés, tant sur les lieux mêmes, où la pêche s'exerce, que sur les marchés intérieurs. Le Congrès envisageait les relevés de la quantité des produits de pêche transportés par les chemins de fer, comme le moyen le plus efficace pour constater la production et la consommation des produits de la pêche.

4° Le Congrès a cru d'une grande importance d'insérer dans les comptes-rendus pour une fois au moins un court aperçu de la législation sur les pêches, en forme de réponses aux questions suivantes :

Existe-t-il des lois et des règlements qui ont pour but la conservation et la préservation du poisson ?

La pêche est-elle protégée et secourue par l'Etat et de quelle manière ? Le pêcheur et le commerçant sont-ils libres dans l'exercice de leur métier ?

La pêche est-elle soumise à une inspection générale ? Quelles en sont les dispositions ?

Quel est le montant : 1° des droits d'importation et d'exportation ; 2° des impôts locaux sur les marchés intérieurs ?

En votant ces résolutions le Congrès formula encore le vœu suivant :

Que les comptes-rendus des pêches maritimes présentés aux gouvernements par les autorités compétentes, soient publiés à l'avenir à des époques plus rapprochées de la pêche, afin que les industriels et les commerçants, ayant souvent un besoin impérieux de consulter ces comptes-rendus pour connaître les résultats de la dernière pêche, pussent profiter à temps de ces renseignements.

En sanctionnant le programme susmentionné que j'ai tenu à vous communiquer littéralement, comme il a été rédigé, le Congrès de la Haye désirait donner une base solide et uniforme à la statistique internationale comparée des pêches de différents pays, tout en tenant compte des circonstances locales spéciales.

Mais comme les vœux formulés sur différentes matières statistiques tant à la Haye, qu'à Bruxelles, à Londres, à Paris, à Vienne et à Berlin, formaient déjà un assez gros volume in-4, M. Quitelet avait proposé au Congrès d'engager tous les états, qui avaient pris part au Congrès, de se mettre immédiatement à l'œuvre, en appliquant les résolutions et les vœux des Congrès, dans un travail simultané, qui devait devenir *un recueil de statistique internationale comparée*. Cette proposition ayant été approuvée par l'assemblée générale, chaque état devait se charger d'une rubrique spéciale du programme général et après avoir réuni les données nécessaires avec le concours des autres états, dresser pour cette rubrique une statistique comparée conforme aux exigences de la science et aux résolutions des Congrès.

Le soin de faire une pareille statistique internationale *sur les pêches* fut confié à la Hollande. Si je ne me trompe, ce travail n'a pas été exécuté ou du moins il n'a pas paru. Je sais que la France et la Russie ont accompli leur tâche, la France pour la statistique criminelle, la Russie pour la statistique du territoire. Quant aux autres états je ne suis pas au fait des résultats de leurs travaux.

Mais si la résolution du congrès de la Haye de dresser une statistique comparée des pêches pour tous les pays n'a pas été exécutée, je ne doute pas que les débats du congrès au sujet de cette statistique ont eu une certaine influence sur le progrès général de la statistique des pêches. Ce progrès a été lent, mais il n'en a pas été moins sûr.

Les congrès de statistique, s'étant beaucoup occupés de la population, ont rendu de grands services, en élaborant une classification par professions. Cette classification n'est pas pourtant uniforme dans les recensements des différents pays. Tantôt ils ne donnent que le chiffre général des pêcheurs, comme par exemple en France, avec la distribution selon l'espèce de pêche (grande pêche, pêche côtière, pêche à pied). Tantôt on distingue les pêcheurs de profession avec leurs aides (fishermen and boys) et pêcheurs d'occasion, dont la pêche forme une occupation auxiliaire, comme en Angleterre et en Allemagne. En Ecosse la statistique donne en outre le nombre des saleurs, des tonneliers, des emballeurs et d'autres travailleurs employés dans l'industrie des pêches.

Quant à la Russie, elle attend encore le dépouillement des résultats de son grand recensement de 1897, pour connaître le chiffre exact du total de ses pêcheurs. En attendant il n'existe que des recensements partiels et provisoires des pêcheurs dans quelques provinces.

Pour en revenir à la statistique spéciale des pêches, comme industrie, il faut constater que presque tous les pays, qui possèdent actuellement une bonne statistique de pêche, se sont mis à cette œuvre après 1869 et même beaucoup plus tard. Ainsi *la France* a publié sa première statistique des pêches maritimes en 1869, date du congrès de la Haye. Insérée tout d'abord dans la *Revue maritime et coloniale*, réorganisée et complétée depuis 1886, elle paraît annuellement, comme un rapport fait à M. le ministre de la marine par le directeur de la marine marchande. Je m'abstiens d'énumérer les subdivisions de cet excellent rapport, car je présume que toutes les personnes ici présentes sont au courant de l'excellente statistique des pêches maritimes de la France et de ses colonies.

Quant aux autres pays ils ont procédé pour la plupart au commencement en recueillant des données statistiques sur la pêche à l'occasion des enquêtes qui avaient été organisées par le gouvernement pour étudier l'état des pêcheries du pays. Tel était le cas dans la *Grande-Bretagne* où les lois et les statuts sur la pêche avaient passé après l'examen des rapports des select comittee's, ordonnés par le parlement qui avaient recueilli les données nécessaires par voie d'enquête et avaient entendu les personnes intéressées. C'est à la suite de l'insuffisance de pareilles enquêtes que la nécessité d'une statistique plus régulière et mieux organisée sur les pêches, s'est fait sentir et aboutit à la création en Ecosse d'un *Fishery Board for Scotland* en 1882 et en Angleterre, d'un *Fishery Department* auprès du ministère du commerce (Board of Trade). Tout le monde connaît l'excellent *Annual Report of the Fishery Board for Scotland* en 3 volumes, dont le dernier 18e rapport pour l'année 1899 vient de paraître dans le courant de cet été ainsi que les *Statistical Tables*, publiés par le *Fishery Department*. La *Hollande* possède une excellente statistique des pêches depuis bien longtemps; le nombre des vaisseaux partis pour la pêche du hareng et les résultats de cette pêche, étaient enregistrés déjà dans le siècle passé. Des comptes rendus sur la pêche sont publiés annuellement en guise de rapports présentés au ministre de l'intérieur par le collège des pêches maritimes, sous le titre de *Verslag amtrent den Staat der Zeevisscherijen*. Ce rapport contient des renseignements sur la pêche du hareng salé immédiatement après la pêche à bord du bateau (Zantharing-Vischery). Sur la pêche à la morue et du cabliau, près de l'Islande, des îles Ferre et du Nordcap, des pêcheries dans la mer du Nord, près du Doggerbank et sur les côtes des Pays-Bas, ainsi que sur la chasse aux phoques et aux baleines. Cette statistique embrasse le nombre de vaisseaux armés pour la pêche dans différents ports, la quantité et l'espèce de poisson apportés de la pêche, les prix du poisson, par mois, la valeur des résultats de la pêche et la moyenne de cette valeur pour chaque vaisseau et chaque voyage, enfin l'exportation des produits de pêche.

Le *Danemark*, la *Suède* et la *Norvège* publient également une statistique très détaillée de leurs pêches recueillies et dépouillées par les autorités locales. Il est à regretter seulement que les titres des colonnes des nombreuses tables statistiques de ces publications ne sont pas pourvues de traduction française, ainsi que l'a proposé jadis le congrès de statistique.

En *Allemagne* il n'existe pas d'édition officielle et régulière sur les résultats de la pêche. Cette absence de données statistiques a été reconnue maintes fois par la grande Société Allemande de pêche (*Deutscher Fischerei Verein*) comme on peut en juger par ses publications récentes à propos de la révision du tarif douanier et de la loi prussienne de 1874. Pourtant on y trouve quelques chiffres intéressants. Quant à la pêche maritime elle a décuplé dans les 12 dernières années, comme c'est constaté par la même société dans son organe « *Allgemeine Fischerei Zeitung* ».

L'insuffisance d'une bonne statistique des pêches a été également constatée pour l'*Autriche* par un juge aussi compétent que M. Krisch, chef du département de l'administration de la marine à Trieste et conseiller administratif près de la société autrichienne des pêches maritimes et de pisciculture, dans un article publié dans le journal *Volkswortschaftliche Wochenschrift* (nos 282 et 283, 30 mai 1889) et dans la *Revista Maritima*.

Après avoir indiqué le côté faible des statistiques officielles sur les pêches en Autriche publiées par le ministère du commerce et la commission centrale de statistique, surtout le manque de renseignements pratiques, qui puissent guider les industriels et les commerçants dans leurs combinaisons financières, M. Krisch a donné un projet de programme, qui, à son avis, pourrait éliminer les défauts de la statistique actuelle et la rendre plus adaptée aux exigences de l'industrie et du commerce. D'après ce programme, la statistique des pêches devrait se subdiviser en 13 chapitres suivants : 1) Historique de la pêche ; 2) géographie, topographie, hydrographie, physique et éthnographie ; 3) législation et administration ; 4) Zoologie ;

5) Exploitation ; 6) Pisciculture ; 7) Industries des conserves ; 8) construction des bateaux et fabrication d'engins de pêche ; 9) commerce de poissons ; 10) règlements de police ; 11) tarif douanier et impôts ; 12) associations ; 13) Pêches des étrangers (italiens) sur les côtes autrichiennes.

En *Italie* on s'est borné longtemps à recueillir des renseignements statistiques par voie des enquêtes spéciales et occasionnelles. Une grande enquête pareille a précédé la promulgation de la loi sur les pêches d'Italie du 4 mars 1877. Actuellement les données statistiques sur la pêche sont publiées par le ministère de la Marine et le ministère de l'Agriculture, de l'industrie et du commerce sous le titre : *Notizie sulla pesca maritima in Italia* et *notizie sulle pesca fluviale et lacuale*. Les renseignements sur les pêches maritimes sont recueillis par les autorités locales (capitanerie).

En *Russie* il n'existe pas de statistique officielle, régulière et complète pour les pêches ; il n'y a que des estimations plus au moins approximatives de la quantité et de la valeur des produits de la pêche. Les premières évaluations ont été faites par une expédition à la tête de laquelle se trouvait le célèbre naturaliste Charles Baer. Les travaux de cette enquête avaient duré près de 20 ans, de 1851 à 1870 et ont été publiés en 9 volumes in-4° avec quatre grands atlas de dessins. Le total des produits de la pêche à cette époque avait été évalué à 25 millions de pouds et la valeur à 20 millions de roubles. Des enquêtes plus récentes permettent de porter ces chiffres actuellement à 67 millions de pouds et à 65 millions de roubles. Des statistiques plus détaillées sur les pêches ne sont publiées que pour quelques provinces où il existe des autorités spéciales préparées à la pêche et où la pêche joue un rôle plus important, comme dans le gouvernement d'Astrakan, d'Arkangel et dans les pays des Cosaques du Don et de l'Oural.

Aux *Etats-Unis de l'Amérique du Nord* les premières bases de la statistique des pêches ont été posées par la grande enquête organisée en 1870 par le célèbre professeur F. Baird, premier président de la commission *of Fishand Fisheries*. Cette enquête a été exécutée grâce aux soins réunis de la commission des pêches et du *Census-Bureau* et avait pour but la description et l'exploration de toutes les pêcheries des Etats-Unis ; cette tâche a été remplie avec beaucoup de soins grâce à la collaboration des meilleurs savants, à la tête desquels se trouvait N. G. Brawn Gaad, sous-directeur du musée national, connu par ses études sur les pêcheries américaines (1).

Les rapports annuels du commissaire des pêches contiennent des renseignements très intéressants sur les résultats de la pêche des principaux poissons pris dans les bassins des Etats-Unis et sur leurs côtes.

Malgré les nombreuses publications officielles, la littérature du sujet ne présente qu'un seul travail d'ensemble sur les pêches maritimes, savoir l'excellent ouvrage de M. Lindemann : *Die Seefischereien. Ihre gebiete, Betrib und Etraege in den Iahren 1869-1878.* On pourrait citer encore deux tentatives du même genre. L'une appartient à M. E. Banhof, qui, sur la proposition de la section des pêches maritimes à Kiel, a commencé en 1889 la publication d'un travail sur l'organisation des pêches maritimes en Europe et en Amérique, mais ce travail paraissant dans *les Mittheilungen der sektion für Küsten und Hochseefischerei*, s'est borné à donner la description technique des pêches et la législation sur la matière en France, en Belgique, en Grèce et en Autriche-Hongrie. L'ouvrage s'est arrêté à la 5ᵉ feuille. Une autre tentative a été faite par M. Krisch, en Autriche. Son travail, dont le plan était préliminairement très large, est basé sur des renseignements fournis par les gouvernements de tous les pays. J'ai eu aussi l'honneur, sur l'invitation de l'Ambassade d'Autriche-Hongrie à Saint-Pétersbourg, de fournir, pour M. Krisch, quelques renseignements sur les pêches russes. En 1894, l'ambassadeur d'Autriche-Hongrie M. le comte de Wolkinstein Trostbourg a eu l'obligeance de me communiquer les notices lithographiées de M. Krisch sur l'organisation de la statistique des pêches dans la Grande Bretagne, en Ecosse, en France et en Italie, mais l'ouvrage n'a pas encore paru.

Je ne puis pas non plus passer en silence les travaux de M. Wemyss-Faltan, fonctionnaire du *Fishery Board for Scotland*, qui donnait, dans la 3ᵉ partie des comptes-rendus annuels de ce

(1) Les résultats de cette enquête ont formé 7 grands volumes, publiés en 1884-1887 sous le titre : The Fhiseries and Fishery Industries of the United States prepared through the cooperation of the commisioner of Fisheries and the superintendant of the census by George Brawn Gaad, director assistent of the U. S. National Museum en a Staff Association.

bureau, des renseignements fort intéressants sur les pêches des différents pays, tirés des publications officielles sous le titre : « *An account of contemporary scientific fishery work and fisheries in this and others countries* ». Depuis quelques années ces notices ne paraissent plus dans le rapport du bureau d'Ecosse.

Ayant pris grand intérêt, depuis le Congrès de la Haye, pour la statistique des pêches, j'avais aussi conçu l'idée d'un ouvrage sur les conditions et la législation de la pêche dans différents pays et je me suis mis depuis lors à recueillir les matériaux nécessaires. Ce n'est qu'en 1894 que je suis parvenu à publier mon livre « *Pêche et Législation* » que j'ai l'honneur de déposer au bureau du Congrès en le priant de l'insérer dans sa bibliothèque. J'avais essayé de dresser dans ce livre un tableau comparatif du nombre de vaisseaux et bateaux occupés à la pêche, de leur tonnage, du nombre de pêcheurs professionnels et d'occasion, enfin de la quantité et de la valeur des produits de la pêche dans différents pays, mais ce tableau, basé sur des publications des années 80mes présente de grandes lacunes.

Mes études m'ont encore une fois démontré l'absence presque totale de travaux d'ensemble sur la pêche en général, et c'est cela même qui m'a décidé à rappeler au Congrès de Paris les propositions du Congrès de la Haye sur la statistique internationale des pêches.

Vu la continuité des Congrès internationaux de pêche qui se sont réunis, quatre fois, dans l'espace de trois années, à Bergen, à Dieppe, à Biarritz-Bayonne et à Paris, et en vue du projet de formation d'un comité permanent des Congrès ; projet qui est annoncé à l'ordre du jour de l'assemblée générale pour mardi 17 septembre, il me semble qu'il serait désirable que le Congrès ou le comité permanent, s'il est adopté, se chargent de la mission autrefois donnée à la Hollande de réunir périodiquement les données statistiques sur les pêches, pour mettre les ichtyologues et les personnes intéressées au courant des résultats des pêches de tous les pays du monde et de tout ce qui se fait de saillant dans le domaine de la pêche.

En résumant mon rapport, j'ai l'honneur de proposer au congrès de se prononcer :

1° Si le programme de la statistique internationale, élaboré par le congrès de la Haye, peut être considéré par le congrès de Paris comme conforme aux circonstances actuelles et peut être recommandé comme modèle aux administrations de pêche?

Et 2° si le congrès veut bien se charger de la publication périodique d'un recueil de statistique des pêches de tous les pays, avec collaboration certainement des autorités et des sociétés compétentes de ces pays? La Société impériale russe de pisciculture et de pêche de son côté est prête à venir concourir à cette œuvre utile.

Enfin, je crois de mon devoir d'annoncer au congrès que la Société Impériale russe de pisciculture et de pêche, placée sous le haut patronage de Son Altesse impériale, le grand duc Serge Alexandrowitsch a pris, avec son consentement, l'initiative d'organiser une exposition et un congrès internationaux de pêche à Saint-Pétersbourg en 1902 et que, sur le rapport du ministre de l'agriculture, M. de Yermoloff, Sa Majesté l'Empereur a daigné sanctionner ce projet de son auguste approbation le 15 mai 1900. En me faisant connaître cette décision impériale, M. le ministre m'a annoncé qu'il l'avait communiquée également à M. le ministre des affaires étrangères pour la notifier aux divers gouvernements étrangers.

Je suis heureux d'avoir pu venir à Paris, pour faire part au congrès de cette nouvelle et pour vous engager, Messieurs, au nom de la société que j'ai l'honneur de présider, à venir en 1902 à Saint-Pétersbourg, pour contribuer au succès de l'exposition et des congrès projetés. Je ne doute pas que vous ne refuserez pas votre concours à un pays et à une société amis, et que le trajet de Saint-Pétersbourg ne vous paraîtra pas long.

M. le Président remercie bien vivement M. Weschniakoff de sa très intéressante communication. Il espère que les membres du Congrès accepteront l'invitation qui leur est faite de choisir Saint-Pétersbourg comme prochain lieu de réunion. Le vote sur ces différentes résolutions aura lieu dans une séance ultérieure.

M. Émile Cacheux signale quelques lacunes dans le programme de la conférence de la Haye, surtout en ce qui concerne la mortalité résultant des accidents du travail à bord des bateaux de pêche; il demande à ce que cette statistique particulière soit mentionnée dans le vœu qui sera soumis au vote du Congrès.

La parole est ensuite donnée à M. le comte Louis Skarzynsky, qui résume un très intéressant travail *sur les « artels » de pêche* (associa-

tions mutuelles) en Russie et sur la lutte soutenue dans ce pays contre
l'alcoolisme qui sévit parmi les pêcheurs russes.

LES ARTELS DE PÊCHE EN RUSSIE

Par le Comte Louis SKARZYNSKI
Délégué du Ministère des Finances.

Invité par le Comité d'organisation à vous parler des *artels* de
la pêche et de la lutte antialcoolique en Russie, j'ai eu malheureusement très peu de temps pour préparer, comme j'aurais voulu
le faire, les documents sur ces questions.

J'espère cependant, à titre d'étranger, pouvoir compter sur votre
bienveillance et voilà ce qui me donne le courage de prendre la
parole.

Les artels de la Russie, c'est le type, peut-être un des plus
anciens de l'Europe, de la coopération de production et de la
mutualité, puisque les membres des artels sont des travailleurs
qui se réunissent pour gagner en commun leur vie et faire des
bénéfices, ce qui est de la coopération de production et pour
s'entr'aider dans tous les dangers que comporte leur travail, ce
qui est de la mutualité.

Ces associations, qu'on nommait *artels* dans le Nord de la Russie,
dénomination que les étymologues croient être de provenance
allemande et *watagues* dans le midi, s'organisèrent dans l'antiquité la plus reculée pour faire des incursions dans les pays
limitrophes et partager le butin.

Les sources les plus autorisées nous permettent de croire que
les premières artels existaient déjà au xie siècle et s'occupaient
de chasses, maintenant encore, tout autant dans le Nord de la
Russie d'Europe, qu'en Sibérie, nous trouvons de ces artels ; dès
le xie siècle les Normands allaient chercher des dents et des peaux
de morses dans les bassins de la mer Blanche.

Les artels de pêche sont tout aussi anciennes. La pêche, très
fructueuse dans les mers du Nord, est en même temps dangereuse
et exige un matériel coûteux, voilà la raison qui poussait les
populations du Nord à s'associer pour acheter ou pour préparer

35

le matériel de la chasse en commun et affronter aussi en commun les dangers de cette pêche.

Si tous les associés réunis n'avaient pas de quoi acheter le matériel nécessaire, il se trouvait toujours un capitaliste, si l'on peut, toutefois, appliquer cette dénomination moderne, à ces anciennes organisations, qui prêtait à l'artel tout ce qu'il fallait pour faire la pêche, mais qui savait aussi en tirer la part du lion à son profit.

Au XIIIᵉ siècle le prince André Alexandrowith équipait des watagas pour la pêche du saumon, très apprécié au XIIIᵉ siècle et pour la chasse au morse dans les mers du Nord.

Les archives des plus anciens monastères du Nord de la Russie prouvent que les moines prenaient aussi des arrangements de ce genre avec les artels des pêcheurs.

Nous trouvons notamment des contrats entre les moines des couvents de Spasski, d'Archangel, de Petchersk et les artels de pêcheurs, mais c'est surtout au couvent de Holmogory que nous voyons, au XIIIᵉ siècle, les moines se livrer à ce trafic. L'entente garantissait aux moines, en retour du matériel, qu'on venait leur emprunter, les 2 3 de tout le produit de la pêche. A part le matériel strictement nécessaire, les moines donnaient à l'artel des vivres pour le temps de la pêche et des fourrures.

L'artel choisissait entre elle un chef qu'on appelait Kormilchtchik (nourrissier) ; l'artel lui devait une obéissance complète, le kormilchtchik touchait au partage 2 1 2 de plus que chaque membre de l'artel. D'autres documents qui nous restent du couvent de Holmogory nous parlent de l'équipement d'artels, de 14 membres chacune, dont le produit de la pêche était partagé de la manière suivante : le chef de l'artel touchait pour sa part 15 centièmes de la pêche, le monastère touchait 65 centièmes et les pauvres pêcheurs n'avaient à eux tous que 20 centièmes de la pêche. D'autre part, il est juste de dire que le couvent construisait, pour le temps de la pêche, au bord de la mer, des habitations, des magasins et même des salles de bains pour les pêcheurs, et leur fournissait embarcations, matériel complet, sel pour faire la salaison et leur nourriture entière pour les six mois de la pêche.

Les artels de la Nouvelle Zélande se distinguaient surtout par leurs richesses, ces artels avaient pour la plupart des biens à elles, non seulement le matériel nécessaire à la pêche mais même celui de la chasse au morse, ce qui leur garantissait un très beau revenu.

Plusieurs artels de pêcheurs se réunissaient souvent entre elles pour former une union de société qui s'appelait *kotliana*. Cette union garantissait aux artels non seulement aide et protection mutuelles dans les dangers de la pêche, mais créait une sorte d'assurance contre la non réussite de la pêche, puisque leur entente statuait, qu'au cas où une des artels ne réussissait pas dans sa pêche, toutes les autres artels de la même kotliana étaient tenues à compléter proportionnellement une pêche moyenne à l'artel malheureuse.

La kotliana avait aussi le devoir de ramener à bon port tout autant le bateau que le matériel et le produit de la pêche, de tout équipage ayant péri par la fzingua ou le scorbut, sévissant dans les mers du Nord et faisant parfois mourir tout le personnel d'une embarcation. C'est donc ainsi, que par la kotliana, les familles des pêcheurs étaient au moins garanties de la misère en cas de mort de leur chef, puisque sa fortune était sauvée par la kotliana et remise à la famille.

Dans le midi de la Russie ce sont surtout les populations cosaques qui donnèrent naissance aux premières artels de pêcheurs ; ces associations portaient dans le midi le nom de watagues, on pourrait encore les appeler, des pêcheurs guerriers.

Les populations cosaques sont surtout les descendants de paysans qui, ne voulant pas subir le joug des maîtres, fuyaient dans des villes ou dans des contrées rocheuses et continuaient, libres de tout frein, une vie nomade, vie de brigands, faisant des excursions dans les pays tartares, et partout où un butin appelait leur avidité. Cependant, leur occupation de tous les jours était la pêche à laquelle ils s'adonnaient, puisque leurs habitations étaient pour la plupart situées dans les îles du Don, au bord du Dnieper, de l'Oural et sur les rivages de la mer. Leurs pêches dans la mer Noire suivies souvent d'incursions sur les côtes de la Turquie, parfois aux portes mêmes de Constantinople, sont très connues dans l'histoire.

Chacune des watagues choisissait son chef, qu'on appelait ataman, le chef avait droit de vie et de mort, une obéissance passive lui était due. Beaucoup de courage, beaucoup d'ini-

tiative et, avec cela, cette obéissance extraordinaire à l'ataman
faisaient une force de cette population de vauriens. Ces pêcheurs
furent parfois dirigés par de grands aventuriers qui, capables et
énergiques, venaient trouver chez eux un champ d'activité, qu'ils
ne rencontraient pas dans leur propre pays et c'est alors que les
pêcheurs prenaient place dans l'histoire.

C'est pour la première fois qu'au xvi⁰ siècle, les princes de la
Russie s'aperçurent des avantages qu'ils pourraient tirer des
artels de la pêche et frappèrent la pêche d'un impôt spécial.

Petit à petit, certains parages commencèrent à être envisagés
comme la propriété de ceux qui venaient le plus souvent y
pêcher, ou des entrepreneurs, qui envoyaient les artels pêcher au
même endroit.

Le résultat en fut, que la pêche des meilleurs emplacements
fut taxée et soumise à un fermage.

C'est ainsi qu'au xvi⁰ siècle le monastère de Saint-Gyril se faisait
payer une redevance pour la pêche faite dans certains parages
que les moines du couvent envisageaient comme leur propriété.

Ce n'est qu'au xviii⁰ siècle que nous trouvons la pêche par
artels dans la mer Caspienne. Le danger étant moins grand
que dans les mers du Nord et dans la mer Noire et le produit
de la pêche étant de beaucoup plus avantageux, les pêcheurs
isolés trouvaient à gagner leur vie sans avoir absolument besoin
de se lier en artels. La pêche dans la mer Caspienne était et
reste toujours une des plus abondantes, puisque, maintenant
encore, elle donne annuellement, d'après certaines statistiques,
215 millions de kilogrammes de poissons. Les riches propriétaires du midi de la Russie tirèrent profit de cette pêche, ils
taxèrent la pêche, dans la mer Caspienne, de propriété particulière, ils y envoyaient des watagues de pêcheurs de 50 à 120
associés pour prendre du poisson, ils refusaient le droit de pêche
aux watagues libres et faisaient payer ce droit au prix moyen
de sept roubles par embarcation.

Les guerres de Pierre le Grand occupèrent tellement les populations du Nord de la Russie que les artels de pêche ne fonc-
tionnèrent plus de 1702 à 1704. En 1704, Pierre le Grand mono-
polisa la pêche au profit de l'Etat, mais ce monopole, difficile à
contrôler, tomba en désuétude et déjà, en 1729, la pêche redevint
libre comme par le passé.

La pêche contemporaine. — Les artels prirent un nouveau développement surtout depuis l'affranchissement des paysans sous le règne de l'Empereur Alexandre II en 1861. Les paysans qui jusqu'ici, dans leurs jours de misère ou de détresse, étaient soutenus par les propriétaires, qui, en somme, étaient intéressés au bien-être de leurs serfs, se trouvèrent du jour au lendemain libres, il est vrai, mais aussi sans soutien naturel. C'est alors surtout que les associations des artels furent pour eux un refuge et une protection et l'association des intérêts, une planche de secours. Mais d'autre part l'association leur facilitant le travail et le bénéfice, ne leur donnait pas les fonds nécessaires, pour acheter le matériel de la pêche, ni même le prêt de circonstance, dont ils avaient besoin dans un moment difficile, prêt, que jusqu'ici, le maître faisait aux serfs.

Cet état de chose donnant un développement nouveau aux artels amena aussi la création de caisses d'épargne et de prêts, et le grand besoin qui s'est fait sentir de ces caisses, après l'affranchissement des paysans, ne peut être mieux démontré, que par la quantité des caisses qu'on créa dès son premier essai. C'est ainsi que la première caisse d'épargne et de prêt fut créée en 1866 par Louguigne et déjà en 1880, donc quatorze années plus tard, nous en trouvons 800.

Pour le moment l'on compte en Russie 500,000 pêcheurs et plusieurs millions de personnes vivant des produits de la pêche.

Deux districts du Nord de la Russie envoient à eux seuls 3.500 pêcheurs annuellement, pour prendre la morue et vendent le produit de leur pêche pour une somme de 800,000 francs.

On compte que les pêcheurs de la Russie d'Europe prennent annuellement environ 90 millions de kilogrammes de poisson et 200,000 phoques.

Les artels du Nord se mettent d'habitude en voyage pour faire leur pêche vers la fin du mois d'avril, et reviennent au mois d'août. Un long et dur travail, et tous les dangers de la pêche dans ces mers du Nord sont misérablement rétribués.

Le pêcheur, bon an mal an, ne peut gagner plus de 130 fr. par an ; l'armateur d'une artel gagne environ 1200 fr.

L'exploitation des armateurs se fait d'autant plus sentir que cette misérable population, manquant pour la plupart de tout, a toujours besoin d'emprunter de l'argent. Les armateurs, en faisant des avances aux pêcheurs, imposent leurs conditions aux artels et c'est ainsi qu'une charge de redevances et de dettes (qu'on n'arrive jamais à rembourser) pèse sur le pêcheur non seulement d'années en années, mais de générations en générations. Les caisses d'épargne et de prêts ne réussissent pas à libérer le pauvre pêcheur de ce nouveau servage.

La capture des phoques est plus rémunératrice, puisqu'elle dépend uniquement d'une adresse personnelle à retirer le phoque de l'eau. Aussi celui qui réussit dans cette difficile besogne reçoit la moitié de la valeur du phoque. Dans cette suite de jours bien tristes du pêcheur, son moment le plus gai est le jour du départ pour la pêche. D'après une ancienne coutume, qu'on retrouve encore au xiiie siècle, mais qui est observée strictement jusqu'ici, l'armateur donne un festin aux artels qu'il vient de fréter et qu'il expédie. Après ce simple repas qui leur paraît cependant un repas de Lucullus, puisque ce n'est qu'alors qu'ils peuvent manger à satiété et boire à volonté, les braves pêcheurs obtiennent de l'armateur dix livres de pain blanc, un morceau de toile, pour réparer leur chemise, beaucoup de bons souhaits, sincères peut-être, cette fois-ci, puisque la fortune de l'armateur dépend de leur réussite ; une visite, en titubant, à l'église, quelques cierges allumés devant les icones, beaucoup de génuflexions, encore plus de signes de croix, et puis l'on s'en va dans le nord, parmi les glaces en plein été, courir tous les dangers pour apporter, après un labeur de six mois, cent francs pour faire vivre la famille.

Les pêcheurs du midi de la Russie, surtout ceux de la mer Noire où l'on ne trouve que quelques goujons, ne sont pas plus heureux que ceux du nord, on les appelle même *sabrotcheskaja vataga* ou bandes de vagabonds. Les mieux partagés sont encore ceux des embouchures du Dniester, où, d'après une ancienne habitude, le huitième du produit est remis au propriétaire de la pêche, et le reste revient à part égale à l'armateur et à l'artel.

La pêche sur les lacs de la Russie. — Les pêcheurs des lacs de la Russie ont beaucoup moins de dangers à essuyer mais n'en sont pas plus heureux. Le seul lac d'Ilmen compte 100 artels, s'occupant de la pêche. Les membres de l'artel, au nombre de vingt, d'habitude, élisent eux-mêmes leur chef; c'est le chef qui prend les arrangements avec l'armateur et c'est encore le chef de l'artel qui vend le produit de la pêche sans qu'un membre de l'artel ait le droit de le contrôler ; le résultat en est tel, que l'armateur exploite la watague et les chefs de la watague volent leurs collègues sur le produit de la vente du poisson. Sur le lac Selique, c'est d'habitude le propriétaire de la pêche qui fournit le matériel, il touche sa part sur le produit de la pêche à titre de propriétaire et puis le reste est partagé en deux parties égales, dont une revient au propriétaire à titre d'armateur, et l'autre, d'après les usages, ne peut être vendue qu'au même propriétaire, qui nécessairement en profite pour payer le poud (les 20 kilos) de poisson au prix de 2 à 3 francs, pour le revendre, immédiatement après, à 4 ou à 6 francs.

Le résultat final est que le pêcheur gagne pour une bonne année 70 francs et une moins bonne ne lui donne pas plus de 15 francs.

Certains lacs appartiennent aux communes des villages environnant le lac, c'est le cas entre autre pour le lac Poustozerki. C'est alors toute la commune qui s'organise en artel et partage le produit de la pêche, mais ce sont les rares Rotschilds de la pêche.

Lutte antialcoolique. — Dans ces conditions, ce n'est certes pas l'alcoolisation de cette misérable population qui peut être un danger. Même en buvant leur revenu annuel en entier, vu le prix élevé de nos eaux-de-vie, le malheureux pêcheur ne risquerait guère d'être alcoolique. Mais il y a un autre danger qui le menace : puisque tout de même l'ivresse est sa joie unique. Pour commencer la pêche, on lui donne un repas, pour finir, c'est lui qui s'en paye, après avoir touché le fruit de son labeur. Retourné chez lui, dans la cabane de son village, où d'habitude il a un lopin de terrain, que sa femme cultive pendant son absence, il trouvera des blés à dépiquer, ou un autre travail les jours de la semaine. Mais voilà qu'arrive le dimanche, ou le jour d'une fête, et ils sont nombreux, bien trop nombreux, les jours de fête en Russie, voilà où commence le danger ; comment après être retourné sain et sauf dans son village, dans sa famille, le jour où il lui est défendu de travailler, ne pas boire un coup avec ses amis qu'il retrouve, ses amis savent bien d'ailleurs que c'est l'unique moment de l'année où le pauvre diable a quelque argent. Et le cabaretier le sait encore mieux que personne, il sait qu'il ne gagnera rien sur le pêcheur pendant les six mois de l'été, puisque

le pêcheur est absent, qu'il ne gagnera rien encore l'hiver, puisque
le pêcheur restera à se morfondre, sans un sou, au fond de sa
cabane, avec sa famille, c'est à son retour l'unique moment pour
le cabaretier de saigner à vif ce malheureux.

C'est donc, d'une part les amis, de l'autre, le cabaretier qui
ont tout intérêt à le pousser à la dépense ; c'est lui-même qui
se laisse entraîner par l'entourage, désarmé qu'il est, par son
caractère slave si enclin aux entraînements. Et voilà qu'il commence à boire, le verre succède au verre, et définitivement, sous
l'influence de cet entourage fatal, il perd au cabaret tout le gain
de ses six mois de travail, et une misère noire l'attend, lui et les
siens, le restant de l'hiver.

Ici donc le but principal de l'action antialcoolique en Russie
était de trouver au pauvre pêcheur, comme du reste au peuple
en général, un autre milieu où il pourrait très bien voir ses amis
avec plaisir sans être poussé à la consommation, sans pouvoir
s'y adonner. Tel est aussi le but du monopole introduit par l'Etat
et tel est le but poursuivi par nos Comités de tempérance.

C'est encore en 1598 que le grand Tzar Boris Gadounoff, voyant
à Moscou les ravages que faisait l'ivrognerie dans la population
moscovite, établit le monopole d'Etat, pour couper court aux
abus des cabaretiers, poussant la population à l'ivrognerie. Ce
monopole exista en Russie jusqu'à la fin du xviiie siècle, puisque
ce n'est que Catherine II qui l'abolit en 1767. C'est en 1885
qu'Alexandre III ordonna à son ministre de finance Boungue de
préparer la réforme de la vente des spiritueux, en vue de la lutte
contre l'ivrognerie.

Le monopole de l'Etat fut décidé en principe en 1893 et le 6 juin
1894, M. de Witte présenta à la signature du monarque une loi
introduisant le monopole de l'Etat pour la vente des spiritueux
en Russie et le 20 octobre de la même année, la loi créant des
comïtés de tempérance.

La circulaire du ministre de Witte n° 2438 du 22 décembre
1894 indiquait clairement aux fonctionnaires de l'Etat le but
poursuivi par la réforme puisqu'il était dit entre autre ce qui suit:
« Si cependant les nouvelles conditions dans lesquelles l'impôt sur
les boissons doit être perçu amènent la diminution des revenus
de l'Etat, provenant de la vente des alcools, ce qui peut arriver,
si la population consomme moins de boissons alcooliques, je suis

d'avis, et je tiens à le dire, d'une manière tout à fait catégorique, que les ressources générales de l'Etat seraient loin d'en souffrir, vu que moins on prendra de boissons alcooliques, plus on sera apte au travail. »

Par le monopole, l'action des cabaretiers est détruite une fois pour toutes. Sans compter que les 6/7 des cabarets ont été fermés, les débits qui restent sont dirigés par des fonctionnaires de l'Etat, qui touchant une paie annuelle indépendante de la vente, sont très intéressés à vendre le moins possible, puisque si la vente diminue, c'est moins de travail, et moins de casse dont ils ont à répondre. Le débit est ouvert aux heures déterminées d'avance, il ferme les jours de fêtes pendant les services divins ; on ne l'ouvre pas trop tôt le matin, on le ferme de bonne heure le soir. Un autre règlement défend de boire l'eau-de-vie dans le débit, et c'est ainsi qu'il met le buveur sous le contrôle de sa femme, qui est la plus intéressée à la tempérance de son mari, puisque c'est elle qui souffre la première et le plus durement des suites de l'ivrognerie.

D'autre part, les comités de tempérance s'occupent ardemment à créer des salles de lecture, des auditoires pour conférences et pour concerts, voire même des théâtres populaires et surtout des restaurants de tempérance en quantité, pour que le pêcheur et l'homme du peuple puissent passer leurs moments de repos en bonne causerie avec des amis, au son d'une musique, devant un verre de thé, de café, de lait, et même, sans rien prendre s'il le préfère, puisque l'entrée de nos établissements de tempérance est toujours libre et toujours gratuite.

C'est donc ainsi que, depuis 1895, date où nous avons commencé notre œuvre, jusqu'au 1er juillet 1898 (date où finissent les rapports officiels qui nous sont parvenus jusqu'ici), nous avons créé en Russie, pendant ces trois ans et demi, 1713 restaurants de tempérance et débits de thé, 747 salles de lecture et bibliothèques, 501 salles de concert et de conférence, 91 théâtres populaires et nous avons organisé 138 orphéons populaires.

L'année 1898, nous avons organisé 4658 conférences publiques antialcooliques, 602 représentations théâtrales, 438 concerts et soirées dansantes, et 445 grandes fêtes populaires à ciel ouvert, dont certaines, organisées à Pétersbourg, réunissaient chaque fois de 90 à 100.000 spectateurs.

De nombreuses photographies figurant à l'Exposition vous montreront notre œuvre, si vous voulez bien vous donner la peine d'aller voir notre section, et certains de nos établissements dans les centres maritimes. C'est surtout à Nikolaieff, au bord de la mer d'Azoff, que le mouvement s'est accentué ; vous pourrez voir dans la section russe des comités de tempérance, les photographies de nos salles de lecture, des théâtres et orphéons de Nikolaieff, et surtout les photographies de nos restaurants de tempérance où l'on compte jusqu'à mille clients par jour.

Nous avons encore des photographies du restaurant de tempérance d'Odessa, de Jalta, et d'Alechki en Crimée. Pétersbourg, Cronstadt, ont de nombreux établissements de tempérance. Nous ne sommes pas encore parvenus ni à la mer Blanche, ni à la mer Caspienne, ce n'est que l'année prochaine que nous reporterons notre activité sur les côtes de ces deux mers, avec l'action parallèle du monopole dans la Russie centrale, et dans les gouvernements d'Archangel dans le nord, d'Astrachagne et des territoires de l'Oural dans le midi.

Les statistiques des premières années de notre œuvre démontrent l'augmentation des dépôts des caisses d'épargne, la rentrée des impôts en entier et sans difficulté, malgré les années mauvaises, une diminution marquante des cas d'arrestation pour ébriété sur la voie publique, voilà notre bilan que nous sommes heureux de constater.

M. le Président remercie M. le comte Skarsynsky de sa très intéressante communication et est heureux de constater les heureux effets des mesures prises pour la lutte contre l'alcool, fléau si terrible des populations maritimes. Il donne ensuite la parole à M. le professeur Raphael Dubois pour sa communication sur *la nature des perles*.

SUR LA NATURE ET LA FORMATION DES PERLES FINES NATURELLES

Par M. le professeur Raphael DUBOIS
De l'Université de Lyon, directeur du laboratoire maritime de biologie de Tamaris-sur-Mer.

Le titre inscrit sur notre programme de ce jour : « la nacre et la perle » est beaucoup trop vaste : seul, l'historique de la question pourrait occuper plusieurs de nos séances et d'ailleurs ce sujet vient d'être tout récemment traité au Muséum d'histoire naturelle de Paris par notre éminent président M. le professeur Perrier, d'une manière si magistrale et si complète qu'il n'a plus aucune raison d'être repris ici.

J'ai seulement sollicité l'honneur de prendre la parole devant vous pour attirer votre bienveillante attention sur un certain nombre d'observations et d'expériences personnelles qui me paraissent de nature à faire progresser la question des perles fines, tant au point de vue scientifique, qu'au point de vue économique.

Nous savons déjà que les *perles fines vraies* ne doivent pas être confondues avec les *perles de nacre* qui ne sont que des malformations accidentelles ou provoquées de la nacre de la coquille, tandis que les perles vraies naissent dans l'épaisseur même des tissus et sont indépendantes de la coquille. Ce dernier fait a été mis hors de doute particulièrement par les recherches récentes sur les pintadines de M. Diguet, le savant explorateur du Muséum de Paris. Dans la splendide exposition de M. Falco au pavillon des pêches et forêts, ainsi que dans nos précieuses collections du Muséum, on peut admirer de grosses perles de pintadines encore en place et contenues dans les petites poches membraneuses où elles ont pris naissance.

Je n'ai pas encore eu la bonne fortune d'observer des pintadines vivantes, mais j'ai trouvé, dans la Méditerranée, des coquillages perliers, qui m'ont permis de faire au laboratoire maritime de biologie de Tamaris-sur-Mer une série méthodique d'observations et d'expériences dont je me propose de communiquer aujourd'hui les résultats principaux.

Ceux qui m'ont fourni les renseignements les plus complets sont ces grands mollusques lamellibranches aviculidés que l'on désigne vulgairement sous le nom de *jambonneau grandes nacres* et qui appartiennent à diverses espèces du genre *pinna*. De ces recherches et aussi de celles que j'ai faites sur *Mytilus edulis* et *Unio margaritifera*, il résulte que certains faits antérieurement connus se trouvent confirmés et d'autres naturellement infirmés, puisqu'à l'heure actuelle les opinions ou plutôt les hypothèses les plus contradictoires se présentent dans la science. Mais, en outre, j'ai pu conquérir quelques faits nouveaux et surtout arriver à provoquer la formation chez divers mollusques de perles vraies et non pas de perles de nacres, comme on l'a fait en ces temps derniers par un procédé usité par les Chinois, depuis des milliers d'années.

Voici d'abord les faits que j'ai observés sur les grandes nacres de la Méditerranée.

Dans ce mollusque, on rencontre trois et même quatre espèces de *perles vraies*, c'est-à-dire de celles qui ne naissent pas sur la coquille ou en contact direct avec elle :

1° Des perles blanches opaques à orient, véritables perles fines : elles sont rares et le plus souvent en poire ou baroques ;

2° Des perles noires, opaques, souvent sphériques ;

3° Des perles rouge-feu diaphanes, souvent en poires, mais parfois parfaitement rondes ;

4° Des perles grises plus ou moins opaques.

Il est déjà intéressant de remarquer que la même espèce, prise dans la même localité, peut fournir trois ou quatre qualités de perles distinctes ; mais, de plus, j'ai rencontré chez le même individu à la fois les trois premières qualités et toutes les trois avaient été produites par le même organe, par le manteau : toutes les trois étaient contenues dans de petites poches, comme les perles de pintadines de M. Diguet ; leur origine et leur nature est donc la même.

Les diverses qualités de perles des grandes nacres ne diffèrent pas entre elles par l'origine, il est probable qu'elles ne sont pas absolument identiques au point de vue chimique, c'est ce que nous dira prochainement l'analyse chimique composée que je n'ai pas encore achevée. Ce qu'il y a de bien certain, c'est que l'étude microscopique de la structure intime de ces perles indique des différences profondes, qui permettent d'expliquer, en grande partie tout au moins, les effets si opposés produits sur l'œil par ces divers objets.

Elle montre en outre que, dans l'intérieur de la perle, existe une charpente d'une extrême délicatesse et d'une grande complexité, qui font comprendre non seulement les jeux de lumière, mais encore la solidité extraordinaire des perles fines vraies.

Comme on l'a dit déjà avec raison, les perles vraies rentrent dans cette catégorie de corps qu'on nomme sphérolithes et plus spécialement dans le groupe des calcosphérolithes ou calcosphé-rites : mais leur structure est véritablement d'une finesse exceptionnelle. Les coupes minces, passant par le centre montrent une structure rayonnée qui permet du premier coup d'œil de les distinguer des coupes fournies par les perles blanches. Cet aspect très particulier est dû à ce que les perles sont formées de prismes calcaires accolés les uns aux autres, ayant leur base de forme polygonale tournée vers la périphérie et leur pointe au centre. L'analyse optique de ces prismes et de leur groupement a été faite avec beaucoup de soin, grâce à la collaboration de mon savant collègue, M. Auffray, professeur de minéralogie à la Faculté des sciences de Lyon, mais nous ferons connaître autre part les résultats détaillés de nos recherches dans cette direction. Je dirai seulement aujourd'hui que l'étude optique a permis de reconnaître que les prismes possèdent les caractères de la calcite et non ceux de l'aragonite. Les coupes microscopiques que nous vous montrerons, demain au Muséum, qui montrent à la fois la structure de la perle et l'action de la lumière polarisée sur les coupes.

Par la décalcification, au moyen des acides, on reconnaît que les prismes calcaires sont engainés dans de véritables alvéoles de substance organique. Ces gaines groupées ensemble rappellent la disposition de certains nids de guêpes. On peut constater que ces prismes sont continus depuis la périphérie jusque vers le centre, mais en outre vous remarquez les zones concentriques plus serrées vers la périphérie.

Ce sont ces lignes concentriques qui ont fait méconnaître la véritable structure de la perle fine, aussi dans les descriptions écrites ou figurées anciennes voit-on simplement indiquer que les perles sont formées de couches concentriques se recouvrant les unes les autres ; c'est ce qui avait conduit Réaumur à cette comparaison peu flatteuse pour la perle, à savoir qu'elle était faite comme un oignon.

Il n'est pas surprenant que Réaumur et ceux qui l'ont suivi dans cette voie se soient trompés parce qu'ils n'avaient examiné que des perles blanches et qu'ils n'avaient pas fait l'étude histologique et optique comparée des divers types de perles vraies, or, plus nous progressons et plus nous voyons nettement qu'il n'y a de véritablement fécondes que les études comparatives soit en morphologie soit en physiologie.

En effet, quand nous examinons simplement au microscope

une coupe de perle fine vraie, à Orient, nous ne constatons plus aucune structure rayonnée, les lignes concentriques sont extrêmement rapprochées, il semble que l'on soit en présence d'une toute autre construction; pourtant, il n'en est rien, l'analyse optique indique que la structure cristalline est la même fondamentalement.

Il se passe ici quelque chose d'analogue, mais non d'identique à ce que fait le tisseur : les fils que laisse sa navette et qu'il presse les uns contre les autres finissent par couvrir et masquer la trame, mais elle n'en existe pas moins.

Cette comparaison n'a pour but que de vous faire comprendre ma pensée.

En réalité, il n'y a pas de tissu croisé dans la perle. Les zones concentriques se forment comme celles que l'on observe dans le sens transversal sur les ongles et les dents de certaines personnes atteintes de maladies chroniques ou d'empoisonnements lents.

Sur les coupes de perles rouges, on distingue très bien des étranglements des alvéoles au niveau des zones concentriques qui nous expliquent suffisamment, sans qu'il soit nécessaire d'insister davantage, l'origine de ces dernières.

Au centre des calcosphérolithes se trouve toujours un espace plus ou moins rempli d'une substance amorphe, plus ou moins granuleuse se ramollissant dans l'eau, sorte de noyau de nature organique colloïdale.

En résumé, nous sommes conduits à admettre que les perles blanches à Orient ne diffèrent pas fondamentalement des autres perles vraies, si ce n'est par leur aspect dû principalement à la multiplicité et à la très grande finesse des zones concentriques et peut-être aussi à quelque différence dans la composition chimique.

Comme je l'ai déjà dit, ces diverses qualités peuvent se rencontrer à la fois dans la même espèce, chez le même individu, dans le même organe et dans les mêmes régions de celui-ci.

J'ajouterai qu'elles naissent avec le même aspect, car les perles du premier âge, quand elles commencent à être visibles à l'œil nu, présentent la même physionomie.

Dans l'épaisseur du manteau, on voit apparaître un petit point blanc jaunâtre ou grisâtre qui tranche par son opacité sur la transparence du tissu ambiant. Souvent sur le milieu parfois sur le côté de cette granulation, on distingue un petit point noir : c'est l'orifice du sac qui contiendra la perle et dont on ne peut pas toujours retrouver la trace plus tard.

M. Diguet indique chez la pintadine une phase pendant laquelle la jeune perle est molle : je n'ai pu constater celle-ci ni sur les grandes nacres, ni sur les mytilus et les unio. Pourtant elle doit exister, seulement chez mes sujets la calcification est déjà commencée quand la perle devient visible à l'œil nu.

Dans les premiers stades la perle se développe assez rapidement, c'est-à-dire que chez celles dont j'ai provoqué la formation, la taille a pu atteindre en trois semaines un millimètre à un millimètre et demi. Mes expériences n'ayant pas duré plus longtemps, il ne m'est pas possible d'indiquer d'autres mesures.

D'après M. Diguet les belles perles se trouveraient dans des pintadines âgées de trois ans, or, il y a lieu de penser qu'elles n'ont pas existé dès la naissance de l'huître.

Je regrette de ne pouvoir vous parler actuellement des expériences qui m'ont conduit à provoquer l'apparition des perles dans les mollusques : je vous montrerai seulement des pièces qui prouvent que les perles que je fais naître sont des perles vraies, fines, à orient. Elles sont encore il est vrai très petites, seulement mes expériences étant de date récente, j'ai l'espoir d'obtenir des perles ayant une véritable valeur commerciale.

M. le Président félicite M. R. Dubois des résultats obtenus dans ces intéressantes recherches. Il donne à son tour quelques explications sur la nature et le mode de formation des différentes perles.

M. Lahner, délégué de la Société *Oberœsterreichischer Landesfischerei* communique le résultat de ses études sur les perles d'eau douce.

Les nacres d'eau douce se trouvent dans les rivières qui prennent naissance dans des montagnes granitiques ou d'origine volcanique, comme les Vosges ou le Plateau central, pour la France. En Allemagne, la rivière Elster en contient de beaux spécimens ; en Autriche on trouve des coquilles nacrières dans les affluents de la rive gauche du Danube.

Le développement de la nacre est très lent et celui de la perle pareillement, ainsi il faut une durée de 20 à 30 ans pour obtenir une perle de la grosseur d'un pois.

Les perles se forment dans deux parties différentes, soit dans le manteau et elles n'ont pas, alors, grande valeur, soit dans les plis du corps de l'animal et ce sont les plus précieuses parce qu'elles sont de forme ronde et d'un bel orient.

Il n'est pas nécessaire d'ouvrir la coquille pour savoir s'il existe une perle à l'intérieur, différentes marques extérieures le font connaître aussi bien, soit des raies, soit des déformations de la coquille, ces dernières sont caractéristiques des perles de grand prix.

M. Lahner donne quelques détails sur l'ancienne richesse des ruisseaux de la haute Autriche en coquilles nacrières; une pêche intensive pratiquée par des Allemands a depuis ruiné les eaux. Mais la nouvelle loi qui interdit de pêcher les coquilles de moins de 0,10 centimètres, et ferme toute pêche du 1er juillet au 31 août, aura une heureuse influence sur le repeuplement de ces eaux.

M. le Président ajoute ensuite quelques explications et lève la séance à 5 heures.

SÉANCE GÉNÉRALE DU LUNDI 17 SEPTEMBRE 1900.

PRÉSIDENCE DE M. EDMOND PERRIER

La séance est ouverte à 2 heures de l'après-midi.

M. LE PRÉSIDENT montre, en quelques mots, l'importance de la *création d'un Comité international permanent* chargé d'organiser les congrès internationaux de pêche, et de poursuivre, après la clôture des différents congrès, l'application pratique et la réalisation des vœux qui auront été votés. Tout le monde est d'accord sur l'utilité que présente la création de cet organe, et les votes émis par les précédents Congrès de Bergen et Dieppe sont, à cet égard, tout à fait significatifs; mais deux manières se présentent pour réaliser la formation de ce comité, soit la voie diplomatique, lente et fort incertaine, soit au contraire la nomination directe de ces membres par le Congrès. Il se borne à poser aujourd'hui la question, fixant à la prochaine assemblée générale la discussion des voies et moyens pour arriver au résultat et, s'il y a lieu, la nomination des membres de ce comité.

Il s'excuse ensuite de ne pouvoir assister à la séance et prie M. Antipa, vice-président du Congrès, de le remplacer au fauteuil présidentiel.

PRÉSIDENCE DE M. ANTIPA

La parole est donnée à M. POTTIER, commissaire de la Marine, pour la lecture de son rapport sur *l'ostréiculture en France*.

L'OSTRÉICULTURE EN FRANCE

SES ORIGINES — SON ÉTAT ACTUEL

PAR R. POTTIER

Il a été pendant longtemps admis que les espèces marines formaient une réserve nutritive telle que les prélèvements de l'homme ne pouvaient sensiblement en modifier l'importance.

« L'homme — disait-on — ne peut troubler l'équilibre établi

36

« par le Créateur entre la destruction et la reproduction, entre
« la vie et la mort. »

— « Dans ses fécondes ténèbres — dit Michelet — la mer
« peut sourire elle-même des destructeurs qu'elle suscite, bien
« sûre d'enfanter encore plus. »

Telle n'était pas d'ailleurs l'opinion des pêcheurs et, aujour-
d'hui, il ne semble plus guère possible de conserver d'illusion
sur ce fait, que le nombre des poissons diminue sur nos côtes
et, en général, partout où la pêche est pratiquée d'une manière
quelque peu active.

Mais, si, pour les espèces qui se meuvent librement, on estimait que les causes naturelles de destruction étaient telles que
l'industrie humaine ne produisait sur le nombre total des individus que des effets insignifiants et, partant, négligeables, et si
on avait été amené à croire que, lorsqu'une espèce diminuait
sensiblement dans une région donnée et même en disparaissait,
ce n'était point par suite de destruction totale ou partielle, mais
bien que les individus qui la composaient avaient changé leur
habitat et que l'exploitation intensive avait eu pour seul effet
d'entraîner une émigration et de forcer les pêcheurs à aller
chercher plus loin, en haute mer, la pêche qu'ils recueillaient
autrefois plus près d'eux, cette théorie ne pouvait être appliquée
à certains mollusques, tels que l'huître, la moule auxquels les
moyens de se déplacer ont été refusés.

Aussi avait-on cherché, pour ces espèces, et cela dès la plus
haute antiquité, à aider la nature et à seconder ses efforts, soit
par des mesures de protection, en mettant les bancs naturels à
l'abri de la dévastation, soit encore par l'élevage en recueillant
sur ces gisements les mollusques adultes pour les engraisser et
les améliorer, soit enfin par la culture, en les récoltant à l'état
d'embryon, de frai, de naissain, pour les entourer de soins jusqu'à ce qu'ils puissent, après s'être reproduits, être livrés à la
consommation.

Nous ne nous occuperons dans cette étude que de l'huître dont
l'industrie constitue une des richesses du littoral français.

L'étendue et la disposition heureuse de nos plages, leur ferti-
lité exceptionnelle, la température et la salinité des eaux qui les
baignent concourent avec l'excellence de nos méthodes et la
sagesse de notre réglementation, inspirée par les découvertes

scientifiques, pour assurer à la France ostréicole une supériorité qui n'est pas contestée.

Le tableau A ci-après, présentant la valeur en francs des pro-

Tableau présentant le rendement en francs de l'industrie huîtrière pendant la dernière période décennale de 1890 à 1899

	1890	1891	1892	1893	1894	1895	1896	1897	1898	1899
Pêche des huîtres										
DRAGUE Indigènes	428.268	320.449	311.087	409.474	468.045	424.573	415.404	434.623	876.539	465.123
DRAGUE Portugaises	60	13.005	"	20.155	255					
PÊCHE À PIED Indigènes	2.831	16.351	31.772	29.252	75.123	266.515	155.071	168.935	249.041	171.985
PÊCHE À PIED Portugaises	176.508	162.075	235.676	268.480	103.086					
Total de la pêche des huîtres. . . .	607.667	511.880	578.535	810.036	646.509	631.088	570.475	603.558	1.125.580	637.108
Ostréiculture										
Indigènes. . . .	11.188.554	11.902.904	15.427.019	16.738.994	13.209.161	11.606.524	15.623.671	15.673.716	15.366.716	13.541.425
Portugaises. . .	2.061.652	1.680.057	1.849.644	2.404.872	2.711.529	1.997.93	2.464.107	3.320.309	3.021.022	3.249.282
Total de l'ostréiculture. .	13.250.206	13.594.964	17.276.663	19.143.866	16.010.690	13.604.455	17.537.778	18.944.030	18.387.738	16.790.707
Total général de la pêche et de l'ostréiculture										
	13.857.873	14.103.844	17.855.198	19.954.502	16.657.199	13.345.543	18.108.253	19.547.648	19.518.318	17.427.815

duits de l'industrie huîtrière pendant les 10 dernières années, de 1890 à 1899, en démontre l'importance.

La France n'est pas seule en Europe à se livrer à l'industrie huîtrière, mais, à ce point de vue spécial, elle y tient le premier rang ; la plupart des pays qui l'entourent sont ses tributaires ; l'Angleterre, l'Espagne, le Portugal, la Belgique nous font tous les ans des achats considérables et nos ostréiculteurs y trouvent des débouchés importants.

Cette prospérité prouve que les efforts tentés en France pour seconder la nature n'ont pas été vains.

Mais avant d'exposer la situation actuelle, il semble intéressant de jeter un regard sur le chemin parcouru ; il semble juste aussi de rendre hommage aux hommes, à la science, à l'intelligence, à l'activité et à la persévérance desquels nous sommes redevables de nos succès.

C'est ce que nous allons faire rapidement.

La culture raisonnée de l'huître, l'ostréiculture, remonte, avons-nous dit, à la plus haute antiquité. Sans vouloir parler des Chinois qui, de temps immémorial, l'ont, paraît-il, pratiquée, nous mentionnerons le nom du premier ostréiculteur connu, le Romain Sergius Orata qui, au dire de Pline, s'était avisé de repaître dans le lac Lucrin les huîtres apportées de Brindisi, après les avoir affamées par ce long trajet. Au cours de cet élevage, des constatations avaient été faites, dont ce même auteur, dans son Histoire naturelle, expose ainsi les résultats :

« Les huîtres naissent du limon qui se corrompt ou de l'écume « formée autour des vaisseaux longtemps en station ou des pieux « enfoncés dans la mer et généralement autour du bois. On a « reconnu depuis peu dans les parcs à huîtres, que ces coquilles « laissent couler un liquide prolifique semblable au lait. »

Les Romains faisaient donc déjà, du temps de Pline, ce que nous appelons aujourd'hui de l'élevage et de la reproduction.

Mais bientôt cette industrie qui, toujours d'après le même naturaliste, rapportait à Sergius Orata de notables bénéfices : — « Il tirait de grands produits de ses conceptions industrieuses » — périclita rapidement, par suite de l'incurie et de l'ignorance des riverains, et ne conserva un semblant de vitalité que dans le lac Fusaro, où Coste devait la retrouver en 1853.

C'est d'ailleurs à ce seul titre que nous nous sommes permis cette incursion dans l'antiquité.

En France, il ne semble pas qu'avant 1852, sauf dans la Seudre, on ait fait autre chose qu'exploiter les bancs naturels. En effet, dans la région qui forme actuellement le quartier maritime de Marennes, de temps immémorial, les riverains déposaient, dans les anfractuosités des rochers ou dans des réservoirs creusés dans les terrains d'alluvion, les huîtres trop petites pour être immédiatement consommées et aussi l'excédent de leurs pêches. Ils les y soignaient et les y engraissaient. Valin, qui mentionne les écluses en pierre de l'Aunis, affectées à la fois à la pêche du poisson et à l'élevage de l'huître parle aussi du verdissement effectué dans les claires ou mares.

Mais cette culture constituait une exception et, presque partout, sur nos côtes, on s'en tenait à la pêche, les gisements y étaient d'ailleurs très importants.

L'ordonnance de 1681, qui protège les moules contre une pêche trop intensive, est muette en ce qui concerne les huîtres. Valin nous en donne la raison en disant que les bancs naturels étaient inépuisables. Tandis que les arts traînants étaient définitivement prohibés par la déclaration du roi du 23 avril 1726, ce même édit portait que la pêche de l'huître continuerait à être faite avec « la « dreige armée de fer, de la même manière et ainsi qu'il s'est « pratiqué jusqu'à présent. »

Malheureusement les fonds huîtriers n'étaient pas aussi inépuisables que le pensaient Valin et ses contemporains. A la suite de pêches faites pendant la plus grande partie de l'année et sans aucune espèce de retenue, l'huître devint plus rare et, bien que la consommation, à cause de l'insuffisance des moyens de transport, n'en fût pas bien importante, la pénurie devint telle que les pouvoirs publics s'émurent et qu'afin de réprimer les abus résultant de cette exploitation désordonnée, abus qui compromettaient l'existence même des huîtrières, des mesures de préservation furent imposées aux riverains.

C'est ainsi que l'Amirauté de Guyenne prohiba la pêche des huîtres dans le bassin d'Arcachon pendant 3 ans, de 1750 à 1753 et, par ses règlements des 2 janvier 1754 et 20 novembre 1759, défendit l'usage du râteau pour ramasser les huîtres, qui devaient être récoltées à la main, et enfin interdit la pêche du 1er avril au 31 octobre de chaque année.

Vers la même époque, en 1755, le Parlement de Bretagne édictait la défense de draguer les huîtres des bancs de Tréguier pendant 6 ans, hors le temps du carême, et d'en emporter, par voie d'embarquement, sous quelque prétexte que ce fût.

Plus tard, les 24 et 26 juillet 1816 pour Arcachon, Granville et Cancale, le 13 août 1827, pour Paimpol, le 10 octobre 1829 pour Auray, diverses décisions interdirent temporairement la pêche.

Comme on le voit, pendant longtemps, les mesures prises consistaient uniquement en interdictions de pêche.

Le plus souvent les résultats furent déplorables et on le conçoit facilement si l'on considère que sur les gisements huîtriers, il ne se trouve pas que des huîtres ; ces gisements forment des groupements d'êtres appelés à vivre en commun et à ne se détruire les uns les autres que dans des limites fixées par la nature, de telle sorte que l'existence soit assurée à chaque espèce. Si l'homme, après avoir, par la pêche, notablement diminué le nombre des huîtres, en délaissant leurs ennemis, ne continue plus à intervenir dans le but de favoriser la reconstitution du banc, il est à craindre que les espèces ennemies, l'équilibre étant rompu, ne profitent de leur puissance momentanée pour se multiplier encore au dépens de la minorité et empêcher ainsi la repopulation que l'on s'était proposée.

Le repos systématique semble donc être souvent un danger aussi grave que l'exploitation abusive.

C'est ainsi, croyons-nous, que peuvent s'expliquer bien des insuccès et la disparition complète de l'huître sur des gisements qui avaient été très florissants. Aussi s'aperçut-on bientôt que l'industrie de l'homme, cause des désastres, devait intervenir pour les réparer et qu'après des travaux de nettoyage des emplacements, après les avoir dragués *à blanc*, il fallait y apporter de nouvelles huîtres.

Ce fut dans cet ordre d'idées que, vers 1852, les efforts de l'administration se portèrent et, des constatations effectuées au cours des recherches des moyens les plus propres à reconstituer les gisements naturels appauvris et presque complètement ruinés devait naître l'ostréiculture actuelle.

Le parcage avait progressivement pris quelque extension : l'huître recueillie, pour ainsi dire, toute faite sur les bancs était bien déposée sur des emplacements reconnus propres à lui communiquer certaines qualités de goût, de forme, de couleur, mais cette industrie (cet élevage), que de Bon compare à celle du fermier qui se procure du bétail maigre pour l'engraisser avant de l'envoyer au marché, ne satisfaisait qu'incomplètement les esprits curieux et chercheurs, les savants qui s'occupaient de l'huître.

Déjà, en 1849, dans un mémoire présenté à l'Académie des Sciences dans sa séance du 26 février, M. de Quatrefages proposait le repeuplement des bancs appauvris au moyen d'œufs d'huîtres fécondés artificiellement et déposés sur le fond même, aux emplacements autrefois les plus riches, au moyen d'une pompe, pourvue d'un tuyau d'une longueur suffisante. « Indépen« damment de ces bancs naturels — ajoutait-il — qu'on pour« rait ainsi entretenir et cultiver, je crois que l'élève des huîtres « dans les étangs et dans des réservoirs artificiels deviendrait « facile par l'emploi des fécondations artificielles. »

Quelques années plus tard, en 1853, de Bon, chargé de tenter le repeuplement des anciens bancs de la France au moyen d'huîtres pêchées à Cancale, acquit, en observant les résultats de ses expériences, la certitude que l'huître peut se reproduire même transportée sur des fonds émergents et où il n'y en avait encore jamais eu : frappé de la facilité avec laquelle on pouvait recueillir le naissain, il poursuivit à Saint-Servan même, au pied de la Tour Solidor, une série d'essais sur les moyens pratiques de fixer le frai et, en 1855, il put annoncer au Ministre de la Marine que la question de la reproduction artificielle était résolue.

Cette question était une de celles dont se préoccupait alors le département qui, ému de la révolution que venaient d'apporter dans le commerce maritime le développement des chemins de fer et de la navigation à vapeur, ainsi que le perfectionnement de l'hélice, prévoyait une diminution sensible dans les armements au long cours et au cabotage et s'efforçait d'encourager le plus possible la pêche, à laquelle il allait falloir demander presque exclusivement le contingent de notre personnel naval.

Reprenant les trois grands principes, liberté et gratuité de la pêche maritime, réserve exclusive aux inscrits des richesses de la mer, maintien intégral du domaine public maritime, patrimoine des marins, théâtre de leur utile industrie, principes sur lesquels

Colbert et Louis XIV avaient basé notre système maritime, il poursuivait la suppression des pêcheries comme portant atteinte à la liberté de la pêche, favorisant les individus étrangers à la marine et éminemment destructives du frai et du poisson du premier âge, mais il réservait toutes ses faveurs aux concessions huîtrières, les considérant comme une source de prospérité pour les populations du littoral et les indispensables soutiens de la pêche en bateau à l'accroissement de laquelle ils devaient puissamment contribuer.

Pendant ce temps, Coste visitait Fusaro ; s'appuyant sur ce qu'il y avait vu, à son retour, il proposait au ministre de l'agriculture d'essayer les mêmes procédés de culture dans les étangs salés du midi et de les appliquer aux huîtrières naturelles du large.

En 1857, il vint à Saint-Servan, y constata les résultats déjà acquis, confirma les théories émises et indiqua à de Bon les moyens d'exécution que celui-là cherchait encore : il se convainquit du fait de la reproduction des huîtres sur les terrains émergents qu'il n'avait jusque-là pas voulu admettre et entrevit, dès lors, le parti immense qu'il devait plus tard en tirer.

En 1858, de Bon essayait à Cancale son plancher collecteur que les parqueurs de cette localité adoptèrent l'année suivante ; l'expérience fut couronnée d'un succès complet.

Coste, de son côté, faisait un essai en grand dans la baie de Saint-Brieuc : trois millions d'huîtres pêchées à Cancale et à Tréguier y étaient versées ; à proximité, des collecteurs, fascines et coquilles, étaient accumulés.

Tous ces collecteurs furent ramenés couverts de naissain et Coste, enthousiasmé, proposa d'entreprendre le repeuplement du littoral tout entier.

L'aviso à vapeur *le Chamois* fut mis à sa disposition.

En 1860, deux millions d'huîtres achetées à Cancale renforcent les bancs de Saint-Brieuc ; une égale quantité de mollusques provenant d'Angleterre est immergée dans l'étang de Thau et la rade de Toulon ; la rade de Brest est repeuplée ; à Concarneau, la réserve de l'anse de la Forêt est créée ; dans le bassin d'Arcachon, des parcs modèles sont installés au Cés, à Crastorbe, puis à Lahillon ; des expériences y sont poursuivies par le personnel de l'Etat, marins et gardes maritimes.

L'industrie privée suit l'impulsion ; des concessions sont sollicitées de tous côtés, sur le littoral de la Normandie, en Bretagne, de la Loire à la Gironde, à Arcachon. Les capitaux abondent et, en 1861, la situation est la suivante :

Saint-Brieuc peut livrer immédiatement une récolte de plusieurs millions d'huîtres marchandes ; les plages de l'île de Ré ont été converties en une vaste huîtrière somptueusement peuplée : Arcachon promet une moisson d'une richesse inouïe ; à Toulon et à Brest, le succès est de nature à faire concevoir les plus belles espérances ; à la Rochelle et à Marennes les résultats sont satisfaisants : enfin à Thau, si les huîtres ne s'y sont pas reproduites, elles y ont grandi et s'y sont notablement améliorées.

Malheureusement, bientôt les déceptions se produisirent, cruelles et nombreuses. Les bancs artificiels de Saint-Brieuc furent dévastés par la tempête ; ceux de la rade de Brest furent pillés par les riverains ; les parcs de l'île de Ré, de la Rochelle, d'Oléron furent abandonnés ; les essais dans la Méditerranée échouèrent définitivement, les tentatives de Cancale et de la Rance furent délaissées. A Arcachon, si les parcs de l'Etat étaient prospères, les gisements naturels étaient appauvris et l'industrie privée languissait par suite des difficultés qu'elle éprouvait à recueillir le naissain.

On avait été trop vite : l'ignorance et l'oubli des lois naturelles qui président à la formation et à la conservation des gisements huîtriers, l'imprudence de certaines tentatives de repeuplement ou de culture, faites dans de mauvaises conditions, imprudence excusable dans une entreprise aussi nouvelle, l'inexpérience des ostréiculteurs improvisés tous à la fois, l'incertitude sur le choix des terrains propices, sur les méthodes à suivre et les appareils collecteurs à employer, telles étaient les causes multiples des insuccès.

Mais un certain nombre de faits importants avaient été constatés ; l'expérience avait prouvé, comme nous l'avons dit, que l'huître pouvait se reproduire même transplantée sur les fonds émergents et où il n'y en avait jamais eu ; on savait qu'il était cependant aléatoire de tenter de reconstituer des bancs entièrement épuisés ou d'en créer de toutes pièces de nouveaux et que la récolte artificielle ne réussit guère qu'au voisinage des foyers naturels de reproduction ; ainsi, les parcs de l'île de Ré étaient devenus stériles dès que les bancs du large qui les alimentaient avaient disparu.

On avait acquis d'autre part la certitude que, si les fonds naturellement reproducteurs étaient pour les parcs des foyers d'alimentation, ceux-ci, à leur tour, renvoyaient aux huîtrières une partie des richesses qu'ils en avaient reçues et qu'il s'opérait entre eux un échange de germes, garantie de leur prospérité commune.

En outre, malgré quelques échecs ou plutôt à cause d'eux, on était sur la voie des meilleures méthodes de culture et les collecteurs appropriés à chaque région étaient trouvés.

En 1863, un parqueur d'Arcachon, M. Michelet, frappé des inconvénients que présentaient, au point de vue du détrocage, les fascines, les planches recouvertes d'un mélange de brai et de coquillages et des tuiles brutes qui formaient seules alors l'outillage employé pour la récolte du naissain, eut l'idée de garnir les tuiles d'un enduit qui facilitât la formation rapide de la coquille de l'huître et permît de la détacher plus facilement ensuite. Après avoir essayé un mélange de sable et de ciment romain, puis de sable et de chaux hydraulique additionné de chaux grasse, il s'arrêta à un mélange de 1/3 de chaux grasse pour 2/3 de sable ; les résultats furent excellents et cet enduit est encore employé aujourd'hui.

En résumé, l'ostréiculture proprement dite était créée et l'auteur d'un mémoire sur la situation huîtrière en 1875 pouvait conclure ainsi : « La voie est tracée, l'essor est pris ; nous espé-« rons qu'il ne se ralentira plus et que l'industrie ostréicole « deviendra par un développement continu et rapide une abon-« dante source de richesses pour notre pays qui en a été le « berceau. »

De Bon et Coste ont donc doté leur pays d'une source importante de richesses ; le premier, par ses observations sagaces au moment des tentatives de repeuplement de la Rance et par les belles et intéressantes expériences qu'il fit en vue de la récolte du naissain ; mais sa situation de fonctionnaire lui imposait la prudence et une sage réserve qui l'ont empêché d'attirer bruyamment l'attention publique sur l'ostréiculture pour triompher de la routine et des préjugés et, par suite, de provoquer les efforts continus et persévérants nécessaires à son prompt développement.

Coste, plus libre, fut un vulgarisateur hardi et mit au service de l'industrie nouvelle, avec l'appui déclaré du chef de l'Etat, sa réputation de savant et son talent de propagande; il confirma les théories émises par de Bon, trouva les moyens d'exécution et les fit appliquer.

Il serait injuste, d'autre part, de passer sous silence le rôle important de l'administration de la marine ; par ses essais de repeuplement en 1852 et par la promulgation des décrets du 4 juillet 1853, elle avait ouvert la voie.

N'ayant pas partagé les illusions de Coste qui, dès 1859, voyait déjà tout le littoral repeuplé, celui de la Méditerranée comme celui de l'Océan, celui de l'Algérie comme celui de la Corse, sans en excepter les étangs salés du Midi de la France, elle ne se laissa pas décourager lorsque les échecs survinrent ; jamais elle n'avait pensé que la régénération et l'extension de nos huîtrières seraient aussi promptes ni aussi illimitées qu'il le promettait.

Appliquant les règles posées dans ses règlements par une surveillance aussi stricte que possible, elle assura la prospérité des huîtrières naturelles, source de reproduction ; s'attachant à leur entretien, à leur amélioration, par des nettoyages opportuns et des apports de coquillages, elle les releva sur plusieurs points de la décadence où elles étaient tombées. Sous son égide tutélaire, l'ostréiculture suivit un développement parallèle ; les concessions se multiplièrent ; pour augmenter les facilités d'effectuer l'élevage et l'engraissement des produits de la reproduction, elle s'efforça de convertir en claires les marais salants du littoral ouest. Les capitaux qui, un instant effrayés s'étaient retirés, affluèrent de nouveau : les bénéfices notoires obtenus ramenèrent l'attention sur l'ostréiculture et déterminèrent un courant de travail et d'argent bien plus vif encore qu'après les rapports de Coste.

A partir de 1875, s'ouvre la période d'application, de développement ; le principe est trouvé, les principaux moyens d'exécution adoptés ; il ne s'agit plus que de passer résolument du domaine de la théorie à celui de la pratique, de l'expérience sur une grande échelle à l'industrie proprement dite.

Des difficultés, des embarras se rencontrent ; des questions qui semblent difficiles à résoudre sont soulevées ; mais la science d'un côté, l'empirisme de l'autre, réunissent leurs efforts pour triompher de tous les obstacles et, malgré des critiques amères, des discussions parfois fort vives, des récriminations et des plaintes souvent contradictoires, l'industrie bien française qu'est l'ostréiculture se développe puissamment et arrive à l'état où nous la voyons aujourd'hui, constituant une fraction notable de notre richesse nationale.

Mais il nous faut revenir sur nos pas pour signaler un fait important dont les conséquences furent considérables et mirent en émoi pendant de longues années le monde ostréicole.

En 1866, un vapeur chargé d'huîtres du Tage (*Ostrea angulata*, de Lamarck) destinées à être parquées sur le crassat des Grahudes, dans le bassin d'Arcachon, forcé par le mauvais temps d'entrer en Gironde et de remonter à Bordeaux, y fut retenu assez longtemps pour que son chargement s'échauffât ; l'infection devint telle que l'administration, dans l'intérêt de la salubrité publique, dut donner l'ordre à son capitaine d'aller mouiller ses huîtres au large. Celui-ci n'attendit pas d'être sorti du fleuve pour effectuer cette opération et les fit jeter à l'eau par le travers des bancs de Richard, entre Talais et le Verdon.

Malgré leur long séjour à bord, toutes ces huîtres n'étaient pas mortes : trouvant des fonds à leur convenance et surtout, dans les eaux limoneuses de la Gironde, un milieu favorable à leur développement, elles s'y multiplièrent si bien qu'en peu de temps elles constituèrent d'abord un banc considérable s'étendant de Saint-Cristoly au sud à la pointe de Grave au nord, puis formèrent d'importants gisements jusqu'aux îles de Ré et d'Oléron.

Présentées sur les marchés, ces huîtres, à cause de leur bon marché, y furent bien accueillies ; d'autre part, grâce à leur rusticité et à leur puissance de reproduction, on put les acclimater dans des régions où l'*Ostrea edulis* n'avait pas réussi.

Mais bientôt des inquiétudes se produisirent parmi les parqueurs, émus du succès de la nouvelle venue et, en 1873, le Dr Lecoux, de Nantes, trompé par de faux renseignements, demanda l'interdiction de la portugaise en France et l'extermination de toutes celles qui y avaient été importées : à son avis, l'*Ostrea edulis* s'hybridait au voisinage de l'huître portugaise et l'on pouvait craindre la disparition à brève échéance de l'huître indigène de race pure. Déjà, disait-il, l'huître d'Arcachon était métissée ainsi que le prouvaient la teinte violacée s'étendant en forme d'arborisation constatée sur la valve supérieure de certains mollusques, la coloration foncée des empreintes du muscle adducteur de certains autres, la forme ovalisée de quelques coquilles.

Le Dr Gressy, de Carnac, soutint aussi cette thèse.

En 1880, une note du sénateur Robin, sur les travaux de la Commission de repeuplement des eaux, vint encore augmenter l'émotion des populations ostréicoles. Après avoir classé parmi les causes qui mettent en péril les bancs naturels, « l'importation « d'une race étrangère qui s'allierait ou se substituerait à la race « indigène », il ajoutait :

« En effet, de toutes les huîtres étrangères, la portugaise est « celle qui inspire le plus d'appréhension à nos parqueurs..... « car la portugaise, soit par hybridation, soit par dépossession, « ferait disparaître la race française. Ces huîtres sont en effet « androgynes et non hermaphrodites..... Jetées à la mer près des « bancs huîtriers de nos côtes, les portugaises donnent avec nos « bivalves des métis dont le goût et surtout l'irrégularité de « forme enlèvent à ces mollusques les qualités qui les font le « plus rechercher. »

Dans le but de calmer cet émoi, le Ministre de la Marine chargea M. Bouchon-Brandely d'élucider la question : des études très sérieuses furent entreprises par ce savant qui, dans deux rapports des 16 décembre 1882 et 29 novembre 1883, émit des conclusions toutes autres.

Avant lui et d'après des expériences faites sous sa direction, MM. Moutangé, d'Arcachon, établissaient d'une façon indiscutable l'indifférence des spermatozoïdes de la portugaise à l'égard des œufs de l'huître indigène et, par suite, l'impossibilité pour l'*Ostrea angulata* de féconder l'*Ostrea edulis* ; de même que les œufs de la portugaise ne pouvaient être fécondés par les zoospermes de l'huître indigène.

En même temps, le Dr Fischer mettait à néant l'argument tiré de la teinte violette de certains mollusques en établissant qu'ils constituaient une variété dite huître bicolore ou huître à rayons violets, existant dans le bassin d'Arcachon bien avant l'introduction de l'huître portugaise : on en trouve en effet de fossilisées dans les cordons littoraux quaternaires de cette région.

La crainte de l'hybridation était donc dissipée, mais la lutte contre la portugaise n'avait pas pris fin.

La question déjà soulevée au point de vue économique, en 1878, par l'Union ostréicole Morbihannaise, fut reprise en 1881, par M. de Corbigny et en 1887, par M. D. Jardin, au nom de la Société ostréicole du bassin d'Auray. — Il est à craindre, disaient-ils en substance, que l'huître portugaise introduite dans nos eaux s'y multiplie de telle sorte qu'elle se substitue, sur les collecteurs et sur les bancs naturels, à l'huître plate : sa propagation si rapide sur les côtes de la Gironde et de la Charente, où elle a envahi jusqu'aux bouchots à moules, l'échec éprouvé dans l'essai de reconstitution du banc de Mouillebande, en Seudre, où chaque huître française sert de collecteur à plusieurs gryphées, formant une sorte de bouquet qui l'étouffe, montrent le danger qu'il y aurait à la laisser pénétrer dans les rivières des quartiers de Vannes, d'Auray et de Lorient, généralement chargées de vase. Ils demandaient par suite l'interdiction de la portugaise dans la région bretonne.

Malgré tous ces efforts, l'administration de la marine, considérant que l'huître portugaise, en raison de sa vitalité qui la soustrait aux aléas nombreux auxquels est soumise la culture de l'huître indigène, est l'objet d'une industrie très lucrative pour les riverains, s'est toujours refusée à prohiber l'élevage du naissain portugais.

Est-ce à dire qu'il n'a pas d'inconvénients ? Non, car en dehors des craintes de métissages, craintes chimériques, et des craintes d'envahissement qui, dans la plupart des régions, ne se sont pas réalisées, l'huître portugaise n'en reste pas moins une voisine gênante pour l'huître plate.

Filtrant entre les valves de leurs coquilles l'eau dans laquelle elles vivent, les huîtres agglutinent en volumineux grumeaux les matières en suspension ; de ces grumeaux, les uns servent à les nourrir, les autres sont rejetés et forment une vase organique que l'on remarque toujours à proximité des bancs. D'après Viallanes, l'activité filtrante est proportionnelle à la quantité de nourriture absorbée : or, le pouvoir de filtration de l'huître portugaise valant cinq fois celui de l'huître plate et l'importance des dépôts vaseux formés par la première par rapport à ceux de la seconde étant dans la même proportion, on conçoit facilement la vivacité de la concurrence vitale qu'elles se font l'une à l'autre, sans compter l'accumulation de vase que produisent les portugaises.

Mais d'autre part, leur culture a rapporté en 1899 la somme de 3,249,282 francs.

Voyons maintenant quelle est aujourd'hui en France la situation de l'ostréiculture.

Le rendement général annuel de l'industrie huîtrière pendant la dernière période de 10 ans, de 1890 à 1899 inclus, a été en moyenne de 16,978,727 francs variant de 14,103,841 francs, en 1890 à 19,954,502 francs en 1893.

Rendements généraux de l'industrie huîtrière pendant la dernière période de 10 ans.

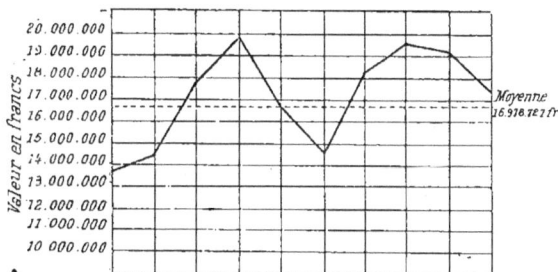

La région qui, sur nos côtes, est la plus productrice, est le lit-

Tableau comparatif des arrondissements maritimes au point de vue de la production en valeur de l'industrie huîtrière (pêche et ostréiculture) en 1897.

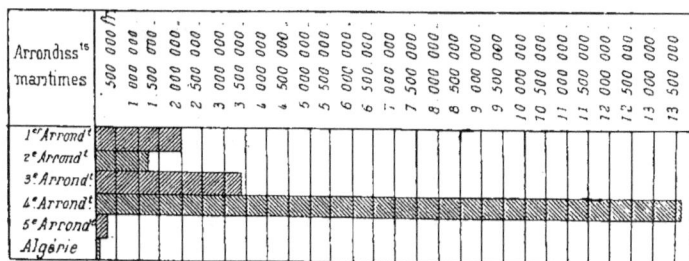

toral du 4ᵉ arrondissement maritime, de la Loire à la frontière d'Espagne, qui comprend la Seudre et le bassin d'Arcachon ; vient ensuite le 3⁰ arrondissement avec le bassin d'Auray.

Les divers centres, au point de vue de l'importance du rendement en argent, peuvent être ainsi classés :

Tableau comparatif des divers centres au point de vue du rendement en valeur de l'industrie huitrière (pêche et ostréiculture) en 1897.

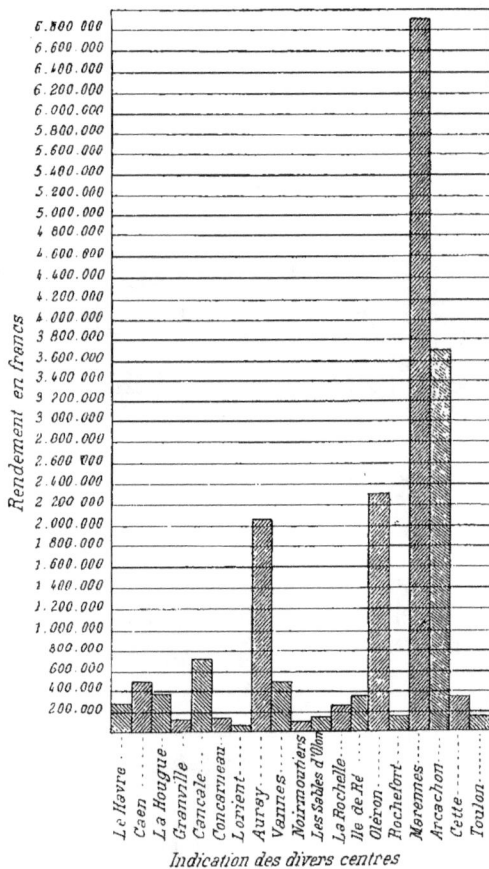

En 1ʳᵉ ligne, Marennes où l'on fait l'élevage, l'engraissement et le verdissement, et Arcachon, principal centre de reproduction.

Ensuite Oléron (élevage et engraissement) et Auray (reproduction, élevage et engraissement), puis Cancale (pêche, élevage et engraissement). Dans le tableau qui suit, nous n'avons fait figurer que les quartiers dans lesquels la valeur des produits huîtriers dépasse 100,000 francs.

Mais, avons-nous dit, l'industrie huîtrière se divise en deux branches :

La pêche, simple exploitation des richesses naturelles de la mer, pratiquée à pied ou en bateau ;

L'ostréiculture proprement dite, qui consiste essentiellement dans la récolte artificielle du naissain, l'élevage et l'engraissement

Tableau comparatif du rendement de la pêche des huîtres avec celui de l'ostréiculture de 1890 à 1899.

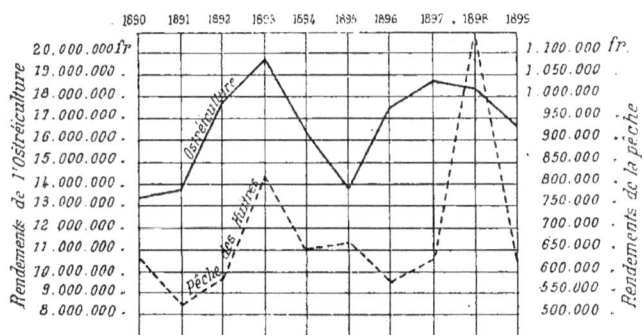

de ce naissain, jusqu'au moment où l'huître devient marchande et comestible.

Les produits de la pêche qui, dans la meilleure année de la dernière période décennale, se sont élevés à 1,125,580 francs, ne forment qu'une partie peu importante du rendement général.

Les résultats de chacune de ces deux branches, après avoir été sensiblement parallèles pendant quelques années, se séparent en 1896. Le redressement, si sensiblement marqué de la ligne des rendements de la pêche, en 1898, provient, d'une part, d'une augmentation notable de ses produits due à la reconstitution de certains gisements, d'autre part aux meilleures conditions de vente qu'ont pu trouver cette année les pêcheurs de Cancale, Rochefort et La Rochelle. Le centre le plus important de la pêche des huîtres en France est Cancale, puis vient Le Havre, ensuite l'Ile-de-Ré, Rochefort et La Rochelle.

37

— 534 —

Tableau comparatif des principaux centres au point de vue du
rendement en valeur de la pêche des huîtres (année 1897).

Valeur des produits en francs

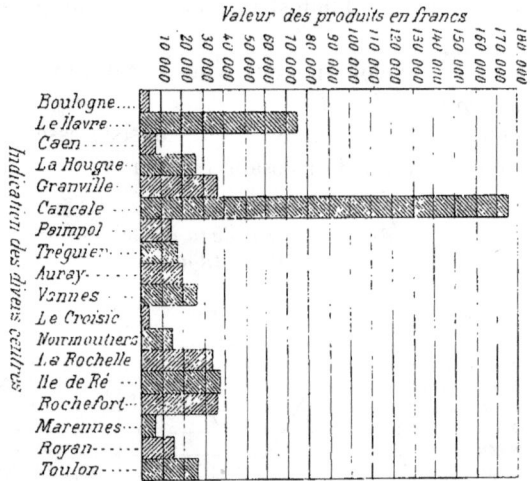

Les produits de l'ostréiculture sont autrement importants ; de

Tableau présentant la valeur des produits de l'ostréiculture de
1874 à 1899.

Années

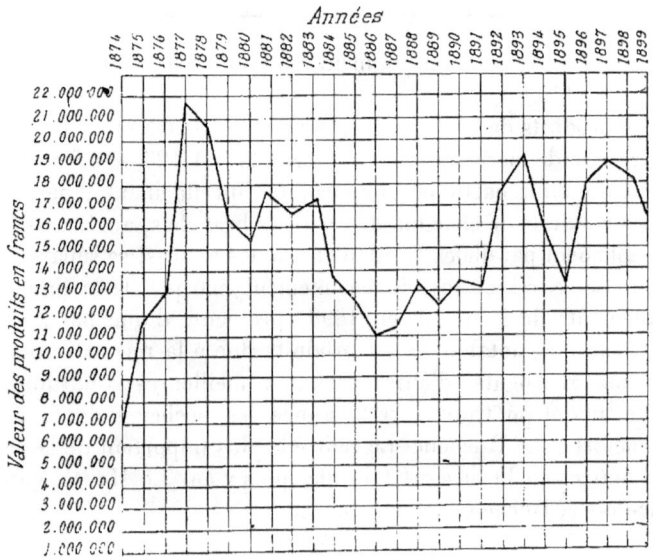

LA MANCHE

758 | Dankerque

Boulogne. { 380 / 1

39 | Cherbourg 13240 / 289 | 260 / 6 | Dieppe { 40

La Hougue Le Havre Fécamp

Trouville { 112

1609 | Tréguier 1270 | Paimpol 22 21902 | Granville Caen { 5304 / 262 | 489

432 | St Malo

Le Conquet Brest Morlaix 1396 Dinan Cancale | 2223

1409 | Quimper 735 55

Concarneau 6146 | Lorient

176 843 | Auray 6806 |

Vannes. " | 19965

1455 | Le Croisic

4387 / 273 | Noirmoutier

Les Sables d'Olonne { 7065 / 1730

25534 | Ile de Ré La Rochelle { 40409

91595 / 60500 | Ile d'Oléron Rochefort { 18500

Marennes { 191370 / 218180

Pauillac { 7370

Arcachon { 388053

Cap Breton | 3410

1770 / 1440 | Cette 103 | Nice

36 | Agde 224 | Cannes 3649 |

Toulon " |

MÉDITERRANÉE CORSE

234 | Bonifacio "

OCÉAN ATLANTIQUE

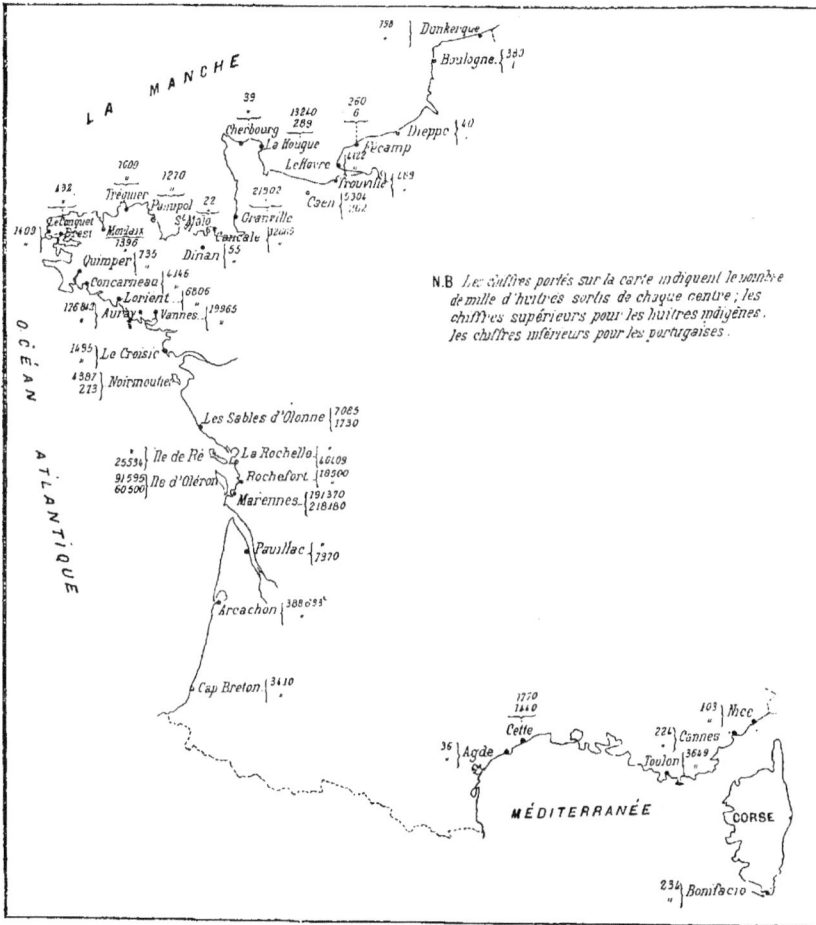

N.B Les chiffres portés sur la carte indiquent le nombre de mille d'huîtres sorties de chaque centre ; les chiffres supérieurs pour les huîtres indigènes, les chiffres inférieurs pour les portugaises.

Carte de France donnant la production des différents centres ostréicoles.

Tableau présentant la superficie occupée en France par l'ostréiculture de 1890 à 1897.

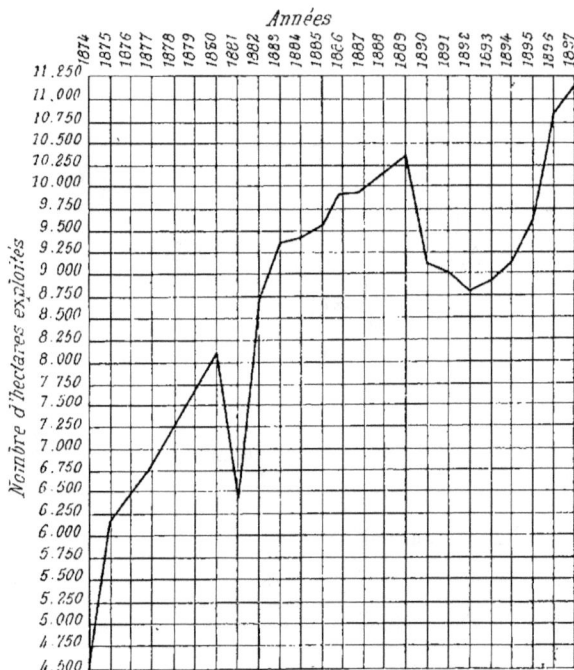

Années

Nombre d'hectares exploités

Tableau comparatif par arrondissement des superficies exploitées
par l'ostréiculture (année 1857).

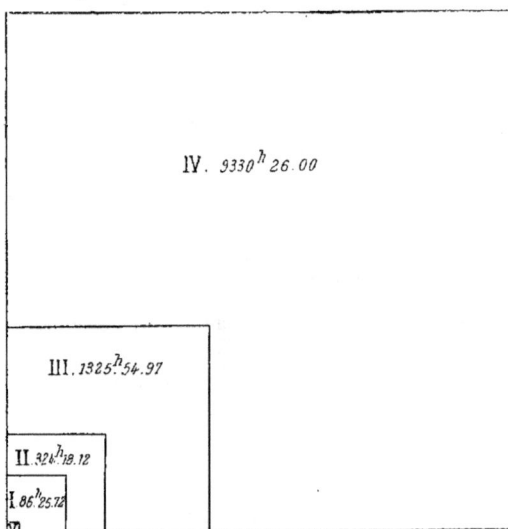

IV. 9330^h 26.00

III. 1325^h 54.97

II. 324^h 18.12

I. 86^h 25.72

VI

7,727,002 francs en 1874, ils sont actuellement de 16,790,707 fr., après avoir atteint 19 millions en 1893, 20 millions en 1878 et 21 millions en 1877.

Le littoral français est occupé sur presque tous ses points par des établissements ostréicoles qui couvraient en 1874 une superficie de 4565 hectares et en couvrent 11,076 aujourd'hui.

Les établissements les plus nombreux et les plus importants sont situés dans les 4e et 3e arrondissements maritimes.

La quantité d'huîtres produite a été en s'augmentant de plus en plus et, si l'on en récoltait 104,731,350 en 1874, depuis 1892, les récoltes annuelles dépassent 1 milliard de mollusques.

Tableau présentant par année la quantité d'huîtres récoltée de 1874 à 1898 inclus.

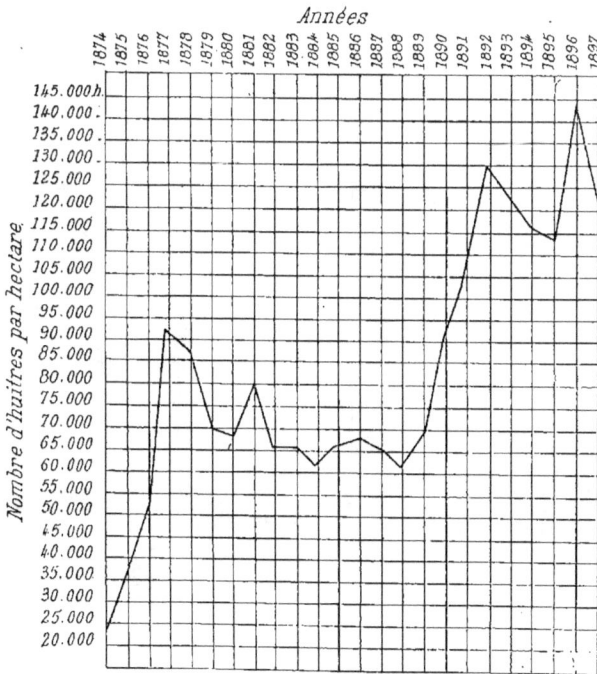

En outre, au point de vue de la production en quantités, le classement des centres huîtriers n'est pas le même que le classement au point de vue de la valeur totale des produits. Marennes

et Arcachon produisent presque autant l'un que l'autre, mais
Auray dépasse Oléron.

*Tableau comparatif par centres des produits en valeur et des pro-
duits en quantité.*

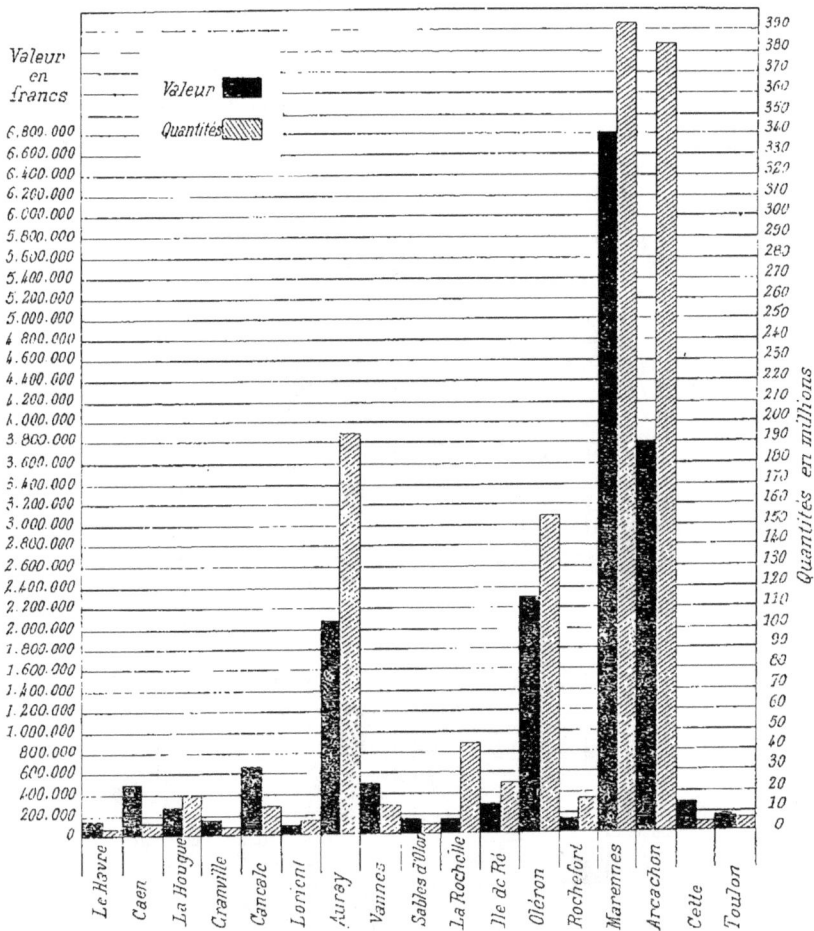

Les prix de la marchandise ont, par suite de cette augmentation de production, baissé notablement et le rendement moyen
brut, qui a été en 1878 de 3200 francs par hectare, n'est plus
aujourd'hui, pour la même superficie, que de 1600 à 1700 francs.

Pour tâcher de remédier à cette situation et, aidés en cela par les perfectionnements apportés tous les jours à leur industrie,

Tableau présentant le rendement moyen brut par hectare de 1874 à 1897.

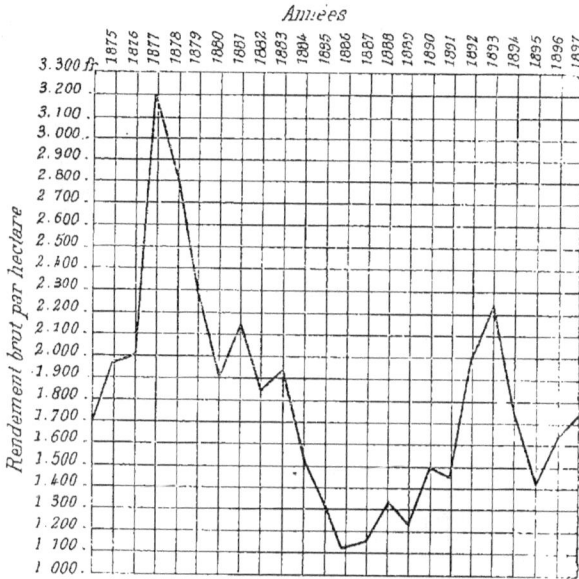

les parqueurs se sont efforcés d'élever le plus grand nombre de mollusques dans le plus petit espace de terrain possible et si, en 1874, un hectare ne produisait guère en moyenne que 23,000 huîtres, on est arrivé maintenant à en loger dans le même espace plus de 100,000. Les inconvénients de cette exagération sont évidents et ce n'est qu'au détriment de la qualité que l'on peut ainsi obtenir la quantité.

Ce rapide exposé établit combien est active en France l'industrie huîtrière. Est-ce à dire pour cela qu'elle soit prospère? non, hélas!

Les plaintes des parqueurs qui voient leur situation gravement compromise, si elle ne se modifie pas à bref délai, s'élèvent de toutes parts : elles n'ont point pour motifs une série de mauvaises récoltes, la stérilité de terrains autrefois féconds, des échecs répétés dans l'emploi de procédés d'élevage, d'engraissement ou

Tableau présentant le nombre moyen d'huîtres élevées par hectare de 1874 à 1897.

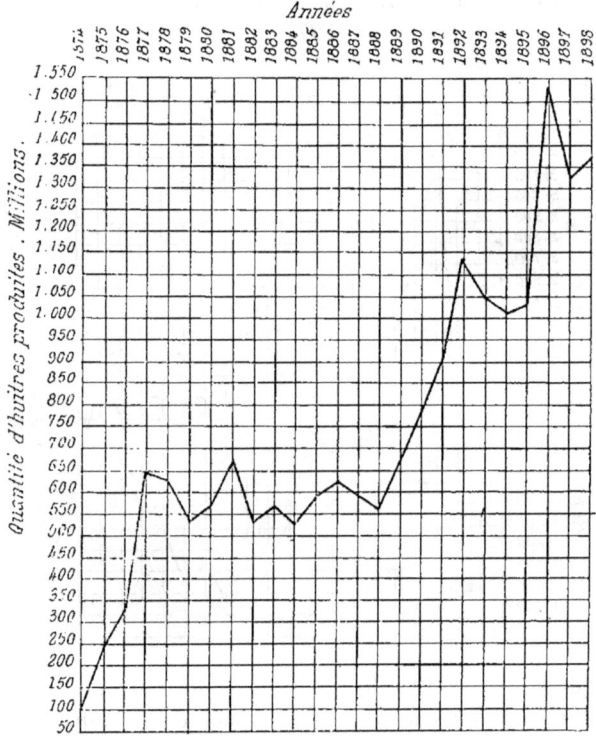

Années

1874 1875 1876 1877 1878 1879 1880 1881 1882 1883 1884 1885 1886 1887 1888 1889 1890 1891 1892 1893 1894 1895 1896 1897 1898

Quantité d'huîtres produites . Millions.

1.550 1.500 1.450 1.400 1.350 1.300 1.250 1.200 1.150 1.100 1.050 1.000 950 900 850 800 750 700 650 600 550 500 450 400 350 300 250 200 150 100 50

Tableau présentant le prix du mille d'huîtres à Arcachon de 1865 à 1897 inclus.

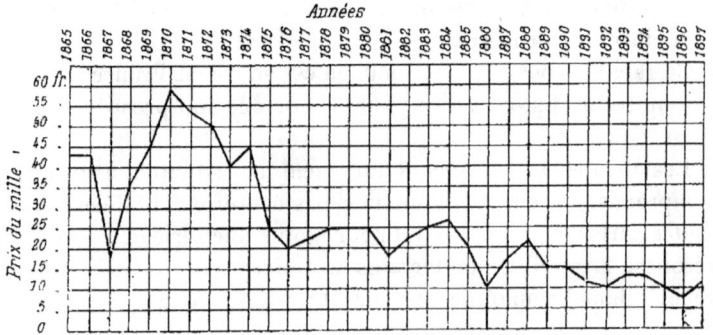

Années

1865 1866 1867 1868 1869 1870 1871 1872 1873 1874 1875 1876 1877 1878 1879 1880 1881 1882 1883 1884 1885 1886 1887 1888 1889 1890 1891 1892 1893 1894 1895 1896 1897

Prix du mille .

60 fr. 55 50 45 40 35 30 25 20 15 10 5 0

de verdissement. Non, la crise actuelle est plutôt commerciale, les produits ne s'écoulent pas en assez grande quantité et les prix de vente, qui suivent une marche presque régulièrement descendante depuis une vingtaine d'années, comme l'établit le graphique ci-joint, relatif au prix du mille d'huîtres dans un de nos principaux centres, à Arcachon, ne sont plus rémunérateurs.

Quelles sont donc les causes de cet état de choses? A notre avis, d'une part, la trop grande production, amenant l'encombrement du marché; de l'autre, le besoin immédiat de réalisation qui empêche les vendeurs de maintenir leurs prix et les livre sans défense à l'exploitation de l'acheteur.

Certains ostréiculteurs ont proposé de remédier à l'encombrement des marchés par la réglementation et la limitation de la production.

Ce serait plutôt, nous semble-t-il, par l'élargissement des débouchés des produits, la diminution des droits dont ils sont frappés, l'abaissement des tarifs de transport et la meilleure organisation des transactions qu'il serait possible, en créant de nouveaux marchés et en y acheminant plus facilement et avec moins de frais les mollusques dont il s'agit, de faire cesser cet encombrement si préjudiciable à l'ostréiculture.

En deux mots, nous préférerions voir les ostréiculteurs s'ingénier à assurer l'écoulement régulier du stock plutôt que tenter d'en empêcher la constitution.

A plusieurs reprises, notamment en 1893, le département de la marine, fidèle à ses traditions de protection et de tutelle envers la population maritime, a signalé aux ostréiculteurs un certain nombre de maisons d'Allemagne, de Suisse, de Danemark, de Russie, de Tunisie disposées à nouer avec eux des relations d'affaires; de temps en temps, le Bulletin de la marine marchande, exposant la situation de certaines places, peut leur fournir des indications utiles. Nos consuls, lors de leurs passages à Paris, entretiennent les industriels et les commerçants qui le désirent des chances de succès que présente l'exportation de leurs produits dans les pays où ils sont accrédités.

Mais ces renseignements sont le plus souvent trop généraux et ne vaudront jamais ceux que les intéressés recueilleront et contrôleront au point de vue spécial de leur industrie. D'ailleurs ce concours de l'Etat, si faible qu'il soit, dont ils bénéficieront pour créer de nouveaux marchés à l'étranger, leur fera défaut pour répandre leurs produits en France, dans les localités où les huîtres n'ont pas encore pénétré : ici, ils ne devront compter que sur eux-mêmes.

Ce ne sont certes pas des ostréiculteurs isolés et sans grandes ressources, de pauvres marins confinés dans l'exploitation de leurs parcs qui mèneront à bien une telle entreprise, mais l'œuvre que ne pourraient, sans témérité, penser à entreprendre des individus isolés, sera facilement parachevée par une collectivité.

Que nos ostréiculteurs, que nos parqueurs se groupent, qu'ils agissent de concert, qu'ils envoient à frais communs des voyageurs, comme on le fait dans les autres industries, et bientôt, tant en France qu'à l'étranger, nos huîtres se vendront couramment dans des localités, et elles sont nombreuses, où elles sont encore considérées comme un aliment de luxe.

La question des frais d'octroi mérite également d'attirer toute leur attention ; dans un mémoire présenté au Congrès d'aquiculture et de pêche des Sables-d'Olonne, en 1896, j'ai fait ressortir combien ces droits étaient élevés : certaines villes frappent les huîtres, qu'elles soient indigènes ou portugaises, blanches ou vertes, d'un droit d'entrée de 25 francs les 100 kilogrammes ; dans d'autres la taxe n'est plus au poids, mais au nombre, et, pour un mille d'huîtres, de petite dimension, dont le prix peut ne pas excéder 12 à 15 francs, il sera perçu jusqu'à 20 francs de frais d'octroi.

Il est hors de doute qu'en établissant ainsi des droits prohibitifs, ces villes se nuisent à elles-mêmes ; elles réduisent à rien une source de redevance qu'elles augmenteraient notablement si, par l'abaissement des taxes en question, elles permettaient à la majorité de leurs habitants de faire entrer à des prix modérés, dans leur alimentation courante un mets qui joint à un goût exquis des qualités nutritives exceptionnelles.

Mais qui se chargera, en développant ces idées près des municipalités, de les éclairer sur leurs véritables intérêts et d'obtenir d'elles, par des démarches réitérées, des dégrèvements sensibles ? Ici encore l'individu isolé sera impuissant, mais une association ou mieux une réunion d'associations, élevant la voix au nom de l'ostréiculture française toute entière, pourra et devra réussir.

Passons à la question des transports : dans cet ordre d'idées les desiderata sont nombreux ; la création du colis postal de 10 kilog. a été un bienfait pour les expéditeurs, mais il ne faut pas s'en tenir à cette mince satisfaction. Il y a encore beaucoup à faire : en deux mots, les tarifs sont exagérés, les délais de remise en gare, de transmission entre les divers réseaux, de livraison, sont excessifs, la vitesse des trains qui transportent réglementairement les colis d'huîtres, comme d'ailleurs ceux de poisson, est généralement insuffisante.

Des vœux relatifs à ces questions ont été émis en 1899 au Congrès de Biarritz ; mais pour qu'ils puissent être pris en considération, examinés et surtout exaucés, il faudrait que les intéressés exercent une pression puissante et continue sur les compagnies de chemin de fer et ils ne le feront utilement que s'ils agissent avec entente.

Toutes les personnes, que les circonstances ont amené à suivre les transactions auxquelles donne lieu le commerce des huîtres, ont été frappées des mauvaises conditions dans lesquelles elles s'effectuent.

L'ostréiculteur, surtout le producteur, est le plus souvent un brave marin, sachant soigner ses huîtres, mais chez qui le sens commercial n'est pas développé : il n'a en outre aucun renseignement sur ce qui se passe dans les centres similaires ; il n'est pas fixé sur le besoin plus ou moins grand de jeunes huîtres qu'éprouve la région d'élevage à laquelle appartient son acheteur ; il est, d'autre part, la proie de courtiers, en général sans aucune espèce de surface commerciale, rémunérés au prorata du nombre d'huîtres vendues et non au prorata des prix de vente, dont l'intérêt, par conséquent, est de pousser à la baisse pour augmenter le nombre de leurs opérations.

Eleveur, envoie-t-il ses huîtres aux criées? Son bénéfice est notablement diminué par des frais qui atteignent parfois jusqu'à 30,71 0/0. Expédie-t-il à des clients marchands? faute de renseignements précis sur leur honorabilité et leur solvabilité, il est trop souvent victime d'escroqueries dont la répression pénale n'est pour lui qu'une bien médiocre compensation.

S'il est probable que la création de courtiers-jurés, dans les centres de production, régulariserait les opérations et assurerait, tant aux vendeurs qu'aux acheteurs, des garanties qui leur font complètement défaut aujourd'hui, il est certain que le fonctionnement d'un office de renseignements, l'étude raisonnée des centres similaires et l'échange d'informations entre eux, l'établissement de types uniformes pour chacune des catégories d'huîtres, l'adoption d'un nombre effectif dans les livraisons seraient autant de bienfaits pour le commerce ostréicole tout entier.

L'association seule pourrait assurer pratiquement et économiquement ces avantages aux ostréiculteurs.

Nous avons signalé comme seconde cause de la crise actuelle le besoin immédiat de réalisation qui empêche les ostréiculteurs de trouver dans le prix de vente de leurs produits la juste compensation de leurs peines et de leurs labeurs. Le parqueur, nous l'avons dit, en général n'est pas riche : le plus souvent, il est marin et tire péniblement de son port et de sa pêche ses moyens d'existence et ceux de sa famille ; il vit au jour le jour, remettant au moment de la vente des huîtres le règlement de bien des dettes. Alors, harcelé par ses fournisseurs, craignant de voir les produits de son industrie lui rester pour compte, il se trouve contraint de vendre à quelque prix, à quelque condition que ce soit.

Il ne peut donc discuter librement avec son acheteur, ni maintenir ses prétentions à un prix rémunérateur. Il finit par livrer sa récolte à un prix bien inférieur à ce qu'elle vaut ; les cours subsistent sur cette base et, après lui, toute la région en souffre.

Ne veut-il pas vendre sur place, préfère-t-il expédier sur les criées ? Nous l'avons vu, l'opération sera souvent encore plus désastreuse : sa marchandise envoyée au hasard, sans renseignements sur l'état du marché, grevée de droits écrasants, passant entre les mains d'intermédiaires nombreux et avides, lui rapportera encore une somme moins élevée.

La constitution du crédit ostréicole, permettant au parqueur honnête, travailleur, mais sans grandes ressources d'échapper à la nécessité de réaliser ses produits à date fixe, semble la seule solution à intervenir. Deux systèmes se présentent :

Le premier est celui des warrants ostréicoles, extension des warrants agricoles, créés par la loi du 31 mars 1898, qui accorde aux agriculteurs la faculté de donner en gage, sans les déplacer des terres ou des bâtiments de leur exploitation, les produits qu'ils pourraient à la rigueur warranter, en les transportant dans les magasins généraux, n'étaient les difficultés et les frais de transport.

Les risques que courraient les huîtres warrantées et maintenues dans les établissements ostréicoles, du fait de la mer ou des intempéries, du fait même des maladies spéciales à ces mollusques, pourraient être garantis par des Sociétés d'assurances mutuelles que le département de la marine, si bien disposé pour la mutualité, sous quelque forme qu'elle se présente, ne refuserait certainement pas d'encourager et de subventionner.

Le second système est celui des banques de crédit mutuel, calquées sur les banques de crédit mutuel agricoles réglementées chez nous, en profitant des expériences faites en Italie et en Allemagne, par les lois des 5 novembre 1894 et 10 mars 1899.

Ce sont des associations d'agriculteurs se cautionnant mutuellement et obtenant ainsi des tiers, grâce à cette garantie commune, les délais de paiement dont ils ont besoin ainsi que l'argent nécessaire à leurs opérations. Ces banques ne font crédit qu'à leurs adhérents et il faut s'y affilier pour pouvoir faire appel à leur garantie.

Chaque adhérent est tenu de verser le montant d'une souscription qui peut être fixe ou proportionnée aux ressources de chacun. Le capital de la société de crédit une fois constitué, l'Etat intervient avec ses subventions dont l'importance est variable suivant le nombre des souscripteurs, le capital souscrit, la façon dont la société est administrée, les services qu'elle rend.

Pour prévenir les abus, restreindre l'escompte aux seules opérations d'ordre agricole et empêcher les agriculteurs d'emprunter pour un autre usage que les besoins de leur exploitation, pour permettre aussi à la banque de surveiller l'emploi des fonds qu'elle fournit et donner ainsi à son crédit une base inébranlable, l'article 1er de la loi de 1894 admet exclusivement au bénéfice des avantages fiscaux qu'il stipule, les établissements de l'espèce dont tous les membres appartiennent à un syndicat agricole.

Qui empêcherait d'étendre aux ostréiculteurs les bénéfices d'une semblable institution ? l'Etat serait certainement disposé à le faire, mais il faudrait, avant tout, qu'ils se décident à se grouper, à se syndiquer.

Il semble donc, en résumé, ressortir de ce que je viens d'exposer que si, à l'origine, l'ostréiculture a pu se créer et se développer, avec le concours et l'appui du département de la marine, au moyen d'efforts purement individuels, il n'en est plus de même aujourd'hui. Les conditions sociales et économiques ont changé et l'ostréiculteur isolé ne peut plus se tirer d'affaire.

Qu'il ait besoin de capitaux pour se procurer du naissain, l'élever, l'engraisser ; qu'il veuille faire de la réclame ou trouver des débouchés pour ses produits, améliorer ses moyens de transport, se renseigner sur l'honorabilité, la solvabilité de ses clients, la situation des marchés où il expédie ses huîtres, faire en un mot quelque acte que ce soit relatif à son commerce ou à son industrie, s'il est isolé, s'il agit individuellement, il rencontrera de grosses difficultés et, bien souvent, ne réussira pas.

Que les ostréiculteurs prennent au contraire pour règle de conduite ce principe si populaire de la mutualité : « *Un pour tous, tous pour un* » d'où sont nées tant d'institutions fécondes de solidarité humaine et sociale, qu'ils se groupent, qu'ils se syndiquent et, aussitôt, grâce à la réunion des efforts, des ressources, des intelligences, des bonnes volontés mises en commun et dirigées vers un but unique, tout devient possible et, bien souvent, facile.

Tout — j'exagère et, comme le disait M. Godefroid, dans un mémoire présenté au Congrès des Sables-d'Olonne en 1896, l'association, le syndicat n'est pas le remède, la panacée universelle qui guérit tous les maux, mais c'est le moyen pratique, mis à la portée des ostréiculteurs, de travailler au bien et à la prospérité de leur industrie.

Formons donc en terminant le vœu que les ostréiculteurs, enfin conscients de leurs véritables intérêts, demandent à l'association le remède à la crise dont ils souffrent depuis trop longtemps.

M. le PRÉSIDENT donne ensuite la parole à M. BORODINE pour la lecture d'une proposition relative à la *création d'un organe spécial des congrès internationaux de pêche.*

DE LA CRÉATION D'UN ORGANE SPÉCIAL DES CONGRÈS INTERNATIONAUX DE PÊCHE

Par M. N. A. BORODINE

Délégué de la Société Impériale Russe de pêche et de pisciculture au Congrès.

Aux approches du xxᵉ siècle dans tous les pays civilisés les sciences sont devenues cosmopolites. La science qui nous intéresse en ce moment suit le même chemin et présente le développement naturel de l'idée de l'union de l'humanité par la science et le travail.

Il y a deux ans à Bergen a commencé le rapprochement des spécialistes de pêche et de pisciculture de tous les pays. Les relations de fraternité unissent aussi les membres du présent congrès. Mais les congrès n'ont lieu que tous les 2 ou 3 ans et les relations entre les spécialistes dans cet intervalle deviennent de plus en plus rares ; on n'a pas alors la possibilité d'observer ni le développement de cette branche des sciences, ni les travaux de recherche et d'amélioration de la pêche et de la pisciculture dans les différents pays. La plupart des membres du congrès ne savent pas comment ont été exécutés par le comité les arrêtés du congrès précédent et quelles sont les questions qu'on a l'intention de soumettre au congrès prochain. Le comité exécutif des congrès n'a pas son propre organe et tous les inconvénients indiqués plus haut proviennent de là. Si un tel journal existait, il contribuerait à unir tous les travaux des spécialistes de cette branche des sciences et rendrait leurs relations plus productives. Au congrès de Bergen pendant les délibérations sur une association internationale de pêche et de pisciculture, on émit l'opinion qu'un journal périodique était indispensable. Cette motion eut l'approbation du congrès, mais comme on pensait qu'un programme détaillé serait élaboré par le comité permanent, nommé au congrès de Dieppe, en 1899, la question ne fut pas résolue. J'ai envoyé au congrès de Dieppe une petite note qui, malheureusement, arriva trop tard pour être discutée, mais qui fut publiée dans les comptes-rendus des travaux du congrès (1).

On a trouvé nécessaire l'existence d'un tel journal, principalement en Russie et au Japon, c'est pourquoi, je fis à la société impériale russe de pêche et de pisciculture la proposition de commencer l'édition d'un journal paraissant 3 ou 4 fois par an et donnant périodiquement une courte revue générale sur la pêche et la pisciculture, des extraits des communications privées d'un caractère analogue, envoyées par les correspondants de différents pays. Voici quel était le programme d'une telle édition :

1. Nouvelles sur la pisciculture et l'ostréiculture (statistique, méthodes, nouvelles inventions).

2. Nouvelles sur les pêcheries (statistique, notes sur la pêche, inventions nouvelles, lois nouvelles sur la pêche).

3. Nouvelles sur l'enseignement professionnel des pêcheurs et des ouvriers en conserves.

4. Nouvelles sur la fabrication des produits de poisson (nouveaux procédés, nouvelles usines de conserves).

5. Perfectionnements dans l'organisation du commerce et du transport du poisson (poissonneries, chambres et voitures frigorifiques, nouveaux tarifs de douane et de transport du poisson).

6. Renseignements sur l'activité des sociétés de pêche et de pisciculture.

7. Revue des recherches scientifiques des pêcheries.

8. Nouveaux livres sur la pisciculture et sur la pêche.

9. Informations personnelles (sur les travaux, expéditions ichtyologiques, changements de résidence des personnes qui s'occupent d'ichtyologie appliquée et de pisciculture).

Mon projet était que la société de pêche et de pisciculture continuât l'édition de ce modeste journal seulement jusqu'à la réunion du présent congrès international et j'étais persuadé que ce dernier par son comité exécutif se chargerait de l'édition de cette revue en la transformant en un organe des congrès de pêche, tout en élargissant son programme. Ma proposition fut bien acceptée par la société impériale russe de pêche et de pisciculture, et on décida de publier un journal dont les articles seraient écrits en

(1) Voir comptes-rendus du congrès international des pêches de Dieppe, p. 365.

— 549 —

allemand, français et anglais et qui paraîtrait 3 fois par an. La
direction de ce journal me fut confiée. Dans ce journal ont été
imprimés, grâce à l'amabilité de mes collègues étrangers, des mémoires sur la pêche et la pisciculture dans les pays suivants :
Suède, Norvège, Danemark, Angleterre, Japon, Etats-Unis de
l'Amérique du Nord, Russie, et toute une série de renseignements indispensables pour un spécialiste — sur les sociétés de
pêche, sur les livres et les éditions de tous les pays. Trois numéros parurent en 1899 et deux cette année-ci. On a tiré 1000
exemplaires la première année et 500 la seconde ; la société
russe donne pour cette édition une subvention de 700 roubles
par an. Bien que le prix soit minime (1 rouble 50 kop. soit
4 francs par an) le journal n'a que cent abonnés, on échange
les autres exemplaires contre des journaux. En 1899 le journal
avait 16 abonnés et collaborateurs en Allemagne, 11 en France,
44 en Russie, 10 au Japon, 5 en Angleterre, 2 en Autriche-Hongrie, 6 aux Etats-Unis, 6 en Norvège, 1 en Portugal, 2 en Belgique, 3 en Suède, 3 en Danemark, 2 en Italie, en tout 110
abonnés. En outre bien des spécialistes reçoivent ce journal
gratuitement.

Naturellement, dans ces conditions le journal ne peut pas
paraître tous les deux mois. D'après son caractère et son but
c'est une édition essentiellement internationale, et qui peut être
utile pour tous les pays qui participent aux congrès internationaux ; par conséquent il serait juste que ce journal soit sub-
ventionné, non seulement par la Russie, mais encore par d'autres
pays.

Voici la motion que je fais en ma qualité de délégué de la
Société impériale russe de pêche et de pisciculture au présent
congrès :

Le congrès international d'aquiculture et de pêche de l'exposition de 1900 trouve que la création d'un organe spécial des
congrès internationaux de pêche est de nature à rendre les plus
grands services. Il prend acte de la proposition de la Société impériale russe de pêche et de pisciculture et accepte de choisir la
revue qu'elle édite comme organe des congrès internationaux
de pêche.

M. le Président remercie M. Borodine de son intéressante propo-
38

sition et ouvre la discussion sur les conclusions de son mémoire. Après diverses observations, il est décidé que le vote de cette proposition aura lieu dans la prochaine séance.

M. le Commissaire général NEVEU a ensuite la parole pour la lecture de la note suivante :

NOTE SUR LA PÊCHE DANS LE SOUS-ARRONDISSEMENT DE CHERBOURG

Par M. le Commissaire-général NEVEU

Dans la partie nord de la France, de Blonville (département du Calvados) qui le sépare du quartier de Trouville jusqu'à l'Ay, limite du quartier de Granville, entre le 49e et le 50e degrés de latitude et les 2e et 3e degrés de longitude ouest du méridien de Paris, s'étend le sous-arrondissement maritime de Cherbourg, qui comprend les trois quartiers de Caen, Saint-Vaast-la-Hougue et Cherbourg.

Cette subdivision administrative forme une portion du sous-arrondissement maritime qui, de la frontière belge jusqu'à la rivière l'Ay dans le département de la Manche, se compose des sous-arrondissements de Dunkerque, du Havre et de Cherbourg.

Notre intention est de faire, au point de vue de la pêche et de l'aquiculture, une sorte de monographie de cette circonscription, dans la pensée que l'exemple peut être suivi par tous les administrateurs des autres circonscriptions maritimes de la France et s'étendre à toutes les côtes d'Europe et du monde entier, dans le but de propager la connaissance des ressources données par la mer et des efforts tentés pour accroître ces ressources.

C'est dans cet ordre d'idées que la présente note me paraît pouvoir rentrer dans le cercle des études du Congrès.

Esquissons d'abord un aperçu général de la côte.

APERÇU DE LA COTE. — Ainsi que nous l'avons dit, le sous-arrondissement de Cherbourg commence à Blonville dans le département du Calvados ; il comprend environ 75 lieues de côtes baignées par la Manche.

De Blonville à l'estuaire de la Vire, la côte court de l'est à l'ouest, elle se relève ensuite brusquement vers le nord jusqu'à la pointe de Barfleur, reprend sa route de l'est à l'ouest de Bar-

fleur à la pointe de la Hague pour redescendre droit au sud jusqu'à la rivière l'Ay, formant ainsi de la Vire à l'Ay la presqu'île
du Cotentin, dont le port le plus important est Cherbourg.

Cette zone présente les aspects et les ressources les plus variés ;
au point de vue de la pêche, on peut la diviser en trois parties
principales : de Blonville à Port-en-Bessin, de Port-en-Bessin à
Barfleur et de Barfleur à la limite du sous-arrondissement.

De Blonville a Port-en-Bessin. — Dans la première partie
se trouvent les plages, chères aux baigneurs, de Villers, Bergeval,
Houlgali, Cabourg, Lion-sur-Mer, Luc-sur-Mer, Langrum, Saint-
Aubin, Ameller, Arromanches.

Trois rivières viennent s'y déverser : la *Dixès*, à l'embouchure
de laquelle est bâtie la petite ville du même nom, entre Bergeval
et Cabourg, l'*Orne* qui se jette dans la mer à Ouestreham, point
d'aboutissement du canal navigable reliant Caen à la mer, et la
Seulles, qui se termine à Courseulles.

Les ports de Dives, d'Ouestreham et de Courseulles sont les
seuls points du littoral qui peuvent offrir un abri aux pêcheurs.
Partout ailleurs, c'est la plage sablonneuse ou armée de galets,
sur laquelle il n'y a d'autre moyen, pour fuir le mauvais temps,
que de haler les embarcations loin des atteintes de la mer ; faute
d'abri, ces embarcations, toutes de faible tonnage, restent inac-
tives pendant la plus grande partie de l'hiver. Elles ne s'éloignent
guère du rivage en général et, pendant la période de leur activité, elles reviennent chaque jour au mouillage pour y vendre le
produit de leur travail. A Dives, quelques chalutiers vont au large.

De Port-en-Bessin a Barfleur. — De Port-en-Bessin à Barfleur, nous trouvons, au contraire, 4 centres importants de pêche
au large.

D'abord, Port-en-Bessin lui-même, dont le double port, défendu
par deux jetées contre la furie de la mer, abrite, en dehors d'un
nombre important d'embarcations non pontées, 39 sloops de 16
à 40 tonneaux, à membrure solide et serrée, cimentée entre le
bordage et les couples, à avant large, arrondi et renflé, qui, montés par de courageux équipages, ne craignent pas de perdre la
terre de vue et d'exploiter avec leur chalut une région qui s'étend
de 20 à 25 milles au large, jusque dans le nord du cap de la Hève.

Après Port-en-Bessin, Grandcamp. Là, point de port, mais une population maritime d'une grande audace et d'une rare endurance, qui ne craint pas d'armer 35 grands chalutiers, jaugeant de 15 à 35 tonneaux, solidement construits, qui viennent s'échouer sur une rade foraine où, par certains vents du nord, la mer bat avec furie. Aussi les avaries sont nombreuses dans la mauvaise saison et on se demande comment ces vaillants marins peuvent résister aux pertes qu'ils font. Ils espèrent avoir bientôt un port, dont l'étude est à peu près terminée et qui doit leur rendre les plus grands services, en même temps qu'être le gage de leur future prospérité.

En remontant au nord, nous arrivons à Saint-Vaast-la-Hougue, puis à Barfleur, qui arment aussi un certain nombre de chalutiers et dont les marins pratiquent la pêche au large. Ces deux localités possèdent chacune un port où les barques de pêcheurs trouvent un refuge assuré.

De Grandcamp à Saint-Vaast-la-Hougue, la pêche littorale n'est exercée que par de petites embarcations, dites goguets et picoteux, qui exploitent la baie des Veys et fournissent à la consommation des localités avoisinantes. Dans cette partie se trouvent Isigny, port en rivière d'une sécurité absolue et surtout célèbre par ses moules, et Carentan, également situé en rivière, mais dont l'importance au point de vue de la pêche est presque insignifiante.

Plusieurs rivières aboutissent à la mer dans cette zone : l'*Aure*, qui passe à Isigny et en constitue le port; la *Vire*, venant de Saint-Lô; la *Taute*, qui baigne Carentan et la *Douve*, ces deux dernières formant le chenal de Carentan qui se déverse dans la baie des Veys; la *Sinope*, canalisée à son embouchure où elle forme le petit port de Quineville; et la *Saire*, qui vient se jeter à Réville, à une lieue au nord de Saint-Vaast-la-Hougue.

DE BARFLEUR A L'AY. — A partir de Barfleur s'étend le quartier proprement dit de Cherbourg, où l'on ne pratique guère que la pêche littorale avec de petits bateaux de 1 à 6 tonneaux; 16 bateaux atteignent pourtant de 10 à 11 tonneaux.

Exposées sans abri aux vents du nord, de Barfleur à Cattagra, et aux vents d'ouest de ce cap à la rivière l'Ay, les côtes de ce quartier seraient impraticables si des travaux considérables n'y avaient été entrepris pour offrir aux pêcheurs qui les fréquentent les refuges qui leur sont indispensables. C'est ainsi qu'ont été créés les petits ports du Becquet et des Flamands, le port de Cherbourg, qui tire de sa digue une sécurité absolue, les ports d'Omonville, Racine dans l'anse Saint-Martin, Goury au cap La Hague même, dans le passage dont le nom significatif de la *Déroute* indique le danger permanent, Diélette, Carteret et Portbail.

A l'exception de la Divette, qui se jette à Cherbourg dans le port de commerce et de l'Ay qui forme la limite séparative des 1er et 2e arrondissements maritimes, cette partie du littoral n'est arrosée que par des cours d'eau sans importance.

FLOTTILLE DE PÊCHE. — Au point de vue exclusif de la pêche côtière, on constate que dans le sous-arrondissement de Cherbourg, cette pêche est pratiquée par 2400 marins, montant 1100 bateaux, tous à voile, d'un tonnage qui varie du plus faible échantillon à 40 tonneaux.

A l'exception des 74 grands sloops de Port-en-Bessin et de Grandcamp, qui jaugent de 16 à 50 tonneaux, de 10 chaloupes pontées, gréées en sloops, de 4 à 22 tonneaux qui appartiennent à Dives, Ouestreham et Courseulles, des 20 bateaux cordiers de 6 à 13 tonneaux et des 17 chalutiers de 8 à 12 tonneaux de Barfleur et de Saint-Vaast, et de 10 sloops dragueurs d'huîtres de ce dernier port, de 25 gabarres de 17 à 22 tonneaux qui se livrent à l'extraction des sables gras et de 16 bateaux de 10 à 11 tonneaux de Cherbourg, tout le reste de la flottille de pêche ne comprend que des embarcations non pontées, de 1 à 6 tonneaux, qui, sous le nom de chaloupes, canots, picoteurs ou goguets, exploitent les richesses de la mer, près des côtes qu'ils perdent rarement de vue.

De plus, sur les parties basses et sablonneuses des côtes du Calvados et de la Manche, des espaces concédés gratuitement à des marins ou à leurs veuves, et exceptionnellement à des individus non marins qui paient une redevance, permettent d'établir de *hauts* et *bas parcs* consistant en filets tendus sur une ligne de perches et dans lesquels se maille le poisson. Il existe ainsi environ 300 hauts et bas parcs.

La valeur de la flottille de pêche atteint un million 1/2 et celle des engins de pêche plus de 600,000 francs.

Fig. 1. — Grand chalutier de Grandcamp.

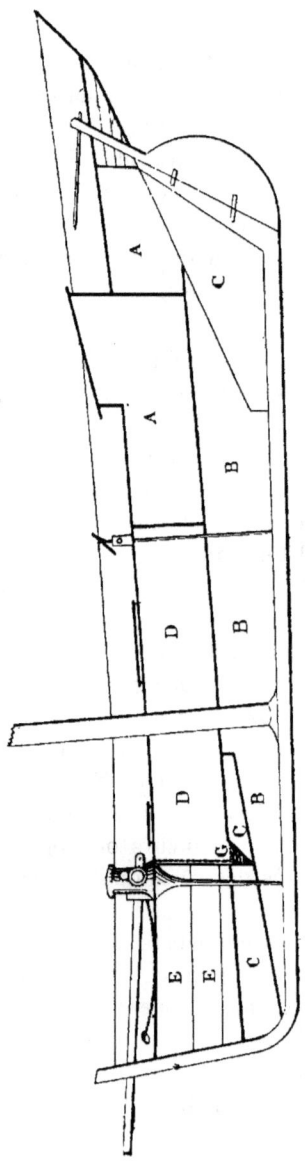

Légende

A *Chambre de l'équipage*
B *Lest*
C *Parts cimentée*
D *Cale à poissons*
E *Soutes à voiles et à filin*
F *Moulinet*
G *Parc aux chaînes*
H *Pompe*

Fig. 2. — Bateau cordier de Barfleur.

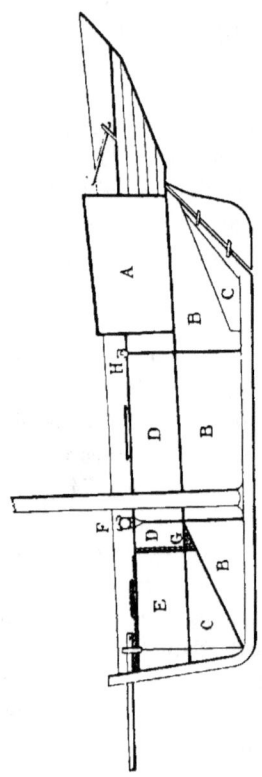

Fig. 3. — Sloop dragueur de Saint-Vaast.

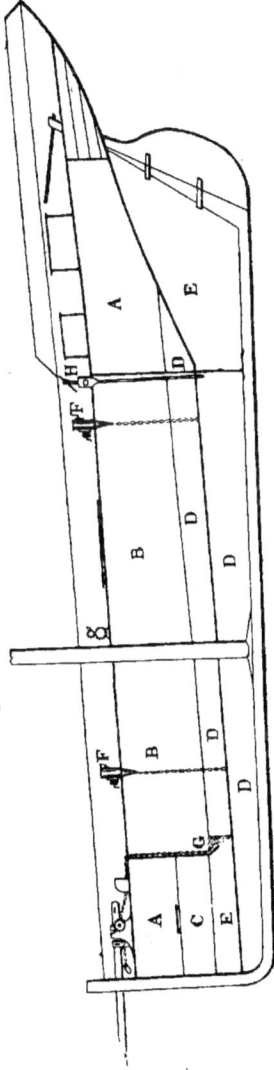

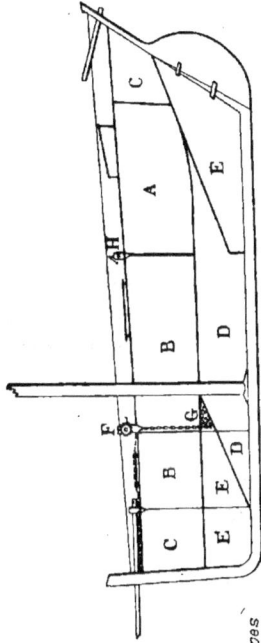

Fig. 4. — Petit chalutier de Saint-Vaast.

Légende

A   Chambres de l'équipage
B   Cale à poissons ou à huîtres
C   Cale à voiles et à fihn
D   Lest
E   Partie cimentée
F   Moulinets pour relever les
     appareils de pêche
G   Parcs aux chaines   H Pompes

C'est donc un capital dépassant 2 millions de francs consacré à ce que nous appelons la petite pêche.

RENDEMENT DE LA PÊCHE. — Quel est le rendement de ce capital? Il est difficile d'en donner une juste évaluation; il paraît pouvoir être estimé, d'après les calculs des commissaires de l'inscription maritime pour 1899, à la somme considérable de plus de 2 millions 1/2.

Mais ce n'est là qu'une partie du produit des ressources arrachées à la mer; la pêche à pied, pratiquée par plus de 4000 personnes, hommes, femmes et enfants, donne encore près d'un million et l'on extrait enfin des amendements marins, sables coquilliers et autres pour une valeur de plus de 500.000 francs.

S'ils ne s'enrichissent pas, les pêcheurs gagnent en général leur vie, surtout quand ils montrent de la hardiesse, de l'intelligence et ne craignent pas la fatigue; naturellement les gains sont très variables et dépendent autant de la valeur des engins employés que du travail de ceux qui s'en servent. Ainsi la moyenne des gains annuels varie de 700 francs à 17 et 1800 francs.

Presque tous les bateaux de pêche appartiennent au patron et les équipages sont engagés à la part.

ENGINS DE PÊCHE. — Les engins en usage dans le sous-arrondissement de Cherbourg comprennent :

1° Comme filets traînants : le grand chalut dont le prix va parfois jusqu'à 1500 francs, le petit chalut, la drague à huîtres, la seine à mulets, le travenet ou traveneau.

2° Comme filets flottants : les rets et filets à hareng ou à maquereau, les orphières, rets de fond, rets à orphies, rets à mulets, les lutières, les rets à balancines, les folles et demi-folles, folles à chiens, etc., les seines (grandes et petites, claires ou drues), les tramails.

3° Comme filets divers : les cordes, grosses ou petites, tannées ou goudronnées, parfois passées au sulfate de cuivre, sur lesquelles s'amorcent des lignes plus minces, dites empiles, qui supportent les hameçons, les lignes à maquereau, le carreau ou hunier, usité surtout pour la pêche de l'anguille, les casiers ou claies à homards, crabes et crevettes, les nasses à crevettes, les rateaux et dragues à crevettes.

4° Pour la pêche en rivières salées : la petite seine, le petit tramail, l'épervier, le filet à saumons, la nasse ou bourrache, les lignes.

5° Pour la pêche à pied dans les hauts et bas ports : le filet à main, les crocs en fer, couteaux et rateaux, filets à macreux, etc.

Tous ces engins sont en usage depuis de longues années, sans que les pêcheurs aient cherché à les améliorer. Dans ces dernières années on ne signale guère d'autre changement que la substitution du fil de coton au fil de chanvre pour les filets et quelques modifications dans les procédés de tannage soit au cachou, soit au coaltar, soit dans un bain de sulfate de cuivre ; ce dernier mode de tannage est le plus souvent employé et paraît préférable aux autres. Mais, d'une manière générale, les pêcheurs sont absolument réfractaires à toute idée nouvelle, ils emploient les engins qu'employaient leurs pères et il ne leur semble pas qu'il en puisse exister de meilleurs. Il y a là toute une éducation à faire.

Espèces pêchées. — Les espèces pêchées sont des plus variées, elles comprennent le congre, l'anguille, les soles, plies et limandes, les grondins, colins, merlans, les raies, la barbue, l'esturgeon, le chien de mer, la roussette, la morue, le cabillaud, le bar, le mulet, le surmulet, les dorades, brêmes, luts, éperlans, lançons, le hareng et le maquereau, la crevette, l'huître, les moules, coquilles Saint-Jacques, coques, vignots, palourdes, etc. Il y faut joindre le brochet, la truite et le saumon pris dans les rivières qui aboutissent à la mer et dont les eaux sont plus ou moins salées.

Tous ces produits sont en partie consommés sur place, en partie écoulés sur les villes importantes voisines, et surtout expédiés à Paris, mais la cherté des transports par chemin de fer et l'élévation des droits d'octroi des villes, faisant du poisson un article de luxe, en restreignent la consommation et nuisent à la rémunération du pêcheur, obligé en outre de recourir à des intermédiaires pour la vente, en sorte qu'il ne reçoit guère plus des 2/3 du prix que paie le consommateur. C'est là une question des plus intéressantes à approfondir, sans compter l'étude que pourraient faire les compagnies de chemins de fer du remaniement des horaires et des moyens de transport perfectionnés, employés par d'autres nations que la France et qu'il serait urgent d'introduire chez nous : matériel spécial, soins donnés au poisson, moyens de livraison rapide... Nous sommes obligé de nous restreindre à cette indication pour ne point trop étendre notre note.

OSTRÉICULTURE. — Le littoral du sous-arrondissement de Cherbourg a possédé dans le passé des bancs d'huîtres plus ou moins riches et florissants, à Dives, à Grandcamp, au Béquet ; mais, excepté à Dives, où il existe encore quelques huîtres, dont le gisement s'appauvrit, les autres bancs ont entièrement disparu, soit qu'ils aient été livrés à une exploitation trop intensive, soit qu'ils aient été envahis par les moules ou bouleversés par les tempêtes.

Si nous n'avons plus sur cette partie du littoral de bancs naturels où le précieux mollusque puisse se reproduire et croître, nous possédons des dépôts importants dont les plus remarquables sont ceux de Saint-Vaast-la-Hougue, où l'huître, apportée petite, se développe d'une manière remarquable et acquiert une saveur très appréciée.

De temps immémorial, Saint-Vaast a été renommé pour la culture des huîtres, et l'on rechercherait en vain l'époque où furent édifiés les premiers parcs situés dans la partie de la baie comprise entre l'île de Ratisson et la terre. En 1647, un arrêt du Parlement de Normandie réglementait déjà la vente des huîtres et déclarait que le commerce en devait être libre, à l'encontre des prétentions des marchands du Havre et de Rouen qui voulaient le monopoliser à leur profit dans ces villes.

Les plus anciens établissements sont les parcs du Narcateau et de la Couleige. Les parcs du Narcateau étaient destinés aux huîtres ayant besoin de grandir avant d'être livrées à la consommation ; ceux de la Couleige avaient une bien plus grande importance qu'ils conservèrent jusqu'aux premières années de ce siècle ; c'est là qu'étaient déposées toutes les huîtres marchandes ; c'est là également que les ostréiculteurs de Bretagne, à défaut de communications rapides avec Paris et le centre de la France, envoyaient des centaines de milliers d'huîtres. Après un séjour nécessaire pour se refaire des fatigues du transport par mer, ces huîtres étaient expédiées par voitures spéciales sur Valognes et, de là, par le service des messageries, sur Paris et les grandes villes de France.

Les chemins de fer ont anéanti ce commerce; la Bretagne a pu expédier directement ses produits et a oublié les dépôts de la Couleige, peu à peu abandonnés comme lieu d'entrepôt.

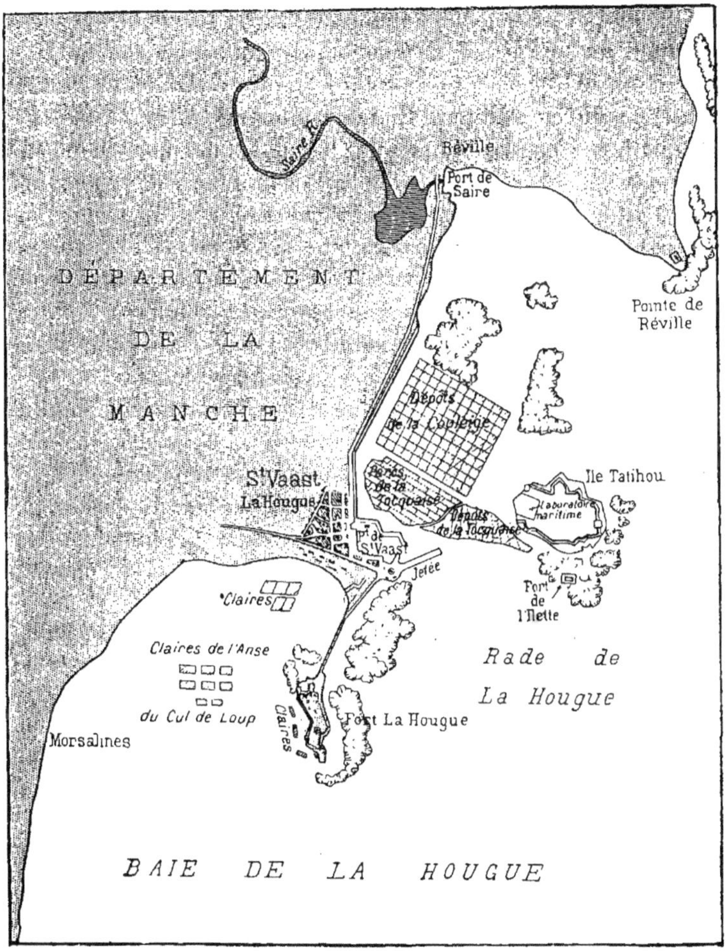

Fig. 5. — Emplacement des dépôts d'huîtres de la baie de la Hougue.

Les établissements de Saint-Vaast qui étaient, dans le principe, la propriété privée de certains marins, sont rentrés dans le domaine public et ne sont plus concédés que suivant la règle applicable aux concessions sur le domaine.

Quand, en 1853, a eu lieu la répartition des parcs et dépôts, ces établissements étaient au nombre de 146 ; ils sont aujourd'hui 236 occupant une superficie de 300 hectares environ.

Ils ne servaient qu'à l'engraissage des huîtres, lorsque, en 1879, on put constater qu'une partie de la baie, abritée par la chaussée et le fort de la Hougue, dénommée le Cul-de-Loup, paraissait extrêmement propice à la reproduction et à l'élevage. Un essai, fait en petit par l'Etat, réussit parfaitement et, aussitôt, de nombreux ostréiculteurs sollicitèrent des concessions qui leur furent attribuées. Malheureusement, les résultats ne répondirent pas à leur attente et, sur 22 ostréiculteurs, deux seulement ont pu résister, non sans peine, car, ne disposant pas de capitaux suffisants, ayant subi des pertes considérables occasionnées par la gelée et ne pouvant plus se procurer de naissain à des prix raisonnables, ils ont dû restreindre peu à peu leurs opérations et délaisser la majeure partie de leurs établissements.

On ne cherche plus à Saint-Vaast la reproduction de l'huître, on n'y pratique plus que l'élevage et l'engraissage sur un sol éminemment propice ; mais cette industrie subit une crise due à la difficulté d'avoir du naissain. Néanmoins, les opérations commerciales auxquelles donne lieu cette industrie atteignent encore une grande importance. En 1899, le chiffre d'affaires a donné les résultats suivants :

Huîtres françaises livrées à d'autres établissements : 2 millions pour 90,000 francs.

Huîtres françaises livrées à la consommation : 4,000,400 pour 181,000 francs.

Huîtres portugaises livrées à la consommation : 2,378,000 pour 84,000 francs.

L'existant actuel dans les parcs et dépôts dépasse 16 millions d'huîtres représentant une valeur de plus de 600,000 francs.

Après Saint-Vaast-la-Hougue, Courseulles est le seul point qui, par ses parcs, ait encore quelque importance, reste d'une prospérité passée. Sur 81 parcs qui existaient en 1880, une vingtaine seulement survivait en 1894, et, aujourd'hui, le nombre en est réduit à 13, où les huîtres provenant d'Arcachon, de Marennes, d'Auray, de Granville et de Cancale viennent, après un premier séjour à Saint-Vaast, passer une période de un ou deux mois qui en affine la qualité. Six millions d'huîtres françaises ont ainsi passé par les parcs de Courseulles en 1899 et ont été livrées à la consommation, plus 250,000 portugaises dont le trafic est en décroissance.

Quand on aura cité quelques petits dépôts pour la consommation locale à Dives, Ouestreham, Saint-Aubin, Portbail, on aura épuisé la liste des établissements huîtriers sur le littoral du sous-arrondissement.

Pourtant, il convient de mentionner encore, bien qu'il soit aujourd'hui à peu près abandonné, un établissement très important comme aménagement qui pourrait, dans des mains habiles et avec quelques capitaux, reprendre vie, et réaliser, sinon toutes, au moins une partie des espérances que l'on avait fondées sur lui. Il s'agit des parcs de Maisy, près de Grandcamp, à peu de distance des anciens gisements de Guinchaut. Ne pouvant réussir sur le littoral, où leurs efforts étaient paralysés par la violence de la mer et l'envahissement des moules, deux ostréiculteurs, en 1874, créèrent sur une propriété privée, à Maisy, 30 parcs alimentés par une prise d'eau sur la mer. Ces parcs, aménagés à grands frais, donnèrent d'abord des résultats satisfaisants, mais les capitaux venant à manquer, la crise financière entraîna le désastre complet. Ces parcs appartiennent actuellement au Crédit foncier et un industriel intelligent et audacieux, à qui le Crédit foncier en a donné la gérance, tente d'en relever l'exploitation. Il a déjà obtenu des résultats qui méritent d'appeler l'attention, et il faut espérer que ce magnifique domaine ne restera pas définitivement improductif.

Mytiliculture. — Les moules sont tellement abondantes sur les gisements naturels qui bordent, pour ainsi dire, la presque totalité du littoral de Villers-sur-Mer dans le quartier de Caen, à Réville, non loin de la pointe de Barfleur, dans le quartier de Saint-Vaast, qu'il n'a jamais été question d'y créer des établissements de culture des moules. Il suffit de laisser agir la nature et d'empêcher une exploitation abusive pour assurer la conservation de ces admirables moulières dont quelques-unes, celles qui se trouvent à l'embouchure de la Vire, donnent des produits connus et hautement appréciés sous le nom de moules d'Isigny.

Dans le seul quartier de Saint-Vaast-la-Hougue, on estime,

pour 1899, à 17,860 hectolitres la récolte de ces bivalves, représentant une valeur de plus de 120,000 francs.

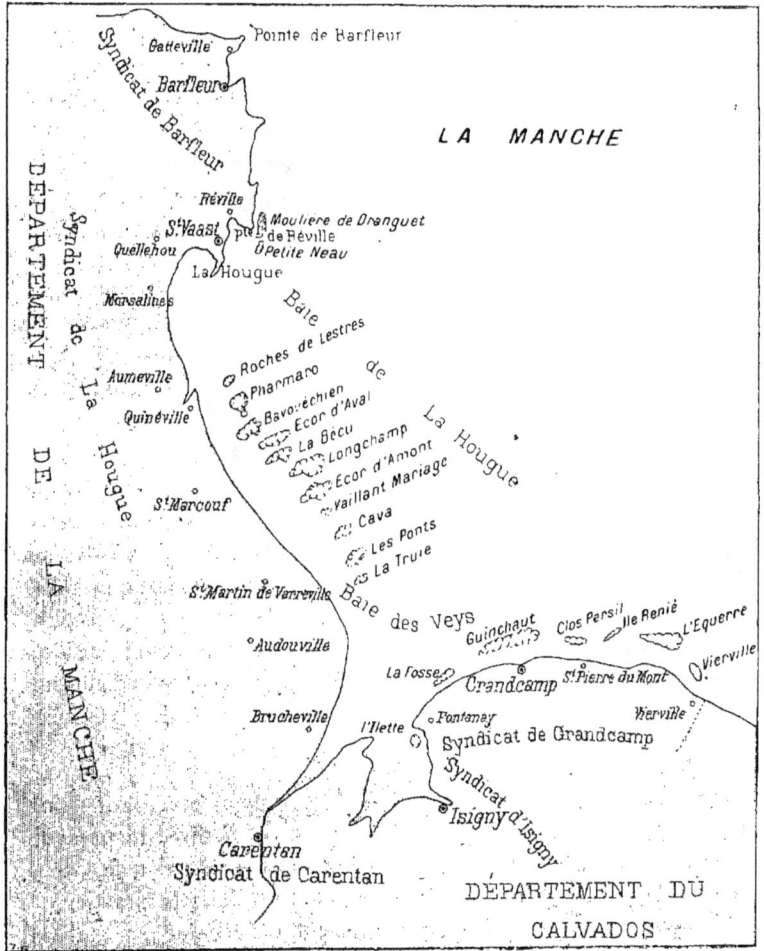

Fig. 6. — Emplacement des moulières du quartier de la Hougue.

PROTECTION DE LA PÊCHE, DU PERSONNEL QUI S'Y LIVRE ET DU MATÉRIEL QUI EN EST L'OUTIL. — La pêche côtière et le personnel qui la pratique ont toujours été l'objet d'une protection toute spéciale.

Cette protection se manifeste de mille manières. Ce sont les demi-soldes ou pensions accordées au personnel, les secours sur la caisse des Invalides, à laquelle chaque année est accordée une subvention qui atteint actuellement 10 millions, la loi récemment votée établissant une caisse de prévoyance en cas d'accident pour les marins, le privilège de la pêche côtière réservé aux nationaux, la protection contre la pêche étrangère, les récompenses accordées aux perfectionnements d'engins, les cantonnements qui constituent de véritables réserves, les concessions domaniales gratuites, les subventions aux sociétés de secours et d'assurance du matériel, la participation active aux congrès de pêche, les encouragements aux écoles de pêche et aux laboratoires établis sur le littoral, l'enseignement de la lecture des cartes et des éléments nautiques aux enfants et aux adultes des côtes.

Nous ne pouvons entrer dans le détail de tous les moyens protecteurs d'une industrie qui a tant besoin d'appui; nous n'en prendrons que deux comme exemple pour en démontrer l'utilité pratique : les indemnités pour pertes de matériel de pêche et les laboratoires maritimes.

Pendant une période assez longue, la marine accordait aux marins propriétaires de leur matériel une indemnité du cinquième de la valeur des pertes de bateaux et d'engins survenus par événements de mer. Le caractère de cette indemnité s'est transformé dans ces dernières années; on a jugé avec raison qu'il fallait entrer dans la voie de l'assurance du matériel. La marine a encouragé partout la création des caisses d'assurance et marqué son intérêt par de larges subventions qui ont permis la constitution de capitaux importants. Des caisses de cette espèce, indépendantes des caisses de secours pour le personnel, fonctionnent à Caen, La Hougue et Cherbourg; leur prospérité n'est pas partout la même, mais elles vivent, et si le nombre des adhérents n'augmente pas aussi vite qu'on le désirerait, il se maintient au moins à un niveau qui permet aux caisses de subsister.

En même temps qu'elle accordait des subventions pécuniaires à ces institutions, la marine diminuait le taux de ses secours aux sinistrés et en restreignait la concession aux adhérents des caisses d'assurances. Dorénavant même, l'indemnité accordée n'a plus rien de personnel, elle est versée annuellement dans la caisse de secours qui se charge de la répartition aux ayant droit. Cette répartition va de 1/2 à 3/5 de la valeur des pertes, elle varie nécessairement avec le nombre des sinistres et l'importance des cotisations.

Quant aux laboratoires maritimes, auxquels la marine porte un intérêt tout spécial, M. E. Canu, directeur du laboratoire de Boulogne, en a parfaitement défini le rôle : « Ils doivent être, dit-« il, à la fois, sous l'impulsion de l'autorité compétente, des sta-« tions de recherches techniques et scientifiques, des centres « d'application pratique et des écoles de pêcheries, capables de « disséminer, dans un rayon d'influence assez étendue, tous les « documents sérieux, intéressants pour la région et relatifs à « l'industrie étrangère. Par sa situation au milieu des pêcheurs, « le personnel des laboratoires peut attirer utilement l'attention « de l'administration centrale sur les engins et sur les procédés « susceptibles de profiter à la population qui l'environne, service « qu'on peut attendre d'une observation soutenue et attentive « des conditions locales particulières à chaque centre de pêche, « plutôt que l'exploration occasionnelle et passagère de tel ou « tel point isolé. »

Ces établissements ont donc un caractère à la fois scientifique et pratique et c'est bien dans cet ordre d'idées que l'éminent directeur du laboratoire de Tatihou oriente les études et les recherches de son personnel ; c'est aussi pour l'encourager dans cette voie que le ministère de la marine lui accorde son aide financière.

Le laboratoire, très intéressant à visiter, de l'île Tatihou est le seul établissement important de ce genre qui existe dans le sous-arrondissement de Cherbourg. Luc-sur-Mer possède bien aussi un laboratoire maritime, mais qui, annexe de la faculté des sciences de Caen, ne s'occupe ni de pisciculture ni de pêche.

Que convient-il de faire encore pour accroître les moyens d'exploitation de la mer, et, par suite, améliorer le sort d'une population à laquelle tout le monde porte intérêt?

Un des grands maux qui frappent le pêcheur, c'est le crédit. Faute d'argent, faute de crédit pour s'en procurer, le pêcheur ne peut acquérir le bateau et les engins qui lui permettraient d'augmenter le produit de son travail. C'est la vérité de la loi économique qui se confirme ici : *pour augmenter les résultats, il faut étendre le champ d'action et, par suite, assortir à cette extension la puissance des moyens.* Le petit pêcheur qui ne dispose que d'un nombre réduit d'engins, que sa faible embarcation force à se cantonner sur la côte, dans une zone toujours la même et sans cesse exploitée, subit fatalement une déperdition de productivité à raison de l'insuffisance de son outillage. Pour remédier à cette situation, il faut organiser un crédit maritime, analogue dans son but au crédit foncier et agricole. Ce sera l'un des modes les plus efficaces d'encouragement pour nos pêcheurs et le plus apte en même temps à développer leur activité professionnelle. Cette question mérite, il semble, aujourd'hui surtout que la pêche par bâtiment à vapeur va nécessairement se propager, une étude approfondie à recommander à l'attention du gouvernement.

Un second vœu à émettre serait d'obtenir la création et la tenue régulière de *livrets de pêche*. On aurait par ce moyen un document précieux pour la statistique et pour la solution de tant de problèmes que la science agite depuis longtemps sans parvenir à les résoudre autrement que par hypothèses : époques du frai, zones de stabulation, migration des espèces, accroissement ou décroissance de chacune d'elles, nature des parages exploités, influences climatériques, etc., etc.

Cette question se rattache nécessairement à celle de l'instruction des patrons pêcheurs qui, dans ces derniers temps, a une tendance à s'élever, mais qui doit être encouragée par la délivrance de certificats d'aptitude spéciale à ces fonctions, par l'augmentation des pensions des patrons, par l'extension des écoles de pêche, par la vulgarisation des méthodes et des nouveaux engins...

Pour que la pêche côtière ne s'épuise pas par une exploitation intensive, il faut multiplier les cantonnements, où le poisson puisse se reproduire et se développer en toute sécurité. On ménage ainsi les ressources de l'avenir et la conservation des espèces qui fréquentent le littoral.

Il convient de mettre aussi à l'étude la question des moyens d'écoulement des produits, des débouchés à créer ou à faciliter, des sociétés coopératives à encourager en vue de la suppression des intermédiaires, des horaires de chemin de fer à remanier pour que le poisson arrive à Paris aux heures favorables, de la diminution ou de la suppression des droits d'octroi pour que le poisson ne soit plus un aliment de luxe.

39

Enfin la création et l'entretien de musées de pêche serait un moyen puissant d'amener les pêcheurs à améliorer leur matériel ; mais il faudrait que ces musées fussent assez multipliés et assez pratiques pour être à la portée des intéressés. Dans ce but, il semble qu'en France ils seraient utilement placés dans les centres de pêche importants et de plus dans les dépôts des équipages de la flotte où tous les marins passent à leur arrivée au service et reviennent à diverses époques de leur carrière maritime. Ces musées comprendraient des reproductions photographiques des bateaux et engins en usage en France ; il serait sans doute facile d'y ajouter des objets et photographies venus des nations étrangères par voie d'échange.

Ne pourrait-on pas enfin, au point de vue international, provoquer des espèces de concours de bateaux pêcheurs avec attribution de récompenses à ceux qui seraient le mieux tenus et seraient munis des engins les plus perfectionnés?

Comme corollaire de la présente note, je soumets au Congrès international les trois vœux suivants :

1° *Vœu pour que les divers gouvernements prescrivent à leurs administrations maritimes respectives la publication d'études locales indiquant les ressources des circonscriptions de pêche du littoral, leurs moyens d'action, les améliorations à apporter.*

2° *Vœu pour la formation de sociétés locales d'encouragement à la pêche dans tous les centres importants. Ces associations auraient un centre commun dans la capitale de chaque Etat et les sociétés centrales correspondraient entre elles pour se communiquer les mesures proposées qui seraient de nature à favoriser la pêche et à venir en aide à la population maritime.*

3° *Vœu pour la création de musées de pêche internationaux qui se relieraient aux sociétés d'encouragement.*

Et j'ajoute les vœux suivants qui n'ont pas un caractère international mais qui paraissent mériter l'examen du congrès.

Organisation du crédit maritime.
Etablissement de livrets de pêche.
Relèvement de la situation des patrons-pêcheurs par la délivrance d'un brevet et l'augmentation de la demi-solde.

Etablissement de cantonnements à la condition qu'ils seront rigoureusement gardés.

Favoriser l'écoulement des produits de pêche par une entente avec les chemins de fer.

Après discussion sur les conclusions de ce rapport, l'assemblée renvoie à des sections compétentes un certain nombre de propositions de M. le commissaire général Neveu et adopte le vœu suivant présenté par MM. Neveu et Cardozo de Bethencourt :

Que dans chaque centre maritime il soit établi des monographies sur un programme uniforme et bien déterminé.

SÉANCE GÉNÉRALE DU MARDI 18 SEPTEMBRE 1900

PRÉSIDENCE DE M. EDMOND PERRIER.

La séance est ouverte à 2 heures de l'après-midi.

M. LE PRÉSIDENT ouvre la discussion sur la proposition de M. BORODINE concernant la *création d'un organe spécial des congrès internationaux de pêche;* il a reçu de l'auteur de la proposition le vœu suivant :

Le Congrès est d'avis que la création d'un organe spécial des congrès internationaux de pêche est de nature à rendre les plus grands services.

Il prend acte de la proposition de la Société impériale russe de pêche et de pisciculture et accepte de choisir la « Revue internationale de pêche et de pisciculture » qu'elle édite comme organe des congrès internationaux de pêche.

Le premier paragraphe est adopté à l'unanimité. Sur le second paragraphe, une discussion s'engage au sujet de la langue à employer pour les comptes rendus ; après avoir entendu à ce sujet MM. MEESTERS, BORODINE, WESCHNIAKOFF, VAN ZUYLEN et DRECHSEL, l'assemblée adopte les bases suivantes : le protocole et les procès-verbaux seront rédigés en français, les vœux et les actes en trois langues (français, allemand, anglais) ; les mémoires seront donnés en neuf langues.

M. LE PRÉSIDENT propose, sous ces réserves, de choisir la *Revue internationale de pêche et de pisciculture* comme organe officiel des futurs congrès ; à cet effet, il met aux voix la seconde partie du vœu : *Il prend acte,* etc.

Cette seconde partie est également adoptée.

M. LE PRÉSIDENT fait savoir qu'il a reçu d'un certain nombre de ses collègues la demande d'ajouter à la prochaine séance la discussion et le vote sur la création du comité permanent. Sauf avis contraire, il sera ainsi procédé.

La séance de clôture étant très chargée, M. le Président propose à l'assemblée de voter, dès maintenant, les propositions présentées par la 6º section.

Il donne lecture de ces résolutions :

1º *Considérant le tort énorme fait à l'ostréiculture par la crainte de la contagion de la fièvre typhoïde et du choléra par les huîtres, craintes qui ont été bien exagérées ;*

Considérant que le danger ne peut provenir que des dépôts dont la surveillance est facile, et non des parcs ;

Le congrès émet le vœu :

Que tous les Gouvernements prennent telles mesures qu'ils jugeront convenables pour rassurer l'opinion publique en ce qui concerne non seulement les huîtres, mais les mollusques en général ;

2º *Estimant que c'est par l'entente et l'association des ostréiculteurs que l'ostréiculture française pourra remédier à la crise commerciale dont elle souffre actuellement,*

Le congrès émet le vœu :

Qu'il se crée, dans chaque centre, une association d'ostréiculteurs ayant pour but la défense des intérêts locaux et la réunion des renseignements propres à éclairer le commerce de l'huître et que ces associations locales se tiennent en relations les unes et les autres, afin de pouvoir, à l'occasion, réunir leurs efforts dans l'intérêt de l'ostréiculture française tout entière.

M. le docteur Leprince trouve que le mot *exagérées* est à supprimer.

M. Maes appuie cette proposition et demande la suppression des considérants dans leur entier.

M. Roussin explique dans quelles conditions la section a été amenée à prendre la résolution proposée à l'assemblée ; il accepte, en ce qui le concerne, la suppression des considérants.

M. le Président l'invite à présenter dans ce sens, à l'assemblée générale de clôture, une nouvelle rédaction des vœux émis par la section.

L'ordre du jour étant épuisé, la séance est levée à 4 heures.

SÉANCE GÉNÉRALE DU MERCREDI
19 SEPTEMBRE 1900

PRÉSIDENCE DE M. EDMOND PERRIER

La séance est ouverte à 9 heures.

M. LE SECRÉTAIRE GÉNÉRAL donne lecture des vœux qui lui ont été remis par les secrétaires des sections, MM. les membres du congrès ont entre les mains une autographie de ces vœux.

Les vœux de 1 à 7 (voir la liste donnée ci-après) sont adoptés sans discussion.

Le vœu n° 8 est ainsi rédigé :

« Le congrès émet le vœu que les gouvernements soient invités à prendre les mesures nécessaires pour que les écrevisses ne puissent être importées ou lorsque leur dimension serait inférieure à 10 centimètres mesurés de la pointe de la tête à l'extrémité de la queue. »

MM. KUNSTLER et MAES présentent quelques observations à la suite desquelles M. MERSEY propose de modifier la rédaction du vœu de la manière suivante :

... lorsque leurs dimensions seront inférieures à celles fixées par les règlements des pays d'origine.

Sur la proposition d'un membre du congrès, le vœu est généralisé par l'addition des mots *que les poissons en général et les écrevisses ne puissent,* etc.

Les vœux 10 à 16 ne donnent lieu à aucune observation et sont votés tels qu'ils sont présentés.

Au sujet du vœu n° 17, une discussion s'engage. M. MENDES GUEREIRO demande une modification ; il fait remarquer qu'il est difficile — pour ne pas dire impossible — à un industriel de restituer l'eau empruntée à une rivière dans un état aussi pur qu'au moment de sa prise ; il suffit, à son avis, que la loi exige que cette eau n'ait aucun caractère de nocuité pour le poisson.

M. MAES appuie cette proposition.

M. LE PRÉSIDENT propose alors la rédaction qui est indiquée dans la liste des vœux. Le vœu ainsi modifié est adopté.

Les vœux présentés par les sections 3, 5, 6 sont adoptés sans discussion. Parmi les vœux présentés par la troisième section, le vœu n° 40 donne lieu à l'adjonction des mots *dans les pays où la législation le permet*, sur une observation de M. MEUNIER, administrateur des Invalides, qui fait observer que dans certains pays, comme en France, la pêche en mer est libre et sans redevance pour les inscrits maritimes, à qui elle appartient exclusivement ; c'est une compensation des charges qu'on leur impose, et il serait injuste de les en priver.

M. CARDOZO DE BETHENCOURT fait observer que le vœu n° 44, qui est ainsi rédigé : *que la création des livrets de pêche soit poursuivie d'une manière active*, a été repoussé dans la quatrième section.

M. CACHEUX fait savoir que ce vœu a déjà été adopté par les précédents congrès.

M. MEUNIER fait remarquer que sa rédaction en est trop comminatoire, qu'il n'est pas toujours possible à un matelot d'aller inscrire sur un livret les indications qu'on lui demande, que la rédaction proposée implique une obligation, par suite l'application de pénalités en cas d'infraction ; il propose la rédaction suivante :

« Le congrès émet le vœu *que l'usage des livrets de pêche soit encouragé d'une façon active.* »

M. CACHEUX se rallie à cette rédaction, qui est adoptée.

Quelques observations sont échangées sur les vœux d'un caractère national, qui sont adoptés dans leur ensemble.

Les vœux ayant trait aux propositions présentées dans les séances générales sont également adoptés.

M. LE PRÉSIDENT ouvre alors la discussion sur la création d'un comité permanent des congrès de pêche.

Personne ne demandant la parole, il met d'abord aux voix la question de principe : *Est-il nécessaire de créer un comité permanent ?* Cette résolution est adoptée à l'unanimité.

Il propose ensuite de faire procéder à l'élection de ce comité par une assemblée composée des membres du bureau du congrès de 1900, des délégués officiels de gouvernement, ainsi que des délégués des administrations publiques et des sociétés savantes représentées à ce congrès.

M. DE GUERNE propose d'y adjoindre les membres des bureaux des sections ; cette proposition est adoptée.

M. CARDOZO DE BETHENCOURT demande que les délégués des municipalités, ainsi que les représentants des syndicats de pêcheurs compris dans ce congrès, soient compris dans cette assemblée.

Cette proposition est adoptée.

M. le Président propose alors que la réunion de cette assemblée ait lieu à l'issue de la séance générale de clôture qui se tiendra cet après-midi.

Après observations de M. Gautret et de M. le Secrétaire général, cette proposition est adoptée.

La séance est levée à midi.

VŒUX ADOPTÉS PAR LE CONGRÈS

1re SECTION
Section scientifique maritime.

1. Le Congrès, après avoir pris connaissance des études faites sur le littoral des Algarves par S. M. le Roi de Portugal, émet le vœu que les recherches concernant le régime du thon et du germon soient entreprises ou continuées tant sur la côte du Portugal que sur celles de l'Algérie, de l'Espagne, de la France, de l'Italie et de la Tunisie.

2. Le Congrès émet le vœu que les études, observations et travaux indiqués et convenus dans la Conférence internationale de Stockholm de 1899 soient poursuivis d'une façon uniforme par toutes les nations intéressées aux pêches maritimes.

2e ET 4e SECTIONS
Aquiculture et pêche en eau douce.

3. Le Congrès, considérant l'intérêt théorique et pratique des recherches à poursuivre concernant la biologie lacustre, spécialement en ce qui touche à la pisciculture, émet le vœu que les études méthodiques sur cette matière soient favorisées partout autant que possible.

4. Le Congrès émet le vœu que l'on impose l'obligation à tous les propriétaires et directeurs d'établissements industriels établis sur des cours d'eau, ainsi qu'aux propriétaires de canaux d'irrigation ou d'assainissement, de ne pouvoir vider les biefs ou canaux d'adduction et de fuite, pour y effectuer des réparations, y pratiquer des curages ou faucardements, ou pour toute autre cause, qu'après en avoir fait la déclaration préalable à l'autorité locale.

5. Le Congrès émet le vœu que, dans les cours d'eau de peu de largeur et de peu d'importance, la pêche à la ligne soit seule tolérée et que l'emploi des filets et autres engins soit limité le plus possible.

6. Le Congrès émet le vœu que les gouvernements n'accordent leur concours pour tenter des repeuplements d'écrevisses qu'après une enquête préalable qui aura démontré la possibilité du succès, tant en raison de la terminaison complète des épidémies que de la cessation des déversements industriels et, d'une manière générale, de toutes les causes qui peuvent nuire à la réussite de l'opération.

7. Le Congrès émet le vœu que les écrevisses qui sont destinées au repeuplement soient soumises à une rigoureuse quarantaine de huit à quinze jours dans des bassins fermés (caisses à claire-voie) avant d'être placées dans les eaux libres.

8. Le Congrès émet le vœu que les gouvernements soient invités à prendre les mesures nécessaires pour que les poissons en général et les écrevisses ne

puissent être importés ou exportés lorsque leurs dimensions seront inférieures à celles fixées par les règlements des pays d'origine.

9. Le Congrès émet le vœu que des mesures soient prises en vue de protéger les frayères naturelles, les œufs et les alevins.

10. Le Congrès émet le vœu que des primes, dont l'importance pourrait varier suivant les circonstances et les régions, soient accordées en vue de favoriser la destruction des animaux les plus dommageables aux poissons et spécialement celle de la loutre et du héron.

11. Le Congrès émet le vœu que, dans les curages et faucardements de rivière il soit tenu compte des conditions de reproduction du poisson, tant au point de vue des endroits à ménager comme frayères qu'à celui des époques et durées de des opérations.

Le Congrès appelle à cet égard l'attention sur l'emploi de la chaîne-scie, déjà en usage sur certaines rivières et qui permet d'exécuter les faucardements avec beaucoup plus de précision et surtout de rapidité.

12. Le Congrès émet le vœu que l'essai d'introduction ou l'introduction elle-même d'espèces exotiques de poissons dans les cours d'eau et les lacs interna-tionaux ainsi que celle de l'anguille dans les eaux encore indemnes de cette espèce, ne soient effectuées qu'avec l'autorisation préalable des Etats intéressés.

13. Le Congrès, considérant la valeur économique de l'alose et les résultats qui ont été obtenus aux Etats-Unis, dans la culture de ce poisson, signale aux gouvernements l'intérêt considérable que présenterait l'application suivie d'opé-rations analogues à celles entreprises dans ce pays.

14. Le congrès émet le vœu que les pouvoirs publics, dans chaque gouverne-ment, soient invités à prendre les mesures les plus propres à assurer la libre cir-culation des poissons migrateurs, et en particulier du saumon, dans les fleuves et rivières jusqu'à la partie supérieure des bassins de ces cours d'eau, sauf, bien entendu, dans le cas d'obstacles naturels infranchissables.

Les gouvernements ayant adhéré au congrès international seront priés de pro-voquer l'étude des meilleurs systèmes de passage pour le poisson et à en imposer l'emploi sur tous les barrages industriels ou agricoles dont la hauteur dépasse 80 centimètres.

Le congrès exprime le désir qu'à l'avenir il ne soit pas construit de barrages étanches à profil vertical à l'aval et que les ouvrages de retenue des eaux soient établis en dos d'âne ou à une inclinaison d'environ 30 degrés.

15. Le congrès émet le vœu que les gouvernements fassent mettre à l'étude les moyens de reconnaître les poissons empoisonnés comme cela se pratique en criminologie humaine ; qu'en outre tous les animaux empoisonnés soient saisis et que les détenteurs soient poursuivis, de façon à mettre ainsi un terme à cette coupable industrie.

16. Le congrès estime que, dans l'intérêt de l'hygiène publique, de l'industrie, de l'agriculture et de l'aquiculture, il est urgent que les gouvernements prennent des mesures énergiques pour empêcher la pollution des eaux de quelque façon que ce soit, et qu'ils mettent en œuvre les moyens nécessaires pour faire respec-ter ces mesures.

Le congrès exprime l'avis qu'en ce qui concerne l'empoisonnement des rivières par diverses usines et fabriques il appartient essentiellement aux industriels de rechercher les moyens propres à la purification des résidus de leurs industries, et que le rôle des gouvernements consiste, surtout en pareille matière, à veiller à ce que l'eau soit restituée à la rivière dans un état qui ne soit pas nuisible aux animaux ou aux plantes utiles.

17. Le congrès émet le vœu que, dans le cas où les autorisations préalables sont nécessaires pour l'installation d'établissements industriels sur les cours d'eau, ces autorisations ne puissent être accordées qu'après le dépôt, par les intéressés, et l'étude, par les services compétents, de spécimens de résidus analogues à ceux qui devront être déversés par l'établissement projeté.

18. Le congrès émet le vœu que les premières notions pratiques de pisciculture concernant les poissons d'eau douce fassent partie du programme de l'instruction primaire, et que ce programme puisse permettre à l'instituteur d'insister plus spécialement sur l'espèce particulière à chaque région.

3e SECTION
Technique des pêches maritimes.

19. Le congrès émet le vœu que les gouvernements mettent à l'étude l'emploi de moteurs à pétrole à bord des bateaux de pêche, et qu'au préalable l'importation et l'emploi du pétrole soient facilités au point de vue fiscal pour les besoins des industries maritimes.

20. Le congrès, considérant que les études actuellement terminées au ministère de la marine de France ont démontré l'inutilité des réserves ou cantonnements sur la côte océanique, au point de vue spécial de la reproduction du poisson, émet le vœu que de nouvelles études soient ordonnées à l'effet de protéger le poisson plat et signale notamment l'emploi du filet traînant à terre comme pouvant nuire à la pêche.

21. Le congrès, étant données la nature des fonds et la conformation du littoral tunisien, émet le vœu que les pouvoirs publics se préoccupent d'y établir des réserves ou cantonnements de pêches.

22. Le congrès émet le vœu que les nations maritimes arrivent le plus tôt possible à une entente internationale pour la réglementation des feux des bateaux de pêche.

23. Le congrès émet le vœu que les puissances se mettent d'accord pour interdire à la navigation, sous la sanction de lois répressives à édicter par chaque gouvernement, certaines zones déterminées affectées à la pêche ;

Qu'une entente internationale ait lieu à l'effet d'établir une réglementation internationale des pêches maritimes.

5e SECTION
Ostréiculture.

24. Le congrès émet le vœu que tous les gouvernements prennent telles mesures qu'ils jugeront convenables pour rassurer l'opinion publique en ce qui concerne la transmission de la fièvre typhoïde et du choléra, non seulement par les huîtres, mais par les mollusques en général.

6e SECTION
Utilisation des produits de la pêche.

25. Le congrès émet le vœu qu'il soit procédé à des relevés statistiques faisant connaître, dans les différents pays, les époques des passages des diverses espèces

de poissons voyageurs, en vue d'établir des données pour les approvisionnements destinés à la fabrication des sous-produits.

26. Le congrès émet le vœu que les gouvernements représentés au congrès encouragent par des primes la destruction et les recherches d'utilisation des animaux marins nuisibles, tels que les squales et les marsouins.

27. Le congrès émet le vœu que les différents droits de douane ou d'octroi supportés par les coquillages et les poissons de faible valeur (moules, squales, poissons communs, etc.) soient supprimés.

28. Le congrès émet le vœu que les différents gouvernements favorisent les tentatives de congélation du poisson, en vue :

1º De l'amélioration du sort des marins pêcheurs, par la sécurité de placement d'une marchandise éminemment corruptible ;

2º De la régularisation des prix de vente du poisson ;

3º De l'alimentation à bon marché de la population ouvrière.

29. Le Congrès émet le vœu que les différents gouvernements encouragent la construction de bateaux à vapeur destinés à recueillir au large le produit de la pêche (chasseurs à vapeur), en vue d'une meilleure utilisation de ces produits.

30. En vue de favoriser la pénétration des produits de la pêche dans les régions où jusqu'à présent ils n'ont pu être utilisés qu'en faible proportion, le Congrès émet le vœu que les différentes compagnies de chemins de fer adoptent des tarifs uniformes et abrègent le plus possible les délais en vigueur pour le transport de ces produits.

31. Le Congrès émet le vœu que des subventions soient accordées par les différents gouvernements pour permettre de rechercher quels sont les meilleurs modes : 1º de préparation des poissons sur les lieux de pêche ; 2º d'emballage des poissons frais, afin d'assurer leur transport dans les meilleures conditions.

7º SECTION

Economie sociale.

32. Le Congrès émet le vœu qu'il serait désirable d'armer des bateaux à vapeur qui donneraient les premiers soins aux malades et aux blessés sur les lieux de pêche et qui pourraient servir d'école ambulante d'infirmiers maritimes pendant la campagne des grandes pêches.

33. Le Congrès émet le vœu qu'il serait utile de développer l'enseignement maritime par la création de nouvelles écoles de pêche et de compléter l'instruction des élèves de ces écoles par des exercices en mer. En outre, il y aurait lieu de créer des cours spéciaux pour enseigner aux hommes et aux femmes la préparation et l'utilisation des produits de la mer.

34. Le Congrès émet l'avis que le moyen le plus efficace d'inviter les marins pêcheurs à suivre les cours des écoles de pêche consiste à créer des diplômes qui seraient décernés aux élèves ayant suivi les cours et justifiant de connaissances suffisantes devant une commission composée de personnes compétentes.

35. Le Congrès émet le vœu qu'on mette à l'étude les moyens d'assurer aux marins pêcheurs la fourniture d'une pochette de secours à bon marché.

36. Le Congrès, reprenant les vœux adoptés par les précédents congrès, émet le vœu que les plus grands efforts soient faits dans les ports de pêche pour améliorer l'hygiène des marins pêcheurs, tant à bord qu'à terre, et pour donner à ces marins les notions qui leur sont nécessaires à cet effet.

37. Le Congrès émet le vœu que le principe adopté par les compagnies d'assurances de ne garantir qu'une partie des risques soit étendu aux sociétés d'assurances mutuelles du matériel de pêche.

38. Le Congrès émet le vœu que l'industrie de la pêche et les marins pêcheurs soient considérés comme neutres en temps de guerre.

39. Le Congrès émet le vœu que les différents gouvernements procèdent à une enquête sur les conditions de logement des marins pêcheurs et sur les mesures à prendre pour les améliorer.

40. Le Congrès émet le vœu que, dans les pays où la legislation le permet, la pêche des eaux dépeuplées soit concédée pendant une durée suffisante à des sociétés ou à des particuliers qui s'engageraient à payer un loyer dont l'importance irait en croissant à mesure que le nombre des poissons augmenterait.

41. Le Congrès émet le vœu que des enquêtes dirigées par l'initiative privée, et au besoin par les différents gouvernements, soient faites dans chaque port, de façon à réunir les éléments suffisants sur l'état des navires pêcheurs, en vue de l'amélioration de leur sort.

42. Le Congrès émet le vœu que dans chaque pays maritime il soit créé une Société d'encouragement à la pêche ayant des sections dans tous les centres importants. Ces sociétés se communiqueraient toutes les mesures qui seraient de nature à venir en aide à la population maritime.

43. Le Congrès émet le vœu qu'il soit créé des caisses ayant pour objet de fournir des fonds à un taux modéré aux pêcheurs, afin de développer leur industrie.

44. Le Congrès émet le vœu que l'usage de livrets de pêche soit encouragé d'une façon active.

45. Le présent Congrès ratifie le vœu émis au Congrès de la marine marchande de l'Exposition de 1900, à savoir que les Etats, les municipalités, les syndicats et les particuliers encouragent, dans la mesure du possible, les œuvres d'assistance morale aux marins (salles de lecture et divertissements, cercles et bibliothèques dans les ports, prêts de livres à bord, envoi gratuit d'argent aux familles).

SÉANCES GÉNÉRALES

46. Le Congrès décide la création d'un Comité international permanent des Congrès chargé d'organiser les futurs Congrès de pêche. Le Congrès décide que ce Comité sera élu par une assemblée composée des membres du bureau du Congrès de 1900, des délégués officiels des différentes puissances et des délégués des administrations publiques et des sociétés savantes représentées à ce Congrès.

47. Le Congrès décide que le prochain Congrès international d'aquiculture et de pêche se réunira en 1902 à Saint-Pétersbourg.

48. Le Congrès décide qu'il sera procédé à une publication périodique de la statistique internationale comparée des pêches sur la base du programme du Congrès de statistique de la Haye en 1869, en tenant compte de la statistique des accidents du travail à bord des bateaux de pêche, et que cette publication sera confiée aux soins du Comité permanent international ou, à son défaut, à ceux du Comité d'organisation du congrès de Saint-Pétersbourg.

49. Le Congrès émet le vœu que, dans chaque centre maritime, il soit établi des

monographies sur un programme uniforme et bien déterminé, afin de faciliter aux marins pêcheurs l'exploitation plus rationnelle des produits de la mer.

50. Le Congrès est d'avis que la création d'un organe spécial des Congrès internationaux de pêche est de nature à rendre les plus grands services.

Il prend acte de la proposition de la Société impériale russe de pêche et de pisciculture et accepte de choisir la *Revue internationale de pêche et de pisciculture*, qu'elle édite comme organe des congrès internationaux de pêche.

VŒUX

INTÉRESSANT PLUS PARTICULIÈREMENT LA FRANCE

1re SECTION.

Section scientifique maritime.

1. Le Congrès émet le vœu que la France ait sa place au laboratoire maritime à Naples.

3e SECTION.

Technique des pêches maritimes.

2. Le Congrès émet le vœu que la pension dite *demi-solde* soit augmentée pour les marins ayant exercé pendant quatorze ans le commandement d'un bateau de pêche.

3. Le Congrès émet le vœu qu'un second bateau garde-pêche français soit affecté à la surveillance dans la mer du Nord des bateaux faisant la pêche aux arts traînants.

2e ET 4e SECTIONS.

Aquiculture et pêche en eau douce.

Addition au vœu 16. Les propriétaires ou directeurs d'usines devront être rendus pénalement responsables des délits d'empoisonnement de rivières lorsque ces délits résultent de déversements provenant de leurs usines et effectués par eux ou leurs employés. Cette responsabilité sera réglée conformément à l'article 46 du Code forestier

3e SOUS-SECTION.

Pêche maritime considérée comme sport

4. Le Congrès émet le vœu que des démarches soient faites auprès du Ministère de la marine pour obtenir, en faveur des yachts dont l'équipage est composé d'inscrits maritimes, l'exonération de la taxe établie par la circulaire du 13 août 1898.

5. Le Congrès émet le vœu que les mêmes démarches soient faites pour obtenir que le nombre des sorties de yachts se livrant à des études de pêche ne soit pas limité.

5e SECTION.

Ostréiculture.

6. Le Congrès émet le vœu qu'il se crée dans chaque centre ostréicole une association d'ostréiculteurs ayant pour but la défense des intérêts locaux et la réunion des renseignements propres à éclairer le commerce de l'huître, et que ces associations locales se tiennent en relations les unes avec les autres afin de pouvoir à l'occasion réunir leurs efforts dans l'intérêt de l'ostréiculture française tout entière.

7e SECTION.

Economie sociale.

7. Le Congrès émet le vœu qu'il serait désirable de propager les institutions de prévoyance dans les colonies françaises où la pêche hauturière tend à se développer ;

8. Le Congrès émet le vœu qu'une allocation du département de la marine soit faite à tous les congrès de pêche maritime nationaux ou internationaux pour être versée soit dans la caisse de la Société de l'enseignement professionnel et technique des pêches maritimes, reconnues d'utilité publique, soit dans la caisse des congrès projetés pour être affectée exclusivement à l'envoi, à ces congrès, de délégués marins pêcheurs français, en les défrayant de leurs différents frais.

9. Le Congrès, après avoir entendu les explications de M. Gautret, député, concernant la loi du 27 avril 1898 sur la caisse de prévoyance, émet le vœu que le projet de loi annoncé par M. le Ministre de la marine vienne au plus tôt en discussion et que l'on tienne compte des vœux déjà exprimés par les différents congrès.

10. Le Congrès émet le vœu que tout inscrit maritime, réunissant trois cents mois de navigation, à l'âge de quarante-cinq ans, ait droit à sa pension d'invalide dite *demi-solde*.

11. Le Congrès émet le vœu que tout inscrit maritime armateur, veuve et orphelin de pêcheurs inscrits, soit exempt de payer pour eux et leurs équipages la caisse de prévoyance du 21 avril 1898.

SÉANCE GÉNÉRALE DE CLOTURE
LE MERCREDI 19 SEPTEMBRE, A 2 HEURES DE L'APRÈS-MIDI

PRÉSIDENCE DE M. MILLERAND, *Ministre du Commerce.*

La séance est ouverte à 1 heure.

M. Edmond PERRIER, président du congrès, a la parole. Il constate d'abord le succès du congrès, le nombre des membres est voisin de 500 ; 250 sont venus prendre part à ses travaux, et les vœux de clôture ont été votés par 200 votants. 18 nations se sont fait représenter, 106 délégués de gouvernements ou de sociétés savantes ont été présents à nos séances. Il remercie les organisateurs et en particulier les secrétaires généraux MM. J. Pérard et Maire, dont le zèle et le dévouement sont au-dessus de tout éloge, et les présidents de section qui ont préparé à l'avance tout le travail du congrès.

M. LE PRÉSIDENT rappelle l'œuvre des précédents congrès et combien en France on s'est préoccupé des vœux qu'ils ont émis puisque les trois quarts environ ont été réalisés. Ces congrès étaient plus nationaux qu'internationaux, tandis que le congrès de l'Exposition de 1900 est bien, à proprement parler, un congrès international, puisque le tiers de ses membres appartient à d'autres pays que la France, et que les étrangers présents à nos séances étaient aussi nombreux que nos compatriotes. Les vœux auront eu un caractère tout à fait international. Le petit nombre d'entre eux (11 sur 62) qui intéressaient la France seule ont été traités à part. Il espère que ces vœux recevront dans les différents pays une prompte réalisation.

M. Edmond PERRIER montre toute l'utilité des congrès indépendants de la diplomatie et des gouvernements ; pour que leur œuvre soit durable, il faut qu'une émanation d'eux-mêmes reste après leur clôture. C'est pourquoi il a été décidé, au cours de nos séances, la création d'un comité international permanent. Ce comité aura aussi à assurer la préparation du congrès de 1902 dans la ville de Saint-Pétersbourg, où nous avons été heureux d'accepter l'hospitalité qui nous était offerte.

M. LE PRÉSIDENT termine son remarquable discours par des considérations élevées sur les rapports des nations entre elles et sur l'arbitrage, seul moyen d'éviter les guerres si funestes qui désolent pour longtemps un pays.

Des applaudissements, plusieurs fois répétés, soulignent cette péroraison.

M. MILLERAND, Ministre du Commerce, félicite M. le Président et les organisateurs du congrès de son remarquable succès. Sa présence aujourd'hui parmi nous indique tout l'intérêt que le Gouvernement de la République porte à nos travaux. Il se félicite que l'œuvre commencée soit poursuivie par le comité permanent ; il pense que ces comités doivent, pour bien des questions, être des auxiliaires précieux auprès des différents gouvernements. Elargissant la question, il démontre d'une manière remarquable et saisissante combien ces réunions scientifiques et toutes pacifiques peuvent avoir de portée. Il forme le vœu qu'à l'avenir toutes les questions litigieuses entre les différents pays soient réglées d'une telle manière sans recourir à l'odieux et barbare procédé de la guerre.

Il remercie les délégués étrangers d'être venus nous apporter leur concours et les prie d'être l'interprète des sentiments du gouvernement de la République auprès des différents pays qu'ils représentent.

M. WESCHNIAKOFF remercie, au nom des étrangers, M. le Ministre des paroles si bienveillantes qu'il vient de prononcer Si le congrès a réussi à tant de points de vue différents on le doit à la direction si éclairée de son président, M. Edmond Perrier, au zèle et au dévouement du secrétaire général, M. l'ingénieur Pérard, et au concours de tous leurs collaborateurs. Il est heureux de remercier également la Société de l'enseignement professionnel et technique des pêches maritimes, qui est l'initiatrice des congrès précédents, et en particulier son président M. Emile Cacheux, dont le dévouement à la cause des marins est connu de tous.

Les délégués étrangers emporteront le souvenir le plus agréable de leur séjour à Paris et de l'hospitalité si large qui leur a été offerte. Avant de se séparer, il exprime le désir de se retrouver tous réunis à nouveau dans deux ans à Saint-Pétersbourg. A l'issue de la dernière réunion, il s'est empressé de faire part à Son Altesse Impériale le grand-duc Serge Alexandrovitch, du vote du congrès, décidant de choisir Saint-Pétersbourg pour le siège de ses prochaines assises ; il vient de recevoir à l'instant un télégramme de Son Altesse Impériale remerciant les membres du congrès en la personne de leur président, M. Edmond Perrier, pour l'honneur qu'ils ont voulu faire à son pays.

L'assemblée tout entière applaudit à plusieurs reprises.

M. Emile CACHEUX, en termes émus, remercie M. Weschniakoff de ne pas avoir oublié l'œuvre commencée dans les précédents congrès ; il est heureux de rappeler le nom de ses collaborateurs de la première

40

heure, sans lesquels il n'aurait pu mener à bien la tâche qu'il avait assumée : MM. Perrier, Gautret, Odin, Roché, pour le congrès des Sables-d'Olonne ; MM. Canu, Lavieuville, Coutant, Pérard, pour le congrès de Dieppe ; les députés, les fonctionnaires du Ministère de la marine, qui lui ont toujours prêté généreusement leur appui.

M. GAUTRET s'associe à M. Cacheux pour adresser à M. Perrier et à ses collaborateurs tous les remerciements des congressistes pour le dévouement avec lequel ils ont su préparer et conduire les travaux du congrès. Il dépose à cet effet la motion suivante :

« Le congrès international des pêches de l'Exposition de 1900, réuni en assemblée générale, sous la présidence de M. Millerand, ministre du commerce, adresse à son président, M. Edmond Perrier, membre de l'Institut, ses remerciements. »

L'assemblée applaudit longuement et vote cette motion par acclamation.

M. Edmond PERRIER propose à son tour de témoigner par un vote la reconnaissance que tous les pays doivent porter aux Souverains qui, comme le roi de Portugal et le prince de Monaco, travaillent en vrais marins pour augmenter le domaine de la science et améliorer la situation des pêcheurs.

L'assemblée acclame cette proposition.

M. EHRET, président du Syndicat des pêcheurs à la ligne, parle des Associations de pêcheurs à la ligne et remercie M. le Ministre des marques de bienveillance qu'il leur a récemment données.

M. GROUSSET, au nom du Syndicat des marins-pêcheurs des Sables-d'Olonne, rappelle en quelques mots tout l'intérêt que le Gouvernement a témoigné aux marins-pêcheurs, et se fait l'interprète de tous pour témoigner à M. le Ministre de leur profond dévouement.

Enfin M. l'abbé BLANCHARD, aumônier de l'hôpital de la Rochelle, prie M. le Ministre d'accepter un bouquet de fleurs artificielles fait par lui avec des écailles de poissons, comme un faible témoignage de la reconnaissance des marins pour tous les hauts dévouements qui s'attachent à améliorer leur sort.

M. LE MINISTRE remercie en quelques mots au nom du Gouvernement de la République et déclare clos les travaux du congrès d'aquiculture et de pêche de l'Exposition de 1900.

La séance est levée à 4 heures.

COMITÉ INTERNATIONAL

PERMANENT

DES CONGRÈS DE PÊCHE

RÉUNION DES DÉLÉGUÉS

Chargés de la nomination du Comité international permanent

Mercredi 19 septembre 1900

PRÉSIDENCE DE M. EDMOND PERRIER,
assisté DE MM. CRIVELLI SERBELLONI ET MERSEY

La séance est ouverte à 4 heures.

Après avoir fait l'exposé de la question, M. LE PRÉSIDENT demande si quelqu'un désire présenter quelque proposition nouvelle à ce sujet.

Une discussion très vive et très confuse s'engage, aussitôt, au sujet d'une liste de personnalités qui a été mise en circulation en dehors de la connaissance du bureau du congrès, et sans l'assentiment même des personnes qui s'y trouvent portées ; un certain nombre de délégués étrangers font remarquer qu'il n'a pas été tenu compte sur cette liste de la représentation équitable de chaque nation.

M. PÉRARD, auteur de la proposition de création d'un comité permanent, présentée aux congrès de Bergen et Dieppe, fait remarquer qu'avant d'établir une liste, il y aurait lieu de fixer un certain nombre de questions de principe sur la nature même de ce comité permanent ; il expose ses idées à ce sujet.

Un certain nombre de membres du congrès, MM. DE GUERNE, CARDOZO DE BETHENCOURT, GAUTRET, DRECHSEL, interviennent dans la discussion ; plusieurs propositions sont soumises à l'approbation de l'assemblée. L'une d'elles offre de confier à M. PERRIER le mandat de constituer le comité permanent. — M. EDMOND PERRIER décline cet honneur. — Plusieurs membres du congrès insistent en faisant observer que c'est la seule solution possible pour ne pas aboutir à un nouvel ajournement comme à Bergen ou à Dieppe. M. LE PRÉSIDENT propose, alors, de confier cette mission au bureau qui siège en ce moment et qui est composé de MM. CRIVELLI SERBELLONI, MERSEY et EDMOND PERRIER.

Cette motion est adoptée à l'unanimité ; le bureau devra s'entremettre pour les différents pays, soit par la voie diplomatique, soit autrement, de manière à constituer le comité avant le congrès de Saint-Pétersbourg, en 1902. Aussitôt ses travaux terminés, il fera connaître le résultat de ses démarches.

Suivant la mission qui leur a été confiée, MM. EDMOND PERRIER, CRIVELLI SERBELLONI et MERSEY, se sont réunis et ont constitué sur les bases suivantes le comité international permanent des congrès de pêche.

COMMISSION INTERNATIONALE DE LA PÊCHE

ART. 1. — Suivant la décision du congrès international d'aquiculture et de pêche de l'exposition de 1900, il est créé une *Commission internationale de la pêche* chargée d'organiser les congrès internationaux de pêche.

ART. 2. — Cette commission se composera tout d'abord des délégués des différentes nations dont le nom est donné ci-après.

ART. 3. — Les anciens présidents et secrétaires généraux du congrès de 1900 et des congrès organisés par la commission (congrès de la série) font partie de droit de cette commission.

ART. 4. — Les délégués d'un même pays restent en fonction jusqu'à ce qu'un congrès de la série se tienne dans une ville de leur nation.

ART. 5. — A l'issue de ce congrès, il est procédé à une nouvelle élection de ces délégués suivant les bases adoptées par le congrès de 1900 (vœu 46 et annexes). Les électeurs étant exclusivement choisis parmi les membres du congrès appartenant à la nation du pays où se tient le congrès.

ART. 6. — Les membres sortants sont toujours rééligibles.

ART. 7. — L'administration et la direction de la commission sont confiées à un bureau composé d'un président, deux vice-présidents, un secrétaire général, un secrétaire archiviste, deux secrétaires.

ART. 8. — L'existence d'une commission permanente entraînant celle d'une résidence fixe pour les organes principaux (présidence, secrétariat général, archives) de son bureau, Paris est désigné comme siège de ces organes.

ART. 9 — Dans le même ordre d'idées, pour assurer la permanence des travaux de la commission et faciliter la tâche des organisateurs des différents congrès de la série : Le président, le secrétaire général, le secrétaire archiviste, sont choisis parmi des Français en résidence à Paris.

Au contraire, les deux vice-présidents, et les deux secrétaires sont de droit, l'un le président et le secrétaire général du dernier congrès de la série, l'autre le président et le secrétaire général désigné du futur congrès de la série.

Art. 10. — La commission se réunit avant, pendant et après chaque congrès de la série dans la ville où celui-ci tient ses séances.

Elle se réunit également à Paris chaque fois que l'intérêt général l'exige.

Art. 11. — La commission internationale est dès à présent composée conformément à l'article 2 des personnes désignées ci-après. La commission ayant d'ailleurs le droit, sur la proposition qui lui est faite par un de ses membres, de s'adjoindre telle personne qu'elle jugera convenable pour remplir la mission qui lui est confiée.

Signé : E. Perrier, Crivelli Serbelloni, Mersey

COMMISSION INTERNATIONALE DE LA PÊCHE
BUREAU POUR 1900-1902

Président

M. Edmond Perrier, membre de l'Institut, directeur du muséum national d'histoire naturelle de Paris, etc., Président du congrès international d'aquiculture et de pêche de l'exposition de 1900.

Vice-Président

M. Weschniakoff, secrétaire d'Etat de Sa Majesté l'Empereur de Russie, Président de la Société Impériale Russe de pêche et de pisciculture, Président du congrès d'aquiculture et de pêche de Saint-Pétersbourg en 1902.

Secrétaire-Général

M. Mersey, conservateur des eaux et forêts, chef du service de la pêche et de la pisciculture au ministère de l'agriculture.

Secrétaire-Archiviste

M. J. Pérard, ingénieur des arts et manufactures, secrétaire général du congrès international d'aquiculture et de pêche de l'exposition de 1900.

Secrétaire

M. Borodine, secrétaire général du congrès international d'aquiculture et de pêche de Saint-Pétersbourg en 1902.

MEMBRES

Allemagne.

MM. Dr. Fischer, secrétaire général de la Deutscher Fischerei Verein, à Berlin.

Pr. Heincke, directeur de l'Institut royal de biologie à Helgoland.

Pr. Hensen, de l'université de Kiel.

Dr. Henking, secrétaire général de la Deutscher Seefischerei Verein.

Pr. Herwig, président de la Deutscher Seefischerei Verein.

Pr. Hofer, de l'université de Munich .

Autriche-Hongrie.

Pr. Fritsch, de l'université de Prague.

Landgraf, inspecteur général des pêches au ministère de l'agriculture à Buda-Pest.

Steindachner, intendant du Muséum d'histoire naturelle à Vienne.

Valle, secrétaire général de la Société adriatique des pêches maritimes.

Belgique.

Van Beneden, de l'université de Liège.

De Briey, président de la Société centrale de pêche à Bruxelles.

Maes, inspecteur des forêts, secrétaire général de la Société centrale de pêche.

L'abbé Pype, Aumônier de la marine, président du congrès international d'Ostende.

Villequet, président de la Commission royale de pisciculture et de mariculture.

O. de Xivry, membre de la Commission royale de pisciculture et de mariculture.

Chili.

Carlos E. Porter, directeur du Muséum d'histoire naturelle de Valparaiso.

Grande-Bretagne.

Allen, directeur de la station de biologie marine de Plymouth.

MM. Archer, inspecteur général des pêches au Board of Trade, à Londres.

Pr. Cunningham, au Trinity College, à Dublin.

Fulton, superintendant scientifique du département des pêches, à Edimbourg.

Murray (sir John), Challendger Lodje.

Pr. Ray Lancaster, président de la Marine Biological Association et directeur du British Museum.

S. Green, inspecteur des pêches à Dublin.

Danemark

Drechsel (capitaine de frégate), conseiller du gouvernement en matière de pêche.

A. Feddersen, conseiller des pêches de la Dansk fiskeri forening.

Moltke Bregtvend, président de la Dansk fiskeri forening.

Dr. Petersen, président de la Station de biologie marine.

Espagne.

Pr. Gonzalez de Linares de l'université de Madrid.

Navarrete, lieutenant de vaisseau.

Le comte de Peracamps, président de la Société générale pour les exploitations scientifiques et industrielles de pisciculture à Saint-Sébastien.

Etats-Unis.

Pr. Agassiz, du Muséum de zoologie comparée à Cambridge.

Bower, commissaire général des pêches et pêcheries.

Collins (le capitaine), président de la commission des pêcheries de l'état des Massachussets.

Nelss, président du congrès national des pêches en 1898, directeur du service de la pisciculture de l'état de New-York.

Dr. Richard Rathbun, secrétaire de la Smithsonian Institution.

Dr. Hugh Smith, membre de la commission des pêches et pêcheries.

France.

Emile Cacheux, président honoraire, fondateur de la Société l'Enseignement professionnel et technique des pêches maritimes.

Chansarel, sous-directeur de la marine marchande au ministère de la marine.

Gerville Réache, député, président du comité consultatif des pêches maritimes.

Pr. Giard, de l'université de Paris.

MM. HUGUET, sénateur, président de la commission des embouchures fluviales au ministère de l'agriculture.

RAVERET WATTEL, directeur de la station aquicole du Red duverdier, vice-président de la Société centrale d'aquiculture et de pêche.

ROUSSIN, commissaire général de la marine en retraite.

Pr. VAILLANT, du Muséum d'histoire naturelle de Paris.

Hollande.

Dr. P. P. C. HOEK, conseiller scientifique du gouvernement en matière de pêche.

Pr. HORST, de l'université de Leyde.

KAHNSEN, président du conseil royal des pêches maritimes.

MEESTERS, député.

Italie.

Pr. DOHRN, directeur de la station zoologique de Naples.

CRIVELLI SERBELLONI, président de la Société Lombarde de pêche et de pisciculture.

Dr. LEVI MORENOS, à Venise.

Dr. D. VINCIGUERRA, directeur de la station aquicole de Rome.

Japon.

K. KISHINOUYE, du bureau impérial des pêches, à Tokio.

Mexique.

Gabriel PARRODI, délégué à l'exposition de 1900.

Norvège.

Dr. BRUNCHORST, directeur du muséum de Bergen.

Dr. HJORT, de l'université de Christiania, conseiller scientifique du gouvernement.

LEHMKUHL, président de la Société d'encouragement des pêches.

WESTERGAARD, inspecteur général des pêches à Christiania.

Portugal.

BALDAQUE DA SILVA, capitaine de vaisseau, inspecteur des pêches à Porto.

Dr. GIRARD, conservateur des collections scientifiques de Sa Majesté le Roi.

Dr. NOBRE, directeur de la station de Conde.

Roumanie.

Dr. ANTIPA, inspecteur général des pêches.

Russie.

MM. O. DE GRIMM, conseiller d'état, inspecteur général des pêches.

Dr. N. M. KNIPOWITSCH de Saint-Pétersbourg.

Dr. KOUSTNETZOFF de Saint-Pétersbourg.

NORDQUIST, inspecteur général des pêches de Finlande.

OSTRODUNOFF, de Vasan.

Pr. DE ZOGRAF, de l'université de Moscou.

Suède.

Dr. LUNDBERG, inspecteur général des pêches à Stockholm.

MALM, intendant des pêcheries à Gottembourg.

Dr. PETTERSON, professeur à l'école des hautes études.

Dr. TRYBOM de Christiania.

Suisse.

Pr. HEUSCHER, de l'université de Zurich.

Pr. OLTRAMARE, de l'université de Genève.

Colonel PUENZIEUX, chef du service des eaux et forêts du canton de Vaud.

VISITES — CONFÉRENCE — BANQUET

Il nous est impossible à notre grand regret de faire une description complète des différentes visites qui ont eu lieu au cours du congrès, nous ne pouvons que les indiquer en mentionnant les explications si intéressantes données par MM. ANTIPA, HOEK, T. BEAN sur les expositions de leurs gouvernements, par M. CHANSAREL sur l'exposition du Ministère de la marine française dont il avait dirigé l'organisation, par M. CACHEUX sur les écoles de pêche.

Cette visite avait été précédée d'une séance très intéressante de cinématographe à bord du bateau terre-neuvien les Deux Empereurs, séance reproduisant des scènes de la vie des pêcheurs français à Terre-Neuve : la pêche sur les bancs, les diverses opérations auxquelles ils se livrent pour préparer le poisson.

M. BEUST avait bien voulu donner lui-même les explications que comportaient ces belles et saisissantes photographies.

M. BOUCHEREAU, directeur de l'aquarium Guillaume, a fait lui-même les honneurs de son établissement aux membres du congrès, qui ont pu examiner en détail non seulement l'aquarium lui-même mais encore la machinerie que comporte le fonctionnement des divers services, élévation de l'eau de mer naturelle, sa filtration et sa distribution.

A l'issue de cette visite un punch amical, où plusieurs toasts humoristiques ont été portés, a permis aux membres du congrès de faire une connaissance plus approfondie.

Enfin M. Edmond PERRIER, Président du congrès, a dirigé lui-même la visite du Museum d'histoire naturelle de Paris.

Rappelons aussi la remarquable conférence faite par M. FABRE DOMERGUE, inspecteur général des pêches maritimes, sur le *rôle de l'intervention humaine dans la productivité des mers.*

BANQUET DU 20 SEPTEMBRE 1900.

Le lendemain de la clôture des travaux un banquet de deux cents couverts réunissait à nouveau les membres du congrès dans les salons du palais d'Orsay.

M. le Ministre de la marine s'étant au dernier moment trouvé dans l'impossibilité de présider cette séance, comme il en avait manifesté le désir, avait délégué pour le représenter son chef d'Etat major général, l'Amiral Bienaimé.

Au champagne, M. Edmond Perrier prit le premier la parole, et prononça l'allocution suivante :

Messieurs,

Dans une réunion internationale comme l'est ce banquet, nos regards doivent au moment des toasts se tourner vers ceux qui dans nos pays respectifs sont la personnification vivante et tangible de la patrie :

Je lève mon verre en l'honneur du président de la République française ; je lève mon verre en l'honneur des souverains des nations qui nous ont fait l'honneur d'envoyer à ce congrès des représentants officiels. Si les liens d'une intimité particulière nous unissent à l'une d'entre elles représentée ici d'une manière si éminente, par notre vénéré président d'honneur M. Weschniakoff, cette intimité n'est exclusive d'aucune amitié, d'aucune sympathie et c'est pourquoi, en levant notre verre en l'honneur de la famille royale d'Italie, nous ne pouvons nous défendre d'évoquer le souvenir de la cruelle épreuve qui l'a si douloureusement frappée en la personne de S. M. le roi Humbert et nous exprimons à notre collègue italien M. Crivelli Serbelloni toute notre sympathie. Ce malheur nous l'avons nous-même éprouvé et s'il est vrai que les malheurs rapprochent, souhaitons que la France et l'Italie, ces deux nations de même sang, trouvent dans ces douloureuses circonstances un motif de plus de sceller les bases de leur amitié.

Permettez-moi, Messieurs, de me tourner maintenant vers l'illustre Amiral qui représente ici le Ministre de la marine et de le remercier d'être venu mettre sa main dans la nôtre et nous dire en quelque sorte que rien n'était plus près du cœur de la marine de guerre, que cette modeste marine de pêche que nous représentons ici et qui est fière de fournir à sa grande sœur le meilleur de ses brillants équipages.

Je ne puis cependant, Amiral, vous cacher que le très grand honneur de siéger à côté de vous ce soir, a mis à néant tout le plan du petit discours que j'avais préparé avec soin à l'intention de M. le Ministre de la marine. Il se trouve, en effet, chose rare, que le Ministre de la marine se trouve être un naturaliste, comme beaucoup d'entre nous et qu'une bonne partie des vœux que nous avons formés, il les aurait défendus lui-même au congrès des pêches maritimes s'il y avait été conduit par les événements, au lieu d'avoir été guidé au ministère de la marine.

Je me serais adressé non au ministre mais au professeur entraînant de l'école de médecine, à l'auteur de tant d'œuvres que les hommes de science n'ont pas oubliées et au nom de ce brillant passé je lui aurais demandé de prendre en mains l'œuvre dont nous avons ébauché le plan dans ce Congrès, de s'arracher pour quelques instants aux graves préoccupations de la défense nationale et de prendre en mains la réalisation des mesures qui nous ont paru souhaitables pour augmenter les richesses de nos mers et améliorer le sort de nos marins. Je suis assuré que vous serez près de lui notre éloquent interprète.

Messieurs, nous avons au cours de ce congrès tant parlé de poisson que je vous demanderai la permission de ne pas reprendre ici ce soir en face de cette table, où cependant nous n'avons eu qu'à nous louer du poisson, les propos qui font un peu trop penser au carême. J'aime mieux vous dire quel souvenir charmant je garderai des jours trop courts de notre Congrès. Vous m'avez rendu particulièrement agréable et facile une tâche qui passe habituellement pour être assez lourde. Je n'avais à ma disposition ni sonnette, ni coupe-papier, pour demander le silence ; j'étais un président tout à fait désarmé ; mais qu'aurais-je fait de ces armes bruyantes et insuffisantes au milieu des marques de sympathie que vous n'avez cessé de me donner et qui m'ont si vivement touché. J'avoue cependant que j'ai éprouvé un mouvement d'inquiétude qui n'a d'ailleurs été que de courte durée, lorsque nous avons eu à constituer le comité permanent des congrès de pêche.

Mais la confiance unanime que vous m'avez témoignée m'a bientôt rassuré et vos trois délégués se félicitent d'être obligés de demeurer en rapport avec vous et se font fête de continuer ainsi le congrès. Nous sommes assurés que nos négociations aboutiront vite et nous pouvons boire déjà au Comité permanent des Congrès de pêche et au succès du Congrès de Saint-Pétersbourg.

Nous reprendrons ainsi, messieurs, le cours de nos travaux ; je souhaite que nous nous retrouvions tous au rendez-vous que nous a donné S. A. I. le grand duc Serge Alexandrovitch et dans cet espoir, je bois, messieurs les délégués étrangers, à votre santé.

Des applaudissements unanimes éclatent à plusieurs reprises pendant cette allocution, et à la fin une véritable ovation est faite au Président du Congrès.

M. WESCHNIAKOFF, au nom des délégués étrangers, prend ensuite la parole.

Messieurs,

Au nom de tous les délégués des gouvernements représentés à ce Congrès, j'ai le plaisir et l'honneur d'être leur interprète pour vous dire combien tous ces étrangers ont été heureux de se trouver à Paris dans ce grand centre de la civilisation, qui est toujours l'arbitre de l'élégance et de la beauté ; ils ont eu la suprême satisfaction de constater encore une fois que la science n'a rien perdu de son prestige, ainsi que l'a prouvé maintes fois notre éminent Président par un langage si élevé, plein de poésie et d'intelligence dans tous les discours que nous avons toujours été charmés et ravis d'entendre.

Aussi, je le remercie bien vivement au nom de tous les membres du Congrès de son accueil si sympathique, que nous n'oublierons jamais et en même temps que je lève mon verre en son honneur je porte un toast à la santé de M. le Président de la République française (applaudissements).

M. l'Amiral BIENAIMÉ prononce ensuite un remarquable discours que nous regrettons vivement, n'en ayant pas pris la sténographie, de ne pas reproduire ici. Il remercie au nom de M. le Ministre de la marine les membres du Congrès de l'honneur qu'on lui a fait en le désignant pour présider cette réunion, et faisant allusion aux sentiments de cordiale fraternité qui unissent les marines des différentes nations, il lève son verre en l'honneur des marines des pays étrangers représentés au Congrès.

M. le Commandant DRECHSEL, délégué du Danemarck, répond en portant un toast à M. le Ministre de la marine, et en priant M. l'Amiral Bienaimé de transmettre au ministre « nos vœux respectueux et nos désirs sincères, non seulement pour lui personnellement mais pour la grande marine que vous commandez, et pour la belle France ».

M. Edmond PERRIER prend à nouveau la parole.

Messieurs, nous devons aussi remercier S. M. le roi de Portugal qui vient de nous donner un exemple de véritable marin par ses propres recherches qu'il vient de faire à bord de son yacht sur les côtes des Algarves ; recherches extrêmement importantes sur la pêche du thon et du germon, et si fertiles en heureux résultats.

S. M. don Carlos s'est comporté en cette circonstance comme un marin éclairé, comme un marin de la pêche et comme un savant.

A ce travailleur infatigable, nous pouvons une fois de plus témoigner notre reconnaissance pour l'intérêt extrême qu'il a pris pour les questions que nous avons préconisées dans ce Congrès (applaudissements).

M. CARDOZO DE BETHENCOURT, délégué du Portugal, remercie M. le Président et les membres du congrès.

M. CRIVELLI SERBELLONI délégué du gouvernement italien, exprime le sentiment de gratitude des membres étrangers venus à ce Congrès à l'égard du gouvernement de la République française ; au Comité qui l'a si brillamment organisé, au bureau de ce Congrès qui en a dirigé les travaux avec tant de compétence, particulièrement à M. J. Pérard, secrétaire général, qui n'a pas failli à la lourde tâche qui lui était dévolue. Après notre interprète 'fidèle et éloquent, Son Excellence M. Weschniakoff, je ne pourrai rien ajouter pour vous traduire nos sentiments unanimes.

Mais notre éminent président m'oblige à prendre la parole à mon tour pour le remercier du plus profond de mon cœur et au nom de mon pays des paroles de douloureuse sympathie par lesquelles il a rappelé le drame récent qui vient de plonger mon pays dans le deuil le plus cruel par l'arme meurtrière d'un scélérat sans patrie. Permettez-moi de vous exprimer que nos cœurs ont également battu à l'unisson lorsque le même malheur est venu frapper notre nation sœur.

Puisque j'ai la parole, permettez-moi, Monsieur l'Amiral, de vous témoigner la vive admiration que nous ressentons pour la sollicitude des pouvoirs publics en France pour les études scientifiques concernant la pisciculture et la pêche douce.

M. le ministre de la marine, en nous faisant l'honneur de se faire représenter si dignement à ce banquet, a bien voulu démontrer à son tour l'intérêt qu'il porte aux marins et à la marine de pêche. »

M. Crivelli Serbelloni parle ensuite de la cordiale hospitalité qu'il a reçue en France, « hospitalité que chacun connaît et que nous avons pu si bien apprécier au cours de nos travaux ».

Messieurs, je suis à ce propos un privilégié parmi vous, car cette hospitalité va se prolonger davantage pour moi, puisque le hasard a voulu que je reste aux côtés de notre éminent président et de M. Mersey le très distingué conservateur des eaux et forêts de France, encore quelque temps pour organiser diplomatiquement le comité international permanent des congrès internationaux de pêche.

C'est avec une profonde émotion, que je viens vous apporter ma

modeste collaboration dans cette œuvre vraiment humanitaire ; car le
souvenir impérissable de notre nation sœur sera toujours gravé dans
le cœur de l'Italie pour les excellentes relations de fraternité qu'il y a
eu toujours entre nos deux pays.

Il s'agit, Messieurs, d'établir quelque chose d'utile, de durable,
quelque chose de grand, paraît-il, car il a fallu du sang pour cimenter
davantage les liens qui nous unissent, car nos deux nations représentant la même race latine sont faites pour s'entendre toujours et
malgré tout (*Applaudissements*).

Messieurs, en levant mon verre en l'honneur de M. l'Amiral, et de
M. le Ministre de la marine qu'il représente si dignement parmi nous,
je bois au gouvernement de la République française, à M. le Président
de la République, à l'honneur de la belle et vaillante marine de France
ainsi qu'aux braves pêcheurs qui en forment la base la plus solide, je
lève également mon verre en l'honneur de notre cher président,
Edmond Perrier aux membres du comité et de tout le congrès : et je
crie, Messieurs : Vive la France !!! (*Applaudissements*).

M. Hoek, délégué de la Hollande, a ensuite la parole.

Madame, Amiral, Messieurs,

C'est aussi au nom des délégués des puissances étrangères représentées officiellement au congrès international d'aquiculture et de
pêche que j'ai l'honneur de vous remercier, M. le Président, d'abord
des paroles aimables, des mots chaleureux avec lesquels vous nous
avez salués ici.

Notre pays ne joue plus dans le concert des nations le rôle qu'il a
joué autrefois, car de grand, il est devenu petit.

Mais cependant chacun sent que la pêche, la pisciculture, l'ostréiculture sont tout à fait du domaine de notre pays, et que, de tout
temps, notre gouvernement s'est appliqué à encourager de plus en
plus ces industries nationales; aussi attachons-nous la plus grande
importance à cette question vitale de l'avenir des Pays-Bas, et à tout
ce qui peut favoriser son développement. Ce congrès en est un des
moyens d'action les plus utiles.

Aussi je remercie bien cordialement les membres du comité au nom
des gouvernements représentés ici, au nom des étrangers qui ont
assisté à ce congrès international de pisciculture et de pêche de l'initiative qu'il a prise à ce congrès, le succès en justifie toutes les espérances.

Ce congrès a été inauguré si magistralement par vous, monsieur le
Président, dans votre discours, qu'il me semble inutile d'insister

davantage. Mais je tiens à affirmer que c'est vous personnellement, monsieur le Président, qui avez donné un caractère si supérieur à ce congrès par votre compétence et par la façon dont vous avez dirigé nos débats, aussi permettez-moi de boire à la santé de l'homme de science si distingué, dont la suprême autorité a été reconnue de tous pendant ce congrès (*Applaudissements*).

M. l'abbé Blanchard offre une gerbe de fleurs artificielles en écailles de poissons coloriées à M. l'Amiral Bienaimé et prononce l'allocution suivante :

Amiral, je regrette de ne pouvoir remettre à M. le Ministre de la marine cette gerbe de fleurs, la gerbe de l'espérance pour tous ces nombreux et pauvres enfants abandonnés ; enfants de nos braves marins que les dangers de la mer ont rendus orphelins.

Au nom de tous les membres faisant partie de cet admirable congrès, j'offre mon cœur, mon dévouement, et les derniers instants de ma vie à la France. Je partage sincèrement avec toute la nation française son admiration pour notre belle marine, et je bois à votre santé, Amiral, qui la représentez si magistralement ici.

M. l'Amiral Bienaimé répond en ces termes :

Permettez-moi, Monsieur l'Abbé, de vous remercier bien sincèrement du bouquet que vous venez de nous offrir et des paroles qui l'accompagnaient.

Je n'ai pas eu besoin de vous écouter longtemps pour être assuré que vous êtes un véritable ami de ces marins que nous aimons tous.

Vous habitez au milieu de ces populations laborieuses, dans un port de pêche La Rochelle, où vous répandez le bien autour de vous.

A ces braves marins, qui écoutent souvent plus le prêtre que leurs chefs, vous pouvez dire qu'ils n'ont pas de meilleurs amis que nous et que dans la marine de France tous leurs officiers sont pour eux de véritables pères.

M. Van Zuylen porte ensuite un toast à l'initiative privée.

M. E. Cacheux, délégué du ministre de l'instruction publique, expose l'œuvre entreprise par ce ministère, l'organisation de l'enseignement de la pêche dans les écoles primaires du littoral ; il retrace le chemin parcouru pour arriver à ce résultat depuis le premier congrès de Saint-Malo, jusqu'au congrès de 1900 ; il termine en remerciant les collaborateurs qui l'ont aidé dans la propagation de ce mouvement en faveur de l'amélioration du sort des marins pêcheurs

M. Léon Grousset, patron pêcheur délégué de la ville des Sables-d'Olonne, au nom des marins, remercie le ministre de la marine de l'intérêt

qu'il porte aux populations maritimes, il souhaite de voir la prompte
réalisation de diverses réformes qui sont à l'étude; parlant ensuite de
l'action de la presse il la félicite d'être leur utile soutien, il termine en
portant un toast à la paix du monde.

A l'issue du banquet M. le comte CRIVELLI SERBELLONI qui avait télé-
graphié à M. Carcano, ministre du commerce et de l'agriculture, le passage du discours de M. Edmond Perrier concernant l'Italie, a communiqué au secrétariat général la réponse suivante que M. le ministre
italien lui a télégraphiée :

«Je vous remercie de votre communication, je suis heureux d'avoir eu
en vous un excellent interprète de mes sentiments à l'égard de la nation française qui en prenant une si vive part au deuil de notre patrie
nous a donné une preuve inoubliable d'amitié. Je vous prie de présenter les expressions de ma considération toute particulière aux illus-
tres membres de la présidence.

« *Le ministre,*
« CARCANO. »

41

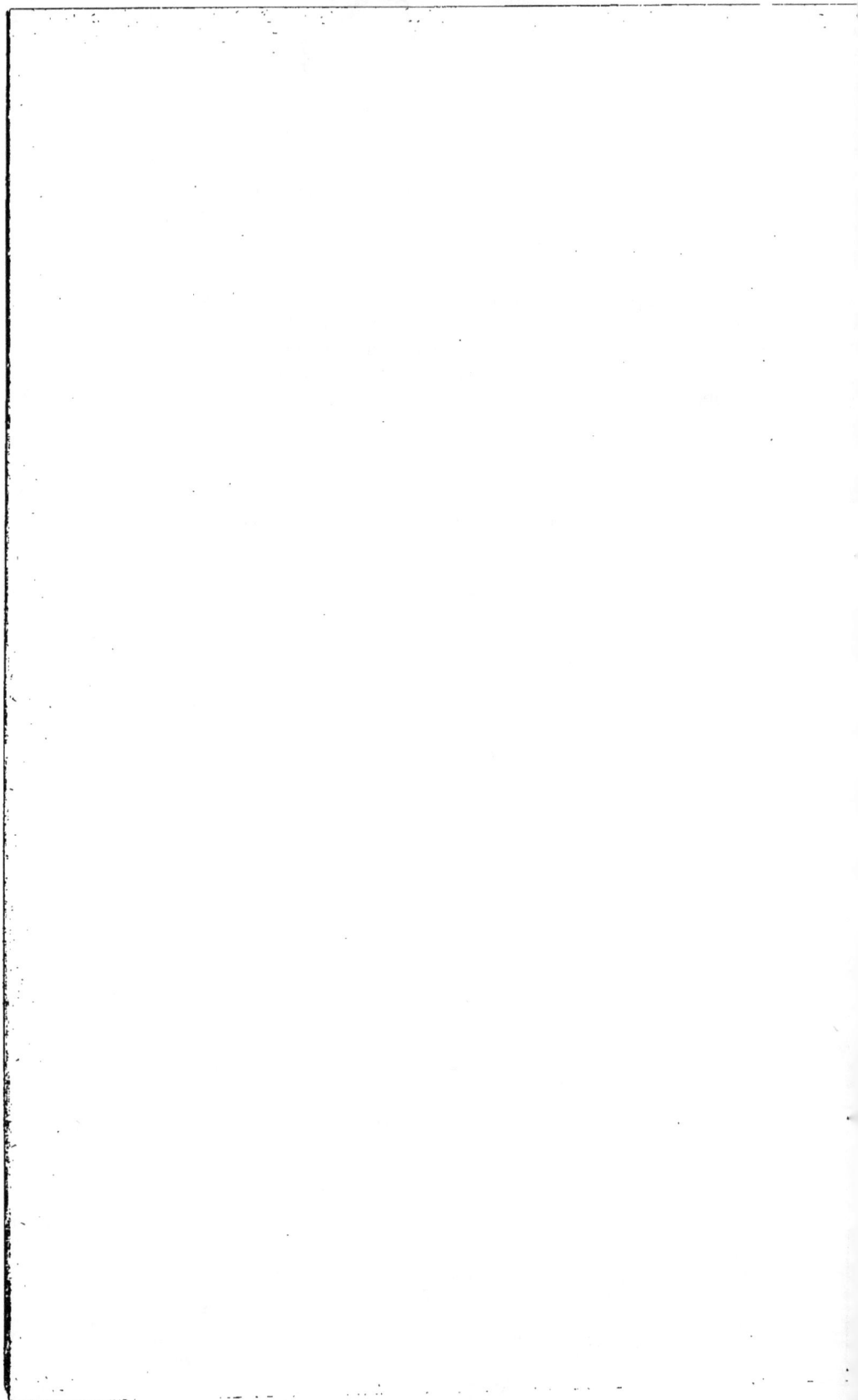

TABLE ALPHABÉTIQUE

Alevins de truite (Emploi du sang stérilisé pour la nourriture des), par Wurtz 103

Alevins (Époque de la mise à l'eau des) de salmonides, par de Galbert 101

Alevins (Nutrition des) pendant le premier âge, par Perdrizet. 37

Artels de pêche (Les), par Louis Skarzywsky 501

Asphyxie des poissons par les déversements industriels, par Labatut et Perrier 148

Assurance des marins en Hollande, par J. Beaud 449

Boëttes artificielles (Emploi de) pour la pêche du lieu, par E. Néron 206

Coléoptères nuisibles à la pisciculture, par Dongé 50

Comité international permanent (formation d'un), par Edmond Perrier 583

Commerce du poisson congelé, par Borodine 267

Conserves hermétiques de poisson en France et à l'étranger, par Pierre Lemy 351

Coopération (De la) entre marins pêcheurs, par Le Bozec . . 463

Corail (Pêche et industrie du), par Gourret 320

Croissance des huîtres, par P.-P.C. Hoek 222

Culture artificielle de l'huître en Cornouailles, par H.-J. Cunningham 219

Culture artificielle de la palourde et de la chevrette, par Beaud 26

Dépeuplement de certaines rivières (Causes du), par Xavier Raspail 86

Dépeuplement des cours d'eau, par Rouyer 73

Écaille par Lerchenthal . . . 248

Échelles à poissons (Sur les différent, types d') installées sur la Seine, par Caméré 134

Écoles de pêche en France, par E. Cacheux 423

Écrevisses (La peste des), par Raphaël Dubois 56

Écrevisses (La peste des) en Russie, par Bruno Hofer 39

Empoisonnement des animaux d'eau douce par l'hypochlorite de chaux, par Raphaël Dubois . . . 144

Éponges (La pêche des), par Weil 183

Éponges (Pêche et industrie des), par Gourret 297

Évolution du travail (Rapport entre l') et celle du droit de propriété dans les eaux poissonneuses, par David Levi Morenos . . 482

Explorations sous-marines (Campagnes scientifiques d'), par A. de Navarette 22

Faucardement dans les rivières à huîtres, par Gaston Duval et Wurtz 118

Hareng d'Astrakan (Berlagie et pêche du), par Kousnetzoff . 110

Hôpitaux (Les bateaux), par le Dr Aumont 403

Incubation aseptique des œufs de salmonides, par Oltramare 52

Institutions coloniales de prévoyance pour les marins pêcheurs, par Mortenol 404

Institutions de prévoyance en faveur des marins pêcheurs en Italie, en Autriche et en Espagne, par Émile Cacheux 405

Introduction dans les cours d'eau et lacs internationaux de nouvelles espèces de poissons, par Puenzieux 129

Lavariero de pêche dans la lagune de Commachio, par Bellini. 177

Législation officielle relative aux yachts et embarcations de plaisance, par Desprez. . . . 189

Loi sur la pêche fluviale (modification à apporter à la), par Campardon. 94

Maison des marins de Leestemunde, par Mme Cardozo de Béthencourt. 467

Monographie de l'arrondissement de Cherbourg, par Neveu. 550

Moteurs à pétrole (emploi des) à bord des bateaux de pêche, par Van Zuylen. 162

Nacres et coquillages par Sarrassin. 255

Octroi (exagération des droits d'), par Sépé. 262

Organe (création d'un) spécial des congrès de pêche, par Borodine. 547

Ostréiculture sur les côtes orientales de l'Adriatique, par Valle. 212

Ostréiculture en France, par Pottier 517

Ostréiculture en Hollande et en Belgique, par Pompe Van Merdevoot. 227

Pêche (La) en Espagne, par A. de Navarette. 22

Pêche à la ligne (méthode perfectionnée de), par Yves le Bras 194

Pêche en Méditerranée, par Clerc Rampal. 191

Pêche d'eau douce en Hollande par Meesters. 61

Pêches illicites (mesures proposées pour empêcher les), dans les canaux d'amenée ou de retenue par de Sailly. 68

Pêches maritimes (développement des) en Irlande, par Spotswood Green. 409

Perles fines naturelles (sur la nature et la formation des), par Raphaël Dubois 510

Peste des écrevisses en Russie, par Bruno Hofer. 39

Peste des écrevisses, par Raphaël Dubois 56

Pisciculture en Portugal, par Mello de Mathas et Mendes Guerreiro. 30

Pisciculture maritime (sur la technique et les résultats actuels de la), par Fabre Domergue. 21

Poissons migrateurs (mesures pour assurer la libre circulation des), par de Sailly 130

Porcelaine (de l'emploi de) pour augettes destinées à l'incubation, par Joly de Sailly 33

Propagation artificielle de l'esturgeon en Russie, par Borodine 107

Protection des pêcheurs côtiers en temps de guerre, par Neveu. 408

Prud'homies de pêche, par Gourret 429

Recherches entreprises par S. M. le roi de Portugal concernant la pêche du thon sur la côte des Algarves, par Cardozo de Béthencourt. 25

Repeuplement (sur un moyen facile et peu coûteux de) des rivières en salmonides, par Perdrizet. 99

Repeuplement des grands cours d'eau aux Etats-Unis, par J.-B. Vincent. 104

Salubrité des établissements ostréicoles, par E. Mosny. . . 218

Saumon (sur les mœurs du), par P. P. C. Hoek. 160

Société coopérative des ostréiculteurs de la Teste par Lalanne 237

Société ostréicole d'Auray, par Jardin 231

Sociétés de secours mutuels et sociétés d'assurances pour la reconstitution du matériel de pêche, par Hamon et Deléarde. . . 458

Station (la) zoologique volante de Bohême, par Fritsch. . . 97

Statistique (la méthode) et la croissance des huîtres, par P. P. C. Hoek. 222

Statistique internationale des pêches par Weschniakoff. . . . 489

Syndicat central des présidents de pêcheurs à la ligne, par Ehret 123

Transport du poisson, par Henri Gauthier 224

Transport du poisson, par Emile Altazin 383

TABLE DES NOMS D'AUTEURS

Altazin (Emile). Transport du poisson. 383
Aumont. Les bateaux hôpitaux 403
Beaud. Culture artificielle de la palourde et de la chevrette . 26
Beaud (Jules). Assurances des marins en Hollande 449
Bellini. Le Lavoriero de pêche de la lagune de Commachio . . 177
Borodine. Création d'un organe spécial des congrès de pêche . 547
Commerce du poisson congelé 267
Propagation artificielle de l'esturgeon en Russie 107
Le Bozec. De la coopération entre marins pêcheurs 463
Le Bras (Yves). Méthode perfectionnée de pêche à la ligne. . 194
Cacheux (Emile). Ecoles de pêche en France 423
Institutions de prévoyance en faveur des marins pêcheurs en Italie, en Autriche et en Espagne . 405
Caméré Sur les différents types d'échelles à poissons installées sur la Seine 134
Campardon. Modifications à apporter à la loi sur la pêche fluviale 94
Cardozo de Béthencourt (Madame). La maison des marins de Geestemunde. 467
Cardozo de Béthencourt. Recherches entreprises par S. M. le roi de Portugal concernant la pêche du thon sur la côte des Algarves. . 25
Clerc Rampal. La pêche en Méditerranée. 191

Cunningham (B.-F.). Culture artificielle de l'huître en Cornouailles 229
Desprez. Législation officielle relative aux yachts et embarcations de plaisance. 189
Dongé. Coléoptères nuisibles à la pisciculture. 30
Dubois (Raphaël). La peste des écrevisses. 56
Empoisonnement des animaux d'eau douce par l'hypochlorite de chaux 144
Nature et formation des perles fines naturelles 510
Duval et Wurtz. Faucardement dans les rivières 118
Ehret. Syndicat central des présidents de pêcheurs à la ligne 123
Fabre Domergue. Sur la technique et les résultats actuels de la pisciculture maritime . . . 24
Fritsch. La station zoologique volante de Bohême 97
De Galbert. Epoque de la mise à l'eau des alevins de salmonides 101
Gauthier (Henri). Transport du poisson 242
Gourret. Pêche et industrie du corail 320
Pêche et industrie des éponges 297
Les prud'homies de pêche . 429
Hamon et Delearde. Sociétés de secours mutuels et sociétés d'assurances pour la reconstitution du matériel de pêche. . . . 458
Hoek (P.-P.-C.). Sur les mœurs du

saumon 160
La méthode statistique et la croissance des huitres. . . . 222
Hofer (Bruno). La peste des écrevisses en Russie . . . 39
Jardin (Désiré). Société ostréicole
du bassin d'Auray . . . 231
Koustnetzoff. Biologie et pêche du
hareng d'Astrakan . . . 110
Labatut et Perrier. Asphyxie des
poissons par les déversements industriels. 148
Lalanne. Société coopérative des ostréiculteurs de la Teste. . . 237
Lemy. Conserves hermétiques de
poisson en France et à l'étranger. 331
Lerchenthal. Rapport sur l'é-
caille. 248
Levi Morenos. Rapport entre l'évolution du travail et celle du droit
de propriété dans les eaux poison-
neuses. 482
Mello de Mattos et Mendes Guerreiro. La pisciculture en Portugal 30
Meesters. La pêche d'eau douce en
Hollande. 61
Mortenol. Institutions coloniales de
prévoyance pour les marins pê-
cheurs 404
Mosny. Salubrité des établissements
ostréicoles 218
Navarette. La pêche en Espagne.
Campagnes scientifiques d'explo-
rations sous-marines. . . 22
Néron. Emploi des boettes artifi-
cielles pour la pêche du lieu en
Bretagne. 206
Neveu. Protection des pêcheurs cô-
tiers en temps de guerre. . 408
Monographie de l'arrondissement de
Cherbourg 330
Oltramare. Incubation aseptique des
œufs de salmonides. . . 52
Perdrizet Sur un moyen facile et
peu coûteux de repeuplement des
rivières en salmonides . . 99
Nutrition des alevins pendant le

premier âge 37
Perrier (Edmond). Sur la formation
d'un comité international permanent des congrès de pêche . 583
Pompe van Merdevoot. L'ostréiculture en Hollande et en Belgique 227
Pottier. L'ostréiculture en France 517
Puenzieux. Introduction dans les
cours d'eau et lacs internationaux
de nouvelles espèces de poisson. 129
Raspail (Xavier). Causes du dépeuplement de certaines rivières 86
Rouyer. Dépeuplement des cours
d'eau 73
De Sailly. Mesures proposées pour
empêcher les pêches illicites dans
les canaux d'amenée ou de retenue. 68
Mesures pour assurer la libre circulation des poissons migrateurs 130
De l'emploi de la porcelaine pour
les augettes destinées à l'incubation. 33
Sarrassin. Nacres et coquillages 255
Sépé. Exagération des droits d'octroi. 262
Skarzynsky. Les artels de pêche. 501
Spotswood Green. Développement
des pêches maritimes en Irlande 409
Valle. Ostréiculture sur les côtes
orientales de l'Adriatique. 242
Vincent. (J.-B.) Repeuplement des
grands cours d'eau des Etats-
Unis 104
Weil. La pêche des éponges . 183
Weschniakoff. Statistique internationale des pêches . . . 489
Van Zuylen. Emploi des moteurs à
pétrole à bord des bateaux de
pêche. 162
Wurtz Emploi du sang stérilisé
pour la nourriture des alevins de
truite. 403

TABLE ANALYTIQUE DES MATIÈRES

	Pages
Commission d'organisation du congrès.	V
Délégués officiels des gouvernements.	VII
Délégués des administrations publiques et sociétés savantes	X
Règlement du congrès.	XV
Programme général	XVIII
Liste des membres du congrès.	XX
Séance d'ouverture.	1
Bureau du congrès.	3
Discours de M. Edmond Perrier	4
Présidents des sections	16
Bureau des sections.	18
Séances de la première section (études scientifiques maritimes).	21
Séances des 2me et 4me sections (pisciculture et pêche en eau douce).	32
Séances de la 3me section (technique des pêches maritimes).	162
Séances de la 4me sous-section (pêche sportive)	189
Séances de la 5me section (ostréiculture et mytiliculture).	212
Séances de la 6me section (utilisation des produits de pêche.	241
Séances de la 7me section (économie sociale).	403
Séances générales	489
Vœux adoptés par le congrès	573
Séance de clôture	580
Réunion des délégués pour l'élection du comité permanent.	583
Commission internationale de la pêche.	584
Visites. Conférence. Banquet	590
Table alphabétique	599
Table des noms d'auteurs	601

DIJON. — IMPRIMERIE DARANTIERE.

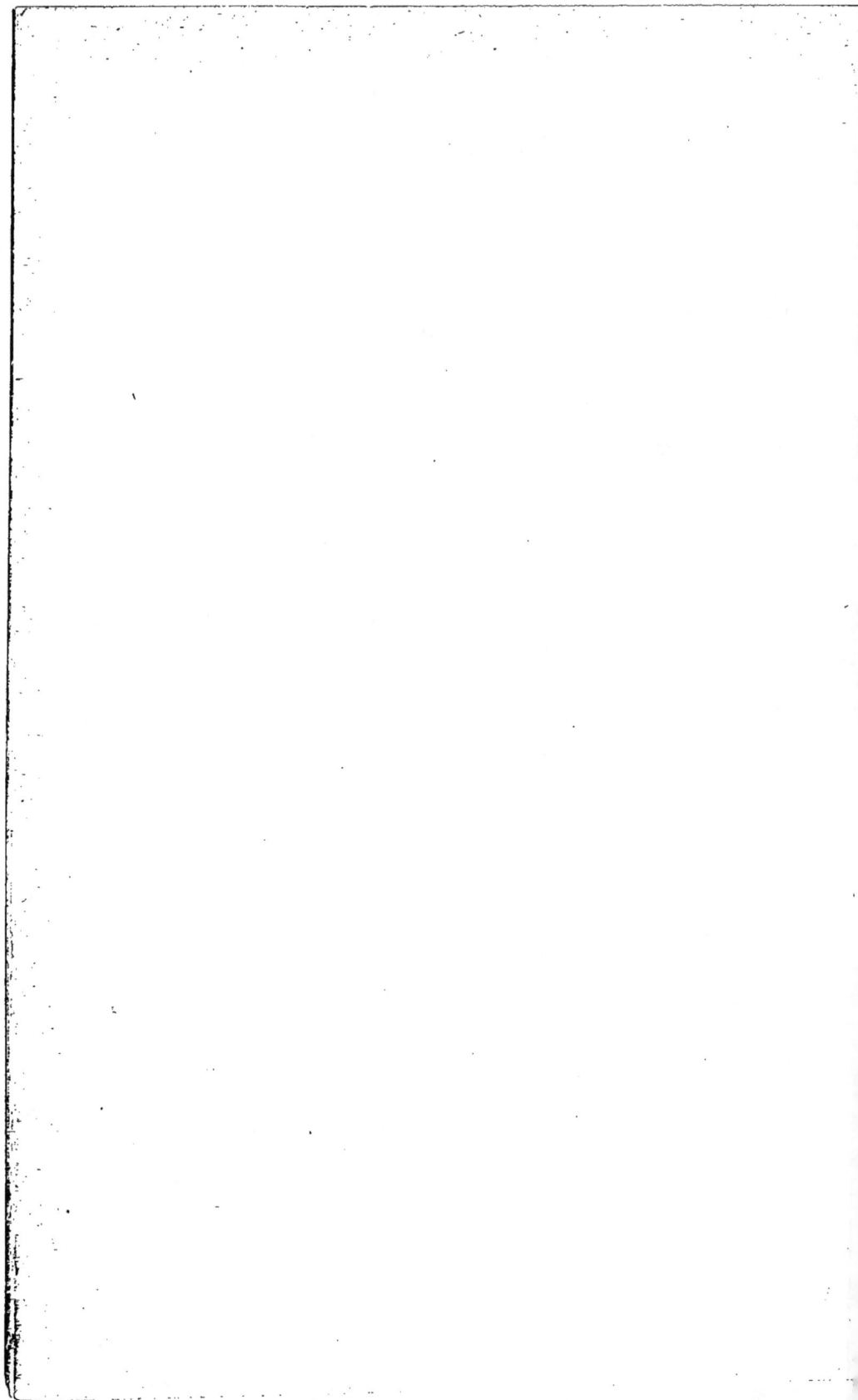

www.ingramcontent.com/pod-product-compliance
Lightning Source LLC
Chambersburg PA
CBHW031448210326
41599CB00016B/2155